普通高等教育电气工程自动化系列规划教材

电力拖动运动控制系统

第2版

主　编　丁学文
副主编　陈增禄
参　编　丁远翔
主　审　王兆安

机 械 工 业 出 版 社

本书为本科自动化专业、电气工程及其自动化专业的“电力拖动自动控制系统”课程教材。本书第2版是在第1版的基础上修订而成，内容包括电力拖动运动控制系统的基本理论，直流电动机、异步电动机和同步电动机等各种调速与控制的方法，电力拖动运动控制系统中使用的各种检测技术，电力拖动在各种运动控制系统中的应用，以及电力拖动运动控制系统的计算机实现。第2版还增加了习题答案。

本书适合自动化专业、电气工程及其自动化专业和其他以培养应用型人才为目的的相近专业作为教材或教学参考书，也可供有关工程技术人员参考。

本书配有免费电子课件，欢迎选用本书做教材的老师登录 www.cmpedu.com 下载或发邮件到 yu57sh@163.com 索取。

图书在版编目（CIP）数据

电力拖动运动控制系统/丁学文主编. —2版. —北京：机械工业出版社，2014.8（2017.3重印）
普通高等教育电气工程自动化系列规划教材
ISBN 978-7-111-47061-8

Ⅰ.①电… Ⅱ.①丁… Ⅲ.①电力传动-自动控制系统-高等学校-教材 Ⅳ.①TM921.5

中国版本图书馆CIP数据核字（2014）第129544号

机械工业出版社（北京市百万庄大街22号 邮政编码100037）
策划编辑：于苏华 责任编辑：于苏华 王 荣
版式设计：赵颖喆 责任校对：陈秀丽
封面设计：张 静 责任印制：常天培
北京京丰印刷厂印刷
2017年3月第2版·第2次印刷
184mm×260mm·19.5印张·477千字
标准书号：ISBN 978-7-111-47061-8
定价：39.00元

凡购本书，如有缺页、倒页、脱页，由本社发行部调换

电话服务
服务咨询热线：010-88379833
读者购书热线：010-88379649

网络服务
机 工 官 网：www.cmpbook.com
机 工 官 博：weibo.com/cmp1952
教育服务网：www.cmpedu.com
金 书 网：www.golden-book.com

前　言

本书为高等学校电气工程、自动化专业“运动控制系统”课程教材。运动控制主要有电气传动、液压和气动3种驱动方式，本教材的内容仅涉及其中之一——电气传动，称之为“电力拖动运动控制系统”。

本书第2版在第1版的基础上作了适当修改，主要修改了第2章、第7章、第8章和思考题与习题的部分内容，思考题与习题增加了参考答案。

本书的主要特点为：

(1) 压缩了直流调速部分的篇幅，充实了交流调速部分的内容；

(2) 既着重电力拖动基本理论的讲述，又兼顾电力拖动在运动控制系统中的实际应用介绍；

(3) 以连续模拟控制为主干，不偏废离散数字计算机控制；

(4) 以“电力拖动自动控制系统”内容为核心，辅有“电机与拖动”、“电力电子技术”、“计算机控制系统”等相关内容的回顾；

(5) 理论学习中引入了较多的例题和 MATLAB 仿真结果。

全书共分9章，第1章回顾了拖动基础，集中讲述了运动控制系统中常用的检测技术；第2章包括了直流调速系统的全部内容；第3章介绍了交流电机学习中的非常有用的基本概念和容易含混不清的问题；第4章对异步电动机的性能和变频除外的其他调速方法进行了集中讲述，用坐标变换推导出了异步电动机的动态数学模型；第5章讲述了异步电动机的恒压频比控制和通用变频器；第6章虽然篇幅不长，但最具挑战性，讲述基于动态数学模型的异步电动机矢量控制和直接转矩控制；第7章对同步电动机包括永磁同步电动机的各种调速方法进行了较为详细的讲述；第8章介绍了电力拖动在各种运动控制系统中的应用；第9章讲述电力拖动运动控制系统的计算机实现。

本书第2章由陈增禄教授编写，第9章由丁远翔编写，其余各章由丁学文教授编写，并由丁学文统稿。全书由西安交通大学王兆安教授主审。另外，对研究生完成的大量录入和仿真工作表示感谢。本书编写中参考了大量文献，在此对有关作者谨表谢意。

本书适合于电气工程、自动化等专业和其他相近专业作为本科教材，也可供有关工程技术人员参考。全书建议64学时，如果课程课时少于64学时，可以以第1、2、4、5、6、7章为重点，其他章节选讲或不讲。本书选讲的章节前标上“*”，以便于讲课或自学时选择。

我们在编写过程中虽然花费了不少精力，并多次审阅，但书中仍难免有错误和不足之处，敬请广大读者批评指正。

作　者

目 录

常用符号表

表 0-1　元器件和装置用的符号（按国家标准 GB/T 7159—1987）

A	放大器，调节器，A 相绕组，电枢绕组	M	电动机（总称）
ACR	电流调节器	MA	异步电动机
AFR	励磁电流调节器	MD	直流电动机
APR	位置调节器	MS	同步电动机
ASR	转速调节器	R	电阻器，变阻器
ATR	转矩调节器	RP	电位器
AΨR	磁链调节器	SM	伺服电动机
AVR	电压调节器	T	变压器
BQ	位置传感器	TA	电流互感器
B	B 相绕组	TG	测速发电机
C	C 相绕组，电容器	U	变换器，调制器
DLC	逻辑控制环节	UCR	晶闸管整流器
F	励磁绕组	UI	逆变器
FA	具有瞬时动作的限流保护	UPE	电力电子变换器
FBC	电流反馈环节	UR	整流器
FBS	测速反馈环节	VD	二极管
G	发电机	VS	稳压管
GT	触发装置	VT	晶闸管，功率开关器件
HBC	滞环控制器	VF	正组晶闸管整流装置
HCT	霍尔电流传感器	VR	反组晶闸管整流装置
K	继电器，接触器		
L	电感器，电抗器		

表 0-2　常用缩写符号

ASIC	专用集成电路（application-special integrated circuit）
BLDM	无刷直流电动机（brushless DC motoor）
CSI	电流源（型）逆变器（current source inverter）
CVCF	恒压恒频（constant voltage constant frequency）
CEMF	反电动势（counter electromotive force）
DTC	直接转矩控制（direct torque control）
DSP	数字信号处理器（digital signal processor）
GTO	门极可关断晶闸管（gate turn-off thyristor）
GTR	大功率晶体管（great transistor）

（续）

IGBT	绝缘栅双极型晶体管（insulated gate bipolar transistor）
IPM	智能功率模块（intelligent power module）
LCI	负载换相逆变器（load-commutated inverter）
MMF	磁动势（magneto motive force）
MRAC	模型参考自适应控制（model referencing adaptive control）
PD	比例-微分（proportion-differentiation）
PI	比例-积分（proportion-integration）
PID	比例-积分-微分（proportion-integration-differentiation）
PIC	功率集成电路（power integrated circuits）
PWM	脉宽调制（pulse width modulation）
PMSM	永磁同步电动机（permanent magnet synchronous motors）
P-MOSFET	功率场效应晶体管（power MOS field effect transistor）
PLL	锁相环（phase-locked loop）
SOA	安全工作区（safe operation area）
SRM	开关磁阻电动机（switched reluctance motors）
SPWM	正弦脉宽调制（sinosoidal PWM）
SVPWM	空间矢量脉宽调制（space vector PWM）
VC	矢量控制（vector control）
VSI	电压源（型）逆变器（voltage source inverter）
VR	矢量旋转变换（vector rotation）
VVVF	变压变频（variable voltage variable frequency）
VCO	压控振荡器（voltage controlled oscillator）
RDC	旋转变压器—数字量转换器（resolver-to-digital converter）
ZOH	0 阶保持器（zero order holder）

表 0-3　参数和物理量文字符号

A	安培	H	磁场强度
B	磁感应强度，磁通密度	I，i	电流
C	电容	I_a，i_a	电枢电流
C_t，C_T	直流电动机转矩常数	I_d/i_d	直流电流平均值/瞬时值
C_e，C_E	直流电动机电动势常数	I_f，i_f	励磁电流
D	直径；调速范围	I_N	额定电流
E，e	反电动势，感应电动势；误差	i_A，i_B，i_C	电动机定子三相电流
f	频率；力	i_a，i_b，i_c	电动机转子三相电流
f_c	载波频率	$I_L/\tilde{I}_L$	负载电流/负载电流的估值
F	磁动势；扰动量	I_m	峰值电流；励磁电流
G	重力	I_s，I_r	定子电流，转子电流
g	重力加速度	I_{dbl}	电枢堵转电流
GD^2	飞轮矩	I_{dcr}	电流截止负反馈电流临界值
h	开环对数频率特性中频宽度	I_{df}	正组变流器整流输出平均电流

（续）

I_{dr}	反组变流器整流输出平均电流	R_{rec}	整流器内阻
I_{dN}	电枢额定电流	s	拉普拉斯算子；静差率；转差率
I_0	空载电流	S	视在功率
J	转动惯量	t	时间
K	放大系数，增益	T	周期，采样周期；时间常数
K_p	比例系数	T_s	采样周期；电源控制滞后时间
K_s	电力电子变换器放大系数	T_l	电枢回路电磁时间常数
k	谐波次数；采样次数	T_m	机电时间常数
L	电感，自感；长度；电抗器	T_r	转子回路时间常数
L_s，L_r	定子电感，转子电感	T_0	滤波时间常数
L_l	漏感	T_i	积分时间常数
L_m	互感	T_d	微分时间常数
l	长度	t_m	扰动最大速降时间
m	质量；调制度，整流电路脉冲数	t_p	峰值时间
M	互感；闭环系统频率特性幅值	t_r	上升时间
M_r	闭环系统谐振峰值	t_{on}	开通时间
n/n_0	转速/理想空载转速	t_{off}	关断时间
n_{syn}	同步转速	t_s	调节时间
n_N	额定转速	t_v	扰动恢复时间
n_∞	稳态转速	T_e	电磁转矩
n_P	极对数；转速阶跃响应超调峰值	T_L	负载转矩
N	匝数	T_N	电动机额定转矩
P，p	功率	U，u	电压
P_m	电磁功率	U_1，U_2	一次电压，二次电压
P_s	转差功率	U_d，u_d	整流电压，直流平均电压
P_N	额定功率	U_{d0}，u_{d0}	$\alpha=0$ 时相控整流电压平均值
P_L	负载功率	U_{df}	正组变流器平均输出电压
$p=\mathrm{d}/\mathrm{d}t$	微分算子	U_{dr}	反组变流器平均输出电压
Q	无功功率	U_s，u_s	电源电压，定子电压
R	电阻，电枢回路总电阻	U_N	额定电压
R_a	电枢电阻	U_{dN}	直流电动机额定电压
R_f	励磁回路电阻	U_c	控制电压
$R_r/\tilde{R}_r$	转子电阻/转子电阻的估值	$W(s)$	传递函数，开环传递函数
R_s	定子电阻	$W_{cl}(s)$	闭环传递函数
R_{dqs}	d-q 坐标系定子等效电阻	$W_{obj}(s)$	控制对象传递函数
R_{dqr}	d-q 坐标系转子等效电阻	$W_x(s)$	环节 x 的传递函数
R_m	磁阻	W_m	磁场储能

（续）

W_m'	磁共储能	μ_{Fe}	铁心磁导率
X	电抗	$\sigma/\sigma\%$	漏磁系数/超调量
Z	电阻抗	Λ_m	磁导
α	转速反馈系数，晶闸管整流触发延迟角	ρ	半径；占空比
β	电流反馈系数，晶闸管整流逆变角	τ	时间常数，微分时间常数
β_f	正组变流器逆变角	τ_i	电流调节器微分时间常数
β_r	反组变流器逆变角	τ_n	转速调节器微分时间常数
γ	相角裕度；转矩角；电压反馈系数	$\omega/\tilde{\omega}$	角速度，角频率/角速度估值
Δ	增量	ω_b	系统闭环带宽；基准频率
Δn	转速降	ω_c	开环频率特性交越频率
ξ	阻尼比	ω_n	谐振频率
η	效率；占空比	ω_r	闭环谐振峰值频率
θ	角位移；导通角	ω_m	机械角速度
θ_m	机械角位移	ω_s	转差角速度
Φ	磁通	ω_1	同步角速度；基波角频率
Φ_m	每极气隙磁通	$\omega_{ci(n)}$	电流（转速）环开环交越频率
φ	相位角；阻抗角；功率因数角	λ_m	电动机允许过载倍数
Ψ	磁链	δ	空气隙宽度；脉冲宽度
$\hat{\Psi}$	磁链峰值	ΔU	偏差电压
μ	磁导率	$\hat{I}$	电流峰值
μ_0	真空磁导率		

表 0-4　常见下角标

a	a 相，转子 a 相	av	平均（average）
b	b 相，转子 b 相	add	附加（additional）
c	c 相，转子 c 相；载波	cl	闭环（close）
A	A 相，定子 A 相	d	二相旋转坐标系 d 轴
B	B 相，定子 B 相	q	二相旋转坐标系 q 轴
C	C 相，定子 C 相	e	电磁
f	正向(forward)；磁场(field)；反馈(feedback)	1	一次（primary）
L	负载（load）	2	二次（secondary）
l	漏磁（leakage）；线值（line）	α	二相静止坐标系 α 轴
lim	极限，限制（limit）	β	二相静止坐标系 β 轴
max	最大值（maximum）	M	转子磁链定向 M 轴
min	最小值（minimum）	T	转子磁链定向 T 轴
m	峰值；励磁（magnetizing）；极限值	on	闭合（on）
m	机械（mechanical）；励磁分量	off	断开（off）
N	额定值；标称值（nominal）	in	输入（input）
r	转子（rotator）；上升（rise）；反馈	o	输出（output）
s	定子（stator）；电源（source）；采样（sample）	∞	稳态值；无穷大处（infinity）
t	转矩分量（torque）	Σ	和（sum）
ref	参考（reference）	sam	采样（sampling）

第1章 电力拖动运动控制系统基础

1.1 电力拖动系统的运动方程

电力拖动系统的运动规律可以用运动方程来描述。在预先选定转速 n 的正方向以后，电磁转矩 T_e 的正方向与 n 相同，负载转矩 T_L 的正方向与 n 相反。若忽略系统传动机构中的粘滞摩擦和扭转弹性，则系统的运动方程是

$$T_e - T_L = J\frac{d\omega_m}{dt}$$

式中 T_e——电动机的电磁转矩，单位为 N·m；

T_L——折算到电动机轴上的负载转矩，单位为 N·m；

J——拖动对象的转动惯量，单位为 $kg \cdot m^2$；

ω_m——电动机机械角速度，单位为 rad/s。

工程上习惯采用飞轮矩 GD^2，其单位是 $N \cdot m^2$。J 与 GD^2 的关系为

$$J = m\rho^2 = \frac{GD^2}{4g}$$

式中 m——旋转体的质量，单位为 kg；

ρ——旋转部分的惯量半径，单位为 m；

G——旋转部分所受的重力，单位为 N；

D——旋转部分惯性直径，单位为 m；

g——重力加速度，$g = 9.8 m/s^2$。

角速度 ω_m(rad/s) 与转速 n(r/min) 的关系为

$$\omega_m = \frac{2\pi n}{60} = \frac{\pi n}{30} = \frac{n}{9.55}$$

于是，电力拖动系统的运动方程可改写为

$$T_e - T_L = \frac{GD^2}{375}\frac{dn}{dt} \tag{1-1}$$

由式（1-1）可以看出

1）当 $T_e > T_L$ 时，$dn/dt > 0$，系统加速；反之，系统减速。不管是哪一种情况，系统都处于变速运动中，称为动态。

2）当 $T_e = T_L$ 时，$dn/dt = 0$，即系统处于静止或匀速运行，称为稳态。

在运动方程中，要注意转矩的符号，在代入具体数据时，如果其实际方向与规定的正方向一致，就用正；否则就用负。

多数电力拖动系统是不会以不变转速长期运转的，更不要说在电动机的轴上以不变的负载长期运转了。电动机的运转状况是变化的，电动机周期性地起动和停止，负载不断变化，

有时根据生产工艺的要求需要调节转速，这就是说电动机经常处于动态之中。

有的拖动系统只是要求一般地调速，对动态特性没有提出特别的要求，如不经常起/停，也不经常调速的纺织机械、造纸机械等；有的拖动系统则对电动机完成工序的准确性和快速性提出特别高的要求（快速跟随、准确停止），如机器人、数控机床等伺服控制系统。

从式（1-1）可以看出，提高动态性能的关键有两条：减小转动惯量和控制动态转矩。直流电动机的动态转矩容易控制，因而用它构成的电力拖动系统动态性能优良；永磁同步电动机兼有动态转矩容易控制和转动惯量小的双重优点，因而在伺服控制系统中获得了广泛应用；异步电动机的动态转矩控制比较困难，要达到好的动态性能，则需要采取一些比较复杂的控制策略。

1.2　电力拖动系统的负载特性

负载特性是指生产机械的负载转矩与转速之间的关系，一般可以分为以下 3 类。

1.2.1　恒转矩负载特性

恒转矩负载的特点是负载转矩 T_L 恒定不变，与转速无关。恒转矩负载特性又可以分为反抗性和位能性两种。

1. 反抗性恒转矩负载（又称摩擦转矩负载）

它的特点是负载转矩的方向总与运动方向相反，即总是反抗运动的，当运动方向改变时，负载转矩的方向也随之改变。摩擦类型的负载就具有这样的性质，例如机床刀架的平移运动、车辆在平道上的行驶等。反抗性恒转矩负载特性如图 1-1 所示。

2. 位能性恒转矩负载

它的特点是负载转矩的方向固定不变，与转速的方向无关。具有位能的拖动对象所产生的转矩就有这样的性质。例如起重机所吊重物的升降运动，不论是提升或下降，重物所产生的负载转矩，其方向总是不变的。位能性恒转矩负载特性如图 1-2 所示。

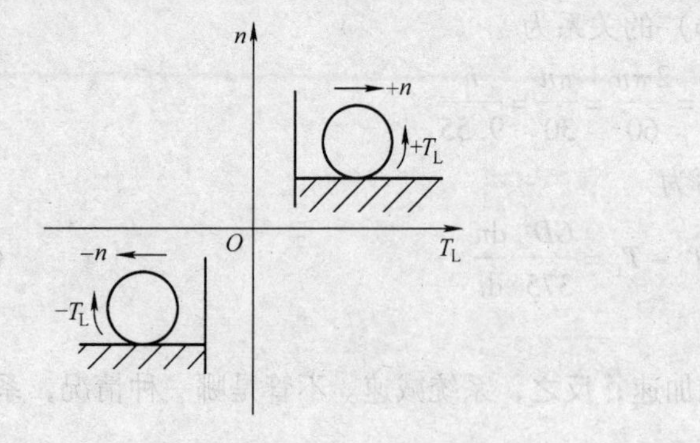

图 1-1　反抗性恒转矩负载特性

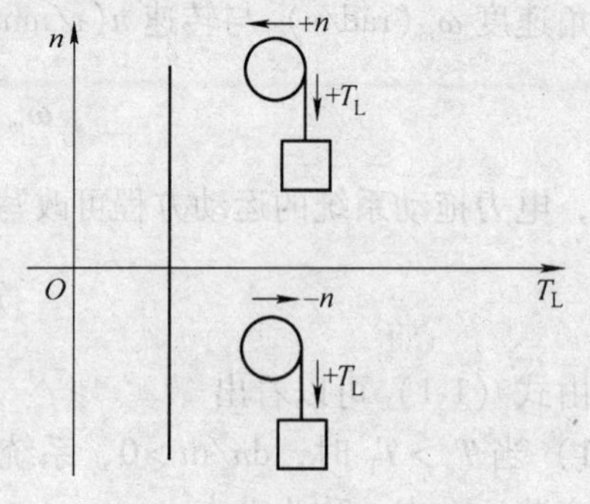

图 1-2　位能性恒转矩负载特性

1.2.2　风机类负载特性

风机类负载的特点是负载转矩基本上与转速的二次方成正比，如图 1-3 所示，即

$$T_L = Kn^2 \tag{1-2}$$

式中　K——比例常数。

属于风机类负载的生产设备有通风机、水泵和油泵等。风机类负载也属于反抗性负载。

1.2.3　恒功率负载特性

恒功率负载的特点是负载转矩基本上与转速成反比，如图1-4所示，即

$$T_L = K/n \tag{1-3}$$

式中　K——比例系数。

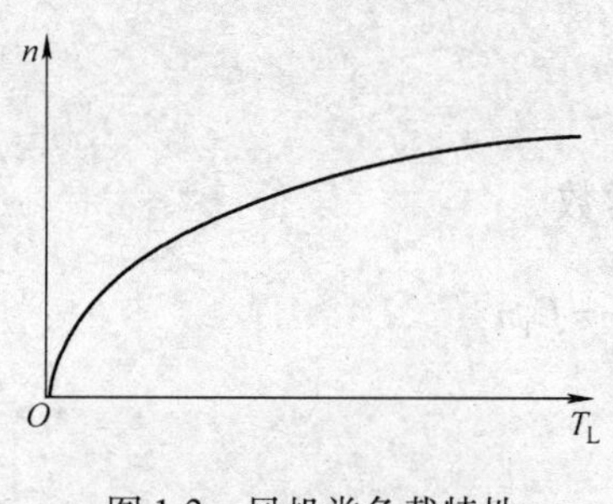

图1-3　风机类负载特性

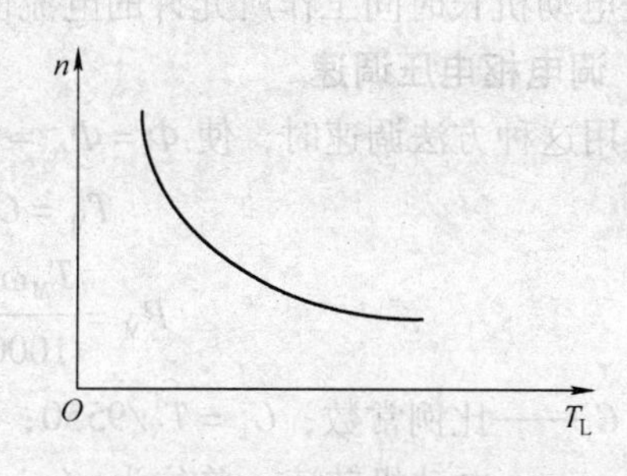

图1-4　恒功率负载特性

负载功率为

$$P_L = T_L n = 常数$$

某些机床的切削加工就具有这种特性，例如车床、刨床等，在粗加工时，切削量大，因而阻力也大，这时常开低速；在精加工时，切削量小，阻力也小，这时常开高速，即具有高、低速下功率近似不变的特性。

以上介绍的是3类典型的负载特性。实际生产机械的负载特性可能是几种典型特性的综合。例如在拖动位能负载的生产机械中，除了位能负载转矩 T_{LW} 以外，传动机构和轴承中还产生一定的摩擦转矩 T_{L0}，因此实际负载转矩应为

$$T_L = T_{L0} + T_{LW}$$

对应的负载转矩特性如图1-5所示。提升时，负载转矩为两者之和；下放时，负载转矩为两者之差。

又如，实际通风机除了主要是风机类负载外，其轴承还有一定的摩擦转矩 T_{L0}，因此，实际通风机负载转矩为

$$T_L = T_{L0} + Kn^2$$

对应的负载特性如图1-6所示。

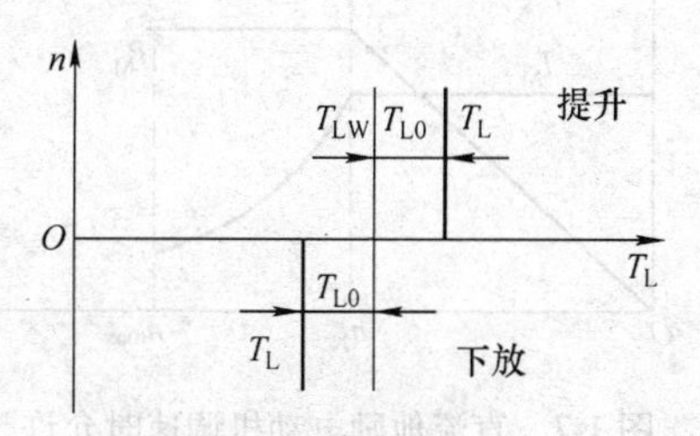

图1-5　实际负载转矩特性

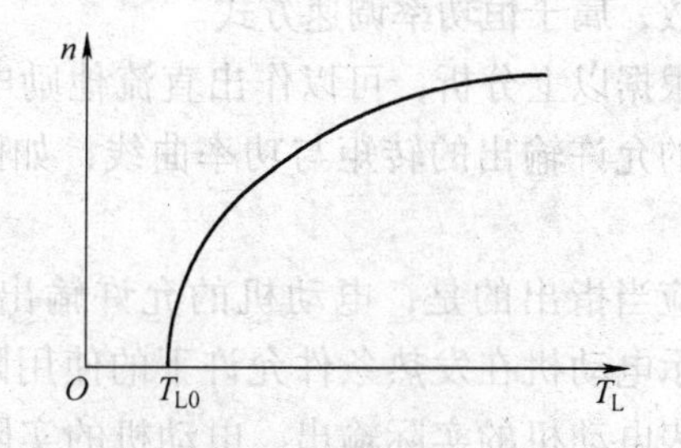

图1-6　实际通风机负载特性

1.3 电力拖动系统的转矩与功率

1.3.1 电动机允许输出的转矩和功率

电动机长时间工作允许输出的电磁转矩和允许输出的功率由电动机发热条件决定。下面仅以直流他励电动机为例加以说明。直流电动机的发热主要取决于电枢电流 I_a，而额定电流 I_N 就是电动机长时间工作所允许的电流值。

1. 调电枢电压调速

采用这种方法调速时，使 $\Phi=\Phi_N=$ 常数，所以

$$T_M=C_T\Phi_N I_N=T_N=\text{常数}$$

$$P_M=\frac{T_M\omega_m}{1000}=\frac{T_M n}{9550}=\frac{T_N n}{9550}=C_1 n$$

式中 C_1——比例常数，$C_1=T_N/9550$；

n——电动机转速，单位为 r/min；

ω_m——电动机角速度，单位为 rad/s；

T_M——电动机允许的转矩，单位为 N · m；

P_M——电动机允许的功率，单位为 kW。

可见调压调速时（在额定转速 n_N 以下调速），$T_M=$ 常数，P_M 与 n 成正比，属于恒转矩调速方式。

2. 弱磁调速

弱磁调速时，$U=U_N$，$I_M=I_N$，则

$$\Phi=\frac{U_N-I_N R_a}{C_E n}=\frac{C_2}{n}$$

$$T_M=C_T\Phi I_N=\frac{C_T C_2 I_N}{n}=\frac{C_3}{n}$$

式中 C_3——比例常数，$C_3=C_T C_2 I_N$。

所以

$$P_M=\frac{T_M n}{9550}=\frac{C_3}{9550}=\text{常数}$$

可见弱磁调速时（在额定转速 n_N 以上调速），P_M = 常数，属于恒功率调速方式。

根据以上分析，可以作出直流他励电动机调速时的允许输出的转矩与功率曲线，如图 1-7 所示。

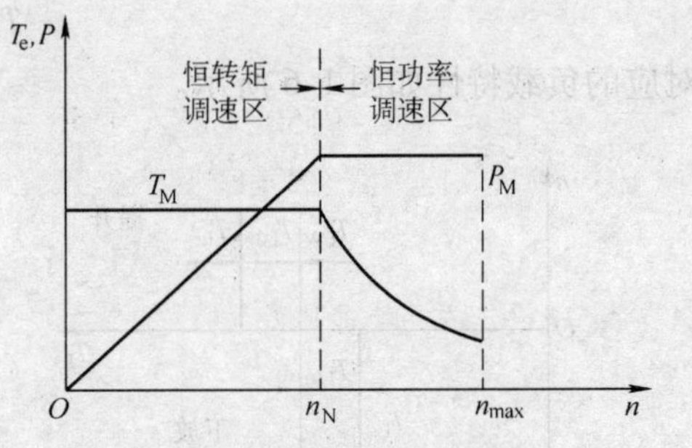

图 1-7 直流他励电动机调速时允许输出的转矩与功率曲线

应当指出的是，电动机的允许输出转矩 T_M 只表示电动机在发热条件允许下的使用限度，并不代表电动机的实际输出。电动机的实际输出应由负载的实际需要来决定。

1.3.2　调速方式与负载类型的配合

1. 恒转矩负载配恒转矩调速方式和恒功率负载配恒功率调速方式

调速方式与负载类型的特性配合如图 1-8 所示，在任何转速下都满足 $T_M = T_L$，$P_M = P_L$。这样电动机既能满足生产机械的需要，本身又能得到充分利用。显然，这样的配合是合适的。要使电动机在任何速度下都能长时间运行，应使负载转矩 T_L 总是小于 T_M（电动机允许的转矩）。

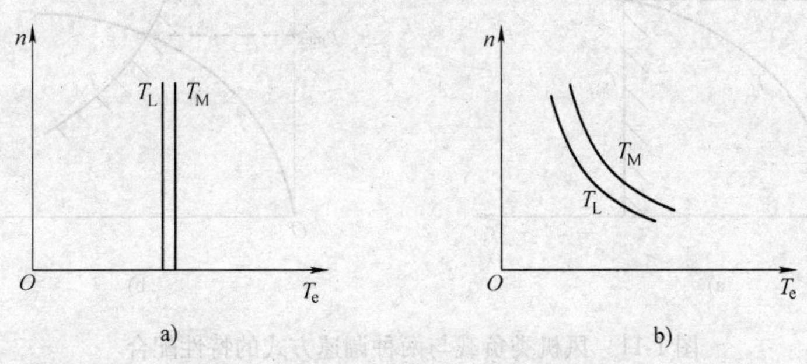

图 1-8　调速方式与负载类型的特性配合

a）恒转矩　b）恒功率

2. 恒转矩负载配恒功率调速方式

恒转矩负载配恒功率调速的特性配合如图 1-9 所示。为使电动机在最高转速 n_{max} 时能满足负载的需要，应使 $T_M\big|_{n=n_{max}} = T_L$，但在其他转速下电动机总有不同程度的浪费（$T_M > T_L$，$P_M > P_L$）。可以证明，在最低转速 n_{min} 时，电动机的额定功率将是实际功率的 D（调速范围）倍。证明如下：

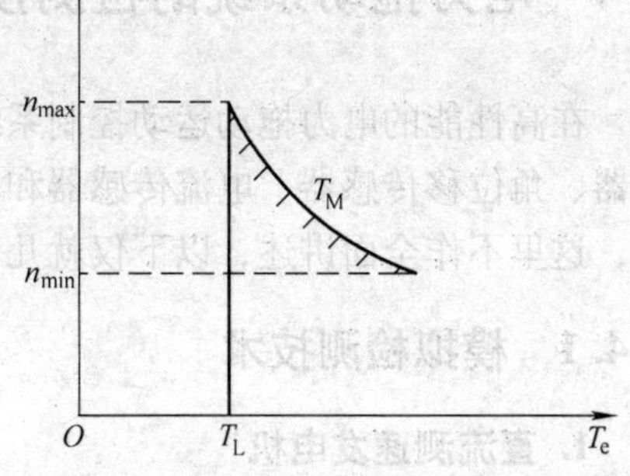

图 1-9　恒转矩负载配恒功率调速特性

令
$$D = \frac{n_{max}}{n_{min}} \tag{1-4}$$

由于
$$T_N = 9550\,\frac{P_N}{n} = \text{常数}$$

当 $n = n_{max}$ 时，为使电动机能满足负载功率的要求，应使

$$P_N = P_{Lmax} = \frac{T_L n_{max}}{9550} = \frac{n_{max}}{n_{min}}\,\frac{T_L n_{min}}{9550} = DP_{Lmin}$$

式中　P_{Lmax}——最高转速 n_{max} 时的负载功率；

P_{Lmin}——最低转速 n_{min} 时的负载功率；

P_N——电动机的额定功率。

显然这种配合是不好的，它将造成低速运行时电动机容量的浪费。

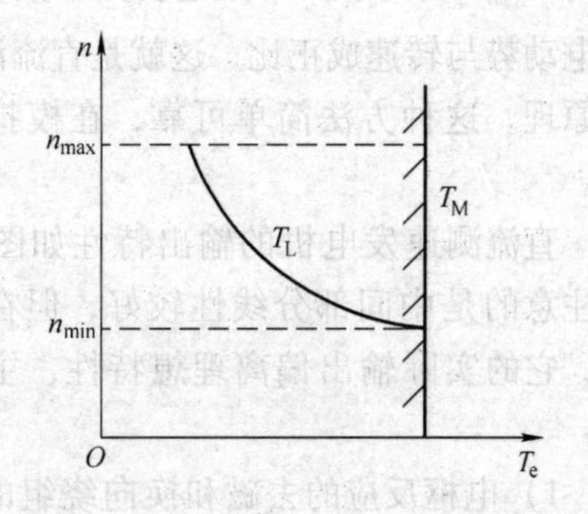

图 1-10　恒功率负载配恒转矩调速特性

3. 恒功率负载配恒转矩调速方式

恒功率负载配恒转矩调速的特性配合如图 1-10

所示。为了使电动机在最低转速 $n_{\min}$ 时能满足负载转矩的需要，应使 $T_M = T_L|_{n=n_{\min}}$，但在其他转速下电动机都有浪费（$T_M > T_L$，$P_M > P_L$）。

显然，这种配合也是不好的，它将造成高速运行时电动机容量的浪费。

4. 风机类负载与两种调速方式的配合

风机类负载与恒转矩和恒功率两种调速方式的特性配合如图 1-11 所示。

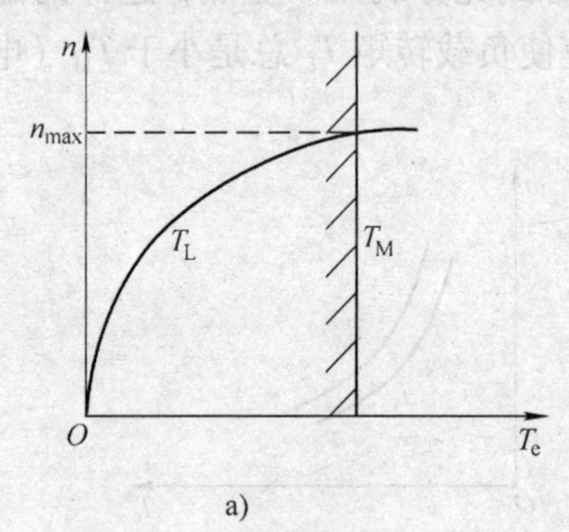

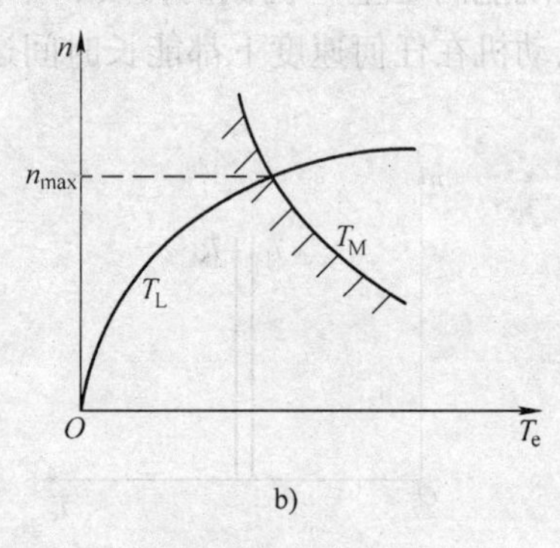

图 1-11　风机类负载与两种调速方式的特性配合

a）恒转矩　b）恒功率

为了使电动机在最高转速时能满足负载的需要，则 $T_M|_{n_{\max}} = T_L|_{n_{\max}}$，但在其他转速下电动机都有浪费（$T_M > T_L$，$P_M > P_L$），转速越低，浪费得越多。可以看出风机类负载与两种调速方式的配合都是不好的。

1.4　电力拖动系统的检测技术

在高性能的电力拖动运动控制系统中，需要高精度的传感器，包括转速传感器、位置传感器、角位移传感器、电流传感器和电压传感器等。现有的传感器品种很多，可参考有关著作，这里不作全面讲述，以下仅就几种常用的传感器作一简单介绍。

1.4.1　模拟检测技术

1. 直流测速发电机

测速发电机分直流和交流两种，这里仅简单介绍直流测速发电机。直流发电机产生电动势 $E = C_E\Phi n$，其中 C_E 是电动势常数，Φ 是气隙磁通，n 是转速。如果维持气隙磁通恒定，则电动势与转速成正比，这就是直流测速发电机的工作原理。这种方法简单可靠，在模拟系统中采用较多。

直流测速发电机的输出特性如图 1-12 所示，需要注意的是中间部分线性较好，但在低速端和高速端，它的实际输出偏离理想特性，主要影响因素如下：

1）电枢反应的去磁和换向绕组的附加电流所产生的延时去磁导致输出特性高速端向下弯曲。

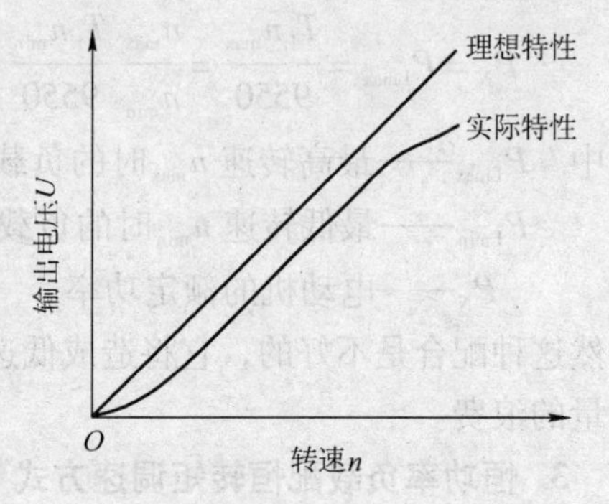

图 1-12　直流测速发电机的输出特性

2）由于输出电压是由多个元器件不同相位感应电动势的叠加，其输出电压具有直流发电机固有的纹波。

3）换向器件短路和电刷跳动导致高频噪声和电磁干扰。

4）电刷换向器接触电阻导致其输出特性下端的弯曲。

使用中应注意以下几点：

1）使用中不要超过最高转速限制，不要进入高端非线性区。

2）负载电阻不要小于规定最小阻值，也就是限制不超过最大负载。

3）电压输出端设置低通滤波器，滤除纹波。

2. 电流互感器

采用电流互感器可以在不切断电路的情况下，测得电路中的电流。电流互感器的结构如图1-13所示。假设一次电流为i_1，匝数为N_1；二次电流为i_2，匝数为N_2，根据变压器原理，可得二次电流为

$$i_2=\frac{N_1}{N_2}i_1$$

可见，只要测得二次电流i_2，就可得知一次电流i_1的大小。

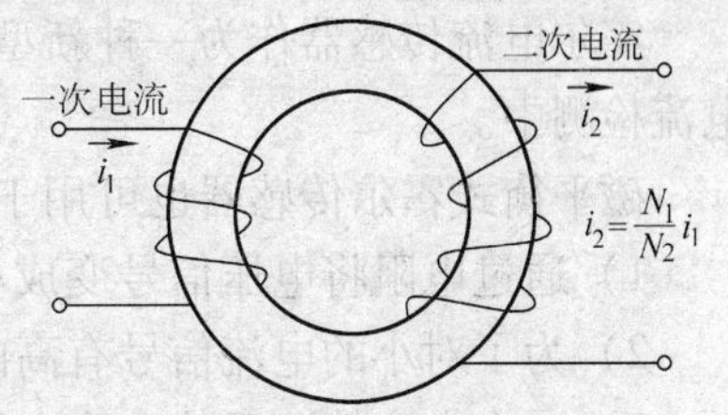

图1-13　电流互感器的结构

由于电流互感器二次绕组的匝数远大于一次绕组，在使用时决不允许二次侧开路，否则会使一次电流完全变成励磁电流，铁心进入高度饱和状态，使铁心严重发热并在二次侧产生很高的电压，引起互感器的热破坏和电击穿，甚至对人身及设备造成伤害。为了安全，互感器的二次侧必须可靠接地（安全接地）。

电流互感器的输出是电流，测量时，互感器二次侧接一电阻R，将电流信号转变成电压信号，然后接到放大器或交直流变换器上供进一步的处理。

由于存在电磁惯性，电流互感器检测电流有一定的时间延迟。对快速性要求比较高的过电流保护，不宜采用电流互感器作为电流检测器件。

3. 取样电阻测电流

这种方法使用阻值很小的标准电阻r串接在被测电路中，称之为取样电阻，将被测电流I_x转换成被测电压U_x。如果得到的被测电压很小，还需要进行放大处理。如果在高频下使用，这个电阻还应该是无感的。

这种方法的优点是简单可靠，没有时间延迟，特别适用于过电流保护。缺点是要消耗电能，大功率下不宜采用；测得的信号没有电隔离，给处理电路带来不便。

4. 霍尔电流/电压传感器

图1-14所示为磁平衡式霍尔电流传感器的工作原理。图中，被测电流i_P产生的磁场集中到霍尔器件所在的空气隙中，霍尔器件的输出U_H经放大器放大后去驱动晶体管对，晶体管对控制二次绕组中的电流，使二次电流i_s产生的磁场与一次电流产生的磁场正好抵消。二次电流按匝数比精确地反映一

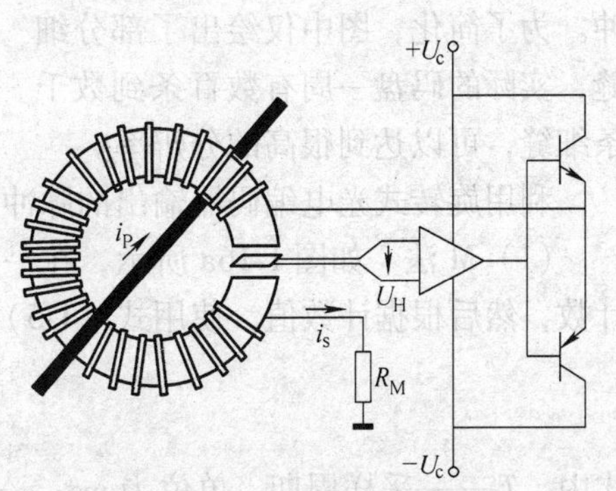

图1-14　磁平衡式霍尔电流传感器的工作原理

次电流，此电流经电阻 R_M 转换为电压信号供输出。

这种霍尔电流传感器有以下优点：

1）由于采用磁平衡工作方式，稳态时环中的磁通为零，因此磁路的非线性不影响测量的精度。

2）磁心采用铁氧体等材料，电磁惯性小，测量输出信号的时间延迟小，快速性好，不仅适合控制用，也适合过电流保护用。

3）交、直流均能测量，频带宽（直流到500kHz），即使是非正弦电流也能得到很好的测量。

4）电流测量范围宽，为0.25～10000A。

5）输出信号与被测电路隔离，方便信号的处理。

霍尔电流传感器作为一种新型的电流检测器件，正被广泛地应用到各种电力电子设备的电流检测中。

磁平衡式霍尔传感器也可用于对电压信号的检测，只需作如下几点改动：

1）通过电阻将电压信号变成小电流信号。

2）为了对小的电流信号有高的灵敏度，一次绕组的匝数需要增多。

3）二次电流精确反映一次电压，测量范围可达10～6400V。

1.4.2 数字检测技术

1. 增量式光电旋转编码器的转速检测原理

增量式光电旋转编码器由与电动机同轴相连的码盘、码盘一侧的发光器件与另一侧的光敏器件组成。码盘上有3圈透光细缝，如图1-15a所示，第1圈与第2圈的细缝数相等，细缝位置相差90°电角度。输出A、B、Z三路方波脉冲，A脉冲相位与B脉冲相位相差90°，如图1-15b所示。第3圈只有一条细缝，码盘转一圈生成一个Z脉冲，可以用作定位脉冲或者复位脉冲。为了简化，图中仅绘出了部分细缝，实际的码盘一周有数百条到数千条细缝，可以达到很高的分辨率。

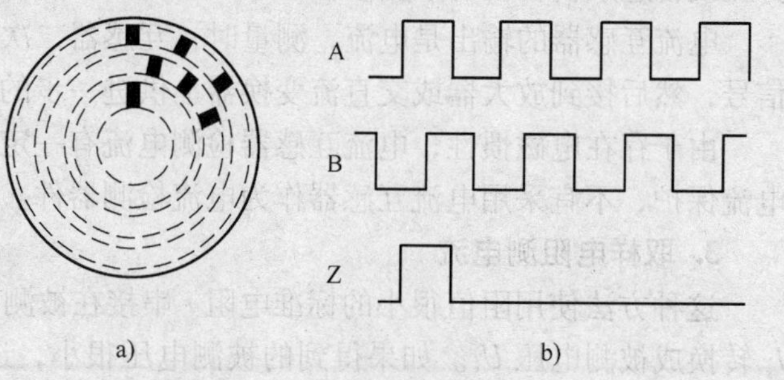

图1-15 增量式光电旋转编码器及其输出波形
a）码盘 b）波形

利用旋转式光电编码器输出的脉冲可以计算转速，方法有M法、T法和M/T法。

（1）M法 如图1-16a所示，在一定的采样间隔时间 T_s 内，将来自编码器的脉冲信号计数，然后根据计数值，使用式（1-5）推算转速 n(r/min)

$$n = 60000\frac{m}{MT_s} \tag{1-5}$$

式中 T_s——采样周期，单位为ms；

m——在 T_s 时间间隔内所计的脉冲数；

M——码盘每转的脉冲数，由铭牌参数得到。

例如，当 $M=1000$，$T_s=1\text{ms}$ 时，计数值 $m=20$，则利用式（1-5）计算实测转速 $n=1200\text{r/min}$。

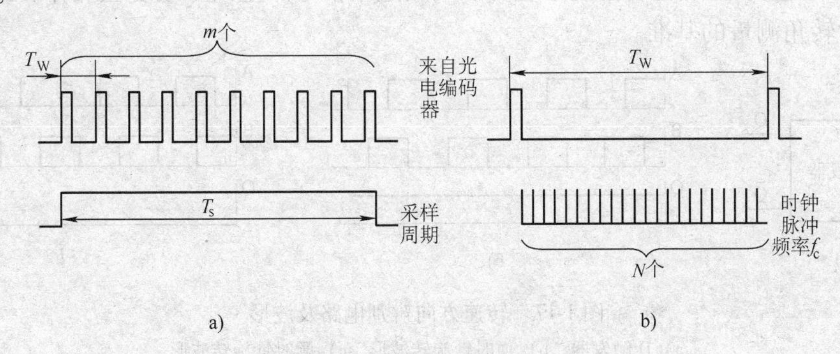

图1-16　光电编码器测速

a) M法　b) T法

M法的缺点是低速测量受限制。由于低速时脉冲的频率低，若在 T_s 内只能采集到一个脉冲，即当 $m=1$ 时，由上面给出的参数计算实际速度为 $n_{min}=60\text{r/min}$。这就是说低于60r/min的转速无法测到。考虑到对测量误差有一定的要求，实际能达到的最低测量速度还要进一步受限制。如果要测低于60r/min的转速，一种可能的改进方法是增大采样周期。通过简单的计算可知，要使能测量的最低速达到 $n_{min}=1\text{r/min}$，则 T_s 应增大到60ms。这样，系统快速性大为下降。另一种可能的改进方法是增大 M，但这要受机械制造技术的限制，而且带来成本提升。也可用A、B两路信号叠加，并计及前后沿，得到4倍频的信号，M 增大为原来的4倍，倍数有限。如何能在不增加 M、不改变 T_s 的情况下测量低速？可以考虑采用另外一种方法——T法。

（2）T法　如图1-16b所示，在两个码盘脉冲的间隔 T_W 内计算已知频率 f_c 的高频脉冲的个数，从而计算出 T_W 及转速。转速 $n(\text{r/min})$ 的计算式为

$$n=60000\frac{f_c}{MN} \tag{1-6}$$

式中　f_c——高频时钟脉冲频率，单位为kHz；

M——码盘每转脉冲个数；

N——在 T_W 时间内所计高频时钟脉冲的个数。

例如，当 $M=1000$，$f_c=5\text{kHz}$，$N=250$ 时，按照式（1-6）计算转速 $n=1.2\text{r/min}$。但是，与M法相反，T法的缺点是高速测量受限制。例如，当 $N=1$ 时，可测得最高转速 $n_{max}=300\text{r/min}$。改进的可能方法之一是提高时钟脉冲的频率 f_c。

（3）M/T法　以上两种方法各有优缺点，若要在大范围内测量转速时，可以在同一系统中分段采用这两种方法，即在高速段采用M法，在低速段采用T法，称之为M/T法。

有关增量式光电编码器测速的改进方法有许多种，读者可以参阅相关的论述或专著。

在可逆调速系统中，不仅要测转速，还要测转向。可以利用A、B脉冲串之间的相位差，进行转速方向的辨别。采用一个D触发器，接线如图1-17a所示，输出Q端信号为转向信号，波形如图1-17b和c所示。逆时针旋转时，A脉冲超前B脉冲，Q为高电平；顺时针旋转时，B脉冲超前A脉冲，Q为低电平。Q电平的高低指示旋转的方向。

增量式光电编码器的第 3 圈只有一条细缝，用于产生定位（index）或零位（zero）信号——Z 脉冲。测量装置或运动控制系统可以利用这个信号产生回零或复位操作，或者利用这个信号作为转角测量的基准。

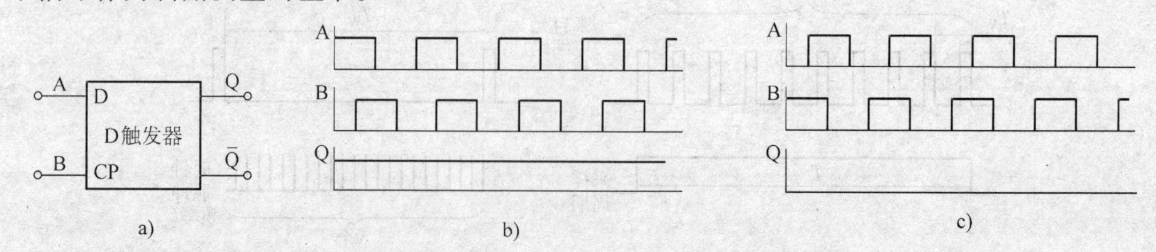

图 1-17　转速方向辨别电路及波形

a）D 触发器　b）逆时针旋转波形　c）顺时针旋转波形

2. 绝对式光电编码器的位置检测原理

绝对式光电编码器与增量式光电编码器的基本结构相似，只是码盘上的细缝圈数和排列方式不同而已。码盘上的细缝排列方式与码制有关，常用的码制有二进制码和循环码。其中二进制码最简单，其码盘图形如图 1-18a 所示。图中，一圈细缝称为一个码道，对应于数码的一位，外环为最低位，内环为最高位，该图例中共有 4 位，实际的绝对码盘可以达到十几位。如果码道数为 N，按 2^N 对圆周分度，则码盘的角度分辨率 R_Q 为

$$R_Q = \frac{360°}{2^N} \tag{1-7}$$

不难看出，码道数 N 越大，角度分辨率 R_Q 越小，测量精度越高。根据光电接收电路得到的各位脉冲（S_1，S_2，S_3，S_4）的对应关系，如图 1-18b 所示（S_1 为最内码道，S_4 为最外码道），由 4 个码道读得的二进制数，可以确定电动机轴的旋转角度位置。

二进制码盘的优点是可以直接用于绝对位置的测量，不用换算，但是这种码盘在实际中却很少采用。因为在两个位置的边界处，由于码盘制作或光敏器件排列的不可避免的误差会造成编码数据的大幅度跳动。例如在位置 0111 和 1000 之间的交界处，可能会出现 0 ~ 15 中的任何一个十进制数。因此绝对编码器一般采用图 1-19 所示的循环二进制码盘，又称格雷码盘。

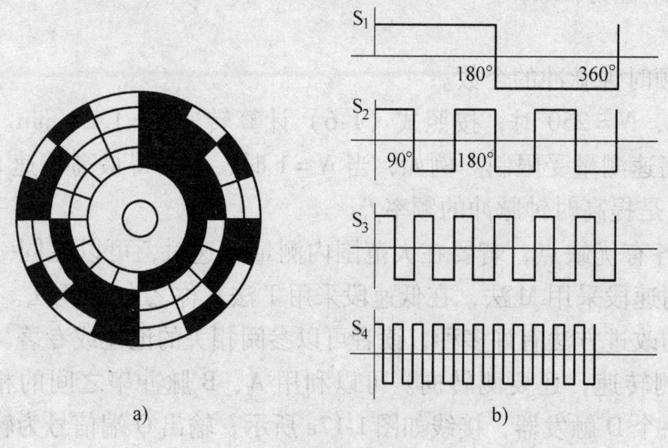

图 1-18　绝对式光电编码器二进制编码

a）码盘　b）波形

图 1-19　循环二进制码盘（格雷码盘）

格雷码的特点是相邻两个数据之间只有一位数据在变化，因此在测量过程中产生的误差最大不会超过 1，误差大为减小。格雷码是无权码，每位不再具有固定的权值，必须经过一个解码过程转换为二进制码，才能得到位置信息。这个解码过程可以通过硬件解码器或软件译码实现。表 1-1 列出了 4 位二进制码与格雷码的对照。

表 1-1　4 位二进制码与格雷码的对照

序号	标准二进制码	格雷码	序号	标准二进制码	格雷码
0	0000	0000	8	1000	1100
1	0001	0001	9	1001	1101
2	0010	0011	10	1010	1111
3	0011	0010	11	1011	1110
4	0100	0110	12	1100	1010
5	0101	0111	13	1101	1011
6	0110	0101	14	1110	1001
7	0111	0100	15	1111	1000

绝对编码器的优点是，即使处于静止或关闭电源后再打开，也可得到位置信息；其缺点是结构复杂，价格昂贵。

3. 旋转变压器的测角原理

旋转变压器是在运动控制系统中应用较为广泛的角位置传感器，其结构类似两相电动机，由定子和转子组成。其转子轴与被测电动机同轴连接，定子上装有两个结构相同、空间互成 90°的绕组，转子上也装有两个互相垂直的相同绕组，并分别经集电环和电刷引出。定、转子绕组之间的电磁耦合程度与转子的转角有关，因此，转子绕组的输出电压也与转子的转角有关。通过测量转子绕组的输出电压，可以获得转角的大小。

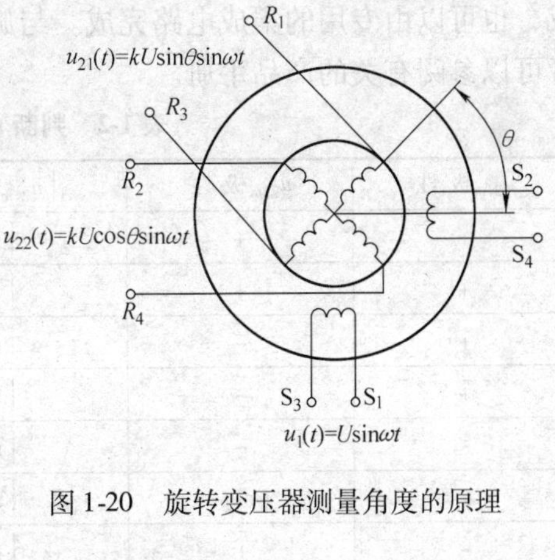

图 1-20　旋转变压器测量角度的原理

图 1-20 所示为旋转变压器测量角度的原理。在定子绕组 S_1-S_3 上施加正弦电压

$$u_1(t)=U\sin\omega t$$

另一个定子绕组 S_2-S_4 空接或短路。转子绕组与定子绕组的夹角为 θ，则旋转变压器的两个转子绕组的输出分别是

$$u_{21}(t)=kU\sin\theta\sin\omega t$$

$$u_{22}(t)=kU\cos\theta\sin\omega t$$

式中　k——旋转变压器一、二次侧之间的电压比。

如果把输入电压 $u_1(t)$ 看作是一个矢量，旋转变压器将其分解成正交的两个分量 u_{21} 和 u_{22}，这正是旋转变压器的英文名 resolver（分解器）的本义。旋转变压器也可以看作是一个乘法器将输入电压分别乘以转角的正弦和余弦。

如何从 u_{21} 和 u_{22} 中得到转角 θ 的值，这是转角变换器的任务。

为了分析方便，取 $k=1$，转子输出的正弦电压 u_{21} 和 u_{22} 的幅值为

$$\begin{aligned} u_{21\mathrm{m}} &= U\sin\theta \\ u_{22\mathrm{m}} &= U\cos\theta \end{aligned} \tag{1-8}$$

画出 $u_{21\mathrm{m}}$、$u_{22\mathrm{m}}$ 与 θ 的关系曲线如图 1-21a 所示，可以看出在 0 ~ 360°内，一个 $u_{21\mathrm{m}}$ 或 $u_{22\mathrm{m}}$ 不能唯一地确定一个 θ，因为不是单值函数。同样为了分析方便，取 $u_{21\mathrm{m}}$ 和 $u_{22\mathrm{m}}$ 的绝对值，画出 $|u_{21\mathrm{m}}|$ 和 $|u_{22\mathrm{m}}|$ 与 θ 的关系曲线如图 1-21b 所示。显然，在 0 ~ 360°内可以得到 8 个等分区间，在每个 45°的区间内，$u_{21\mathrm{m}}$ 和 $u_{22\mathrm{m}}$ 都是 θ 的单值函数。为使问题更加清楚，取

$$u = \min(|u_{21\mathrm{m}}|, |u_{22\mathrm{m}}|)$$

画出 u 与 θ 的关系曲线如图 1-21c 所示。由此，只要根据 $u_{21\mathrm{m}}$ 和 $u_{22\mathrm{m}}$ 的极性就可以判断出 θ 处于第几区间，再根据 u 值就可以求出 0 ~ 45°的 θ_1 值，进而求出 θ 值。

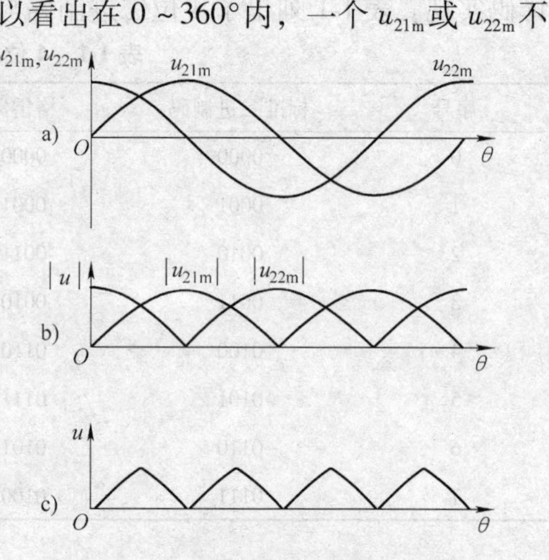

图 1-21　旋转变压器转子输出电压与转角 θ 的关系曲线

由 $u_{21\mathrm{m}}$ 和 $u_{22\mathrm{m}}$ 的极性及 $|u_{21\mathrm{m}}|$ 和 $|u_{22\mathrm{m}}|$ 的关系可以判断出 θ 所处的区间，判断 θ 所在区间和计算 θ 的公式列于表 1-2 中。其中，θ 与 u 为非线性正弦关系，而经过 A/D 转换将转子绕组的模拟量输出转换为数字量后，要查正弦函数表得到与之对应的 θ 值。这可以由计算机完成，也可以由专用的集成电路完成。与旋转变压器配套使用的专用集成电路有很多型号，读者可以参阅有关的产品手册。

表 1-2　判断 θ 所在区间及计算 θ 的公式

$u_{21\mathrm{m}}$ 极性	$u_{22\mathrm{m}}$ 极性	$\lvert u_{21\mathrm{m}}\rvert$ 与 $\lvert u_{21\mathrm{m}}\rvert$ 关系	区　间	θ 计算公式
+	+	$\lvert u_{21\mathrm{m}}\rvert < \lvert u_{22\mathrm{m}}\rvert$	Ⅰ	$0° + \theta_1$
+	+	$\lvert u_{21\mathrm{m}}\rvert > \lvert u_{22\mathrm{m}}\rvert$	Ⅱ	$90° - \theta_1$
+	−	$\lvert u_{21\mathrm{m}}\rvert > \lvert u_{22\mathrm{m}}\rvert$	Ⅲ	$90° + \theta_1$
+	−	$\lvert u_{21\mathrm{m}}\rvert < \lvert u_{22\mathrm{m}}\rvert$	Ⅳ	$180° - \theta_1$
−	−	$\lvert u_{21\mathrm{m}}\rvert < \lvert u_{22\mathrm{m}}\rvert$	Ⅴ	$180° + \theta_1$
−	−	$\lvert u_{21\mathrm{m}}\rvert > \lvert u_{22\mathrm{m}}\rvert$	Ⅵ	$270° - \theta_1$
−	+	$\lvert u_{21\mathrm{m}}\rvert > \lvert u_{22\mathrm{m}}\rvert$	Ⅶ	$270° + \theta_1$
−	+	$\lvert u_{21\mathrm{m}}\rvert < \lvert u_{22\mathrm{m}}\rvert$	Ⅷ	$360° - \theta_1$

4. 无刷旋转变压器与数字转角变换器

有刷旋转变压器通过电刷和集电环将转子绕组中的信号引出。电刷和集电环的寿命不长，需要维护，同时接触导电中产生的火花，也是产生电磁干扰的来源。因此，目前在工业应用中使用广泛的是无刷旋转变压器。无刷旋转变压器将励磁放在转子绕组上，输出信号从定子绕组引出。转子上的励磁绕组通过安装在轴上的有空气隙的环形变压器从外部获取正弦激励能量，从而免去集电环和电刷。

图1-22所示为无刷旋转变压器与数字角度转换器（Resolver-to-Digital Converter，RDC）组成的测角系统，也可以理解为闭环位置跟踪伺服系统。旋转变压器是无刷的，它的转子绕组从安装在同轴上的环形变压器的二次侧得到高频励磁激励，环形变压器的一次侧接到外部高频电源，如图1-22所示。旋转变压器的定子绕组产生两路同频调幅正弦信号 u_{11} 和 u_{12} 为

$$u_{11}=U\sin\theta\sin\omega t$$

$$u_{12}=U\cos\theta\sin\omega t$$

式中　　ω——正弦波角频率；

$U\sin\theta$ 和 $U\cos\theta$——幅值；

θ——转子绕组的定向角。

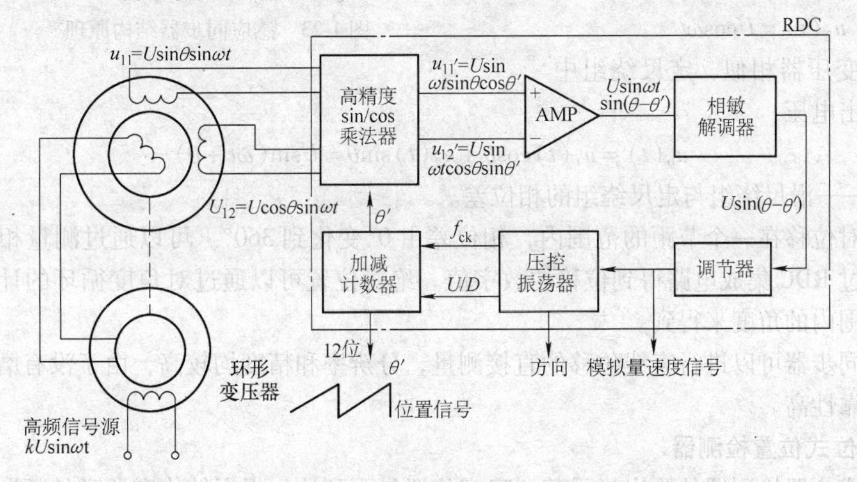

图1-22　无刷旋转变压器与数字角度转换器组成的测角系统

u_{11} 和 u_{12} 两路模拟电压信号可以被系统直接使用，也可以通过RDC转换成数字信号使用。图1-22点画线框内为RDC，它由若干单元组成。高精度乘法器将 u_{11}、u_{12} 与 $\cos\theta'$、$\sin\theta'$ 相乘，输出 u'_{11} 和 u'_{12}，其中 θ' 为加减计数器估算出的转子绕组的定向角。误差放大器（AMP）将 u'_{11} 减 u'_{12}，其结果 $U\sin\omega t\sin(\theta-\theta')$ 输出到相敏解调器，相敏解调器将这个信号转换成 $U\sin(\theta-\theta')$，然后送到积分型的调节器。其后的压控振荡器（VCO）将调节器输出的表示速度的模拟电压信号转换成频率信号，然后送到加减计数器加1计数或者减1计数。究竟加1计数或者减1计数取决于调节器输出信号 U/D 的极性。加减计数器的输出即为 θ 的估算值 θ'，是一个12位的数字量。由于调节器的调节作用，稳态时跟踪误差等于零，θ' 即为正确的位置信号（$\theta=\theta'$）。需要注意的是，压控振荡器的输入是一个可正可负的双极性速度信号，可以用作控制或监视的目的，正极性表示正转，负极性表示反转。

5. 感应同步器

感应同步器是一种电磁式的位移检测器件，它有直线式和圆盘式两种。直线式感应同步器相当于一个展开的旋转变压器，由定尺和滑尺两部分组成，其结构原理如图1-23所示。

定尺是一个长尺，上面用与制造印制电路板相似的方法形成类似周期方波波形的绕组，相邻两个绕组之间的距离称为节距 T，国产感应同步器的节距一般为2mm。滑尺上有两个绕组，分别称为正弦绕组和余弦绕组，它们的节距均为 T。当滑尺正弦绕组与定尺绕组对准时，滑尺余弦绕组则与定尺绕组相差 $T/4$，即相差90°电角度。

定尺一般安装在测量对象的固定部件上（如机床的床身上），而滑尺则安装在运动部件（如机床的刀架）上。两者隔着 0.25mm 左右的空气隙并行放置。当向两者之一加正弦信号作为激励时，由于紧密的耦合，在另一绕组上就会感应出正弦电压信号来。

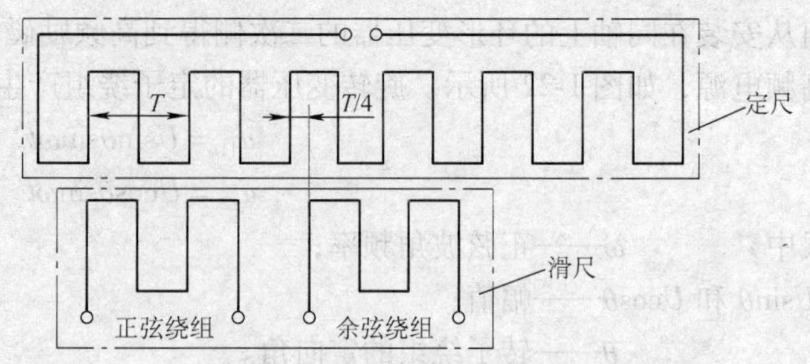

图 1-23　感应同步器结构原理

如果在滑尺的正弦绕组和余弦绕组上分别施加相位差 90° 的两个正弦交流电压作为激励，即

$$u_1(t) = U\sin\omega t$$

$$u_2(t) = U\cos\omega t$$

则与旋转变压器相似，定尺绕组中便会感应出电压

$$u_0(t) = u_1(t)\cos\theta + u_2(t)\sin\theta = U\sin(\omega t + \theta)$$

式中　θ——滑尺绕组与定尺绕组的相位差。

如相对位移在一个节距的范围内，相位差由 0°变化到 360°。可以通过测量相位差的方法或者通过 RDC 集成电路得到位移的数字值。绝对位置可以通过对角度循环的计数和在一个节距范围内的角度来得到。

感应同步器可以进行直线位移的直接测量，分辨率和精度均较高，由于没有磨损件，寿命长、可靠性高。

6. 二位式位置检测器

二位式位置检测器的输出指示某一确定位置是否到达。根据结构和原理的不同，可以有多种形式，应用较广泛的有电磁感应式、光电式、霍尔器件式和接近开关式等。

这里介绍一种电磁感应式位置检测器，如图 1-24 所示，可以用于无刷直流电动机转子位置检测。

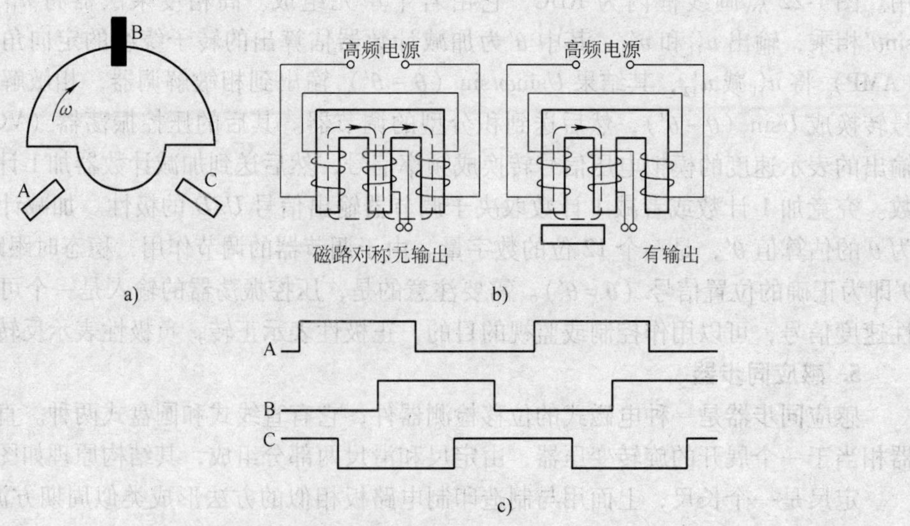

图 1-24　电磁感应式位置检测器

a）结构　b）E 形变压器的结构　c）波形

它由定子和转子两部分组成。转子为一块导磁的扇形圆盘，扇形的机械角度为360°/($2n_p$)，如果电动机的极数为$2n_p=2$，则扇形为180°，如图1-24a所示。定子上安装有检测元件，如图1-24a的A、B、C所示。此检测元件由开口的E形高频变压器组成，3只变压器的位置在空间互差120°。E形变压器的结构如图1-24b所示，在中心柱上绕有二次绕组，外侧两铁心柱上绕有一次绕组，它们由某一高频电源供电。当转子圆盘的缺口处于变压器的铁心下面时，如A、C，由于磁路对称，中心柱的磁通为0，二次绕组中无感应电压输出；反之，当转子圆盘的凸起（扇形）部分转到变压器的铁心柱下面时，如B，则对应一侧磁路的磁导增大，而另一侧磁路的磁导不变，两侧磁路不对称，二次绕组便有感应电压输出。当电动机旋转时，转子圆盘的凸起部分依次扫过变压器A、B、C，于是3个检测器件便输出3路高频电压信号，经整流滤波后，得到3路宽度为180°、相位依次差120°的3路矩形波，如图1-24c所示。再经逻辑电路处理后，供无刷直流电动机中的逆变器控制用。

这种变压器又称差动变压器，使用它们做位置检测器有结构简单、可靠耐用的优点，国内应用较多。

思考题与习题

1-1　影响电力拖动运动控制系统快速性的关键是什么？

1-2　直流他励电动机调压调速属于哪一类型的调速方式？弱磁调速又属于哪一类型？

1-3　为了使电动机的潜力得到充分利用，调速方式应该如何与负载类型相配合？

1-4　为什么说对快速性要求比较高的过电流保护不宜采用电流互感器作电流检测器件？

1-5　霍尔式电流传感器有什么优点？

1-6　增量式旋转光电编码器检测转速有M法、T法，它们的适用测速范围有什么不同？如果要扩大适用测速范围，有什么办法可以采用？

1-7　图1-18b所示4位绝对式旋转光电编码器的4码道波形可能在某些位置面临多位同时跳变的问题，因而在实际中很少被采用，原因是什么？而实际中采用的格雷码相邻两个数据之间只允许有一位数据变化。

第 2 章　直流电动机调速系统

一般来说，直流电动机具有线性的静态和动态数学模型，这使得它具有良好的起动、制动、调速和抗扰动等性能。对于直流电动机及其调速系统，早已形成了一整套成熟的理论分析和工程设计方法。在相当长的时期内，直流调速系统曾经在需要大范围平滑调速的运动控制领域内，特别是在需要快速、精确控制的运动控制场合占有主导地位。近年来，面临高性能交流调速技术的挑战，尽管其市场比例有所降低，但是，仍然在电力拖动领域具有重要的地位。另外，从控制系统设计的角度讲，直流调速系统是交流调速系统的基础。因此还是应该首先掌握直流调速系统。

直流电动机的稳态转速方程为

$$n = \frac{E_a}{C_E \Phi} = \frac{E_a}{C_e} = \frac{U_d - RI_d}{C_e} \tag{2-1}$$

式中　n——转速，单位为 r/min；

U_d——电枢外加直流电压平均值，单位为 V；

E_a——电枢反电动势平均值，单位为 V；

R——电枢回路总电阻，单位为 Ω；

I_d——电枢电流平均值，单位为 A；

Φ——励磁磁通，单位为 Wb；

C_E——电动势常数，单位为 $V \cdot r^{-1} \cdot min \cdot Wb^{-1}$。

由式（2-1）可知，直流电动机有 3 种控制转速的途径：

（1）控制电枢电压 U_d　U_d 是直流电动机的一个控制参数，可方便地进行实时调节。一般控制电枢电压时，保持励磁 Φ 为额定不变，$C_e = C_E\Phi$（单位为 $V \cdot r^{-1} \cdot min$）也是一个常数。U_d 和 n 呈线性关系，使得通过控制 U_d 进行调速的系统是一个线性系统。

（2）控制（减弱）励磁磁通 Φ　Φ 与励磁电流 I_f 成正比，也是一个控制参数，可以进行实时调节。由式（2-1）可知 Φ 和 n 不是线性关系，使得通过控制 Φ 进行调速的直流电动机调速系统不是一个线性系统。直流电动机的额定励磁磁通 Φ 一般都是设计在电动机铁心接近饱和处，使得控制励磁时只能使励磁减小。因此，通过控制励磁调速一般称为弱磁调速或弱磁升速。

（3）改变电枢回路电阻 R　电枢回路电阻 R 是直流电动机的一个结构参数，一般无法实时连续调节，因而改变 R 只能实现非平滑地分级调速。

综上所述，调节电枢电压的调速方式容易实现实时、快速、平滑地调速，且控制方便，动态设计容易，是直流电动机调速的主要方式。弱磁调速一般只是配合调压调速方案，需要在额定转速以上小范围升速时使用。本章只讲述调节电枢电压的调速方式。

2.1　调速系统的性能指标

衡量一个速度控制系统（并不只限于直流调速系统）性能优劣的指标，一般分为稳态指标和动态指标。

2.1.1　稳态指标

稳态指标，或称静态指标，用来描述调速系统稳定运行时能达到的性能指标。

1. 静差率 s

一般情况下，调速系统的机械特性如图 2-1 所示。a、b、c 是其中 3 条机械特性，它们的理想空载转速分别为 n_{0a}、n_{0b} 和 n_{0c}，它们在额定负载转矩 T_N 下的额定转速分别为 n_{Na}、n_{Nb} 和 n_{Nc}。一般来说，随着电动机电磁转矩 T_e 的增大，其转速会不断降低，表现为机械特性是一族下倾的（斜率为负）平行直线。

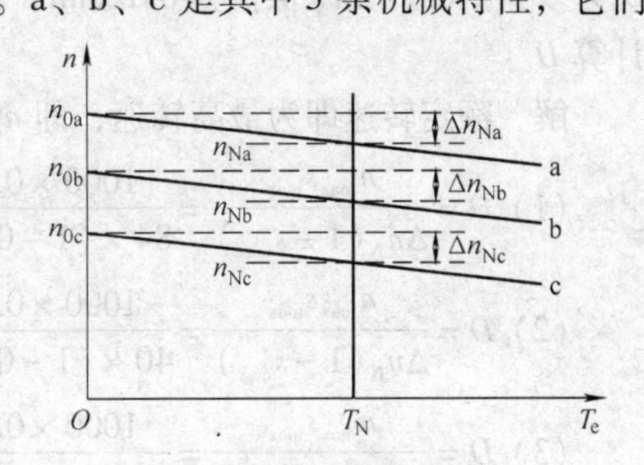

图 2-1　调速系统的机械特性

将额定负载下的额定转速 n_N 相对于其理想空载转速 n_0 的差值 Δn_N 与理想空载转速的比值称为转差率（与异步电动机分析中的转差率 s 的定义相同），在静态时即为静态转差率，简称静差率，亦用 s 表示

$$s=\frac{n_0-n_N}{n_0}=\frac{\Delta n_N}{n_0} \tag{2-2}$$

习惯上把机械特性下倾的斜率大小称为机械特性的硬度。下倾斜率越大，硬度越小。显然，在额定转矩下的 Δn_N 越大，其机械特性越软。由式（2-2）可知静差率除与机械特性的硬度有关外，还与其理想空载转速有关。在图 2-1 中，a、b、c 三条机械特性的 Δn_N 相同，因而其硬度相同，但是 3 条特性的静差率却依次增大。在调速范围的低端静差率是最大的，因此设定静差率的值，也就间接地确定了调速范围。

2. 调速范围 D

调速范围也称调速深度，是指在能满足一定的调速性能指标的条件下，调速系统所能稳定运行的最高转速 n_{max} 和最低转速 n_{min} 的比值

$$D=\frac{n_{max}}{n_{min}} \tag{2-3}$$

在不同的工程背景下，对上文中“一定的调速性能指标”的具体要求是不同的。一般来说，当只对调速系统的静态指标提出要求时，可将 D 定义为保证静差率不大于 s_{max} 时，调速系统所能够稳定运行的最高转速 n_{max} 和最低转速 n_{min} 的比值。当对调速系统的性能指标有不同要求时（例如下文的动态指标，抗扰指标等），同一系统的调速范围也会有所不同。

3. 稳态时 D**、**s **和** Δn_N **之间的关系**

若限定系统的最大静差率为 s_{max}，当 Δn_N 一定时，s_{max} 总是发生在最低速时

$$s_{max}=\frac{\Delta n_N}{n_{min}+\Delta n_N}$$

由上式中解出 n_{min}，并代入式（2-3）可得

$$D=\frac{n_{max}}{n_{min}}=\frac{n_{max}s_{max}}{\Delta n_N(1-s_{max})} \tag{2-4}$$

式（2-4）表明，调速范围 D 与容许的最大静差率 s_{max} 近似成正比，与额定负载时的转

速降 Δn_N 成反比。显然，增大调速范围的最直接有效的办法是减小 Δn_N，即增大机械特性的硬度。大多数情况下，最高转速就是额定转速，即 $n_{max}=n_N$。

例 2-1　某调速系统的额定转速 $n_N=1000\text{r/min}$，在额定负载时的额定转速降 $\Delta n_N=84\text{r/min}$。从额定转速向下采用降低电枢电压调速。要求：（1）当生产工艺要求的静差率为 $s\leqslant s_{max}=0.3$ 时，试计算此系统的调速范围 D。（2）s_{max} 不变，但额定转速降减小为 40r/min 时，D 为多少？（3）Δn_N 保持为 84r/min，但生产工艺对静差率的要求提高为 $s_{max}=0.1$ 时，重新计算 D。

解　额定转速即为最高转速，即 $n_{max}=n_N=1000\text{r/min}$。

（1）$D=\dfrac{n_{max}s_{max}}{\Delta n_N(1-s_{max})}=\dfrac{1000\times0.3}{84\times(1-0.3)}=5.1$

（2）$D=\dfrac{n_{max}s_{max}}{\Delta n_N(1-s_{max})}=\dfrac{1000\times0.3}{40\times(1-0.3)}=10.7$

（3）$D=\dfrac{n_{max}s_{max}}{\Delta n_N(1-s_{max})}=\dfrac{1000\times0.1}{84\times(1-0.1)}=1.3$

2.1.2　动态指标

动态指标是指调速系统在动态控制的过渡过程中所表现出来的性能指标。动态性能可分为跟踪性能和抗扰性能。

1. 跟踪性能

跟踪性能是指输出转速在跟随输入指令大范围变化时所表现出来的性能。跟踪性能一般是针对典型的阶跃指令来定义的。在阶跃指令下典型的转速跟踪曲线如图 2-2 所示，在 $t=0$ 时刻输入指令从“0”阶跃上升为 n_∞。

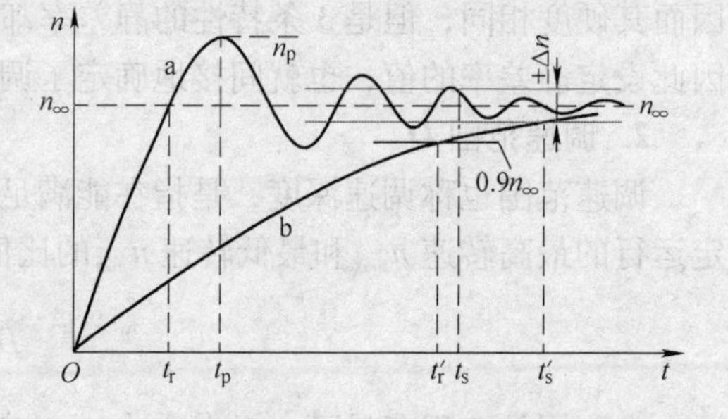

图 2-2　在阶跃指令下典型的转速跟踪曲线
a—有超调时　b—无超调时

（1）上升时间 t_r　上升时间是指转速跟随指令上升第一次到达 n_∞ 的时间。它表征了调速系统快速调节以跟踪指令的能力，是系统快速性的一个重要指标。

（2）超调量 σ　超调量是指调速系统在跟踪指令的过渡过程中超越 n_∞ 的最大偏差值，一般用相对量表示

$$\sigma=\frac{n_p-n_\infty}{n_\infty}\times100\%\tag{2-5}$$

超调量表征了系统的相对稳定性，超调量越小，表示系统相对稳定性越好。

（3）调节时间 t_s　上升时间和超调量往往是相互矛盾的。上升时间过小，就使超调量增大；没有超调时，上升时间可能会过长。根据具体的工程背景的不同要求，可以对 t_r 和 σ 进行一定的折中。调节时间 t_s 就是衡量这一折中的产物，它表征了调速系统跟踪控制的综合快速性。t_s 定义为转速在过渡过程中最后一次进入某一允许的误差带所经历的时间。这个“允许的误差带”因具体的工程背景而不同，一般可以取为 n_∞ 的 ±5% 或 ±2%，如图 2-2 所示。

当过渡过程中没有超调时，t_r'可表示为转速达到 $0.9n_\infty$ 所需的时间，如图 2-2 中与曲线 b 所对应的 t_r'，此时的调节时间用 t_s'表示。

2. 抗扰性能

除了给定指令之外，其他能引起输出量发生偏移的因素都称为扰动。对于调速系统而言，负载转矩的变化是最重要的扰动量，其他扰动量还有电网电压波动等。一个控制系统在受到某种扰动量作用（一般抽象为阶跃扰动）时，其输出量会偏离理想状态，然后会在系统的自动控制下重新返回或接近理想状态。抗扰性能用来衡量控制系统这种抵抗扰动作用的能力。

图 2-3 所示为输出转速的抗扰动性能示意图，图中表示了调速系统的输出转速 n 在负载转矩 T_L 阶跃增大时的变化。T_L 在 t_0 时刻阶跃增大 ΔT_L，在其扰动作用下，n 从稳态值 n_∞ 动态下降并达到了一个最大速降 Δn_{max}，在系统的自动控制下，转速 n 重新上升最后稳定为 $n_{\infty 2}$。

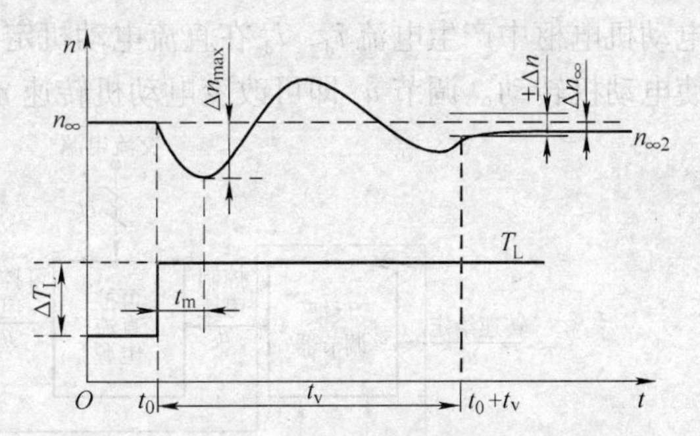

图 2-3　输出转速的抗扰动性能示意图

严格地说，抗扰性能也分为稳态抗扰性能和动态抗扰性能。

（1）动态最大速降 Δn_{max}　如图 2-3 所示，在调速系统中，以约定的阶跃扰动（例如负载转矩从 10% 上升到额定转矩）下的最大转速降落称为这一扰动下的动态最大速降。从扰动开始到出现最大速降 Δn_{max} 所经历的时间，称为最大速降时间 t_m。

Δn_{max} 可以用绝对量描述，也可以用占 n_∞ 的百分数来表示。显然，Δn_{max} 越小，说明系统的抗扰性能越好。

（2）扰动恢复时间 t_v　与动态调节时间 t_s 的定义类似，扰动恢复时间 t_v 定义为从扰动作用开始到输出偏差最后一次进入某一约定的以 n_∞ 或 $n_{\infty 2}$ 为基准的误差带以内所需要的时间，如图 2-3 所示。这个约定的误差带可因不同的工程背景而不同，例如可取为 n_∞ 的 ±2% 或 ±5%，有时也会取为 Δn_{max} 的 ±5%。

（3）扰动静差 Δn_∞　当 $n_{\infty 2}=n_\infty$ 时，称为扰动无静差，否则，$\Delta n_\infty=n_{\infty 2}-n_\infty$，称为扰动静差。

一般来说，在不同的工程背景下，调速系统对于静态指标、跟踪性能和抗扰性能指标的要求是各不相同的。对于同一调速系统的各种不同的指标需要分别进行设计，而且往往它们是相互矛盾的。即使是对于同一系统的抗扰动性能，也会因扰动源的不同而不同，例如一个抗负载扰动性能很好的系统，其抗电网电压扰动的性能未必就很好。这些问题将在以后的章节中介绍。

本节建立了评价调速系统性能优劣的指标体系，包括静态指标和动态指标。在本书后续章节中将直接应用这些性能指标对设计方案进行评价，或者从这些指标要求出发进行系统设计。对于其他类型的运动控制系统，例如位置控制系统、张力控制系统等，本节建立的性能指标体系，以及定义评价指标的基本原理都是仍然适用的。

2.2　直流调速系统的组成及数学模型

2.2.1　系统组成

直流调速系统的组成如图2-4所示。直流电动机调速系统最常用的控制方式是调节电枢直流电压。一个最简单的直流调速系统由直流电动机和可控直流电源组成，称为开环调速系统。一个控制电压 u_c 用来控制可控直流电源的输出直流电压 u_d，u_d 经平波电抗器 L 在直流电动机电枢中产生电流 i_d，i_d 在直流电动机定、转子间产生电磁转矩，从而克服负载阻力矩使电动机转动。调节 u_c 即可改变电动机转速 n。

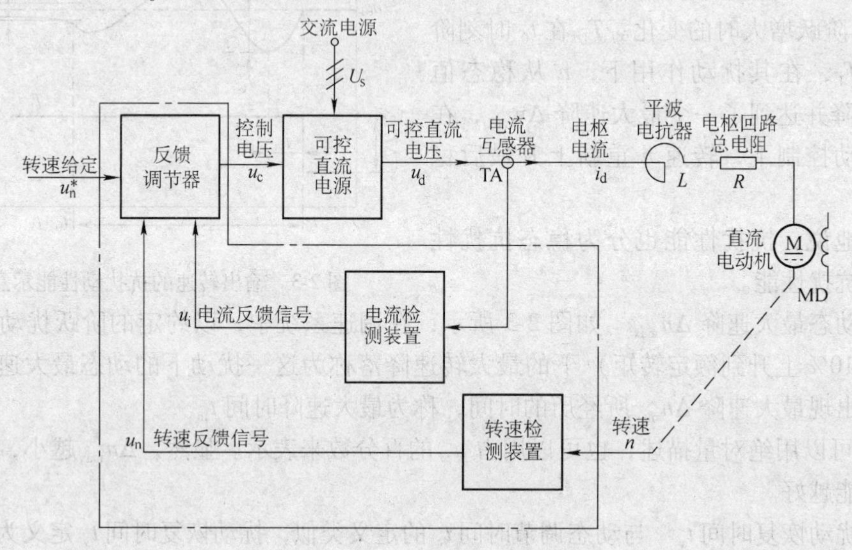

图2-4　直流调速系统的组成

开环调速系统往往不能满足生产机械的性能要求。为了提高系统的各项调速性能，需要引入反馈控制，如图2-4中点画线框内部分所示。最常用的反馈变量是转速 n 和电枢电流 i_d，n 和 i_d 的检测方法已在第1章中介绍过，不再赘述。由转速检测装置和电流检测装置得到的反馈信号 u_n 和 u_i 输入到反馈调节器，与速度给定电压 u_n^* 一起共同自动调节控制电压 u_c，使得对输出转速 n 的控制性能满足生产机械的要求。这就形成了闭环调速系统。

本节从直流调速系统分析和设计的需要出发，详细介绍可控直流电源和直流电动机的结构、性能和控制特性，最后得出了其实用静态和动态数学模型。“反馈调节器”的结构、性能和数学模型将在本章以后相应各节中详细介绍。

2.2.2　可控直流电源

可控直流电源是直流调速系统必不可少的组成部分。在20世纪中期之前可控直流电源主要是采用旋转变流机组，它由一台交流电动机驱动一台直流发电机，通过改变直流发电机的励磁电流来控制直流发电机的输出直流电压。由于要经过两次旋转电机变换，使得该方案存在效率低、占地面积大、成本高、噪声大等诸多缺点。

随着20世纪50年代晶闸管的问世，从60年代开始晶闸管控制的相控整流直流电源逐渐取代了旋转变流机组，对直流调速系统产生了重大变革。相控整流电源由工频交流电源供电，通过改变触发延迟角 α 的大小来控制输出直流电压，使得其响应时间在毫秒级，比旋转变流机组快了2~3个数量级。由于没有运动部件，相控变流器也称为静止变流器；因为没有机械磨损和电磁火花，使得相控变流器体积更小、寿命更长；与旋转变流机组相比，相控变流器还有效率高、噪声小等诸多优点。相控变流器的主要缺点是功率因数低，电源电流谐波大，特别是当容量较大时，已成为不可忽视的“电力公害”，需要进行无功补偿和谐波治理。

直流脉宽调制（PWM）变换电源，亦称直流斩波器，是可控直流电源的另一种主要形式。它由固定的直流电源供电，通过调节全控型电力电子开关的通断占空比来控制输出电压的平均值。它首先被应用于直接由直流电源供电的直流电动机调速场合，例如城市电车驱动系统。随着全控型电力电子器件的不断发展，PWM变换器的开关频率可以选择在超声频范围，使得其响应速度达到10微秒级，又比相控整流电源高出2~3个数量级。在工频电源供电场合，可以先采用不可控整流得到固定的直流电压，再由PWM变换器调节直流电压，大大提高了响应速度。考虑到直流电源一般由交流电源经不可控整流桥获得，也提高了交流电源的功率因数。

在中小功率直流调速范围内，以及要求快速响应的场合，PWM变换器已经广泛应用。但在大功率及超大功率（兆瓦以上）直流调速范围内，相控整流电源仍然是不可替代的。相控整流电源和PWM变换电源的结构和工作原理已在电力电子技术课程中学习过，下面从直流调速系统分析和设计的要求出发，简单介绍这两种电源的控制特性和动、静态数学模型。

1. 相控整流电源

相控整流电源的原理框图如图2-5所示。触发装置GT将控制电压 u_c 转换为移相触发脉冲，在触发脉冲的控制下晶闸管装置VT对交流电源进行整流，输出与 u_c 成比例的直流电压 u_d。

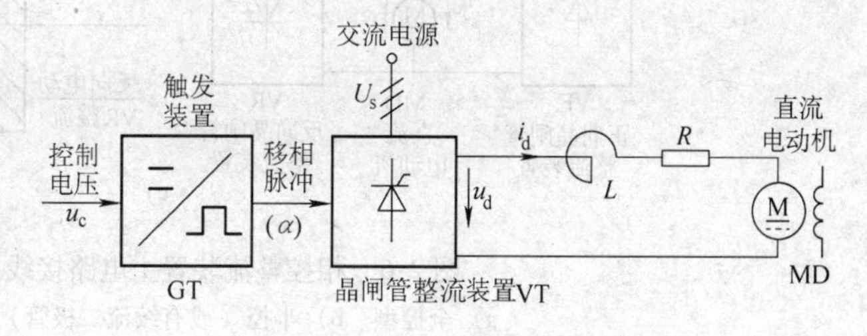

图2-5　相控整流电源原理框图

(1) 电路结构　在电力电子技术课程中学习过，相控整流装置主电路接线及运行象限有多种多样，图2-6所示为3类典型的形式。

图2-6a为全控型相控整流电路，最常用的是单相桥式或三相桥式电路。由于晶闸管的单向导电性，输出电流 i_d 只能取正值。当整流器工作于整流状态时输出平均电压 U_d 为正，工作于第Ⅰ象限，对应于直流电动机正向电动运行，此时能量由交流电网流向直流电动机。当整流器工作于逆变状态时，输出平均电压 U_d 为负，工作于第Ⅳ象限，对应于直流电动机反向发电制动，例如起重机下放重物时，此时能量由直流电动机馈回交流电网。

图2-6b为半控型或有续流二极管的相控整流电路，此时由于续流作用，输出平均电压 U_d 不可能为负，因此只能工作于第Ⅰ象限，对应于直流电动机正向电动运行状态。

图2-6c为可逆相控整流电路，它由一个正向晶闸管全控整流电路VF和一个反向晶闸管全控整流电路VR反并联组成。VF工作时输出直流电流 I_d 为正，直流电动机MD可分别工

作于第Ⅰ和第Ⅳ象限，与图2-6a中相同。VR工作时输出直流电流 I_d 为负，对应于第Ⅱ和第Ⅲ象限；当VR工作于整流状态时，输出直流电压 U_d 为负，工作于第Ⅲ象限，对应于直流电动机反向电动状态；当VR工作于逆变状态时，输出直流电压 U_d 为正，工作于第Ⅱ象限，对应于直流电动机正向再生制动，此时能量由电动机馈回交流电网。

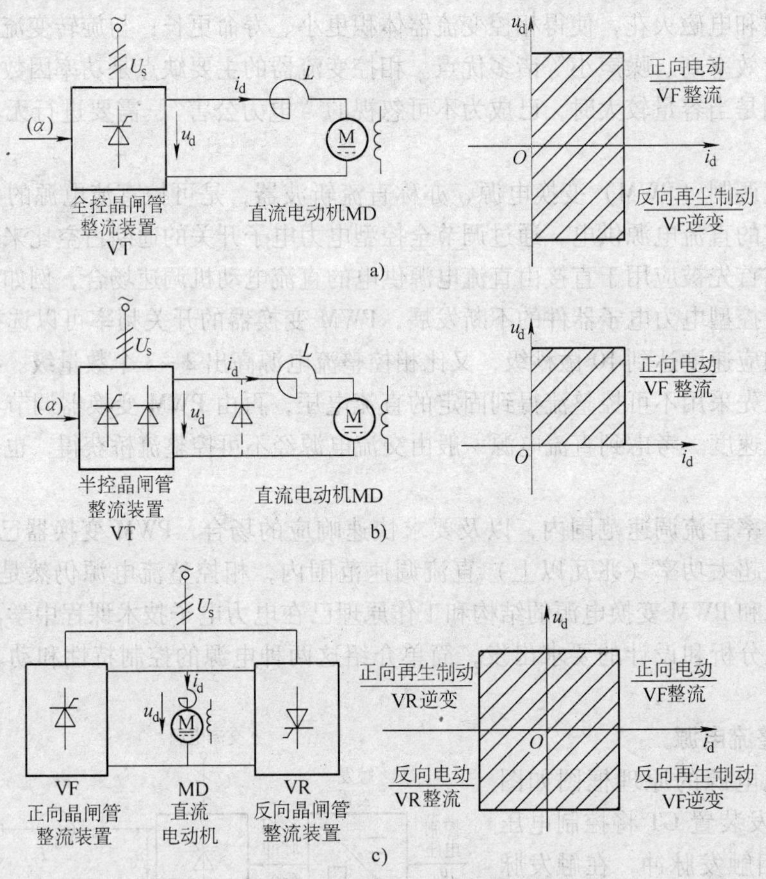

图2-6　相控整流装置主电路接线及运行象限

a）全控型　b）半控（或有续流二极管）型　c）可逆型

（2）控制特性　晶闸管相控整流供电的直流电动机（调速）系统简称V-M系统，如图2-5和图2-6所示。对于相控整流电源而言，直流电动机是一个反电动势负载。晶闸管整流装置的输出电压平均值 U_d 与移相控制角之间的关系可分3种情况考虑。

首先是全控型整流电路工作于电流连续状态时有稳态关系式

$$U_d = KU_2\cos\alpha \tag{2-6}$$

式中　α——移相控制角；

U_2——交流电源相电压；

K——由电路结构决定的常数，例如三相全控桥式电路时，$K=2.34$。

第二种情况是半控型整流电路工作于电流连续状态时，对于结构上对称的半控电路有稳态关系式

$$U_d = KU_2\frac{1+\cos\alpha}{2} \tag{2-7}$$

式中 K——由电路结构决定的常数，且与全控或半控无关。

上文中"结构上对称"是指半控整流电路中晶闸管和整流二极管在拓扑上是对称的。

第三种情况是电流断续工作状态。当电枢电流断续时，由于电枢电压是一个反电动势负载，使得输出电压平均值偏离式（2-6）和式（2-7）而明显上升，且随着电流断续加重，电压上升更加明显。具体的数值计算关系比较复杂，这里不再赘述；其定性分析在稍后的机械特性分析中再详细给出。

可控直流电源的控制特性是指图2-5中控制电压 u_c 对输出电压平均值 U_d 的关系。当图中的GT采用正弦波同步的移相触发电路时，α 和控制电压幅值 U_c 的关系为

$$\alpha = \arccos \frac{U_c}{U_{syn}} \tag{2-8}$$

当GT采用锯齿波同步的移相触发电路时

$$\alpha = \frac{\pi}{2}\left(1 - \frac{U_c}{U_t}\right) \tag{2-9}$$

上两式中 U_c——控制电压 u_c 的幅值；

U_{syn}——正弦同步电压的峰值；

U_t——对称幅值锯齿波的峰值。

把式（2-8）代入式（2-6）得

$$U_d = KU_2 \frac{U_c}{U_{syn}} = K_s U_c \tag{2-10}$$

式中 K_s——电源放大系数，一旦电路参数选定后，就是一个常数。

把式（2-9）代入式（2-6）得

$$U_d = KU_2 \cos\left[\frac{\pi}{2}\left(1 - \frac{U_c}{U_t}\right)\right] = KU_2 \sin\left(\frac{\pi}{2}\frac{U_c}{U_t}\right) \tag{2-11}$$

将式（2-11）在 $U_c = 0$ 处展开为泰勒级数，得

$$U_d = \frac{KU_2 \pi}{2U_t} U_c + R(U_c) = K_s U_c + R(U_c) \tag{2-12}$$

式中，$R(U_c)$ 为非线性余项，取

$$U_t = \frac{\pi}{2} U_{syn} \tag{2-13}$$

且忽略非线性余项 $R(U_c)$ 只保留线性项，式（2-12）就具有和式（2-10）相同的关系。就是说当选择锯齿波的有效峰值满足式（2-13）时，采用锯齿波同步的移相触发电路或正弦波同步的移相触发电路，相控整流电路在 $U_c = 0$ 附近具有近似相同的电源放大系数 K_s。

综合式（2-10）、式（2-12）和式（2-13）可得电源放大系数为

$$K_s = \begin{cases} K\dfrac{U_2}{U_{syn}} & \text{正弦波同步} \\ \dfrac{\pi}{2}K\dfrac{U_2}{U_t} & \text{锯齿波同步} \end{cases} \tag{2-14}$$

相控整流电源的控制特性如图 2-7 所示。图 2-7a 所示为正弦波同步电压和锯齿波同步电压，图 2-7b 所示为对应于式（2-10）和式（2-11）的控制特性。在相控整流电路中锯齿波同步的触发电路应用较多，由图可见，其控制特性在很大的范围内接近线性。

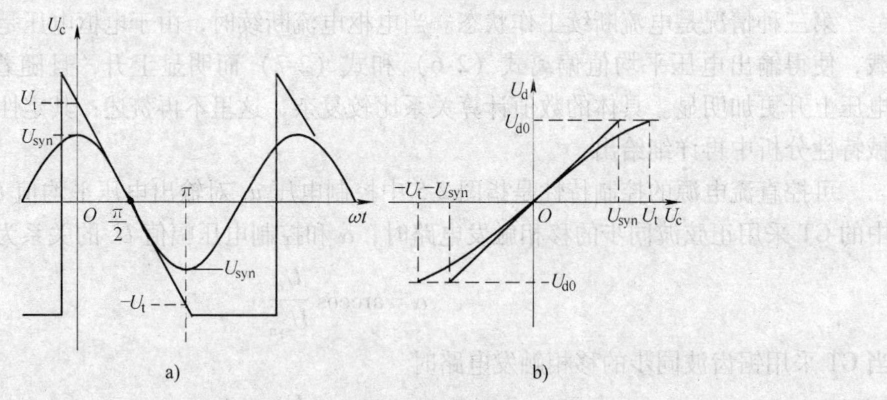

图 2-7　相控整流电源的控制特性

a）常用的两种同步电压　b）与 a）对应的控制特性

（3）V-M 系统的机械特性　前面说到，当图 2-5 的 V-M 系统工作于电枢电流断续段时，其电枢电压值会明显上升。因而其机械特性在电流断续段就会出现严重非线性，非线性的程度由电流断续区域的大小和相控整流电路的类型共同决定。其原理分析和数学计算在电力电子技术课程中已经学过，这里仅从 V-M 系统的数学建模、分析和设计的角度出发对其进行简单的说明。

图 2-8 所示为三相全控桥式晶闸管反并联可逆整流电路供电时的 V-M 系统（见图 2-6c）的典型机械特性。图中，横坐标是电动机电磁转矩 T_e 或电枢电流 I_d，纵坐标是电动机转速 n 或电枢反电动势 E_a。曲线 A 和 B 是电流连续区和电流断续区的分界线，左右基本对称。

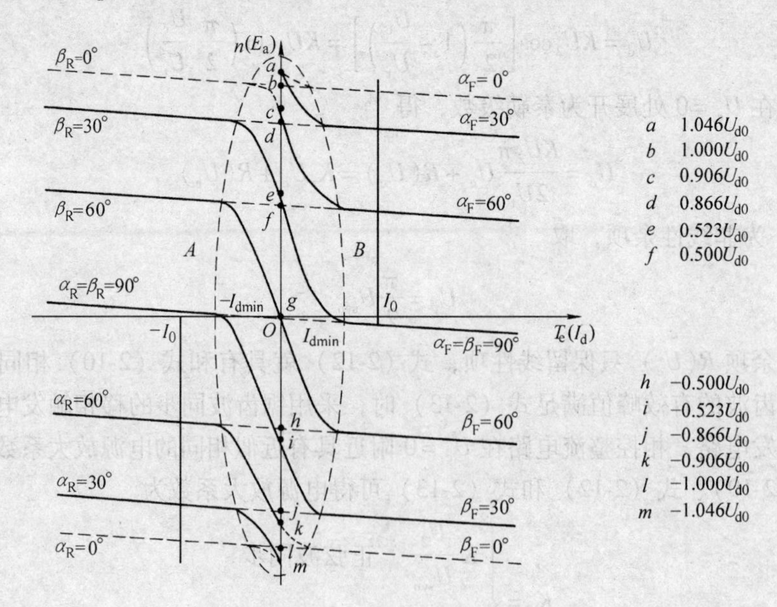

图 2-8　三相桥式晶闸管全控反并联可逆整流电路供电时 V-M 系统的典型机械特性

这条分界线的两侧是电流连续区，中间是电流断续区，在分界线 A 和 B 上电流临界连续。第Ⅰ、Ⅳ象限是正向晶闸管整流装置 VF 工作区，$I_d>0$。其触发延迟角用 α_F 或 β_F 表示。第Ⅱ、Ⅲ象限是反向晶闸管整流装置 VR 工作区，$I_d<0$。其触发延迟角用 α_R 或 β_R 表示。a、b、c、…、l、m 各特征点处的纵坐标另外标在该图的右侧。实线表示实际机械特性，虚线表示如果不考虑电流断续时的理想机械特性。当相控整流装置采用其他电路方式时，其机械特性与图 2-8 类似，只是图中各特征点的幅值要另行具体分析。

结合图 2-8，可对 V-M 系统的机械特性总结如下：

1）理论上，V-M 系统的电枢电流断续是不可避免的，只要系统负载足够轻（I_d 足够小），机械特性总是会进入非线性区。

2）电流连续和电流断续区域的分界线近似是一个椭圆，电流断续区的宽度与平波电抗的电感量 L 成反比，其比例系数与相控整流电路的形式有关，具体可参考电力电子技术方面的相关资料。

3）一般调速系统都有一个空载转矩 T_0，对应一个空载电流 I_0，实际运行时的电枢电流 I_d 一般不会小于 I_0。因此系统设计时总是选择一个足够大的 L，使临界电流 I_{dmin} 的幅值小于空载电流 I_0（见图 2-8），这样，系统在电动运行时就不会电流断续。

4）在电流连续区，机械特性是一族斜率与电枢回路总电阻 R 有关的平行直线，在这个区域中，式（2-14）中的 K_s 和式（2-1）中的 R 都是确定不变的，相控整流电源的稳态模型是线性定常的，其稳态结构如图 2-9a 所示。在电流断续区，由于整流输出（电枢）电压明显升高，使得机械特性明显上翘，也可以理解为机械特性变软。如图 2-9b 所示，其数学模型变得有些复杂，下面再进一步讨论。

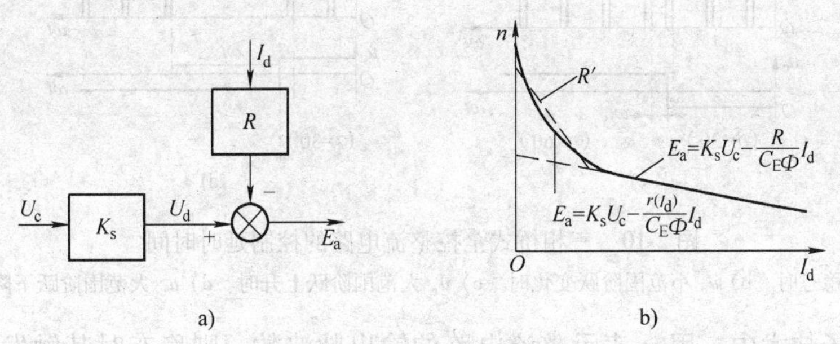

图 2-9　相控整流电源在电流连续和电流断续时的稳态数学模型
a）电流连续时的线性定常模型　b）电流连续时和电流断续时机械特性示意图

（4）动态数学模型　动态模型用以描述输入变化时，其输出随之变化的动态过程中的特性。三相桥式全控整流电路的控制延时时间如图 2-10 所示。图中为三相桥式电路控制输入 u_c 以不同方式阶跃变化时，相控整流电路的触发脉冲和输出电压动态变化的情况。图 2-10a 是 u_c 为稳态时的情形，此时稳态触发周期为 π/3 等间隔；图 2-10b 是 u_c 小幅度阶跃下降的情形，此时在动态过程中触发脉冲的间隔略大于 π/3；图 2-10c 是 u_c 大幅度阶跃上升的情形，此时在动态过程中触发脉冲的间隔明显小于 π/3，极限情况下可以为零；图 2-10d 是 u_c 大幅度阶跃下降时的情形，在动态过程中触发脉冲的间隔明显大于 π/3，极限情况下可以大到 240°。

当 u_c 阶跃变化时，由于晶闸管是半控器件，u_c 的变化对于已经导通的晶闸管不起作用，只有当下一个脉冲时才能起作用。因此相控整流电路存在一个失控时间，也称为控制滞后时间，用 t_s 表示。对应的相角 ωt_s 也在图 2-10 中表示了出来。

图 2-10 表明，对于同一个相控整流电路，其失控时间 t_s 与控制电压 u_c 的阶跃方向有关，与 u_c 的阶跃幅值有关，还与 u_c 阶跃发生的时刻有关。因此相控整流电路的控制滞后时间 t_s 存在着随机性和非线性。

一般来说，动态模型都是建立在小信号分析的基础上的，因此以图 2-10b 的“u_c 小范围阶跃变化”为基础来建立相控整流电路的动态模型。

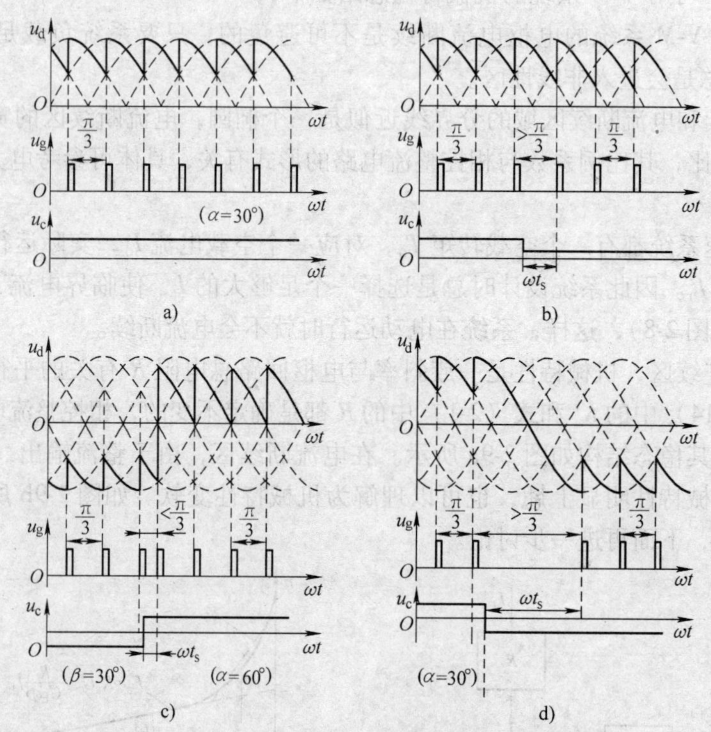

图 2-10　三相桥式全控整流电路的控制延时时间

a）稳态时　b）u_c 小范围阶跃变化时　c）u_c 大范围阶跃上升时　d）u_c 大范围阶跃下降时

在电力电子技术中，用 m 表示整流电路的输出脉波数，则稳态时其触发脉冲时间间隔为 T/m，T 为工频电源周期。在图 2-10 中，$m=6$，稳态触发脉冲间隔为 20ms/6 = 3.33ms。在图 2-10b 中，考虑到阶跃发生时刻的随机性，当 u_c 小范围阶跃时，控制滞后时间 t_s 最小为 $T_{smin}=0$，最大为 $T_{smax}=3.33\text{ms}$，取其统计平均值，即得三相桥式整流电路的平均控制滞后时间为

$$T_s=\frac{T_{smin}+T_{smax}}{2}=\frac{T}{2m}=1.67\text{ms} \tag{2-15}$$

控制滞后时间实际上是一个延时作用，延时环节具有线性特性，其传递函数表示为 $e^{-T_s s}$，与式（2-10）结合即可得相控整流电源的传递函数为

$$W_s(s)=\frac{U_d(s)}{U_c(s)}=K_s e^{-T_s s}=\frac{K_s}{e^{T_s s}} \tag{2-16}$$

对 $e^{T_s s}$ 按泰勒级数展开，并只取线性项而忽略高次项，则可得

$$W_s(s)=\frac{K_s}{1+T_s s+\frac{1}{2!}T_s^2 s^2+\cdots}\approx\frac{K_s}{T_s s+1} \tag{2-17}$$

式（2-17）中近似的原理是，在系统频带内，这种近似基本不影响系统的幅频特性以及对系统的开环相角稳定裕量的判断。一般认为近似条件是 $\omega_c \leqslant 1/(3T_s)$[7]。其中 ω_c 是系统开环Bode图的交越频率。

因此相控整流电源一般可以表示为式（2-17）所示的一个时间常数为 T_s、放大倍数为 K_s 的一阶惯性环节。这时图2-9a表示的线性定常稳态模型成为图2-11a所示的线性定常动态模型。表2-1列出了不同相控整流电路的小信号最大失控时间和平均失控时间。

表2-1　不同相控整流电路的最大控制滞后时间和平均控制滞后时间（电源频率 $f=50$Hz）

整流电路形式	输出脉波数 m	最大控制滞后时间 T_{smax}/ms	平均控制滞后时间 T_s/ms
单相半波	1	20	10
单相桥式（双半波）	2	10	5
三相半波	3	6.66	3.33
三相桥式	6	3.33	1.67

相控整流电源电流断续时，可以有两种方式来反映其机械特性的非线性。第一种方式是把这种上翘的特性理解为由于相控整流电源的内部电阻 R_s 随着电流 I_d 减小不断增大，导致机械特性变软，这时电源内阻是一个与 I_d 相关的变量 r_s，可记为 I_d 的函数 $r_s(I_d)$，因而包含 r_s 的电枢回路总电阻 R 也成为 I_d 的函数，记为 $r(I_d)$，使得相控整流电源的动态数学模型成为非线性的，如图2-11c所示。一个简单的处理方法是将电流断续区的机械特性近似线性化，如图2-9b所示，这时可以认为电枢回路总电阻 R 变为 R'，相控整流电源的动态模型成为分段线性的，如图2-11b所示。

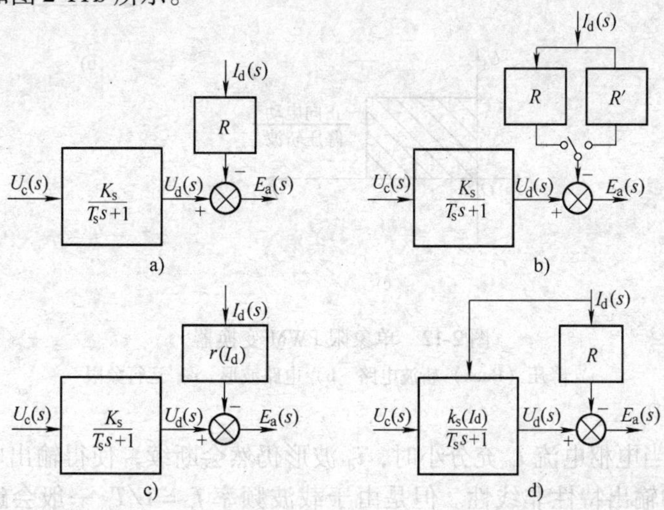

图2-11　相控整流电源的动态数学模型

a）电流连续时的线性定常模型　b）考虑电流断续时的分段线性定常模型　c）电流断续非线性等效为电阻变化的非线性模型　d）电流断续非线性等效为电源增益变化的非线性模型

电流断续区的另一种处理方式是把特性上翘理解为随着电枢电流减小，电源放大系数 K_s 成为 I_d 的函数，可记为 $k_s(I_d)$。同样相控整流电源的动态模型成为非线性的，如图 2-11d 所示。

2. PWM 变换电源

PWM 变换电源有多种电路形式。本节包括其电路结构、工作原理、控制特性和数学模型等。

(1) 电路结构与工作原理　单象限 PWM 变换器如图 2-12 所示。图 2-12a 所示为一个最简单的降压斩波电路，其电压和电流波形如图 2-12b 所示。

当 VT 导通时（t_{on}期间）输出电压 $u_d = U_s$，当 VD 导通时 $u_d = 0$，一个载波周期 T_c 内输出电压平均值为

$$U_d = \frac{t_{on}}{T_c}U_s = \eta U_s \tag{2-18}$$

式中　η——占空比，$\eta = \frac{t_{on}}{T_c} \in [0,\ 1]$。

因此 $u_d \in [0,\ U_s]$。显然输出电压 U_d 和电流 I_d 都只能是单方向的，因此该电路只能工作于第Ⅰ象限，如图 2-12c 所示。

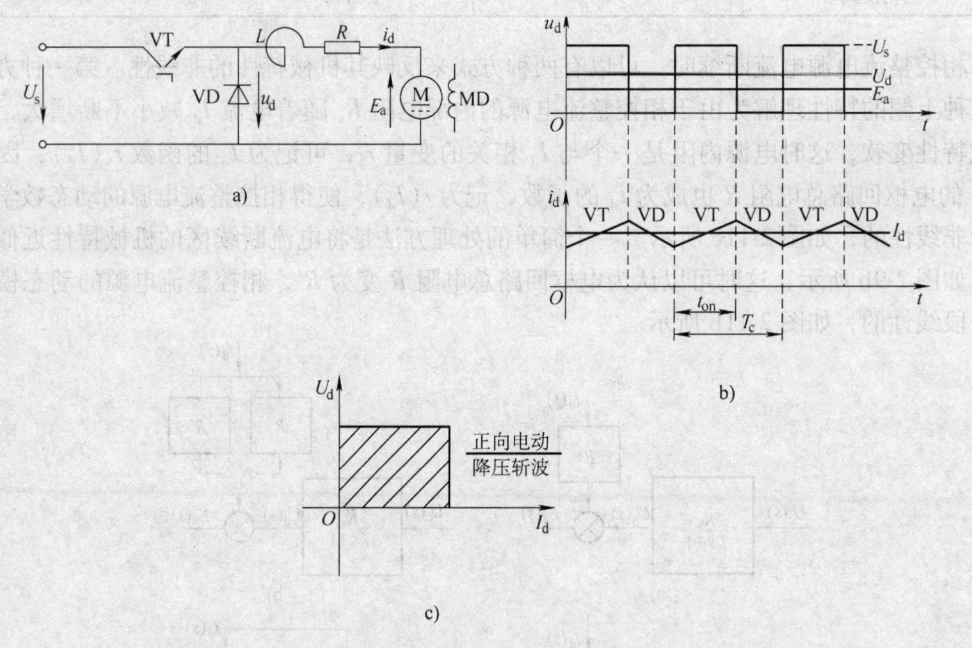

图 2-12　单象限 PWM 变换器

a) 降压（Buck）斩波电路　b) 电路波形　c) 运行象限

在该电路中，当电枢电流 I_d 充分小时，i_d 波形仍然会断续，使得输出电压 U_d 上升，出现类似于图 2-9b 的输出特性非线性。但是由于载波频率 $f_c = 1/T_c$ 一般会远高于电网频率，可大到 15kHz 及以上，使得电流断续的范围很小，以至于可以忽略。

工作于第Ⅰ、Ⅱ象限的两象限 PWM 变换器如图 2-13 所示。

图 2-13a 是一个典型的第Ⅰ、Ⅱ象限 PWM 变换器的拓扑，图 2-13b 是其分别工作于第

Ⅰ和第Ⅱ象限时的电压和电流波形。当 VT_2 或 VD_2 导通时（t_{on}期间），$u_d=U_s$，当 VT_1 或 VD_1 导通时，$u_d=0$，在一个载波周期内输出电压平均值为 $U_d\in[0,\ U_s]\geqslant0$，见式（2-18）。在图 2-13b 左图中 $U_d>E_a$，使得 $I_d>0$，电路工作于第Ⅰ象限，PWM 变换器工作于降压斩波（Buck）方式，直流电动机工作于正向电动状态。此时直流电源 U_s 输出能量，直流电动机吸收能量，如图 2-13c 第Ⅰ象限所示。在图 2-13b 右图中，$U_d<E_a$，使得 $I_d<0$，电路工作于第Ⅱ象限，PWM 变换器工作于升压斩波（Boost）方式，直流电动机工作于正向再生制动状态。此时直流电动机（电枢电压 E_a）输出能量，直流电源 U_s 吸收能量，亦如图 2-13c 第Ⅱ象限所示。

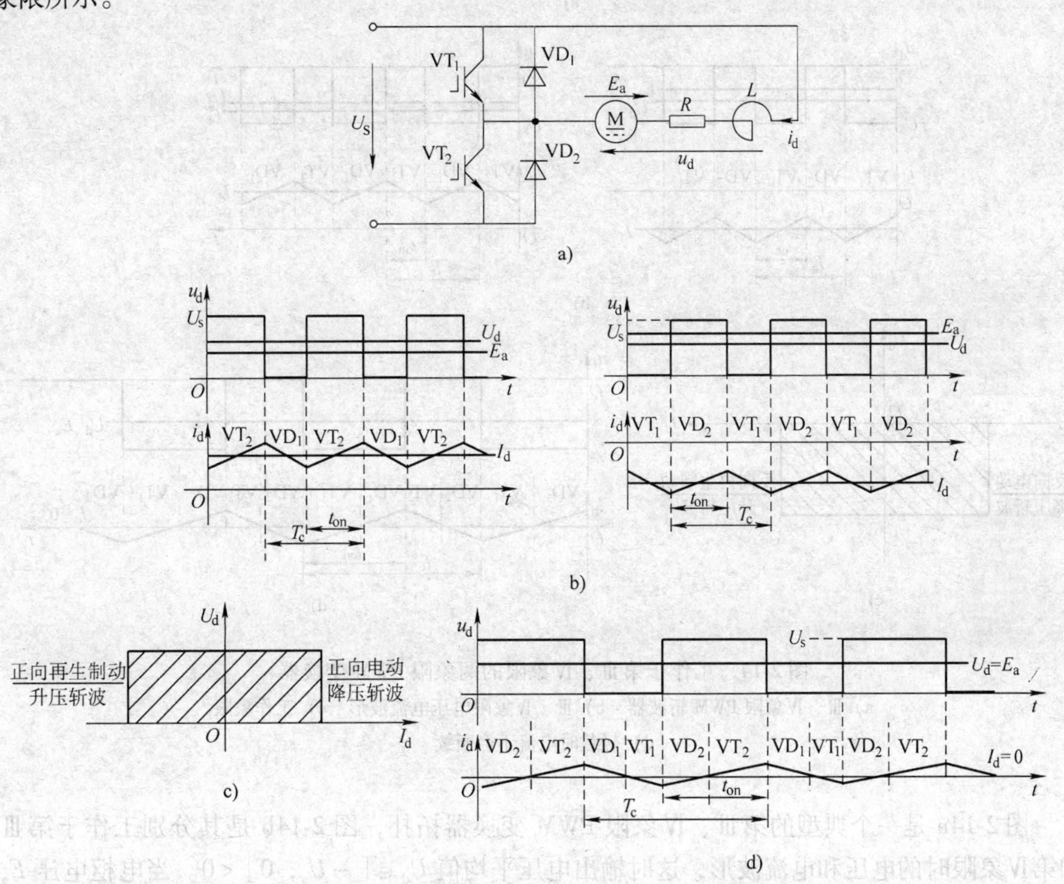

图 2-13　工作于第Ⅰ、Ⅱ象限的两象限 PWM 变换器

a）第Ⅰ、Ⅱ象限 PWM 斩波器　b）第Ⅰ、Ⅱ象限电压电流波形　c）工作象限

d）轻载时电流不会断续

显然，图 2-13a 的二象限 PWM 变换电路只能输出正向电压 $U_d>0$，使直流电动机只能正向运转，属于不可逆 PWM 变换器。但是由于电流 i_d 可以正反两个方向流动，使得在轻载，甚至空载（$I_d=0$）时也不会发生电流断续。因此不会出现输出特性非线性，使得 PWM 变换器的控制特性和数学模型比相控整流电路更为理想。图 2-13d 是 $I_d=0$ 时的 u_d 和 i_d 波形图。

由图 2-13 可知，电源电压 U_s、输出电压平均值 U_d 和导通占空比 $\eta=t_{on}/T_c$ 之间的关系与式（2-18）相同。

工作于第Ⅲ、Ⅳ象限的两象限 PWM 变换器如图 2-14 所示。

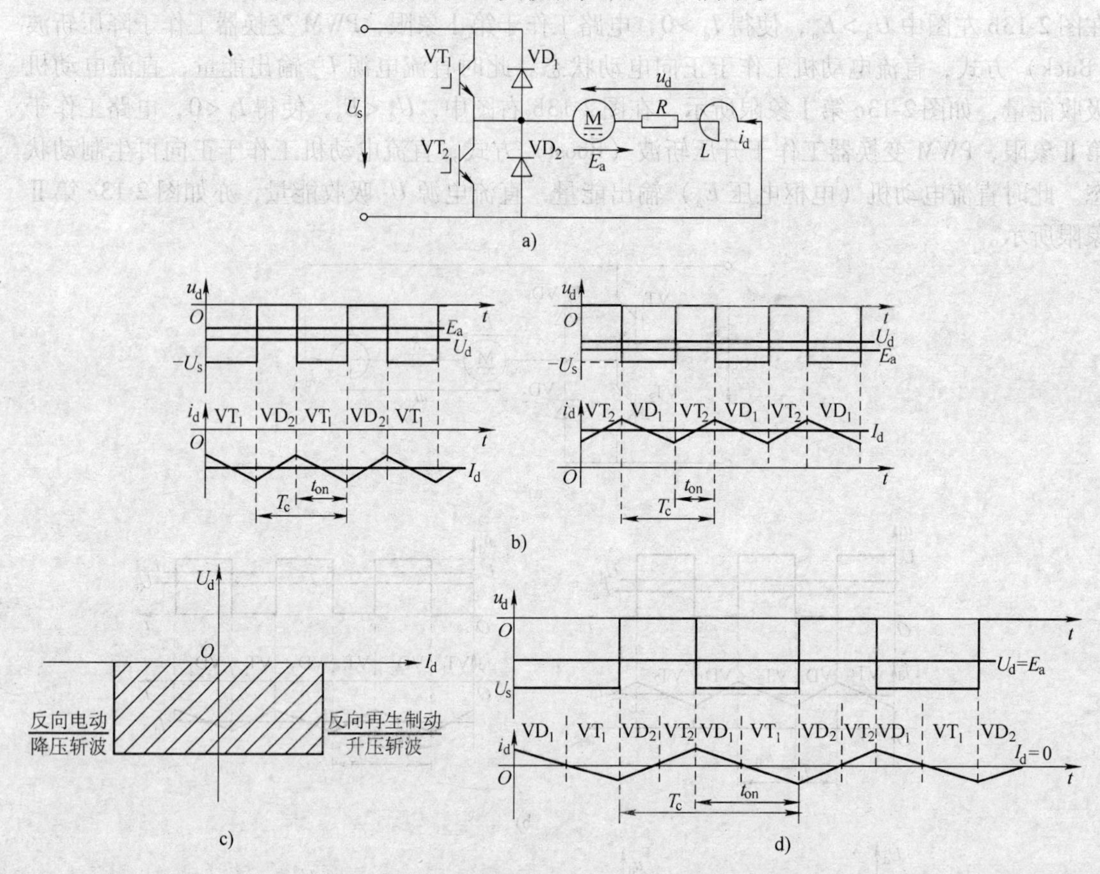

图 2-14　工作于第Ⅲ、Ⅳ象限的两象限 PWM 变换器
a）Ⅲ、Ⅳ象限 PWM 斩波器　b）Ⅲ、Ⅳ象限电压电流波形　c）工作象限
d）轻载时电流不会断续

图 2-14a 是一个典型的第Ⅲ、Ⅳ象限 PWM 变换器拓扑，图 2-14b 是其分别工作于第Ⅲ和第Ⅳ象限时的电压和电流波形，这时输出电压平均值 $U_d \in [-U_s, 0] < 0$。当电枢电压 E_a 的幅值小于 U_d 时，输出平均值电流 $I_d < 0$，PWM 变换器工作于第Ⅲ象限，为反向降压斩波（Buck），直流电动机工作于反向电动状态；当 $|E_a| > |U_d|$ 时，$I_d > 0$，PWM 变换器工作于第Ⅳ象限，为反向升压斩波（Boost），直流电动机工作于反向再生制动状态。同样地，图 2-14d 是轻（空）载时电流 i_d 连续的情况。图 2-14c 是其工作象限示意图。由图可知，电源电压 U_s、输出平均电压 U_d 和导通占空比 $\eta = t_{on}/T_c$ 之间的关系为

$$U_d = -\eta U_s \leqslant 0 \tag{2-19}$$

将图 2-13a 和图 2-14a 结合起来，就得到一个 H 形桥式四象限 PWM 变换器，如图 2-15 所示。当 VT_3 导通 VT_4 关断时，对 VT_1 和 VT_2 进行 PWM 控制，就是图 2-13a，可工作于第Ⅰ、Ⅱ象限；当 VT_3 关断，VT_4 导通时，对 VT_1 和 VT_2 进行 PWM 控制，就是图 2-14a，可工作于第Ⅲ、Ⅳ象限。由图 2-15a 的对称性可知，当 VT_1 导通，VT_2 关断时，控制 VT_3 和

VT_4 也可使其工作于第Ⅲ、Ⅳ象限；当 VT_1 关断，VT_2 导通时，同样控制 VT_3 和 VT_4 也可使其工作于第Ⅰ、Ⅱ象限。表 2-2 示出了图 2-15 所示变换器可能的各种工作方式，表中“√”表示导通，“×”表示关断，“P”表示 PWM 控制。一个全控开关 VT 和一个二极管 VD 反并联称为一个拓扑开关，在表 2-2 中一个拓扑开关“导通”、“关断”或“PWM”控制指的是这个开关中的 VT 或 VD 导通。在某一时刻具体是 VT 或 VD 哪个管子导通，由这个时刻的电流 i_d 的方向决定。

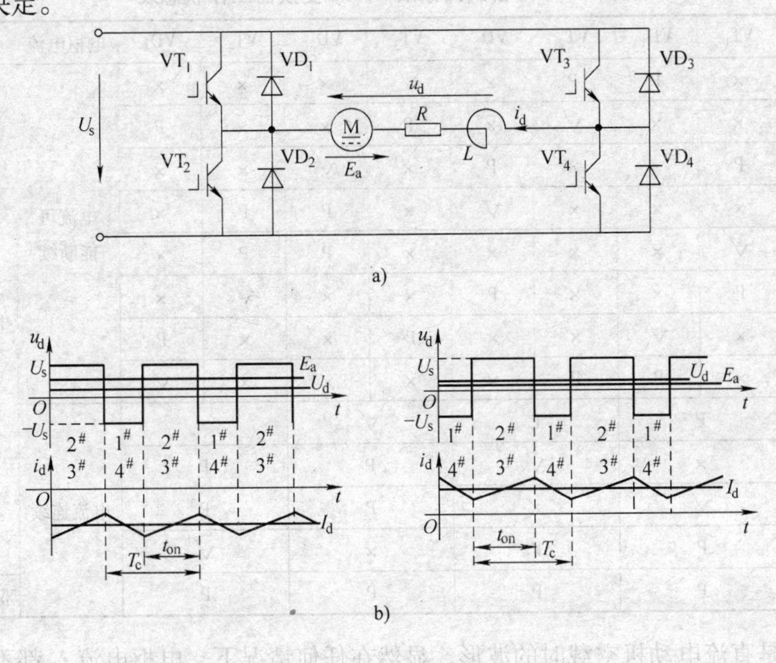

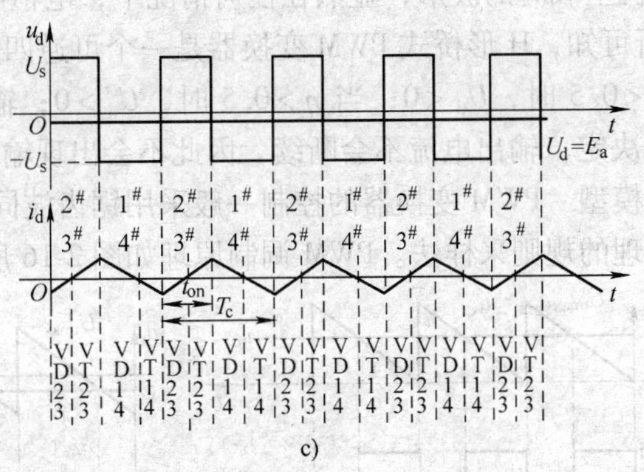

图 2-15 H 形桥式四象限 PWM 变换器

a）电路拓扑 b）Ⅰ、Ⅱ象限电路波形 c）Ⅲ、Ⅳ象限空载时电路波形

由图 2-13b 和图 2-14b，图 2-15 所示系统工作于单象限方式或二象限方式时，输出电压 u_d 都是单方向的。通过调节导通占空比 $\eta \in [0, 1]$，只可以调节输出电压平均值的幅值，但不能控制输出电压平均值的方向。这种控制方式称为单极型 PWM 控制方式，简称为单极型调制方式。

在图 2-15b 中，当 $1^{\#}$ 开关 VT_1/VD_1 和 $4^{\#}$ 开关 VT_4/VD_4 导通时，$u_d = -U_s$，当 $2^{\#}$ 开关 VT_2/VD_2 和 $3^{\#}$ 开关 VT_3/VD_3 导通时，$u_d = U_s$，其中左侧是 $U_d < E_a$ 使 $I_d < 0$ 的情况，右侧是

$U_d > E_a$ 使 $I_d > 0$ 的情况。这种 u_d 双向取值的控制方式称为双极型调制方式。表 2-2 中的“四象限方式”是双极型调制方式，其他都是单极型调制方式。图 2-15b 是双极型调制方式时的典型波形图，由此可得输出电压平均值为

$$U_d = (2\eta - 1)U_s \in [-U_s, U_s] \tag{2-20}$$

式中　η——占空比，与式（2-18）和式（2-19）相同，$\eta = t_{on}/T_c$。

表 2-2　H 形桥式四象限 PWM 变换器工作状态表

<table>
<tr><th colspan="2">工作象限</th><th>VT₁</th><th>VD₁</th><th>VT₂</th><th>VD₂</th><th>VT₃</th><th>VD₃</th><th>VT₄</th><th>VD₄</th><th>电枢电流</th><th>调制方式</th></tr>
<tr><td rowspan="8">单象限方式</td><td rowspan="2">Ⅰ</td><td>×</td><td>P</td><td>P</td><td>×</td><td>√</td><td>×</td><td>×</td><td>×</td><td rowspan="8">电流可能断续</td><td rowspan="12">单极型 PWM 控制</td></tr>
<tr><td>×</td><td>×</td><td>√</td><td>×</td><td>P</td><td>×</td><td>×</td><td>P</td></tr>
<tr><td rowspan="2">Ⅱ</td><td>P</td><td>×</td><td>×</td><td>P</td><td>×</td><td>√</td><td>×</td><td>×</td></tr>
<tr><td>×</td><td>×</td><td>×</td><td>√</td><td>×</td><td>P</td><td>P</td><td>×</td></tr>
<tr><td rowspan="2">Ⅲ</td><td>√</td><td>×</td><td>×</td><td>×</td><td>×</td><td>P</td><td>P</td><td>×</td></tr>
<tr><td>P</td><td>×</td><td>×</td><td>P</td><td>×</td><td>×</td><td>√</td><td>×</td></tr>
<tr><td rowspan="2">Ⅳ</td><td>×</td><td>√</td><td>×</td><td>×</td><td>P</td><td>×</td><td>×</td><td>P</td></tr>
<tr><td>×</td><td>P</td><td>P</td><td>×</td><td>×</td><td>×</td><td>×</td><td>√</td></tr>
<tr><td rowspan="4">二象限方式</td><td>Ⅰ</td><td colspan="2">P</td><td colspan="2">P</td><td colspan="2">√</td><td colspan="2">×</td><td rowspan="5">电流连续</td></tr>
<tr><td>Ⅱ</td><td colspan="2">×</td><td colspan="2">√</td><td colspan="2">P</td><td colspan="2">P</td></tr>
<tr><td>Ⅲ</td><td colspan="2">√</td><td colspan="2">×</td><td colspan="2">P</td><td colspan="2">P</td></tr>
<tr><td>Ⅳ</td><td colspan="2">P</td><td colspan="2">P</td><td colspan="2">×</td><td colspan="2">√</td></tr>
<tr><td colspan="2">四象限方式</td><td colspan="2">P</td><td colspan="2">P</td><td colspan="2">P</td><td colspan="2">P</td><td>双极型 PWM 控制</td></tr>
</table>

图 2-15c 是直流电动机空载时的波形，显然在任何情况下，电枢电流 i_d 都不会断续。

由图 2-15 及以上分析可知，H 形桥式 PWM 变换器是一个可逆四象限变换器；当占空比 $\eta = 0.5$ 时，$U_d = 0$；当 $\eta < 0.5$ 时，$U_d < 0$；当 $\eta > 0.5$ 时，$U_d > 0$；输出电流平均值 I_d 的方向由 U_d 和 E_a 的幅值大小决定；输出电流不会断续，因此不会出现输出特性非线性。

（2）控制特性与数学模型　PWM 变换器的控制一般采用锯齿波同步的自然采样调制法，或者基于自然采样调制原理的规则采样法。PWM 调制原理如图 2-16 所示。

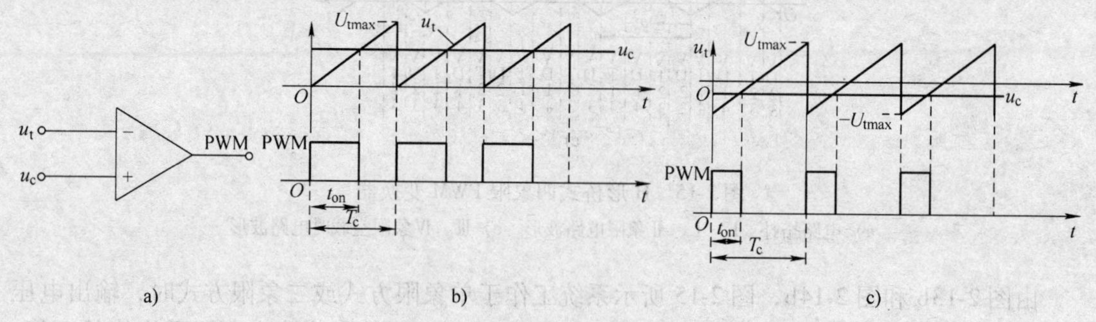

图 2-16　PWM 调制原理

a）电路原理　b）单极型调制　c）双极型调制

图 2-16a 是锯齿波信号 u_t 与控制信号 u_c 相比较得到 PWM 信号的原理电路。图 2-16b 是单极型调制原理，由图可得单极型调制时占空比和当前调制周期内控制电压 u_c 的平均值 U_c

的关系为

$$\eta = \frac{U_c}{U_{tmax}} \in [0,1] \tag{2-21}$$

图2-16c是双极型调制原理波形，由图可得双极型调制时占空比和控制电压的关系为

$$\eta = \frac{1 + \frac{U_c}{U_{tmax}}}{2} \in [0,1] \tag{2-22}$$

上两式中　U_{tmax}——锯齿波的峰值。

将式（2-22）代入式（2-20），得四象限双极型PWM变换器的控制特性为

$$U_d = \frac{U_s}{U_{tmax}} U_c = K_s U_c \in [-U_s, U_s] \tag{2-23}$$

式中　K_s——PWM变换器的放大倍数或增益，$K_s = U_s/U_{tmax}$。

与图2-10中的相关分析类似，PWM变换器也存在控制滞后时间，在分析其小信号动态模型时，最大控制滞后时间为载波周期T_c，最小控制滞后时间为零，考虑到u_c阶跃变化的幅值和时间的随机性，其统计平均失控时间为$T_c/2$。与式（2-16）和式（2-17）类似，对纯延时环节$e^{-T_s s}$进行线性化处理，可得PWM变换电源的数学模型为

$$W(s) = \frac{U_d(s)}{U_c(s)} = \frac{K_s}{T_s s + 1} \tag{2-24}$$

式中　K_s——电源放大倍数，$K_s = U_s/U_{tmax}$；

T_s——惯性时间系数，$T_s = T_c/2$。

式（2-24）在形式上与式（2-17）完全相同。

3. PWM-M系统的机械特性

上面小节已经讲到，单象限PWM变换电源，如图2-12所示，当负载电流充分小时还会出现电流断续，使得输出平均电压U_d出现非线性。二象限或四象限PWM变换电源是电流可逆的电源，不会出现电流断续。但是，即使是单象限PWM变换电源，当选择适当的载波频率和平波电感L时，其电流断续区非常小，一般可以忽略不计。因此由PWM变换电源供电的直流电动机调速系统（简称为PWM-M系统）的机械特性，一般不考虑电流断续的情况。PWM-M系统的四象限机械特性如图2-17所示。

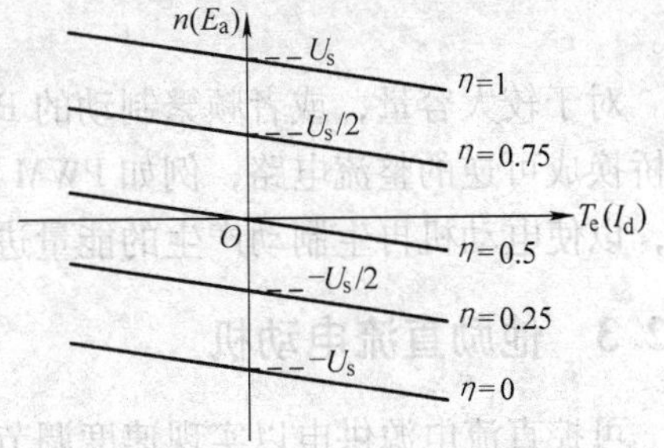

图2-17　PWM-M系统的四象限机械特性

4. PWM-M系统的能量回馈与电压泵升

在工业应用的场合，除了少数有直流电源的场合，PWM变换器的直流电源U_s大都是由交流市电网通过整流和滤波得到的。图2-18所示为常用的PWM-M系统的主电路。三相工频交流电源经桥式不可控整流，并经电容C滤波后得到直流电压U_s，再经H形桥式PWM变换得到可逆直流电压U_d，以控制直流电动机调速。

当PWM-M系统工作于第Ⅱ、Ⅳ象限时，直流电动机再生制动，PWM变换器工作于升

压斩波状态。这时直流电动机的旋转动能转换成电能以提供能量，直流电源 U_s 吸收能量。由于二极管整流桥是不可逆的，能量无法送回电网，实际上是由滤波电容 C 吸收能量，使得电容电压 U_s 升高，称为“电压泵升”现象。考虑到 H 桥中开关器件 VT 和 VD 的耐压，U_s 过高会使 VT 和 VD 击穿，也会使电解电容本身击穿。

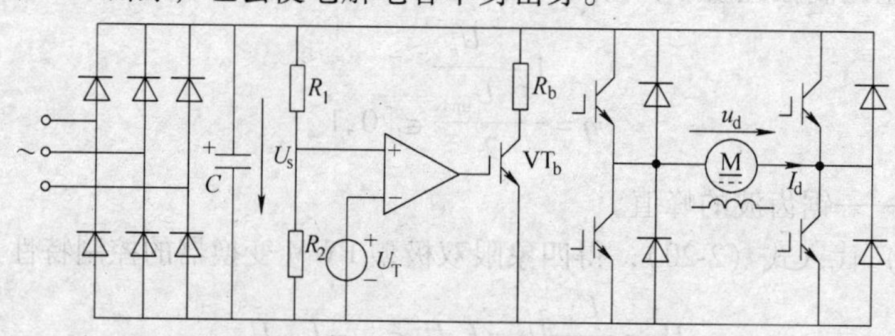

图 2-18　常用的 PWM-M 系统主电路

如果可以事先估算直流电动机每次再生制动所“泵升”的能量，记为 A_d，设定允许的电容最大电压 U_{smax}，则可计算出滤波电容的容量为

$$C = \frac{2A_d}{U_{smax}^2 - U_{sN}^2} \tag{2-25}$$

式中　U_{sN}——额定电动运行时的直流电源电压。

提高 VT 和 VD 及电解电容的额定耐压会快速增大成本，因此 U_{smax} 一般不能取得过大。这就使得 C 的容量可能很大，这对于降低成本、减小体积是不利的。解决电压泵升问题的另一个常用方法是在滤波电容上并联一个泄能开关 VT_b，如图 2-18 中所示。R_1 和 R_2 组成一个分压取样电路，当取样电压大于阈值电压 U_T 时，泄能开关 VT_b 导通，电容 C 通过 R_b 泄放能量，以防止泵升电压过高，当取样电压低于 U_T 时，VT_b 关断，不再泄能。显然，只要适当选择 R_1 和 R_2 的分压比，就可调节电容最大电压 U_{smax}。R_b 和 VT_b 支路的泄流能力、C 的容量大小，以及电动机再生制动时的能量大小和制动的频繁程度都需要进行统筹计算和设计。

对于较大容量，或者频繁制动的 PWM-M 系统，为了提高系统效率，可以将不可控的整流桥换成可逆的整流电路，例如 PWM 整流桥；或者在不可控整流桥上再并联一个相控逆变器，以使电动机再生制动产生的能量进一步送回电网。

2.2.3　他励直流电动机

可控直流电源供电以实现速度调节的直流电动机调压调速系统再次示于图 2-19。

他励直流电动机是该系统的核心部件。本节从调速系统的分析和设计的角度出发，研究直流电动机的工作原理，并由此推导出其静态和动态数学模型。

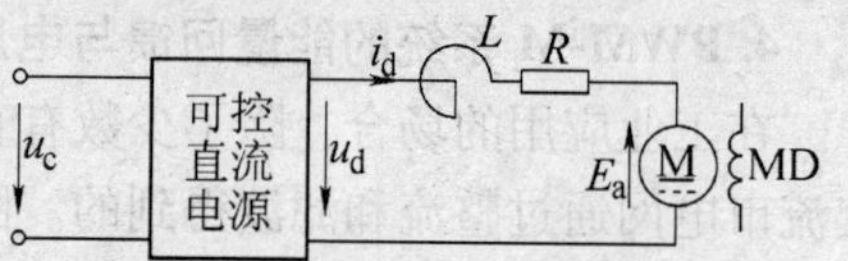

图 2-19　直流电动机调压调速系统

1. 电枢电流

由图可得电枢回路的电压方程

$$u_d(t) - e_a(t) = L\frac{di_d(t)}{dt} + Ri_d(t) \tag{2-26}$$

等式两边求拉普拉斯变换，并整理可得

$$I_d(s)=\frac{1/R}{T_l s+1}[U_d(s)-E_a(s)] \tag{2-27}$$

式中　R——电枢回路总电阻，包括电枢电阻、可控直流电源内阻、电抗器及引线电阻以及换相器接触电阻等；

L——电枢回路总电感，包括电枢电感、外接平波电感等；

T_l——电枢回路电气时间常数，$T_l=L/R$；

$I_d(s)$、$U_d(s)$及$E_a(s)$——变量$i_d(t)$、$u_d(t)$及$e_a(t)$的拉普拉斯变换。

本书中为了简化起见，有时将$I_d(s)$、$U_d(s)$、$E_a(s)$ 等简写为I_d、U_d和E_a等，这一点在阅读本书时需根据上下文来加以区别。

在式（2-26）中令$di_d(t)/d(t)=0$，或在式（2-27）中令$s=0$，即得电枢回路稳态方程

$$I_d=\frac{U_d-E_a}{R} \tag{2-28}$$

电枢电流动态模型和静态模型如图2-20和图2-21所示。

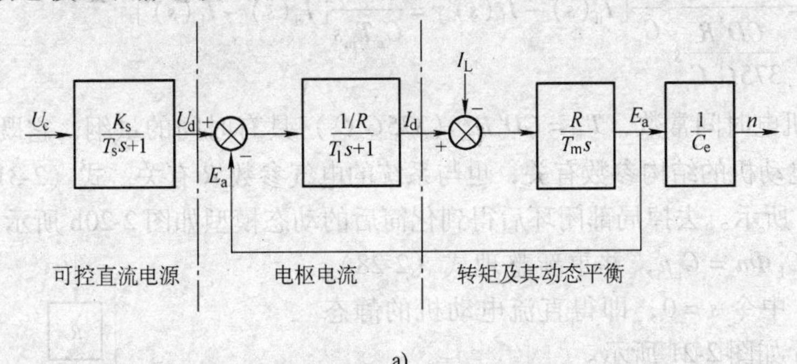

a)

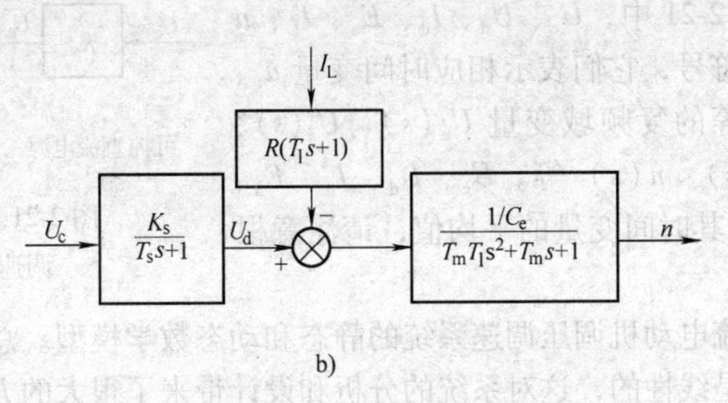

b)

图2-20　直流电动机调压调速系统动态模型

a）动态模型　b）化简的动态模型

2. 电磁转矩及转矩平衡方程式

直流电动机的电磁转矩与电枢电流成正比

$$T_e=C_T\Phi I_d=C_t I_d \tag{2-29}$$

式中　T_e——电磁转矩；

C_T——转矩常数，只与直流电动机的结构参数有关；

Φ——励磁磁通，恒定励磁时是一个常数；

I_d——电枢电流；

C_t——常数，$C_t = C_T\Phi = \frac{30}{\pi}C_e$，单位为 N · m · A^{-1}。

当直流电动机拖动某一负载时，在第 1 章中已经导出了其转矩平衡方程式（1-1）

$$T_e - T_L = \frac{GD^2}{375}\frac{dn}{dt}$$

与式（2-29）类似，定义下式

$$T_L = C_T\Phi I_L = C_t I_L \tag{2-30}$$

式中 I_L——产生与 T_L 相同大小电磁转矩所需要的电枢电流，称之为负载电流。

将式（2-29）和式（2-30）一并代入式（1-1），再对两边求拉普拉斯变换，得

$$n(s) = \frac{E_a(s)}{C_e} = \frac{C_t}{\frac{GD^2}{375}s}[I_d(s) - I_L(s)]$$

$$= \frac{R}{\frac{GD^2R}{375C_eC_t}s}\frac{1}{C_e}[I_d(s) - I_L(s)] = \frac{R}{C_eT_ms}[I_d(s) - I_L(s)] \tag{2-31}$$

式中 T_m——机电时间常数，$T_m = GD^2R/(375C_eC_t)$ 具有时间的量纲，它既与机械飞轮的 GD^2 有关，与电动机的结构参数有关，也与系统的电气参数 R 有关。式（2-31）表示的动态模型如图 2-20a 所示。去掉局部闭环后得到化简后的动态模型如图 2-20b 所示。

考虑 $E_a = C_E\Phi n = C_e n$，并重新整理式（2-28），或者在图 2-20b 中令 $s = 0$，即得直流电动机的静态模型式（2-1），如图 2-21 所示。

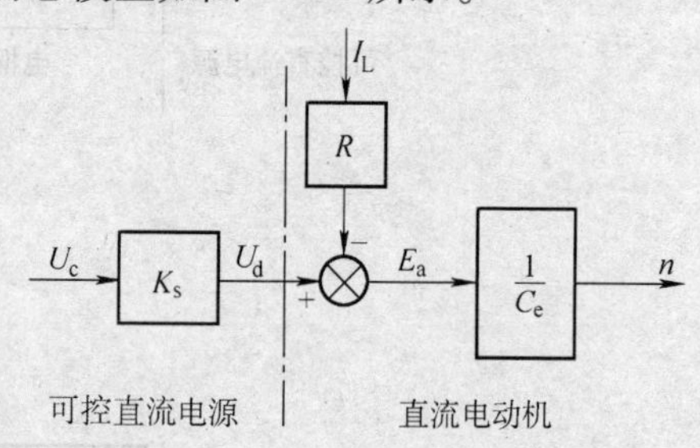

图 2-21　直流电动机调压调速系统静态模型

在图 2-20 和图 2-21 中，U_c、U_d、I_d、E_a、I_L、n 等是习惯上的简化符号，它们表示相应时间变量 u_c、u_d、i_d、e_a、i_L、n 等的复频域变量 $U_c(s)$、$U_d(s)$、$I_d(s)$、$E_a(s)$、$I_L(s)$、$n(s)$ 等。U_c、U_d、I_d、E_a、I_L、n 等也用来表示其时间变量的平均值，请注意根据上下文加以区分。

本节建立了直流电动机调压调速系统的静态和动态数学模型。总的来说，直流电动机调压调速系统的模型是线性的，这对系统的分析和设计带来了很大的方便。后续章节中用到相应模型时只是直接引用，此处不再赘述。

2.3 开环直流调速系统

由可控直流电源驱动的直流电动机调压调速开环控制系统的动态模型和静态模型如上节讨论所得，如图 2-20 和图 2-21 所示。本节研究这一系统的静态和动态特性，并据此分析该系统的局限性。

2.3.1 静态特性

下面通过一个例子，按照 2.1 节中的静态特性指标进行分析。

例 2-2　某工程应用中的直流电动机型号为 Z4—220—31，其额定铭牌数据如下：额定功率 $P_N = 55kW$，额定电枢电压 $U_{dN} = 440V$，额定电枢电流 $I_{dN} = 140A$，额定转速 $n_N = 1000/2000r/min$（额定励磁时，额定转速为 1000r/min；弱磁升速时最高转速为 2000r/min），电动势常数 $C_e = 0.416V \cdot r^{-1} \cdot min$。采用三相桥式全控整流电源供电的 V-M 系统结构。电枢回路总电阻 $R = 0.25\Omega$，电枢回路总电感 $L = 5mH$。该工程应用中要求调速范围 $D = 20$，静差率 $s \leqslant 5\%$。问该系统能否满足要求？若要满足要求，系统的额定转速降 Δn_N 应不大于多少？

解　考虑电流连续时，该 V-M 系统的开环静态数学模型如图 2-21 所示，由额定电枢回路电流 I_{dN} 引起的额定转速降为

$$\Delta n_N = \frac{I_{dN}R}{C_e} = \frac{140 \times 0.25}{0.416} r/min = 84.13 r/min$$

按式（2-2）定义，额定转速时的静差率为

$$S_N = \frac{\Delta n_N}{n_N + \Delta n_N} = 7.8\%$$

按式（2-4）可求得为了同时满足 $s = 5\%$ 和 $D = 20$ 的要求，需要

$$\Delta n_N' = \frac{n_N s}{D\ (1 - s)} = 2.63 r/min$$

显然，即使在额定转速时都不能满足静差率的要求，更不要说在最低速时；要同时满足调速范围和静差率的要求，需要额定速降减小到原来的 3% 左右。额定速降 Δn_N 是由被控系统的原始参数决定的，I_{dN}、R 和 C_e 都无法人为改变，因此开环系统一般来说很难满足工程上调速系统的静态指标要求，需要研究闭环反馈控制的方法。

2.3.2　动态特性

例 2-3　仍如例 2-2 系统，已知电源放大倍数 $K_s = 44$，系统飞轮矩 $GD^2 = 90N \cdot m^2$，所选电动机的允许过载倍数为 1.8，试求该系统的各种动态指标。

解　已知 $C_e = 0.416V \cdot min \cdot r^{-1}$，$K_s = 44$，$R = 0.25\Omega$，$C_t = \frac{60}{2\pi}C_e = 3.97N \cdot m \cdot A^{-1}$，可求得 $T_s = 1.67ms$，$T_l = L/R = 20ms$，$T_m = \frac{RGD^2}{375C_eC_t} = 36.3ms$。

将上述参数代入图 2-20b，得跟踪控制传递函数 $W_c(s)$ 和负载扰动传递函数 $W_L(s)$ 分别为

$$W_c(s) = \frac{n(s)}{U_c(s)} = \frac{106}{(1.67 \times 10^{-3}s + 1)(0.726 \times 10^{-3}s^2 + 0.0363s + 1)}$$

$$W_L(s) = \frac{n(s)}{I_L(s)} = \frac{0.6(0.02s + 1)}{(1.67 \times 10^{-3}s + 1)(0.726 \times 10^{-3}s^2 + 0.0363s + 1)}$$

据 $W_c(s)$ 可求得满载时（$I_L = I_{dN} = 140A$）从零速到额定转速阶跃起动时的跟踪性能过渡过程。开环直流调速系统跟踪控制时域特性仿真如图 2-22 所示。

由图 2-22 可知，$t = 0.5s$ 时满载起动，超调量 $\sigma = \frac{1060 - 1000}{1000} = 6\%$，上升时间 $t_r = 87ms$，若

误差带取为稳定值 1000r/min 的 ±5%，可得调节时间 $t_s=134\text{ms}$。

特别值得注意的是，在起动过程中电枢电流的峰值达到约 1200A，为额定电流的 8 倍以上。这是因为当控制电压 u_c 突然增大时，可调直流电源的时间常数 T_s 很小，因此直流电压 u_d 会快速上升。但是由于一般电动机的电枢惯性都较大，表现在数学模型上就是其机电时间常数 T_m 较大，使得电动机转速上升较慢。电枢反电动势与转速成正比，因而也上升较慢。因此在过渡过程中快速上升的电枢电压几乎完全靠很小的电枢电阻限流，相当于全压直接起动，使得电枢电流非常大。而电动机的过载能力只有 1.8 倍，因此在实际工程应用中是不允许的。

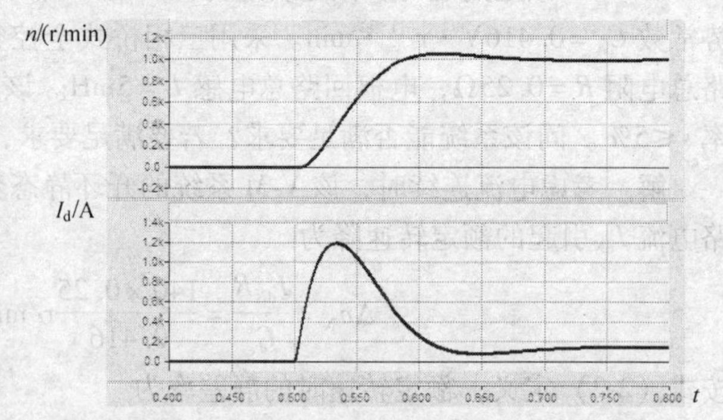

图 2-22　开环直流调速系统跟踪时域特性仿真

在直流调速系统中，负载变化是其最主要的扰动源。据 $W_L(s)$ 可求得负载电流从 14A（额定电流的 10%）到额定 140A 阶跃变化时的抗负载扰动过渡过程。开环直流调速系统抗负载扰动性能仿真如图 2-23 所示。

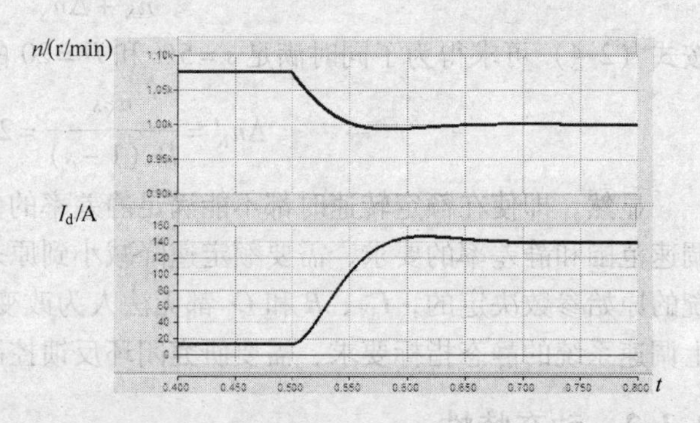

图 2-23　开环直流调速系统抗负载扰动性能仿真

由图 2-23 可知，当 $t=0.5\text{s}$ 时，负载电流从 14A 阶跃上升到额定 140A，动态最大速降 $\Delta n_{max}=n_{\infty 1}-n_{min}=(1074-992)\text{r/min}=82\text{r/min}$；如果取扰动恢复时间的误差带为 $n_{\infty 2}=1000\text{r/min}$ 的 ±2%，可得转速进入 980 ~ 1020r/min 范围的时间，亦即扰动恢复时间为 $t_v=30\text{ms}$；按定义可得负载从 10% 到 100% 变化时的扰动静差 $\Delta n_{max}=n_{\infty 2}-n_{\infty 1}=(1000-1074)\text{r/min}=-74\text{r/min}$。

2.3.3　开环直流调速系统的局限性

通过控制可控直流电源的输入信号 u_c，可以连续调节直流电动机的电枢电压 u_d，实现直流电动机的平滑无级调速，但是：

1）在起动或大范围阶跃升速时，电枢电流可能远远超过电动机额定电流，如果超过电动机允许的过载倍数，可能会损坏电动机，也会使可控直流电源因过电流而烧毁。因此必须设法限制电枢动态电流的幅值。

2）开环系统的额定转速降 Δn_N 一般都比较大，使得开环系统的调速范围 D 都很小，对于大部分需要调速的生产机械都无法满足要求。因此必须采用闭环反馈控制的方法减小额定转速降，以增大调速范围。

3）开环系统对于负载扰动是有差的。

2.4 转速单反馈闭环直流调速系统

开环直流调速系统有很多局限性，主要是额定转速降 Δn_N 太大，限制了系统的调速范围；动态过程中电枢电流太大，对系统的安全运行不利。本节学习转速单反馈闭环直流调速系统，以期解决、至少改善上述问题。

通过一个转速检测环节，例如测速发电机，或者脉冲编码装置，将转速 n 实时转换为一个与之成正比的电压反馈信号，然后通过反馈调节器组成闭环系统。转速单反馈闭环系统的静态数学模型如图 2-24 所示，与图 2-21 所示的开环直流调速系统静态模型相比，增加了一个转速反馈系数 α 和一个比例放大环节 K_p。α（$V \cdot min \cdot r^{-1}$）是将 n 线性转换为 U_n 的一个比例系数，即

$$\alpha = \frac{U_n}{n} \tag{2-32}$$

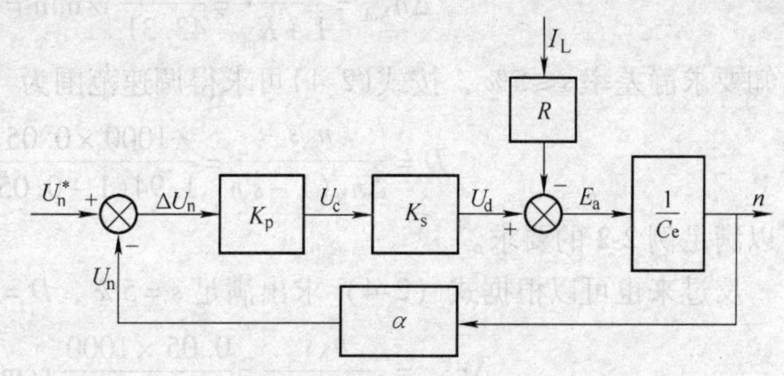

图 2-24　转速单反馈闭环直流调速系统静态模型

转速反馈电压 U_n 和转速给定电压 U_n^* 相比较求得误差信号 ΔU_n，ΔU_n 经放大后作为可控直流电源的控制电压 U_c。容易理解，当比例调节器放大倍数 K_p 很大时，要维持期望转速 n 所需要的控制电压 U_c，只需较小的转速误差信号 ΔU_n，这就意味着实际转速反馈电压 U_n 更接近转速给定电压 U_n^*，使得调速误差更小。

2.4.1 转速单反馈闭环系统的静特性

由图2-24，按照梅森公式可以直接写出转速给定电压 U_n^* 和负载扰动电流 I_L 与转速 n 的关系式如下

$$n = \frac{K_p K_s}{C_e(1+K_{ol})} U_n^* - \frac{R}{C_e(1+K_{ol})} I_L \tag{2-33}$$

式中

$$K_{ol} = \alpha K_p K_s / C_e \tag{2-34}$$

称为闭环系统的开环放大系数。

由式（2-1），开环系统的负载转速降为

$$\Delta n_{ol} = \frac{R}{C_e} I_L \tag{2-35}$$

由式（2-33），转速单反馈闭环时的负载转速降为

$$\Delta n_{cl} = \frac{R}{C_e(1+K_{ol})} I_L = \frac{\Delta n_{ol}}{1+K_{ol}} \tag{2-36}$$

式（2-36）表明，采用转速闭环控制后，其负载速降减小了（$1+K_{ol}$）倍，使得闭环系统的机械特性比开环时硬得多。据式（2-4），闭环系统的静差率要小得多，可以大大增加

闭环系统的调速范围。

例 2-4　在上例系统中，改用图 2-24 所示的转速单反馈闭环直流调速系统静态模型，已知 $K_p=40$，$\alpha=0.01$，问能否满足原例 2-2 的工程要求？

解　例 2-2 中已求得 $\Delta n_{Nop}=84.13\text{r/min}$，可求得开环放大倍数为

$$K_{ol}=\frac{\alpha K_p K_s}{C_e}=\frac{0.01\times 40\times 44}{0.416}=42.31$$

根据式（2-36）可求得

$$\Delta n_{Ncl}=\frac{\Delta n_{Nol}}{1+K_{ol}}=\frac{84.13}{43.31}\text{ r/min}=1.94\text{r/min}$$

已知要求静差率 $s\leqslant 5\%$，按式(2-4)可求得调速范围为

$$D=\frac{n_N s}{\Delta n_N(1-s)}=\frac{1000\times 0.05}{1.94(1-0.05)}\approx 27>20$$

可以满足例 2-2 的要求。

反过来也可以根据式（2-4）求出满足 $s=5\%$，$D=20$ 时的

$$\Delta n_{Ncl}=\frac{n_N s}{D(1-s)}=\frac{0.05\times 1000}{20\times 0.95}\text{ r/min}=2.63\text{r/min}$$

再根据式（2-36）可以求出满足要求的系统开环放大倍数的最小值

$$K_{ol}=\frac{\Delta n_{Nol}}{\Delta n_{Ncl}}-1=\frac{84.13}{2.63}-1=31$$

最后由式（2-34）即可求出图 2-24 中放大器比例系数的最小值

$$K_p=\frac{K_{ol}C_e}{\alpha K_s}=29.3$$

图 2-25 所示为例 2-4 直流调速系统的机械特性。图中粗直线 A、B、C、D 是转速单闭环反馈时的机械特性，其机械特性很硬，几乎是一根水平线。图中细直线是分别过 A、B、C、D 四点的 4 根开环机械特性。但是根据系统的稳态机械特性方程式（2-1）稳态负载速降是由电动机电动势常数 C_e 和电枢回路总电阻 R 共同决定的。开环系统和闭环系统相比较 C_e 和 R 并没有变化，为什么闭环系统的负载速降 Δn_{Ncl} 会显著减小？

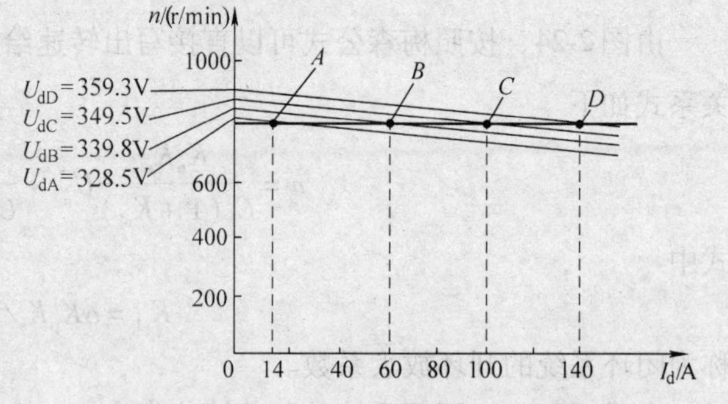

图 2-25　例 2-4 直流调速系统的机械特性

表 2-3 列出了图 2-25 中机械特性的对应数值。由表中可知，闭环机械特性在 D 点时，$I_d=I_L=140\text{A}$，调速系统实际工作在 $U_d=359.3\text{V}$ 时的开环特性上，实际由 R 和 C_e 引起的稳态速降为 84.1r/min。当负载电流由额定 140A 下降到 100A 时，转速 n 会由 779.6r/min 上升到 780.1r/min，使得 ΔU_n 由 0.204V 下降到 0.199V，控制电压 $U_c=K_p\Delta U_n$ 由 8.17V 下降到 7.94V，可调直流电压 $U_d=K_sU_c$ 由 359.3V 下降到 349.5V。也就是说当闭环机械特性上工作点由 D 点移到 C 点时，系统实际上是工作在另外一条（$U_d=349.5\text{V}$）开环机械特性上。随着系统负载电流的变化，闭环系统总是这样不断地自动调节，使系统工作在不同的开环机

械特性上，这些工作点连在一起就组成了闭环机械特性。

表 2-3　图 2-25 中机械特性的对应数据

	$n^*/U_n^*/(\mathrm{r\cdot min^{-1}/V})$	$n/U_n/(\mathrm{r\cdot min^{-1}/V})$	ΔU_n/V	U_c/V	U_d/V	I_d/A	$\Delta n_{ol}/(\mathrm{r\cdot min^{-1}})$
A	800/8.0	781.3/7.813	0.187	7.47	328.5	14	8.41
B	800/8.0	780.7/7.807	0.193	7.72	339.8	60	36.06
C	800/8.0	780.1/7.801	0.199	7.94	349.5	100	60.09
D	800/8.0	779.6/7.796	0.204	8.17	359.3	140	84.13

2.4.2　转速单反馈闭环系统的稳定性

在研究系统的动态特性前先要保证该系统是稳定的。将图 2-24 中的被控对象静态模型更换为图 2-20b 所示的被控对象动态模型，即得到转速单反馈闭环直流调速系统动态模型，如图 2-26 所示。据梅森公式化简可得该系统的闭环传递函数为

$$W_{cl}(s)=\frac{n(s)}{U_n^*(s)}=\frac{\dfrac{K_pK_s}{C_e(1+K_{ol})}}{\dfrac{T_mT_lT_s}{1+K_{ol}}s^3+\dfrac{T_m(T_l+T_s)}{1+K_{ol}}s^2+\dfrac{T_m+T_s}{1+K_{ol}}s+1} \tag{2-37}$$

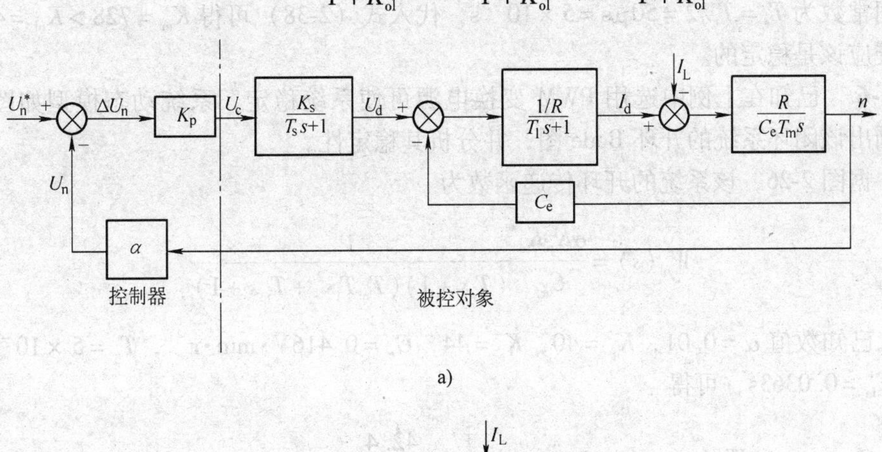

a)

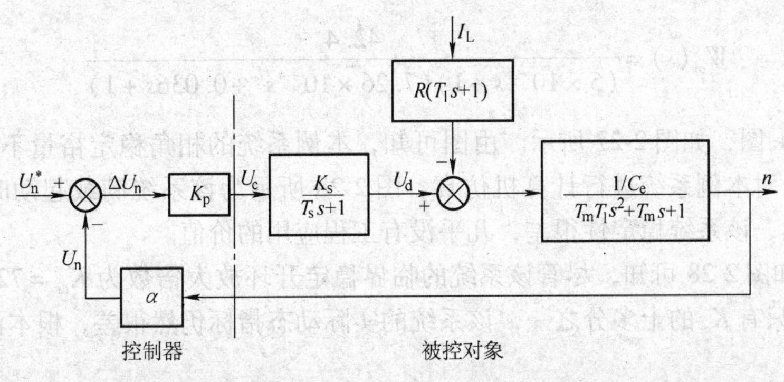

b)

图 2-26　转速单反馈闭环直流调速系统动态模型

a）原始动态模型　b）对直流电动机局部闭环化简后的动态模型

该系统是一个三阶系统，其特征方程的一般表达式为

$$a_0 s^3 + a_1 s^2 + a_2 s + a_3 = 0$$

根据劳斯-赫尔维茨稳定性判据，该系统稳定的充要条件是 $a_0 > 0$，$a_1 > 0$，$a_2 > 0$，$a_3 > 0$，$a_1 a_2 - a_0 a_3 > 0$，对比式（2-37），可得不等式

$$\frac{T_m(T_l + T_s)}{1 + K_{ol}} \frac{T_m + T_s}{1 + K_{ol}} - \frac{T_m T_l T_s}{1 + K_{ol}} > 0$$

由此可解得

$$K_{ol} < \frac{T_m(T_l + T_s) + T_s^2}{T_l T_s} = K_{cr} \tag{2-38}$$

式中　K_{cr}——使系统稳定的临界开环放大倍数。

例 2-5　在例 2-4 所示系统中，试求使该系统稳定的临界开环放大倍数。

解　根据式（2-38），可求得 $K_{cr} = 23.6$，在例 2-4 中已求得该系统的开环放大倍数为 $K_{ol} = 42.4 > K_{cr} = 23.6$，根据式（2-38）可知，该系统实际上不稳定，无法正常运行，因此例 2-4 中的计算也就没有实际工程意义。

为了使该系统稳定，应该设法使开环放大倍数的稳定范围更大。观察式（2-38），增大 K_{cr}的一种方法是减小电源环节时间常数 T_s。设想在例 2-4 中由载波频率为 $f_c = 10\text{kHz}$ 的 PWM 变换电源取代相控整流电源，保持电源放大倍数 K_s 不变，这时载波周期为 $T_c = 100\mu\text{s}$，电源时间常数为 $T_s = T_c/2 = 50\mu\text{s} = 5 \times 10^{-5}\text{s}$，代入式（2-38）可得 $K_{cr} = 728 > K_{ol} = 42.4$，此时该系统应该是稳定的。

例 2-6　已知在上例中选用 PWM 变换电源可使系统稳定，系统动态模型如图 2-26 所示，试画出该闭环系统的开环 Bode 图，并分析其稳定性。

解　据图 2-26，该系统的开环传递函数为

$$W_{ol}(s) = \frac{\alpha K_p K_s}{C_e} \frac{1}{(T_s s + 1)(T_m T_l s^2 + T_m s + 1)}$$

代入已知数值 $\alpha = 0.01$，$K_p = 40$，$K_s = 44$，$C_e = 0.416\text{V} \cdot \text{min} \cdot \text{r}^{-1}$，$T_s = 5 \times 10^{-5}\text{s}$，$T_l = 0.02\text{s}$，$T_m = 0.0363\text{s}$，可得

$$W_{ol}(s) = \frac{42.4}{(5 \times 10^{-5} s + 1)(7.26 \times 10^{-4} s^2 + 0.036 s + 1)}$$

画出上式的 Bode 图，如图 2-27 所示。由图可知，本例系统的相角稳定裕量不足 20°，其稳定性是很差的。对本例系统进行计算机仿真，图 2-28 所示为该系统满载起动时的过渡过程仿真结果。显然，该系统稳定性很差，几乎没有工程应用的价值。

由图 2-27 和图 2-28 可知，尽管该系统的临界稳定开环放大倍数为 $K_{cr} = 728$，实际放大倍数 $K_{ol} = 42.4$ 只有 K_{cr}的十多分之一，该系统的实际动态指标仍然很差，根本没有工程应用的价值。

因此，劳斯-赫尔维茨稳定性判据仅仅是系统动态稳定性的一个定性的理论判据，对系统的动态性能指标没有多少定量的指导意义。必须首先针对闭环控制系统研究一套实用的工程设计方法，然后才能对速度反馈的闭环直流电动机调速系统进行工程设计。

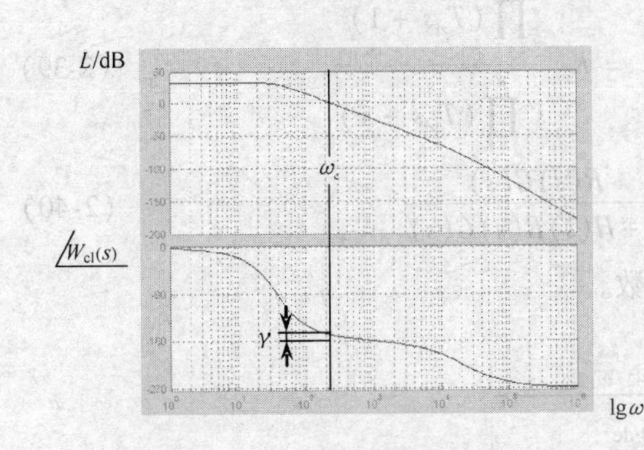

图2-27　例2-6的Bode图

注：$\alpha=0.01$，$K_p=40$，$K_s=44$，$C_e=0.416$，$T_s=5\times10^{-5}$s，$T_m=0.0363$s，$K_{cr}=728$，$K=42.4$。

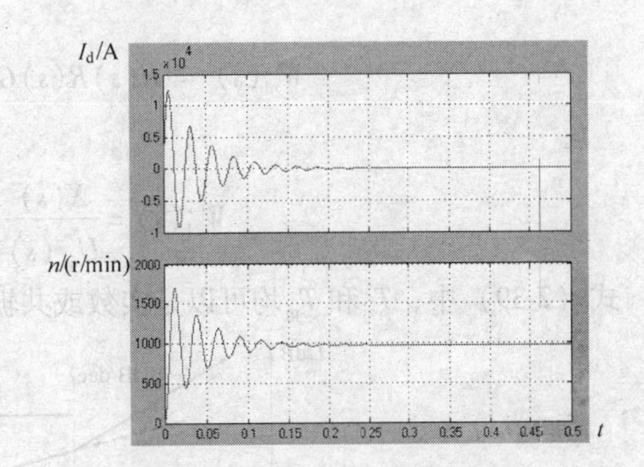

图2-28　图2-27系统满载起动时的过渡过程仿真结果

注：$I_L=I_N=140$A，$n_\infty=n_N=1000$r/min。

2.5　闭环控制系统的工程设计方法

一个典型的闭环控制系统结构如图2-29所示。

图2-29中，X为被控输出量，U_x^*和U_x分别为输出量X的输入量和反馈量。$G(s)$表示被控对象传递函数。$H(s)$表示反馈量检测环节的传递函数，$H(s)$往往是一个常数，或者可以近似按常数处理。$R(s)$是反馈控制调节器传递函数。一般来说，$G(s)$是系统固有的，其结构和参数在系统动态设计之前就已经确定，或基本确定。例如图2-20所示的由可控直流电源供电的直流电动机调压调速系统就是一个被控对象。当选定可控直流电源的类型后，电源时间常数就已经确定。根据生产机械的工程需要选定直流电动机的型号后，电动势常数C_e就是确定不变的。电源放大倍数K_s由可控直流电源的控制信号U_c和电动机额定电压U_{dN}决定。电气时间常数T_l和机电时间常数T_m都可以在进行系统动态设计前通过分析或实验测定确定下来。$H(s)$是由选定的速度检测装置决定的，一般是一个常数，如果设有滤波环节则为一阶惯性。

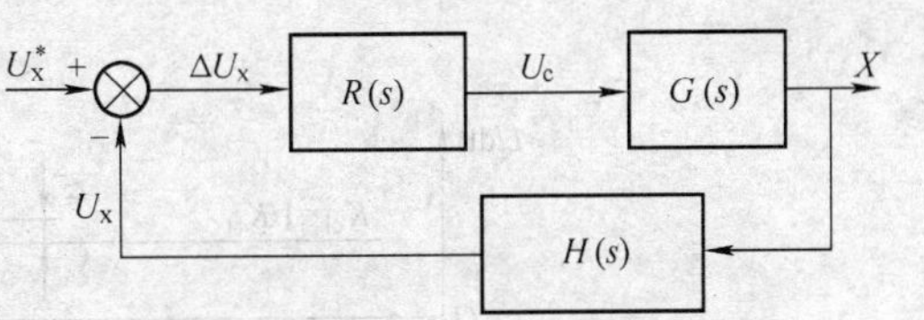

图2-29　典型的闭环控制系统结构

$R(s)$—反馈控制调节器　$G(s)$—被控对象

$H(s)$—反馈量检测环节，往往是一个常数，记为K_H

对系统动态性能进行工程设计的目标是寻找一个调节器模型$R(s)$，使得闭环系统满足由生产机械的工程背景所决定的如2.1节所描述的一系列静态和动态性能指标。

本节由“自动控制原理”课程中的基本理论出发，总结出一套适合应用于闭环控制系统工程设计的简单实用的方法。

2.5.1　自动控制原理的基本结论

由图2-29，控制系统的开环传递函数$W_{ol}(s)$和闭环传递函数$W_{cl}(s)$分别为

$$W_{ol}(s) = H(s)R(s)G(s) = K_{ol}\frac{\prod_{i=1}^{m}(T_{zi}s+1)}{s^r\prod_{j=1}^{n}(T_{pj}s+1)} \tag{2-39}$$

$$W_{cl}(s) = \frac{X(s)}{U_x^*(s)} = \frac{R(s)G(s)}{1+H(s)R(s)G(s)} \tag{2-40}$$

式（2-39）中，T_{zi}和T_{pj}均可以是实数或共轭复数。

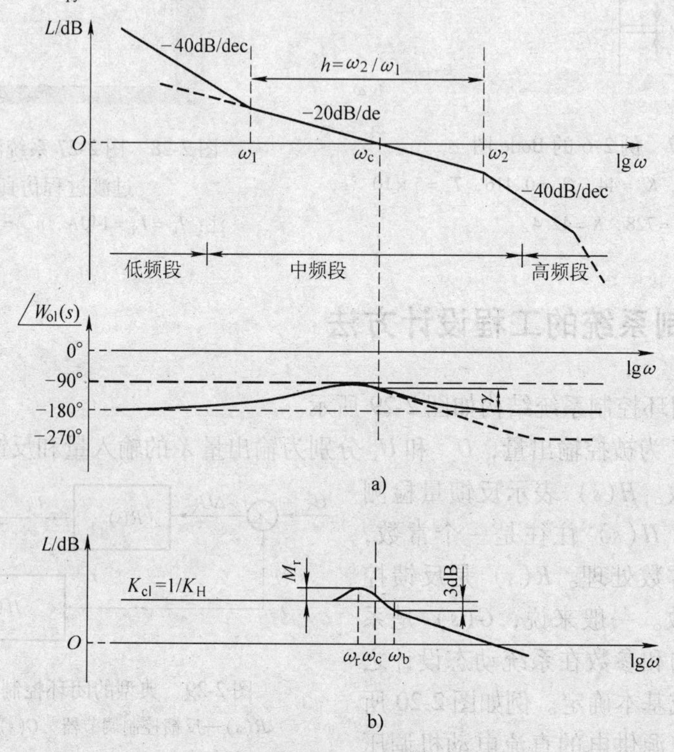

图 2-30　图 2-29 系统的开环和闭环 Bode 图

a）开环 Bode 图　b）闭环 Bode 图

$W_{ol}(s)$ 和 $W_{cl}(s)$ 在对数坐标下的典型 Bode 图分别如图 2-30a、b 所示。图中，ω_c 称为开环幅频特性的交越频率或穿越频率（亦称截止频率），它是开环幅频特性与横轴（单位增益，即$|W_{ol}(s)|=1$）的交点频率。式（2-39）中的开环放大倍数 K_{ol} 正好是幅频特性上左边第一段直线或其延长线与纵轴的交点（单位角频率 $\omega=1$ 时的增益）㊀。交越频率 ω_c 处相频

㊀ ①K_{ol}是对如式（2-39）形式的传递函数在 $\omega=0(\lg\omega\to-\infty)$ 时的增益的描述，因而与所有零点和极点都无关。

②考虑式（2-39）中 $r=0$ 的情况，这时其最左边的是一根水平线，其幅值正好就是 $20\lg K_{ol}$，这一水平线与式（2-39）中的所有零点和极点都无关。结论得证。

③当 $r\neq0$ 时，$1/s^r$ 的幅频特性是一根经过（$\omega=1$，$|1/s^r|=1$）点，且斜率为 $-20r$dB/dec 的直线。当考虑 $r\neq0$时式（2-39）的幅频特性时，它也是最左边一根直线。$|K_{ol}/s^r|$ 的对数幅频特性就是 $|1/s^r|$ 的对数幅频特性再平移 $20\lg K_{ol}$，因此在 $\omega=1$ 处 K_{ol}/s^r 的幅频特性正好就是 $20\lg K_{ol}$。当左边第一个零点或极点在 $\omega=1$（$\lg\omega=0$）右边时，K_{ol}/s^r 的幅频特性经过（$\omega=1$，$20\lg K_{ol}$）点，当左边第一个零点或极点在 $\omega=1$ 左边时，K_{ol}/s^r 的幅频特性延长线经过（$\omega=1$，$20\lg K_{ol}$）点。

特性高于“$-180°$”相角的角度γ称为系统的相角稳定裕量。M_r称为闭环系统的谐振峰值，它表明在该峰值频率ω_r处的信号将被谐振放大M_r倍。ω_b称为系统的（-3dB）带宽，它表明输入信号中小于ω_b的频率分量可以顺利到达输出，而大于ω_b的频率分量将被“阻止”而不能影响输出。$h=\omega_2/\omega_1$称为中频宽度，它是开环幅频特性在ω_c附近以-20dB/dec斜率穿越横轴的频率范围（dec表示“十倍频程”）。一般称ω_c附近的区域为中频段，左边至无穷远处（$\omega=0$）称为低频段，右边至无穷远处（$\omega=\infty$）称为高频段。

根据自控原理的基本理论，如果式（2-39）中的T_{pj}和T_{zi}均有正实部（称为最小相位系统，现实中的物理系统大都是这样的），则有如下结论：

1）图2-29所示闭环系统的稳定性完全由式（2-39）开环频率特性$W_{ol}(s)$决定。闭环系统频率特性的低频段近似为反馈环节传递函数$H(s)$的倒数，$H(s)=K_H$是最常见也是最典型的情况。闭环系统频率特性的高频段由前向通道$R(s)G(s)$决定。

2）如果在ω_c左右以-20dB/dec穿越横轴的频段有一定宽度，即h不是太小，则闭环系统一般都是稳定的，即一般都有相角裕量$\gamma>0$，且h越大，γ也越大，其动态特性越为平缓。

3）ω_c决定闭环系统的快速性。ω_c越大，系统响应越快，上升时间t_r、扰动恢复时间t_v和过渡过程时间t_s等将会越小。因为ω_b和ω_c总是很接近，ω_c越大，表示系统可响应的频率范围就越宽。

4）闭环系统的动态性能指标，如超调量$\sigma\%$、振荡次数k等，主要取决于开环特性的中频段。

5）闭环系统的静态特性，比如静态误差，由开环特性的低频段决定。比如，当$\omega\to0$（$\lg\omega\to-\infty$）时，$|W_{ol}(s)|=$常数，则闭环系统为阶跃输入有差系统；当$\omega\to0$时，$|W_{ol}(s)|$以-20dB/dec趋向∞，则闭环系统为阶跃输入无差系统；当$\omega\to0$时，$|W_{ol}(s)|$以-40dB/dec趋向∞，则闭环系统为斜坡输入无差系统。

6）闭环系统的抗噪（不是抗扰）性能由开环特性的高频段决定。开环幅频特性$|W_{ol}(s)|$在高频段趋于“$-\infty$”的斜率越大，则闭环系统的抗噪性能越好。因为它可以更有效地衰减高频噪声。

在2.1节中建立了调速系统的时域指标。上述内容可以看成是调速系统的频域指标。下面将建立频域指标和时域指标之间的简明关系，从而方便地通过上述频域指标对调速系统进行工程设计。

2.5.2 典型系统

在式（2-39）中，如果$r=0$，称为“0”型（开环）系统，它是阶跃输入有静差的，因而实际工程设计中较少使用；$r=1$称为Ⅰ型系统，它是阶跃输入无静差的；$r=2$称为Ⅱ型系统，它是斜坡输入无静差的。当$r>2$时闭环系统是不稳定的，因此下面只讨论Ⅰ型和Ⅱ型系统。

前面讲过闭环系统的动态特性主要由其开环系统的中频段特征决定。下面重点讨论Ⅰ型和Ⅱ型开环系统的中频段特征与闭环动态时域和频域指标之间的对应关系，并作为系统动态设计的依据。系统设计时，对其相应的低频段和高频段进行典型化处理，称为典型Ⅰ型和典型Ⅱ型系统。当实际系统的低频段和高频段与典型系统不完全一致时，闭环系统的动态性能基本不变，只是相应的稳态性能和抗噪性能有所不同，此时称其为近似典型Ⅰ型或近似典型Ⅱ型系统。

1. 典型Ⅰ型系统

典型Ⅰ型系统的开环传递函数为

$$W_{\mathrm{I\,ol}}(s)=R(s)G(s)H(s)=\frac{K_{\mathrm{I}}}{s(Ts+1)} \tag{2-41}$$

式中 T——惯性时间常数；

K_{I}——典型Ⅰ型系统的开环放大倍数，$H(s)=K_{\mathrm{H}}=1$，即单位负反馈。

其动态结构图和开环对数频率特性如图2-31所示。

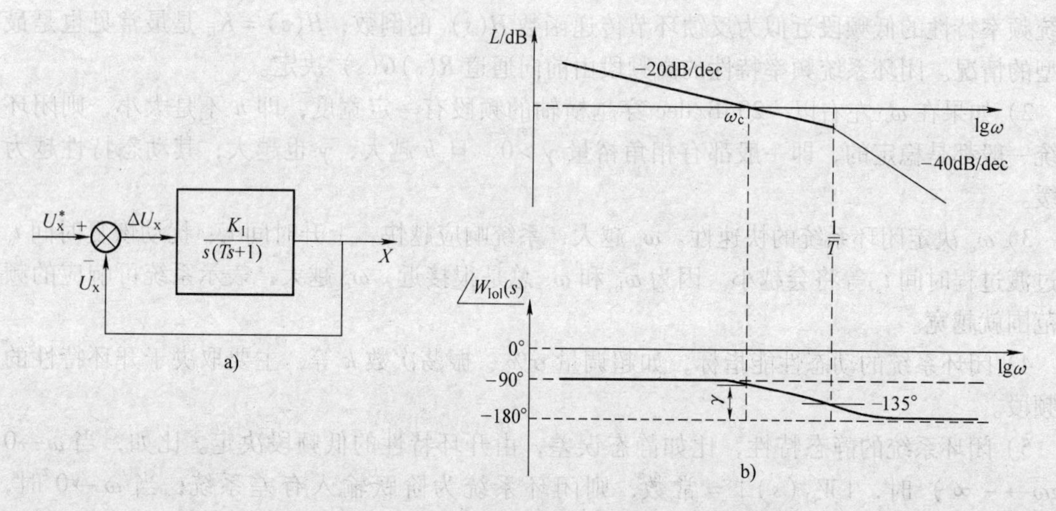

图2-31 典型Ⅰ型系统动态结构图和开环对数频率特性

a）闭环系统动态结构图 b）开环对数频率特性

由图2-31可知，无论该系统中 K_{I} 取多大，闭环系统总是稳定的。当以 −20dB/dec 与横轴交越时，有 $K_{\mathrm{I}}=\omega_{\mathrm{c}}$。当 $K_{\mathrm{I}}=1/T=\omega_{\mathrm{c}}$ 时，系统的相角裕量为51.8°。当转折频率 $1/T$ 不变，而减小 K_{I} 值使截止频率 ω_{c} 向左移时，图2-31b中的相频特性是固定不变的，因而其相角裕量将逐渐增大。

写出式（2-41）的闭环传递函数，为典型的二阶系统

$$W_{\mathrm{I\,cl}}(s)=\frac{W_{\mathrm{I\,ol}}(s)}{1+W_{\mathrm{I\,ol}}(s)}=\frac{\omega_{\mathrm{n}}^{2}}{s^{2}+2\xi\omega_{\mathrm{n}}s+\omega_{\mathrm{n}}^{2}} \tag{2-42}$$

式中 $\omega_{\mathrm{n}}=\sqrt{K_{\mathrm{I}}/T}$，$\xi=\dfrac{1}{2\sqrt{K_{\mathrm{I}}T}}$。

在单位阶跃输入 $U_{\mathrm{x}}^{*}(s)=1/s$ 的激励下，根据图2-31a及式（2-42）求其被控输出量 $X(s)$ 的时域函数 $x(t)$，取 $T=1$（标幺值），改变不同的 $K_{\mathrm{I}}T$ 取值得到 $x(t)$ 的时域波形。典型Ⅰ型系统在单位阶跃输入（$T=1$）时的闭环时域特性如图2-32所示。经进一步计算可得典型Ⅰ型闭环系统的时域动态跟随性能指标、开环及闭环频域指标与开环参数之间的关系见表2-4。表中与时间或频率相关的参数或指标均以时间常数 T 为参变量。对于确定系统，一

般 T 已取定，则系统性能由 K_I 决定。

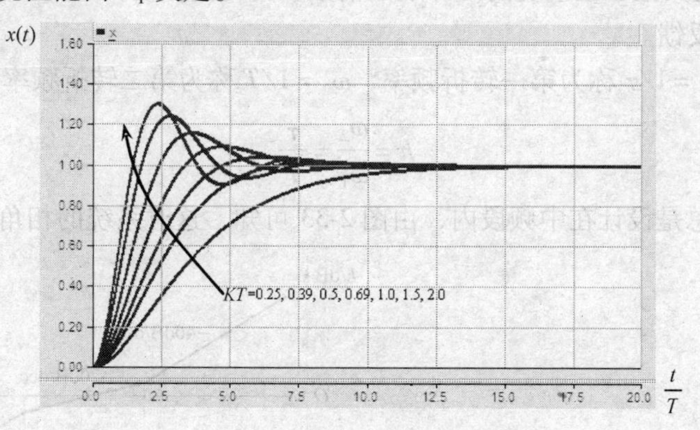

图 2-32　典型 Ⅰ 型系统的闭环时域特性单位阶跃输入（$T=1$）

表 2-4　典型 Ⅰ 型系统闭环时域动态跟随性能指标、开环及闭环频域指标与开环参数之间的关系

	开环参数 K_IT	0.25	0.39	0.50	0.69	1.0	1.5	2.0
频域指标	开环截止频率 ω_c	$0.243/T$	$0.367/T$	$0.455/T$	$0.596/T$	$0.786/T$	$1.041/T$	$1.267/T$
	开环相角稳定裕度 γ	76.3°	69.9°	65.5°	59.2°	51.8°	43.9°	38.3°
	闭环谐振峰 M_r/dB	0	0	0	0.34	1.25	2.55	3.61
	闭环 −3dB 频带 ω_b	$0.321/T$	$0.542/T$	$0.706/T$	$0.951/T$	$1.271/T$	$1.673/T$	$1.999/T$
	闭环阻尼比 ξ	1.0	0.8	0.707	0.6	0.5	0.408	0.35
闭环时域指标	超调量 σ（%）	0	1.5	4.3	9.5	16.3	24.5	30.5
	上升时间 t_r	∞	$6.6T$	$4.7T$	$3.3T$	$2.4T$	$1.78T$	$1.46T$
	峰值时间 t_p	∞	$8.3T$	$6.2T$	$4.7T$	$3.6T$	$2.808T$	$2.375T$

由图 2-32 和表 2-4 可得如下结论：

1）系统的时间常数 T 越小，则系统的频带越宽，响应速度越快。

2）当 T 选定时，K_I 越大，系统的稳定性变差，表现为系统阻尼系数 ξ 和稳定裕度 γ 越小，超调量越大。同时 K_I 越大，系统的响应速度加快，表现为上升时间 t_r 减小。

3）当

$$K_IT=0.5 \tag{2-43}$$

时，阻尼比 $\xi=0.707$，超调量 $\sigma=4.3\%$，如选 ±5% 误差带，此时过渡过程时间几乎最短，被称为“电子二阶最佳系统”。$K_IT=0.5$ 时也使闭环系统幅频特性最大值不大于 0dB 时（无谐振峰）得到最大带宽 ω_b，因而也称为“模最佳系统”。

2. 典型 Ⅱ 型系统

仍然如图 2-29 所示，典型 Ⅱ 型系统的开环传递函数为

$$W_{\text{Ⅱol}}(s)=R(s)G(s)H(s)=\frac{K_{\text{Ⅱ}}(\tau s+1)}{s^2(Ts+1)} \tag{2-44}$$

其动态结构图和开环对数频域特性如图 2-33 所示。其中 τ 为微分环节时间常数，T 为惯性环

节时间常数，K_{II} 为典型Ⅱ型系统的开环放大倍数。为讨论方便，不失一般性，取 $H(s)=K_{\mathrm{H}}=1$，即为单位负反馈。

由图 2-33，$\omega_1=1/\tau$ 称为第一转折频率，$\omega_2=1/T$ 称为第二转折频率，定义中频宽度为

$$h=\frac{\omega_2}{\omega_1}=\frac{\tau}{T} \tag{2-45}$$

一般交越频率 ω_{c} 总是设计在中频段内，由图 2-33 可知，这时系统的相角稳定裕量会较大。

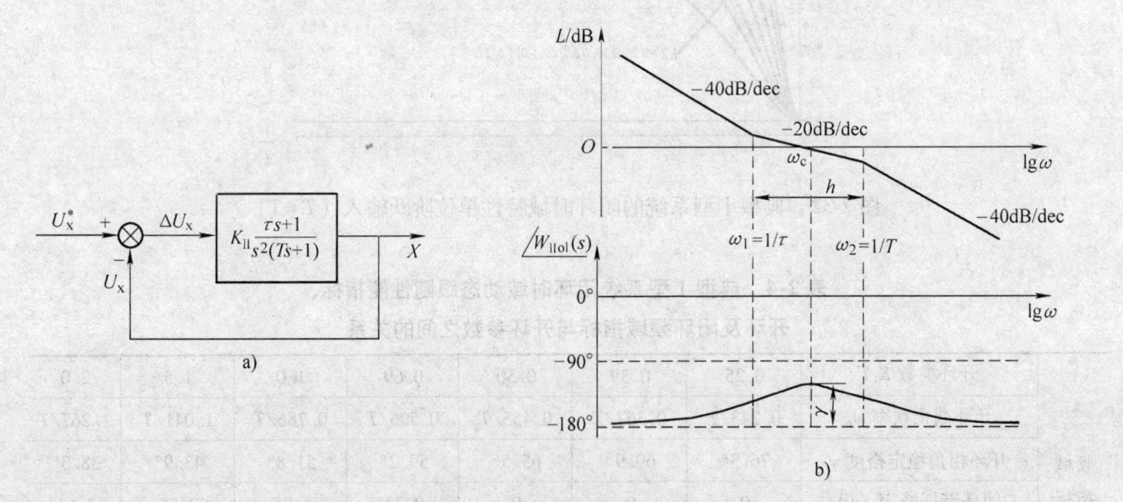

图 2-33　典型Ⅱ型系统动态结构图和开环对数频率特性

a）闭环系统动态结构图　b）开环对数频率特性

图 2-34 所示为一个典型Ⅱ型系统的实际开环对数频率特性。理论分析可知，开环相角特性只与转折频率（或 h）有关，与 K_{II} 无关；相角特性总是关于中频段对称，在中频段的几何中点处相角特性取得峰值；当交越频率 ω_{c} 正好处在中频段几何中点时取得最大相角裕量，中频宽度 h 越大，可取得更大的相角裕量 γ。上述各条结论从图 2-34 中也可以明显看出。

因此，当以开环频率特性相角裕量最大为设计目标时，应将交越频率设计在 ω_1 和 ω_2 的几何中点处，称为电子最佳设计，这种设计准则亦称为 $\gamma_{\max}$ 准则或对称最佳准则[5]。此时可求得

$$\omega_{\mathrm{c}}=\sqrt{\omega_1\omega_2}=\frac{1}{\sqrt{\tau T}}=\frac{1}{\sqrt{h}T} \tag{2-46}$$

$$K_{\mathrm{II}}=\frac{\omega_{\mathrm{c}}}{\omega_1}\omega_1^2=\omega_{\mathrm{c}}\omega_1=\frac{1}{\sqrt{h^3}T^2} \tag{2-47}$$

当以闭环系统的频率特性为设计目标时，情况有所不同。按图 2-33a，典型Ⅱ型系统的闭环传递函数为

$$W_{\mathrm{II\,cl}}(s)=\frac{K_{\mathrm{II}}(\tau s+1)}{s^2(Ts+1)+K(\tau s+1)} \tag{2-48}$$

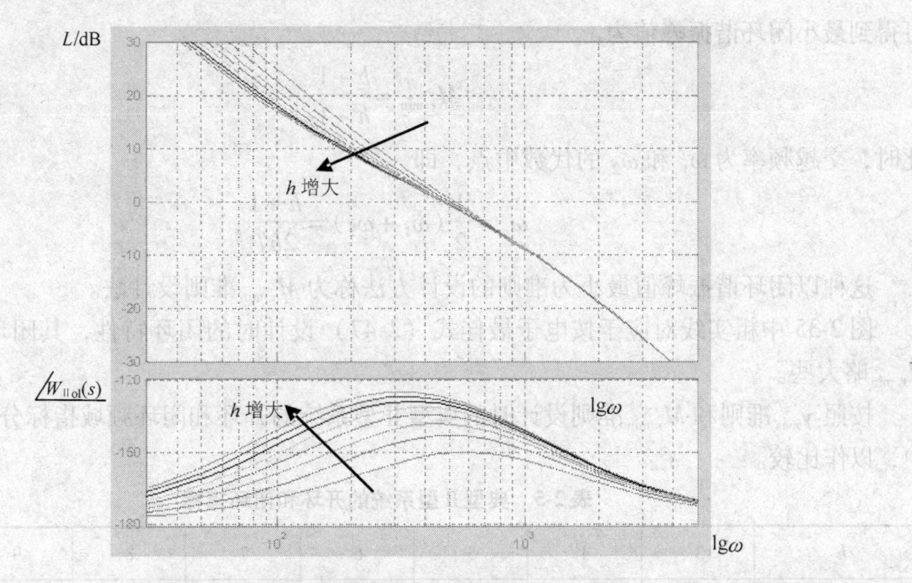

图 2-34　典型Ⅱ型系统实际开环对数频率特性

（$T=1\text{ms}$，$\tau=hT$，$\omega_c=\omega_2/2=1/(2T)$）

图 2-35 所示为一个图 2-33a 典型Ⅱ型系统的闭环对数频率特性例。图中固定 $h=10$，$\omega_2=1/T=1000\text{s}^{-1}$；改变不同的 $K_{\text{Ⅱ}}$，因而改变交越频率 ω_c 的位置，得到一系列闭环特性。由图可知，对于典型Ⅱ型系统，每取定一个中频宽度 h，对应存在一个特殊的 $K_{\text{Ⅱ}}$ 值，使得闭环幅频特性的谐振峰值 M_r 取得最小值 $M_{r.\min}$。

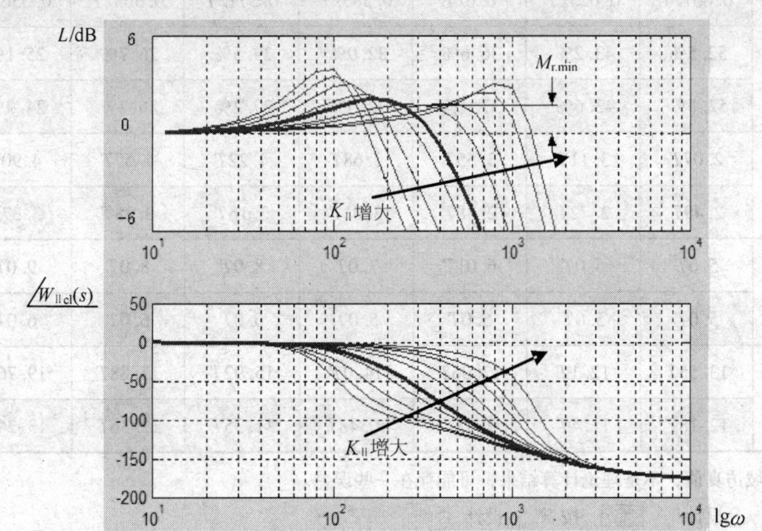

图 2-35　典型Ⅱ型系统的闭环对数频率特性（$T=1\text{ms}$，$h=10$）

理论上可以证明[7]，当 $K_{\text{Ⅱ}}$ 如下式取值时，

$$K_{\text{Ⅱ}}=\omega_1\omega_c=\frac{h+1}{2h^2T^2} \tag{2-49}$$

可得到最小闭环谐振峰值为

$$M_{\mathrm{r.\,min}}=\frac{h+1}{h-1} \tag{2-50}$$

此时，交越频率为 ω_1 和 ω_2 的代数中点，即

$$\omega_{\mathrm{c}}=\frac{1}{2}(\omega_1+\omega_2)=\frac{h+1}{2hT} \tag{2-51}$$

这种以闭环谐振峰值最小为准则的设计方法称为 $M_{\mathrm{r.\,min}}$ 准则设计法。

图 2-35 中粗实线对应于按电子最佳式（2-47）设计时的闭环特性，其闭环谐振峰值比 $M_{\mathrm{r.\,min}}$ 略大些。

按照 $\gamma_{\max}$ 准则和 $M_{\mathrm{r.\,min}}$ 准则设计时的典型Ⅱ型系统的开环和闭环频域指标分别示于表 2-5 中，以作比较。

表 2-5　典型Ⅱ型系统的开环和闭环指标

h	3	4	5	6	7	8	9	10
开环相角稳定裕量 γ	30°	36.9°	41.8°	45.6°	48.6°	51.1°	53.1°	54.9°
	29.7°	36.2°	40.6°	43.8°	46.2°	48.1°	49.6°	50.9°
闭环谐振峰值 M_{r}/dB	2.01	1.68	1.53	1.43	1.36	1.33	1.29	1.27
	2.00	1.67	1.50	1.40	1.33	1.29	1.25	1.22
开环交越频率 ω_{c}	$0.577/T$	$0.5/T$	$0.447/T$	$0.408/T$	$0.378/T$	$0.354/T$	$0.333/T$	$0.316/T$
	$0.667/T$	$0.625/T$	$0.6/T$	$0.583/T$	$0.571/T$	$0.563/T$	$0.556/T$	$0.55/T$
单位阶跃响应超调 σ①	52.5%	43.2%	36.6%	32.9%	29.5%	26.7%	25.1%	23.1%
	52.6%	43.6%	37.4%	32.5%	29.2%	26.7%	24.9%	23.1%
单位阶跃响应上升时间 t_{r}①	$2.07T$	$3.11T$	$3.55T$	$3.68T$	$4.22T$	$4.57T$	$4.90T$	$5.21T$
	$2.49T$	$2.72T$	$2.88T$	$3.01T$	$3.16T$	$3.28T$	$3.37T$	$3.45T$
单位阶跃响应峰值时间 t_{p}①	$5.0T$	$6.0T$	$6.01T$	$7.0T$	$8.0T$	$8.0T$	$9.0T$	$9.94T$
	$5.0T$	$5.0T$	$5.0T$	$5.0T$	$6.0T$	$6.0T$	$6.0T$	$6.12T$
单位阶跃响应调节时间 t_{s}①	$13.55T$	$12.1T$	$12.06T$	$14.0T$	$15.92T$	$17.88T$	$19.76T$	$21.5T$
	$12.18T$	$11.4T$	$9.65T$	$10.48T$	$11.35T$	$12.36T$	$13.24T$	$14.23T$

注：① 为时域仿真值，不是理论计算结果，可能存在一些误差。

□ 按 $\gamma_{\max}$ 设计　■ 按 $M_{\mathrm{r.\,min}}$ 设计

下面讨论典型Ⅱ型系统的闭环时域特性。

对图 2-33a 典型Ⅱ型闭环系统施加一个单位阶跃激励，研究其时域输出函数 $x(t)$。当按照 $M_{\mathrm{r.\,min}}$ 准则设计时，取不同的 h 值，可求得相应的输出响应函数 $x(t)$，如图 2-36 所示。当按照 $\gamma_{\max}$ 准则设计时，取不同的 h 值，亦可求得相应的输出响应函数 $x(t)$，如图 2-37 所示。由图 2-36 和图 2-37 可以分别求得典型Ⅱ型系统的各种闭环时域指标，一并列于表 2-5 中。

由表2-5可得，在典型Ⅱ型系统的其他参数均相同的条件下，有如下结论：

1）开环增益按 γ_{max} 准则设计时的相角裕量总是比按 $M_{r.min}$ 准则设计时大些。

2）开环增益按 $M_{r.min}$ 准则设计时的闭环谐振峰总比按 γ_{max} 准则设计时小些。

3）开环增益按 $M_{r.min}$ 准则设计时的交越频率总比按 γ_{max} 准则设计时大些。

4）开环增益按 $M_{r.min}$ 准则设计时的单位阶跃响应上升时间 t_r 和峰值时间 t_p 一般总是比按 γ_{max} 准则设计时略小些，而超调量 σ 会略大些。

5）随着中频段宽度 h 增大，稳定性更好，表现为相角裕量 γ 增大，闭环谐振峰值减小和超调量减小；但同时快速性降低，表现为交越频率 ω_c 减小，上升时间加长。综合而言，中频宽度 h 取为4～7为宜。

6）与表2-4相比，典型Ⅰ型系统（$K_I T=0.5$ 时）的相角裕量要比典型Ⅱ型系统大得多，而典型Ⅱ型系统的响应速度比典型Ⅰ型系统明显快（t_r 更小），付出的代价是超调量明显增大。

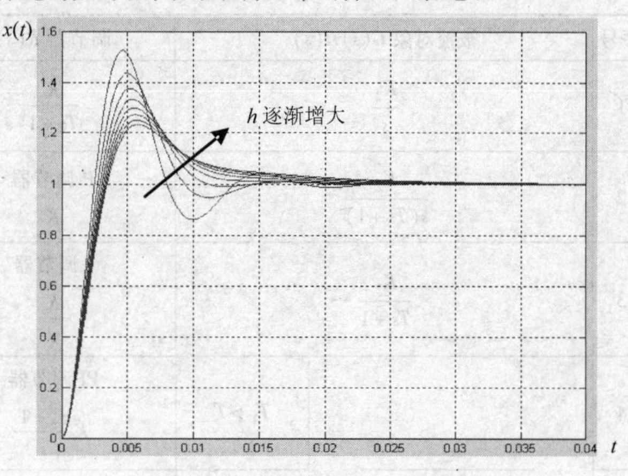

图2-36　按 $M_{r.min}$ 准则设计的典型Ⅱ型系统的时域响应（$T=0.001\text{s}$，$h=3\sim10$）

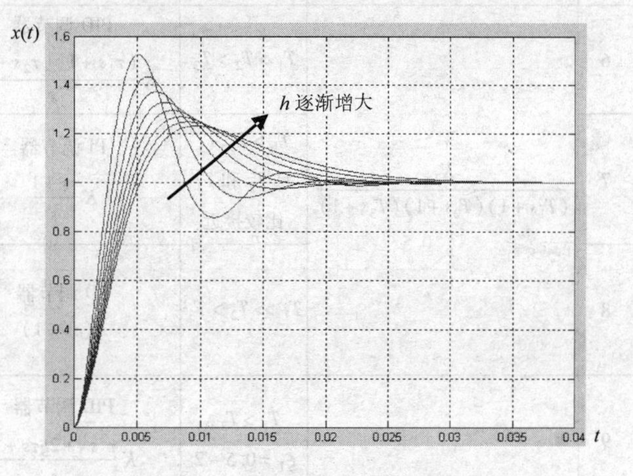

图2-37　按 γ_{max} 准则设计的典型Ⅱ型系统的时域响应（$T=0.001\text{s}$，$h=3\sim10$）

3. 典型系统的调节器设计

为了将图2-29所示的控制系统设计成典型Ⅰ型系统，已知被控对象为 $G(s)$，反馈环节为 $H(s)$，则由式（2-41）可得调节器传递函数为

$$R(s)=\frac{W_{\mathrm{I\,ol}}(s)}{G(s)H(s)} \tag{2-52}$$

同理将图2-29所示的控制系统设计成典型Ⅱ型系统时，由式（2-44）可求得相应的调节器传递函数为

$$R(s)=\frac{W_{\mathrm{II\,ol}}(s)}{G(s)H(s)} \tag{2-53}$$

表2-6列出了设计成典型Ⅰ型系统时被控对象和调节器结构及参数之间的对应关系。

表 2-6　设计成典型Ⅰ型系统时被控对象和调节器结构及参数的对应关系

序号	被控对象 $G(s)H(s)$		调节器 $R(s)$	参数关系	说明
1	$\frac{K_2}{s}$		$\frac{K}{Ts+1}$	$KK_2T=0.5$	典型Ⅰ型
2	$\frac{K_2}{s(Ts+1)}$		P 调节器 K	$KK_2T=0.5$	典型Ⅰ型
3	$\frac{K_2}{Ts+1}$		I 调节器 $\frac{K}{s}$	$KK_2T=0.5$	典型Ⅰ型
4	$\frac{K_2}{(T_1s+1)(Ts+1)}$	$T_1>T$	PI 调节器 $K\frac{\tau s+1}{s}$	$\tau=T_1$ $KK_2T=0.5$	典型Ⅰ型
5		$T_1\gg T$	P 调节器 K	$KK_2T=0.5T_1$	近似典型Ⅰ型 低频段近似等效 稳态有差
6	$\frac{K_2}{(T_1s+1)(T_2s+1)(T_3s+1)}$	$T_1>T_2>T_3$	PID 调节器 $K\frac{(\tau_1s+1)(\tau_2s+1)}{s}$	$\tau_1=T_1,\tau_2=T_2,T=T_3$, $KK_2T=0.5$	典型Ⅰ型
7		$T_1>T_2,T_3$ 且 T_2 和 T_3 比较接近	PI 调节器 $K\frac{\tau s+1}{s}$	$\tau=T_1,T=T_2+T_3$, $KK_2T=0.5$	近似典型Ⅰ型 高频段近似等效
8		$T_1\gg T_2>T_3$	PD 调节器 $K(\tau s+1)$	$\tau=T_2,T=T_3$, $KK_2T=0.5T_1$	近似典型Ⅰ型 低频段近似等效 稳态有差
9	$\frac{K_2}{(T_1^2s^2+2\xi_1T_1s+1)(T_2s+1)}$	$T_1>T_2$, $\xi_1=0.5\sim2$	PID 调节器 $K\frac{\tau^2s^2+2\xi\tau s+1}{s}$	$\tau=T_1,\xi=\xi_1,T=T_2$, $KK_2T=0.5$	典型Ⅰ型
10		$T_2>T_1$, $\xi_1=0.5\sim2$	PI 调节器 $K\frac{\tau s+1}{s}$	$\tau=T_2,T=2\xi_1T_1$, $KK_2T=0.5$	近似典型Ⅰ型 高频段近似等效

表 2-7 列出了设计成典型Ⅱ型系统时被控对象和调节器结构及参数之间的对应关系。

表 2-7　设计成典型Ⅱ型系统时被控对象和调节器结构及参数的对应关系

序号	被控对象 $G(s)H(s)$	调节器 $R(s)$	参数关系	
1	$\frac{K_2}{s}$	积分型超前滞后调节器 $K\frac{\tau s+1}{s(Ts+1)}$	$\tau=hT$ ①	典型Ⅱ型
2	$\frac{K_2}{s(Ts+1)}$	PI 调节器 $K\frac{\tau s+1}{s}$	$\tau=hT$ ①	典型Ⅱ型

（续）

序号	被控对象 $G(s)H(s)$		调节器 $R(s)$	参数关系	
3	$\dfrac{K_2}{s(T_1s+1)(T_2s+1)}$	$T_1>T_2$	PID 调节器 $K\dfrac{(\tau_1s+1)(\tau_2s+1)}{s}$	$\tau_1=T_1,\tau_2=hT$ $T=T_2$ ①	典型Ⅱ型
4		T_1 和 T_2 很小 ②	PI 调节器 $K\dfrac{\tau s+1}{s}$	$\tau=hT$ $T=T_1+T_2$ ①	近似典型Ⅱ型 高频段近似等效
5	$\dfrac{K_2}{s(T_1s+1)(T_2s+1)(T_3s+1)}$	$T_1>T_2,T_3$	PID 调节器 $K\dfrac{(\tau_1s+1)(\tau s+1)}{s}$	$\tau_1=T_1,\tau=hT$ $T=T_2+T_3$ ①	近似典型Ⅱ型 高频段近似等效
6		T_1,T_2, T_3 都很小 ②	PI 调节器 $K\dfrac{\tau s+1}{s}$	$\tau=hT$ $T=\sum_{i=1}^{3}T_i$ ①	近似典型Ⅱ型 高频段近似等效
7	$\dfrac{K_2}{(T_1s+1)(T_2s+1)}$	$T_1\gg hT_2$	PI 调节器 $K\dfrac{\tau s+1}{s}$	$\tau=hT$ $T=T_2$ ③	近似典型Ⅱ型 低频段近似等效 稳态阶跃输入无差
8		$T_1>T_2$	双积分调节器，④ $K\dfrac{(\tau_1s+1)(\tau s+1)}{s^2}$	$\tau_1=T_1,\tau=hT$ $T=T_2$ ①	典型Ⅱ型
9		T_1,T_2 都很小 ②	双积分调节器，④ $K\dfrac{\tau s+1}{s^2}$	$\tau=hT,T=T_1+T_2$ ①	近似典型Ⅱ型 高频段近似等效
10	$\dfrac{K_2}{(T_1s+1)(T_2s+1)(T_3s+1)}$	$T_1\gg(T_2+T_3)$ T_2,T_3 都较小， ②	$K\dfrac{\tau s+1}{s}$	$\tau=hT$ $T=T_1+T_2$ ③	近似典型Ⅱ型 高、低频段 都有近似等效 稳态阶跃输入无差
11		T_1,T_2, T_3 都很小 ②	双积分调节器， ④ $K\dfrac{\tau s+1}{s^2}$	$\tau=hT$ $T=\sum_{i=1}^{3}T_i$ ①	近似典型Ⅱ型 高频段近似等效
12		$T_1>T_2,T_3$	双积分调节器，④ $K\dfrac{(\tau_1s+1)(\tau s+1)}{s^2}$	$\tau_1=T_1,\tau=hT$ $T=T_1+T_2$ ①	近似典型Ⅱ型 高频段近似等效

① 按 $\gamma_{\max}$ 设计时，由式（2-47），$K=\dfrac{1}{K_2\sqrt{h^3T^2}}$；按 $M_{\mathrm{r.\,min}}$ 设计时，由式（2-49），$K=\dfrac{h+1}{2K_2h^2T^2}$。

② T_1，T_2，T_3 都较小，是相对开环交越频率的倒数 $\dfrac{1}{\omega_c}$ 而言的。ω_c 一般与工程对象对快速性的要求有关。

③ 按 $\gamma_{\max}$ 设计时，$K=\dfrac{T_1}{K_2\sqrt{h^3T^2}}$；按 $M_{\mathrm{r.\,min}}$ 设计时，$K=\dfrac{(h+1)T_1}{2K_2h^2T^2}$。

④ 如果不是非常必要，总是首先选择简单的调节器。

在实际系统的设计中，受到调节器 $R(s)$ 实现上的限制，由式（2-52）和式（2-53）求出的 $R(s)$ 往往不易实现，这时就有必要对系统进行适当的简化，成为近似典型系统。

2.5.3 近似典型系统

上一小节讨论了典型Ⅰ型和典型Ⅱ型系统，除了不同的静态无差特性之外，主要讨论了其动态特性与中频段参数之间的关系。但是对于一个实际的（电力拖动）自动控制系统，其固有被控对象可能比较复杂。例如表2-6中的第5~10行和表2-7中的第4~12行等，要设计成理想的典型系统可能存在困难。因此有必要对上述典型系统进行近似处理。

近似处理的原则是，闭环控制系统的开环传递函数在中频段附近与典型系统完全相同，因而其闭环动态性能与典型系统几乎完全一致。但是其低频段和高频段与典型系统有所差异，使其闭环系统的稳态特性和抗噪特性与典型系统有所不同。

本小节讨论对典型系统进行近似处理的方法，以及这些近似处理对系统的动态特性的影响程度。

1. 高频段小时间常数的近似处理

在一个实际的自动控制系统的传递函数中，往往存在很多小时间常数的惯性环节，它们有的是被控对象固有的，例如可调直流电源中的惯性环节，如式（2-17）和式（2-24）所示；有的是系统设计时为了噪声滤波而人为加入的，例如电流或转速反馈环节，一般总是在电流反馈系数β上附加一个小时间常数滤波环节$1/(T_{oi}s+1)$，在转速反馈系数α上附加一个小时间常数滤波环节$1/(T_{on}s+1)$。

考虑图2-29中闭环系统的开环传递函数的如下情况

$$W_{ol}(s)=\frac{K(\tau s+1)}{s^2(T_1s+1)(T_2s+1)}\approx\frac{K(\tau s+1)}{s^2(Ts+1)} \tag{2-54}$$

式中　T_1和T_2——小时间常数；

T——对T_1和T_2的近似等效，$T=T_1+T_2$。高频段小惯性时间常数的近似处理如图2-38所示。

对高频段小时间常数进行近似等效之后，系统在形式上成为一个典型Ⅱ型系统，如图2-38中的虚线所示，可以按照式（2-47）或式（2-49）来设计K值。这种近似等效的理论依据见参考文献［7］。这种近似等效会给实际系统的各种动态指标带来多大误差？图2-39所示为高频段小时间常数近似处理时的频域指标对比计算仿真，其中，取$h=6$，$T_1=0.0004\text{s}$，$T_2=0.0006\text{s}$，$T=T_1+T_2=0.001\text{s}$。

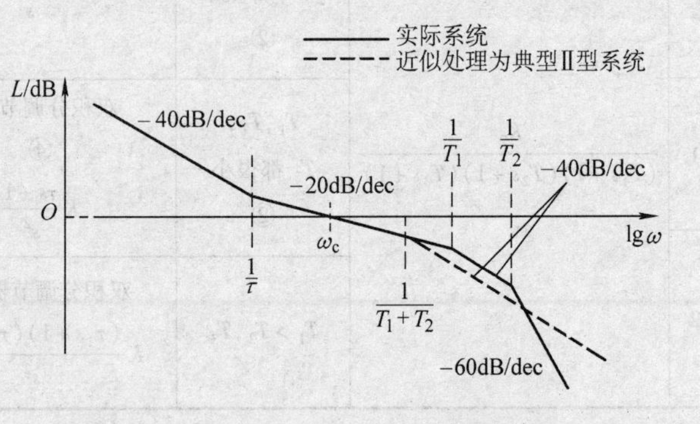

图2-38　高频段小惯性时间常数的近似处理

图2-39a是按照γ_{max}准则设计时的开环频率特性对比，可见近似处理带来的交越频率ω_c的误差，以及在ω_c处的相角裕量γ的误差几乎忽略不计。图2-39b是按$M_{r.min}$准则设计时的闭环频率特性对比，在交越频率ω_c附近闭环幅频特性和相频特性的误差也几乎可以忽略不计。从图2-39还可以看出，实际系统的高频特性比近似典型系统衰减得更快，即实际系统的高频抗噪特性更好些。

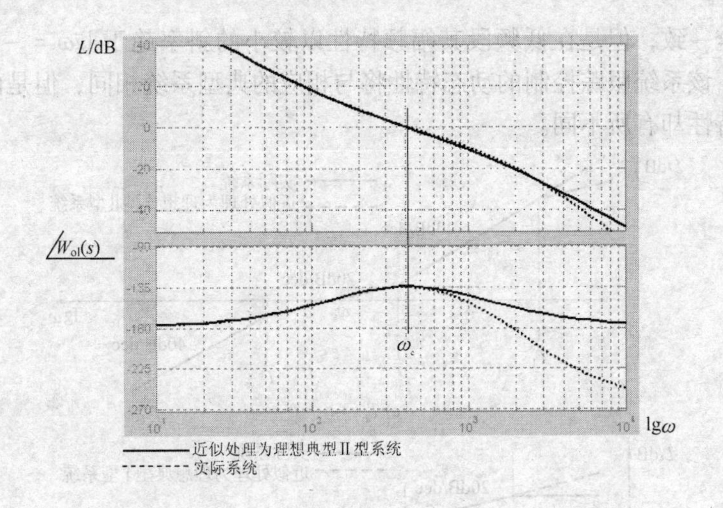

a)

L/dB

W_cl(s)

ω_c

lgω

近似处理为理想典型Ⅱ型系统

实际系统

b)

图 2-39　高频段小时间常数近似处理时的频域指标对比计算仿真

($h=6$，$T_1=0.0004\mathrm{s}$，$T_2=0.0006\mathrm{s}$)

a）按 γ_{max} 准则设计时相角稳定裕量 γ 的误差　b）按 $M_{r.min}$ 准则设计时，闭环谐振峰 M_r 的误差，其中 $H(s)=K_H=1$

一般来说，当高频段有多个小时间常数惯性环节时，在开环中频段等效或闭环动态特性等效的意义下，可以将这些小时间常数近似为一个时间常数为 T 的惯性环节来处理，即

$$T=T_1+T_2+\cdots \tag{2-55}$$

表 2-6 第 7 行和表 2-7 第 4、5、6、9、10、11、12 等行中表示的就是这种情况。

2. 低频段大时间常数的近似处理

如果实际被控对象中存在一个特别大的惯性时间常数，调节器设计的一种选择是将这个大时间常数近似看成是积分环节。这种近似等效的依据仍然是开环频率特性的中频段与典型系统相同，亦即其跟踪控制的动态特性与典型系统接近。

图 2-40 所示为低频段大时间常数的近似处理。图中在交越频率 ω_c 附近的开环频率特性

与典型系统完全一致，但是在低频段其幅频特性以较小的斜率趋于 $\lg\omega = -\infty$。按照 2.5.1 节的基本结论，该系统跟踪控制的动态特性将与相应的典型系统相同，但是由低频段决定的跟踪控制稳态特性却有所不同。

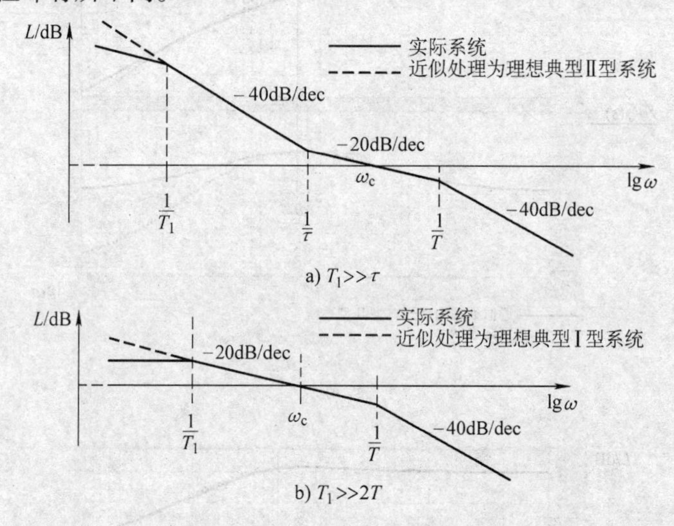

图 2-40　低频段大时间常数的近似处理

a）近似处理后成为近似典型Ⅱ型系统　b）近似处理后成为近似典型Ⅰ型系统

一般来说，在图 2-40a 中，当满足 $T_1 >> \tau = hT$ 时，可以近似按典型Ⅱ型系统设计。当按 γ_{max} 准则设计时，开环增益设计式（2-47）变成如下形式

$$K_{\text{II}} = \frac{T_1}{\sqrt{h^3}T^2} \tag{2-56}$$

当按 $M_{r.\min}$ 准则设计时，开环增益设计式（2-49）成为如下形式

$$K_{\text{II}} = \frac{(h+1)T_1}{2h^2T^2} \tag{2-57}$$

上两式同时列于表 2-7 第 7、10 两行中。

图 2-41a 所示为一个低频段大时间常数近似处理时时域动态指标对比计算仿真图，其中 $T = 0.001\text{s}$，$h = 6$，$T_1 = 10hT = 0.06\text{s}$，按 $M_{r.\min}$ 准则设计，由式（2-57），$K_{\text{II}} = 5833$。由图可见，其超调量和上升时间与表 2-5 中对应的典型Ⅱ型系统非常接近。但是此时闭环系统是斜坡输入稳态有差的。

一般来说，在图 2-40b 中，当满足 $T_1 >> 2T$ 时，可以近似按典型Ⅰ型系统设计。此时开环增益设计公式成为

$$K_{\text{I}} = \frac{T_1}{2T} \tag{2-58}$$

上式同时列于表 2-6 中第 5、8 两行。

图 2-41b 是一个低频段大时间常数近似处理的典型Ⅰ型系统的时域特性仿真图，其中 $T = 0.001\text{s}$，$T_1 = 20T = 0.02\text{s}$，按二阶最佳设计，由式（2-58），$K_{\text{I}} = 10$。由图可见，其超调量和上升时间与表 2-4 中 $K_{\text{I}}T = 0.5$ 时的典型Ⅰ型系统非常接近，说明其动态特性非常接近

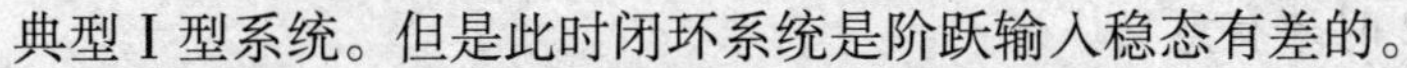
典型Ⅰ型系统。但是此时闭环系统是阶跃输入稳态有差的。

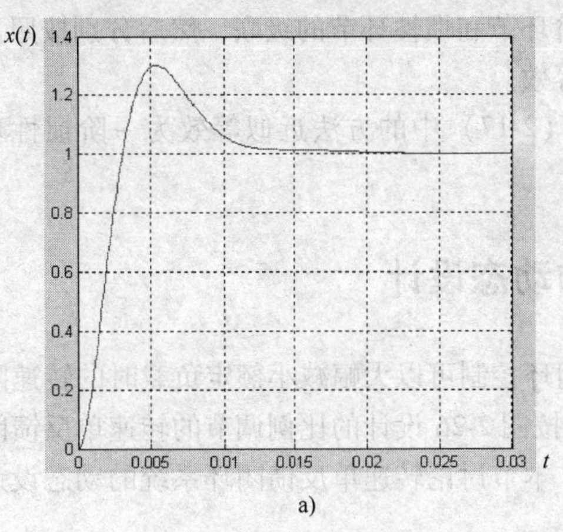

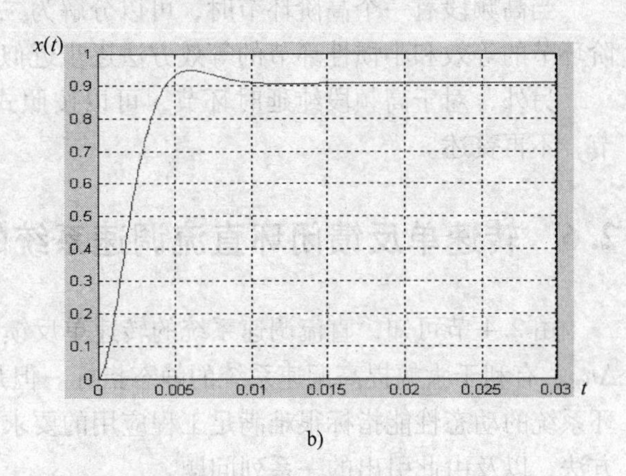

图 2-41　低频段大时间常数近似处理时时域动态指标对比计算仿真

a）近似处理为典型Ⅱ型系统　b）近似处理为典型Ⅰ型系统

3. 高频段二阶环节的近似降阶

如果在系统频带的高端（ω_c 之外）存在一个高阶系统环节，在上述中频段等效的原理下，为了设计方便可以将这个高阶环节近似为一个一阶惯性环节。前述小时间常数群的近似处理就是一个特例。

一般来说，对于一个二阶系统，

$$W(s)=\frac{K_2}{as^2+bs+1}=\frac{K_2}{T_n^2s^2+2\xi T_n s+1}\approx\frac{K_2}{bs+1} \tag{2-59}$$

式中　$T_n=\sqrt{a}=\dfrac{1}{\omega_n}$，$\xi=\dfrac{b}{2\sqrt{a}}$。

其近似成立的条件是

$$\omega_c \ll \frac{1}{\sqrt{a}}=\omega_n=\frac{2\xi}{b} \tag{2-60}$$

式（2-60）保证式（2-59）的二阶环节的特征频率 ω_n 距离系统的交越频率 ω_c 足够远。图 2-42 绘出了 $K_2=1$，$b=0.001$，$a=b^2/(4\xi^2)$，分别取阻尼比 $\xi=0.1$、0.2、0.5、1、2 等值时，对应实际二阶环节与近似一阶惯性环节式（2-59）的频率特性的对比。

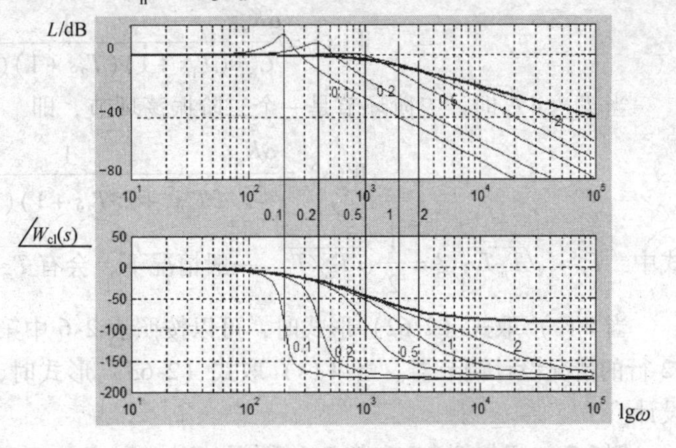

图 2-42　不同阻尼比 ξ 时的二阶环节近似为一阶惯性时的频率特性对比

$K_2=1$，$b=0.001$，$a=\left(\dfrac{b}{2\xi}\right)^2$，$\xi=0.1$、0.2、0.5、1、2，

粗实线为近似一阶惯性环节，竖实线表示对应的 ω_n

由图 2-42 可知，无论 ξ 取何值，当 $\omega<(1/2)\omega_n$ 时，相频特性已都基本等效；但是只有当 $\xi\geqslant0.5$ 时，幅频特性才有可能等效。另外当 $\xi\geqslant2$ 时，二阶环节的两个特征根，已经不再接近，不宜再用式（2-59）来等效。因此，一般来说，对式（2-

59）的近似等效只有当 $\xi\approx0.5\sim2$ 时才有意义。

当高频段有一个高阶环节时，可以分解为二阶环节和惯性环节的级联，然后分别按照二阶环节的等效和小惯性环节的等效方法逐步近似等效。

另外，对于高频段纯延时环节，可以按照式（2-17）中的方法近似等效为一阶惯性环节，不再赘述。

2.6 转速单反馈闭环直流调速系统的动态设计

由 2.4 节可知，直流调速系统的转速单反馈闭环控制可以大幅减小额定负载时的转速降 Δn_N，有利于大幅提高调速系统的静态指标。但是按图 2-26 设计的比例调节的转速单反馈闭环系统的动态性能指标很难满足工程应用的要求。本节讨论转速单反馈闭环系统的动态设计方法，以及由此引出的一系列问题。

2.6.1 动态设计

仍以图 2-26 所示的转速单闭环直流调速系统动态模型为例说明，但是现在要根据被控对象的动态模型设计一个适当的调节器 $R(s)$ 来取代比例调节器 K_p，使闭环系统具有较好的动态性能。

被控对象为

$$W(s)=\frac{\alpha K_s}{C_e}\frac{1}{(T_mT_ls^2+T_ms+1)(T_ss+1)} \tag{2-61}$$

当 $T_m\geqslant 4T_l$ 时，二阶环节可以分解为两个一阶惯性环节，即

$$W(s)=\frac{\alpha K_s}{C_e}\frac{1}{(T_1s+1)(T_2s+1)(T_ss+1)} \tag{2-62}$$

当 $T_m<4T_l$ 时，二阶环节是一个二阶振荡环节，即

$$W(s)=\frac{\alpha K_s}{C_e}\frac{1}{(T_3^2s^2+2\xi T_3s+1)(T_ss+1)} \tag{2-63}$$

式中　$T_3=\sqrt{T_mT_l}$；$\xi=\frac{1}{2}\sqrt{T_m/T_l}$，一般情况下，会有 $T_m>T_l$，因此有 $\xi>0.5$。

当 $W(s)$ 取式（2-62）形式时，可以按照表 2-6 中第 6、7、8 行或表 2-7 中第 10、11、12 行的情况设计调节器。当 $W(s)$ 取式（2-63）形式时，可以按照表 2-6 中第 9 行的情况设计。

例 2-7　仍如例 2-3 和例 2-4 系统，$K_s=44$，$T_s=0.00167\text{s}$，$R=0.25\Omega$，$L=5\text{mH}$，$T_l=0.02\text{s}$，$T_m=0.0363\text{s}$，$\alpha=0.01$，$C_e=0.416\text{V}\cdot\text{min}\cdot\text{r}^{-1}$。在图 2-26 系统中设计一个适当的调节器 $R(s)$ 来取代比例调节器 K_p，并分析其动态和静态特性。

解　该系统被控对象的传递函数为

$$W(s)=\frac{K_2}{(T_mT_ls^2+T_ms+1)(T_ss+1)}=\frac{1.06}{(0.00073s^2+0.0363s+1)(0.00167s+1)}$$

式中，$T_m\approx1.8T_l>>T_s$，$\xi=0.67$，符合式（2-63）的情况，按表 2-6 中第 9 行选择 PID 调节

器，$\tau=\sqrt{T_m T_l}=0.027\text{s}$，$T=T_s$，$K=\dfrac{1}{2TK_2}=282.5$，即得

$$R(s)=K\frac{\tau^2 s^2+2\xi\tau s+1}{s}=282.5\frac{0.00073s^2+0.0363s+1}{s}$$

系统被设计成典型Ⅰ型系统，是阶跃输入无静差的。

图 2-43 给出了本例系统的频域和时域性能仿真结果。

图 2-43a 是开环频域特性，包括幅频和相频特性。图中①表示被控对象 $W(s)$ 的频率特性，②表示调节器 $R(s)$ 的频率特性，①和②相加得到③，即为校正后闭环系统的开环传递函数。显然校正后的系统是一个典型Ⅰ型系统。

图 2-43b 是系统的时域仿真动态特性图。图中在 $t=0\text{s}$ 时轻载（$I_L=I_{dN}\times10\%=14\text{A}$）全速起动，在 $t=0.5\text{s}$ 时负载电流由 10% 阶跃上升到 100%。与图 2-22 和图 2-23 的开环时域特性相比较，闭环系统成为静态无差的。与图 2-28 所示比例调节的单闭环系统相比，系统的动态稳定性也显著改善。

但是观察图 2-43b，尽管闭环系统的静态特性和动态特性明显改善，但是在起动时，由于在 2.3.2 小节中分析过的相同原因，电枢电流 I_d 的动态调节过程仍然达到了无法接受的幅值，使得该系统仍然没有工程实用价值。必须采取相应的措施解决这些问题。

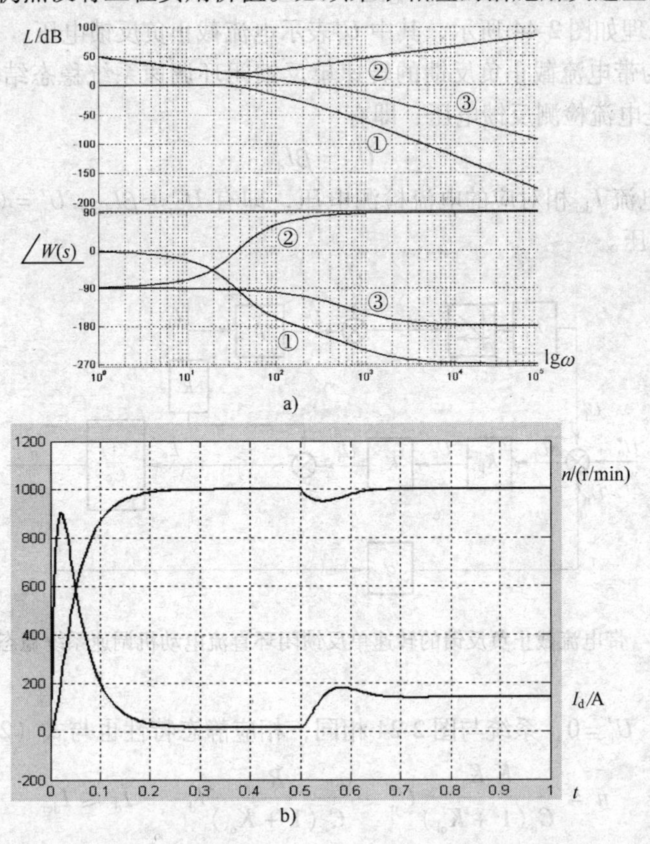

图 2-43　速度单反馈闭环直流调速系统设计的频域和时域特性仿真

a）经调节器动态校正设计成典型Ⅰ型系统　b）阶跃起动时的时域动态特性（$t=0\text{s}$ 时轻载起动（$I_L=10\%I_{dN}$），$t=0.5\text{s}$ 时突加负载扰动（$I_L=I_{dN}$））

2.6.2　电流截止负反馈

前面已经指出，在系统突加给定电压起动时，由于电枢和负载的机械惯性，输出转速无法快速上升，使得给定电压和反馈电压的偏差很大，经调节器后直流电源的输出电压几乎达到最大值。这时相当于直流电动机直接起动，导致动态过程中产生很大的电枢冲击电流，对直流电动机和可控直流电源都是不允许的。即使是在正常工作时，如果由于某种原因使得负载过重，甚至使电动机堵转，例如挖土机运行时碰到大石块，也会使电枢电流过大。如果没有适当的限流措施，就会造成系统过电流故障。

1. 实现原理及静态特性

电流截止负反馈的原理是，首先设定一个电枢电流临界值 I_{dcr}，当实际电枢电流小于 I_{dcr} 时，电流截止控制环节不起作用，一旦电枢电流超过 I_{dcr}，便产生一个很强的电流负反馈信号，迅速调节电枢电压 U_d，使电枢电流不会超过 I_{dcr} 过多。电流截止负反馈的原理如图 2-44 所示，其中 U_i' 表示电流截止负反馈电压。

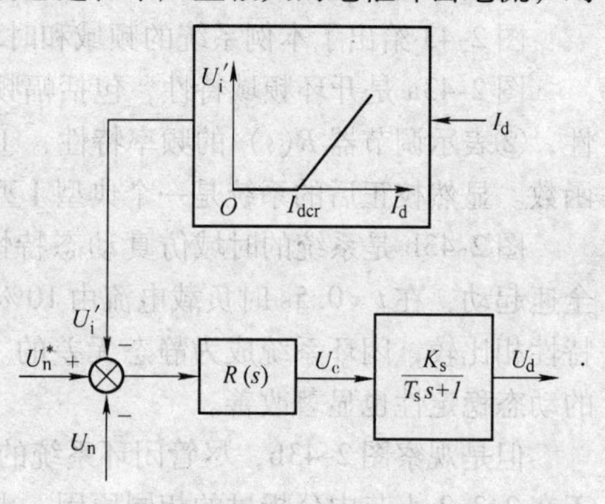

图 2-44　电流截止负反馈原理

图 2-45 所示为带电流截止负反馈的转速单反馈闭环调速系统稳态结构图。其中 β 是电流检测系数，U_i 是电流检测反馈电压，即有

$$U_i = \beta I_d \tag{2-64}$$

U_{icr} 是与临界电流 I_{dcr} 相对应的电流检测电压，即有 $U_{icr} = \beta I_{dcr}$；$U_i' = (U_i - U_{icr})K_i \geqslant 0$ 是电流截止负反馈电压。

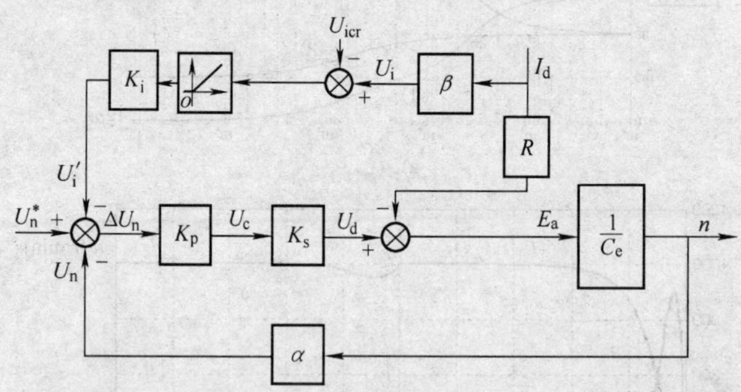

图 2-45　带电流截止负反馈的转速单反馈闭环直流电动机调速系统稳态结构图

当 $U_i \leqslant U_{icr}$ 时，$U_i' = 0$，系统与图 2-24 相同，相应静态特性也与式（2-33）相同，即

$$n = \frac{K_p K_s}{C_e(1 + K_{ol})}U_n^* - \frac{R}{C_e(1 + K_{ol})}I_d \qquad I_d \leqslant I_{dcr}$$

当 $U_i > U_{icr}$ 时，对应 $I_d > I_{dcr}$，$U_i' > 0$，电流截止负反馈开始起作用，其静态特性成为

$$n = \frac{K_p K_s}{C_e(1 + K_{ol})}U_n^* - \frac{R}{C_e(1 + K_{ol})}I_d - \frac{K_p K_s K_i}{C_e(1 + K_{ol})}(\beta I_d - U_{icr})$$

$$=\frac{K_pK_s}{C_e(1+K_{ol})}(U_n^*+K_iU_{icr})-\frac{R+K_pK_sK_i\beta}{C_e(1+K_{ol})}I_d \qquad I_d>I_{dcr} \tag{2-65}$$

带电流截止负反馈的直流调速系统静特性如图2-46所示。

与式（2-33）和式（2-65）相对应的机械特性分别示于图2-46。图中，直线AB（或AB'）是电流截止负反馈不起作用时的系统固有机械特性，对应于式（2-33）；直线BD（或$B'D$）是电流截止负反馈起作用时的系统机械特性，对应于式（2-65）。这时，相当于理想空载转速从式（2-33）中的"$\frac{K_pK_s}{C_e(1+K_{ol})}U_n^*$"（对应图2-46中的$n_0$点）上升到"$\frac{K_pK_s}{C_e(1+K_{ol})}(U_n^*+K_iU_{icr})$"（对应图2-46中的$n_0'$点），而电枢电阻由式（2-33）中的$R$增大到式（2-65）中的"$R+K_pK_sK_i\beta$"。在式（2-65）中令$n=0$，可求得堵转电流

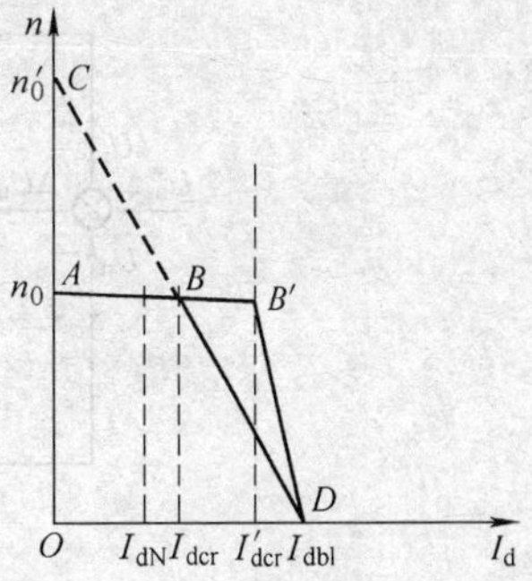

图2-46　带电流截止负反馈的直流调速系统静特性

$$I_{dbl}=\frac{K_pK_s(U_n^*+K_iU_{icr})}{R+K_pK_sK_i\beta} \tag{2-66}$$

由前分析知，临界电流为

$$I_{dcr}=\frac{U_{icr}}{\beta} \tag{2-67}$$

系统设计时应保证如下两式成立

$$I_{dN}<I_{dcr} \tag{2-68}$$

$$I_{dbl}<\lambda_mI_{dN}=I_{dm} \tag{2-69}$$

式（2-68）保证电动机在额定电流及以下工作时不进入电流截止负反馈状态。式（2-69）使堵转电流I_{dbl}不超过电动机允许的最大电枢电流，以保证电动机运行安全。其中，λ_m为电动机允许过载倍数，I_{dN}为电动机额定电流。改变U_{icr}可以改变I_{dcr}，改变图2-45中的K_i可以改变电流截止特性的陡度，因而改变堵转电流I_{dbl}。

图2-46所示的带电流截止负反馈的机械特性可称为挖土机特性，它可以在电动机堵转时不发生过电流，且维持最大转矩。

2. 电流截止负反馈的动态设计

当$I_d>I_{dcr}$时，电流截止负反馈开始起作用，此时转速给定信号U_n^*不变，转速反馈信号由于电枢的大惯性而变化缓慢，实际上处于电枢电流闭环控制状态。因此电枢电流截止负反馈也存在一个动态稳定性问题，需要进行动态设计。电流截止负反馈状态下的转速单反馈闭环调速系统的动态模型如图2-47所示。

图2-47a是电流截止负反馈起作用时的电枢电流闭环动态结构图，图中$R_n(s)$是在2.6.1节中设计的转速单反馈闭环调节器，$R_{ci}'(s)$是电流截止负反馈调节器，其余部分如图2-26a所示。电流截止负反馈闭环中包括调节器$R_n(s)$，对于$R_{ci}'(s)$而言，$R_n(s)$也是被控对象的组成部分，这将使得动态设计较为复杂。为了简化设计，将电流截止负反馈调节的信号加入点由$R_n(s)$的上游改到$R_n(s)$的下游，这时电流截止负反馈的闭环中不再包含$R_n(s)$，

这时的电流截止负反馈调节器记为 $R_{ci}(s)$，如图 2-47b 所示。另外考虑到在电流截止负反馈调节的动态过程中，U_n^*、U_n 和 E_a 均变化缓慢，可以看成是常值扰动，因此在动态模型中去掉这些信号。于是电流截止负反馈动态模型如图 2-47c 所示。

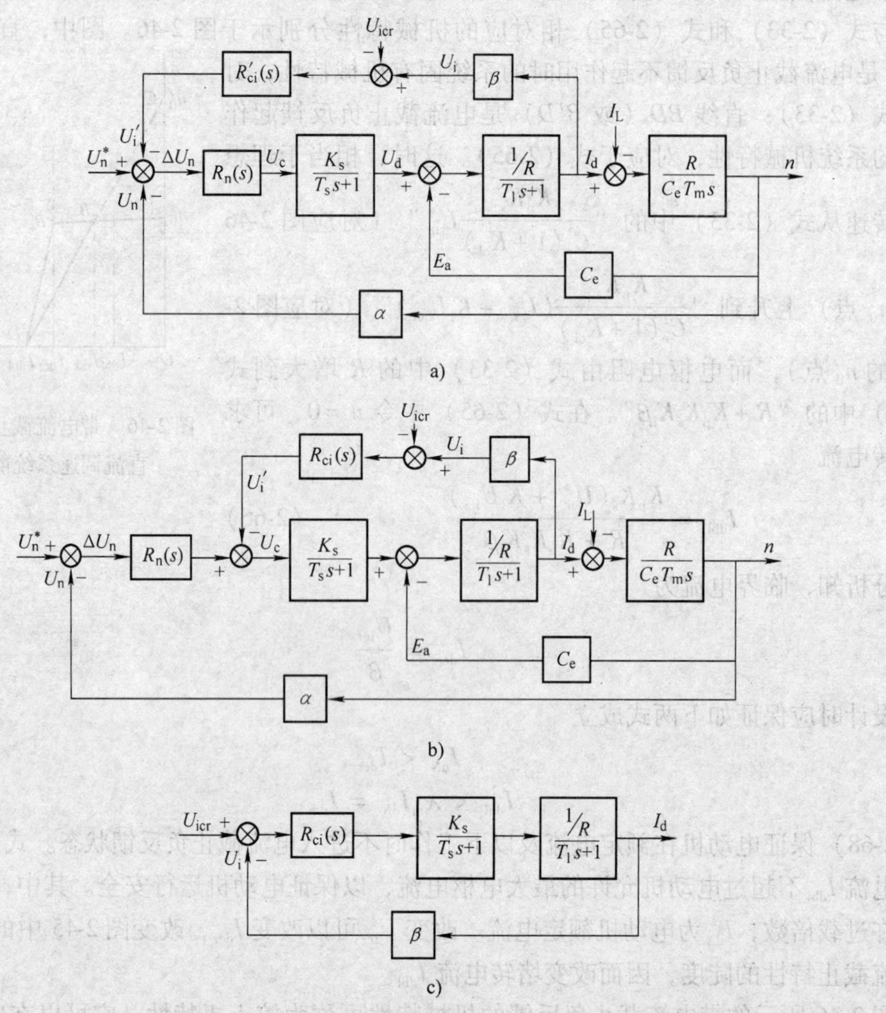

图 2-47　电流截止负反馈状态下的转速单反馈闭环调速系统的动态模型

a）总体动态结构图　b）电流截止负反馈信号加入点移动到 $R_n(s)$ 输出端　c）化简后的等效动态结构图

例 2-8　上例中，各种参数及速度反馈调节器 $R_n(s)$ 均不变。设电流过载倍数 $\lambda_m=1.8$，则电枢最大电流 $I_{dm}=252\text{A}$。取电流截止负反馈临界值 $I_{dcr}=1.2I_{dN}=168\text{A}$，电流检测系数 $\beta=0.04$，I_{dm} 对应 $U_{im}=\beta I_{dm}=10\text{V}$。取堵转电流为 $I_{dbl}=1.7I_{dN}=238\text{A}<I_{dm}$。试对该电流截止负反馈系统进行静态和动态设计。

解　（1）静态设计

据式（2-67），$U_{icr}=\beta I_{dcr}=0.04\times168\text{V}=6.72\text{V}$。据式（2-66），考虑到电流截止负反馈从 $R_n(s)$ 的后面加入，式中不再包含 K_p（即 $K_p=1$），将 $K_s=44$，$U_n^*=10\text{V}$，$I_{dbl}=238\text{A}$，对应额定转速 $n_N=1000\text{r/min}$，$U_{icr}=6.72\text{ V}$，$R=0.25\Omega$，$\beta=0.04$ 代入，求得 $K_i=3.1$。按此参数将其电流截止负反馈时的挖土机特性按比例重画于图 2-48b 中，见曲线 ABD。

（2）动态设计

将 $R_{ci}(s) = K_i = 3.1$ 代入图 2-47c，得电流截止负反馈起作用时的开环传递函数为 $K'/[(0.02s+1)(0.0017s+1)]$，其中 $K' = K_iK_s\beta/R = 21.8$，图 2-48a 中的①表示这时的开环传递函数 Bode 图，其交越频率 ω'_c 处于 −40dB/dec 处，表明此时系统的相角裕量较小，动态稳定性较差。

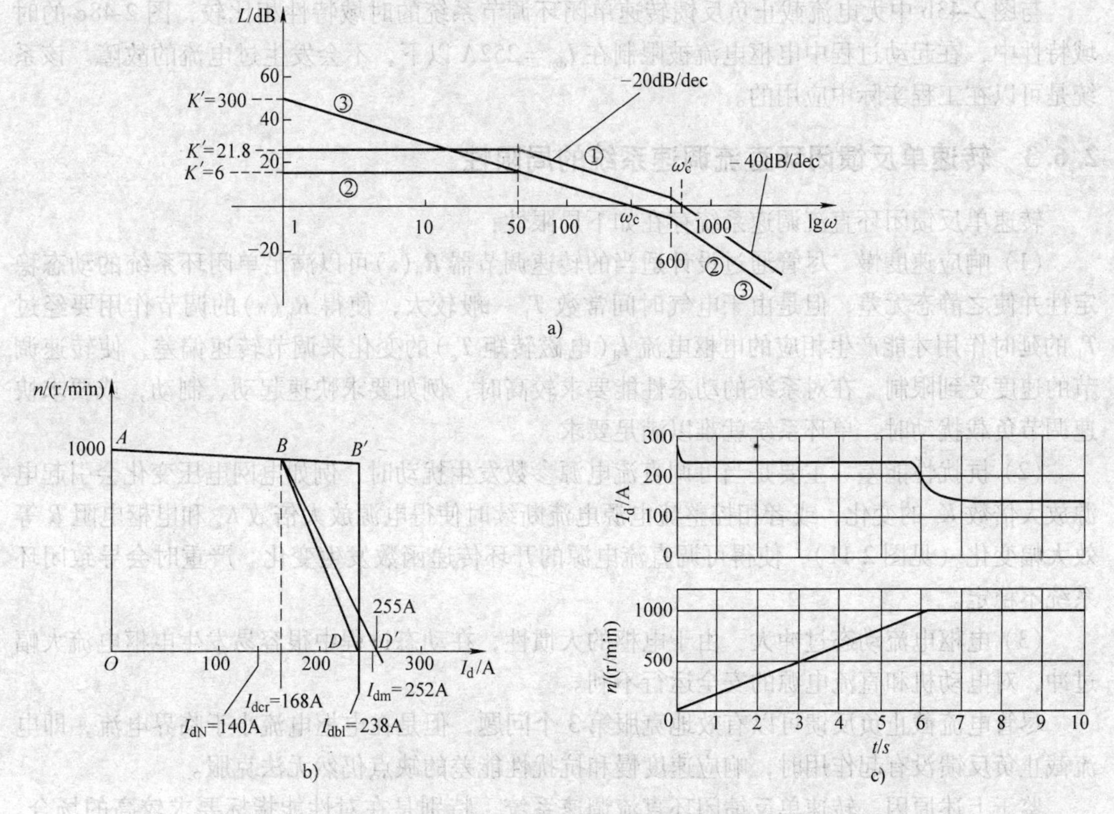

图 2-48　例 2-8 中电流截止负反馈系统的动态设计、静态特性以及包含电流截止负反馈时调速系统的时域特性

a）动态设计 Bode 图　b）静态特性　c）时域特性仿真图

为了改善系统的动态性能，按表 2-6 第 5 行中的方法设计成近似典型 I 型系统，有开环增益为 $K' = K_iK_s\beta/R = 0.02/(2\times0.0017) = 6$，得 $K_i = 0.85$。此时的 Bode 图如图 2-48a 中的②所示，在交越频率附近与典型 I 型系统相同，因此其动态特性与典型 I 型系统接近。但是由于低频段增益有限，因此电流截止特性的斜率不会是垂直的。与特性②对应的挖土机特性同时示于图 2-48b 中，见曲线 ABD'。其中 I_{dcr} 不变，由于 K_i 由①中的 3.1 减小为②中的 0.85，据式（2-66），可求得 I_{dbl} 增大为 $255\text{A} > I_{dm} = 252\text{A}$，电动机堵转电流大于允许的最大电流，不符合式（2-69）的要求。

事实上在图 2-47c 中，按表 2-6 第 4 行取 $R_{ci}(s) = K_i(\tau s+1)/s$ 为 PI 调节器，且取 $\tau = T_l$，其闭环系统为典型 I 型系统，此时可以求得 $K_iK_s\beta/R = 1/(2T_s) = 300$，$K_i = 42.5$，其开环 Bode 图在图 2-48a 中用③表示。此时由于是无差调节系统，在图 2-48b 的电流截止特性将成为一根垂直线；为了充分发挥电动机的过载能力，重新选取 $I_{dcr} = I_{dbl} = 238\text{A}$，$U_{icr} = \beta I_{dcr} =$

9.52 V。此时即为理想挖土机特性，见图 2-48b 中曲线 $AB'D$。

按照图 2-47b 的系统动态结构图，$R_n(s)$ 取例 2-7 中的设计结果，设转速反馈闭环系统是一阶无差调节的典型 I 型系统，$R_{ci}(s)$ 取本例 2-8 中图 2-48a 特性③所示的 PI 调节器，使得电流截止负反馈系统也是一阶无差的典型 I 型系统。在额定转速 $n_N = 1000\text{r/min}$ 和额定负载电流 $I_{dN} = 140\text{A}$ 的情况下阶跃起动，图 2-48c 示出了其时域仿真的转速和电流波形。

与图 2-43b 中无电流截止负反馈转速单闭环调节系统的时域特性相比较，图 2-48c 的时域特性中，在起动过程中电枢电流被限制在 $I_{dm} = 252\text{A}$ 以下，不会发生过电流的故障。该系统是可以在工程实际中应用的。

2.6.3 转速单反馈闭环直流调速系统的局限性

转速单反馈闭环直流调速系统存在如下局限性：

（1）响应速度慢　尽管通过设计适当的转速调节器 $R_n(s)$ 可以满足单闭环系统的动态稳定性并使之静态无差，但是由于电气时间常数 T_l 一般较大，使得 $R_n(s)$ 的调节作用要经过 T_l 的延时作用才能产生相应的电枢电流 I_d（电磁转矩 T_e）的变化来调节转速偏差，使转速调节的速度受到限制。在对系统的动态性能要求较高时，例如要求快速起动、制动，或要求快速调节负载扰动时，单环系统就难以满足要求。

（2）抗扰性能差　主要是当可调直流电源参数发生扰动时，例如电网电压变化会引起电源放大倍数 K_s 的变化，或者相控整流电源电流断续时使得电源放大倍数 K_s 和电枢电阻 R 等效大幅变化（见图 2-11），使得可调直流电源的开环传递函数发生变化。严重时会导致闭环系统不稳定。

（3）电枢电流动态过冲大　由于电枢的大惯性，在动态过程中很容易发生电枢电流大幅过冲，对电动机和直流电源的安全运行不利。

尽管电流截止负反馈可以有效地克服第 3 个问题，但是在电枢电流小于临界电流，即电流截止负反馈没有起作用时，响应速度慢和抗扰性能差的缺点仍然无法克服。

鉴于上述原因，转速单反馈闭环直流调速系统，特别是在对性能指标要求较高的场合，在工程实践中较少使用。下一节将详细介绍转速电流双闭环直流调速系统。

2.7 转速电流双闭环直流调速系统的原理和静态设计

上一节指出转速单反馈闭环调速系统存在诸多局限性。为了尽量改善系统的各项动态和静态指标，有必要进一步深入研究转速电流双闭环直流调速系统。

2.7.1 电流反馈环的作用

由式（1-1）

$$T_e - T_L = \frac{GD^2}{375}\frac{\mathrm{d}n}{\mathrm{d}t}$$

调速系统转速 n 的变化率与动态加速转矩成正比。由式（2-29），直流电动机的电磁转矩 T_e 与电枢电流 I_d 成正比。因此调节转速最直接和有效的途径是控制其电枢电流。

如图 2-26 所示的转速单反馈闭环直流调速系统动态结构，当转速给定电压 U_n^* 大于转

速反馈电压 U_n 时，有 $\Delta U_n>0$，转速调节器输出电压 $U_c=K_p\Delta U_n$ 亦为正。此时希望输出转速上升（$dn/dt>0$），需要一个正向电枢电流 $I_d>0$，以产生正向电磁转矩。$\Delta U_n>0$ 越大，希望 $dn/dt>0$ 越大，亦需要电枢电流 $I_d>0$ 越大；相反，当 $U_n^*<U_n$，如果 $\Delta U_n<0$ 反向越大，希望 $dn/dt<0$ 下降越快，亦需要电枢电流 $I_d<0$ 反向幅值越大。亦即希望电枢电流 I_d 能够线性地跟随转速调节器的输出。最简单的实现方法是设置一个电流调节器，它以转速调节器的输出为给定指令信号，以电枢电流为反馈信号，使电枢电流“跟随”转速调节器的输出，这时转速调节器的输出实际上是一个控制电动机转速变化率的转矩给定信号。

图2-49所示为增设电流反馈内环后的转速电流双闭环直流调速系统的动态结构框图。其中，$R_n(s)$是转速调节器(ASR)的传递函数。它以 U_n^* 为给定指令，以 U_n 为反馈信号，实现转速跟随控制，其输出表示转速调节所需要的转矩信号，用 U_i^* 表示。$R_i(s)$是电流调节器（ACR）的传递函数，它以 U_i^* 为给定指令，以 U_i 为反馈信号，实现电枢电流跟随控制，其输出 U_c 表示电流调节所需要的电枢电压信号。电枢电压 U_d 受 U_c 的控制，使电枢电流 I_d 跟随电流给定信号 U_i^*，从而产生必要的动态转矩 T_e-T_L，进而控制转速 n 的变化，使转速 n 的反馈电压快速跟随转速给定信号。习惯上把转速反馈环称为转速外环，把电流反馈环称为电流内环。

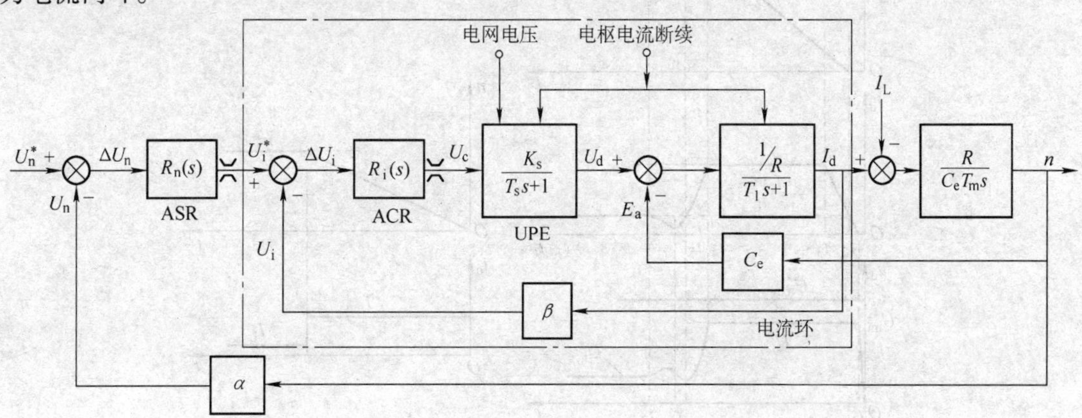

图2-49　转速电流反馈双闭环直流调速系统动态结构框图

⩶—表示输出限幅特性　ASR—转速调节器　U_n^*—转速给定电压　U_i^*—电流给定电压

U_d—可调直流电源输出电压　E_a—电枢反电动势　ACR—电流调节器　U_n—转速反馈电压

U_i—电流反馈电压　I_d—电枢电流　α—转速检测系数　UPE—电力电子变换可调直流电源单元

U_c—可调直流电源控制电压　I_L—负载电流　β—电流检测系数

增设电流内环后，可带来下列好处：

1）动态过程中电枢电流 I_d 的变化不再受大的电气时间常数 T_l 的限制，因为通过电流调节器的动态设计，可以改变电枢电流跟随转矩指令 U_i^* 的快速性，使其响应速度更快。

2）在电流内环前向通道中的各种扰动量，如图2-49所示，例如电网电压变化对电源增益 K_s 的影响，电枢电流 I_d 断续时对电源增益 K_s 或电枢电阻 R 的非线性影响等，都会被有效抑制。因此使得系统抗电网电压扰动的能力更强，也使得电枢电流 I_d 断续引起的系统非线性不再会威胁闭环系统的稳定性。

3）利用转速调节器（ASR）的输出限幅特性，结合电流检测系数 β 的选取可自然实现

2.6.2 节中的“电流截止特性”。

值得指出的是，负载电流 I_L 扰动在电流闭环之外，因此电流内环对改善系统的抗负载扰动特性的作用是有限的。当发生负载电流 I_L 扰动时，必须等到转速发生偏差之后，转速调节器才能根据偏差进行调节，进而减小或消除转速偏差。一种改善系统抗负载扰动快速性的方法是前馈控制，将在后续章节中介绍。

2.7.2 双闭环直流调速系统的起动过程

下面通过分析转速电流双闭环直流调速系统的阶跃起动过程，来了解转速和电流两个调节器的工作原理。

图 2-50 所示为转速电流双闭环直流调速系统的阶跃起动过程。设转速调节器（ASR）具有输出限幅特性，即

$$U_i^* \leqslant U_{im}^* = \beta I_{dm} \tag{2-70}$$

式中　I_{dm}——允许的电枢最大电流。

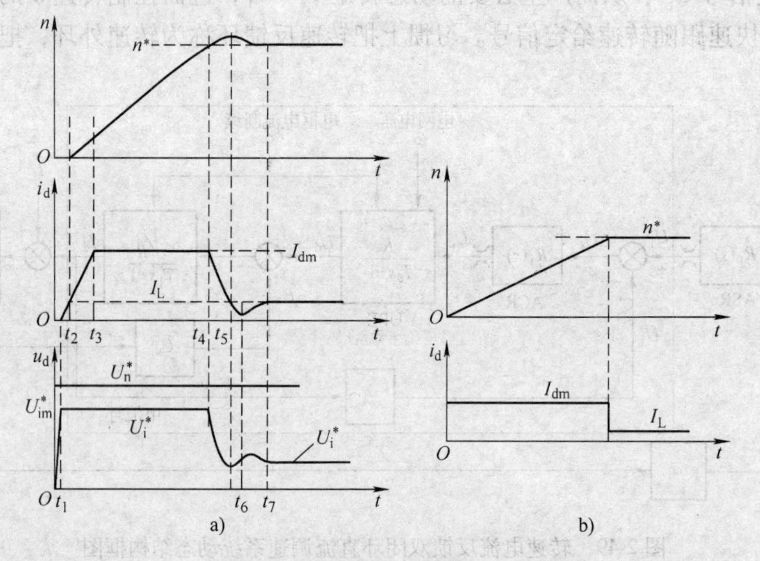

图 2-50　转速电流双闭环直流调速系统的阶跃起动过程

a）起动过程的波形示意图　b）理想的快速起动过程

起动过程可以分为以下几个阶段。

（1）转速调节器输出限幅阶段（$t_0 \sim t_1$）　设 $t=0$ 时刻，转速给定信号阶跃上升到与某一设定转速 n^* 相对应的 $U_n^* = \alpha n^*$ 值，由于电枢惯性，转速来不及响应，仍然为 $n=0$，因而 $U_n=0$。转速误差 ΔU_n 阶跃上升，使 $\Delta U_n = U_n^* > 0$，在 ASR 的调节下，其输出 U_i^* 快速上升并很快在 t_1 时刻达到限幅值 U_{im}^*（假设 ASR 为包含积分的调节器，或增益 K_p 足够大）。从 t_1 时刻开始一直到 t_4 时刻的这一段时间内，ASR 一直处于饱和限幅状态，在此期间 U_n 的变化不会影响 U_i^*，相当于转速反馈处于开环状态，实际上不起调节作用。

（2）电枢电流上升阶段（$t_1 \sim t_3$）　随着 ASR 的输出 U_i^* 迅速上升并饱和限幅，在 ACR 的调节下 I_d 跟随 U_i^* 上升，在 t_3 时刻达到与 U_{im}^* 相对应的最大电枢电流 I_{dm}；并在其后跟随 U_i^* 保持这一电流。t_3 时刻之前，I_d 上升时间的长短主要取决于电流内环的跟随特性的快速

性。t_2 时刻之前，$I_d<I_L$，即电磁转矩小于负载转矩，电枢实际上没有转动。t_2 时刻之后，$I_d>I_L$，转速 n 开始增大，到 t_3 时刻电枢电流达到其最大值 I_{dm}，使转速 n 达到最大的加速度。

（3）恒流升速阶段（$t_3\sim t_4$）　从 t_3 时刻开始，电枢电流保持其最大值 I_{dm}，使得转速 n 以最大上升斜率直线上升，直到在 t_4 时刻到达额定转速 n^*。这一阶段是起动的主要阶段。随着 n 的增大电枢反电动势 E_a 也按比例线性上升。在 ACR 的闭环调节下，为了维持电枢电流恒定为 I_{dm}，其输出控制电压 U_c，因而由 U_c 控制的直流电源电压 U_d 也会直线上升，以克服 E_a 上升对电枢电流的影响。

（4）转速调节器退出限幅，电枢电流下降阶段（$t_4\sim t_5$）　从 t_4 时刻起 n 达到给定转速 n^* 并因惯性继续上升，ASR 的输入信号 ΔU_n 减小到零并反向，ASR 退出限幅状态，U_i^* 快速下降，在 ACR 的调节下，电枢电流开始下降。此后转速反馈环重新开始起作用。在 $t_4\sim t_5$ 时间段，电枢电流下降的速度既与 ASR 退出限幅的速度有关，也与电流内环调节的快速性有关。

（5）转速稳定调节阶段（t_5 之后）　t_5 时刻之后，电枢电流 I_d 逐渐稳定在负载电流 I_L 上，转速 n 也逐渐稳定在给定转速 n^* 上，此后在 ASR 和 ACR 两个调节器的控制下系统进入双环调节的稳速阶段。

对上述起动过程可以作如下几点讨论：

1）就调速系统的起动快速性而言，主要由 $t_3\sim t_4$ 恒流起动阶段决定，在此阶段 ASR 输出限幅，转速反馈环实际不起作用，在 ACR 的闭环调节下，电枢电流保持最大值，转速上升的速度达到极限值。

2）$t_0\sim t_3$ 阶段，主要是 $t_1\sim t_3$ 阶段的电流上升速度实际上影响了起动的快速性。因此提高电流内环的响应速度可以进一步加速起动过程。在理想情况下，ASR 在瞬间输出限幅，电流内环的响应速度无限快，这时，调速系统的起动过程达到理想状态，称为“时间最优控制”，如图 2-50b 所示。在实际工程设计中，电流内环的响应速度是有限的，如图 2-50a 所示，称为“准时间最优控制”。

3）在 t_4 时刻附近，如果 ASR 采用包含积分作用的调节器，由于积分调节的累积作用，只有当其输入信号 $\Delta U_n<0$ 时，才可能使 ASR 的输出退出限幅，因此，t_4 时刻之后的转速超调就是必然的。一般情况下，通过对系统的适当动态设计，可以把超调量限制在允许的范围内。但是在某些特殊应用场合，如果超调是完全不允许的，则需采取特殊的设计方法来消除超调，这一点在后续小节中还将介绍。如果 ASR 是比例调节器，则视系统动态设计的不同，转速超调是可能避免的。

4）就限制电枢电流最大值和恒流起动而言，ASR 限幅时电流内环的作用与 2.6.2 节中的电流截止负反馈控制是基本相同的。但是在 ASR 线性调节时，电流内环对电枢电流的快速调节作用，以及电流内环对电网电压扰动和对电枢电流断续非线性的抗扰动调节作用是电流截止负反馈所没有的，这也是转速电流双闭环调速系统的本质优势所在。

2.7.3　双闭环直流调速系统的稳态设计

假设图 2-49 中的双闭环直流调速系统的电流内环和转速外环都是稳定的，本小节讨论该系统的稳态参数设计，并给出一个设计实例。其动态设计在下一节中讨论。

1. 转速调节器（ASR）设计

首先选定与额定转速 n_N 对应的转速给定电压 U_{nN}^*，当 U_n^* 在 $0\sim U_{nN}^*$之间变化时，对应

转速 n 在 $0\sim n_N$ 之间变化，一般可选 $U_{nm}^*=U_{nN}^*$。于是可选定转速检测系数

$$\alpha=\frac{U_{nN}^*}{n_N}=\frac{U_n^*}{n} \tag{2-71}$$

2. 电流调节器（ACR）设计

转速调节器（ASR）的输出作为电流调节器（ACR）的输入给定信号，首先应选定 ASR 的输出限幅值 U_{im}^*，则对于电枢电流 I_{dm} 应有如下两式成立

$$\beta=\frac{U_{im}^*}{I_{dm}}=\frac{U_i^*}{I_d} \tag{2-72}$$

$$I_{dm}\leqslant\lambda_m I_{dN} \tag{2-73}$$

式中　λ_m——直流电动机的允许过载倍数；

I_{dN}——直流电动机的电枢额定电流。

3. 直流可调电源设计

电流调节器（ACR）的输出 U_c 是可调直流电源的输入值，首先选定 ACR 的输出限幅值 U_{cm}，U_{cm}对应于直流电源最大输出电压 U_{dm}，稳态时有

$$K_s=\frac{U_{dm}}{U_{cm}}=\frac{U_d}{U_c} \tag{2-74}$$

根据直流电动机的稳态电压平衡方程

$$U_d=E_a+RI_d=C_e n+RI_d \tag{2-75}$$

为了保证额定转速 n_N 时，直流电源仍能提供最大电枢电流 I_{dm}，U_{dm}应满足下式，并留有一定裕量

$$U_{dm}>C_e n_N+RI_{dm}=C_e n_N+R\lambda_m I_{dN} \tag{2-76}$$

特别应该提出，保证 U_{dm}满足式（2-76）并不是简单地根据式（2-74）选择一个适当的电源放大倍数 K_s，K_s 能否实现，与可控直流电源的电路结构和具体参数密切相关，见式（2-14）或式（2-23），这里不再赘述。

例 2-9　已知直流电动机型号为 Z4—220—31，参数如本章前例所示，$P_N=55\text{kW}$，$U_{dN}=440\text{V}$，$I_{dN}=140\text{A}$，$n_N=1000\text{r/min}$，$C_e=0.416\text{V}\cdot\text{min}\cdot\text{r}^{-1}$，$\lambda_m=1.8$，采用三相桥式全控整流电源供电，电枢回路总电阻 $R=0.25\Omega$，电枢回路总电感 $L=5\text{mH}$。控制系统采用图 2-49 所示的转速电流双闭环反馈调节。试对该系统进行稳态参数设计。

解　（1）ASR 设计

设选择模拟调节器，调节器电源电压选用 ±15V，则额定转速给定电压选为 $U_{nN}^*=10\text{V}$ 较为适宜，即 $n_N=1000\text{r/min}$ 对应最大给定电压 $U_{nN}^*=10\text{V}$。按式（2-71）有转速检测系数 $\alpha=\dfrac{10\text{V}}{1000\text{r/min}}=0.01\text{V}\cdot\text{r}^{-1}\cdot\text{min}$。

（2）ACR 设计

选 ASR 的输出限幅值为 $U_{im}^*=10\text{V}$，电流检测系数为 $\beta=0.04\text{V}\cdot\text{A}^{-1}$，则根据式（2-72）有最大电枢电流对应为下式，满足式（2-73）。

$$I_{dm}=\frac{U_{im}^*}{\beta}=250\text{A}<\lambda_m I_{dN}=1.8\times140\text{A}=252\text{A}$$

（3）直流可调电源设计

据式（2-76）应有 $U_{dm} > (0.416 \times 1000 + 0.25 \times 250)\text{V} = 479\text{V}$，选择 $U_{dm} = 480\text{V}$。同样选择 ACR 的输出限幅值为 $U_{cm} = 10\text{V}$，据式（2-74）可得 $K_s = 48$。

为了保证直流可调电源能够输出 480V 的直流电压，按题意采用三相桥式全控整流电路，选取三相交流电源相电压 $U_2 = 220\text{V}$ 直接供电，输出直流电压最大值 $2.34U_2 = 515\text{V} > U_{dm} = 480\text{V}$ 并有一定裕量。使用正弦波同步的移相触发电路，据式（2-14）可求得正弦波同步电压的峰值应为 $U_{syn} = 2.34U_2/K_s = 515/48\text{V} = 10.7\text{V}$。这里，$U_{cm} = 10\text{V} < U_{syn} = 10.7\text{V}$，说明设计是合理的。

2.8　双闭环直流调速系统的动态设计

多环动态控制系统，也称为串级控制系统。多环系统的动态设计一般遵循两个基本原则。一是设计顺序上先内环后外环，逐步设计；二是系统的带宽从内环到外环逐步减小。

2.8.1　电流环设计

转速、电流双环控制的直流调速系统仍如图 2-49 所示，点画线框内的部分以 U_i^* 为给定输入，以电枢电流 I_d 为输出，即为电流反馈控制内环。电流环设计时，暂时不考虑电网电压和电枢电流断续等因素引起的扰动作用。在电流环内部有一个电枢反电动势 E_a 的作用。由于电枢飞轮矩 GD^2 一般较大，使得转速 n 及电枢反电动势 E_a 的变化一般均较为缓慢。相对于电流内环的快速响应而言，可以近似认为 E_a 保持不变，或者认为 E_a 是电流内环的一个常值扰动。因此在对电流环进行动态设计时，可以暂时不考虑 E_a 的作用。

电流环动态结构如图 2-51 所示。

忽略 E_a 对电流环的影响后，将图 2-49 中的电流环动态结构重画于图 2-51a。与图 2-49 相比，在图 2-51a 中多了两个时间常数为 T_{oi} 的惯性滤波环节。这是因为对于电流检测环节 β，为了抑制检测噪声干扰，一般都要设计一个小时间常数的惯性滤波环节。

为了设计上的方便处理，在电流给定通道中也设置一个相同的惯性滤波环节，这样按照传递函数框图简化的方法可以将两个惯性环节都等效地移动到反馈环内，成为图 2-51b。

一般来说都会有 $T_l >> T_s$ 和 T_{oi}，根据 2.5.3 节，对 T_s 和 T_{oi} 按照高频段小时间常数近似处理，可得电流环动态结构如图 2-51c 所示，其中 $T_{\Sigma i} = T_s + T_{oi}$。

由表 2-6 第 4 行和表 2-7 第 7 行，根据 T_l 和 $T_{\Sigma i}$ 的取值不同可以对电流环采取不同的设计方法。一般来说，将电流环设计成典型 I 型系统可以满足电流调节的要求，此时电流稳态调节无差，且电流环频带较宽。取电流调节器为 PI 调节器，有

$$R_i(s) = K_i \frac{\tau_i s + 1}{s} \tag{2-77}$$

其中按照 2.5.2 节中典型 I 型系统的设计方法，有

$$\tau_i = T_l \tag{2-78}$$

$$K_I = \omega_{ic} = \frac{K_i K_s \beta}{R} = \frac{1}{2T_{\Sigma i}} \tag{2-79}$$

由此可以求出

$$K_i = \frac{RK_I}{\beta K_s} \tag{2-80}$$

对电流环进行典型Ⅰ型系统设计之后，其动态结构如图 2-51d 所示。

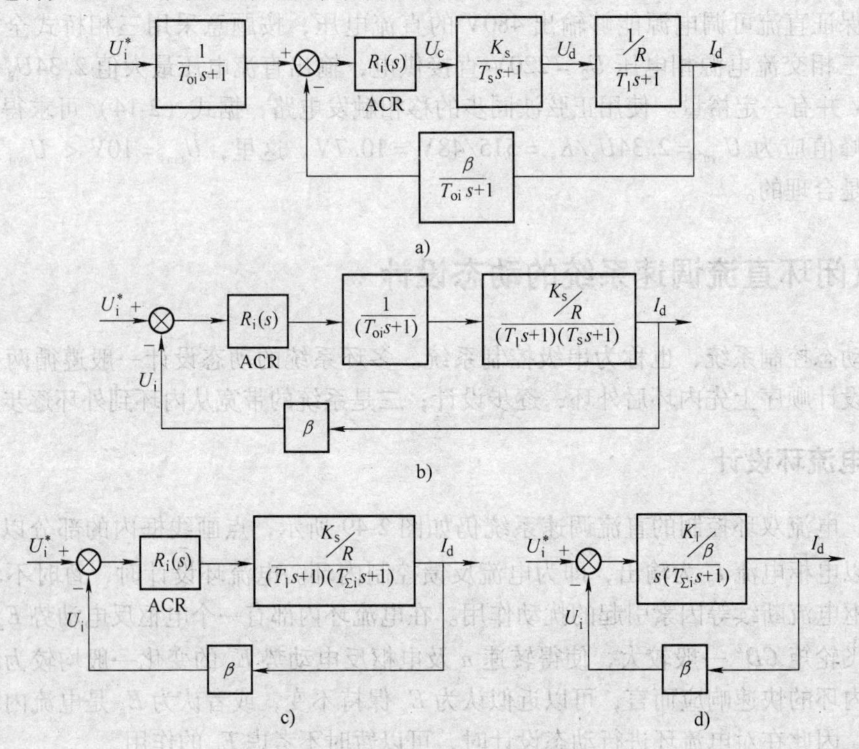

图 2-51　电流环动态结构

a）动态设计时忽略反电动势的影响　b）惯性滤波环节等效移动到环内

c）高频段小惯性环节的近似处理　d）设计成典型Ⅰ型系统

2.8.2　转速环设计

对于转速外环而言，设计成典型Ⅰ型系统之后的电流环只是一个被控对象环节。因此转速环设计的第一步是求出电流环的闭环传递函数。然后设计成某种典型系统。

1. 电流内环的等效闭环传递函数

由上节中如图 2-51d 所示的电流环动态结构，其闭环传递函数为

$$W_i(s) = \frac{1/\beta}{2T_{\Sigma i}^2 s^2 + 2T_{\Sigma i}s + 1} \approx \frac{1/\beta}{2T_{\Sigma i}s + 1} \tag{2-81}$$

对于式（2-81）分母中的二阶振荡环节，按典型Ⅰ型系统的设计准则可知，阻尼比为 $\xi = 1/\sqrt{2} = 0.707$，符合高频段二阶环节的降阶条件。用降阶后的式（2-81）取代电流内环，则转速外环的动态结构示于图 2-52a。与电流检测相同的原因，为了抑制转速检测环节的噪声，在给定和反馈通道中均附加一个小惯性时间常数 T_{on} 滤波环节。再将小惯性滤波环节等效移到环内，如图 2-52b 所示。对高频段小时间常数等效简化，有

$$T_{\Sigma n} = 2T_{\Sigma i} + T_{on} \tag{2-82}$$

等效简化后的转速环动态结构框图如图 2-52c 所示。

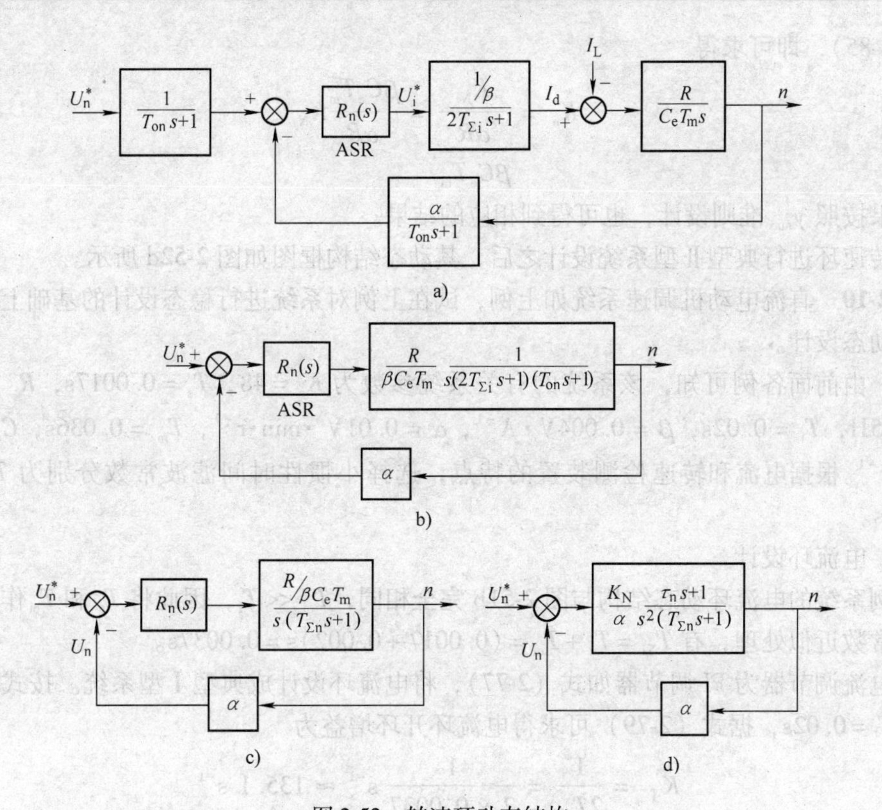

图 2-52 转速环动态结构

a）电流环近似等效为一阶惯性环节 b）小惯性滤波环节等效移到环内

c）高频段小惯性环节近似处理 d）设计成典型Ⅱ型系统

2. 转速调节器的设计

转速环被控对象中已经有一个积分环节，为了实现转速跟踪控制无静差，转速调节器中应该包含一个积分环节。因此转速环一般设计成典型Ⅱ型系统，转速调节器设计成 PI 调节器。

按表 2-7 第 2 行，选择转速调节器为

$$R_n(s) = K_n \frac{\tau_n s + 1}{s} \tag{2-83}$$

则转速环开环传递函数为

$$W_{nol}(s) = K_n \frac{\alpha R}{\beta C_e T_m} \frac{\tau_n s + 1}{s^2(T_{\Sigma n} s + 1)} = K_N \frac{\tau_n s + 1}{s^2(T_{\Sigma n} s + 1)} \tag{2-84}$$

其中转速环开环增益为

$$K_N = K_n \frac{\alpha R}{\beta C_e T_m} \tag{2-85}$$

选定中频宽度 h，则有

$$\tau_n = h T_{\Sigma n} \tag{2-86}$$

如果按照 $M_{r.min}$ 准则设计，据式（2-49）应有

$$K_N = \frac{h+1}{2h^2 T_{\Sigma n}^2} = K_{\mathrm{II}} \tag{2-87}$$

据式（2-85），即可求得

$$K_n = \frac{K_N}{\dfrac{\alpha R}{\beta C_e T_m}} = \frac{\beta C_e T_m}{\alpha R} K_N \tag{2-88}$$

如果按照 γ_{max} 准则设计，也可得到相应的结果。

对转速环进行典型Ⅱ型系统设计之后，其动态结构框图如图 2-52d 所示。

例 2-10　直流电动机调速系统如上例，试在上例对系统进行稳态设计的基础上，对该系统进行动态设计。

解　由前面各例可知，该系统的有关系统参数为 $K_s = 48$，$T_s = 0.0017s$，$R = 0.25\Omega$，$L = 0.005H$，$T_l = 0.02s$，$\beta = 0.004V \cdot A^{-1}$，$\alpha = 0.01V \cdot min \cdot r^{-1}$，$T_m = 0.036s$，$C_e = 0.416 V \cdot min \cdot r^{-1}$。根据电流和转速检测装置的特点，选择小惯性时间滤波常数分别为 $T_{oi} = 2ms$，$T_{on} = 5ms$。

（1）电流环设计

本例系统的电流环动态结构与图 2-51b 完全相同，$T_{oi} \ll T_l$，因此将 T_s 和 T_{oi} 作为高频段小时间常数近似处理，有 $T_{\Sigma i} = T_s + T_{oi} = (0.0017 + 0.002)s = 0.0037s$。

取电流调节器为 PI 调节器如式（2-77），将电流环设计成典型Ⅰ型系统。按式（2-78），取 $\tau_i = T_l = 0.02s$，据式（2-79）可求得电流环开环增益为

$$K_I = \frac{1}{2T_{\Sigma i}} = \frac{1}{2 \times 0.0037} s^{-1} \approx 135.1 s^{-1}$$

再据式（2-80），求得电流调节器的增益为

$$K_i = \frac{R}{\beta K_s} K_I = 17.6 s^{-1}$$

于是求得电流调节器传递函数为

$$R_i(s) = 17.6 \frac{0.02s + 1}{s}$$

电流环开环交越频率为 $\omega_{ci} = K_I = 135.1 s^{-1}$。

（2）转速环设计

转速环结构框图仍如图 2-52 所示。首先将电流内环近似为一阶惯性环节如图 2-52a 所示，并将 $2T_{\Sigma i}$ 和 T_{on} 看作小时间常数近似处理，按式（2-82）有

$$T_{\Sigma n} = 2T_{\Sigma i} + T_{on} = (2 \times 0.0037 + 0.005)s = 0.0124s$$

将转速调节器选为 PI 调节器，如式（2-83）。选取中频段宽度为 $h = 5$，$\tau_n = 5 \times 0.0124s = 0.062s$，可以得到较好的动态性能。按照 $M_{r.min}$ 准则设计，据式（2-87）可求得转速环开环增益为

$$K_N = \frac{5 + 1}{2 \times 5^2 \times 0.0124^2} s^{-2} \approx 780.4 s^{-2}$$

据式（2-88）可得转速环 PI 调节器的增益为

$$K_n = \frac{0.04 \times 0.416 \times 0.036}{0.01 \times 0.25} \times 780.4 s^{-1} \approx 187 s^{-1}$$

转速调节器传递函数为

$$R_n(s) = 187\frac{0.062s+1}{s}$$

可求得转速环的开环交越频率为

$$\omega_{cn} = \frac{1}{2}\left(\frac{1}{\tau_n} + \frac{1}{T_{\Sigma n}}\right) = \frac{1}{2T_{\Sigma n}}\left(\frac{1}{h} + 1\right) = 48.4\text{s}^{-1}$$

经以上设计，可得本例系统的总体结构框图如图 2-53a 所示。

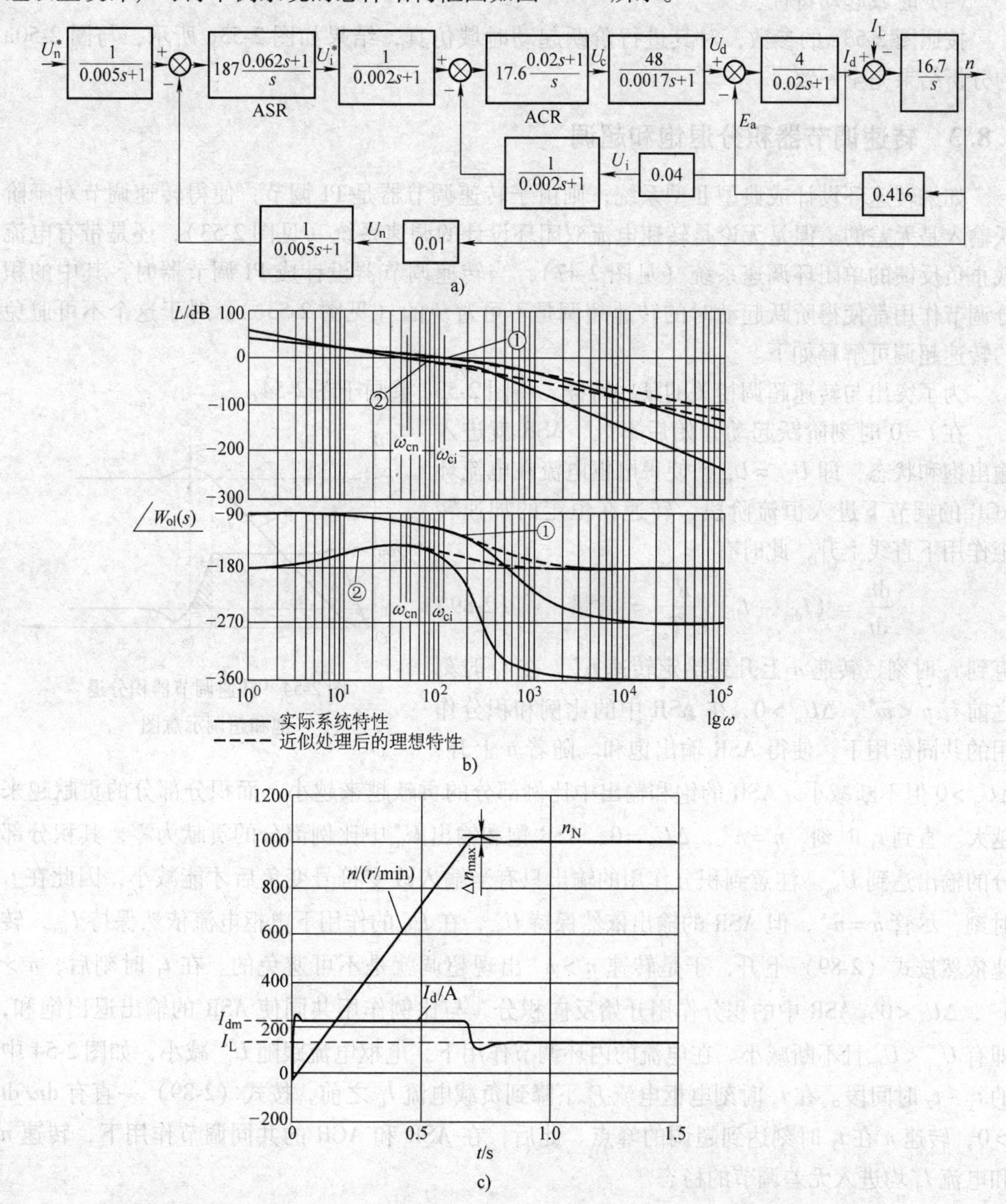

图 2-53　例 2-10 系统总体结构、开环频率特性及闭环时域特性

a) 总体结构框构图　b) 电流内环和转速外环 Bode 图（①电流环，②转速环）　c) 闭环时域阶跃起动仿真图

(3) 电流环和转速环的开环 Bode 图

本例中的电流内环和转速外环的开环 Bode 图如图 2-53b 所示，其中实线为实际系统的 Bode 图，虚线为对高频段时间常数近似处理后的相应典型系统 Bode 图。

由图 2-53b 可知，无论是电流内环还是转速外环，由于高频段小时间常数的近似处理，对开环系统的相角裕量的影响都是忽略不计的，说明这种近似处理是合理的。

(4) 时域起动特性

按照图 2-53a 的参数，对其进行阶跃起动时域仿真，结果如图 2-53c 所示，与图 2-50a 的分析结果完全一致。

2.8.3 转速调节器积分退饱和超调

如果转速环设计成典型Ⅱ型系统，则由于转速调节器是 PI 调节，使得转速调节对于阶跃输入是无差的。但是无论是转速电流双闭环设计的调速系统（见图 2-53），还是带有电流截止负反馈的单闭环调速系统（见图 2-47），当转速调节器设计成 PI 调节器时，其中的积分调节作用都使得阶跃起动时的转速超调是不可避免的（见图 2-53c）。对于这个不可避免的转速超调可解释如下。

为了突出与转速超调相关的某些特征，将图 2-53c 重画于图 2-54。

在 $t=0$ 时刻阶跃起动开始后不久，ASR 就进入输出饱和状态，即 $U_i^*=U_{im}$，使得电枢电流在电流环 ACR 的调节下进入恒流阶段，转速在恒定的加速转矩作用下直线上升，此时有

$$\frac{dn}{dt}=(I_{dm}-I_L)\frac{R}{C_eT_m}=常量 \tag{2-89}$$

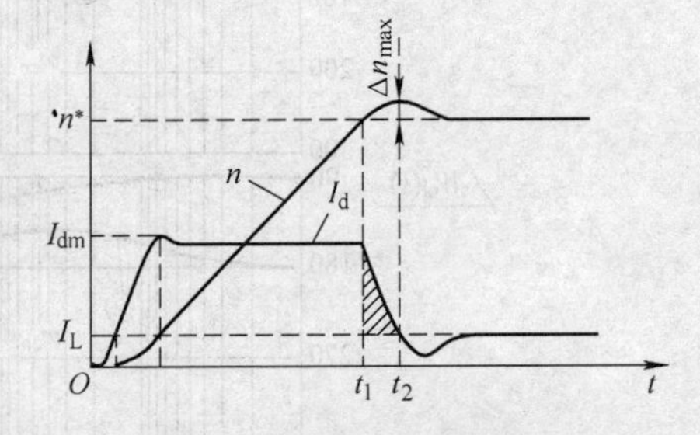

图 2-54 转速调节器积分退饱和超调示意图

直到 t_1 时刻，转速 n 上升到给定转速 n^*。在 t_1 时刻之前有 $n<n^*$，$\Delta U_n>0$，在 ASR 中的比例和积分作用的共同作用下，使得 ASR 输出饱和。随着 n 上升，$\Delta U_n>0$ 但不断减小，ASR 的饱和输出中比例部分的贡献越来越小，而积分部分的贡献越来越大。直到 t_1 时刻，$n=n^*$，$\Delta U_n=0$，ASR 饱和输出 U_{im}^*中比例部分的贡献为零，其积分部分的输出达到 U_{im}^*。注意到积分作用的输出只有当输入改变符号变负后才能减小，因此在 t_1 时刻，尽管 $n=n^*$，但 ASR 的输出依然保持 U_{im}^*，在 U_{im}^*的作用下电枢电流依然保持 I_{dm}，转速依然按式（2-89）上升，于是转速 $n>n^*$ 出现超调就是不可避免的。在 t_1 时刻后，$n>n^*$，$\Delta U_n<0$，ASR 中的积分作用开始反向积分，与比例作用共同使 ASR 的输出退出饱和，即有 $U_i^*<U_{im}^*$且不断减小。在电流的内环调节作用下，电枢电流跟随 U_i^* 减小，如图 2-54 中的 $t_1 \sim t_2$ 时间段。在 t_2 时刻电枢电流 I_d 下降到负载电流 I_L 之前，按式（2-89）一直有 $dn/dt>0$，转速 n 在 t_2 时刻达到超调的峰点。此后，在 ASR 和 ACR 的共同调节作用下，转速 n 和电流 I_d 均进入无差调节的稳态。

由上分析，关于 PI 调节的转速电流双闭环直流调速系统在阶跃起动时的转速超调问题可有如下结论：

1) 起动将结束时的转速超调是由于 ASR 中的积分作用的退饱和引起的，因此也称为转

速调节器积分退饱和超调。一般来说，当转速调节器中包含积分调节作用时，这一超调是不可避免的。

2）在数值上转速超调量 Δn_{max}（见图2-54）与图中 $t_1 \sim t_2$ 期间 $I_L < I_d$ 的阴影部分面积成正比。因此和转速环及电流环的动态设计参数有关，也和最大起动电流 I_{dm} 及负载电流 I_L 有关，但是和稳态转速 n^* 无关。

3）在 t_1 时刻之前ASR饱和输出，转速环为开环状态，因此 t_1 时刻之后出现的超调与2.5.2节中表2-5示出的典型Ⅱ型系统的超调量具有本质的不同。表2-5中示出的是在线性范围内时（ASR不进入限幅状态）典型Ⅱ型系统的单位阶跃输入超调。

2.8.4　转速超调的抑制措施

转速电流双闭环的直流调速系统很好地兼顾了动态和静态性能指标，设计和调试都很方便，得到了广泛的应用。但是，转速调节器退饱和超调是其固有的不足之处。在某些不允许出现转速超调的场合，这种典型的转速电流双闭环系统结构是无法满足要求的。解决这个问题的方法很多，本小节介绍两种常用的简单有效的方法。

1. 转速微分负反馈

转速微分负反馈是在转速比例反馈通道中附加一个转速微分负反馈分量，其转速环动态结构如图2-55所示。

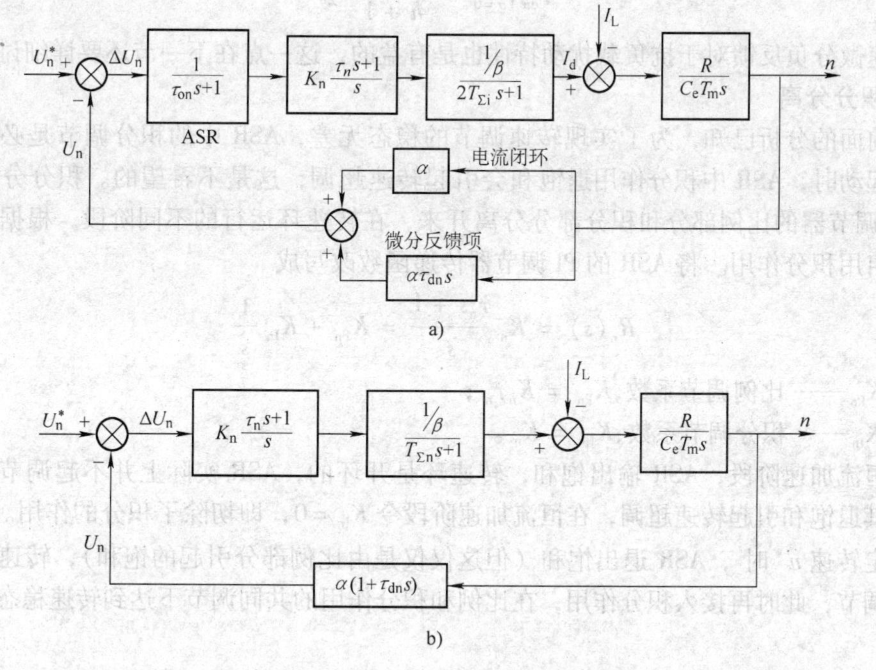

图2-55　带转速微分负反馈的转速环动态结构

a）原始结构示意图　b）近似简化处理后的结构框图

图2-55a中，τ_{dn} 为微分时间常数，电流内环已近似等效为一个一阶惯性环节，τ_{on} 是等效移到前向通道的小惯性滤波时间常数。图2-55b是对高频段小时间常数近似处理后的结构框图，显然转速微分反馈相当于在反馈通道中增加了一个零点。

上小节中已分析过由转速调节器积分退饱和引起转速超调的原理，如图 2-54 所示。为方便比较，其转速超调的情况再次示于图 2-56，用曲线①表示。其特点是在 t_1 时刻之前 $n < n^*$，ASR 处于输出饱和状态，电枢电流为最大值 I_{dm}，转速 n 恒速上升；在 t_1 时刻之后，$n > n^*$，ASR 才开始退饱和，电枢电流从 I_{dm} 下降到 I_L，因此转速超调是不可避免的。

由图 2-55，当增加转速微分负反馈后，ASR 的输入信号为

$$\Delta U_n = U_n^* - \alpha n - \alpha \tau_{dn} \frac{dn}{dt} \tag{2-90}$$

起动时 $dn/dt > 0$，ASR 开始退饱和的条件是上式过零变负。令上式为零得

$$n^* - n = \tau_{dn} \frac{dn}{dt} > 0 \tag{2-91}$$

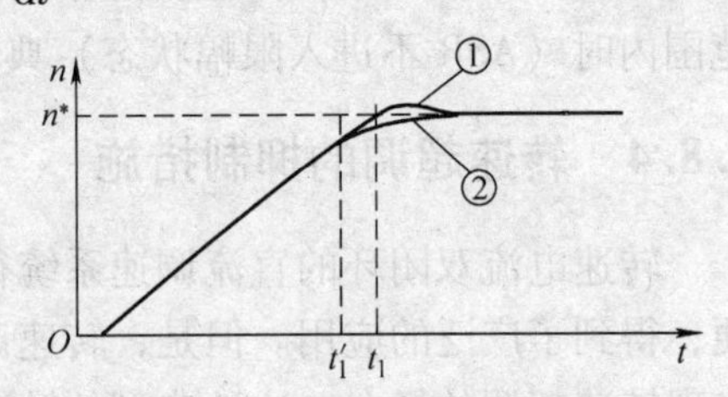

图 2-56 利用转速微分负反馈消除转速超调

上式表明在 t_1 之前的某一时刻 t_1'，ASR 就提前退出饱和；当 τ_{dn} 增大时 t'_1 比 t_1 的提前量也增大，超调量 Δn_{max} 就会更小；当选择一个适当的微分时间常数 τ_{dn} 就可以使得超调量正好为零。参考文献［7］给出了这个临界微分时间常数为

$$\tau_{dn}\big|_{\sigma=0} = \frac{4h+2}{h+1} T_{\Sigma n} \tag{2-92}$$

转速微分负反馈对于抗负载扰动特性也是有益的，这一点在下一节还要详细讨论。

2. 积分分离

由前面的分析已知，为了实现转速调节的稳态无差，ASR 中的积分调节是必要的，但是阶跃起动时，ASR 中积分作用退饱和会引起转速超调，这是不希望的。积分分离的意思是将 PI 调节器的比例部分和积分部分分离开来，在转速环运行的不同阶段，根据需要来决定是否启用积分作用。将 ASR 的 PI 调节器传递函数改写成

$$R_n(s) = K_n \frac{\tau_n s + 1}{s} = K_{Pn} + K_{In} \frac{1}{s} \tag{2-93}$$

式中 K_{Pn}—— 比例调节系数，$K_{Pn} = K_n \tau_n$；

K_{In}—— 积分调节系数，$K_{In} = K_n$。

在恒流加速阶段，ASR 输出饱和，转速环是开环的，ASR 实际上并不起调节作用，为了防止其退饱和引起转速超调，在恒流加速阶段令 $K_{In} = 0$，即切除了积分的作用。当转速 n 接近给定转速 n^* 时，ASR 退出饱和（但这仅仅是由比例部分引起的饱和），转速环开始进行线性调节，此时再接入积分作用，在比例和积分作用的共同调节下达到转速稳态无差的目的。

工程上实现积分分离的方法是，人为设定一个误差带阈值 Δe，并且

$$\begin{cases} |\Delta U| > \Delta e \text{ 时，} K_{In} = 0\text{，切除积分} \\ \text{否则，} K_{In} \neq 0\text{，启用积分} \end{cases} \tag{2-94}$$

当 ASR 用模拟方法实现时，需要一个模拟开关来切除或启用积分作用，当 ASR 用数字方法实现时，只需程序切换即可，实现起来更为方便。Δe 一般可取为额定转速给定电压 U_{nN}^* 的 ±5%。

需要指出，转速调节器退饱和超调是由其积分作用的退饱和引起的，因为只有当 $n > n^*$ 时，误差信号改变符号，才能使积分作用退出饱和。采用积分分离控制时，尽管在恒流起动阶段转速调节的输出在比例调节作用下也会饱和限幅，但是只要

$$\Delta U_n = U_n^* - U_n < \frac{U_{im}^*}{K_{Pn}} \tag{2-95}$$

转速调节器就会退出饱和，且当 $\Delta U_n = 0$ 时，有 $U_i^* = 0$，因此不会产生退饱和超调。

例 2-11 由图 2-53c 的仿真结果可知，例 2-10 中按典型的转速电流双闭环设计的直流调速系统存在转速退饱和超调，且有 $\Delta n_{max} = 34\text{r/min}$。试在图 2-53a 所示系统中采用积分分离的方法消除起动时的转速超调。

解 取误差阈值为额定转速的 5%，对应转速误差信号为 $\Delta e = 10 \times 5\%\ \text{V} = 0.5\text{V}$。积分分离的实现框图如图 2-57a 所示。

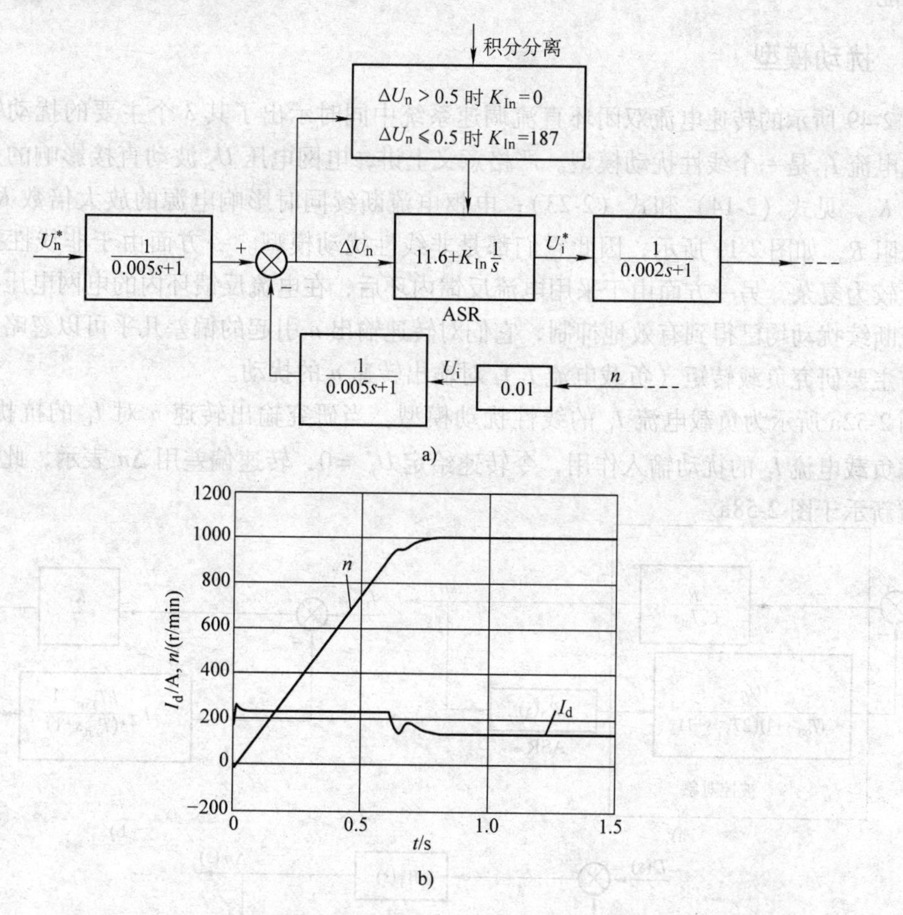

图 2-57 采用积分分离方法消除图 2-53 系统中的转速调节器退饱和超调

a）积分分离实现框图 b）积分分离后的阶跃起动仿真图

采用积分分离控制后，对该系统重新进行时域仿真，仿真结果如图 2-57b 所示。由图可知采用积分分离控制后，与图 2-53c 相比，对其起动过程几乎没有影响，但是起动超调被完全消除。

2.9 转速电流双闭环直流调速系统的抗扰特性

在自动控制系统中，除了给定输入指令之外，所有别的可以引起输出量稳态或者动态偏差的激励作用统称为扰动。在直流调速系统中，除了转速给定指令 U_n^* 外，负载电流 I_L 是主要的扰动，电网电压波动引起直流电源输出电压变化，相控整流电源中电流断续引起的等效直流电源输出电压变化或者电枢电阻变化等都是扰动作用。有些扰动是控制系统正常运行时必然存在的，例如工程上直流调速系统的负载总是变化的；有些扰动是系统固有的，无法避免，如电网电压波动。但是所有由扰动引起的被控输出量的波动一般都是不希望的。

2.1.2 节中介绍了调速系统的抗扰性能指标，本节研究转速电流双闭环直流调速系统的抗扰性能。

2.9.1 扰动模型

图 2-49 所示的转速电流双闭环直流调速系统中同时示出了其 3 个主要的扰动输入。其中负载电流 I_L 是一个线性扰动模型。严格意义上讲，电网电压 U_2 波动直接影响的是电源放大倍数 K_s，见式（2-14）和式（2-23）；电枢电流断续同时影响电源的放大倍数 K_s 和电枢回路电阻 R，如图 2-11 所示，因此它们都是非线性扰动模型。一方面由于非线性扰动模型的分析较为复杂，另一方面由于采用电流反馈内环后，在电流反馈环内的电网电压扰动和电枢电流断续扰动均已得到有效地抑制，它们对转速输出 n 引起的偏差几乎可以忽略不计。因此本节主要研究负载转矩（负载电流 I_L）对输出转速 n 的扰动。

图 2-52a 所示为负载电流 I_L 的线性扰动模型。当研究输出转速 n 对 I_L 的抗扰特性时，只考虑负载电流 I_L 的扰动输入作用，令转速给定 $U_n^* = 0$，转速偏差用 Δn 表示，此时的扰动模型重新示于图 2-58a。

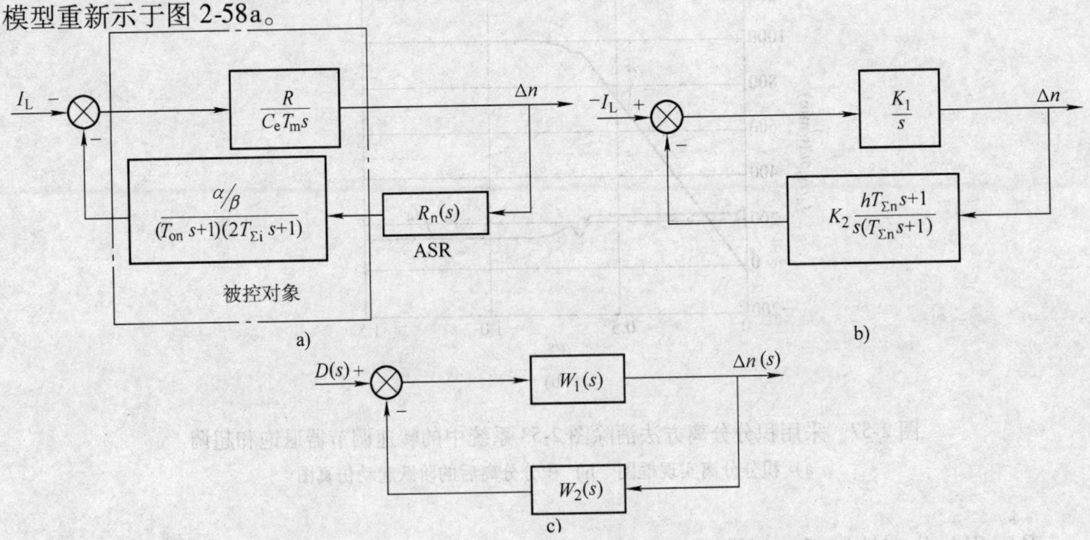

图 2-58 转速电流双闭环直流调速系统的负载电流扰动模型

a）I_L 为输入，Δn 为输出时的线性扰动模型 b）转速环按典型Ⅱ型系统设计时的 I_L 扰动模型

c）闭环控制系统的典型扰动模型

一般为了实现转速无差调节，转速调节器（ASR）都选用PI调节器，使得转速环一般总是设计成典型Ⅱ型系统。设计成典型Ⅱ型系统后的负载电流扰动模型如图2-58b所示，其中h为中频宽度，且

$$\begin{cases} T_{\Sigma n} = T_{on} + 2T_{\Sigma i} \\ K_1 = R/C_e T_m \\ K_2 = K_n \alpha/\beta \\ K_1 K_2 = K_N \end{cases} \tag{2-96}$$

与图2-52d相比，两者的开环传递函数完全相同，但是由于“输入量”的作用点不同，两者的输入输出传递函数却有本质差别。

一般情况下，自动控制系统的线性扰动模型都可以写成图2-58c的形式，其中$W_1(s)$表示扰动前向通道传递函数，用$W_2(s)$表示反馈通道传递函数，$D(s) = -I_L(s)$ 表示扰动输入，$\Delta n(s)$表示扰动输出。

2.9.2　抗负载电流扰动的特性

一般地由图2-58c可得扰动传递函数

$$W_{dL}(s) = \frac{\Delta n(s)}{D(s)} = \frac{W_1(s)}{1 + W_1(s) W_2(s)} \tag{2-97}$$

代入图2-58b的具体参数，可得负载电流I_L到转速偏差Δn的扰动传递函数为

$$W_{dL}(s) = \frac{\Delta n(s)}{D(s)} = \frac{K_1/s}{1 + K_1 K_2 \dfrac{hT_{\Sigma n}s + 1}{s^2(T_{\Sigma n}s + 1)}}$$

$$= \frac{K_1 s(T_{\Sigma n}s + 1)}{T_{\Sigma n}s^3 + s^2 + K_1 K_2 h T_{\Sigma n} s + K_1 K_2}$$

由式（2-96），上式成为

$$W_{dL}(s) = \frac{\Delta n(s)}{D(s)} = \frac{K_1 s(T_{\Sigma n}s + 1)}{T_{\Sigma n}s^3 + s^2 + K_N h T_{\Sigma n} s + K_N}$$

$$= \frac{K_1}{K_N} \frac{s(T_{\Sigma n}s + 1)}{\dfrac{T_{\Sigma n}}{K_N}s^3 + \dfrac{1}{K_N}s^2 + hT_{\Sigma n}s + 1} \tag{2-98}$$

考虑负载扰动为阶跃扰动，则有

$$D(s) = -\frac{I_L}{s} \tag{2-99}$$

闭环系统按$M_{r.min}$准则设计时，将式（2-49）和式（2-99）代入式（2-98），得

$$\frac{\Delta n(s)}{-K_1 I_L} \Bigg/ T_{\Sigma n} = T_{\Sigma n} \frac{\dfrac{2h^2}{h+1}(T_{\Sigma n}s + 1)}{\dfrac{2h^2}{h+1}(T_{\Sigma n}s)^3 + \dfrac{2h^2}{h+1}(T_{\Sigma n}s)^2 + h(T_{\Sigma n}s) + 1} \tag{2-100}$$

由式（2-100）可以得出如下几点：

1）根据拉普拉斯变换的终值定理，在负载阶跃扰动下，转速 n 的稳态偏差为零，即

$$\Delta n_{\infty} = \lim_{s\to 0} s\Delta n(s) = 0 \tag{2-101}$$

这一点当转速调节器采用 PI 调节器时是必然的。

2）根据拉普拉斯变换的时间尺度定理[㊀]，负载阶跃扰动下的转速偏差函数 $\Delta n(t)$ 以 $T_{\Sigma n}$ 为时间尺度；或者说 $\Delta n(t)$ 在时间轴上的性能指标，如 2.1 节中定义的最大速降时间 t_m 和扰动恢复时间 t_v，都与 $T_{\Sigma n}$ 成正比。

3）如果对 t_m 和 t_v 以 $T_{\Sigma n}$ 为时间尺度进行计量，对扰动下的转速偏差以“$-K_1 I_L T_{\Sigma n}$”为幅值尺度进行计量，则中频宽度 h 成为影响抗扰特性的唯一参数。可以称其为标幺化的抗扰特性，标幺化的扰动输出的拉普拉斯变换式为

$$\Delta N(s) = \frac{\Delta n(s)}{-K_1 I_L T_{\Sigma n}} = \frac{\dfrac{2h^2}{h+1}(s+1)}{\dfrac{2h^2}{h+1}s^3 + \dfrac{2h^2}{h+1}s^2 + hs + 1} \tag{2-102}$$

对式（2-102）求拉普拉斯反变换，可得时域解为

$$\frac{\Delta n(t)}{-K_1 I_L}\Big/ T_{\Sigma n} = L^{-1}[\Delta N(s)] \tag{2-103}$$

据式（2-103）可以求出 $\Delta n(t)$ 的各种时域特性。其中，最大速降时间 t_m 和扰动恢复时间 t_v 均以 $T_{\Sigma n}$ 为时间尺度，扰动最大速度偏差 Δn_{max} 与 K_1、I_L 及 $T_{\Sigma n}$ 均成正比。上述各时域抗扰特性与中频宽度 h 之间的关系均列于表 2-8 中。

表 2-8　双闭环直流调速系统的抗负载扰动特性与中频宽度 h 之间的关系

h	3	4	5	6	7	8	9	10
$\Delta n_{max}/(-K_1 I_L T_{\Sigma n})$	144.5	154.9	162.5	168.2	172.7	176.4	179.2	181.8
$t_m/T_{\Sigma n}$	2.45	2.68	2.86	3.0	3.13	3.22	3.31	3.4
$t_v/T_{\Sigma n}$	14.5	11	9.03	14.2	17.6	20.6	23.5	26.6

注：1. 此表数据为时域仿真结果，可能存在一些误差。
2. 计算扰动恢复时间 t_v 时选取最大速降 Δn_{max} 的 5% 为误差带。

分析表 2-8 中的数据，并与表 2-5 中的数据相比较，对于转速电流双闭环直流调速系统的转速环按典型Ⅱ型系统设计时的跟随性能和抗扰性能可做出如下结论：

1）随着 h 值减小，扰动偏差 $\Delta n(s)/(\delta I_L)$ 减小，但是跟随响应的超调量 σ 却增大，这说明抗扰稳定性和跟随稳定性是相互矛盾的。

2）随着 h 值减小，最大速降时间 t_m 和扰动恢复时间 t_v 均减小，跟随上升时间 t_r，峰值时间 t_p 和调节时间 t_s 亦减小，这说明跟随快速性能和抗扰快速性是一致的。

3）随着 h 减小，由于振荡加剧，当 $h<5$ 时抗扰恢复时间 t_v 和跟随调节时间 t_s 都反而增大，因此不论是对抗扰特性还是跟随性能，$h\approx 5$ 都是一个相对较好的选择。

4）从式（2-102）和表 2-8 可知，扰动最大速度偏差 Δn_{max} 与前向通道增益 K_1 成正比，与负载电流 I_L 成正比；特别是 Δn_{max} 与 $T_{\Sigma n}$ 成正比，这表明做为抗负载扰动主要指标的 Δn_{max}

㊀ 拉普拉斯变换的时间尺度定理：如果 $f(t)$ 和 $F(s)$ 是一个变换对，那么 $f(t/a)$ 和 $aF(as)$ 也是一个变换对。

与速度环开环交越频率成反比。

2.9.3　抗扰性能的进一步改进

再次观察图2-49的转速电流双闭环直流调速系统的动态结构图，由于电网电压和负载电流断续等扰动在电流闭环以内，这些扰动作用首先影响电枢电流 I_d 发生偏差，通过电流内环的快速反馈调节，使得 I_d 得到快速恢复。由于机电时间常数 T_m 一般较大（即电枢惯性较大），使得这些扰动对转速 n 的扰动偏差很小，几乎忽略不计。然而负载电流扰动就不同了，I_L 在电流内环以外，其扰动首先克服电枢惯性引起转速偏差 Δn，然后才在ASR的反馈调节下，通过改变电枢电流来抵消 I_L 的作用，使转速 n 恢复到正常值。反馈控制是基于偏差的，也就是说，通过反馈控制系统的设计来提高系统的动态抗扰特性的前提是首先由扰动引起输出偏差。因此通过反馈系统的动态设计来提高系统的抗扰性能，其效果是有限的，起码无法消除扰动动态偏差。

2.8.4节中介绍了转速微分负反馈，目的是减小因转速调节器的积分作用退饱和引起的转速起动超调。转速微分负反馈也可有效地减小负载电流扰动引起的转速动态偏差。这是因为当负载电流扰动使得输出转速刚刚有发生偏差的趋势（$dn/dt \neq 0$）时，微分负反馈就开始进行反馈调节以消除偏差，它比基于比例反馈的偏差调节反应更快。这一点将在后面的一个例子中得到证实。

本节重点介绍负载电流前馈控制法。众所周知，前馈控制的原理是在某一扰动发生的同时，当然是尚未引起输出的扰动偏差前，就在其控制输入端施加一个与此扰动作用相反的附加控制输入，用以抵消该扰动的作用，使得输出量不发生偏差。实现前馈控制的关键有两点，一是实时得到扰动量 I_L 的估值，二是设计一个前馈控制器，使其产生一个适当的附加控制信号。

系统扰动前馈控制动态结构框图如图2-59所示。

在转速环等效动态结构框图的基础上设计负载电流前馈控制器，如图2-59a所示。

负载扰动量 I_L 是不可直接测量的，但是可以根据系统参数之间的动态关系对其进行估值，在现代控制理论中称为扰动观测器。由式（2-89），并用 I_d 取代 I_{dm} 可求得

$$I_L = I_d - \frac{1}{K_1}\frac{dn}{dt}, K_1 = \frac{R}{C_e T_m} \tag{2-104}$$

或写成传递函数的形式

$$I_L(s) = I_d(s) - \frac{1}{K_1}sn(s) \tag{2-105}$$

为了便于工程实现，在式（2-105）纯微分项中加入一个小时间常数惯性滤波环节，并用 $\tilde{I}_L$ 表示对 I_L 的估值，得到下式

$$\tilde{I}_L(s) = I_d(s) - \frac{s}{K_1(T_{oL1}s+1)}n(s),\quad T_{oL1} \ll T_{\Sigma i} \tag{2-106}$$

式（2-106）即为图2-59中扰动估值器的动态方程。由上分析过程，在工程上可以近似认为

$$\tilde{I}_L(s) = I_L(s) \tag{2-107}$$

于是图 2-59a 等效为图 2-59b 的形式。

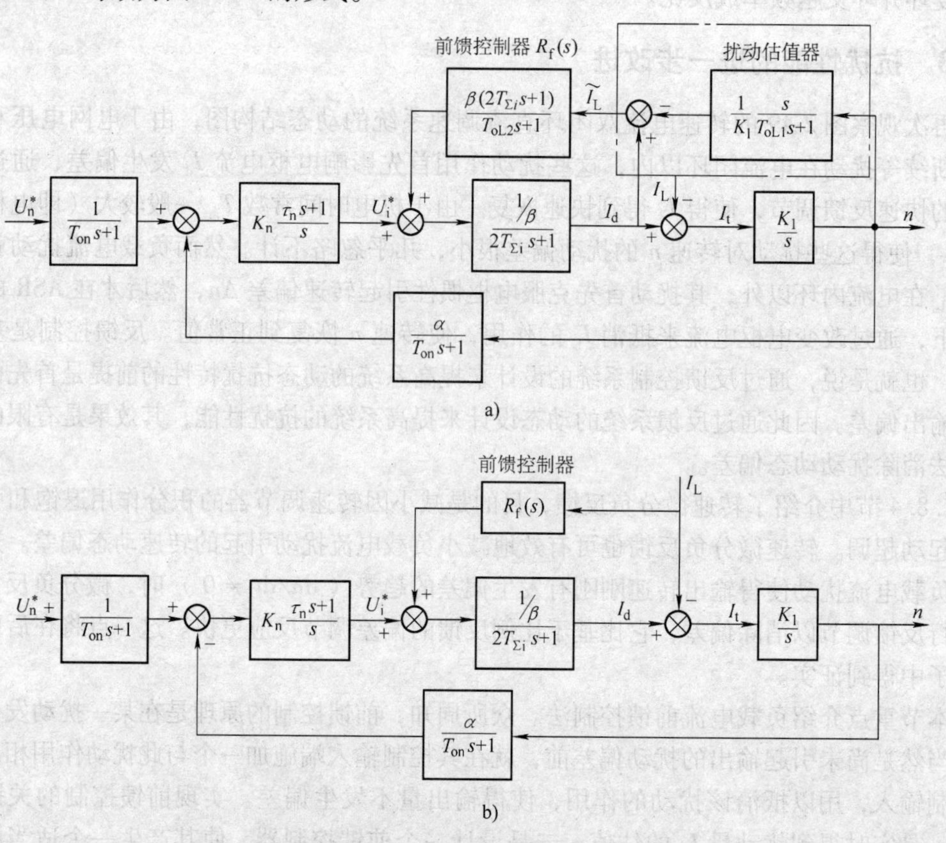

图 2-59　系统扰动前馈控制动态结构框图

a）扰动估值器及前馈控制器　b）前馈控制的等效动态结构框图

扰动前馈控制的目的是使负载扰动 I_L 不影响输出转速 n，这只需 I_L 对 I_t 没有影响即可，由图 2-59b，令

$$
\begin{aligned}
I_t(s) &= I_d(s) - I_L(s) \\
&= \left(\frac{1/\beta}{2T_{\Sigma i}s+1}R_f(s) - 1\right)I_L(s) = 0
\end{aligned}
\tag{2-108}
$$

可解得前馈控制器传递函数为

$$
R_f(s) = \beta(2T_{\Sigma i}s+1) \tag{2-109}
$$

为了工程上实现方便，在式（2-109）的纯微分项上亦附加一个小惯性滤波环节，得

$$
R_f(s) = \frac{\beta(2T_{\Sigma i}s+1)}{T_{oL2}s+1},\ T_{oL2} \ll T_{\Sigma i} \tag{2-110}
$$

由式（2-106）描述的扰动估值器和由式（2-110）描述的前馈控制器均示于图 2-59a 中。当 I_L 发生变化时，由扰动估值器得到对 I_L 的估值 $\tilde{I}_L$，并由此产生一个附加的 I_d 分量，正好与 I_L 抵消，使得 I_t 保持基本不变，因而最大限度地不引起输出转速 n 的动态偏差。

例 2-12　仍如例 2-10 系统参数，如图 2-53a 所示，要求：（1）试求该系统突加负载从 $10\% I_{dN}$ 到 $100\% I_{dN}$ 时抗扰特性。（2）对该系统设计转速微分负反馈，再求该系统的突加负载抗扰特性。(3) 对该系统设计负载扰动前馈控制器，并再求该系统的突加负载抗扰特性。

解　(1) 仍如图2-53a参数，先在10%I_{dN}下起动到额定转速，在$t=1$s时突加负载，得到其动态速降的时域仿真波形图，如图2-60a中的波形①。

(2) 已知本例中$h=5$，$T_{\Sigma n}=0.0124$s，按式（2-92）可求得

$$\tau_{dn}\Big|_{\sigma=0}=\frac{4h+2}{h+1}T_{\Sigma n}=\frac{22}{6}\times 0.0124\text{s}=0.045\text{s}$$

据图2-55b，在图2-53a中的转速反馈通道中加入微分作用后，其相关局部动态结构框图重示于图2-60b中，未画出的部分与图2-53a相同。

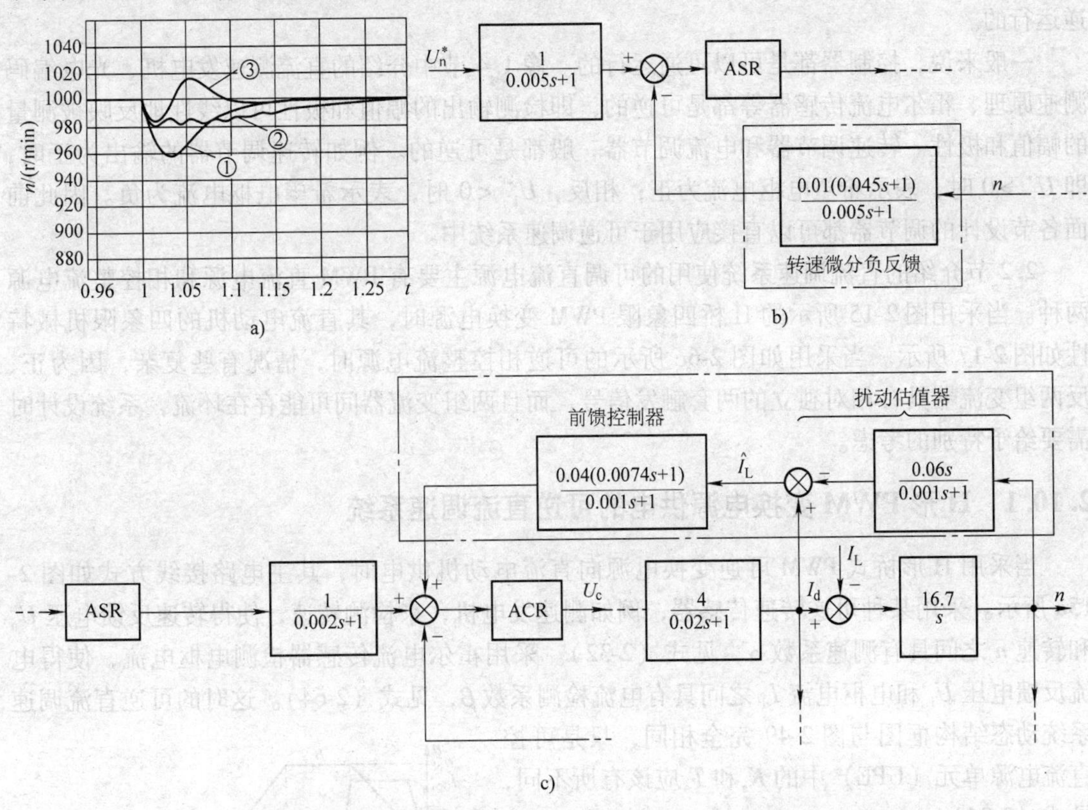

图2-60　例2-12系统动态结构框图及时域抗扰特性仿真图

a) 3种情况下的时域抗扰特性仿真图　b) 转速微分负反馈部分动态结构图

c) 扰动前馈控制部分动态结构图（图b、c中未画出的部分与图2-53a相同）

在相同条件下对该系统进行突加负载扰动，其动态速降时域仿真波形亦示于图2-60a中，用曲线②表示。

(3) 仍如图2-53a的系统参数，已知$K_1=16.7$，$\beta=0.04$，$T_{\Sigma i}=0.0037$s，取$T_{oL1}=T_{oL2}=1\text{ms}\ll 2T_{\Sigma i}=7.4\text{ms}$。对该系统设计扰动估值器和前馈补偿器，其相关局部动态结构框图重示于图2-60c中，未画出的部分与图2-53a相同。在相同条件下对该系统进行突加负载扰动，其动态速降时域仿真波形再次示于图2-60a中，用曲线③表示。

由图2-60a中的3条抗扰特性曲线可知，微分负反馈的抗扰特性是明显的，但是从动态

转速降 Δn_{max} 和扰动恢复时间 t_v 综合指标来看，扰动前馈控制的抗扰特性最好。

2.10 可逆直流调速系统

到目前为止，以上讨论的直流电动机调速系统只涉及电动机正向运转的情况。在工程实践中有许多生产机械要求电动机既能正转，又能反转，而且往往要求电动机能够正、反向快速起动和制动，这就需要直流调速系统具有四象限运行特性，称为可逆直流调速系统。

为了实现四象限运行的可逆直流调速系统，首先要求可调直流电源是可以四象限运行的，其次要求控制器，包括转速调节器、电流调节器、转速和电流检测单元等，都是可以可逆运行的。

一般来说，控制器都是可以可逆运行的。像1.4节中介绍的直流测速发电机、光电编码测速原理、霍尔电流传感器等都是可逆的，即检测输出的幅值和极性可以线性地反映被测量的幅值和极性。转速调节器和电流调节器一般都是可逆的。例如转速调节器的输出为正时，即 $U_i^* > 0$ 时，表示希望电枢电流为正；相反，$U_i^* < 0$ 时，表示希望电枢电流为负。因此前面各节设计的调节器都可以直接应用于可逆调速系统中。

2.2节介绍的直流调速系统使用的可调直流电源主要有PWM直流电源和相控整流电源两种。当采用图2-15所示的H桥四象限PWM变换电源时，其直流电动机的四象限机械特性如图2-17所示。当采用如图2-6c所示的可逆相控整流电源时，情况有些复杂，因为正、反两组变流器具有相对独立的两套触发信号，而且两组变流器间可能存在环流，系统设计时需要给予特别的考虑。

2.10.1 H形PWM变换电源供电的可逆直流调速系统

当采用H形桥式PWM可逆变换电源向直流电动机供电时，其主电路接线方式如图2-15a所示。采用某种可逆转速传感器，例如测速发电机，来检测转速，使得转速反馈电压 U_n 和转速 n 之间具有测速系数 α，见式（2-32）。采用霍尔电流传感器检测电枢电流，使得电流反馈电压 U_i 和电枢电流 I_d 之间具有电流检测系数 β，见式（2-64）。这时的可逆直流调速系统动态结构框图与图2-49完全相同，只是可控直流电源单元（UPE）中的 K_s 和 T_s 应该有所不同，见式（2-24）。

图2-61所示为图2-49系统工作于正向起动、正向制动和反向起动时的时域波形示意图。

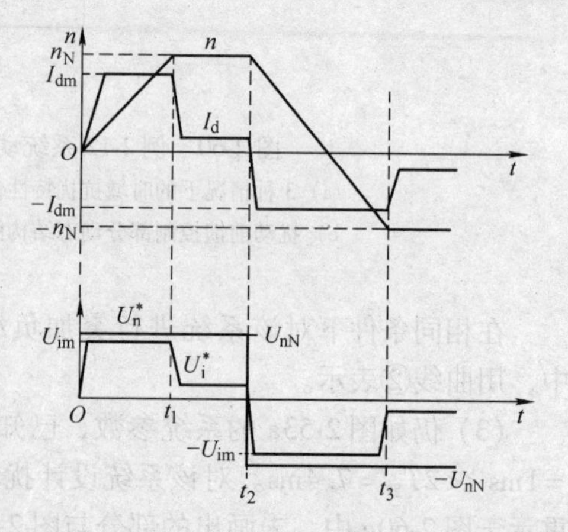

图2-61 系统工作于正向起动、正向制动和反向起动时的时域波形示意图

在 $t=0$ 时刻，转速给定指令阶跃上升到 U_{nN}，即 $U_n^* = U_{nN}$，与正向额定转速 n_N 相对应。由于电枢的惯性，转速 n 变化缓慢，转速反馈电压 U_n 很小，使得误差电压 ΔU_n 阶跃上升。很大的 ΔU_n 很快使转速调节器（ASR）输出饱和，即 $U_i^* = U_{im}$。此后在电流给定信号 U_{im} 的作用下，电流调节器（ACR）快速调节使电枢电流 I_d 跟随 U_{im} 维持在最大电枢电流 I_{dm}。这个电枢电流产生一个恒定的加

速转矩，使转速 n 恒速上升。

随着 n 的上升，电枢反电动势 E_a 也线性上升。在 ACR 的调节下，为了维持电枢电流恒为 I_{dm}，控制电压 U_c 不断上升，调节 PWM 变换电源的占空比 η，据式（2-20），其输出直流电压 U_d 不断上升以抵消电枢电压 E_a 上升对 I_d 的影响。同时随着 n 的上升，转速误差电压 ΔU_n 不断减小，在 t_1 时刻 n 上升到 n_N，U_n 和 U_n^* 相等，$\Delta U_n=0$。此后 ASR 快速退出饱和进入线性调节状态，其输出维持在一个与负载电流 I_L 相平衡的值上，转速稳定在 n_N 上，进入恒速运行状态。

在 t_2 时刻，转速给定信号 U_n^* 从 U_{nN} 阶跃下降到"$-U_{nN}$"，对应于反向额定转速"$-n_N$"。由于电枢惯性，转速 n 仍在 n_N 处不能突变，使得转速误差信号 ΔU_n 突然下降到"$-2U_{nN}$"，在负的误差电压作用下，ASR 快速反向饱和，即 $U_i^*=-U_{im}$。此后，在 ACR 的快速调节下使电枢电流 I_d 跟随"$-U_{im}$"维持在最大反向电枢电流"$-I_{dm}$"，这个电枢电流产生一个恒定的制动转矩，使转速 n 恒速下降，直流电动机进入正向制动状态。

随着转速 n 下降，电枢反电动势 E_a 也线性下降，ACR 实时调节直流电源电压 U_d 下降，使 U_d 保持比 E_a 低一个恒定的差值，以维持恒定的反向电枢电流"$-I_{dm}$"。此后，U_d 平滑地过零变负，使转速 n 也过零变负进入反向起动状态。直到 t_3 时刻，转速 n 反向上升到"$-U_{nN}$"，U_n 再次与 U_n^* 相等，$\Delta U_n=0$，反向起动结束。

t_3 时刻之后，ASR 退出反向饱和，进入线性调节状态，其输出 U_i^* 维持在一个与反向负载电流相平衡的值上，转速稳定在"$-n_N$"上，进入反向恒速运行状态。

2.10.2 可逆相控整流供电的直流调速系统

可逆相控整流电源的四象限工作特性如图 2-6c 所示，在 2.2 节中已详细讨论过，其控制特性见式（2-6）~式（2-14），由这一可逆电源向直流电动机供电时的 V-M 系统的机械特性如图 2-8 所示。

在"电力电子技术"课程中已经讨论了反并联的正反两组相控整流电源中可能存在不经电枢而在两组整流电源中流动的环流。环流使得整流电源损耗增大，这是不希望的。但是环流可以使图 2-8 机械特性中的电流断续区减小，适当设计时甚至可以消除电流断续区，这一点是有益的。根据对系统的要求不同，可以设计成有环流系统，也可以设计成无环流系统。根据对环流的具体要求，有环流系统又有不同的设计方法。本节介绍控制上较为简单的配合控制有环流系统。

图 2-62 所示为配合控制的有环流可逆 V-M 系统原理框图。

图 2-62 中，L_c 称为环流电抗器，用以将脉动环流限制在合理的范围内。下文中要用到的各种符号均标在图中。

正组变流器的输出平均电压为

$$U_{df}=U_{do}\cos\alpha_f=-U_{do}\cos\beta_f \tag{2-111}$$

反组变流器的输出平均电压为

$$U_{dr}=U_{do}\cos\alpha_r=-U_{do}\cos\beta_r \tag{2-112}$$

由图 2-62，有

$$U_d=U_{df}=-U_{dr} \tag{2-113}$$

由以上 3 式可得

$$\cos\alpha_f = \cos\beta_r \quad 或 \quad \cos\alpha_r = \cos\beta_f \tag{2-114}$$

亦即

$$\alpha_f = \beta_r \quad 或 \quad \alpha_r = \beta_f \tag{2-115}$$

式（2-115）即为“配合控制”的基本原理，亦即在动态控制过程中始终保持正组整流角 α_f 与反组逆变角 β_r 相等，或反组整流角 α_r 与正组逆变角 β_f 相等，以保证式（2-113）始终成立。

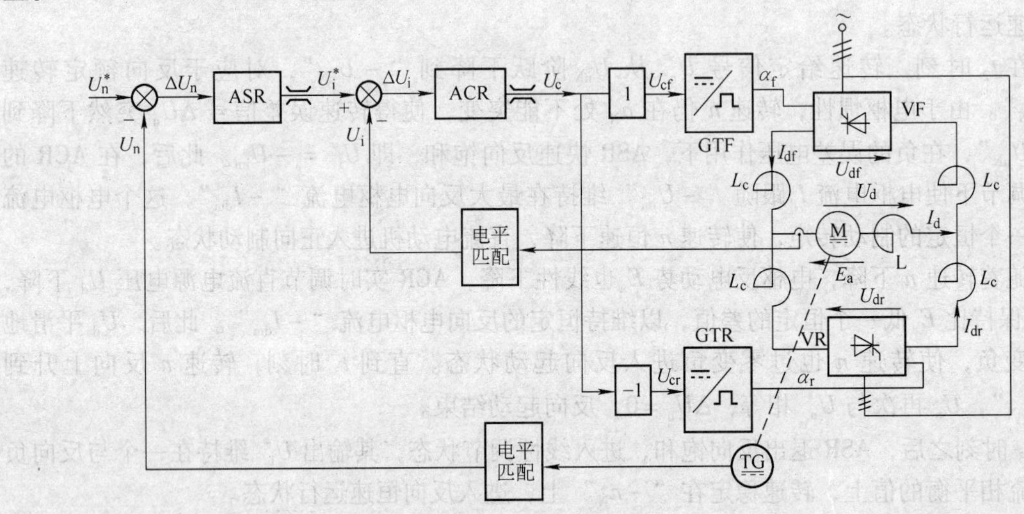

图 2-62　配合控制的有环流可逆 V-M 系统原理框图

在 2.2 节中已经导出相控整流电源的控制特性如图 2-7b 所示，它是关于控制电压 $U_c=0$ 对称的，因此为了实现上述配合控制的原理，只需将反组相控变流器的控制电压 U_{cr} 反向即可，如图 2-62 所示。

配合控制时相控可逆整流电路控制特性如图 2-63 所示。

图 2-63 中，横轴 U_c 是 ACR 的输入控制电压，纵轴为输出直流电压和正、反两组变流器的触发延迟角。其中通过第Ⅰ、Ⅲ象限的直线表示正组变流器 VF 的输出电压 U_{df} 和正组变流器的触发延迟角 α_f，通过第Ⅱ、Ⅳ象限的直线表示反组变流器 VR 的输出电压 U_{dr} 和反组变流器的触发延迟角 α_r。由图可知，对于任意的控制电压 U_c，正反两组变流器的输出电压都满足式（2-113），同时正反两组变流器的触发延迟角都满足式（2-115）。图中对正反两组变流器都设定了一个 α_{min} 和 β_{min}，β_{min} 是为了防止因逆变角 β 过小而导致逆变失败，α_{min} 是为了防止出现直流环流。这些内容都已在“电力电子技术”课程中学习过，这里不再赘述。

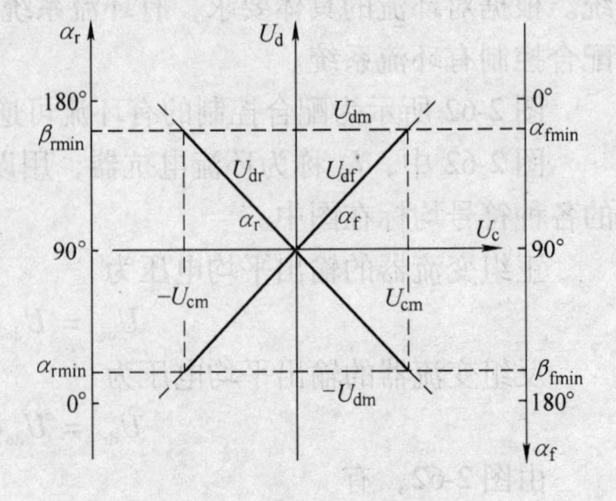

图 2-63　配合控制时相控可逆整流电路控制特性

配合控制的有环流可逆 V-M 直流调速系统的动态结构框图仍如图 2-49 所示，其动态设计的方法和过程与前面各节讲述的完全相同，只是主电路接线（见图 2-62）有所不同。

图2-64所示为电动机正向制动并反向起动时的各点波形。

下面根据图2-64并结合图2-62分析配合控制的有环流可逆直流调速系统的运行原理。这个正向制动并反向起动的过程可分为以下几个阶段：

（1）t_1 之前，正向稳定运行阶段　在 t_1 时刻之前，转速给定指令电压稳定在 U_{n1}^*，对应于稳定转速 n_1、稳定电枢反电动势 E_{a1}、稳定的电源控制电压 U_{c1} 和稳定的输出直流电压 U_{d1}。电枢电流 I_d 跟随 U_{i1}^* 稳定在 I_{d1} 与正向负载电流相平衡。

（2）$t_1 \sim t_2$ 时间段，正组VF逆变，反组VR待整流，I_d 正向下降　在 t_1 时刻，U_n^* 由 U_{n1}^* 跳变到"$-U_{n2}^*$"，在此作用下 ΔU_n 阶跃变负，使得ASR的输出 U_i^* 迅速反向饱和，由 U_{i1}^* 跳变到反向饱和值"$-U_{im}^*$"。U_i^* 的负跳变使得 ΔU_i 阶跃变负，ACR的输出 U_c 迅速跳变到反向限幅值"$-U_{cm}$"。

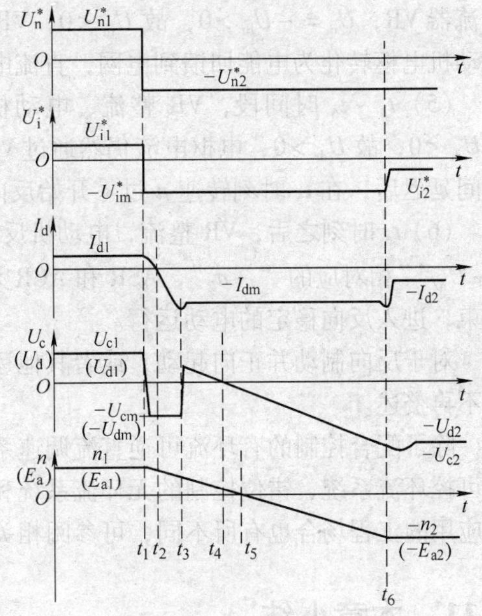

图2-64　电动机正向制动并反向起动时各点波形

t_1 时刻之后，U_d 跟随 U_c 达到反向最大值"$-U_{dm}$"，此时转速 n 和电枢电动势 E_a 尚未来得及变化，于是由图2-62有如下方程

$$\frac{\mathrm{d}i_d}{\mathrm{d}t} = \frac{1}{L}(-U_{dm} - E_a) < 0 \tag{2-116}$$

电枢电流 I_d 在"$-U_{dm}$"和 E_a 的叠加作用下快速下降，电枢电感的储能由VF和 E_a 吸收。

在 t_2 时刻之前，有 $I_d(I_d = I_{df}) > 0$ 通过正组变流器VF，但是VF输出负的直流电压，由图2-63，有 $\alpha_f > 90°$，正组变流器VF工作于逆变状态。反组变流器VR输出正向直流电压，由图2-63，有 $\alpha_r < 90°$，但是输出电流 I_{dr} 为零，因此VR工作于待整流状态。

（3）$t_2 \sim t_3$ 时间段，反组VR整流，直流电动机反接制动　在 t_2 时刻，电枢电流 I_d 过零，此后 I_d 反向增大并通过反组变流器VR，VR开始进入整流状态。此时式（2-116）仍然成立，只是VR的整流输出电压与 E_a 顺向串联，使电枢电流 I_d 反向快速增大，直流电动机显然处于反接制动状态。

（4）$t_3 \sim t_4$ 时间段，反组VR逆变，直流电动机再生制动　在 t_3 时刻，I_d 反向达到"$-I_{dm}$"，电流反馈电压 U_i 与电流环给定信号 U_{im}^* 相平衡，使得ACR退出饱和进入线性调节状态，此后 I_d 跟随 U_{im}^* 稳定在"$-I_{dm}$"上，输出最大制动转矩，使得转速 n 以恒定的斜率下降。

t_3 时刻之后，I_d 进入稳态，电枢回路方程为

$$U_d = E_a - RI_{dm} \tag{2-117}$$

为了维持 $I_d = -I_{dm}$，由式（2-117）可知整流输出电压 U_d 应维持比电枢反电动势 E_a 低一个

恒定的“RI_{dm}”，这是在 ACR 的闭环调节下自动实现的。

在 t_4 时刻，U_d 过零变负。在 $t_3 \sim t_4$ 时间段，有 $I_d = -I_{dr} < 0$，故 $I_{dr} > 0$，电流流经反组变流器 VR，$U_d = -U_{dr} > 0$，故 $U_{dr} < 0$，VR 工作于逆变状态。此时电动机系统存储的动能经电动机电枢转化为电能回馈到电网，直流电动机处于再生发电制动状态。

（5）$t_4 \sim t_6$ 时间段，VR 整流、电动机反向电动升速（$t_5 \sim t_6$）　t_4 时刻之后，$U_d = -U_{dr} < 0$，故 $U_{dr} > 0$，电枢电流仍然通过 VR，反组变流器 VR 开始进入整流状态。经很短的时间延迟后，在 t_5 时刻转速 n 过零开始反向升高，直流电动机进入反向电动升速状态。

（6）t_6 时刻之后，VR 整流，电动机反向稳态电动运行　在 t_6 时刻，n 反向上升达到与“$-U_{n2}^*$”相对应的“$-n_2$”，ASR 和 ACR 均退出饱和进入线性调节状态，电动机反向起动结束，进入反向稳定的电动运行。

对于反向制动并正向起动，或者其他运行状态下的工作原理分析，与上述过程类似，这里不再赘述。

除了配合控制的有环流可逆直流调速系统之外，对于相控整流供电的可逆调速系统，还有可控环流系统、错位控制的无环流系统和逻辑控制的无环流系统等。它们各有优缺点，适合应用的工程场合也有所不同，可参阅相关参考文献［7，12］，本书不再详细介绍。

2.11　本章小结

直流电动机具有线性的静态和动态数学模型。对于直流调速系统已形成了一整套成熟的理论分析和工程设计方法。直流调速系统在运动控制领域具有重要的地位，也是学习交流调速系统的基础。

直流电动机有 3 种控制转速的途径，调节电枢电压是最重要、也是最常用的调速方式。

2.1 节首先建立了衡量调速系统性能优劣的指标体系，应理解其物理意义和工程背景。

2.2 节分析并建立了直流电动机和常用的可控直流电源的数学模型，它是本章中对直流调速系统进行分析和设计的基础。

2.3 节通过两个例子指出了开环直流调速系统的局限性：①稳态额定转速降 Δn_N 大，限制了调速范围：②动态过程中电枢电流可能过大，对系统安全运行不利；③抗负载扰动能力差。因此有必要研究闭环直流调速系统。

2.4 节讲述了转速单闭环直流调速系统，强调指出：转速闭环控制显著改善了开环系统的稳态性能指标，解决了 2.3 节中的第一个局限性；但是其动态性能很难满足工程需求。因此必须进一步从理论上研究一整套闭环反馈的直流电动机调速系统的工程设计方法。

2.5 节集中介绍了闭环控制系统的工程设计方法。重点是：①控制理论中的相关基本结论；②两种最基本的典型闭环系统的开环数学模型，包括其静、动态特性和调节器设计方法；③在中频段等效前提下的近似典型系统。

2.6 节使用上节中的工程设计方法对转速单闭环直流调速系统进行了动态稳定性设计，解决了 2.4 节中的动态稳定性问题；采用电流截止负反馈解决了 2.3 节中的第二个局限性。但是动态设计之后的转速单闭环直流调速系统仍然存在响应速度慢、抗扰性能差的缺点。

2.7 节讲述了最常用的转速、电流双闭环直流调速系统的结构和运行原理。通过本节应理解电流反馈内环的作用：①使得电枢电流跟随转矩指令 U_i^* 的速度更快；②在电流内环前向通道中的各种扰动量被有效抑制；③利用转速调节器的输出限幅特性可自然实现“电流截止特性”。应掌握双闭环直流调速系统的稳态设计方法。

2.8节重点介绍了转速电流双闭环直流调速系统的动态设计方法；分析了积分型转速调节器的退饱和特性引起起动时转速超调的必然性；最后介绍了微分负反馈和积分分离两种抑制转速超调的方法。

2.9节集中讲述了转速电流双闭环直流调速系统的抗扰特性。首先介绍了系统中的各种扰动源及其动态模型；应重点掌握双闭环直流调速系统的抗负载电流扰动特性；应了解采用负载电流前馈控制进一步改善抗负载电流扰动特性的方法。

2.10节介绍了可逆直流调速系统。应通过H形PWM变换电源供电的可逆直流调速系统掌握可逆直流调速系统四象限运行的基本原理；并着重理解可逆相控整流供电的可逆直流调速系统在配合控制的有环流状态下的工作原理。

思考题与习题

2-1　直流电动机有哪几种调节转速的方式，各有什么优缺点？

2-2　静差率是如何定义的？定义静差率的意义是什么？

2-3　调速范围D、静差率s和额定速降Δn_N三者之间存在什么内在关系？如何理解？

2-4　调速系统动态指标中的上升时间t_r、超调量$\sigma\%$和调节时间t_s三者之间存在什么内在关系？

2-5　你认为阶跃跟随调节时间t_s和阶跃扰动恢复时间t_v有什么区别，又有什么关联？

2-6　已知某一直流调速系统，额定转速$n_N=1000\text{r/min}$，额定电流$I_{dN}=140\text{A}$，电枢电阻$R=0.25\Omega$，反电动势系数$C_e=0.416\text{V}\cdot\text{r}^{-1}\cdot\text{min}$。试求额定转速降$\Delta n_N$。当工程上要求该系统调速范围为$D=15$，最大静差率$s_{max}=0.2$，问该系统能否满足要求？

2-7　由晶闸管相控整流电源向直流电动机供电的V-M系统，当电枢电流连续或断续时，其机械特性有什么特征性区别？这些区别一般如何反映在系统的动态数学模型中？

2-8　相控整流电源的数学模型中有一个纯延时环节，将这个纯延时环节等效处理为一阶惯性环节的依据是什么？这个惯性时间常数是如何确定的？

2-9　相控整流电源和PWM变换电源各有什么优缺点？它们的应用领域有哪些不同？

2-10　由PWM变换电源向直流电动机供电的PWM-M系统中，直流电源的等效一阶惯性时间常数是如何确定的？电枢电流还可能断续吗？试进行简单讨论。

2-11　在PWM-M系统中，当直流电动机再生制动时，其存储的机械能是如何处理的，应注意什么问题？如果要求将这些机械能馈回电网，可采取哪些措施？

2-12　仍如题2-6中的直流调速系统参数，现采用图2-24所示的转速单反馈闭环控制方案，已知$K_s=50$，$K_p=40$，$\alpha=0.01\text{V}\cdot\text{r}^{-1}\cdot\text{min}$。试求：

（1）该系统的闭环额定转速降。

（2）现在该系统能够满足题2-6中的工程要求吗？

（3）当要求$s_{max}=0.1$时，该系统实际能达到多大调速范围？

2-13　结合图2-26的动态模型及其开环Bode图（见图2-27），试说明为什么该系统的动态稳定性总是很差。

2-14 什么叫典型Ⅰ型系统，它有哪些基本特征？试结合图2-31说明，当T不变时其相角稳定裕量γ与开环增益K_I之间的关系。再结合图2-32和表2-4说明当T不变时闭环调节时间t_s与开环增益K_I有什么规律性，为什么？

2-15 什么叫典型Ⅱ型系统，它有哪些基本特征？

2-16 典型Ⅱ型系统设计的$M_{r.min}$准则和γ_{max}准则各是如何定义的，其参数和性能各有哪些不同？

2-17 电流截止负反馈主要起什么作用？与转速电流双闭环直流调速系统中的电流环相比较，电流截止负反馈有什么缺点？

2-18 转速电流双闭环直流调速系统，转速和电流调节器均采用PI调节器。已知$\alpha=0.01\text{V}\cdot\text{r}^{-1}\cdot\text{min}$，$\beta=0.04\text{V}\cdot\text{A}^{-1}$，$C_e=0.416\text{V}\cdot\text{r}^{-1}\cdot\text{min}$，$R=0.25\Omega$，负载电流$I_L=140\text{A}$，$U_n^*=9\text{V}$。试参考图2-49计算出稳态时$U_n$、$U_i$、$U_i^*$、$\Delta U_n$、$\Delta U_i$、$U_d$、$E_a$、$I_d$，$n$各是多少。

2-19 试结合图2-50说明，在起动过程中转速电流双闭环直流调速系统中的转速和电流两个调节器分别起什么作用。在稳态运行时，这两个调节器又分别起什么作用？

2-20 由图2-52c，如果取转速调节器为比例调节器，将转速环设计为典型Ⅰ型系统，那么能够达到转速无差调节的目的吗，为什么？

2-21 有一个直流调速系统，只要求正向快速起动和快速制动，这时需要直流可调电源为可逆结构吗，为什么？

2-22 试参考图2-64画出配合控制时的V-M可逆直流调速系统反向制动和正向起动时的各点波形示意图。

2-23 有一个可逆直流调速系统参数如下：额定功率$P_N=110\text{kW}$，额定电压$U_{dN}=400\text{V}$，额定电流$I_{dN}=306\text{A}$，额定转速$n_N=1000\text{r}\cdot\text{min}^{-1}$，电枢回路电阻$R=0.08\Omega$，电枢回路电感$L=1.8\text{mH}$，电动机飞轮矩$GD^2=200\text{N}\cdot\text{m}^2$，$C_e=0.387\text{V}\cdot\text{r}^{-1}\cdot\text{min}$，过载倍数$\lambda=1.8$。

(1) 求该系统的电气时间常数T_l和机电时间常数T_m。

(2) 将该系统设计为转速电流双闭环调速系统，选定转速环与n_N对应的给定电压为$U_{nm}{}^*=10\text{V}$；转速调节器输出限幅值$U_i^*=10\text{V}$，对应于电枢最大电流$I_{dm}=\lambda I_{dN}$；电流调节器输出限幅值$U_{cm}=10\text{V}$，对应于直流电源输出最大电压$U_{dm}=440\text{V}$。试求转速反馈系数α、电流反馈系数β，以及直流电源放大倍数K_s。

(3) 选用三相桥式全控整流电路供电，选定电流反馈一阶惯性滤波时间常数$T_{oi}=2\text{ms}$，试设计电流调节器使电流环成为典型Ⅰ型系统。

(4) 选定转速反馈一阶惯性滤波时间常数$T_{on}=5\text{ms}$，希望转速调节无静差，试设计转速调节器。

(5) 问本系统设计中，电流环交越频率ω_{ci}和转速环交越频率ω_{cn}分别为多少？

*第 3 章　机电能量转换基础

本章不打算全面讲述机电能量转换问题，只是就电动机调速理论学习中一些容易含混不清的问题作简单回顾。这些问题都是电机理论的基础，正确理解这些问题，对后面几章的学习十分重要。

3.1　磁路

3.1.1　磁场的建立

在载流导体周围存在磁场，磁场与产生磁场的电流之间的关系由安培环路定律表述。安培环路定律也称为全电流定律，如图 3-1 所示。沿空间任一闭合回路 $\boldsymbol{l}$，对磁场强度 $\boldsymbol{H}$ 的线积分等于该闭合回路所包围的电流的代数和。用公式表示为

$$\oint_l \boldsymbol{H} \cdot \mathrm{d}\boldsymbol{l} = \sum i \tag{3-1}$$

式中，若电流的正方向与闭合回路的正方向符合右手螺旋关系，i 取正号，否则取负号。显然，图 3-1 中的 i_1 与 i_2 取正，而 i_3 取负。

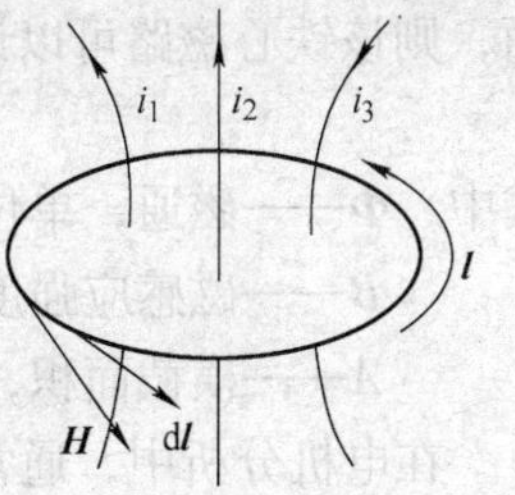

图 3-1　安培环路定律

假定有圆形磁环，其上均匀密绕线圈，设有向回路 $\boldsymbol{l}$ 与圆形磁环的中心圆重合，则沿回路 $\boldsymbol{l}$，磁场强度 $\boldsymbol{H}$（magnetic field intensity）的大小处处相等，且方向与回路切线方向一致，同时闭合回路所包围的总电流由通有电流 i 的 N 匝线圈提供，对于这种磁路，安培环路定律可以简化为

$$Hl = Ni \tag{3-2}$$

式中　l——回路的长度；

Ni——作用在磁路上的安匝数，称为磁路的磁动势（MMF），单位为安匝。通常直接用“安”表示。

这是安培环路定律的一种简化形式。

图 3-2 是带气隙的铁心磁路。当气隙长度 δ 远远小于铁心截面的边长时，可以认为，沿气隙长度 δ，各处的磁场强度 $\boldsymbol{H}$ 的大小和方向都相同，于是安培环路定律可以简化为

$$F = Ni = H_{\mathrm{Fe}} l_{\mathrm{Fe}} + H_{\delta} \delta \tag{3-3}$$

式中　F——磁路的磁动势；

$H_{\mathrm{Fe}} l_{\mathrm{Fe}}$ 和 $H_{\delta}\delta$——铁心和气隙上的磁压降。

可见，与电路类似，作用在磁路上的总磁动势等于该磁路各段磁压降之和。

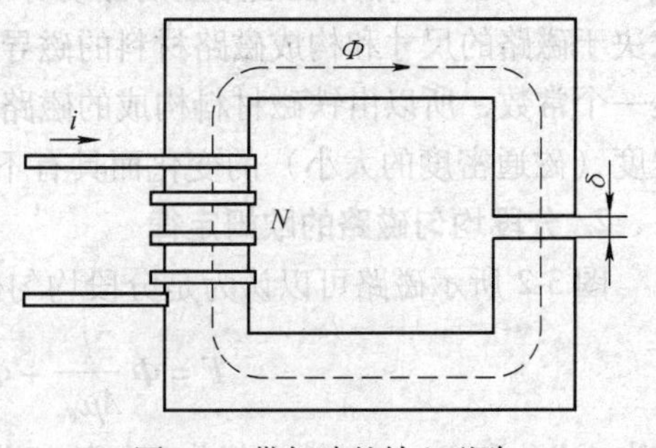

图 3-2　带气隙的铁心磁路

对于铁心上绕有匝数分别为 N_1 与 N_2 的两个

绕组，分别通入电流 i_1 和 i_2 的情况，作用在磁路上的总磁动势则为两个线圈安匝数的代数和。于是

$$F = \pm N_1 i_1 \pm N_2 i_2 = Hl \tag{3-4}$$

注意正负号的选取应符合右手螺旋定则。

3.1.2　磁路的欧姆定律

在安培环路定律简化形式的基础上，通过定义磁阻和磁导，可以进一步得到描述磁动势与磁通关系的磁路欧姆定律。

1. 均匀磁路的欧姆定律

对于图 3-3 所示铁心磁路，设铁心材料的磁导率为 μ_{Fe}，且 $\mu_{Fe} >> \mu_0$（真空磁导率 $\mu_0 = 4\pi \times 10^{-7}$ H/m），并设铁心柱的横截面积处处相等且铁心柱的长度远大于其横截面的边长，于是可以近似认为在铁心横截面上的磁感应强度 B 处处相等且磁力线垂直于铁心横截面，则该铁心磁路可以认为是均匀磁路，可以写出

$$\Phi = BA \tag{3-5}$$

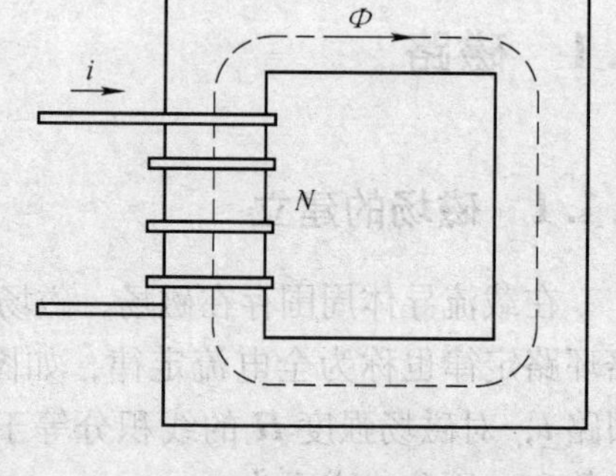

图 3-3　铁心磁路

式中　Φ——磁通，单位为 Wb；

B——磁感应强度（磁通密度），单位为 T；

A——横截面积，单位为 m^2。

在电机分析中，通常认为 B 与 H 之间满足 $B = \mu H$，于是式（3-2）可改写为下面的形式

$$Ni = \frac{B}{\mu} l = \Phi \frac{l}{\mu A} \tag{3-6}$$

定义磁路的磁阻 R_m（Magnetic Reluctance）为

$$R_m = \frac{l}{\mu A} \tag{3-7}$$

式中，R_m 的单位为 A/Wb；再定义 Λ_m 为磁路的磁导

$$\Lambda_m = \frac{1}{R_m} = \frac{\mu A}{l} \tag{3-8}$$

式中，Λ_m 的单位为 Wb/A，则可得到磁路的欧姆定律

$$F = R_m \Phi \text{ 或 } \Phi = F\Lambda_m \tag{3-9}$$

式（3-9）说明，作用在磁路上的磁动势等于磁阻乘以磁通。不难理解，磁路的磁阻和磁导取决于磁路的尺寸和构成磁路材料的磁导率。需要注意的是，铁磁材料的磁导率 μ_{Fe} 通常不是一个常数，所以由铁磁材料构成的磁路的磁阻和磁导通常也不是一个常数，它随磁路饱和程度（磁通密度的大小）的变化而具有不同的数值，这种情况称为磁路的非线性。

2. 分段均匀磁路的欧姆定律

图 3-2 所示磁路可以认为是分段均匀磁路。显然，式（3-3）可以改写为

$$F = \Phi \frac{l}{A\mu_{Fe}} + \Phi \frac{\delta}{A\mu_0} = \Phi\left(R_{mFe} + R_{m\delta}\right) \tag{3-10}$$

式中　R_{mFe} 和 $R_{m\delta}$——铁心部分和气隙部分对应的磁阻。

组成该磁路各段的磁通是同一个磁通，这种磁路称为串联磁路。显然，串联磁路的总磁阻等于各段磁阻之和。通常空气隙比较短，但是它在总磁阻中所占的份额通常却比较大（$\mu_{Fe}>>\mu_0$）。把磁路和电路作对照，磁动势相当于电动势，磁阻相当于电阻，磁通相当于电流。与电路不同的是：磁路存在较大的漏磁，因而形成的漏感通常是不能忽略不计的；而电路的漏电流很小，在电路分析中通常是可以忽略不计的。

3. 磁力线的物理模型

在给定的磁场中，任何一点的磁感应强度 B 的大小和方向都是确定的，若想用假想存在的磁力线来表示磁场的分布，磁力线应具有下列特征：

1）磁力线上每一点的切线方向就是该点磁感应强度 B 的方向。

2）磁力线的方向与产生它的电流方向之间的关系应遵守右手螺旋定则。

3）磁力线不会相交，因为磁场中每一点的磁感应强度的方向是确定的和唯一的。

4）载流导体周围的磁力线都是围绕导体的闭合曲线，没有起点，也没有终点。

5）磁力线的疏密表示磁感应强度的大小。

6）磁力线有拉力，这是电机中产生电磁转矩的基础。

3.1.3　磁路中铁心的作用

1. 铁心的增磁作用

铁心一般用高磁导率的铁磁材料制成，这决定了铁心的基本功能是增强磁场，即采用铁心后，可以在一个较小的励磁电流的作用下，产生较大的磁通。

两个尺寸相同的铁心环和塑料环套在通有电流 i 的直导线上，如图3-4所示，它们均以该直导线为圆心。设环的半径为 r，根据安培环路定律，两环截面中心（半径为 r）的磁场强度 H 均为

$$H=\frac{i}{2\pi r} \tag{3-11}$$

因为 $B=\mu H$，而 $\mu_{Fe}>>\mu_0$，一般铁磁材料的磁导率 μ_{Fe} 为真空磁导率 μ_0 的数千倍，而塑料的磁导率约等于真空磁导率，所以铁环中的磁通为塑料环中的数千倍。这就是说铁心具有增磁功能。反过来看，对于图3-4所示磁路，产生相同磁通，铁磁材料环所需励磁电流可能只有非铁磁材料环的几千分之一。

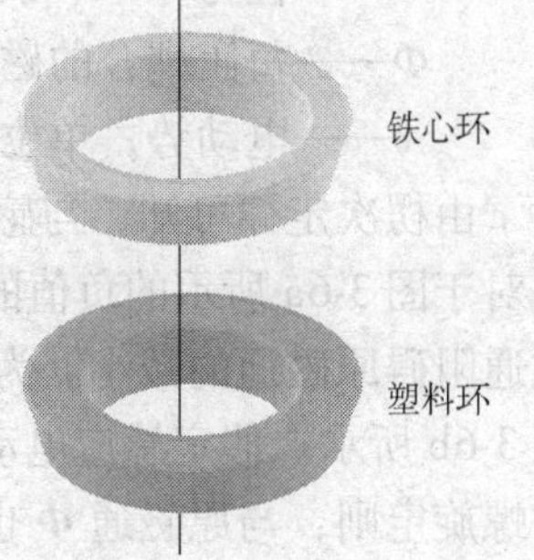

图3-4　套在同一电流上的铁心环和塑料环

2. 串联磁路中的磁隙降低铁心的增磁功能

以图3-2所示的带气隙磁路为例，因为气隙的磁导率很低，只有铁心的数千分之一，所以，在串联磁路中，一个很短的气隙，就可能显著地增加磁路的总磁阻，从而在励磁磁动势相同的情况下，只能得到较小的磁通。

3. 铁心磁路使磁通在空间沿一定的路径分布

对于变压器，利用铁心的增磁功能，使得同一铁心上两个线圈交链的磁通得以增强；对于电机，使得电机定转子间的耦合磁场得以增强。借助这种功能还可以使定子内圆表面的磁感应强度按一定规律在圆周上分布（比如按正弦规律分布或者按梯形波分布）。

如果采用高磁导率的材料制作铁心，就可以以较小的励磁电流为代价，产生为了实现机电能量转换所必需的磁通。实际上，电机和变压器的铁心一般都采用具有很高磁导率的硅钢片制成。

3.2 感应电动势

3.2.1 电磁感应定律与电动势

由电路原理知，电路中电动势的方向总是从低电位指向高电位，而电压的方向则是从高电位指向低电位。图 3-5 中，令变化磁通 Φ 的正方向与每个线匝上感应电动势的正方向符合右手螺旋定则，就得到各线匝感应电动势的参考方向如图中两个从左指向右的箭头所示。由于线圈是 N 匝串联，所以整个线圈的电动势 e 是 N 个线匝电动势之和，这样，整个感应电动势的参考方向就是图中所示的从上到下的方向。由此电磁感应定律可以表示为

$$e=-\frac{\mathrm{d}\Psi}{\mathrm{d}t}=-N\frac{\mathrm{d}\Phi}{\mathrm{d}t} \tag{3-12}$$

式中 Ψ——线圈的磁链（number of flux linkage），单位为 Wb（与 Wb·匝等效）；

Φ——每匝耦合的磁通，单位为 Wb，$\Psi=N\Phi$；

e——电动势，单位为 V。

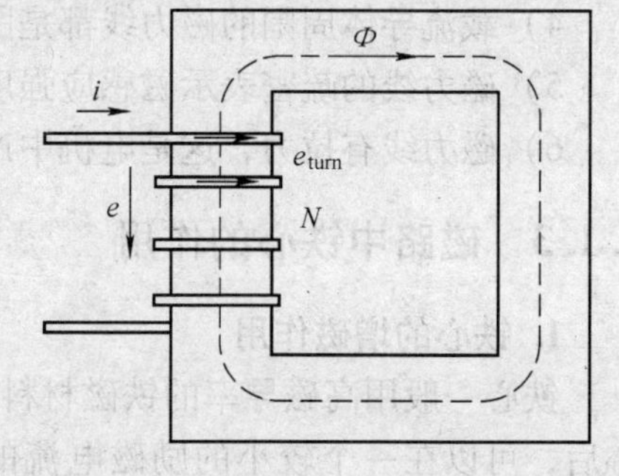

图 3-5 感应电动势的参考方向

由楞次定律可知，与感应电动势所产生的电流相对应的磁通总要反抗原磁通的变化。所以对于图 3-6a 所示的负值的 $\mathrm{d}\Phi/\mathrm{d}t$，感应电动势和电流为逆时针方向。于是电流所产生的磁通阻碍原磁通的减小。为了便于记忆，也可采用右手螺旋定则判定感应电动势的方向，如图 3-6b 所示。假定感应电动势 $e(i)$ 所产生的磁通为 Φ_e，则电动势 e 与感应磁通 Φ_e 符合右手螺旋定则，与原磁通 Φ 也符合右手螺旋定则。

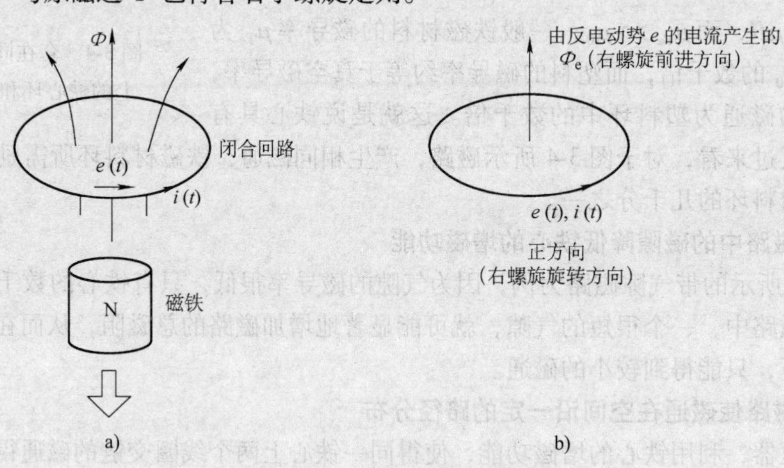

图 3-6 感应电动势的方向

a）感应电动势的方向 b）采用右手螺旋

当在图3-5所示的线圈上外加交流电压时，如果假定电压和电流的正方向如图3-7所示，由右手螺旋定则可得到图中标示出的磁通 Φ 的正方向，相应地得到感应电动势的正方向如图3-7b所示。如何根据楞次定律理解交变的感应电动势的正方向呢？在图3-7中，当 i 与 Φ 的实际方向与图示正方向相同，i 值减小时，为反抗电流 i 减小引起的磁通 Φ 的减小，感应电动势 e 所产生的电流分量（通过外电路）一定与图3-7a中电流 i 的方向相同。可知此时电动势 e 在A点为低电位，X点为高电位，即图示的感应电动势 e 为正值，这与式（3-12）相符。此时电路方程为 $u=-e$。所以

$$u=-e=N\frac{\mathrm{d}\Phi}{\mathrm{d}t} \tag{3-13}$$

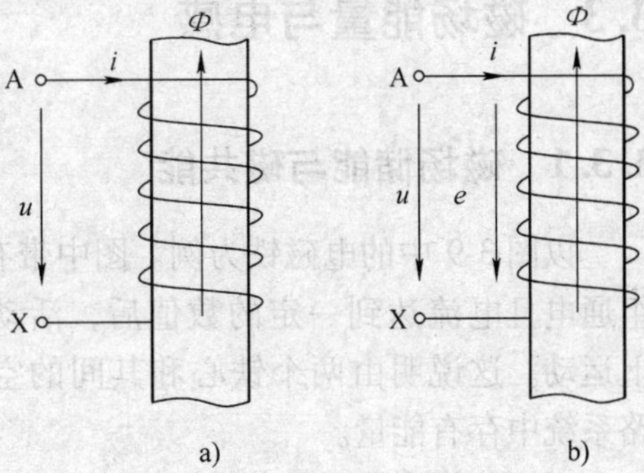

图3-7　交流感应电动势的方向

注意，只有线圈的磁通和电动势正方向的规定符合右手螺旋关系，式（3-12）才取负号。这种电动势正方向的规定被用于本书的内容中。

3.2.2　变压器电动势与运动电动势

研究一个简单的，以磁场作为耦合场的机电装置——电磁铁，如图3-8所示。该装置由固定铁心、可动衔铁及两者之间的气隙组成一个磁路，通过套在固定铁心上的线圈从电源输入电能。当线圈中通入电流时，磁路中就建立起磁通（链）。当电流变化时，磁链也随之变化；当电流不变，改变距离 x 时，因为磁路的磁阻发生变化，磁链也会变化。可见，磁链随电流和衔铁的位置而变化，即 $\Psi=\Psi(i,x)$。于是感应电动势为

$$e=-\frac{\mathrm{d}\Psi}{\mathrm{d}t}=-\left(\frac{\partial\Psi}{\partial i}\frac{\mathrm{d}i}{\mathrm{d}t}+\frac{\partial\Psi}{\partial x}\frac{\mathrm{d}x}{\mathrm{d}t}\right) \tag{3-14}$$

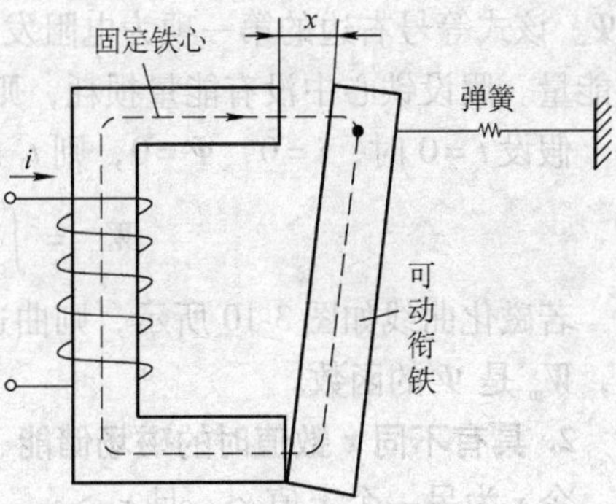

图3-8　电磁铁

式中第一项是由电流随时间变化所引起的感应电动势，通常称为变压器电动势（transformer e. m. f）；第二项是由可动部分的运动所引起，通常称为运动电动势（motional e. m. f）。

考虑一个物理上最简单的产生运动电动势的例子：导线在匀强磁场中切割磁力线。假设 B 在空间不随时间变化，且磁力线、导线和导线运动方向3者垂直，则导线中感应的运动电动势为

$$e=Blv \tag{3-15}$$

式中　B——导线所在处的磁感应强度，单位为T；

l——导线在磁场中的长度，单位为m；

v——导线切割磁力线的速度，单位为m/s；

e——感应电动势，单位为V。

运动电动势的方向习惯用右手定则确定，即把右手手掌伸开，4指并拢，大拇指与4指

垂直。让磁力线穿过手心，大拇指指向导线的运动方向，其他 4 指的指向就是导线中感应电动势的方向。

3.3　磁场能量与电感

3.3.1　磁场储能与磁共能

以图 3-9 中的电磁铁为例。图中带有绕组的部分为固定铁心，其下面为活动铁心。当绕组通电且电流达到一定的数值后，活动铁心被吸引向上运动。这说明由两个铁心和其间的空气隙组成的磁路系统中存有能量。

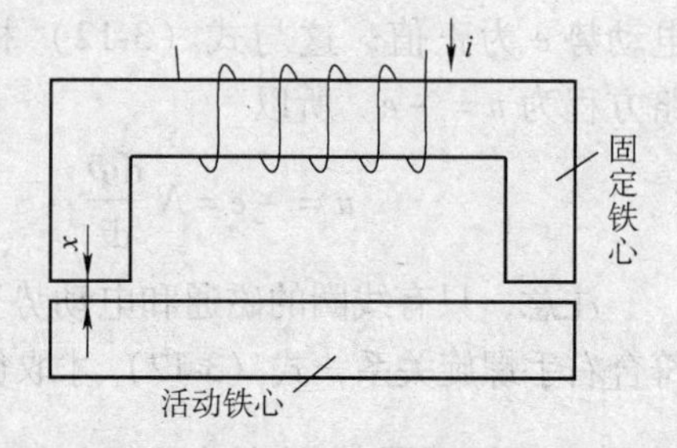

图 3-9　电磁铁

下面分析影响磁场能量的因素。

1. 活动铁心静止

活动铁心静止表示图 3-9 中的固定部分与活动部分之间的距离 x 不变。假设 x 为定值 x_1，线圈电阻为 r，线圈磁链为 Ψ，现在分析在此条件下的磁场能量。根据基尔霍夫电压定律，有 $u = ri + \mathrm{d}\Psi/\mathrm{d}t$，则在 $\mathrm{d}t$ 时间内从电源输入的能量为 $ui\mathrm{d}t = i^2r\mathrm{d}t + i\mathrm{d}\Psi$。该式等号右边的第一项为电阻发热，根据能量守恒原理，第二项必然是被磁场所吸收的能量。假设铁心中没有能量损耗，则第二项就是磁场储能的增量。

假设 $t=0$ 时，$i=0$，$\Psi=0$，则 t_1 时刻的磁场储能

$$W_{\mathrm{m}} = \int_0^{t_1}(ui - i^2r)\mathrm{d}t = \int_0^{\Psi_1} i\mathrm{d}\Psi \tag{3-16}$$

若磁化曲线如图 3-10 所示，则曲边三角形 $ObaO$ 的面积就表示磁场储存的能量 W_{m}。显然，W_{m} 是 Ψ 的函数。

2. 具有不同 x 数值时的磁场储能

令 x 为另一个定值 x_2，且 $x_2 > x_1$，则相应的磁化曲线向右扩展，如图 3-11 所示，当 $\psi = \psi_1$ 时，磁场储能由曲边三角形 $OabO$ 的面积变为曲边三角形 $OcabO$ 的面积，表明磁场储能增加了。

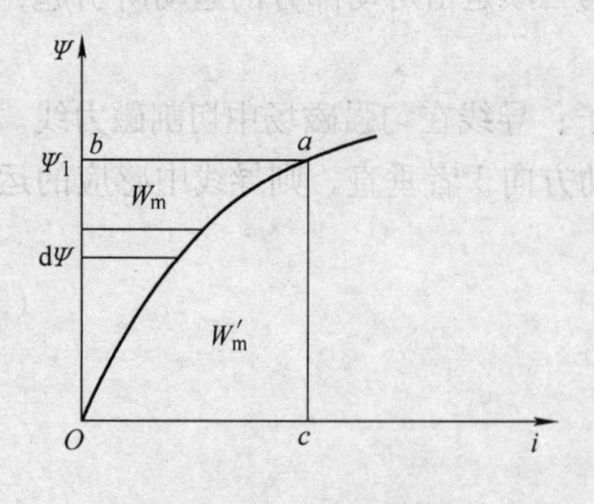

图 3-10　磁场储存的能量

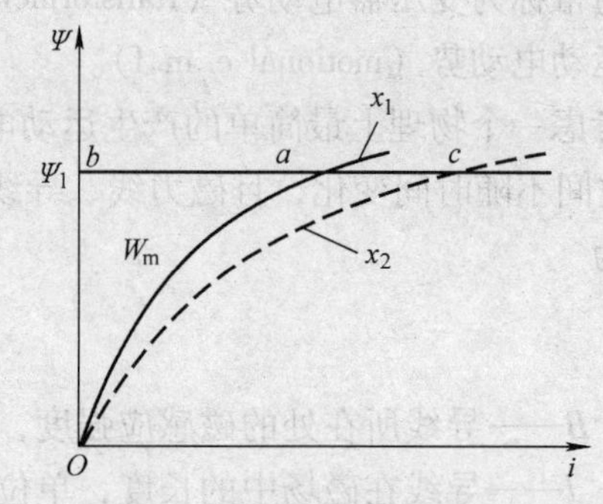

图 3-11　不同气隙时磁场存储的能量

可见，磁场储能由动铁心的位置 x 和磁路中的磁链 Ψ 确定，即

$$W_{\rm m} = W_{\rm m}(\Psi,\ x) \tag{3-17}$$

在图3-10中，改变积分变量，以电流为自变量，对磁链进行积分，可得

$$W'_{\rm m} = \int_0^i \Psi {\rm d}i \tag{3-18}$$

该积分对应曲边三角形 $OcaO$ 的面积，具有能量的量纲，但物理意义不明显。在计算电动机的转矩时，有时通过它计算要比通过磁场能量计算来得更方便。为此，将其作为一个计算量，称为磁共能（magnetic co-energy）。

若磁路为线性，或者工作在线性部分，磁化曲线为一条直线，则代表磁能和磁共能的两块面积相等，即

$$W_{\rm m} = W'_{\rm m} = \frac{1}{2} i\Psi \tag{3-19}$$

一般不考虑铁磁材料沿不同方向磁导率的差异，由式（3-19）可以得到单位体积中的磁场能量（磁能密度）为

$$w_{\rm m} = \int_0^B H{\rm d}B = \frac{1}{\mu}\int_0^B B{\rm d}B = \frac{1}{2\mu}B^2 = \frac{1}{2}BH \tag{3-20}$$

式（3-20）中，假定 μ 为常数。从式（3-20）可以看出，对于图3-2所示的磁路，空气隙的磁能密度要比铁心的磁能密度大得多（$\mu_{\rm Fe} >> \mu_0$）。

3.3.2　电感及用电感表示的磁场能量

线圈中流过电流时，产生磁场，穿过线圈的磁链与电流、匝数之间的关系为

$$\Psi = N\Phi = Li \tag{3-21}$$

式中　Ψ——磁链；

Φ——每匝磁通；

N——匝数；

L——自感。

由于 $Ni = \Phi R_{\rm m} = \Phi/\Lambda_{\rm m}$，由式（3-21）可以得到电感与匝数和磁导的关系为

$$L = \frac{\Psi}{i} = \frac{N\Phi}{i} = \frac{N}{i}\frac{Ni}{R_{\rm m}} = \frac{N^2}{R_{\rm m}} = N^2\Lambda_{\rm m} \tag{3-22}$$

可见，电感与线圈匝数的二次方成正比(磁阻不变)，与磁场介质的磁导率成正比(匝数不变)。

若存在两个或两个以上的线圈，处在同一介质中，则两线圈之间就会有磁通的交链，可用互感 M(mutual inductance) 来表征。

图3-12所示为变压器模型，设两个线圈的匝数分别为 N_1 和 N_2。由线圈1的电流 i_1 产生的磁通 Φ_{21} 交链线圈2，则线圈1对线圈2的互感系数 M_{21} 为

$$M_{21} = \frac{\Psi_{21}}{i_1} = \frac{N_2\Phi_{21}}{i_1} = \frac{N_2N_1i_1\Lambda_{\rm m}}{i_1} = N_1N_2\Lambda_{\rm m}$$

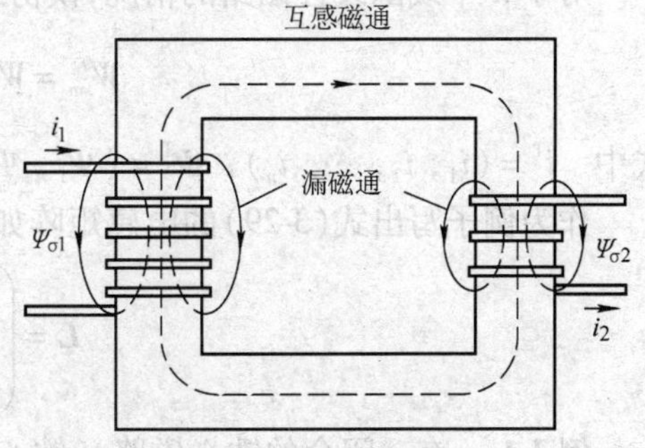

图3-12　变压器模型

不难推出

$$M_{21}=M_{12}$$

所以，计算互感 M 的公式为

$$M=N_1N_2\Lambda_{\mathrm{m}} \tag{3-23}$$

在图 3-12 中，i_1 产生的磁通分为两部分，一部分为互感磁通 Φ_{m}；另一部分 $\Phi_{\sigma1}$ 只交链线圈 1，称为线圈 1 的漏磁通，与漏磁通相应的电感称为漏感（leakage inductance）。容易得到线圈 1 和 2 的漏电感的表达式分别为

$$\begin{aligned} L_{\sigma1}&=N_1^2\Lambda_{\sigma1}\\ L_{\sigma2}&=N_2^2\Lambda_{\sigma2}\end{aligned} \tag{3-24}$$

式中　$\Lambda_{\sigma1}$，$\Lambda_{\sigma2}$——漏磁路的磁导。

对于图 3-12 所示铁心磁路，互感要比漏感大得多。

对于线性磁路，用电感表示磁场能量较为方便。将 $\Psi=Li$ 代入式（3-19），得到磁场能量方程

$$W_{\mathrm{m}}=\frac{1}{2}Li^2\ \text{或}\ W_{\mathrm{m}}=\frac{1}{2L}\Psi^2 \tag{3-25}$$

对于图 3-9 所示的电磁铁的情况，因为空气隙的磁导

$$\Lambda_{\mathrm{m}}=\frac{\mu_0A}{2x}$$

所以，电感是 x 的函数，于是

$$W_{\mathrm{m}}=W_{\mathrm{m}}(x,\ \Psi)=\frac{1}{2L(x)}\Psi^2 \tag{3-26}$$

磁共能则为

$$W'_{\mathrm{m}}=W'_{\mathrm{m}}(x,\ i)=\frac{1}{2}L(x)i^2 \tag{3-27}$$

在线性情况下磁场能等于磁共能，可以统一地表示为

$$W'_{\mathrm{m}}=W_{\mathrm{m}}=\frac{1}{2}L(x)i^2 \tag{3-28}$$

在电机分析中，常常有两个线圈或多个线圈构成线性磁路的情况，对于两个线圈的情况，容易得到其磁场储能及磁共能为

$$W'_{\mathrm{m}}=W_{\mathrm{m}}=\frac{1}{2}L_1(x)i_1^2+M(x)i_1i_2+\frac{1}{2}L_2(x)i_2^2 \tag{3-29}$$

对于 n 个线圈线性磁路的情况，模仿式(3-29)可以写出其磁场储能及磁共能为

$$W'_{\mathrm{m}}=W_{\mathrm{m}}=\frac{1}{2}\boldsymbol{i}^{\mathrm{T}}\boldsymbol{\Psi}=\frac{1}{2}\boldsymbol{i}^{\mathrm{T}}\boldsymbol{L}\boldsymbol{i} \tag{3-30}$$

式中　$\boldsymbol{i}^{\mathrm{T}}=(i_1,\ i_2,\ \cdots,\ i_n)$；$\boldsymbol{\Psi}^{\mathrm{T}}=(\Psi_1,\ \Psi_2,\ \cdots,\ \Psi_n)$；$\boldsymbol{L}$ 为 $n\times n$ 电感矩阵；T 为转置算子。

作为例子写出式(3-29)的电感矩阵如下

$$\boldsymbol{L}=\begin{pmatrix}L_1(x) & M(x)\\ M(x) & L_2(x)\end{pmatrix}$$

例 3-1　有一闭合的铁心磁路（铁心截面积 $A=1\times10^{-2}\mathrm{m}^2$，磁路中心线长度 $l_{\mathrm{Fe}}=1\mathrm{m}$，铁心的磁导率 $\mu_{\mathrm{Fe}}=4000\mu_0$），开一个长度为 1mm 的气隙，套在铁心上的励磁绕组为 100 匝，

求：(1) 磁路中的磁通密度为1.0T时，所需的励磁磁动势和励磁电流；(2) 绕组的电感、铁心部分和气隙部分存储的磁场能量。

解　(1) 使用安培环路定律求解

铁心中的磁场强度

$$H_{Fe}=\frac{B}{\mu_{Fe}}=\frac{1}{4000\times4\pi\times10^{-7}}\text{A/m}\approx199\text{A/m}$$

气隙中的磁场强度

$$H_{\delta}=\frac{B}{\mu_0}=\frac{1}{4\pi\times10^{-7}}\text{A/m}\approx7.958\times10^5\text{A/m}$$

铁心磁压降

$$H_{Fe}l_{Fe}=199\times(1-0.001)\text{安匝}\approx198.8\text{安匝}$$

气隙磁压降

$$H_{\delta}\delta=7.958\times10^5\times1\times10^{-3}\text{安匝}\approx795.5\text{安匝}$$

总的励磁磁动势

$$F=H_{Fe}l_{Fe}+H_{\delta}\delta=(198.8+795.8)\text{安匝}=994.6\text{安匝}$$

励磁电流

$$i=F/N=(994.6/100)\text{A}=9.946\text{A}$$

从上面的例子可以看出，气隙虽然很短，仅为磁路总长度的千分之一，但是其中的磁场强度达到铁心中磁场强度的4000倍，所以其磁压降却可以达到铁心磁压降的4倍。这导致总的励磁电流与没有气隙时相比，增加了4倍。

(2) 铁心部分的磁阻

$$R_{mFe}=\frac{l_{Fe}}{\mu_{Fe}A}=\frac{1-0.001}{4000\times4\pi\times10^{-7}\times1\times10^{-2}}\text{A/Wb}\approx1.986\times10^4\text{A/Wb}$$

气隙部分的磁阻

$$R_{m\delta}=\frac{\delta}{\mu_0A}=\frac{0.001}{4\pi\times10^{-7}\times1\times10^{-2}}\text{A/Wb}\approx7.956\times10^4\text{A/Wb}$$

绕组的电感

$$L=\frac{N^2}{R_{mFe}+R_{m\delta}}=\frac{100^2}{1.986\times10^4+7.956\times10^4}\approx0.101\text{H}$$

铁心部分存储的能量

$$W_{mFe}=\frac{1}{2}BHV_{Fe}=\frac{1}{2}BH_{Fe}l_{Fe}A$$

$$=\frac{1}{2}\times1\times199\times(1-0.001)\times1\times10^{-2}\text{J}\approx0.994\text{J}$$

气隙部分存储的能量

$$W_{m\delta}=\frac{1}{2}BHV_{\delta}=\frac{1}{2}BH_{\delta}\delta A$$

$$=\frac{1}{2}\times1\times7.958\times10^5\times0.001\times1\times10^{-2}\text{J}=3.979\text{J}$$

由此可见，由铁心部分和气隙部分构成的磁路，其磁场能量大部分存储于气隙中。

3.4　机电能量转换的基本原理

3.4.1　典型的机电能量转换装置

通常把电能转换为机械能的装置称为电动机，把机械能转换为电能的装置称为发电机。直流电动机可作为一个三端口装置（两个电端口和一个机械端口）对待，如图3-13所示，图中T为转矩，ω_m为角速度。电磁铁可作为一个两端口装置（一个电端口和一个机械端口）对待，如图3-14所示，图中x为位移，f为电磁力。

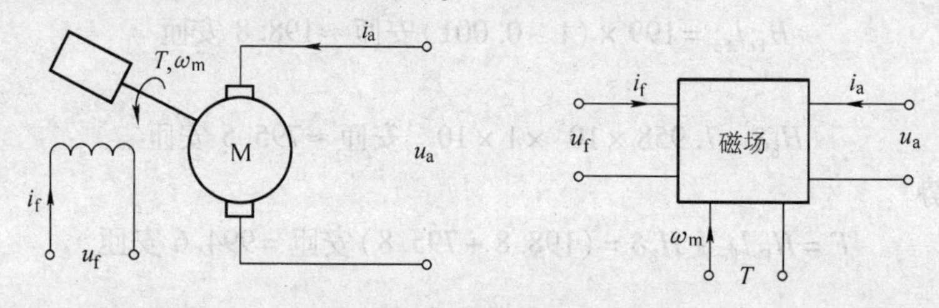

图3-13　直流电动机

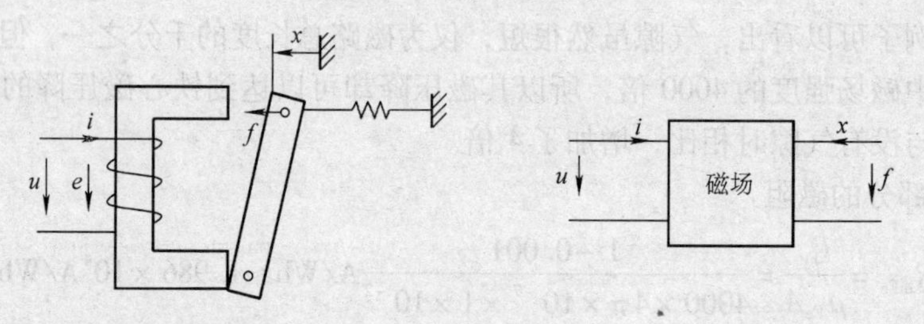

图3-14　电磁铁

在以磁场作为耦合场的机电装置中，以电磁铁为例，机电能量转换的过程大体为：当装置的可动部分发生位移x时，气隙磁场将发生变化，由此引起线圈内磁链的变化，以及气隙内磁场储能的变化。磁链的变化产生线圈内感应电动势，通过感应电动势的作用，耦合磁场将从电源补充能量；同时，磁场储能的变化将产生磁场力f，通过电磁力对外做功使部分磁能释放出来变为机械能；这样，耦合磁场依靠感应电动势和电磁力分别作用于电和机械系统，使电能变为机械能或反之。

3.4.2　电磁力和电磁转矩

1. 机电能量转换过程中的能量关系

任何机电能量转换装置都是由电系统、机械系统和联合两者的耦合电磁场组成。由于通常的机电系统其频率和运动速度较低，于是电磁辐射可以忽略不计。根据能量守恒定律，可以写出机电装置的能量方程为

$$\begin{pmatrix}\text{由电源输入}\\\text{的电能}\end{pmatrix}=\begin{pmatrix}\text{耦合电磁场内}\\\text{储能的增加}\end{pmatrix}+\begin{pmatrix}\text{机电系统内部}\\\text{的能量损耗}\end{pmatrix}+\begin{pmatrix}\text{输出的}\\\text{机械能}\end{pmatrix}\tag{3-31}$$

对于电动机，式中的电能和机械能均为正值；对于发电机，两者均为负值。

式（3-31）中的能量损耗有3类：一是电系统绕组内通有电流时的电阻损耗；二是机械部分的摩擦损耗、通风损耗；三是耦合电磁场内的介质损耗，例如铁心内的磁滞和涡流损耗，绝缘材料内的介质损耗等。所有这些损耗，大都变为热能释放出。

如果把上述电阻损耗、机械损耗分别归入相应的项中，进一步忽略铁心损耗，则式（3-31）可写成

$$\begin{pmatrix}\text{电源输入能量}\\ -\text{电阻损耗能量}\end{pmatrix}=(\text{耦合场内增加的储能})+\begin{pmatrix}\text{输出的机械能}\\ +\text{机械能量损耗}\end{pmatrix} \tag{3-32}$$

写成时间 $\mathrm{d}t$ 内的微分形式

$$\mathrm{d}W_{\mathrm{elec}}=\mathrm{d}W_{\mathrm{m}}+\mathrm{d}W_{\mathrm{mech}} \tag{3-33}$$

式中　$\mathrm{d}W_{\mathrm{elec}}$——时间 $\mathrm{d}t$ 内电源输入的净能量；

$\mathrm{d}W_{\mathrm{m}}$——时间 $\mathrm{d}t$ 内耦合场储能增量；

$\mathrm{d}W_{\mathrm{mech}}$——时间 $\mathrm{d}t$ 内转换为机械能的总量。

2. 电机的可逆性原理

如果在电机轴上外施机械功率，从而使电机绕组导体在磁场中运动，切割磁力线产生电动势，向外电路输出电功率；如果电机电路从外电源吸收电功率，则绕组作为载流导体在磁场作用下受力，使电机旋转而输出机械功率。也就是说，任何电机既可以作为电动机运行，也可以作为发电机运行，这一性质称为电机的可逆性原理。

已经知道：只要导体切割磁力线，在导体中便有感应电动势产生；只要位于磁场中的导体载有电流，在导体上便会有电磁作用力产生。这样，无论是该导体被用于发电机绕组还是电动机绕组，电动势和电磁力都同时存在于该导体上。

当导体中的感应电动势 e 大于外接电路的端电压 u 时，电流 i 顺电动势 e 的方向流出，电功率便从导体输出。同时导体也受到电磁力 f_e 的作用，根据左手定则，这一电磁力的方向与导体的运动方向相反，具有阻力性质，为外施机械力所克服。导体对外表现出的是发电机，而电动机的作用被隐藏在内，被掩盖了的电磁力称为发电机的电磁阻力。

反之，若外电路端电压 u 大于内部感应电动势 e，则电流 i 逆电动势 e 的方向流入，电功率自外部电源输入给导体。载流导体在磁场中受作用在其上的电磁力 f_e 的驱使，顺电磁力的方向运动。导体对外表现出的是电动机，而发电机的作用被隐藏在内，被隐藏的电动势 e 称为电动机的反电动势。

从原理上讲，发电机和电动机不应被视为两种截然不同的电机，而只是同一电机的不同运行方式而已。

3. 根据磁场能量计算电磁力和电磁转矩

上一节以电磁铁为例已经说明，磁场储能是磁链 Ψ 与位移 x 的函数。参考文献［5，13］表明，在不计铁心损耗的情况下，对磁场储能而言，Ψ 与 x 是相互独立的变量，对磁共能而言，i 与 x 是相互独立的变量。据此，可以根据磁场储能或磁共能求出单边励磁或双边、多边励磁装置的电磁力及电磁转矩。

（1）由磁场储能推导出力或力矩　由于

$$\mathrm{d}W_{\mathrm{elec}}=-ei\mathrm{d}t=N\frac{\mathrm{d}\Phi}{\mathrm{d}t}i\mathrm{d}t=\frac{\mathrm{d}\Psi}{\mathrm{d}t}i\mathrm{d}t=i\mathrm{d}\Psi$$

$$\mathrm{d}W_{\mathrm{mech}}=f\mathrm{d}x$$

根据式（3-32）和式（3-33），有

$$\mathrm{d}W_{\mathrm{m}}(\Psi,\ x)=i\mathrm{d}\Psi-f\mathrm{d}x \tag{3-34}$$

把 $\mathrm{d}W_{\mathrm{m}}$ 用偏导数表示得到

$$\mathrm{d}W_{\mathrm{m}}(\Psi,\ x)=\frac{\partial W_{\mathrm{m}}}{\partial \Psi}\mathrm{d}\Psi+\frac{\partial W_{\mathrm{m}}}{\partial x}\mathrm{d}x \tag{3-35}$$

因为 Ψ 与 x 是两个独立的变量，比较式(3-34)和式(3-35)，必有

$$i=\left.\frac{\partial W_{\mathrm{m}}(\Psi,\ x)}{\partial \Psi}\right|_{x=c} \tag{3-36}$$

$$f=-\left.\frac{\partial W_{\mathrm{m}}(\Psi,\ x)}{\partial x}\right|_{\Psi=c} \tag{3-37}$$

这样，由式(3-37)即可求出机械力 f。

类似地，对于旋转机电设备来说，其机械量变为角位移 θ 和转矩 T_{e}，式(3-37)变为

$$T_{\mathrm{e}}=-\left.\frac{\partial W_{\mathrm{m}}(\Psi,\ \theta)}{\partial \theta}\right|_{\Psi=c} \tag{3-38}$$

考虑到式(3-26)，得到线性电感条件下计算转矩的简化公式为

$$T_{\mathrm{e}}=-\frac{1}{2}\Psi^{2}\frac{\mathrm{d}}{\mathrm{d}\theta}\left[\frac{1}{L(\theta)}\right] \tag{3-39}$$

（2）由磁共能推导力和力矩　类似于式(3-37)，经过简单推导，可以得到由磁共能求磁场力的公式

$$f=\left.\frac{\partial W'_{\mathrm{m}}(i,\ x)}{\partial x}\right|_{i=c} \tag{3-40}$$

类似地，对于旋转机电设备来说，则有

$$T_{\mathrm{e}}=\left.\frac{\partial W'_{\mathrm{m}}(i,\ \theta)}{\partial \theta}\right|_{i=c} \tag{3-41}$$

考虑到式(3-26)，得到线性电感下计算转矩的简化公式

$$T_{\mathrm{e}}=\frac{1}{2}i^{2}\frac{\mathrm{d}L(\theta)}{\mathrm{d}\theta} \tag{3-42}$$

式（3-39）和式（3-42）表明，只有电感是 θ 的函数，才有可能产生转矩。这正是电动机中发生的情况。

（3）双边励磁装置中力矩的推导　类似于单边励磁转矩的推导过程，可以得到双边励磁装置中的力矩计算式，其推导过程从略。

利用磁场储能求力矩的公式为

$$T_{\mathrm{e}}=-\left.\frac{\partial W_{\mathrm{m}}(\Psi_{1},\ \Psi_{2},\ \theta)}{\partial \theta}\right|_{\Psi_{1}=c,\ \Psi_{2}=c} \tag{3-43}$$

利用磁共能求力矩的公式为

$$T_{\mathrm{e}}=-\left.\frac{\partial W'_{\mathrm{m}}(i_{1},\ i_{2},\ \theta)}{\partial \theta}\right|_{i_{1}=c,\ i_{2}=c} \tag{3-44}$$

在线性电感下，利用磁共能计算转矩的常用公式为（参看式（3-29））

$$T_e = \frac{1}{2}i_1^2\frac{dL_1(\theta)}{d\theta} + i_1 i_2\frac{dM(\theta)}{d\theta} + \frac{1}{2}i_2^2\frac{dL_2(\theta)}{d\theta} \tag{3-45}$$

写成矩阵形式则为

$$T_e = \frac{1}{2}\boldsymbol{i}^{\mathrm{T}}(d\boldsymbol{L}/dt)\boldsymbol{i} \tag{3-46}$$

式中

$$\boldsymbol{i} = \begin{bmatrix} i_1 \\ i_2 \end{bmatrix}, \boldsymbol{L} = \begin{bmatrix} L_1(\theta) & M(\theta) \\ M(\theta) & L_2(\theta) \end{bmatrix}$$

上标 T 为转置算子。

式（3-46）也适用于多边励磁机电装置的电磁转矩计算，这时 $\boldsymbol{L}$ 为 $n \times n$ 的电感矩阵，$\boldsymbol{i}$ 为 n 维列向量。

本小节所介绍的方法在力学中称为虚位移（virtual displacement）方法。虚位移是假想发生而实际并未发生的无穷小位移。

4. 计算电磁力和电磁转矩的其他方法

（1）iBl　一般比较熟悉的公式为 iBl，即长度为 l 的直导体载有电流 $\boldsymbol{i}$，在磁感应强度为 $\boldsymbol{B}$ 的磁场中受到的电磁力 $\boldsymbol{f}$ 为

$$\boldsymbol{f} = (\boldsymbol{i} \times \boldsymbol{B})l$$

当电流方向与磁感应强度的方向垂直时，其大小为

$$f = iBl \tag{3-47}$$

式中　B——磁感应强度，单位为 T；

l——导体长度，单位为 m；

i——电流，单位为 A；

f——电磁力，单位为 N。

力的方向按左手定则确定，即伸出左手，4 指并拢，4 指与大拇指垂直，让磁力线穿过掌心，4 指指向电流的方向，则拇指指向受力的方向。该公式要求沿载流导体 l 的范围内磁感应强度 B 处处相等且磁感应强度与电流两者方向互相垂直。

电机的运动是旋转运动，设所研究的导体位于电机的转子上，如果把导体上所受到的电磁力乘以导体到轴心的距离，便得到电磁转矩 T_e，即

$$T_e = Blir \tag{3-48}$$

式中　T_e——电磁转矩，单位为 N·m；

r——转子半径，单位为 m；其他量同前。

（2）根据功率计算转矩　如果能求出与转矩相对应的功率 P 和机械转速 ω_m，则可以方便地得到电磁转矩

$$T_e = \frac{P}{\omega_m} \tag{3-49}$$

例 3-2　一台单相磁阻电动机如图 3-15 所示。凸极转子没有线圈，它的机械角速度为

ω_m，在 $t=0$ 时初相角为 δ，任意瞬时的角位移 $\theta=\omega_m t+\delta$。假设磁路是线性的，定子绕组的自感随 θ 变化为 $L(\theta)=L_0+L_2\cos2\theta$，$L_2=\frac{1}{2}(L_d-L_q)$，定子电流 $i=\sqrt{2}I_m\sin\omega t$。试求该电机的瞬时电磁转矩和平均转矩。

解　根据转矩计算公式式（3-42），得到

$$
\begin{aligned}
T_e &= \frac{1}{2}i^2\frac{dL(\theta)}{d\theta}=\frac{1}{2}(\sqrt{2}I_m\sin\omega t)^2(-2L_2\sin2\theta)\\
&= -2I_m^2L_2\sin2\theta\sin^2\omega t=-I_m^2L_2(\sin2\theta-\sin2\theta\cos2\omega t)\\
&= -I_m^2L_2\left[\sin2(\omega_m t+\delta)-\frac{1}{2}\sin2(\omega_m t+\omega t+\delta)-\frac{1}{2}\sin2(\omega_m t-\omega t+\delta)\right]
\end{aligned}
$$

不难看出，只有在 $\omega_m=\omega$ 时，才有平均电磁转矩

$$
T_{e(av)}=\frac{1}{2}I_m^2L_2\sin2\delta=\frac{1}{4}I_m^2(L_d-L_q)\sin2\delta
$$

可见，单相磁阻电动机是一种同步电动机，它仅在 $L_d\neq L_q$ 和同步转速下才有平均电磁转矩（磁阻转矩）。

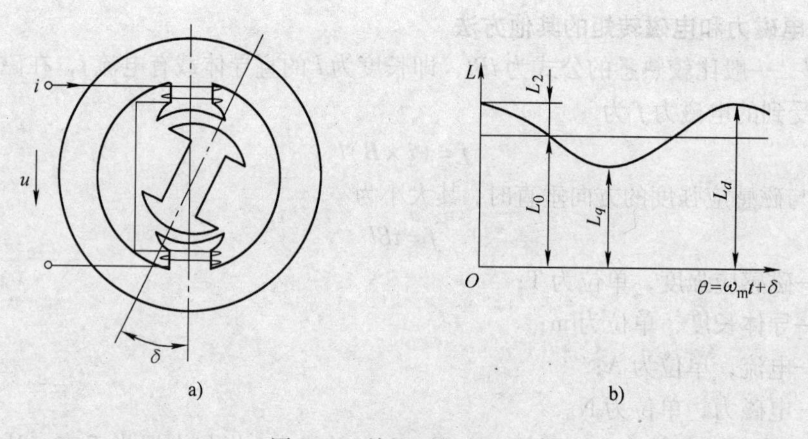

图 3-15　单相磁阻电动机

思考题与习题

3-1　当磁路上有几个磁动势同时作用时，磁路计算能否用叠加原理，为什么？

3-2　说明磁阻、磁导与哪些因素有关。

3-3　两个铁心线圈的铁心材料、匝数、磁路平均长度都相同，但截面积 $A_2>A_1$，问绕组中通过相等的直流电流时，哪个铁心中的磁通及磁感应强度大？

3-4　已知磁路截面积 $A=5\text{cm}^2$，平均长度 $l=100\text{cm}$，设铁心的磁导率为 $1000\mu_0$，线圈匝数为 500 匝，电流为 2A，求磁路的磁通、线圈的电感、磁路存储的磁场能。

3-5　按照磁力线物理模型中的特征之一，即磁力线有拉力，用气隙中磁力线的走向解释电机的电动运行和发电运行、空载运行和重载运行等不同情况。

3-6　根据磁能密度的理论说明电机中的磁场储能主要存储在铁心中或是空气隙中？

3-7 根据空气隙磁路基本是线性的而铁心磁路本质上是非线性的，分析电机、变压器的漏感与互感相比哪一个更多的受磁路饱和的影响。

3-8 满足什么条件时，式（3-12）中电动势与磁链的关系取负号？

3-9 满足什么条件时，磁场能等于磁共能，一个线圈中的储能可以用 $Li^2/2$ 表示？

3-10 以最简单的电磁铁为例，叙述并理解机电能量转换的物理过程。

3-11 用式（3-49）根据功率计算转矩时，如果所使用的功率是平均功率、瞬时功率、稳态功率，那么所计算出的转矩分别是什么转矩？如果电机内部有储能元件或者发热元件，能否根据输入功率计算转矩？

第 4 章　异步电动机与调速

4.1　概述

交流电动机是运动控制系统中最常见的动力机械。尽管交流电动机问世已有一百多年，但对它的研究和开发工作至今没有停止。一个好的电力拖动系统设计人员必须熟悉电机的性能、参数、动态模型。尽管在前导课程中已经学过电机学，大家对电机已经比较熟悉，这里仍有必要从控制的角度加强对交流电动机的认识和理解，用新的视角研究异步电动机的动态模型。电力拖动系统可以分为恒速和变速两大类，传统上变速场合多使用直流电动机，因为直流电动机的控制性能好、动态响应快；恒速场合多使用交流电动机，虽然它们的调速性能差，但价格便宜、可靠耐用。直流电动机存在一些缺点，例如价格高、转动惯量大、电刷和换向器容易损坏，电刷和换向器的存在限制了最高转速和峰值电流，在换向时所引起的电火花产生电磁干扰问题，不能在易燃易爆的环境中使用等。交流电动机则没有上述直流电动机的缺点。在过去的二三十年中，工业发达国家投入了大量的人力、物力开发交流电动机变频调速技术并获得了极大的成功。如果说，当前多数变速拖动使用的是直流电动机，那么新投入的变速拖动则大部分采用交流电动机。一般控制的交流电动机变频调速用于风机、泵类等要求不高的负载时可以显著节能；矢量控制的变频调速用于伺服控制等要求高的负载时可以代替直流，性能达到甚至超过直流电动机调速系统；在直流调速难以实现的高速和大容量应用中，交流调速更是大显身手，一枝独秀。

交流电动机一般可按如下分类：

1）异步电动机，包括笼型异步电动机、绕线转子异步电动机（双馈电动机）。

2）同步电动机，包括直流励磁同步电动机、永磁同步电动机（正弦波永磁同步电动机与梯形波永磁同步电动机）。

3）变磁阻电动机，包括开关磁阻电动机、步进电动机。

交流电动机及其相关技术内容庞杂，本章将仅讨论异步电动机的基本稳态、动态性能，特别是与调速有关的内容，以及一些简单的调速应用和为高性能矢量控制打基础的动态数学模型等。

4.1.1　直流电动机与交流电动机的比较

1. 调速性能

在本书第 1 章中已经提到过，影响调速系统动态性能的主要因素是对瞬时转矩的控制。可以写出他励直流电动机的转矩公式

$$T_e = C_T \Phi_m I_a$$

从上式可以看出，如果 Φ_m 恒定（这很容易做到，只要励磁电流 I_f 恒定），转矩与电枢电流成正比。这是一个线性的单输入单输出系统，容易控制，既适用于稳态，也适用于动态。

异步电动机的转矩公式

$$T_e = C_T \Phi_m I_r \cos\varphi_r$$

式中，气隙磁通 Φ_m 由定子电流和转子电流共同产生，转子电流 I_r 与 Φ_m 相互耦合，且很难测量，转子回路功率因数 $\cos\varphi_r$ 与负载有关，这是一个多变量的非线性环节，动态中很难施加控制。

以上简短分析表明，就调速动态性能而论，直流电动机优于交流电动机。

2. 其他性能

调速性能之外则是交流异步电动机全面优于直流电动机。

直流电动机的缺点见表4-1。

表4-1 直流电动机的缺点

比 较 内 容	直流电动机	交流电动机
结构与制造	有电刷，制造复杂	无电刷，结构简单
重量/功率	≈2	<1
体积/功率	≈2	1
最大容量/MW	12～14（双电枢）	几十
最大转速/($r \cdot min^{-1}$)	<10000	数万
最高电枢电压/kV	1	6～10
使用环境	非易燃易爆	要求低
维护	较多	较少
制造成本	高	低

4.1.2 交流电动机调速的技术突破

为什么自1885年笼型异步电动机问世至今，一百多年过去了，交流电动机调速技术才发展起来？主要原因在于交流调速的复杂性和受当时技术水平的限制。技术上的突破是从20世纪70年代开始，表现在以下几个方面：

1）全控型电力电子器件问世和技术日趋成熟。从早期的双极型大功率晶体管GTR、门极可关断晶闸管GTO、功率场效应晶体管Power MOSFET，到后来的绝缘栅双极型晶体管IGBT，以至到今天的种类齐全的电力电子器件家族。

2）大规模集成电路。交流调速专用的大规模集成电路，包括DSP、单片机、PWM专用芯片和其他专用芯片，使复杂的交流电动机调速控制技术封装在一块小小的芯片中，大大提高了可靠性，降低了控制成本。

3）脉冲调宽（PWM）技术应用到交流调速，大大提高了变频调速系统的功能指标。电压、电流波形逼近正弦，转矩平稳、损耗小、噪声低。

4）基于交流电动机动态数学模型的矢量控制技术，使交流调速的性能达到直流调速的水平，从而应用场合扩展到高性能领域。

4.1.3 交流电动机调速的方法

1. 异步电动机的调速方法

异步电动机的转速 n(单位为 r/min) 表达式为

$$n = \frac{60 f_1}{n_p}(1 - s)$$

可见，异步电动机有 3 种调速方法：

（1）调定子频率 f_1——可以在宽广的范围内连续、平滑、高效率地调速，是最有效的调速方法。

（2）调极对数 n_p——可以在两种或 3 种速度之间切换，调速不平滑，但高效率。

（3）调转差率 s——效率最差的调速方法，但是技术简单。

围绕这 3 种调速方法，开发出了各种各样的调速技术，它们是：

1）变压恒频（VVCF）调速，属于调 s。

2）绕线转子异步电动机转子串电阻调速，属于调 s。

3）转差离合器调速，属于调 s。

4）变极对数调速，属于调 n_p。

5）变压变频（VVVF）调速，属于调 f_1。

6）绕线转子异步电动机串级调速，属于调 s，但转差能量被回收，因而效率较高。

7）绕线转子异步电动机双馈调速，属于调 s，不仅可以回收转差能量，还可以注入转差能量，效率又高，调速范围又宽。

2. 同步电动机的调速方法

同步电动机的转速 n（单位为 r/min）公式为

$$n=\frac{60f_1}{n_p}$$

可见，同步电动机有以下两种调速方法：

（1）调频率 f_1——主要的调速方法。

（2）调极对数 n_p——很少采用。

围绕变频调速开发出了各种各样同步电动机调速方法，主要有：

1）直流励磁同步电动机变频调速。

2）正弦波永磁同步电动机变频调速。

3）梯形波永磁同步电动机（无刷直流电动机）变频调速。

4）磁阻电动机变频调速。

4.2 异步电动机调速

4.2.1 旋转磁场

图 4-1 所示为一个简化的绕线转子三相二极异步电动机及定子、转子的连接方式，图 b、c 标出了约定的定子和转子的相电压、相电流、相电动势的正方向。磁动势、磁通的正方向与电流的正方向符合右手螺旋关系，在图示电流方向下，则是由转子上部进入气隙再进入定子的方向。定子空间坐标轴选在定子 A 相绕组的轴线处，转子空间坐标轴选在转子 a 相绕组的轴线处。

交流电动机的基本原理之一是在电动机空气隙中产生一个旋转的、正弦分布的磁场。当三相转子绕组开路，定子绕组接到对称的三相电源上时，便有对称的三相交流电流流过定子绕组

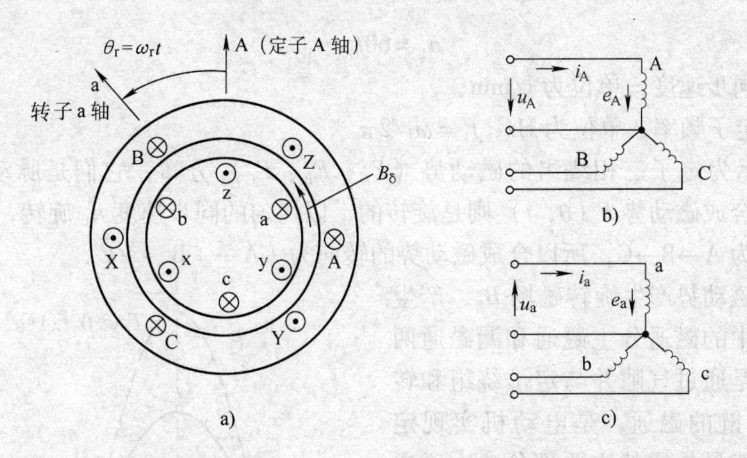

图4-1　简化的绕线转子三相二极异步电动机及定子、转子的连接方式

$$
\begin{cases}
i_A = I_m \cos\omega_1 t \\
i_B = I_m \cos\left(\omega_1 t - \dfrac{2\pi}{3}\right) \\
i_C = I_m \cos\left(\omega_1 t + \dfrac{2\pi}{3}\right)
\end{cases}
\tag{4-1}
$$

定子每相绕组独立地产生正弦分布的磁动势，它们以各自绕组的轴线为方向脉动。在图4-1中，当 $t=0$ 时，$i_A = I_m$，$i_B = -I_m/2$，$i_C = -I_m/2$。

以A轴为参考，在空间角 θ 处三相定子绕组产生的磁动势分别为

$$
\begin{cases}
F_A(\theta) = N i_A \cos\theta \\
F_B(\theta) = N i_B \cos\left(\theta - \dfrac{2\pi}{3}\right) \\
F_C(\theta) = N i_C \cos\left(\theta + \dfrac{2\pi}{3}\right)
\end{cases}
\tag{4-2}
$$

式中　N——定子每相绕组的匝数。

产生磁动势的三相绕组在空间相差 $2\pi/3$ 分布，电动机的构造保证磁动势在气隙按正弦规律分布。在空间角 θ 处，三相磁动势合成的结果为

$$F_s(\theta) = F_A(\theta) + F_B(\theta) + F_C(\theta) \tag{4-3}$$

将式（4-1）和式（4-2）代入式（4-3），得到

$$F_s(\theta, t) = N I_m \left[\cos\omega_1 t\cos\theta + \cos\left(\omega_1 t - \frac{2\pi}{3}\right)\cos\left(\theta - \frac{2\pi}{3}\right) + \cos\left(\omega_1 t + \frac{2\pi}{3}\right)\cos\left(\theta + \frac{2\pi}{3}\right)\right] \tag{4-4}$$

化简后得到

$$F_s(\theta, t) = \frac{3}{2} N I_m \cos(\omega_1 t - \theta) \tag{4-5}$$

从式（4-5）可以看出，当时间 t 增加时，如果 θ 也同步地增加，磁动势 F 不变，表明磁动势是旋转的。对于一对极的电动机，旋转的角速度就是 ω_1（单位为rad/s）；对于极对数等于 n_p 的电动机，这个旋转速度是

$$n_1 = 60f_1/n_p \tag{4-6}$$

式中　n_1——同步速度，单位为 r/min；

f_1——定子频率，单位为 Hz，$f_1 = \omega_1/2\pi$。

图 4-2 所示为定子三相绕组的磁动势（F_A、F_B、F_C）分布，它们是脉动的但不旋转；但是，它们的合成磁动势 $F_s(\theta, t)$ 则是旋转的，以均匀的同步速度 n_1 旋转，却不脉动。由于电流的相序为 A→B→C，所以合成磁动势的转向为 +A→+B→+C。

定子旋转磁动势产生旋转磁场 B_δ，产生磁通。电动机中的磁通分主磁通和漏磁通两大类。主磁通是通过气隙并与定子绕组和转子绕组同时交链的磁通，是电动机实现定子、转子之间能量传递的主要部分。主磁通用符号 Φ_m 表示，在数值上代表每极的磁通量。定子漏磁通是仅与定子绕组交链而不与转子绕组交链的磁通，用 $\Phi_{1\sigma}$ 表示。主磁通的磁路经过定子铁心、气隙、转子铁心，其磁通数值较大，且容易受磁路饱和的影响；漏磁通的数值较小，其磁路主要由非导磁性材料组成，不易受磁路饱和的影响。

这里，因为转子开路，定子电流实际为励磁分量，全部用来产生旋转磁场。

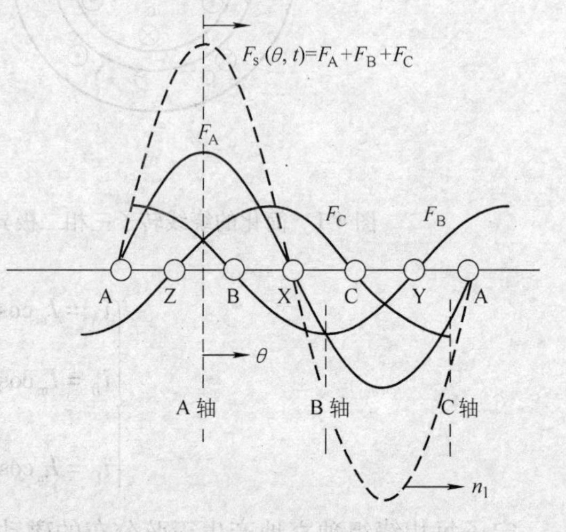

图 4-2　定子三相绕组中的磁动势分布

4.2.2　正弦波磁场的矢量表示及时空矢量图

1. 电流-磁动势时空矢量图

如上节所述，交流电动机的三相正弦电流在交流电动机中产生正弦分布的磁动势，进而在气隙中产生正弦分布的磁场，这个磁场以同步转速旋转，可以用空间矢量表示。下面以正弦磁场的磁动势（转子开路）为例说明如何利用空间矢量表示空间正弦量。旋转磁动势-电流时空矢量图如图 4-3 所示。

取 A 相绕组的轴线为空间矢量的基准轴，记为 +A 轴；取磁动势空间矢量指向磁动势最大值的方向，记为 $\boldsymbol{F}_s$。$\boldsymbol{F}_s$ 与 +A 轴的夹角即为磁动势空间矢量的相位角，$\boldsymbol{F}_s$ 的长度为正弦分布磁动势的幅值。采用这个约定之后，正弦波磁场的空间分布与空间磁动势矢量便有了一一对应的关系，于是，可用一个空间矢量来表示磁场的空间分布。

显然，对于一相绕组通直流所形成的正弦分布磁场可用固定相位角和固定幅值的空间矢量表示；对于一相绕组流过交流而产生的脉动磁场，则用相位角不变、幅值大小和方向随时间交变的空间矢量表示；而对于三相对称绕组通过三相平衡正弦电流产生的磁场，则用幅值不变的同步转速旋转矢量表示。

对于图 4-3a 所示的磁场分布图，因其对称轴与 +A 轴重合，所以对应的磁动势空间矢量的相位角为 $\alpha = 0$；对于图 4-3d 所示的磁场分布，是图 4-3a 所示磁场旋转 90°得到的，因其磁场对称轴处于水平向左的方向，磁动势的相位角 $\alpha = 90°$，即超前 +A 轴 90°，这相当于磁动势矢量沿逆时针方向旋转了 90°。显然，可以用一个同步旋转的矢量代表以同步速旋转的正弦波分布磁场。

设 A 相电流相量 $\dot{I}_A$ 为

$$\dot{I}_A = I_m \cos\omega_1 t$$

则该电流可以认为是一个以角速度 ω_1 逆时针旋转的且幅值为 I_m 的相量在时间基准轴 +j 上的投影。这类似于电路中广泛使用的时间相量，所不同的是此处使用的是旋转相量。

考虑到与图 4-3a 对应的 A 相电流瞬时值为其最大值，所以图 4-3b 中的电流相量与时间基准轴 +j 重合。与图 4-3d 对应的 A 相电流瞬时值为零，所以在图 4-3e 中电流相量与时间基准轴垂直。该时刻的电流相量相当于图 4-3b 中的电流相量沿逆时针方向旋转了 90°。

在图 4-3c 中，人为地将空间坐标轴 +A 与时间基准坐标轴 +j 标示在同一图中并重合，进而将旋转磁动势空间矢量和 A 相电流时间相量画在同一图中，即得到表示 A 相电流相位与三相合成磁场空间位置对应关系的时空矢量图，称为电流-磁动势时空矢量图。为了突出电流的时间相量与磁动势的空间矢量在性质上的区别，亦称为电流-磁动势时空相-矢量图。该图说明 A 相电流相量在时-空矢量图中总是与三相合成磁动势（基波）矢量重合的，所以可以由磁动势矢量定义电流矢量。图 4-3c 所示时刻对应于图 4-3a 位置，因为两个矢量都以同步转速 ω_1 逆时针旋转，所以，该矢量图已经可以表示出任意时刻两者的对应关系。

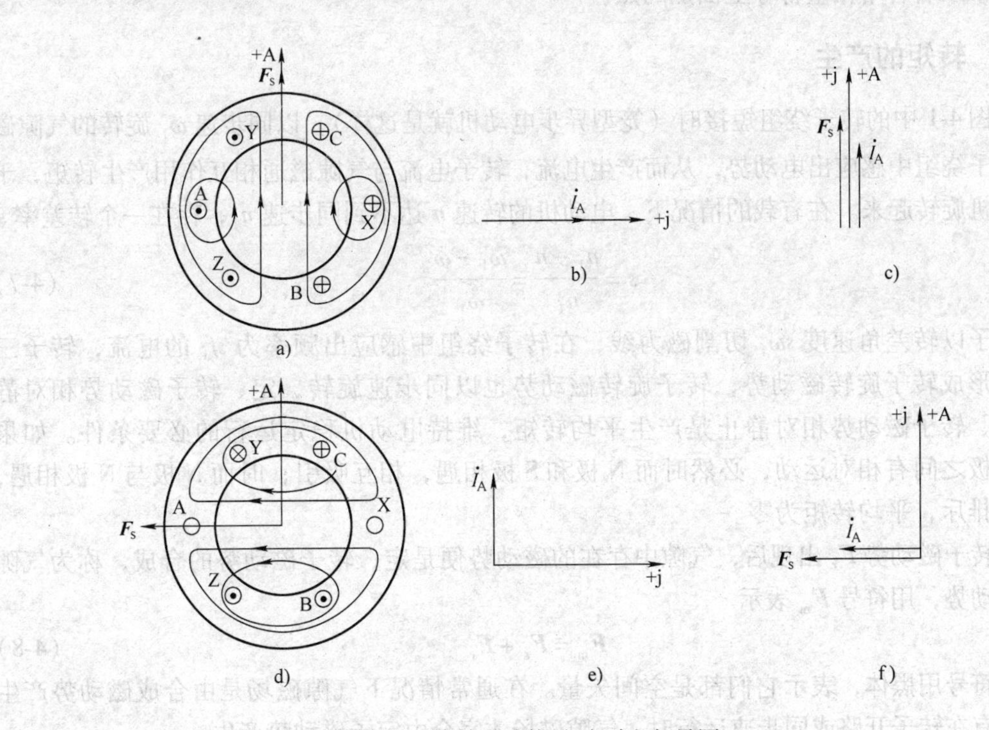

图 4-3　旋转磁动势-电流时空矢量图

2. 电动势-磁动势时空矢量图

借助图 4-2 可以进一步分析 A 相绕组的感应电动势与其所交链磁通的相位关系。取 +A 轴线方向为 A 相绕组所交链磁通的正方向。显然，在图示位置磁通具有正的最大值，根据磁通密度正弦分布的特点，不难推出

$$\Phi_A = \Phi_m \cos\omega_1 t$$

进一步根据电磁感应定律 $e = -\mathrm{d}\Psi/\mathrm{d}t$，容易推出

$$\begin{aligned} e_A &= \sqrt{2}E_s\cos(\omega_1 t - 90°) \\ &= \sqrt{2}(4.44 f_1 N_1 \Phi_m)\cos(\omega_1 t - 90°) \end{aligned}$$

可见，一相绕组的感应电动势落后于所交链的磁通 90°相位角。

根据图 4-2 可以看出，在图示瞬间，磁动势矢量正好与 +A 轴线重合，与 A 相绕组耦合的磁通最大而切割 A 相导体的磁感应强度却正好等于零，于是该时刻的感应电动势等于零。当磁极沿逆时针方向转过 90°时，A 相绕组耦合的磁通变为零而切割 A 相导体的磁感应强度正好为最大，感应电动势则达到最大值。由此可以画出电动势-磁动势时空矢量图，如图 4-4 所示，即 A 相绕组感应电动势 $\dot{E}_A$ 相量落后于磁动势 F_s 矢量 90°。

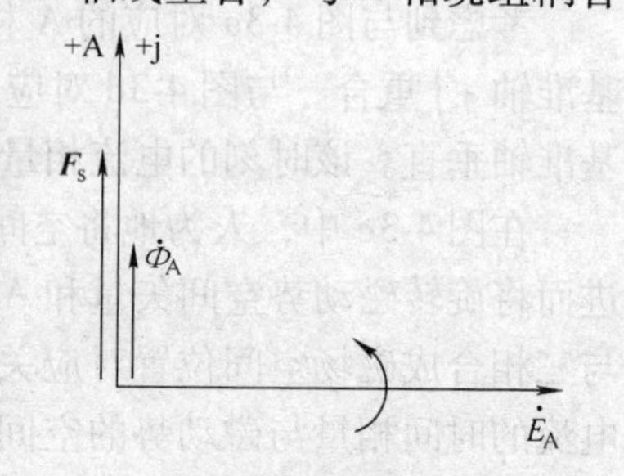

图 4-4　电动势-磁动势时空矢量图

注意，画时空图只是为了方便，在概念上一定要把空间矢量和时间相量严格区别开来，不能混淆。习惯上，空间矢量用幅值表示大小，时间相量用有效值表示大小。为了简化，本书以后省略相量符号上面加的点。

4.2.3　转矩的产生

当图 4-1 中的转子绕组短接时（笼型异步电动机就是这样），以同步速 ω_1 旋转的气隙磁场在转子绕组中感应出电动势，从而产生电流，转子电流与气隙磁通相互作用产生转矩，于是电动机旋转起来。在有载的情况下，电动机的转速 n 达不到同步速 n_1，存在一个转差率 s

$$s = \frac{n_1 - n}{n_1} = \frac{\omega_1 - \omega}{\omega_1} \tag{4-7}$$

转子以转差角速度 $s\omega_1$ 切割磁力线，在转子绕组中感应出频率为 sf_1 的电流，转子三相电流形成转子旋转磁动势，转子旋转磁动势也以同步速旋转，定、转子磁动势相对静止。定、转子磁动势相对静止是产生平均转矩，维持电动机稳定运行的必要条件。如果两个磁极之间有相对运动，必然时而 N 极和 S 极相遇，相互吸引；时而 N 极与 N 极相遇，又互相排斥，平均转矩为零。

当转子磁动势 $\boldsymbol{F}_r$ 出现后，气隙中存在的磁动势便是定、转子磁动势的合成，称为气隙合成磁动势，用符号 $\boldsymbol{F}_m$ 表示

$$\boldsymbol{F}_m = \boldsymbol{F}_s + \boldsymbol{F}_r \tag{4-8}$$

磁动势符号用黑体，表示它们都是空间矢量。在通常情况下气隙磁场是由合成磁动势产生的，只有在转子开路或同步速运行时，气隙磁场才完全由定子磁动势产生。

图 4-5 所示为 B_m、F_s、e_n、i_r 在转子展开坐标上的相互位置以及气隙磁通和转子磁动势（电流）相互作用产生转矩的情况。图中实线正弦波为气隙磁感应强度在转子表面的分布；图 4-5a 中虚线为不同位置转子感应电动势的大小分布；图 4-5b 中虚线为不同位置转子电流的分布（可以理解为笼型转子各导条中的电流）；图 4-5c 中虚线为转子磁动势的分布，当转子绕组某相电流达到最大值时，转子磁动势正好位于该相绕组的轴线上，也就是与绕组所处

的位置成90°角，所以有 $\gamma=\varphi_r+\pi/2$。气隙磁通和转子磁动势都以同步速 ω_1 旋转，它们相互作用产生转矩

$$T_e=n_p l r \hat{B}_m \hat{F}_r \sin\gamma \tag{4-9}$$

式中　n_p——极对数；

l——绕组有效轴向长度；

r——电动机转子半径；

$\hat{B}_m$——气隙磁感应强度峰值；

$\hat{F}_r$——转子磁动势峰值；

γ——转矩角，$\gamma=\varphi_r+\pi/2$；

φ_r——转子回路功率因数角。

根据电机学原理，转子回路的功率因数角 φ_r（时间相位差）可以用来表示气隙旋转磁动势（空间矢量）在空间的相位关系，于是 γ 可以理解为气隙磁通空间矢量与转子磁动势空间矢量之间的夹角。当 $\gamma=\pi/2$ 时，转子电流最有效地产生转矩。从图4-5可以看出：如果超过同步速运行，ω_s 变负，转子回路所感应的电动势变负，转子电流改变方向，与气隙磁感应强度相互作用，产生负的转矩，于是异步电动机处于发电制动状态。

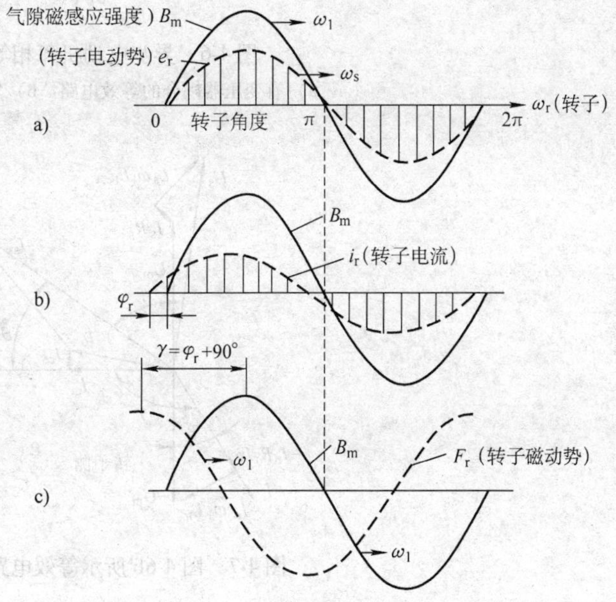

图4-5　B_m、F_r、e_r、i_r 在转子展开坐标上的相互位置

4.2.4　稳态等效电路

1. 等效电路

异步电动机的每相等效电路是稳态条件下对异步电动机分析和性能预测的重要工具。

图4-6所示为异步电动机每相等效电路。以同步速旋转的气隙磁通在定子侧感应出了反电动势 U_m（Counter Electromotive Force，CEMF），这个反电动势在转子侧变成转差电压 $U'_r=nsU_m$，这里 n 为转子匝数/定子匝数，s 为转差率。励磁电流由两个分量组成，一个是铁心损耗电流 $I_c=U_m/R_m$，另一个是励磁电流 $I_m=U_m/\omega_1 L_m$，这里 R_m 是铁心损耗等效电阻，L_m 是励磁电感。转子侧电压在转子回路产生频率为 ω_s 的转子电流 I'_r。图4-6b是折算到定子侧的等效电路，根据图4-6b可以算出折算后的转子电流 I_r

$$I_r=nI'_r=\frac{n^2 sU_m}{R'_r+j\omega_s L'_{lr}}=\frac{U_m}{\left(\dfrac{R_r}{s}\right)+j\omega_1 L_{lr}} \tag{4-10}$$

式中，$R_r(=R'_r/n^2)$ 和 $L_{lr}(=L'_{lr}/n^2)$ 被折算到定子侧。

图4-7所示为图4-6b等效电路的相量图，其中所有的变量都是有效值。

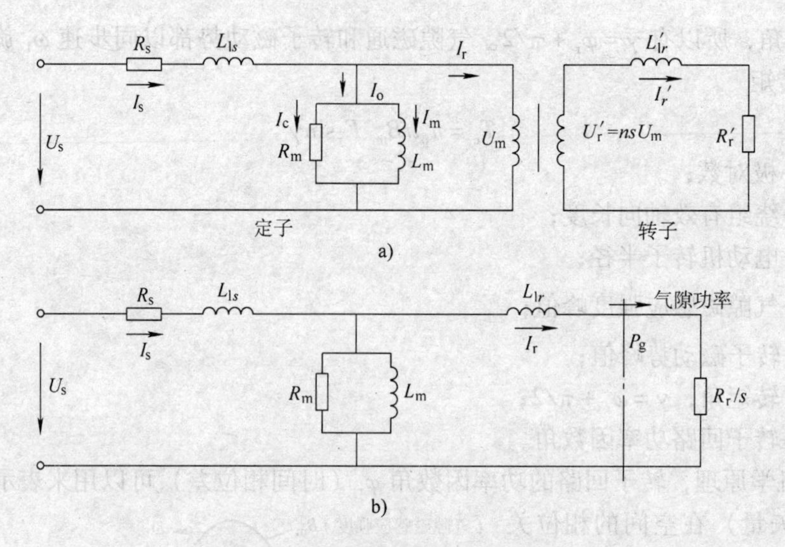

图 4-6 异步电动机每相等效电路

a）有变压器耦合的等效电路 b）定子侧等效电路

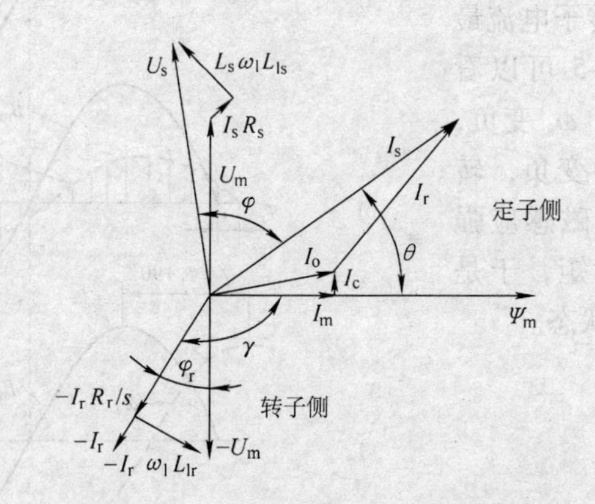

图 4-7 图 4-6b 所示等效电路的相量图

2. 等效电路的分析

从图 4-6b 的等效电路出发，可以写出各种有价值的表达式：

输入功率 $$P_{in} = 3U_s I_s \cos\varphi \tag{4-11}$$

定子铜耗 $$P_{sCu} = 3I_s^2 R_s \tag{4-12}$$

铁心损耗 $$P_{Fe} = 3U_m^2/R_m \tag{4-13}$$

通过气隙的功率 $$P_g = 3I_r^2 R_r/s \tag{4-14}$$

转子铜耗 $$P_{rCu} = 3I_r^2 R_r \tag{4-15}$$

输出功率 $$P_o = P_g - P_{rCu} = 3I_r^2 R_r(1-s)/s \tag{4-16}$$

轴功率 $$P_{sh} = P_o - P_{FW} \tag{4-17}$$

式中 $\cos\varphi$——输入功率因数；

P_{FW}——电动机的摩擦和风冷损耗。

考虑到输出功率是转矩和速度的乘积，转矩可以另写为

$$T_e=\frac{P_o}{\omega_m}=\frac{3}{\omega_m}I_r^2R_r\frac{1-s}{s}=3n_pI_r^2\frac{R_r}{s\omega_1} \tag{4-18}$$

式中　ω_m——机械角速度，单位为 rad/s，$\omega_m=\omega/n_p=(1-s)\omega_1/n_p$。

将式（4-14）代入式（4-18）得到

$$T_e=n_p\frac{P_g}{\omega_1} \tag{4-19}$$

忽略铁心损耗，根据图4-7可以写出

$$P_g=3U_mI_s\sin\theta$$
$$U_m=\omega_1\Psi_m$$
$$\Psi_m=L_mI_m$$
$$I_s\sin\theta=I_r\sin\gamma$$

考虑到上面几个式子，由式（4-19）得

$$T_e=3n_p\Psi_mI_r\sin\gamma=3n_p\Psi_mI_r\cos\varphi_r \tag{4-20a}$$

式中　Ψ_m——气隙磁通链的有效值；
　　I_r——转子电流的有效值；
　　γ——气隙磁链和转子电流矢量在空间的夹角，$\gamma=\varphi_r+90°$；
　　φ_r——转子回路的功率因数角。

式（4-20a）也可以改写成

$$T_e=\frac{3}{2}n_p\hat{\Psi}_m\hat{i}_r\sin\gamma \tag{4-20b}$$

式中　$\hat{\Psi}_m$——气隙磁链的峰值；
　　$\hat{i}_r$——转子电流的峰值；
　　γ——转矩角。

图4-6b等效电路可以进一步简化为图4-8简化的异步电动机每相等效电路。图4-8中忽略了铁心损耗电阻 R_m，并将励磁电感前移到输入端。这种简化对于功率达数千瓦的电动机来说显得尤其合理，因为它们的励磁电抗明显比定子电阻和定子漏抗要大得多。简化所引起的典型误差在5%以内。根据图4-8推算转子电流 I_r 如下

$$I_r=\frac{U_s}{\sqrt{(R_r+R_r/s)^2+\omega_1^2(L_{ls}+L_{lr})^2}} \tag{4-21}$$

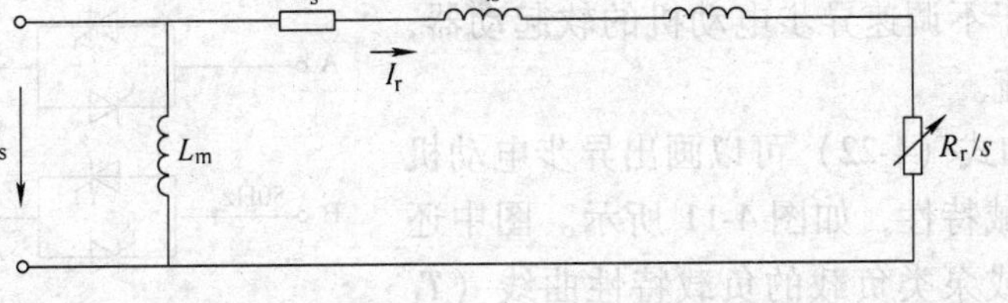

图4-8　简化的异步电动机每相等效电路

将式(4-21)代入式(4-18)，得到

$$T_e = 3n_p \frac{R_r}{s\omega_1} \frac{U_s^2}{(R_s + R_r/s)^2 + \omega_1^2 (L_{ls} + L_{lr})^2} \tag{4-22}$$

等效电路可以进一步简化。当 s 很小，R_r/s 很大时，可以忽略式（4-22）分母中除 R_r/s 外的其他项，则

$$T_e = 3n_p \left(\frac{U_s}{\omega_1}\right)^2 \frac{s\omega_1}{R_r} \tag{4-23a}$$

考虑到，$\Psi_m \approx U_s/\omega_1$，式（4-23a）可以进一步写为

$$T_e \approx 3n_p \Psi_m^2 \frac{s\omega_1}{R_r} \tag{4-23b}$$

这是一个很有用的转矩方程，它指出：当气隙磁链 Ψ_m 恒定时，转矩 T_e 与转差率 s 成正比。

式（4-22）表明，在电压和频率都恒定的情况下，转矩仅是转差率 s 的函数，据此不难画出它的机械特性曲线。

4.2.5 机械特性

机械特性是指转速与转矩的关系。根据图 4-8 和式（4-22）可以画出异步电动机的转速-转矩曲线，如图 4-9 所示。

转差率 s 在 0 ~ 1 的范围内变化，属电动运行；在大于 1 的范围内变化，属倒拉制动运行；超过同步速，s 为负，属发电制动运行。

将式（4-22）中的转矩对转差率求导，并让导数等于 0，得到最大转矩对应的转差率 s_m 及最大转矩为 T_{em}

$$\begin{cases} s_m = \pm \dfrac{R_r}{\sqrt{R_s^2 + \omega_1^2 (L_{ls} + L_{lr})^2}} \\ T_{em} = \dfrac{3}{2} \dfrac{n_p}{\omega_1} \dfrac{U_s^2}{\sqrt{R_s^2 + \omega_1^2 (L_{ls} + L_{lr})^2} + R_s} \end{cases} \tag{4-24}$$

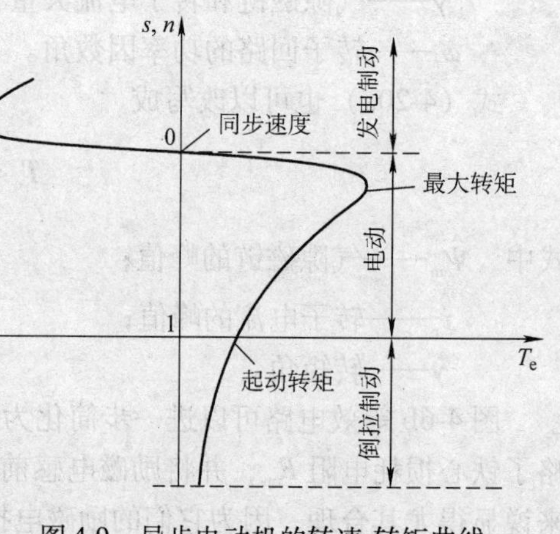

图 4-9 异步电动机的转速-转矩曲线

4.2.6 变压恒频（VVCF）运行

一种简单而又经济的异步电动机调速方法是在恒定频率下调压（降压）。调压的方法很多，图 4-10 所示为一种用反并联的晶闸管（或双向晶闸管）恒频调压调速的方法，这种方法也被广泛地用于不调速异步电动机的软起动器，用以限制起动电流。

根据图 4-8 和式（4-22）可以画出异步电动机恒频调压时的机械特性，如图 4-11 所示。图中还画出了一条风机或泵类负载的负载特性曲线（$T_L = kn^2$），它们的交点确定了稳态工作点。恒频调压运行的电动机宜采用转子电阻率较高的特殊电动机，以获得较软的机械特性和较宽的调速范围，

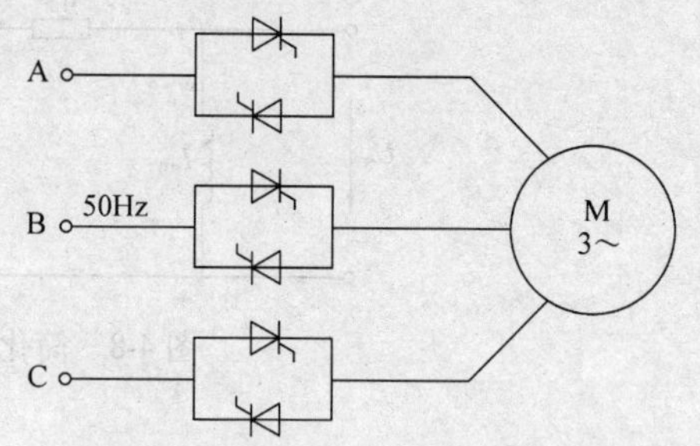

图 4-10 反并联晶闸管恒频调压调速

但也带来铜耗较大和效率较低的缺点。由于使用了高转子电阻电动机，调速范围有所扩大，但是调压调速系统的机械特性变软。如果既要求较宽的调速范围，又要求较硬的机械特性，可以像直流双闭环调速系统那样，采用转速闭环。对于恒转矩负载，要求调速范围大于2时，转速闭环一般是必要的[7]。

使用普通的低转差电动机驱动恒转矩负载，调压调速范围明显变小，如图4-11中的虚线负载特性所示。此外，调压所使用的晶闸管移相触发技术造成波形畸变，对电网构成污染，也降低了本身的功率因数。

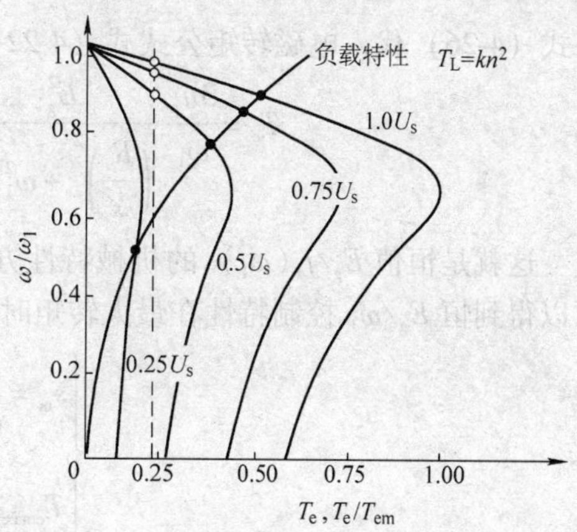

图4-11　恒频调压时的一组机械特性曲线

效率低和调速范围小的缺点限制了异步电动机调压调速的应用，但是技术简单和成本低的优点使它们保有一定的市场。适合使用异步电动机调压调速方案的应用场合包括：

1）对效率不那么敏感但对成本比较敏感的应用场合，如家用风扇和洗衣机。

2）需要软机械特性的应用场合，如卷绕和拉拔类负载。

3）调速范围不大的应用场合，如风机和泵类负载。

4.2.7　变压变频（VVVF）运行

在进行电动机调速时，一个重要的考虑是维持每极磁通量 Φ_m 为额定值不变。如果磁通太弱，电动机带负载的能力差；如果过分增大磁通，又会使铁心饱和，引起定子电流猛增、铁心过度发热和磁通波形畸变。对于直流电动机，保持 Φ_m 不变是很容易做到的。但在交流异步电动机中，气隙磁通由定子和转子磁动势合成产生，如何才能做到这一点呢？

根据电机学的知识，三相异步电动机定子每相电动势为

$$E_g = 4.44 f_1 N_s k_{Ns} \Phi_m \tag{4-25}$$

式中　E_g——气隙磁通在每相定子绕组中感应电动势的有效值，单位为V；

f_1——定子频率，单位为Hz；

N_s——定子每相绕组串联匝数；

k_{Ns}——定子基波绕组系数；

Φ_m——每极气隙磁通量，单位为Wb。

由式（4-25）可知，只要协调控制好 E_g 和 f_1，便可达到控制 Φ_m 的目的。

1. 恒 E_g/f_1 控制

图4-12再次示出异步电动机每相稳态等效电路和感应电动势。

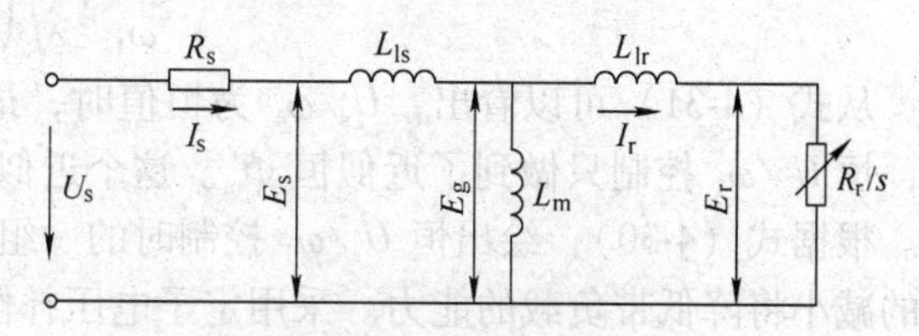

图4-12　异步电动机每相稳态等效电路和感应电动势

根据式（4-25），维持 E_g/f_1 为恒值，可以保证无论频率高低，每极磁通 Φ_m 为常值。由图4-12所示的等效电路可以看出

$$I_r = \frac{E_g}{\sqrt{\left(\frac{R_r}{s}\right)^2 + \omega_1^2 L_{lr}^2}} \tag{4-26}$$

将式（4-26）代入电磁转矩公式式（4-22），得

$$T_e = \frac{3n_p}{\omega_1} \frac{E_g^2}{\left(\frac{R_r}{s}\right)^2 + \omega_1^2 L_{lr}^2} \frac{R_r}{s} = 3n_p\left(\frac{E_g}{\omega_1}\right)^2 \frac{s\omega_1 R_r}{R_r^2 + s^2\omega_1^2 L_{lr}^2} \tag{4-27}$$

这就是恒值 $E_g/f_1(\omega_1)$ 的机械特性方程。将式（4-27）对时间求导，并令导数等于0，可以得到恒 E_g/ω_1 控制特性在最大转矩时的转差率和最大转矩

$$\begin{cases} s_m = \dfrac{R_r}{\omega_1 L_{lr}} \\ T_{emax} = \dfrac{3}{2} n_p \left(\dfrac{E_g}{\omega_1}\right)^2 \dfrac{1}{L_{lr}} \end{cases} \tag{4-28}$$

值得注意的是，当 E_g/ω_1 恒定时，机械特性的最大转矩 T_{emax} 也恒定。

根据转矩方程式（4-27），可以画出恒 E_g/ω_1 变压变频调速时的一组机械特性曲线，如图4-13所示。

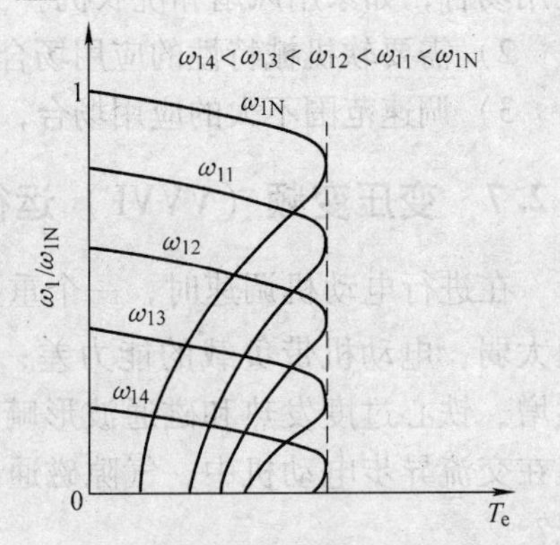

图4-13 恒 E_g/ω_1 变压变频调速时的机械特性

2. 恒压频比控制（V/F控制）

前面介绍的恒 E_g/f_1 控制从理论上讲可以达到控制 Φ_m 恒定的目的，然而，实际上却难以直接对 E_g 加以操作，所以实际上采用的并不多。考虑到 $U_s \approx E_g$，一种简便易行的近似替代方法是，控制

$$U_s/f_1 = 常值 \tag{4-29}$$

这就是恒压频比控制。

式（4-22）已给出异步电动机在恒压恒频正弦波供电时的机械特性方程，为了方便分析，进一步改写成如下形式

$$T_e = 3n_p\left(\frac{U_s}{\omega_1}\right)^2 \frac{s\omega_1 R_r}{(sR_s + R_r)^2 + s^2\omega_1^2(L_{ls} + L_{lr})^2} \tag{4-30}$$

它的最大转矩可以对式（4-24）加以整理得到

$$T_{emax} = \frac{3n_p}{2}\left(\frac{U_s}{\omega_1}\right)^2 \frac{1}{\frac{R_s}{\omega_1} + \sqrt{\left(\frac{R_s}{\omega_1}\right)^2 + (L_{ls} + L_{lr})^2}} \tag{4-31}$$

从式（4-31）可以看出，U_s/ω_1 为恒值时，最大转矩 T_{emax} 随着 ω_1 的降低而减小。这说明，恒 U_s/ω_1 控制只做到了近似恒 Φ_m。这个近似是由于定子电阻和定子漏感上的压降造成的。根据式（4-30），绘出恒 U_s/ω_1 控制时的一组机械特性，如图4-14所示。低速时最大转矩的减小将降低带负载的能力。采用定子电压补偿，适当地提高电压，可以升高低频机械特性的最大值，从而改善低速带负载能力，图4-14中的虚线示出了电压补偿后机械特性的改善。

3. 恒 E_r/f_1 控制

如果把电压-频率协调控制中的电压 U_s 再进一步提高，把转子漏抗上的电压降也抵消掉，得到恒 E_r/f_1 控制，结果会怎么样呢？E_r 是转子全磁通在转子绕组中感应出的电动势，由图 4-12 可以写出

$$I_r = \frac{E_r}{R_r/s} \tag{4-32}$$

将式（4-32）代入电磁转矩基本关系式，得到

$$T_e = \frac{3n_p}{\omega_1}\frac{E_r^2}{R_r^2/s^2}\frac{R_r}{s} = 3n_p\left(\frac{E_r}{\omega_1}\right)^2\frac{s\omega_1}{R_r} \tag{4-33}$$

可以看出，不必作任何近似，这时的机械特性完全是一条直线，如图 4-15 所示。显然，恒 E_r/f_1 控制的稳态性能最好，可以获得和直流电动机一样的线性机械特性。这正是高性能变频调速所要求的性能。

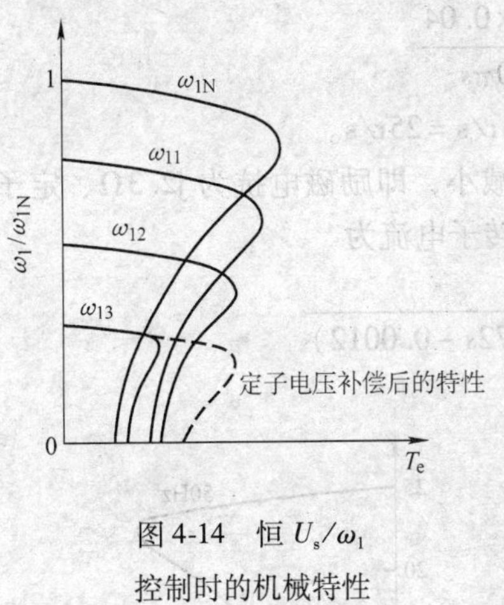

图 4-14　恒 U_s/ω_1 控制时的机械特性

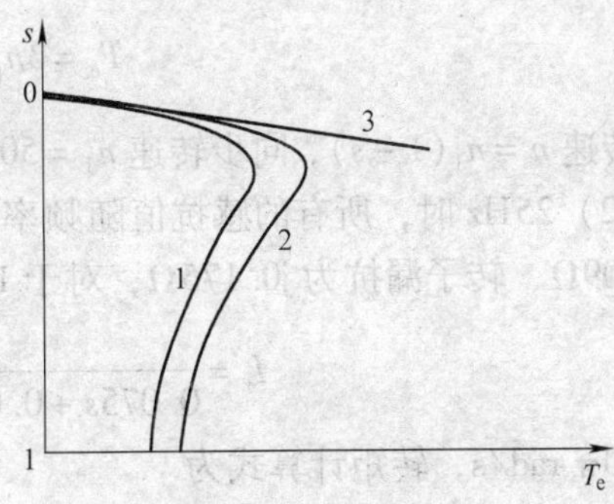

图 4-15　不同电压-频率协调控制方式时的机械特性
1—恒 U_s/ω_1　2—恒 E_g/ω_1　3—恒 E_r/ω_1

式（4-25）表明，当磁通恒定时，电动势与频率成正比。气隙磁通的感应电动势 E_g 对应于气隙磁通 Φ_m，那么，转子全磁通的感应电动势 E_r 就应该对应于转子全磁通 Φ_r。于是可以写出

$$E_r = 4.44 f_1 N_s k_{Ns} \Phi_r$$

由此可见，只要按照转子全磁通 Φ_r 等于恒值这个规律进行控制，就可以获得恒 E_r/f_1 律。这正是高性能矢量控制系统所遵循的原则，本书第 6 章将详细讨论这个问题。

对比 3 种电压-频率协调控制得出如下结论：

恒压频比（U_s/ω_1 等于常量）控制最容易实现，它的变频机械特性基本上是平行移动，硬度也较好，能满足一般的调速要求，但低速带负载能力打折扣，需对定子电压进行补偿。

E_g/ω_1 等于常量控制是通常对恒压频比控制进行补偿的参照标准，可以在稳态时达到 Φ_m 等于恒值，从而改善了低速性能。但机械特性还是非线性的，产生转矩的能力仍受到限制。

E_r/ω_1 等于常量控制可以得到和直流他励电动机一样的线性机械特性，按照转子全磁通 Φ_r 等于恒值进行控制即可实现 E_r/ω_1 等于常量，在动态中尽可能保持 Φ_r 恒定是矢量控制系

统所追求的目标。

例 4-1　一台 4 极三相异步电动机有图 4-16 所示的每相等效电路，在 50Hz 时的参数标示在图中，忽略铁心损耗和谐波的影响，求解并画出在相电压为 200V/50Hz，100V/25Hz，20V/5Hz 时的机械特性。

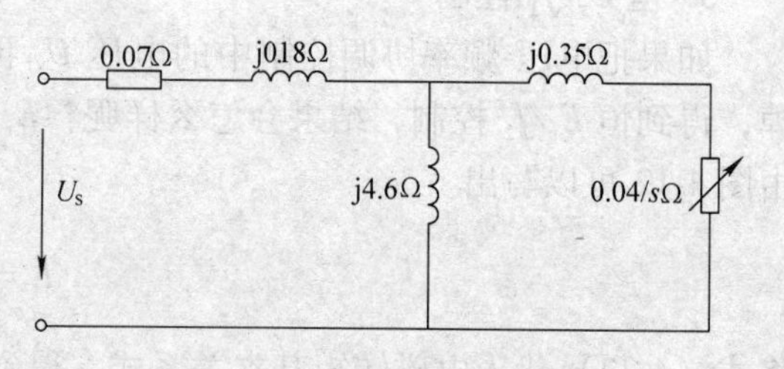

图 4-16　例 4-1 每相等效电路

解　(1) 50Hz 时，$n_p=2$，$\omega_1=100\pi$ rad/s，用转差率 s 表示的转子电流（单位为 A，下同）为

$$I_r=\frac{200s}{0.075s+0.0416+\mathrm{j}\ (0.544s-0.0006)}$$

根据式（4-18），转矩（单位为 N·m，下同）

$$T_e=3n_pI_r^2\frac{R_r}{s\omega_1}=\frac{3I_r^2\times 0.04}{50\pi s}$$

转子转速 $n=n_1(1-s)$，同步转速 $n_1=50/n_p=(50/2)\mathrm{r/s}=25\mathrm{r/s}$。

(2) 25Hz 时，所有的感抗值随频率降低成比例减小，即励磁电抗为 j2.3Ω、定子漏抗为 j0.09Ω、转子漏抗为 j0.175Ω，对于 100V 电压，转子电流为

$$I_r=\frac{100s}{0.075s+0.0416+\mathrm{j}(0.272s-0.0012)}$$

$\omega_1=50\pi$ rad/s，转矩计算式为

$$T_e=\frac{3I_r^2\times 0.04}{25\pi s}$$

(3) 5Hz 时，同理得到转子电流为

$$I_r=\frac{20s}{0.075s+0.0416+\mathrm{j}\ (0.0544s-0.006)}$$

$\omega_1=10\pi$ rad/s，转矩计算式为

$$T_e=\frac{3I_r^2\times 0.04}{5\pi s}$$

根据上面的计算式，可以按三种频率算出各种转差率下的转矩，得到不同的点，逐点描线，绘出三条机械特性曲线，如图 4-17 所示。

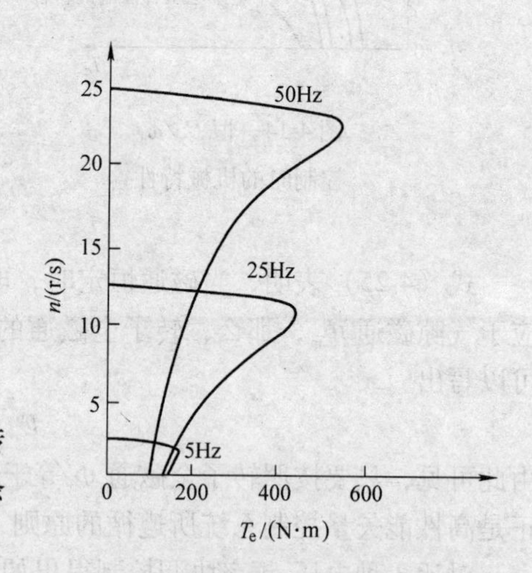

图 4-17　例 4-1 电动机机械特性

4.2.8　恒流运行时的机械特性

在变频的同时，可以直接控制定子电流的大小以产生需要的转矩。需要的定子电流给定可以来自外控制环，通过带 PI 调节器的电流闭环控制保持定子电流恒定。图 4-18 所示为用恒流源供电时的简化等效电路。由于电流源的戴维南（Thevenin）阻抗很大，定子电路的电阻和漏感可以忽略不计，所产生的转矩取决于定子电流如何在励磁电路和转子电路之间分配（与它们的阻抗成反比），转子电路的阻抗同时受频率和转差的影响，励磁电路的阻抗主要受频率的影响。

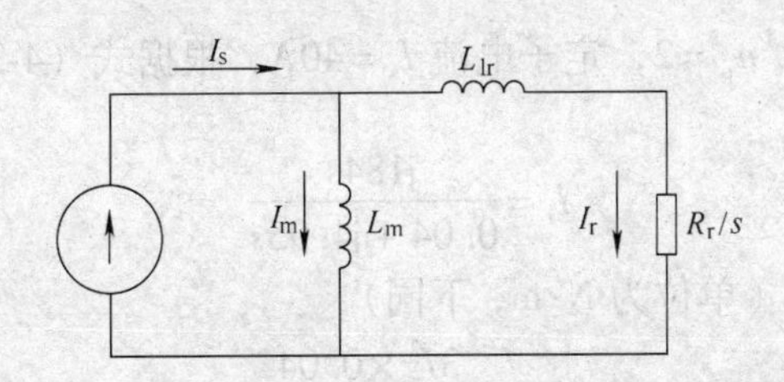

图4-18　恒流源供电时的简化异步电动机等效电路

忽略转子漏感和铁心损耗，电流分配计算式为

$$I_m = \frac{R_r/s}{\sqrt{(R_r/s)^2 + \omega_1^2 L_m^2}} I_s \tag{4-34}$$

$$I_r = \frac{\omega_1 L_m}{\sqrt{(R_r/s)^2 + \omega_1^2 L_m^2}} I_s \tag{4-35}$$

将式（4-35）代入式（4-18），可写出转矩方程

$$T_e = 3n_p I_r^2 \frac{R_r/s}{\omega_1} = K' I_s^2 \frac{s\omega_1}{R_r^2 + s^2 \omega_1^2 L_m^2} \tag{4-36}$$

式中　$K' = 3n_p R_r L_m^2$。

式（4-36）指明了转矩 T_e 与定子电流 I_s 之间的关系，根据式（4-36）可以绘出异步电动机在恒定频率下不同定子电流时的机械特性曲线，如图4-19所示。

图4-19分别绘出了定子电流等于0.5、1.0、1.5倍额定电流时的一组恒流机械特性曲线和定子电压等于额定电压时的恒压机械特性曲线，它们的交点（用黑点标出）意味着额定磁通。在交点的小转差侧，超过额定磁通引起磁饱和问题。如果不考虑磁饱和，恒流机械特性曲线将具有更大的转矩。图中虚线表示不考虑磁路饱和、额定电流运行时的机械特性，pu（per unit）表示标幺值。

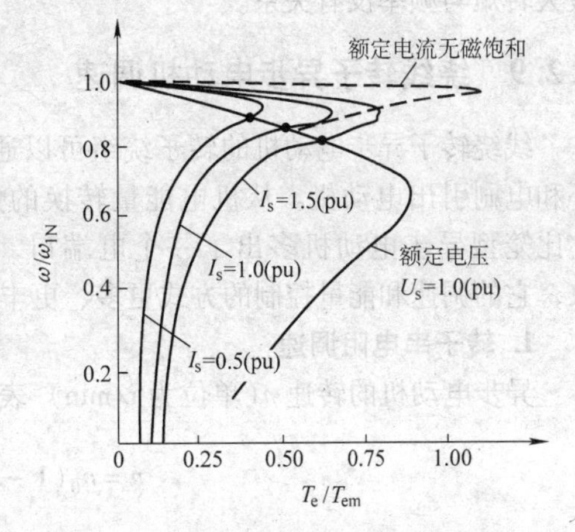

图4-19　变流运行机械特性曲线

由式（4-36）和图4-19可以得出以下结论：

1）恒流机械特性与恒压机械特性有相似的形状。

2）恒流机械特性最大转矩所对应的转差比恒压机械特性小很多，即恒流特性的直线段比较陡，或者说它的机械特性比较硬。

3）额定磁通时恒流机械特性的工作点（图4-19中黑点）位于不稳定区（负斜率段），解决这个问题需要某种有效的闭环控制。

4）由于恒流控制限制了电流 I_s，而恒压控制时随着转速的降低，I_s 会不断增大，所以，在额定电流时的 $T_{emax}\big|_{I_s=c}$ 要比额定电压时的 $T_{emax}\big|_{U_s=c}$ 小得多。但这并不影响恒流控制的系统具有短时过载能力，负载重时可以短时超过额定电流，以产生足够的转矩。

例4-2　如果例4-1中的异步电动机每相等效电路用40A的正弦波恒流源供电，试计算并绘出下列频率时的机械特性：（1）50Hz；（2）25Hz；（3）5Hz。

解　(1) 按题中条件，$n_p=2$，定子电流 $I_s=40\text{A}$，根据式 (4-35)，50Hz 时，转子电流（单位为 A，下同）

$$I_r=\frac{\text{j}184s}{0.04+\text{j}4.95s}$$

根据式 (4-36)，转矩（单位为 N·m，下同）

$$T_e=\frac{3I_r^2\times0.04}{50\pi s}$$

转子转速　$n=n_1(1-s)$；同步转速 $n_1=50/n_p=(50/2)\text{r/s}=25\text{r/s}$。

(2) 25Hz 时

$$I_r=\frac{\text{j}92s}{0.04+\text{j}2.475s},\ T_e=\frac{3I_r^2\times0.04}{25\pi s}$$

(3) 5Hz 时

$$I_r=\frac{\text{j}18.4s}{0.04+\text{j}0.495s},\ T_e=\frac{3I_r^2\times0.04}{5\pi s}$$

在 0~1 范围内，给出不同的转差率 s 可以计算出相应的 I_r 和 T_e，逐点计算并描绘出机械特性曲线，如图 4-20 所示。从图中可以看出，与转矩最大值对应的转差率极小（当转差率接近 0 时，定子电流全部成了励磁电流，导致磁路深度饱和，所以实际的机械特性与理论计算有较大偏差）；最大转矩与频率没有关系。

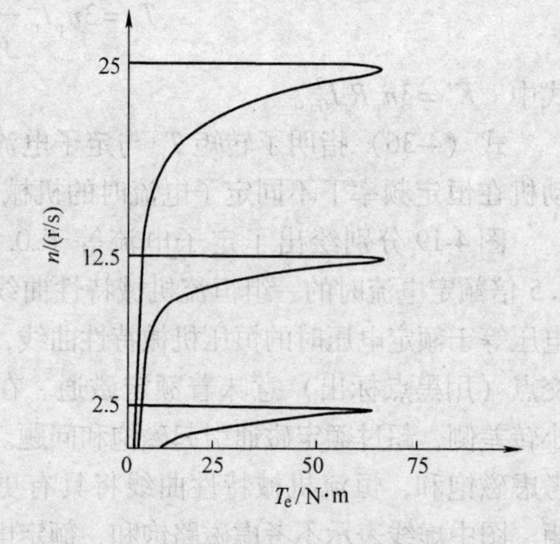

图 4-20　例 4-2 恒流变频机械特性曲线

4.2.9　绕线转子异步电动机调速

线绕转子异步电动机的转子绕组可以通过集电环和电刷引出电动机。从机电能量转换的角度看，它比笼型异步电动机多出了一个电端口，不难想象，它的调速和能量控制的方式更多、更丰富。

1. 转子串电阻调速

异步电动机的转速 n(单位为 r/min) 表达式

$$n=n_0(1-s)=\frac{60f_1}{n_p}(1-s) \tag{4-37}$$

转子串电阻调速属于调转差率 s 调速。图 4-21 所示为绕线转子电动机转子串电阻调速和机械特性，与图中虚线所示的恒转矩负载线的交点就是稳态工作点。所串电阻越大，机械特性越软，调速范围也越大。根据式 (4-14) 和式 (4-15)，耗散在转子绕组电阻上的铜耗与转差率成正比，即 $P_{rCu}=sP_g$，调速范围越大，s 也越大，效率也越低。这种调速方法简单可靠，已有很长的应用历史，今天仍有一定的市场，主要应用领域包括：

1) 短时工作制，如起重机。

2) 小范围调速，如风机、泵类驱动。

3) 要求软机械特性，如卷绕设备等。

4) 软起动器，限制异步电动机的起动冲击电流。

消耗在转子及串联电阻上的能量称为转差能量，转差能量损耗引起的效率降低制约了转子串电阻调速方法的广泛使用。

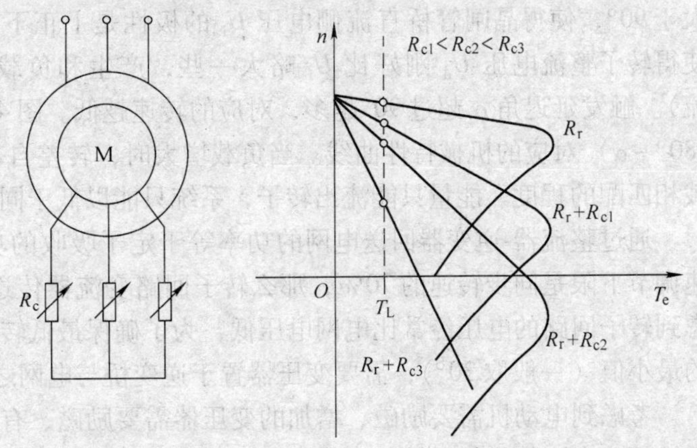

图 4-21　绕线转子电动机转子串电阻调速和机械特性

如果在转子回路中串联的不是消耗能量的电阻，而是吸收能量的交流电动势或直流电动势，这个问题就能令人满意地得到解决。下面介绍两种方案：转子回路串直流电动势的串级调速和转子回路串交流电动势的双馈调速。

2. 串级调速

图 4-22a 所示为一个绕线转子异步电动机串级调速系统。转子绕组中感应出的电动势频率是转差频率，不能把它和定子所在的电网直接相连。转差电压需要经过二极管整流变为直流，再经过晶闸管有源逆变，才能够将转差能量回送电网。

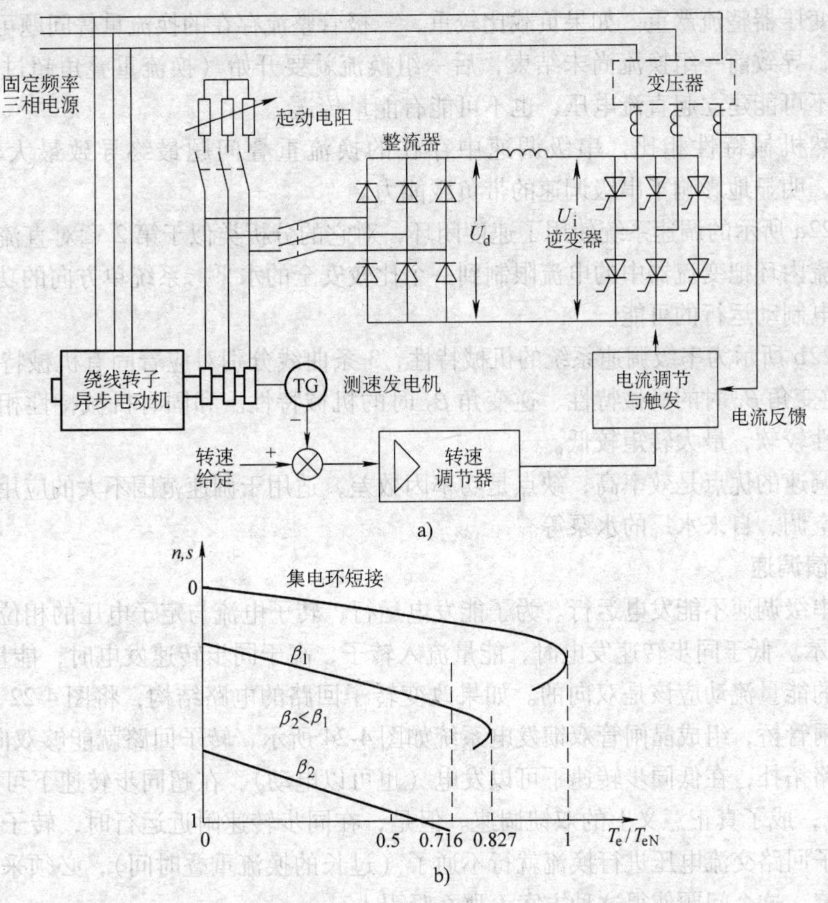

图 4-22　绕线转子异步电动机串级调速系统与机械特性

a）串级调速系统原理图　b）串级调速电压恒定时的机械特性

异步电动机的转速由工作在有源逆变状态的晶闸管桥的触发延迟角控制，触发延迟角应大于90°，使得晶闸管桥直流侧电压 U_i 的极性是上正下负，异步电动机将自动调整速度，使得转子整流电压 U_d 刚好比 U_i 略大一些，产生和负载转矩相匹配的直流电流（转矩电流）。触发延迟角 α 超过 90°越多，对应的转速越低。图 4-22b 示出了一组与不同 β 角（$\beta = 180° - \alpha$）对应的机械特性曲线。当负载增大时，转差自动增大，使得转子电流上升到与负载相匹配的程度。能量只能流出转子，系统只能以低于同步速运行。

通过整流器-逆变器回送电网的功率等于定子吸收的功率乘转差率。假如系统要求的转速调节下限是同步转速的70%，那么转子回路变流器传送的功率仅为定子功率的30%。考虑到转子回路的电压经常比电网电压低，为了确保最低转速时，对应的 β 角为安全换相允许的最小值（一般取30°），需要变压器置于逆变桥与电网之间。

考虑到电动机需要励磁、增加的变压器需要励磁、有源逆变引入电流滞后等因素，整个系统的功率因数将低于转子串电阻调速。功率因数差是串级调速的一个重要缺点。

调速范围被限制的串级调速系统，比如说最低转速为70%同步转速，还必须考虑使用起动电阻。用起动电阻将电动机转速升到同步转速的70%后，切换到串级调速，将转子回路变流器投入使用。由于异步电动机空气隙的存在，转子整流电路存在较大的漏感，换流重叠问题比变压器整流严重。如果负载比较重，二极管整流存在的换流重叠问题可能会引起工作不正常，导致前一组换流尚未结束，后一组换流就要开始（换流重叠角超过60°），在这种情况下不可能建立起直流电压，也不可能有能量传送。

与自然机械特性相比，串级调速中存在的换流重叠问题最终导致最大转矩损失了17.3%[7]，明显地影响了串级调速的带负载能力。

图 4-22a 所示的调速系统使用了速度闭环，对它的分析类似于第 2 章对直流调速系统的分析。电流内环把变流器中的电流限制到一个比较安全的水平。系统单方向的功率传送能力限制了发电制动运行的可能。

图 4-22b 所示为串级调速系统的机械特性，3 条曲线分别对应着固有机械特性（集电环短接）、逆变角 β_1 时的机械特性、逆变角 β_2 时的机械特性。和固有机械特性相比，串级调速机械特性较软，最大转矩较低。

串级调速的优点是效率高，缺点是功率因数差，适用于调速范围不大的应用场合，例如纺织厂的空调、自来水厂的水泵等。

3. 双馈调速

上述串级调速不能发电运行。为了能发电运行，转子电流与定子电压的相位关系应该如图 4-23 所示。低于同步转速发电时，能量流入转子，高于同步转速发电时，能量流出转子，转子电路的能量流动应该是双向的。如果改变转子回路的电路结构，将图 4-22 中的二极管桥换成晶闸管桥，组成晶闸管双馈发电系统如图 4-24 所示，转子回路就能够双向传送能量。这样的电路拓扑，在低同步转速下可以发电（也可以电动），在超同步转速下可以电动（也可以发电），成了真正意义上的双馈调速。但是，在同步转速附近运行时，转子回路电压很低，靠转子回路交流电压进行换流就行不通了（过长的换流重叠时间），必须采用某种形式的强迫换流，这个问题使得这种方案不那么吸引人。

图 4-24 所示的双桥变流器可以用电网换向的交-交变频器替换，如图 4-25 所示。虽然交-交变频器控制复杂、成本高，但它的优点也是明显的：接近同步转速运行时存在的换流

问题解决了；交-交变频器可以工作在整流模式，为转子提供直流励磁，真正像同步电动机一样地运行；电流波形更接近正弦，谐波减少了；可以像同步电动机一样以超前功率因数运行，抵消交-交变频器的滞后功率因数，使得整个系统的功率因数为1。交-交变频器应该精确地跟踪转子的转差频率和相位，在分类上属于转子电路串交流电动势。它的不足之处是：和串级调速一样，只能单向运转；需要转子串电阻起动。

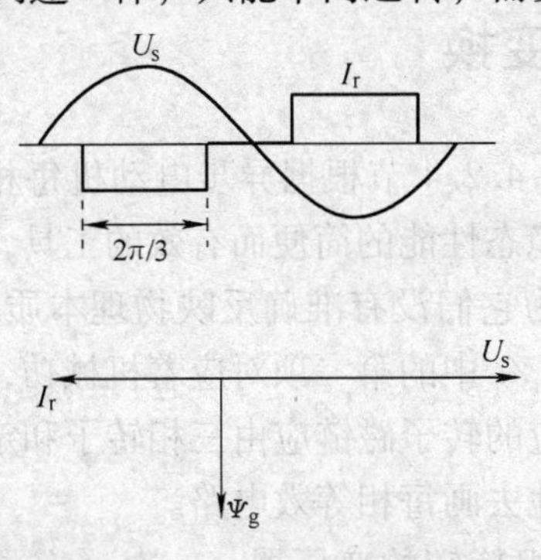

图4-23 发电运行转子电流与定子电压的相位关系

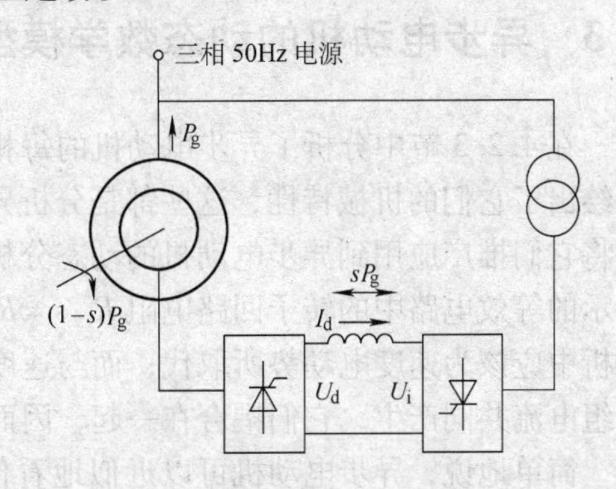

图4-24 晶闸管双馈发电系统

图4-25所示系统类似同步电动机，转子励磁由交-交变频器供电。以同步速运行时，交-交变频器提供直流励磁，以低于同步转速或者高于同步转速运行时，交-交变频器提供交流励磁，总使转子磁动势以同步转速旋转，与同样以同步转速旋转的定子磁动势相互作用产生转矩，转矩的正负取决于两个磁动势的夹角是正或是负，或者说两个磁动势在空间的相对位置。例如，一个上述双馈系统的同步转速为1500r/min，转速在1000～2000r/min范围内变化，相应的转差频率变化范围为0～±50/3Hz，这个频率范围适合交-交变频器提供。

双馈调速方案可以用在风力发电系统中，如图4-26所示[19]，称为变速恒频（VSCF）发电系统，定子输出的功率等于轴上输入的机械功率与转子输入的电功率（可正可负）之和。这里转子电路使用双侧电压型PWM变流器代替了交-交变频器。

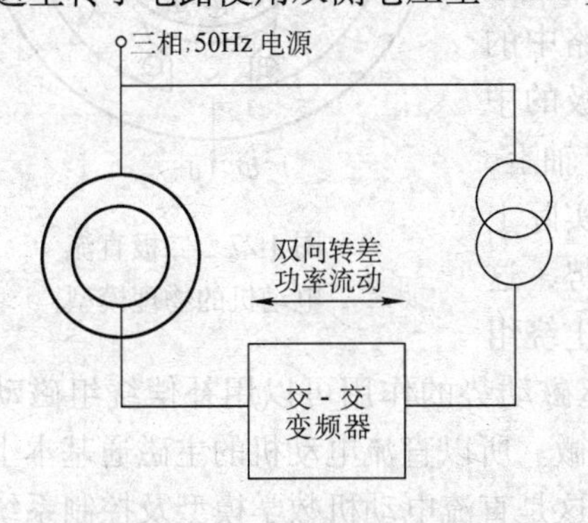

图4-25 使用交-交变频器的双馈调速

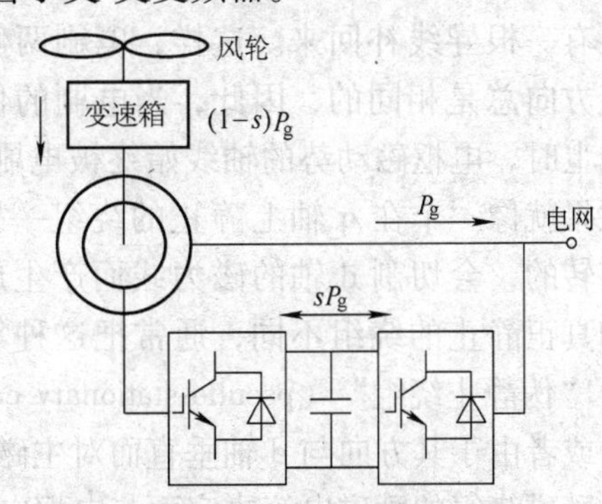

图4-26 风力变速恒频双馈发电系统

当风速变化引起异步发电机转速变化时，应控制转子电流的频率f_2使定子输出频率f_1恒定。根据关系式

$$f_1 = n_p f_m \pm f_2$$

当发电机的转速低于气隙磁场的旋转速度时，发电机处于低同步运行，此时变频器向发电机转子提供正相序励磁，上式取正号；当发电机的转速高于气隙磁场的旋转速度时，发电机处于超同步运行，此时变频器向发电机转子提供负相序励磁，上式取负号；当发电机转速等于气隙磁场的旋转速度时，发电机处于同步运行，$f_2=0$，变频器向转子提供直流励磁。

4.3　异步电动机的动态数学模型与坐标变换

在 4.2.3 节中分析了异步电动机的每相等效电路，4.2.4 节根据异步电动机每相等效电路绘出了它们的机械特性，这些都是分析异步电动机稳态性能的简便而有效的工具，但是不能将它们推广应用到异步电动机的动态分析中来，因为它们没有准确反映物理本质。图 4-6 所示的等效电路中的转子回路电阻 $R_r/s=R_r+(1-s)R_r/s$ 中的第二项对应着机械功，在动态分析中应该为速度电动势所取代；而与速度电动势对应的转子磁链应由三相转子和定子 6 个绕组电流共同产生，它们耦合在一起，因而不能简单地去画每相等效电路。

简单地说，异步电动机可以近似地看作是二次绕组旋转的变压器，一次（定子）和二次（转子）绕组之间的耦合系数随它们之间的夹角连续的变化（转子旋转），电动机的模型可以用具有时变互感的微分方程描述，但是太复杂了，在实际应用中必须简化。

4.3.1　电动机等效的原则

直流电动机的数学模型比较简单。图 4-27 所示为一个简化的二极直流电动机的物理模型。励磁绕组 F 在定子上，电枢绕组 A 在转子上。把 F 的轴线称直轴或 d 轴（direct axis），主磁通 Φ 的方向沿着 d 轴；A 的轴线则称为交轴或 q 轴（quadrature axis）。虽然电枢本身是旋转的，但绕组通过换向器电刷接到端接板上，电刷将闭合的电枢绕组分成两条支路。当一条支路中的导线经过正电刷归入另一条支路时，在负电刷下又有一根导线补回来。这样，电刷两侧每条支路中的电流方向总是相同的，因此，当电刷的位置在磁极的中性线上时，电枢磁动势的轴线始终被电刷限定在 q 轴上，其效果就像一个在 q 轴上静止的绕组一样。但它实际上是旋转的，会切割 d 轴的磁力线而产生旋转电动势，这又和真正静止的绕组不同，通常把这种等效的静止绕组称为"伪静止绕组"（pseudo-stationary coil）。电枢磁动势的作用可以用补偿绕组磁动势抵消，或者由于其方向与 d 轴垂直而对主磁通影响甚微。所以直流电动机的主磁通基本上唯一地由励磁绕组的励磁电流决定而与电枢电流无关，这是直流电动机数学模型及控制系统比较简单的根本原因。

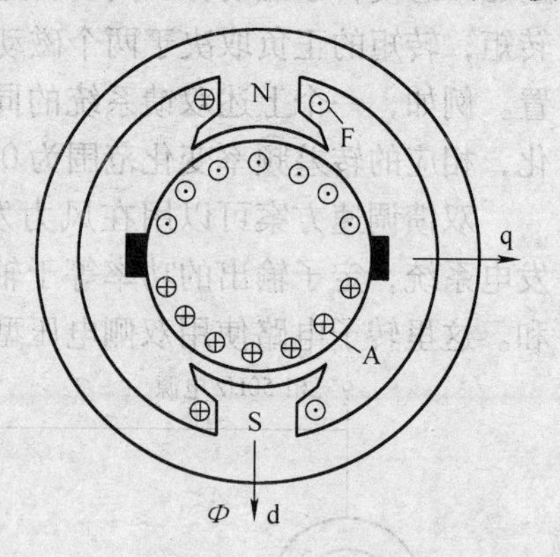

图 4-27　二极直流电动机的物理模型

如果能将交流电动机的物理模型等效地变换成类似直流电动机的模型，分析和控制就可以大大简化。坐标变换正是按照这条思路进行的。

交流电动机的转子与定子通过气隙磁场联系在一起，只要气隙磁场不变，转子就感觉不到有任何变化。所以不同电动机彼此等效的第一个原则是，在不同坐标系下所产生的磁动势完全一致。

由电机学可知，在交流电动机的三相定子对称绕组中，通以三相平衡的正弦电流 i_A、i_B、i_C 时，产生旋转的合成磁动势 F，F 在空间呈正弦分布，以同步速沿 A—B—C 的相序方向旋转。这样的模型如图 4-28a 所示。

然而，产生旋转磁动势并不是非三相不可，二相、三相、四相等多相对称绕组均可，其中以二相最简单。图 4-28b 所示为一个二相静止的对称绕组 α 和 β，它们在空间相差 90°，通入在时间上相差 90°的平衡电流，也能产生同样的旋转磁动势 F。当图 4-28a 和 b 中的旋转磁动势在任意时刻的大小和方向都相同时，即认为它们等效。

再看图 4-28c 中的两个匝数相等且互相垂直的绕组 d、q，其中分别通以直流电流 i_d 和 i_q，产生合成磁动势 F，相对于绕组是静止不动的。如果人为地让包括两个绕组在内的整个铁心以同步转速旋转，则磁动势 F 自然也随之旋转起来，成为旋转磁动势。把这个旋转磁动势的大小和转速也控制成像图 4-28a、b 那样的旋转磁动势，那么这套旋转的直流绕组也就和前面所述的两套静止的交流绕组等效了。当观察者站到铁心和绕组上一起旋转时，观察者看到的就是一台直流电动机。如果让 d 轴按磁动势 F 定向，则 i_d 就是励磁电流，d 绕组就是励磁绕组，i_q 是电枢电流，q 绕组就是伪静止的电枢绕组。

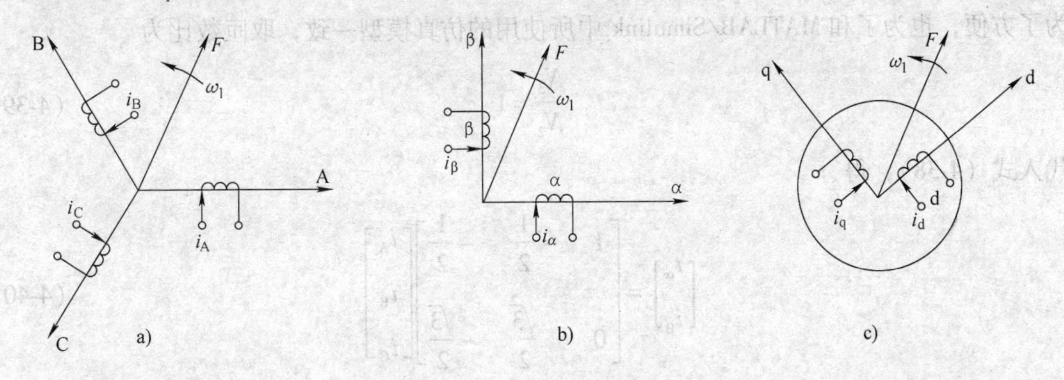

图 4-28　等效的电动机模型

a）三相交流　b）二相交流　c）旋转的直流

磁动势不变并不等于磁场不变。在相同的磁动势作用下，磁场还与磁路的几何尺寸与磁路所用的材料有关，实际上就是与功率有关，所以不同电动机彼此等效的第二个原则是，在不同的坐标系下功率相等。

由此可见，根据上述两个原则，三相交流电动机可以等效成二相交流电动机，还可以进一步等效成直流电动机。数学中的坐标变换提供了现成的工具，借助它的帮助，可以找到与三相交流电动机等效的直流电动机模型。

4.3.2　坐标变换

1. 三相—二相变换（3/2 变换）

三相静止坐标系 A-B-C 到二相静止坐标系 α-β 之间的变换，简称 3/2 变换。

图 4-29 绘出了 A-B-C 和 α-β 两个坐标系，为了方便起见，取 A 轴与 α 轴重合。设三相绕组每相有效匝数为 N_3，二相绕组每相有效匝数为 N_2，各相磁动势为有效匝数与电流的乘

积，其空间矢量均位于有关相的坐标轴上。由于交流磁动势的大小随时间变化，图中磁动势矢量的长度是随意画出的。

设磁动势波形在空间按正弦规律分布，当三相绕组合成磁动势与二相绕组合成磁动势相等时，两套绕组瞬时磁动势在α、β轴上的投影都应相等，因此

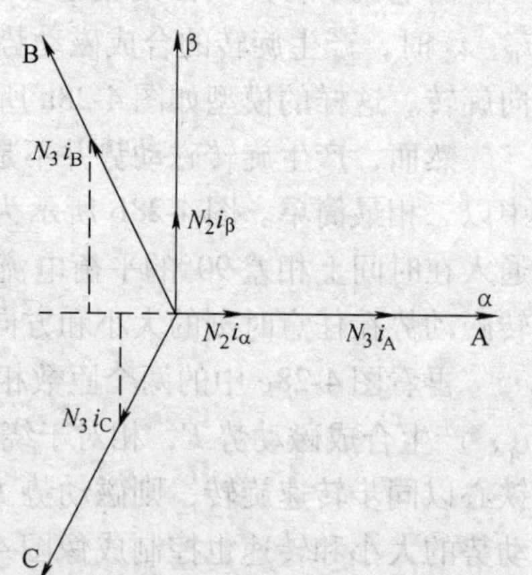

图 4-29　三相和二相坐标系与绕组磁动势空间矢量

$$N_2 i_\alpha = N_3 i_A - N_3 i_B \cos 60° - N_3 i_C \cos 60° = N_3\left(i_A - \frac{1}{2} i_B - \frac{1}{2} i_C\right)$$

$$N_2 i_\beta = N_3 i_B \sin 60° - N_3 i_C \sin 60° = \frac{\sqrt{3}}{2} N_3 (i_B - i_C)$$

写成矩阵形式，得到

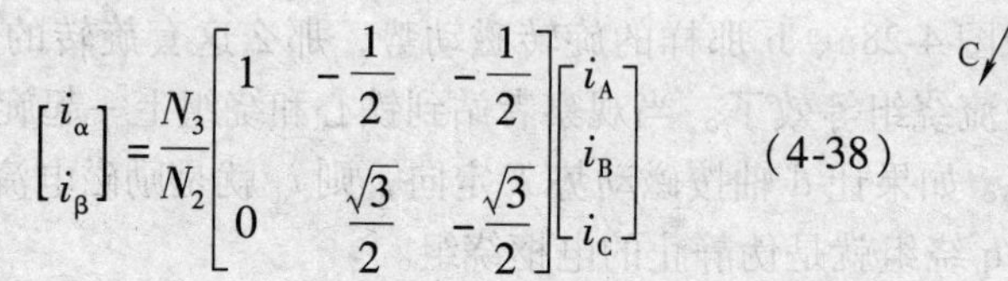

$$\begin{bmatrix} i_\alpha \\ i_\beta \end{bmatrix} = \frac{N_3}{N_2} \begin{bmatrix} 1 & -\frac{1}{2} & -\frac{1}{2} \\ 0 & \frac{\sqrt{3}}{2} & -\frac{\sqrt{3}}{2} \end{bmatrix} \begin{bmatrix} i_A \\ i_B \\ i_C \end{bmatrix} \tag{4-38}$$

为了方便，也为了和 MATLAB/Simulink 中所使用的仿真模型一致，取匝数比为

$$\frac{N_3}{N_2} = 1 \tag{4-39}$$

代入式（4-38），得

$$\begin{bmatrix} i_\alpha \\ i_\beta \end{bmatrix} = \begin{bmatrix} 1 & -\frac{1}{2} & -\frac{1}{2} \\ 0 & \frac{\sqrt{3}}{2} & -\frac{\sqrt{3}}{2} \end{bmatrix} \begin{bmatrix} i_A \\ i_B \\ i_C \end{bmatrix} \tag{4-40}$$

令 $\boldsymbol{C}_{i3/2}$ 为三相静止坐标系变换到二相静止坐标系的电流变换矩阵，则

$$\boldsymbol{C}_{i3/2} = \begin{bmatrix} 1 & -\frac{1}{2} & -\frac{1}{2} \\ 0 & \frac{\sqrt{3}}{2} & -\frac{\sqrt{3}}{2} \end{bmatrix} \tag{4-41}$$

如果要从二相静止坐标系变换到三相静止坐标系（简称 2/3 变换），可以利用增广矩阵把 $\boldsymbol{C}_{i3/2}$ 变成方阵，求其逆矩阵后，再除去增加的一列，即得

$$\boldsymbol{C}_{i2/3} = \frac{2}{3} \begin{bmatrix} 1 & 0 \\ -\frac{1}{2} & \frac{\sqrt{3}}{2} \\ -\frac{1}{2} & -\frac{\sqrt{3}}{2} \end{bmatrix} \tag{4-42}$$

根据等效的第二个原则，坐标变换前后功率应保持不变，可以证明，满足这个条件的三相静止坐标系到二相静止坐标系的电压变换为

$$\begin{bmatrix} u_\alpha \\ u_\beta \end{bmatrix} = \frac{2}{3}\begin{bmatrix} 1 & -\frac{1}{2} & -\frac{1}{2} \\ 0 & \frac{\sqrt{3}}{2} & -\frac{\sqrt{3}}{2} \end{bmatrix}\begin{bmatrix} u_A \\ u_B \\ u_C \end{bmatrix} \tag{4-43}$$

它的变换矩阵

$$\boldsymbol{C}_{u3/2} = \frac{2}{3}\begin{bmatrix} 1 & -\frac{1}{2} & -\frac{1}{2} \\ 0 & \frac{\sqrt{3}}{2} & -\frac{\sqrt{3}}{2} \end{bmatrix} \tag{4-44}$$

用和推导式（4-42）同样的方法可以求出电压反变换矩阵

$$\boldsymbol{C}_{u2/3} = \begin{bmatrix} 1 & 0 \\ -\frac{1}{2} & \frac{\sqrt{3}}{2} \\ -\frac{1}{2} & -\frac{\sqrt{3}}{2} \end{bmatrix} \tag{4-45}$$

磁链变换矩阵与电压变换矩阵完全相同。

2. 二相静止—二相旋转变换（2s/2r 变换）

从二相静止坐标系 α-β 到二相旋转坐标系 d-q 的变换被称为二相静止—二相旋转变换，简称 2s/2r 变换。把两个坐标系画在一起，如图 4-30 所示。图中，二相交流电流 i_α、i_β 和两个直流电流 i_d、i_q，产生同样的以同步速 ω_1 旋转的合成磁动势 $\boldsymbol{F}$。取各绕组匝数相等，可以消去磁动势中的匝数，直接用电流表示，例如 $\boldsymbol{F}$ 可以用电流表示为 $\boldsymbol{i}$。但应注意，这里的电流都是空间矢量。

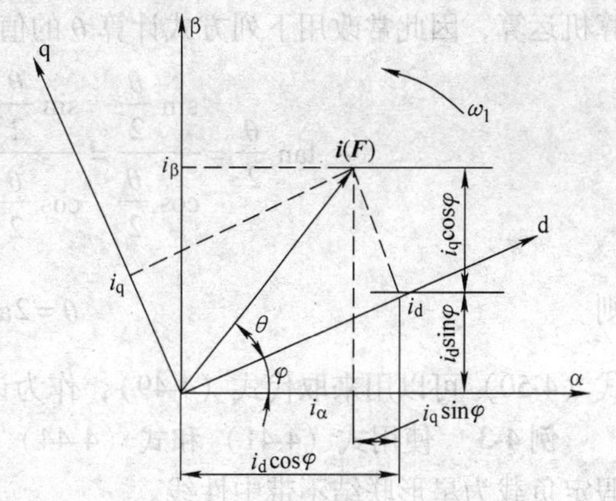

图 4-30　二相静止、旋转坐标系与磁动势空间矢量

图 4-30 中，d、q 轴和矢量 $\boldsymbol{i}(\boldsymbol{F})$ 都以转速 ω_1 旋转，分量 i_d、i_q 的大小不变，相当于 d、q 绕组的直流磁动势。但 α、β 轴是静止的，α 轴与 d 轴的夹角 φ 随时间变化，因此 $\boldsymbol{i}$ 在 α、β 轴上的分量 i_α、i_β 的大小也随时间变化，相当于交流磁动势的瞬时值。由图可见，i_α、i_β 和 i_d、i_q 之间存在下列关系

$$\begin{cases} i_\alpha = i_d\cos\varphi - i_q\sin\varphi \\ i_\beta = i_d\sin\varphi + i_q\cos\varphi \end{cases} \tag{4-46}$$

写成矩阵形式，得

$$\begin{bmatrix} i_\alpha \\ i_\beta \end{bmatrix} = \begin{bmatrix} \cos\varphi & -\sin\varphi \\ \sin\varphi & \cos\varphi \end{bmatrix}\begin{bmatrix} i_d \\ i_q \end{bmatrix} = \boldsymbol{C}_{2r/2s}\begin{bmatrix} i_d \\ i_q \end{bmatrix} \tag{4-47a}$$

式中

$$\boldsymbol{C}_{2r/2s}=\begin{bmatrix}\cos\varphi & -\sin\varphi\\ \sin\varphi & \cos\varphi\end{bmatrix} \tag{4-47b}$$

是二相旋转坐标系到二相静止坐标系的变换矩阵，又称矢量反变换 VR^{-1}。

对式（4-46）的两边都乘以上述变换矩阵的逆矩阵，即得

$$\begin{bmatrix}i_d\\ i_q\end{bmatrix}=\begin{bmatrix}\cos\varphi & \sin\varphi\\ -\sin\varphi & \cos\varphi\end{bmatrix}\begin{bmatrix}i_\alpha\\ i_\beta\end{bmatrix}=\boldsymbol{C}_{2s/2r}\begin{bmatrix}i_\alpha\\ i_\beta\end{bmatrix} \tag{4-48a}$$

式中

$$\boldsymbol{C}_{2s/2r}=\begin{bmatrix}\cos\varphi & \sin\varphi\\ -\sin\varphi & \cos\varphi\end{bmatrix} \tag{4-48b}$$

是二相静止坐标系到二相旋转坐标系的变换矩阵，又称矢量变换 VR。

电压和磁链的 2s/2r 和 2r/2s 变换矩阵与上述电流的相应变换矩阵相同。

3. 直角坐标—极坐标变换（K/P 变换）

在图 4-30 中，令 $\boldsymbol{i}$ 与 d 轴的夹角为 θ，已知 i_d、i_q，求 $\boldsymbol{i}$、θ，这就是直角坐标—极坐标变换，简称 K/P 变换。显然，其变换式应为

$$\begin{cases}i_s=\sqrt{i_d^2+i_q^2}\\ \theta=\arctan\dfrac{i_q}{i_d}\end{cases} \tag{4-49}$$

当 θ 在 0°～90°之间变化时，$\tan\theta$ 的变化范围是 0～∞，这个变化幅度太大，不适合计算机运算，因此常改用下列方式计算 θ 的值

$$\tan\frac{\theta}{2}=\frac{\sin\dfrac{\theta}{2}}{\cos\dfrac{\theta}{2}}=\frac{\sin\dfrac{\theta}{2}\left(2\cos\dfrac{\theta}{2}\right)}{\cos\dfrac{\theta}{2}\left(2\cos\dfrac{\theta}{2}\right)}=\frac{\sin\theta}{1+\cos\theta}=\frac{i_q}{i_s+i_d}$$

则

$$\theta=2\arctan\frac{i_q}{i_s+i_d} \tag{4-50}$$

式（4-50）可以用来取代式（4-49），作为计算 θ 的变换式。

例 4-3　使用式（4-41）和式（4-44）进行 3/2 坐标变换，验证：变换前后功率相等，假定负载为星形联结不带中性线。

证　变换前的瞬时功率为 $u_Ai_A+u_Bi_B+u_Ci_C$，考虑到负载为星形联结不带中性线，则 $i_A+i_B+i_C=0$，变换后的瞬时功率 $=u_\alpha i_\alpha+u_\beta i_\beta=(2u_A/3-u_B/3-u_C/3)(i_A-i_B/2-i_C/2)+(\sqrt{3}u_B/3-\sqrt{3}u_C/3)(\sqrt{3}i_B/2-\sqrt{3}i_C/2)=u_Ai_A+u_Bi_B+u_Ci_C$。

验证完毕。

4.3.3　三相异步电动机的多变量非线性数学模型

在研究异步电动机的多变量非线性数学模型时，将它等效为三相绕线转子，并折算到定子侧，折算后的定子和转子绕组匝数都相等。这样，电动机绕组就等效成图 4-31 所示的三相异步电动机的物理模型。图中，定子三相绕组轴线 A、B、C 在空间是固定的，以 A 轴为参考轴；转子绕组轴线 a、b、c 随转子旋转，转子 a 轴和定子 A 轴间的电角度 θ 为空间角位

移变量。规定各绕组电压、电流、磁链的正方向符合电动机惯例和右手螺旋定则。

在研究异步电动机数学模型时，作如下假设：

1）忽略空间谐波，磁动势沿电动机气隙按正弦规律分布。

2）忽略磁饱和，认为绕组的电感都是恒定的。

3）不考虑温度变化和趋肤效应对绕组电阻的影响。

异步电动机的数学模型由下述电压方程、磁链方程、转矩方程和运动方程组成。

1. 电压方程

三相定子绕组的电压平衡方程

$$u_A = i_A R_s + \frac{d\Psi_A}{dt}$$

$$u_B = i_B R_s + \frac{d\Psi_B}{dt}$$

$$u_C = i_C R_s + \frac{d\Psi_C}{dt}$$

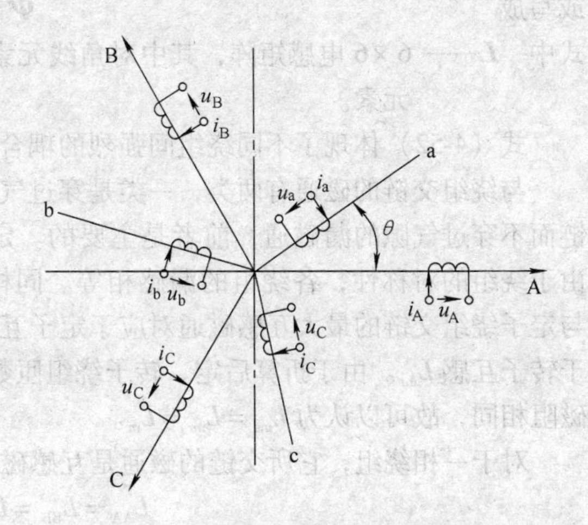

图4-31　三相异步电动机的物理模型

三相转子绕组折算到定子侧的电压方程为

$$u_a = i_a R_r + \frac{d\Psi_a}{dt}$$

$$u_b = i_b R_r + \frac{d\Psi_b}{dt}$$

$$u_c = i_c R_r + \frac{d\Psi_c}{dt}$$

式中　u_A、u_B、u_C、u_a、u_b、u_c——定子和转子相电压的瞬时值；

i_A、i_B、i_C、i_a、i_b、i_c——定子和转子相电流的瞬时值；

Ψ_A、Ψ_B、Ψ_C、Ψ_a、Ψ_b、Ψ_c——各相绕组的全磁链；

R_s、R_r——定子和转子绕组电阻。

上述各量都已折算到定子侧，表示折算的上角标“′”均省略，以下同此。

将电压方程写成矩阵形式，并以微分算子 p 代替微分符号 d/dt

$$\begin{bmatrix} u_A \\ u_B \\ u_C \\ u_a \\ u_b \\ u_c \end{bmatrix} = \begin{bmatrix} R_s & 0 & 0 & 0 & 0 & 0 \\ 0 & R_s & 0 & 0 & 0 & 0 \\ 0 & 0 & R_s & 0 & 0 & 0 \\ 0 & 0 & 0 & R_r & 0 & 0 \\ 0 & 0 & 0 & 0 & R_r & 0 \\ 0 & 0 & 0 & 0 & 0 & R_r \end{bmatrix} \begin{bmatrix} i_A \\ i_B \\ i_C \\ i_a \\ i_b \\ i_c \end{bmatrix} + p \begin{bmatrix} \Psi_A \\ \Psi_B \\ \Psi_C \\ \Psi_a \\ \Psi_b \\ \Psi_c \end{bmatrix} \tag{4-51a}$$

或写成

$$\boldsymbol{u} = \boldsymbol{Ri} + p\boldsymbol{\Psi} \tag{4-51b}$$

2. 磁链方程

每个绕组的磁链是它本身的自感磁链和其他绕组对它的互感磁链之和。三相异步电动机的6个绕组磁链可以表达为

$$\begin{bmatrix} \Psi_A \\ \Psi_B \\ \Psi_C \\ \Psi_a \\ \Psi_b \\ \Psi_c \end{bmatrix} = \begin{bmatrix} L_{AA} & L_{AB} & L_{AC} & L_{Aa} & L_{Ab} & L_{Ac} \\ L_{BA} & L_{BB} & L_{BC} & L_{Ba} & L_{Bb} & L_{Bc} \\ L_{CA} & L_{CB} & L_{CC} & L_{Ca} & L_{Cb} & L_{Cc} \\ L_{aA} & L_{aB} & L_{aC} & L_{aa} & L_{ab} & L_{ac} \\ L_{bA} & L_{bB} & L_{bC} & L_{ba} & L_{bb} & L_{bc} \\ L_{cA} & L_{cB} & L_{cC} & L_{ca} & L_{cb} & L_{cc} \end{bmatrix} \begin{bmatrix} i_A \\ i_B \\ i_C \\ i_a \\ i_b \\ i_c \end{bmatrix} \tag{4-52a}$$

或写成

$$\boldsymbol{\Psi} = \boldsymbol{L}\boldsymbol{i} \tag{4-52b}$$

式中 $\boldsymbol{L}$—— 6×6 电感矩阵，其中对角线元素是各绕组的自感元素，其他为绕组间的互感元素。

式（4-52）体现了不同绕组间强烈的耦合关系。

与绕组交链的磁通有两类，一类是穿过气隙的相互间的互感磁通，另一类是只与自己交链而不穿过气隙的漏磁通，前者是主要的。定子各相漏磁通所对应的电感称定子漏感 L_{ls}。由于绕组的对称性，各绕组的漏感相等。同样，转子漏磁通所对应的电感称转子漏感 L_{lr}。与定子绕组交链的最大互感磁通对应于定子互感 L_{ms}，与转子绕组交链的最大互感磁通对应于转子互感 L_{mr}。由于折算后定、转子绕组匝数相等，且各绕组间的互感磁通都通过空气隙，磁阻相同，故可以认为 $L_{ms} = L_{mr} = L_m$。

对于一相绕组，它所交链的磁通是互感磁通和漏磁通之和，因此，定子各相绕组自感为

$$L_{AA} = L_{BB} = L_{CC} = L_m + L_{ls} \tag{4-53}$$

转子各相绕组自感为

$$L_{aa} = L_{bb} = L_{cc} = L_m + L_{lr} \tag{4-54}$$

绕组之间通过互感耦合起来。互感分两类：定子三相绕组彼此之间与转子三相绕组彼此之间相对位置固定，互感为常值；定子绕组与转子绕组彼此之间位置是变化的，互感是角位移 θ 的函数。

第一类互感，三相绕组轴线方向在空间相差 ±120°，在假定气隙磁通按照正弦分布的情况下，互感值应为 $L_m\cos120° = L_m\cos(-120°) = -L_m/2$，于是

$$\begin{cases} L_{AB} = L_{BC} = L_{CA} = L_{BA} = L_{CB} = L_{AC} = -L_m/2 \\ L_{ab} = L_{bc} = L_{ca} = L_{ba} = L_{cb} = L_{ac} = -L_m/2 \end{cases} \tag{4-55}$$

第二类互感，即定、转子之间的互感，由于相互间的角度变化，分别表示为

$$L_{Aa} = L_{aA} = L_{Bb} = L_{bB} = L_{Cc} = L_{cC} = L_m\cos\theta \tag{4-56}$$

$$L_{Ab} = L_{bA} = L_{Bc} = L_{cB} = L_{Ca} = L_{aC} = L_m\cos(\theta + 120°) \tag{4-57}$$

$$L_{Ac} = L_{cA} = L_{Ba} = L_{aB} = L_{Cb} = L_{bC} = L_m\cos(\theta - 120°) \tag{4-58}$$

当定、转子两相绕组轴线对准时，两者之间的互感值最大，为 L_m。

将式(4-53) ~ 式(4-58)都代入式(4-52)，得到完整的磁链方程，这个矩阵太大，为了表述方便，将它写成分块矩阵的形式

$$\begin{bmatrix} \boldsymbol{\Psi}_s \\ \boldsymbol{\Psi}_r \end{bmatrix} = \begin{bmatrix} \boldsymbol{L}_{ss} & \boldsymbol{L}_{sr} \\ \boldsymbol{L}_{rs} & \boldsymbol{L}_{rr} \end{bmatrix} \begin{bmatrix} \boldsymbol{i}_s \\ \boldsymbol{i}_r \end{bmatrix} \tag{4-59}$$

式中

$$\boldsymbol{\Psi}_s = [\Psi_A \quad \Psi_B \quad \Psi_C]^T \tag{4-60}$$

$$\boldsymbol{\Psi}_r = [\Psi_a \quad \Psi_b \quad \Psi_c]^T \tag{4-61}$$

$$\boldsymbol{i}_s = [i_A \quad i_B \quad i_C]^T \tag{4-62}$$

$$\boldsymbol{i}_{\mathrm{r}} = [i_{\mathrm{a}} \quad i_{\mathrm{b}} \quad i_{\mathrm{c}}]^{\mathrm{T}} \tag{4-63}$$

$$\boldsymbol{L}_{\mathrm{ss}} = \begin{bmatrix} L_{\mathrm{m}} + L_{\mathrm{ls}} & -L_{\mathrm{m}}/2 & -L_{\mathrm{m}}/2 \\ -L_{\mathrm{m}}/2 & L_{\mathrm{m}} + L_{\mathrm{ls}} & -L_{\mathrm{m}}/2 \\ -L_{\mathrm{m}}/2 & -L_{\mathrm{m}}/2 & L_{\mathrm{m}} + L_{\mathrm{ls}} \end{bmatrix} \tag{4-64}$$

$$\boldsymbol{L}_{\mathrm{rr}} = \begin{bmatrix} L_{\mathrm{m}} + L_{\mathrm{lr}} & -L_{\mathrm{m}}/2 & -L_{\mathrm{m}}/2 \\ -L_{\mathrm{m}}/2 & L_{\mathrm{m}} + L_{\mathrm{lr}} & -L_{\mathrm{m}}/2 \\ -L_{\mathrm{m}}/2 & -L_{\mathrm{m}}/2 & L_{\mathrm{m}} + L_{\mathrm{lr}} \end{bmatrix} \tag{4-65}$$

$$\boldsymbol{L}_{\mathrm{rs}} = \boldsymbol{L}_{\mathrm{sr}}^{\mathrm{T}} = L_{\mathrm{m}} \begin{bmatrix} \cos\theta & \cos(\theta - 120°) & \cos(\theta + 120°) \\ \cos(\theta + 120°) & \cos\theta & \cos(\theta - 120°) \\ \cos(\theta - 120°) & \cos(\theta + 120°) & \cos\theta \end{bmatrix} \tag{4-66}$$

式中，$\boldsymbol{L}_{\mathrm{rs}}$与$\boldsymbol{L}_{\mathrm{sr}}$两个分块矩阵互为转置，且均与转子位置$\theta$有关，它们的元素都是变参数，这是系统非线性的一个根源。利用前面所述的坐标变换，将三相静止定、转子绕组等效地变换成二相静止或二相旋转绕组，可以将变参数矩阵变换成常参数矩阵，下面将详细讨论。

如果把磁链方程（式（4-52b））代入电压方程（式（4-51b）），展开得

$$\begin{aligned} \boldsymbol{u} &= \boldsymbol{Ri} + p(\boldsymbol{Li}) = \boldsymbol{Ri} + \boldsymbol{L}\mathrm{d}\boldsymbol{i}/\mathrm{d}t + \boldsymbol{i}\mathrm{d}\boldsymbol{L}/\mathrm{d}t \\ &= \boldsymbol{Ri} + \boldsymbol{L}\mathrm{d}\boldsymbol{i}/\mathrm{d}t + \omega\boldsymbol{i}\mathrm{d}\boldsymbol{L}/\mathrm{d}\theta \end{aligned} \tag{4-67}$$

式中，$\boldsymbol{L}\mathrm{d}\boldsymbol{i}/\mathrm{d}t$项属电磁感应电动势中的脉变电动势（或称变压器电动势），$\omega\boldsymbol{i}\mathrm{d}\boldsymbol{L}/\mathrm{d}\theta$项属感应电动势中与转速$\omega$成正比的旋转电动势。

3. 转矩方程

根据第3章所述机电能量转换原理，在多绕组电动机中，在线性电感的条件下，磁场的储能与磁共能为（式（3-30））

$$W_{\mathrm{m}} = W'_{\mathrm{m}} = (1/2)\boldsymbol{i}^{\mathrm{T}}\boldsymbol{\Psi} = (1/2)\boldsymbol{i}^{\mathrm{T}}\boldsymbol{Li} \tag{4-68}$$

而电磁转矩等于机械角位移变化时磁共能的变化率（电流约束为常值），考虑到$\theta_{\mathrm{m}} = \theta/n_{\mathrm{p}}$，于是

$$T_{\mathrm{e}} = \left.\frac{\partial W'_{\mathrm{m}}}{\partial \theta_{\mathrm{m}}}\right|_{i=c} = n_{\mathrm{p}} \left.\frac{\partial W'_{\mathrm{m}}}{\partial \theta}\right|_{i=c} \tag{4-69}$$

将式（4-68）代入式（4-69），并考虑到电感的分块矩阵关系式(4-64)~式(4-66)，得

$$T_{\mathrm{e}} = \frac{1}{2} n_{\mathrm{p}} \boldsymbol{i}^{\mathrm{T}} \frac{\partial \boldsymbol{L}}{\partial \theta} \boldsymbol{i} = \frac{1}{2} n_{\mathrm{p}} \boldsymbol{i}^{\mathrm{T}} \begin{bmatrix} 0 & \dfrac{\partial \boldsymbol{L}_{\mathrm{sr}}}{\partial \theta} \\ \dfrac{\partial \boldsymbol{L}_{\mathrm{rs}}}{\partial \theta} & 0 \end{bmatrix} \boldsymbol{i} \tag{4-70}$$

又由于$\boldsymbol{i}^{\mathrm{T}} = [\boldsymbol{i}_{\mathrm{s}}^{\mathrm{T}} \quad \boldsymbol{i}_{\mathrm{r}}^{\mathrm{T}}] = [i_{\mathrm{A}} \quad i_{\mathrm{B}} \quad i_{\mathrm{C}} \quad i_{\mathrm{a}} \quad i_{\mathrm{b}} \quad i_{\mathrm{c}}]$,代入式(4-70)得

$$T_{\mathrm{e}} = \frac{1}{2} n_{\mathrm{p}} \left[\boldsymbol{i}_{\mathrm{r}}^{\mathrm{T}} \frac{\partial \boldsymbol{L}_{\mathrm{rs}}}{\partial \theta} \boldsymbol{i}_{\mathrm{s}} + \boldsymbol{i}_{\mathrm{s}}^{\mathrm{T}} \frac{\partial \boldsymbol{L}_{\mathrm{sr}}}{\partial \theta} \boldsymbol{i}_{\mathrm{r}} \right] \tag{4-71}$$

将式（4-66）代入式（4-71）并展开后，则

$$\begin{aligned} T_{\mathrm{e}} = -\frac{3}{2} n_{\mathrm{p}} L_{\mathrm{m}} [& (i_{\mathrm{A}} i_{\mathrm{a}} + i_{\mathrm{B}} i_{\mathrm{b}} + i_{\mathrm{C}} i_{\mathrm{c}}) \sin\theta + (i_{\mathrm{A}} i_{\mathrm{b}} + i_{\mathrm{B}} i_{\mathrm{c}} + i_{\mathrm{C}} i_{\mathrm{a}}) \sin(\theta + 120°) \\ & + (i_{\mathrm{A}} i_{\mathrm{c}} + i_{\mathrm{B}} i_{\mathrm{a}} + i_{\mathrm{C}} i_{\mathrm{b}}) \sin(\theta - 120°)] \end{aligned} \tag{4-72}$$

转矩方程式（4-72）体现了多变量和非线性，远比直流电动机的转矩表达式复杂。应该指出，上述公式是在线性磁路和磁动势在空间按正弦分布的条件下得出来的，但对定、转子电流的波形并未作任何假定，式中的电流都是瞬时值。因此，上述转矩公式完全适用于变频器供电的含有电流谐波的三相异步电动机调速系统。

4. 运动方程

在第 1 章中已经介绍过拖动系统的运动方程，这里重写如下

$$T_e = T_L + J\frac{d\omega_m}{dt} = T_L + \frac{J}{n_p}\frac{d\omega}{dt} \tag{4-73}$$

式中　T_L——负载转矩；

J——转动惯量；

n_p——电动机的极对数。

式（4-51）、式（4-52）、式（4-72）和式（4-73），再加上

$$\omega = \frac{d\theta}{dt} \tag{4-74}$$

便构成了恒转矩负载下异步电动机的高阶、多变量、非线性数学模型。6 个绕组的电压微分方程加上运动微分方程，至少是 7 阶，如果把式（4-74）也算在内，就成了 8 阶系统。

例 4-4　利用坐标变换 $\boldsymbol{C}_{i2/3}$ 和 $\boldsymbol{C}_{2r/2s}$，化简三相静止坐标系上的转矩方程式（4-72），推导出二相旋转坐标系上的转矩方程式。

解　利用 $\boldsymbol{C}_{2r/2s}$ 将 d-q 坐标系上的定子电流和转子电流变换到 α-β 坐标系上，再利用 $\boldsymbol{C}_{i2/3}$ 将 α-β 坐标系上的电流变到三相静止坐标系上的电流，得到

$$\begin{bmatrix} i_A \\ i_B \\ i_C \end{bmatrix} = \frac{2}{3}\begin{bmatrix} 1 & 0 \\ -\frac{1}{2} & \frac{\sqrt{3}}{2} \\ -\frac{1}{2} & -\frac{\sqrt{3}}{2} \end{bmatrix}\begin{bmatrix} \cos\varphi_s & -\sin\varphi_s \\ \sin\varphi_s & \cos\varphi_s \end{bmatrix}\begin{bmatrix} i_{ds} \\ i_{qs} \end{bmatrix}$$

$$\begin{bmatrix} i_a \\ i_b \\ i_c \end{bmatrix} = \frac{2}{3}\begin{bmatrix} 1 & 0 \\ -\frac{1}{2} & \frac{\sqrt{3}}{2} \\ -\frac{1}{2} & -\frac{\sqrt{3}}{2} \end{bmatrix}\begin{bmatrix} \cos\varphi_r & -\sin\varphi_r \\ \sin\varphi_r & \cos\varphi_r \end{bmatrix}\begin{bmatrix} i_{dr} \\ i_{qr} \end{bmatrix}$$

将结果代入上面的转矩方程式（4-72），注意到转子和定子的相对位置 $\theta = \varphi$，$\varphi = \varphi_s - \varphi_r$，$\varphi_r$ 是转子 a 相绕组与 d 轴的夹角，φ_s 是定子 A 相绕组与 d 轴的夹角。经过适当化简整理，得到 d-q 坐标系转矩方程

$$T_e = \frac{3}{2}n_p L_m(i_{qs}i_{dr} - i_{ds}i_{qr}) \tag{4-75}$$

式（4-75）表明：经过坐标变换，转矩表达式简化了许多，但是非线性的本质没有变。

4.3.4　异步电动机在两相 d-q 坐标系上的数学模型

由于两相坐标系的两个坐标轴互相垂直，不同轴绕组之间没有磁的耦合，仅此一点就会

使数学模型简单很多。

1. 异步电动机在两相任意旋转坐标系（d-q）上的数学模型

在进行数学模型由二相旋转到三相静止的坐标变换时，应分别对定子和转子的电压、电流、磁链进行变换，定子各量均用下标 s 表示，转子各量均用下标 r 表示。

定子电压的变换

$$\begin{bmatrix} u_A \\ u_B \\ u_C \end{bmatrix} = \begin{bmatrix} 1 & 0 \\ -\frac{1}{2} & \frac{\sqrt{3}}{2} \\ -\frac{1}{2} & -\frac{\sqrt{3}}{2} \end{bmatrix} \begin{bmatrix} \cos\varphi & -\sin\varphi \\ \sin\varphi & \cos\varphi \end{bmatrix} \begin{bmatrix} u_{ds} \\ u_{qs} \end{bmatrix}$$

定子磁链使用和定子电压完全相同的变换矩阵从 d-q 任意旋转坐标系变换到 A-B-C 静止坐标系，这里省略。

定子电流的变换

$$\begin{bmatrix} i_A \\ i_B \\ i_C \end{bmatrix} = \frac{2}{3} \begin{bmatrix} 1 & 0 \\ -\frac{1}{2} & \frac{\sqrt{3}}{2} \\ -\frac{1}{2} & -\frac{\sqrt{3}}{2} \end{bmatrix} \begin{bmatrix} \cos\varphi & -\sin\varphi \\ \sin\varphi & \cos\varphi \end{bmatrix} \begin{bmatrix} i_{ds} \\ i_{qs} \end{bmatrix}$$

先讨论 A 相，展开上述变换式，得到

$$u_A = u_{ds}\cos\varphi - u_{qs}\sin\varphi$$

$$i_A = \frac{2}{3}(i_{ds}\cos\varphi - i_{qs}\sin\varphi)$$

$$\Psi_A = \Psi_{ds}\cos\varphi - \Psi_{qs}\sin\varphi$$

在 A-B-C 三相静止坐标系上，A 相的电压方程为

$$u_A = i_A R_s + p\Psi_A$$

将 u_A、i_A、Ψ_A 三个变换式代入上式并整理后得

$$\left(u_{ds} - \frac{2}{3}R_s i_{ds} - p\Psi_{ds} + \Psi_{qs}p\varphi\right)\cos\varphi - \left(u_{qs} - \frac{2}{3}R_s i_{qs} - p\Psi_{qs} - \Psi_{ds}p\varphi\right)\sin\varphi = 0$$

令 $p\varphi = \omega_{dqs}$，为 d-q 旋转坐标系相对于定子的角速度；$2R_s/3 = R_{dqs}$，为 d-q 坐标系上等效的定子电阻。

由于 φ 为任意值，因此，下列两式必须分别成立

$$\begin{cases} u_{ds} = R_{dqs}i_{ds} + p\Psi_{ds} - \omega_{dqs}\Psi_{qs} \\ u_{qs} = R_{dqs}i_{qs} + p\Psi_{qs} + \omega_{dqs}\Psi_{ds} \end{cases} \tag{4-76}$$

这是变换后的定子电压方程。同理，变换后的转子电压方程为

$$\begin{cases} u_{dr} = R_{dqr}i_{dr} + p\Psi_{dr} - \omega_{dqr}\Psi_{qr} \\ u_{qr} = R_{dqr}i_{qr} + p\Psi_{qr} + \omega_{dqr}\Psi_{dr} \end{cases} \tag{4-77}$$

式中 ω_{dqr}——d-q 旋转坐标系相对于转子的角速度；

R_{dqr}——d-q 坐标系上等效的转子电阻，$R_{dqr} = 2R_r/3$。

值得注意的是，定子电压方程变换中的 φ 角为 d 轴与定子 A 相绕组之间的夹角，速度 ω_{dqs}为 d-q 坐标系相对于定子的角速度；而转子电压方程变换中的 φ 角为 d 轴与转子 a 相绕组之间的夹角，速度 ω_{dqr}为 d-q 坐标系相对于转子的角速度；从相对的观点讲这是可以理解的。电压方程中的第二项是变压器电动势，第三项是速度（运动）电动势，速度电动势仍然体现了耦合和非线性。

利用 B 相或者 C 相电压方程求出的结果与式（4-76）和式（4-77）相同。

在 d-q 旋转坐标系上的磁链方程为

$$\begin{cases}\Psi_{ds}=L_s i_{ds}+L_m i_{dr}\\ \Psi_{qs}=L_s i_{qs}+L_m i_{qr}\\ \Psi_{dr}=L_m i_{ds}+L_r i_{dr}\\ \Psi_{qr}=L_m i_{qs}+L_r i_{qr}\end{cases} \tag{4-78}$$

式中　L_m——d-q 坐标系定子与转子同轴等效绕组间的互感，也是电动机参数 L_m；

L_s——d-q 坐标系定子等效绕组的自感，也是电动机参数定子自感 L_s；

L_r——d-q 坐标系转子等效绕组的自感，也是电动机参数转子自感 L_r。

电压方程中的

R_{dqs}为 d-q 坐标系定子绕组电阻，等于相应电动机定子绕组电阻的 2/3 倍；

R_{dqr}为 d-q 坐标系转子绕组电阻，等于相应电动机转子绕组电阻的 2/3 倍；

ω_{dqs}为 d-q 坐标系相对于定子的角速度；

ω_{dqr}为 d-q 坐标系相对于转子的角速度。

重写例 4-4 中已经证明的转矩方程（式（4-75））

$$T_e=\frac{3}{2}n_p L_m(i_{qs}i_{dr}-i_{ds}i_{qr})$$

电压方程式（4-76）、式（4-77），磁链方程式（4-78），转矩方程式（4-75）和没有变化的运动方程式（4-73），构成了异步电动机在 d-q 任意转速旋转坐标系上的数学模型。它比 A-B-C 静止坐标系上的数学模型简单了很多，但非线性、多变量、强耦合的性质并未彻底改变。具体地讲，转矩方程式（4-75）和电压方程式（4-76）、式（4-77）中的速度电动势部分仍然体现了非线性、多变量、强耦合。

2. 异步电动机在两相静止坐标系（α-β）上的数学模型

上述二相任意旋转 d-q 坐标系上的数学模型适用于各种速度。当速度等于零时，就得到了异步电动机在二相静止坐标系上的数学模型。此时

$$\omega_{dqs}=0$$

$$\omega_{dqr}=-\omega$$

这意味着，定子电压方程中没有速度电动势；转子电压方程中与速度电动势成正比的速度正是转子速度 ω。磁链方程和转矩方程没有变化，当然，运动方程也没有变化。用下角标 α 代替 d，β 代替 q，写出它们的电压方程

$$\begin{cases}u_{\alpha s}=R_{dqs}i_{\alpha s}+p\Psi_{\alpha s}\\ u_{\beta s}=R_{dqs}i_{\beta s}+p\Psi_{\beta s}\\ u_{\alpha r}=R_{dqr}i_{\alpha r}+p\Psi_{\alpha r}+\omega\Psi_{\beta r}\\ u_{\beta r}=R_{dqr}i_{\beta r}+p\Psi_{\beta r}-\omega\Psi_{\alpha r}\end{cases} \tag{4-79}$$

根据式（4-79），绘出异步电动机的α-β等效电路，如图4-32所示。

图4-32中考虑到笼型异步电动机的转子被短接，令 $u_{\alpha r}$ 和 $u_{\beta r}$ 等于零。把图4-32等效电路和本章前面介绍的异步电动机稳态每相等效电路相比，不难发现它们的差别。这里用速度电动势取代了稳态等效电路中的电阻 $(1-s)R_r/s$，用速度电动势吸收能量并把它转换成机械功。这个等效电路反映了物理本质，既可用于稳态分析，也可用于动态分析。

根据式（4-75）改写转矩方程

$$T_e = \frac{3}{2}n_p L_m (i_{\beta s} i_{\alpha r} - i_{\alpha s} i_{\beta r}) \quad (4\text{-}80)$$

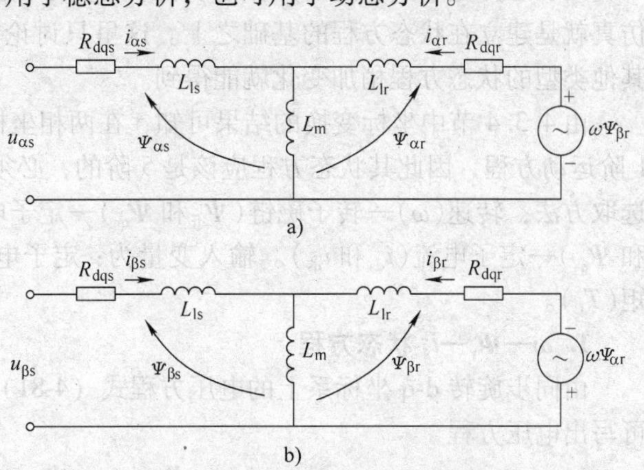

图4-32　异步电动机α-β等效电路

a）α轴电路　b）β轴电路

3. 异步电动机在两相同步旋转坐标系上的数学模型

另一种最常用的坐标系是以同步速度旋转的坐标系，其坐标轴仍用d-q表示，只是坐标轴的旋转速度变成

$\omega_{dqs} = \omega_1$（同步角速度）

$\omega_{dqr} = \omega_1 - \omega = \omega_s$（转差角速度）

代入到任意速度旋转坐标系的电压方程式（4-76）和式（4-77）中，并将磁链方程也一并代入，可以写出同步旋转坐标系上的电压方程的矩阵形式

$$\begin{bmatrix} u_{ds} \\ u_{qs} \\ u_{dr} \\ u_{qr} \end{bmatrix} = \begin{bmatrix} R_{dqs} + L_s p & -\omega_1 L_s & L_m p & -\omega_1 L_m \\ \omega_1 L_s & R_{dqs} + L_s p & \omega_1 L_m & L_m p \\ L_m p & -\omega_s L_m & R_{dqr} + L_r p & -\omega_s L_r \\ \omega_s L_m & L_m p & \omega_s L_r & R_{dqr} + L_r p \end{bmatrix} \begin{bmatrix} i_{ds} \\ i_{qs} \\ i_{dr} \\ i_{qr} \end{bmatrix} \quad (4\text{-}81)$$

磁链方程、转矩方程和运动方程均不变（与任意旋转坐标系相同）。

二相同步旋转坐标系的突出特点是：来自A-B-C三相静止坐标系中的正弦交流电压、电流变换到同步旋转d-q坐标系时，全部变成了直流。

异步电动机在两相同步旋转d-q坐标系上的数学模型是使用数学工具推导得到的，解读一下是很有意义的。图4-33所示为它的物理模型。外侧的两个绕组是等效的定子绕组 d_s、q_s，内侧的两个绕组是等效的转子绕组 d_r、q_r，两个坐标轴d、q互相垂直，它们之间没有耦合关系，互感磁链仅在同轴两个绕组间存在，这简单了不少，如果不考虑磁饱和，磁链方程呈线性。4个绕组随坐标系同步旋转，站在坐标系上观察，它们是伪静止的，因为存在速度电动势，就像直流电动机的电枢绕组一样。对于定子绕组来说，这个速度就是坐标系相对于电动机定子的转速 ω_1；对转子绕组来说，这个速度就

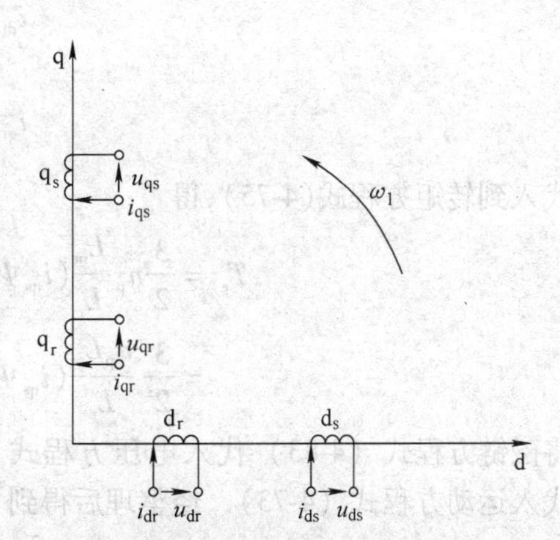

图4-33　异步电动机在二相同步旋转d-q坐标系上的物理模型

是坐标系相对于电动机转子的转速 ω_s。4 个电压微分方程加上一个运动微分方程，构成了一个 5 阶系统。转矩方程、速度电动势等环节仍然体现了非线性、多变量和强耦合的性质。

4.3.5 三相异步电动机在两相坐标系上的状态方程

用状态方程形式表达的异步电动机动态数学模型在动态分析中很有用，控制系统计算机仿真就是建立在状态方程的基础之上。这里只讨论两相同步旋转 d-q 坐标系上的状态方程，其他类型的状态方程稍加变化就能得到。

由 4.3.4 节中坐标变换的结果可知，在两相坐标系上，异步电动机具有 4 阶电压方程和 1 阶运动方程，因此其状态方程应该是 5 阶的，必须选取 5 个状态变量。有两种状态变量的选取方法：转速(ω)—转子磁链(Ψ_{dr}和 Ψ_{qr})—定子电流(i_{ds}和 i_{qs})；转速(ω)—定子磁链(Ψ_{ds}和 Ψ_{qs})—定子电流(i_{ds}和 i_{qs})。输入变量为：定子电压(u_{ds}和 u_{qs})—定子频率(ω_1)—负载转矩(T_L)。

1. ω—Ψ_r—i_s 状态方程

由同步旋转 d-q 坐标系上的电压方程式（4-81），考虑到笼型异步电动机的转子被短接，可写出电压方程

$$
\begin{cases}
u_{ds} = R_{dqs} i_{ds} + p\Psi_{ds} - \omega_1 \Psi_{qs} \\
u_{qs} = R_{dqs} i_{qs} + p\Psi_{qs} + \omega_1 \Psi_{ds} \\
0 = R_{dsr} i_{dr} + p\Psi_{dr} - (\omega_1 - \omega)\Psi_{qr} \\
0 = R_{dqr} i_{qr} + p\Psi_{qr} + (\omega_1 - \omega)\Psi_{dr}
\end{cases}
\tag{4-82}
$$

写出磁链方程

$$
\begin{cases}
\Psi_{ds} = L_s i_{ds} + L_m i_{dr} \\
\Psi_{qs} = L_s i_{qs} + L_m i_{qr} \\
\Psi_{dr} = L_m i_{ds} + L_r i_{dr} \\
\Psi_{qr} = L_m i_{qs} + L_r i_{qr}
\end{cases}
\tag{4-83}
$$

由式(4-83)的第 3 行和第 4 行可以解出

$$
i_{dr} = \frac{1}{L_r}(\Psi_{dr} - L_m i_{ds})
$$

$$
i_{qr} = \frac{1}{L_r}(\Psi_{qr} - L_m i_{qs})
$$

代入到转矩方程式(4-75)，得

$$
\begin{aligned}
T_e &= \frac{3}{2} n_p \frac{L_m}{L_r}(i_{qs}\Psi_{dr} - L_m i_{ds} i_{qs} - i_{ds}\Psi_{qr} + L_m i_{ds} i_{qs}) \\
&= \frac{3}{2}\frac{n_p L_m}{L_r}(i_{qs}\Psi_{dr} - i_{ds}\Psi_{qr})
\end{aligned}
\tag{4-84}
$$

将磁链方程式（4-83）代入电压方程式（4-82），消去 i_{dr}、i_{qr}、Ψ_{ds}、Ψ_{qs}，再将式（4-84）代入运动方程式（4-73），经整理后得到 ω—Ψ_r—i_s 状态方程

$$
\frac{d\omega}{dt} = \frac{3}{2}\frac{n_p^2 L_m}{J L_r}(i_{qs}\Psi_{dr} - i_{ds}\Psi_{qr}) - \frac{n_p}{J} T_L
\tag{4-85}
$$

$$\begin{cases}\dfrac{d\Psi_{dr}}{dt} = -\dfrac{1}{T_r}\Psi_{dr} + (\omega_1 - \omega)\Psi_{qr} + \dfrac{L_m}{T_r}i_{ds} \\ \dfrac{d\Psi_{qr}}{dt} = -\dfrac{1}{T_r}\Psi_{qr} - (\omega_1 - \omega)\Psi_{dr} + \dfrac{L_m}{T_r}i_{qs}\end{cases} \tag{4-86}$$

$$\begin{cases}\dfrac{di_{ds}}{dt} = \dfrac{L_m}{\sigma L_s L_r T_r}\Psi_{dr} + \dfrac{L_m}{\sigma L_s L_r}\omega\Psi_{qr} - \dfrac{R_{dqs}L_r^2 + R_{dqr}L_m^2}{\sigma L_s L_r^2}i_{ds} + \omega_1 i_{qs} + \dfrac{u_{ds}}{\sigma L_s} \\ \dfrac{di_{qs}}{dt} = \dfrac{L_m}{\sigma L_s L_r T_r}\Psi_{qr} - \dfrac{L_m}{\sigma L_s L_r}\omega\Psi_{dr} - \dfrac{R_{dqs}L_r^2 + R_{dqr}L_m^2}{\sigma L_s L_r^2}i_{qs} - \omega_1 i_{ds} + \dfrac{u_{qs}}{\sigma L_s}\end{cases} \tag{4-87}$$

式中 σ——电动机漏磁系数，$\sigma = 1 - \dfrac{L_m^2}{L_s L_r}$

T_r——转子电磁时间常数，$T_r = \dfrac{L_r}{R_{dqr}}$

在式(4-85)~式(4-87)的状态方程中，状态变量为

$$X = [\omega \quad \Psi_{dr} \quad \Psi_{qr} \quad i_{ds} \quad i_{qs}]^T$$

输入变量为

$$U = [u_{ds} \quad u_{qs} \quad \omega_1 \quad T_L]^T$$

2. ω—Ψ_s—i_s 状态方程

和上面的推导过程类似，将式（4-83）磁链方程代入式（4-82）电压方程，消去 i_{dr}、i_{qr}、Ψ_{dr}、Ψ_{qr}，整理后得到 ω—Ψ_s—i_s 状态方程为

$$\frac{d\omega}{dt} = \frac{3}{2}\frac{n_p^2}{J}(i_{qs}\Psi_{ds} - i_{ds}\Psi_{qs}) - \frac{n_p}{J}T_L \tag{4-88}$$

$$\begin{cases}\dfrac{d\Psi_{ds}}{dt} = -R_{dqs}i_{ds} + \omega_1\Psi_{qs} + u_{ds} \\ \dfrac{d\Psi_{qs}}{dt} = -R_{dqs}i_{qs} - \omega_1\Psi_{ds} + u_{qs}\end{cases} \tag{4-89}$$

$$\begin{cases}\dfrac{di_{ds}}{dt} = \dfrac{1}{\sigma L_s T_r}\Psi_{ds} + \dfrac{1}{\sigma L_s}\omega\Psi_{qs} - \dfrac{R_{dqs}L_r + R_{dqr}L_s}{\sigma L_s L_r}i_{ds} + (\omega_1 - \omega)i_{qs} + \dfrac{u_{ds}}{\sigma L_s} \\ \dfrac{di_{qs}}{dt} = \dfrac{1}{\sigma L_s T_r}\Psi_{qs} - \dfrac{1}{\sigma L_s}\omega\Psi_{ds} - \dfrac{R_{dqs}L_r + R_{dqr}L_s}{\sigma L_s L_r}i_{qs} - (\omega_1 - \omega)i_{ds} + \dfrac{u_{qs}}{\sigma L_s}\end{cases} \tag{4-90}$$

式中，状态变量为

$$X = [\omega \quad \Psi_{ds} \quad \Psi_{qs} \quad i_{ds} \quad i_{qs}]^T \tag{4-91}$$

输入变量为

$$U = [u_{ds} \quad u_{qs} \quad \omega_1 \quad T_L]^T \tag{4-92}$$

思考题与习题

4-1 比较坐标变换中匝数比选取的两种方法

$$\frac{N_3}{N_2} = 1 \text{ 和 } \frac{N_3}{N_2} = \sqrt{\frac{2}{3}}$$

提示：前者，当 $N_3/N_2=1$ 时，电压与电流的3/2（或2/3）变换矩阵不一样；后者，电压、电流、磁链的3/2（或2/3）变换矩阵完全相同。另一个差别是，使用前者，在空间矢量PWM方法中，可以容易地推导出一些很有用的结论。正是基于这个原因，本书使用了前者。

4-2　在二相任意速度旋转d-q坐标系上可以写出众多的转矩表达式，理解并证明下面列出的这些转矩表达式都相等。除了第一个表达式已经在例4-4中被证明外，其他表达式尚未证明，它们是：第二个表达式——气隙磁链与转子电流相互作用产生转矩；第三个表达式——气隙磁链与定子电流相互作用产生转矩；第四个表达式——定子磁链与定子电流相互作用产生转矩；第五个表达式——转子磁链与转子电流相互作用产生转矩。

$$\begin{cases} T_e=\dfrac{3}{2}n_pL_m(i_{qs}i_{dr}-i_{ds}i_{qr}) \\ T_e=\dfrac{3}{2}n_p(\boldsymbol{\Psi}_{qm}i_{dr}-\boldsymbol{\Psi}_{dm}i_{qr}) \\ T_e=\dfrac{3}{2}n_p(\boldsymbol{\Psi}_{dm}i_{qs}-\boldsymbol{\Psi}_{qm}i_{ds}) \\ T_e=\dfrac{3}{2}n_p(\boldsymbol{\Psi}_{ds}i_{qs}-\boldsymbol{\Psi}_{qs}i_{ds}) \\ T_e=\dfrac{3}{2}n_p(\boldsymbol{\Psi}_{qr}i_{dr}-\boldsymbol{\Psi}_{dr}i_{qr}) \end{cases} \tag{4-93}$$

4-3　异步电动机的转矩表达式（4-20a）

$$T_e=3n_p\boldsymbol{\Psi}_mI_r\sin\gamma=3n_p\boldsymbol{\Psi}_mI_r\cos\varphi_r$$

是基于稳态模型还是动态模型？式中，$\gamma=\varphi_r+90°$，γ 为转矩角，φ_r 为转子回路功率因数角，$\boldsymbol{\Psi}_m$ 为气隙磁链的有效值，I_r 为转子电流的有效值。

4-4　电流和磁链相互作用能产生转矩，那么在二相垂直坐标系中同一坐标轴上的电流和磁链相互作用能否产生转矩？为什么？

4-5　用矢量叉积形式表达的转矩的更一般形式为

$$|\boldsymbol{T}_e|=\frac{3}{2}n_p|\boldsymbol{\Psi}_m\times\boldsymbol{i}_r|=\frac{3}{2}n_p\hat{\boldsymbol{\Psi}}_m\hat{I}_r\sin\gamma \tag{4-94}$$

式中　$\hat{\boldsymbol{\Psi}}_m$——气隙磁链矢量的幅值；

$\hat{I}_r$——转子电流矢量的幅值。

这个公式可以从本章式（4-9）推出。将式（4-94）用分量的形式展开，证明与式（4-93）相同。

4-6　图4-6b所示为异步电动机的稳态每相等效电路，说明为什么这样的电路不能用于动态分析？

4-7　在推导异步电动机动态数学模型时作了3个假定，其中第一个假定是电动机气隙磁动势按正弦规律分布，请问在数学模型推导的什么地方用到了这个假定？

4-8　说明为什么d-q同步旋转坐标系上的异步电动机数学模型仍然是非线性。具体体现在什么地方？

4-9　简述异步电动机在下面4种不同的电压—频率协调控制时的机械特性并进行比较：

(1) 恒压恒频正弦波供电时异步电动机的机械特性；

(2) 基频以下电压-频率协调控制时异步电动机的机械特性；

(3) 基频以上恒压变频控制时异步电动机的机械特性；

(4) 恒流正弦波供电时异步电动机的机械特性。

4-10　为什么改变逆变角β的大小就能改变串级调速的转速？

4-11　串级调速起动过程需要按一定的步骤操作，其主要原因是什么？

4-12　串级调速系统比转子串电阻调速效率高的原因是什么？

第5章　异步电动机恒压频比控制

异步电动机的转速公式

$$n = n_0(1-s) = \frac{60f_1}{n_p}(1-s) \tag{5-1}$$

当极对数 n_p 与转差率 s 不变时，异步电动机的转速与频率 f_1 成正比。连续地改变驱动电源的频率，就可以平滑地调节电动机的转速。为了不降低带负载能力或者不引起磁路饱和，变频的同时，还需要协调地变压，如第4章中所述。常用的协调方法是恒压频比控制，异步电动机的这种调速方式称为变压变频（VVVF）调速，简称变频调速。本章从最简单的方波逆变器开始，介绍变频调速系统的构成和系统的基本单元。接着介绍脉宽调制PWM技术，包括规则采样PWM、电流跟踪PWM、空间矢量PWM。其后介绍性能较好的转速闭环转差频率控制变频调速系统，最后介绍基于V/F控制的通用变频器，它的基本结构、控制方式、保护功能与外围设备等。

5.1　变压变频调速的一般基础

5.1.1　变压变频调速时的 *U/f* 关系

在第4章已经讨论过，电动机调速时，希望气隙磁通保持恒定。为了做到这一点，应使电动势与频率的比值恒定，即

$$\frac{E_g}{f_1} = \text{常量} \tag{5-2}$$

然而，绕组中的电动势是难以检测和控制的，因而操作起来有困难。考虑到电动势较高时，可以忽略定子绕组的电阻压降和漏抗压降，而认为相电动势近似等于定子相电压，$E_g \approx U_s$，则得到

$$\frac{U_s}{f_1} = \text{常量} \tag{5-3}$$

这就是恒压频比控制方式。

低频时，U_s 和 E_g 都比较小，定子电阻和漏抗压降所占的份额就比较显著，不能忽略。这时，可以人为地把定子电压升高一些，以便近似补偿定子阻抗上的压降。带定子压降补偿的恒压频比控制特性如图5-1a中的斜线1，而斜线2为不带定子压降补偿的恒压频比控制特性。

在实际应用中，由于负载大小不同，需要的补偿量也不一样，应该给用户留有选择的余地。在通用变频器中，作为一个参数，用户可以设定一个合适的补偿量。

在基频（基频一般指额定频率）以上调速时，受电源能力和电动机耐压的限制，电压不再继续随频率上升，通常的做法是保持 $U_s = U_{sN}$，这将迫使磁通随频率上升成反比地下降，相当于直流电动机弱磁升速。

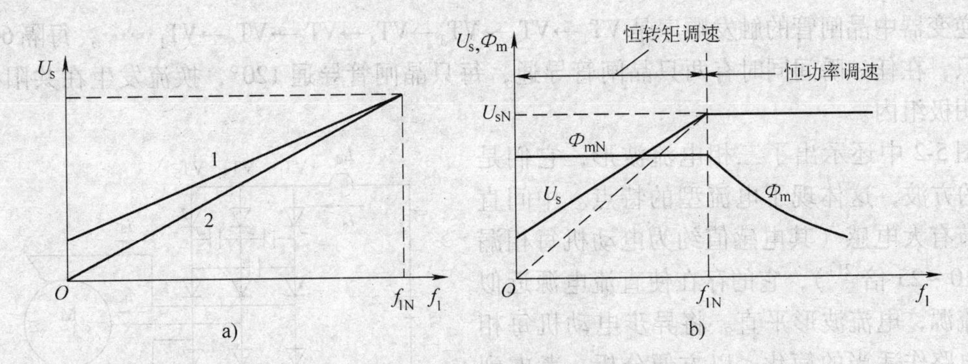

图5-1　U/f关系

a）恒压频比控制特性　b）变压变频控制特性

完整的U/f特性如图5-1b所示。如果电动机在不同转速时所带的负载都能使电流达到额定值，即都能在允许的温升下长期运行，则转矩基本上随磁通变化。所以概括地总结为：基频以下，恒磁通意味着恒转矩；基频以上，弱磁升速意味着恒功率，类似直流电动机。

5.1.2　交-直-交电压型方波逆变器的工作原理

图5-2所示为电压型准方波逆变器主电路及波形，强迫换流电路未画出。逆变器中晶闸管的导通顺序是$VT_1 \rightarrow VT_2 \rightarrow VT_3 \rightarrow VT_4 \rightarrow VT_5 \rightarrow VT_6 \rightarrow VT_1$……，各触发信号相隔60°的电角度，在任意瞬间有3只晶闸管同时导通，每只晶闸管导通时间为180°电角度所对应的时间，两只晶闸管的换流是在同一支路内进行。电动机星形联结，中性点为n。图中还示出了相电压的波形、线电压的波形和线电流的波形。三相电压波形相位相差120°，三相是对称的。从波形图可以求出相电压的有效值U_{an}和线电压的有效值U_{ab}分别为

$$U_{an} = \frac{\sqrt{2}}{3} U_d$$

$$U_{ab} = \frac{\sqrt{2}}{\sqrt{3}} U_d$$

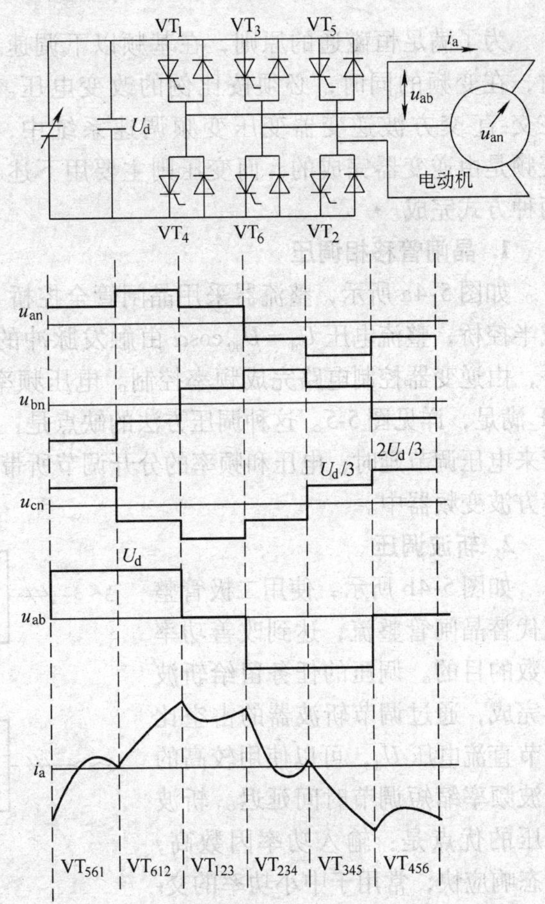

图5-2　电压型准方波逆变器主电路及波形

5.1.3　交-直-交电流型方波逆变器的工作原理

图5-3所示为电流型逆变器的主电路及波形。

这种主电路拓扑称为串联二极管式，6个电容起强迫换流的作用。电动机正转

时，逆变器中晶闸管的触发顺序是 $VT_1 \rightarrow VT_2 \rightarrow VT_3 \rightarrow VT_4 \rightarrow VT_5 \rightarrow VT_6 \rightarrow VT_1 \cdots\cdots$，每隔60°触发一只，在任一瞬间同时有两只晶闸管导通，每只晶闸管导通120°，换流发生在共阳极组或共阴极组内。

图5-2中还示出了三相电流波形，它们是120°的方波，这体现了电流型的特点。中间直流环节有大电感（其电感值约为电动机每相漏感的10~25倍[21]），它的存在使直流电源近似为恒流源，电流波形平直。将异步电动机每相等效电路作适当的简化，以方便分析。考虑到电流源的等效内阻很大，忽略定子电阻、定子漏感和铁心损耗电阻，将励磁电感移到转子漏感之后，电动机每相可以等效为基波电动势串漏感[21]。因而，电动机电压波形近似为正弦（基波电动势的波形），其上叠加有换流过程在漏感上引起的电压尖峰，如图5-3所示。

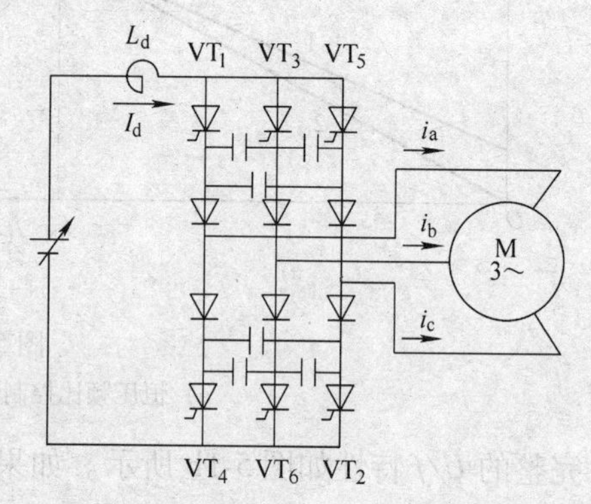

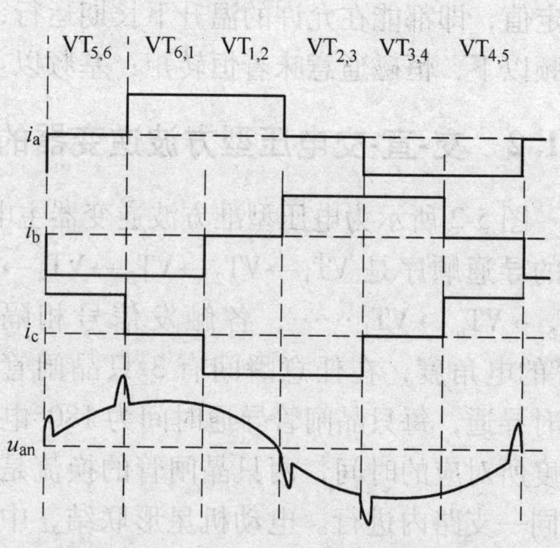

图5-3　电流型逆变器主电路及波形

5.1.4　逆变器的电压控制方式

为了满足恒磁通的原则，在基频以下调速时，在变频的同时，必须按比例的改变电压。在交-直-交方波逆变器变压变频调速系统中，变频是由逆变器完成的，而变压则主要用下述两种方式完成。

1. 晶闸管移相调压

如图5-4a所示，整流器采用晶闸管全控桥或半控桥，整流电压 $U_d = U_{d0}\cos\alpha$ 由触发脉冲的触发延迟角 α 来改变。逆变器采用三相全桥，由逆变器控制电路完成频率控制。电压频率协调所需要的 U/f 关系，由函数发生单元GF满足，详见图5-5。这种调压方法的缺点是：晶闸管整流带来功率因数滞后；电容充放电带来电压调节延时；电压和频率的分开调节所带来的动态不协调。这种调压方法常用于大功率方波变频器中。

2. 斩波调压

如图5-4b所示，使用二极管整流代替晶闸管整流，达到改善功率因数的目的。调压的任务留给斩波器完成，通过调节斩波器的占空比调节直流电压 U_d，可以使用较高的斩波频率缩短调节时间延迟。斩波调压的优点是：输入功率因数高，动态响应快，常用于中小功率的交-直-交方波变频器中。

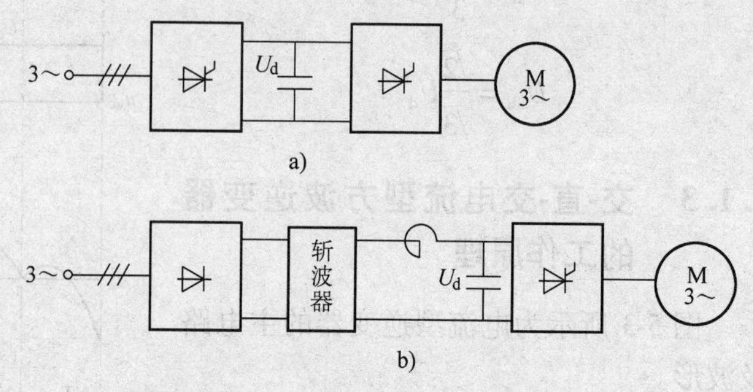

图5-4　方波逆变器的电压调节
a）晶闸管整流　b）斩波调压

5.2　转速开环交-直-交电压型变频调速系统

5.2.1　系统结构框图

图5-5所示为一种转速开环电压型变频调速系统。它的特点是结构简单，用于对调速性能要求不高或功率较大的场合，例如风机、水泵、输送带传动等。

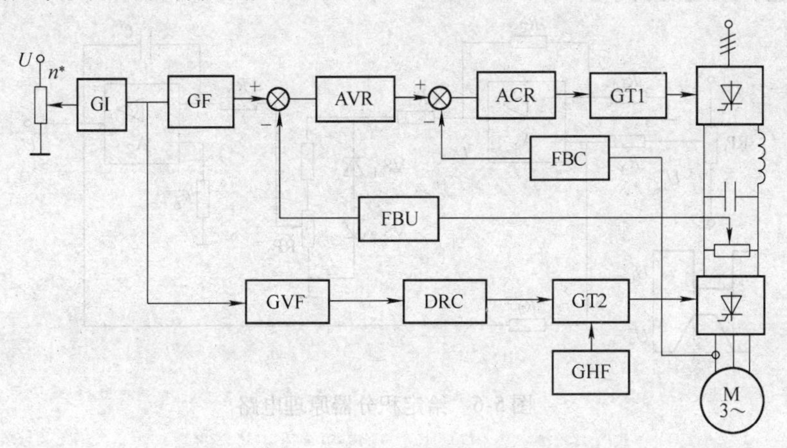

图5-5　转速开环电压型变频调速系统

主电路的整流器采用三相全控桥，逆变器采用晶闸管180°方波导电型，中间直流环节采用电容器。控制电路分电压控制和频率控制两部分。电压控制包括给定积分器GI、函数发生器GF、电压调节器AVR、电流调节器ACR和触发器GT1。改变转速给定值n^*的大小，可以按照预定的函数关系改变整流桥直流输出电压的大小，电压反馈环节保证实际电压与给定电压大小一致。电压控制环还包括了一个电流控制内环。频率控制包括电压频率变换器GVF、环形分配器DRC、触发器GT2。转速给定值经过给定积分后变成斜坡函数，再经电压频率转换GVF，变成频率与转速给定成正比的脉冲，再经环形分配器DRC 6分频，输出6路信号给触发器GT2，经触发器隔离、放大后，分别去触发逆变器上的6只晶闸管。两路信号的协调靠函数发生器GF，它保证了基频以下恒转矩控制、基频以上恒功率控制。下面分别介绍系统中的主要控制单元的工作原理。

5.2.2　系统的基本单元

1. 给定积分器（GI）

给定积分器的功能是将阶跃给定信号转变成斜坡信号，借此可以消除信号突变给系统造成的不利影响。突变给定信号会造成电流、电压、转矩的迅速增加，对电系统和机械系统造成冲击，甚至损害。系统对给定积分器的要求是，斜率可调、线性度好，工作稳定可靠。图5-6所示为一种给定积分器的原理电路。

图5-6中，RP_1是给定电位器，A_1是高放大倍数比例器，A_2是线性度很好的积分器，限幅环节由R_4、VS_1、VS_2组成。当RP_1给出一个正信号时，A_1的输出立即上升到正饱和，

经限幅分压后加在 A_2 的反向输入端，则 A_2 输出负向增长的斜坡电压 U_o，直到 A_2 的输入端为 0 时才停止增长，而后保持输入端为 0 瞬间的积分值不变。A_2 输出的 U_o 反馈到 A_1 的输入端，只要 U_o 小于给定信号，A_1 的输出总是处于饱和状态，继续给 A_2 施加一定的输入，使其继续积分，输出 U_o 继续增加，直到 U_o 略大于给定信号时，才会使 A_1 退出饱和，其输出 U_1 恢复到 0 电位。这样，A_2 的输入为 0，输出才会维持在一个稳定值上。A_2 的积分时间常数 $\tau = R_5 C$，当 R_5 和 C 一定时，调节电位器 RP_2，即可调节 U_o 的负向增长斜率，从而调节电动机加速、减速的斜率。

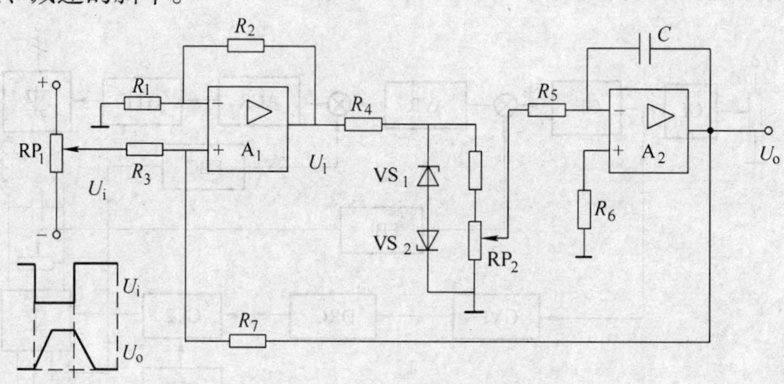

图 5-6　给定积分器原理电路

2. 函数发生器（GF）

函数发生器的功能是实现调速时 U/f 协调所需要的函数关系，它的工作原理如图 5-7 所示。

对运算放大器 A 的虚地点列电流平衡方程式，可推导出函数发生器输出 U_o 和输入 U_i 之间的关系式为

$$U_o = -\left(U_i \frac{R_2 + RP_2}{R_1} + U_k \frac{R_2 + RP_2}{R_5}\right)$$

对应的输入输出特性如图 5-7b 斜线 2 所示。当输入电压 $U_i = 0$ 时，输出电压 U_o 取决于 U_k 和 R_5，它们决定初始补偿量的大小；当 $U_k = 0$ 时，无补偿，如图 5-7b 斜线 1 所示。可以看出，调节 RP_2 可以调节 U/f 特性的斜率，调节 RP_1 则可以调节补偿量。在基频 f_N 以上利用运算放大器本身的限幅作用，限制 U_o 恒定，实现恒功率调速。

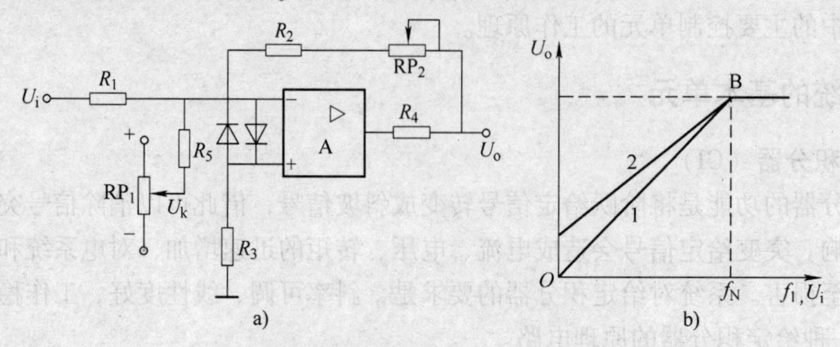

图 5-7　函数发生器的工作原理

a）电路图　b）输入输出特性曲线

3. 电压频率转换器（GVF）

电压频率转换器的功能是将与速度给定对应的电压信号转换成相应频率的脉冲信号。对它的基本要求是：有比较好的稳定性；有满足要求的线性控制范围。有多种方法实现它，可以用模拟电路，也可以用数字电路；可以用分立元件，也可以用集成模块。图 5-8 所示为一种用运算放大器构成的电压频率转换器（或压控振荡器（VCO）[22]）。

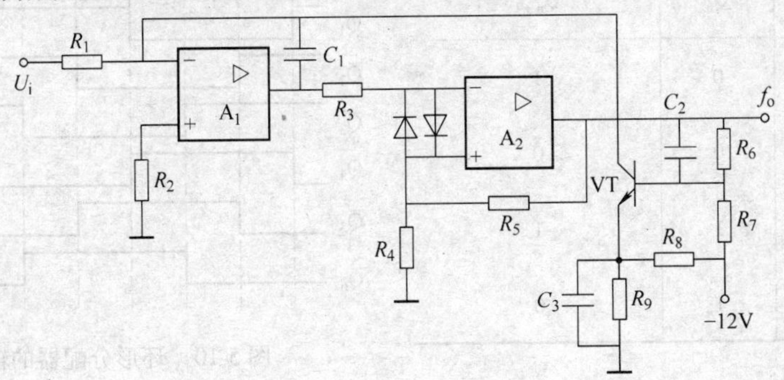

图 5-8　电压频率转换器

它由积分运算放大器 A_1、电压比较器 A_2、开关晶体管 VT 组成。输入电压 U_i 通过电阻 R_1 对积分电容 C_1 充电，结果使 A_1 的输出下降，当此电压下降到比较器 A_2 的下限触发电平时，比较器 A_2 的输出从低电平跳至高电平，使晶体管 VT 导通，积分电容 C_1 迅速放电，使 A_1 输出电压上升，当上升到比较器运算放大器 A_2 的上限触发电平时，比较器输出端恢复低电平，晶体管 VT 截止，积分电容进行第二次充电。这样周而复始，便在比较器输出端得到一列脉冲。调节 U_i 的大小即可调节输出脉冲的频率 f_o。

4. 环形分配器（DRC）

环形分配器的功能是将电压频率转换器输出的时钟信号分成 6 路频率为时钟 1/6 的循环脉冲信号，为逆变器上的 6 只晶闸管提供触发脉冲。或者说，环形分配器将时钟脉冲 6 个一组地依次分配给 6 只晶闸管，简称 6 分频。有各种各样的 6 分频器方案。图 5-9 所示为其中的一种环形分配器原理图。

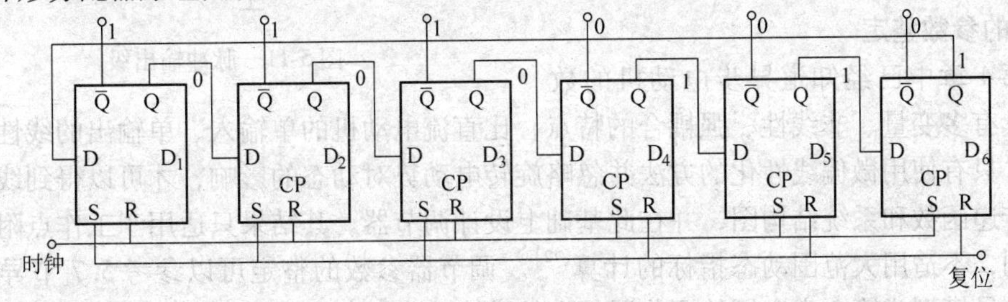

图 5-9　环形分配器原理图

该环形分配器由 6 个 D 触发器构成。其状态激励表见表 5-1。D 触发器的初始状态由 R、S 端确定，S = 1 触发器置 1，R = 1 触发器清 0。图 5-9 所示的初始状态为 $D_1 = D_2 = D_3 = 1$；$D_4 = D_5 = D_6 = 0$。当第一个脉冲信号前沿到来时，第 1 个和第 4 个 D 触发器翻转；当第 2 个脉冲信号的前沿到来时，则第 2 个和第 5 个触发器翻转，依次类推。可以得到环形分配器的输出状态如图 5-10 所示。

如果时钟脉冲间隔为 60°电角度，则环形分配器的输出为 6 路宽 180°、6 路的相位依次差 60°的脉冲列。

表 5-1　D 触发器的状态激励表

D 端输入状态	Q_n	Q_{n+1}
1	0	1
0	0	0
1	1	1
0	1	0

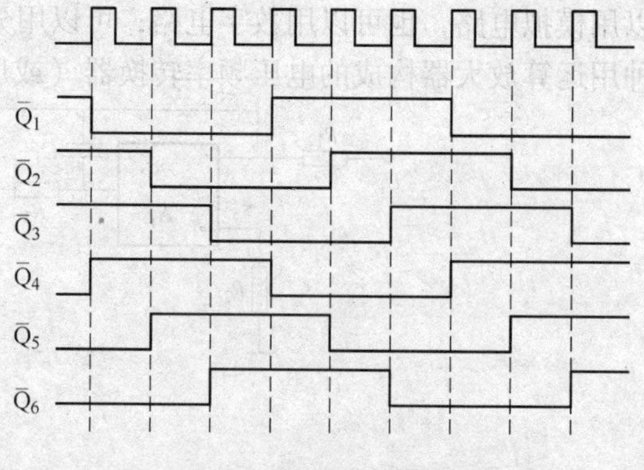

图 5-10　环形分配器的输出状态

5. 脉冲输出级（GT）

脉冲输出级的功能是将环形分配器的输出信号功率放大，在主电路和控制电路之间提供必要的电隔离，如图 5-11 所示。

环形分配器的一路输出控制晶体管 VT_2 的通断，其脉冲宽度为 180°或 120°，脉冲频率较低，在几十赫兹上下。为了减小脉冲变压器 T 的体积，需要对触发脉冲进行高频调制，晶体管 VT_1 的通断受数千赫兹高频信号源（GHF）的控制，结果脉冲变压器一次侧承受的是 180°或 120°宽的高频脉冲列。变压器二次侧的输出信号经过二极管整流后，送至相应晶闸管的门极。

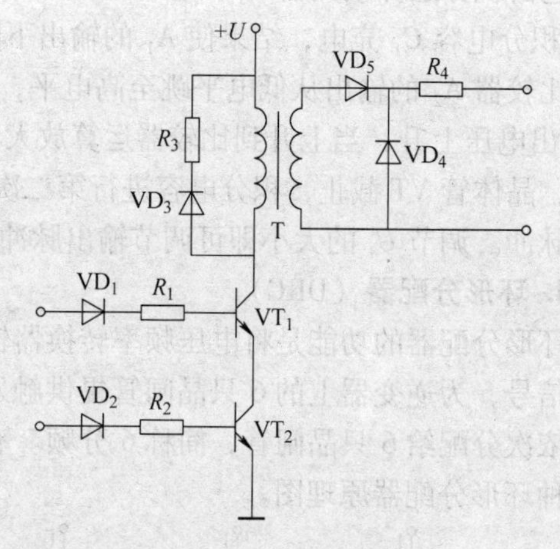

图 5-11　脉冲输出级

6. 电压调节器（AVR）和电流调节器（ACR）的参数整定

在第 4 章中已经知道异步电动机的数学模型具有多变量、非线性、强耦合的特点，比直流电动机的单输入、单输出的线性特性复杂得多。只有使用微偏线性化的方法并忽略旋转电动势对动态的影响，才可以得到线性解耦的动态传递函数和系统结构图，并在此基础上设计调节器。其结果只适用于工作点附近稳定性的判别，不适用大范围动态指标的计算[12]。调节器参数的整定可以参考 5.7 节异步电动机的小信号模型或第 9 章介绍的调节器整定的试凑法。

5.3　转速开环交-直-交电流型变频调速系统

5.3.1　系统结构框图

恒压频比控制转速开环电流型变频调速系统结构框图如图 5-12 所示。

主电路包括一个三相全控桥整流器 UR、一个 120°导电型电流逆变器 UI、一个中间直流环节平波和储能电抗 L_d。U/f 控制方式采用图 5-2 所示的控制特性，即基频以下恒转矩，基频以上恒功率。控制电路分电压控制和频率控制两路。电压采用闭环控制，在电压环外增加绝对值单元 GAB，在电压环内增加电流内环，AVR、ACR 分别是电压调节器和电流调节器。电压调节器的输出设有限幅，可以保证动态中以限幅值允许的最大电流加减速，提高动态性能。频率控制电路除了电压频率转换器 GVF、环形分配器 DRC、脉冲输出级 GT2 外，还增加了绝对值运算器 GAB 和逻辑开关 DLS 等环节。绝对值运算器的功能是将正、负极性的输入信号转换为单一极性的信号。因为本系统为可逆调速系统，所以给定信号有正、负极性之分，而电压控制电路和频率控制电路需要单一极性的输入，绝对值运算器可以完成这个转换。逻辑开关 DLS 的功能是根据给定转速信号的极性，控制环形分配器输出信号的相序，实现电动机的可逆运转。

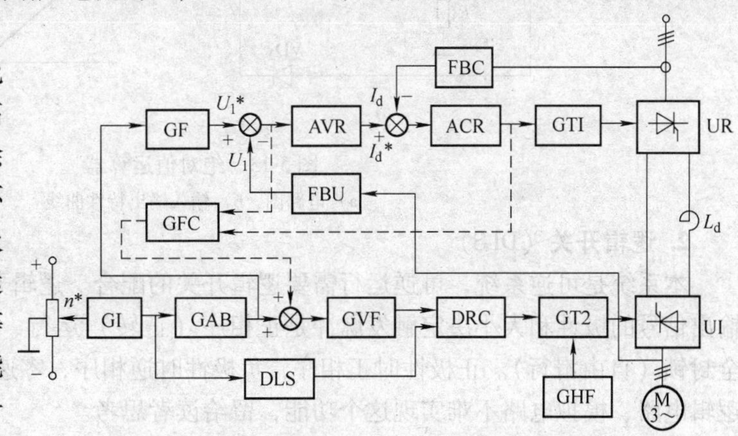

图 5-12　恒压频比控制转速开环电流型变频调速系统

电压和频率分别控制，与 5.2 节的电压型一样，它们的协调由函数发生器 GF 保证。

当转速给定为负值时，给定积分 GI 的输出为负极性，经逻辑开关 DLS 检测后，控制环形分配器 DRC 输出逆相序，实现异步电动机反转。

当突然降低转速给定 n^* 时，由于机械惯性转子转速不会立即变化，异步电动机工作在发电制动状态，逆变桥工作在整流状态，整流桥工作在有源逆变状态。这时的功率关系为异步电动机将降速过程释放出来的动能转换成交流电功率，经原逆变桥转换为直流电功率，再经原整流桥有源逆变回馈电网。可见，在再生发电时主电路和控制电路不必改变拓扑结构。

本系统能实现能耗制动，使逆变器不同桥臂上的两只晶闸管同时导通，通过定子绕组流过直流，在气隙中形成不旋转的磁场；转子绕组依惯性继续转动，在转子中感应电动势，形成电流，转子电流与气隙磁场相互作用产生制动转矩。最后动能全部变为热能耗散掉。

5.3.2　系统的基本单元

系统的单元很多，但是大部分与电压型的相同，这里仅就几个不同的给予介绍。

1. 绝对值运算器（GAB）

绝对值运算器的功能是将正负极性的输入信号转换为单一极性，但大小保持不变，如图 5-13 所示。

该单元主要由增益为 1 的比例放大器 A 和二极管 VD_1、VD_2 组成。当输入信号 U_i 为正时，直接经二极管 VD_2 输出正极性的信号；当输入信号 U_i 为负时，经单位增益运算放大器 A 反号，再经 VD_1 输出。忽略二极管的正向电压降，则输出电压与输入电压大小相同，且为单极性。输入输出特性如图 5-13b 所示。

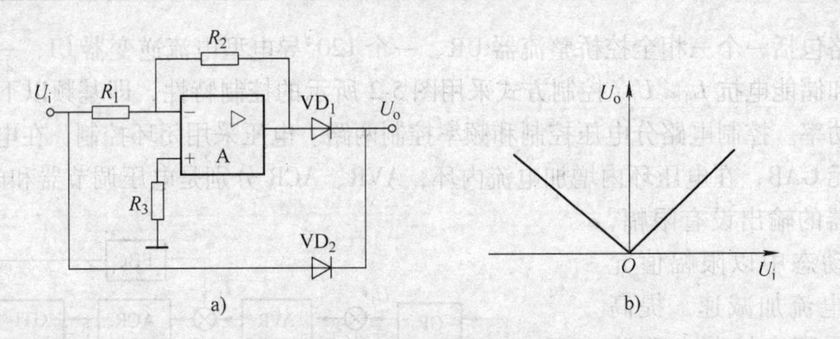

图 5-13　绝对值运算器

a）电路图　b）输入输出特性曲线

2. 逻辑开关（DLS）

本系统是可逆系统，可逆运行需要逻辑开关的配合。逻辑开关的功能是根据给定积分器输出信号的极性和大小决定触发脉冲是正相序（正转）运行、逆相序（反转）运行或者完全封锁（自由滑行）。正极性时正相序，负极性时逆相序，零速附近（死区）完全封锁。用逻辑电路、模拟电路不难实现这个功能，留给读者思考。

3. 频率瞬态校正器（GFC）

频率瞬态校正器的功能是在动态中近似保持 U/f 协调关系不变，改善系统的稳定性。频率瞬态校正器是一个微分环节。由于系统中电压是闭环控制，而频率是开环控制，在电压闭环动态调节中，比如由于负载扰动引起电压调节，频率也应相应调节（这个调节由频率瞬态校正器完成），否则，动态中电压、频率将不协调。

5.4　谐波的影响

电动机期望有正弦电压和正弦电流，但是前述方波或者准方波逆变器所产生的却不是正弦波，这对电动机的运行有什么影响呢？应用傅里叶分析的方法对方波或准方波进行分解，可以得到有用的基波和不期望的谐波。一般说来，谐波有 4 个有害的影响，它们是：①转矩脉动；②谐波发热；③参数变化；④噪声。

5.4.1　转矩脉动

对于平衡的三相方波电压，只有奇次谐波，其中 3 的整数倍的谐波称为零序谐波，不能在具有隔离中性点的星形和三角形联结的电动机中形成电流。只考虑非 3 的整数倍的谐波。

对图 5-2 所示电压型逆变器 A 相电压 u_{an} 进行傅里叶分析，得到

$$u_{an}=\frac{2U_d}{\pi}\left(\sin\omega_1 t+\frac{1}{5}\sin5\omega_1 t+\frac{1}{7}\sin7\omega_1 t+\frac{1}{11}\sin11\omega_1 t+\frac{1}{13}\sin13\omega_1 t+\cdots\right) \tag{5-4}$$

它的相电压有效值 $U_a=0.471U_d$，相电压基波有效值 $U_{a1}=0.45U_d$（即$\sqrt{2}U_d/\pi$）。

对图 5-2 所示逆变器线电压 u_{ab} 进行傅里叶分析，得到

$$u_{ab}=\frac{2\sqrt{3}}{\pi}U_d\left(\sin\omega_1 t-\frac{1}{5}\sin5\omega_1 t-\frac{1}{7}\sin7\omega_1 t+\frac{1}{11}\sin11\omega_1 t+\frac{1}{13}\sin13\omega_1 t-\cdots\right) \tag{5-5}$$

它的线电压有效值 $U_{ab}=0.816U_d$，线电压基波有效值 $U_{ab1}=0.78U_d$（即$\sqrt{6}U_d/\pi$）。

可见，180°方波中除了基波外还含有较多的谐波，其中影响较大的是5次和7次谐波。5次谐波产生逆相序的旋转磁场，7次谐波产生正相序的旋转磁场，它们旋转的速度比基波旋转磁场快得多。电动机的转速由基波决定，转子基波电流产生的磁动势（以同步转速旋转）与定子5次谐波旋转磁场和7次谐波旋转磁场之间相互作用产生的转矩是交变的（定、转子磁动势存在相对运动），平均转矩等于0。这种交变的转矩即转矩脉动，影响电动机运转的平稳性，特别是低速运行时，会超出静差率指标。一般说来方波逆变器不宜在5Hz以下驱动异步电动机。

5.4.2　谐波发热

对于5次、7次等高次谐波旋转磁场，它们与转子的转差率比较大，与5次谐波对应的转差率略大于1，与7次谐波对应的转差率略小于1。类似于异步电动机基波每相等效电路，也可以画出谐波每相等效电路，根据等效电路计算损耗。

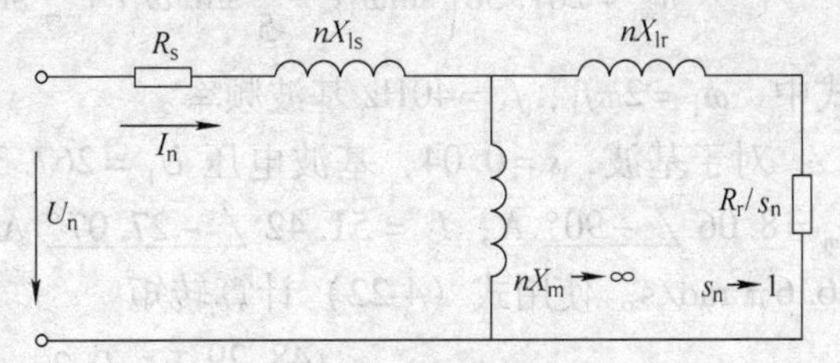

图5-14　谐波计算用每相等效电路

按图5-14等效电路计算 n 次谐波的铜耗。一般说来，变频调速情况下，谐波的铜耗要大于谐波的铁耗。铁心损耗包括涡流损耗和磁滞损耗，由于谐波频率高，谐波铁心损耗等效电阻（图中未画出）比基波有所增加[17]。

谐波损耗额外增加了电动机的发热，使电动机不能以额定功率长期运行。

5.4.3　参数变化

变频运行中电动机的参数很难保持恒定，原因如下：

1）发热使定子电阻和转子电阻增加。

2）趋肤效应使电流集中在导体表面，引起电阻增加和漏感减小，其中趋肤效应特别对转子（笼型转子的导线是一根较粗的导条，易受趋肤效应的影响）电阻的增加影响较大。

3）频率越高，趋肤效应的影响越大；谐波的频率高，因而趋肤效应的影响大。

4）励磁电流增加时，励磁电感易受磁路饱和的影响而变小，相对说来漏感受的影响较小，这是因为漏感磁路较多的偏离了磁心所致。

5.4.4　噪声

对于以几十赫兹频率运行的方波逆变器来说，它的5次、7次、11次、13次等高次谐波正好是人耳听觉的灵敏区，电动机运行时产生令人生厌的噪声，对于很多使用场合，这是一个很大的问题。

小结：方波逆变器技术简单、使用可靠，是变频调速发展史上最早投入使用的技术，直到今天，仍然在大功率场合使用。方波逆变器的主要问题是谐波含量高，功能指标低，解决这个问题有两条路可走：一条路是在大功率场合，使用多重化（或多电平化）技术，将多路方波逆变器错相复合（串联或者并联），既获得了大功率，又改善了波形；另一条路就是脉冲调宽（Pulse Width Modulation，PWM）技术，广泛地应用在中、小功率场合。

例 5-1　一台 6 极星形联结的异步电动机等效电路有下列参数：励磁电感为 132mH，定子电阻为 0.25Ω，定子漏感为 4mH，转子电阻为 0.20Ω，转子漏感为 3mH，所有的转子参数已折算到定子侧。电动机由方波电压型逆变器驱动，频率为 40Hz，相电压波形如图 5-2 所示，峰值电压为 280V($2U_d/3$)。求解并画出每相电流波形，求解与转差率 0.04 对应的转矩，分析对逆变器电压输出各谐波分量的响应。

解　类似这样的计算只是打算给出电动机响应的大概指导，使用图 4-8 所示异步电动机近似等效电路就足够了。其中 $R_s = 0.25\Omega$，$R_r = 0.20\Omega$，$L_{ls} + L_{lr} = (4+3)\text{mH} = 7\text{mH}$，$L_m = 132\text{mH}$。

对相电压进行傅里叶分析，得到

$$u_{an} = 267.38\left(\sin\omega_1 t + \frac{1}{5}\sin 5\omega_1 t + \frac{1}{7}\sin 7\omega_1 t + \frac{1}{11}\sin 11\omega_1 t + \frac{1}{13}\sin 13\omega_1 t + \cdots\right)$$

式中，$\omega_1 = 2\pi f_1$，$f_1 = 40\text{Hz}$ 基波频率。

对于基波，$s=0.04$，基波电压 $U_1 = 267.38\angle 0°$ V，$s = 0.04$，$I_r = 48.29\angle -18.53°$ A，$I_m = 8.06\angle -90°$ A，$I_s = 51.42\angle -27.07°$ A，$n_p = 3$，同步转速 $=(40/3)\times 2\pi$ rad/s $= 26.6\pi$ rad/s。使用式（4-22）计算转矩

$$T_e = 3\left(\frac{48.29}{\sqrt{2}}\right)^2 \times \frac{0.2}{0.04} \times \frac{1}{26.6\pi}\text{N}\cdot\text{m} \approx 208.8\text{N}\cdot\text{m}$$

对于5次谐波，$f_5 = 40\times 5\text{Hz} = 200\text{Hz}$，同步转速为 $5\times 26.6\pi$rad/s，产生逆序旋转磁场，转差率

$$s_5 = 1 + \frac{1-0.04}{5} = 1.192$$

$U_5 = 267.38/5\text{V} = 53.48\text{V}$，$s_5 = 1.192$，$I_r = 6.07\angle -87.28°$ A，$I_m = 0.32\angle -90°$ A，$I_s = 6.39\angle -87.42°$ A，$\omega_{syn} = 26.6\pi\times 5$rad/s，产生 5 次谐波负转矩 $T_e = -0.021\text{N}\cdot\text{m}$。

对于 7 次谐波，产生正序旋转磁场，转差率

$$s_7 = 1 - \frac{1-0.04}{7} = 0.863$$

产生 7 次谐波转矩 $T_e = 0.006\text{N}\cdot\text{m}$。

如此继续分析直到 13 次谐波，得到电流的表达式

$$i_{an} = [51.42\sin(\omega_1 t - 0.4725) + 6.39\sin 5(\omega_1 t - 0.3052) + 3.26\sin 7(\omega_1 t - 0.2191) + 1.32\sin 11(\omega_1 t - 0.1409) + 0.95\sin 13(\omega_1 t - 0.1194)]$$

式中，对于 5 次谐波，0.3052 是 87.42°/5 所对应的弧度（rad），其他依次类推。按照上式，可以计算（借助计算机）并画出方波逆变器电动机电流波形如图 5-15 所示。

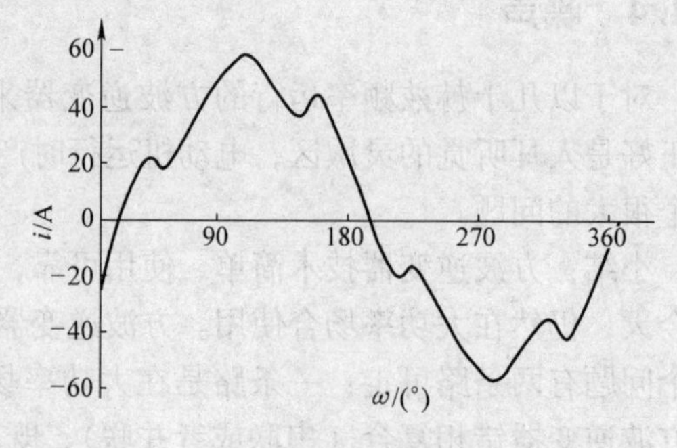

图 5-15　方波逆变器电动机电流波形

从以上的计算结果可以看出，与基波产生的转矩（208.8N·m）相比，5 次谐波产生的转矩为负且很小（−0.021N·m），7 次谐波产生的转矩更小（0.006N·m）。

例 5-2　用 MATLAB 仿真工具对图 5-2 所

示电压型方波逆变器进行仿真研究。

异步电动机铭牌参数如下：功率为2.2kW，电压为220V，频率为60Hz，极对数为2。

异步电动机测试参数如下：$R_s=0.435\Omega$，$R_r=0.816\Omega$，$L_m=69.31\text{mH}$，$L_{ls}=L_{lr}=2\text{mH}$，$J=0.089\text{kg}\cdot\text{m}^2$。

仿真参数：转速给定为1000r/min，负载为11N·m（施加时间为0.5～1.5s）。

仿真结果示于图5-16中，依次是A相电流波形i_A、转速给定n、实际转速ω、实际转矩T_e、A相电流时间轴放大波形等。由波形可以看出，转矩响应缓慢，转矩有较大的脉动，低速时尤为明显；动态中转速跟随误差较大；电流波形偏离正弦较多，与图5-15计算波形相似。

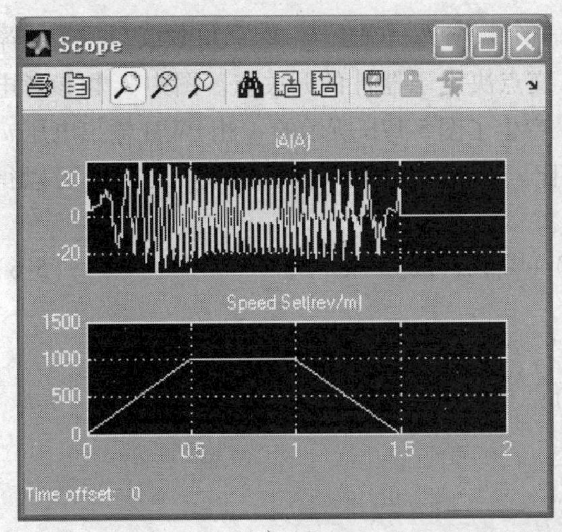

a)

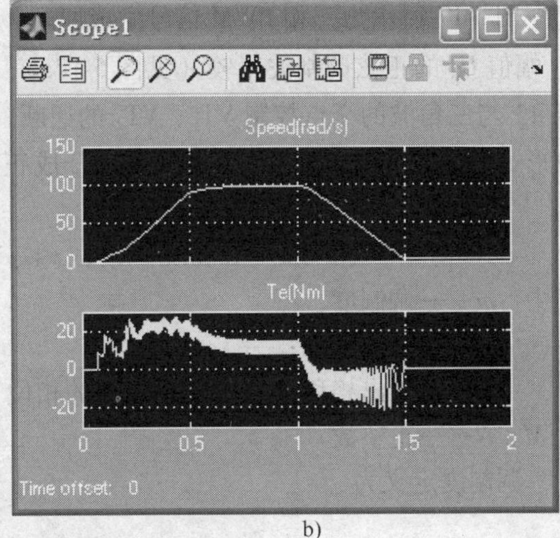

b)

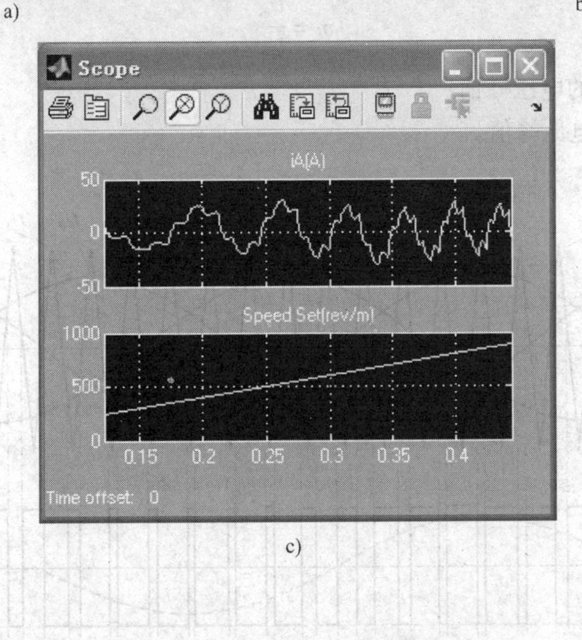

c)

图5-16　电压型方波逆变器仿真波形

a）电流与转速给定　b）转速与转矩　c）电流与转速给定时间轴放大

5.5　脉宽调制

上述方波逆变器有技术简单和开关损耗小等优点，但由于谐波的阶次低，给电流波形带来较大的畸变，并且难以滤除。另外，调压和调频分开进行，在动态中 U 和 f 难以协调。PWM 技术就是为了解决这些问题，引入到电力电子技术中的。经过多年的研究，推出了多种多样的 PWM 生成技术，下面仅介绍其中的 3 种。

5.5.1　正弦 PWM（SPWM）

1. 原理

图 5-17 所示为三相 PWM 信号生成原理，一个频率 f_c、幅值 U_T 的三角载波与一个频率 f、幅值 U_p 的正弦调制波比较（见图 5-17a），交点决定了器件的开关点。图中 A 相参考电压 u_a^* 与三角波的交点控制 VT_1、VT_4 的通断，产生了图 5-17b 所示的 A 相 PWM 输出电压 u_a 波形，它的频率与 u_a^* 相同，幅度与 u_a^* 成正比。对 u_a 的 PWM 波形傅里叶分解，可以得到[4]

$$u_a = 0.5mU_d\sin(\omega_1 t + \varphi) + 高频(M\omega_c \pm N\omega_1)项 \tag{5-6}$$

式中　m——调制度；

ω_1——基波频率；

φ——输出相移（取决于调制波的相位）；

M、N——正整数。

调制度定义为

$$m = \frac{U_p}{U_T} \tag{5-7}$$

式中　U_p——调制波的电压峰值；

U_T——载波的电压峰值。

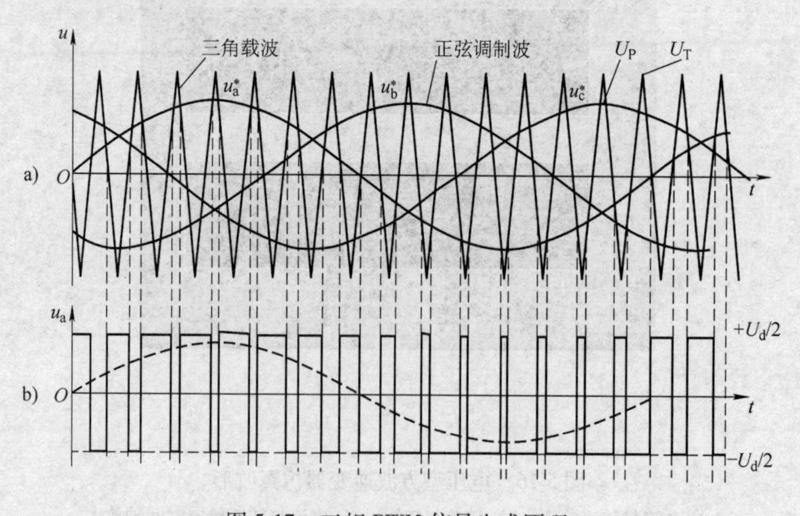

图 5-17　三相 PWM 信号生成原理

理想地说，如果 m 在 0～1 之间变化，调制波电压 u_a^* 与输出电压 u_a 的基波分量成线性关系，逆变器成为一个线性放大器。考虑到式（5-6）和式（5-7），这个放大器的增益是

$$G=\frac{0.5mU_d}{U_p}=\frac{0.5U_d}{U_T} \tag{5-8}$$

式（5-6）表明，当 $m=1$ 时，基波峰值电压达到线性范围的最大值 $0.5U_d$，仅达到方波逆变器输出相电压基波峰值 $2U_d/\pi$（见式（5-4））的 78.55%。事实上，如果用马鞍形波代替正弦波作为调制波，这个线性范围可以扩大到 90.7%。

式（5-6）表明，PWM 输出波形中所含的谐波频率与载波频率和调制波边带频率有关。考虑到现在广为使用的开关器件 IGBT 允许较高的工作频率，因而可以采用较高的载波频率去形成 PWM，调制后形成的（谐波）噪声频率已经超出了人耳的听觉范围。

2. 过调制

过调制（overmodulation）是指当调制度 m 达到 1 时，靠近正半周和负半周中央的脉冲的"占"或"空"会变得很窄，有可能造成开关器件的开关速度跟不上，导致输出中的脉冲丢失，这可能会引起负载电流的抖动。对于开关速度比较快的 IGBT 来说，这个抖动可能比较小，但是对于开关速度比较慢的 GTO 来说，这个抖动就必须认真对待。m 的值可以进一步增加到超过 1 而进入到准 PWM 区，如图 5-18 所示。图中的 u_a 已经变成了一个准方波，它的基波分量的峰值 U_{alm} 已经超过方波基波峰值 $2U_d/\pi$ 的 78.5%，这个区间的输出传递特性如图 5-19 所示，已经呈现出非线性。5 次和 7 次谐波又会重现，最终，变成了只有一个前沿和一个后沿的单脉冲，基波电压的有效值达到了可能的最大值——方波基波电压的有效值。

在变频调速中，为了使输出电压能够达到电动机的额定电压，过调制常常是必须的。

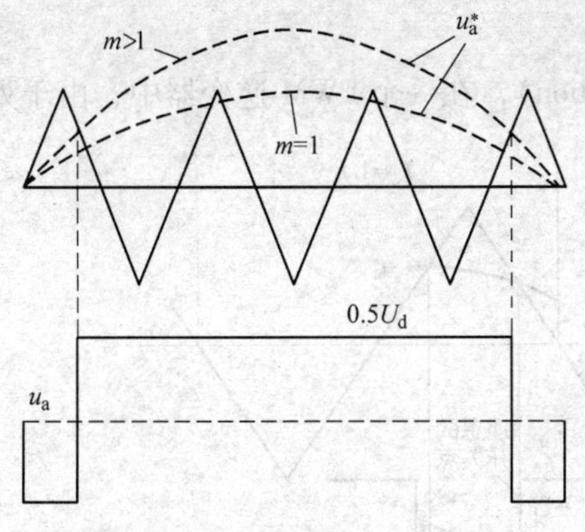

图 5-18　过调制区波形

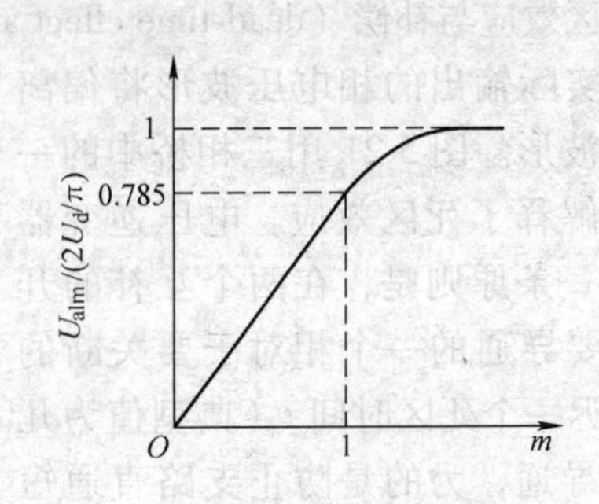

图 5-19　PWM 输出传递特性

3. 调制比

在变压变频调速时，电压与频率的关系如图 5-1 所示。在恒功率区，逆变器运行在过调制方波模式，电压恒定在最大值；在恒转矩区，利用 PWM 的调制度 m 控制电压与频率成确定的有补偿的线性关系。

定义调制比（ratio of carrier-to-modulating frequency）为

$$P=\frac{f_c}{f}$$

式中　f_c——载波频率；

f——调制波频率。

一般说来，我们希望调制比 *P* 是3 的整数倍，3 的整数倍方便生成三相平衡的 PWM 波。

固定 *P* 值的调制，称为同步调制。同步调制形成的 PWM 波形对称性好，但低速下载波频率过低，谐波频率也过低，这是不可取的。实用中常采用分段同步调制的方法，图 5-20 所示为一个 GTO 逆变器所实际采用的调制比 *P* 与频率 *f* 的关系。

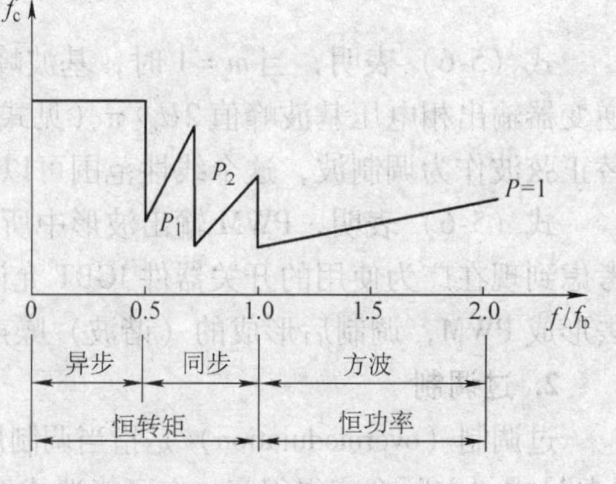

图 5-20　调制比 *P* 与频率 *f* 的关系

f_b—基频

可以看出，低频段，载波频率恒定，逆变器自由运行于异步调制模式（*P* 值不固定）。在这个区域，*P* 值可能不是整数，相位会连续漂移，会引出次谐波问题（低于 *f* 的谐波），即输出交流电压中会有一个直流的偏移成分，*P* 值越小，这个问题越严重。值得一提的是，最新的 IGBT 器件的开关频率远高于调制波的频率，以至于有可能在整个运行频率区使用一种异步调制模式。频率向上升，进入同步调制模式，这个区域，调制比 *P* 可以切换，以维持开关频率在限定的最高值和最低值之间。*P* 值为 3 的整数倍，它所引起的 3 的整数倍的电压谐波不会在具有隔离中性点的三相负载中产生出相应的谐波电流。在基频附近，切换进入方波模式，载波频率等于调制波频率，即 *P* =1。不同模式之间应设置一个窄的滞环，防止在不同模式临界处工作时可能发生的随机切换。

4. 死区效应与补偿

死区效应与补偿（dead-time effect and compensation），在一个 PWM 逆变器中，由于死区效应，实际输出的相电压波形将偏离理想的波形。图 5-21 用三相桥中的一条支路解释了死区效应。电压逆变器控制的一条原则是，在两个互补的开关中，要导通的一个相对于要关断的一个推迟一个死区时间 t_d（典型值为几微秒）导通，为的是防止支路直通短路。其原因是器件导通得快，而关断得慢。死区时间引起输出电压波形畸变和幅度降低。图 5-21 所示为 A 相中一个 PWM 脉冲的产生，此过程中 A 相电流 i_a 是正的，初始 VT_1 导通，u_a 的幅度是 $+0.5U_d$。在理想开关点 VT_1 关断时，VT_4 推迟一个时间 t_d 导通，在此期间，VT_1 和 VT_4 全都关断，但是 $+i_a$ 使二极管 VD_4 导通，从而使 u_a 在理想开关点切换到 $-0.5U_d$。实际上

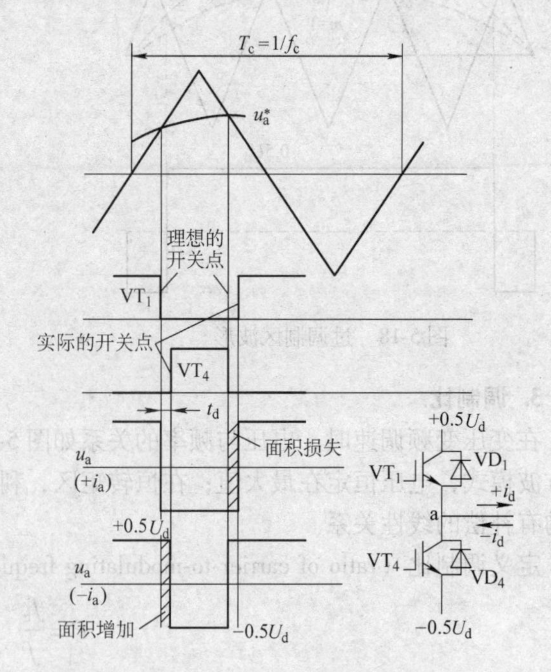

图 5-21　A 相中一个 PWM 脉冲的产生

VT_4 在 t_d 后从未导通，直到 VT_1 再一次被触发，VT_1 和 VT_4 都处于关断状态，$+i_a$ 继续通过二极管 VD_4 续流，u_a 继续为 $-0.5U_d$，引起了一个 V-s（伏秒）面积（$U_d t_d$）的损失。现在考虑电流 i_a 是负极性时的情况。仔细观察波形发现，VT_4 导通的前沿有一个类似的 V-s 面积的增加。注意面积的增加与减小仅与电流的极性有关，而与电流的大小无关。图 5-22 所示为这些 V-s 面积的增减对基波电压的累积影响。图中的基波电流滞后基波电压一个相位角 φ，图的下部示出了死区时间的影响。面积 $U_d t_d$ 可以在基波的半个周期内累积，计算出偏移值 U_ε 为

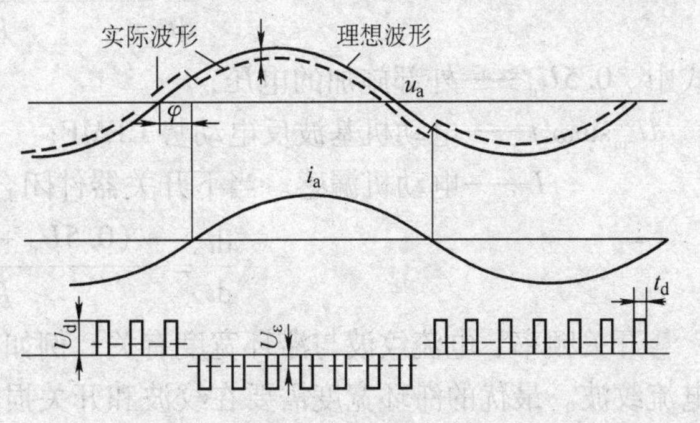

图 5-22　V-s 面积的增减对基波电压的累积影响

$$U_\varepsilon = U_d t_d \left(\frac{P}{2}\right)(2f) = f_c t_d U_d \tag{5-9}$$

式中　P——调制比，$P = f_c/f$；

f——调制波频率；

f_c——载波频率。

U_ε 对 u_a 波形的影响示于图 5-22 的上部。低速时，由于逆变器输出电压低，电压波形的畸变和幅度的降低趋向严重，有必要进行补偿。死区时间的影响可以根据电流反馈或电压反馈信号进行补偿。前一种方法，根据对电流极性的检测，将固定量的偏置电压加到调制波上；后一种方法，将检测到的输出相电压和 PWM 参考电压（调制波电压）相比较，它们的偏差用来瞬时修正 PWM 调制波。

5.5.2　电流跟踪型 PWM

上面讲述的 SPWM 方法着眼于对电压进行控制，实际上对电动机电流的控制更重要。因为旋转磁场是由电流产生的，转矩的产生也直接与电流有关。因而高性能的拖动系统都要求对电流进行直接控制。

在电流跟踪型 PWM 方法中，把希望输出的电流波形作为指令信号，把实际电流作为反馈信号，通过两者的瞬时值比较来决定逆变电路相应功率开关器件的通断，使实际的输出跟踪指令信号变化。其中，用得比较多的是滞环比较电流跟踪方法，如图 5-23 所示。图中示出了逆变器的一条支路的 PWM 信号的产生过程，当电流上升超过上误差限时，上开关器件关断，下开关器件导通，结果输出电压从 $+0.5U_d$ 跳变到 $-0.5U_d$，电流开始衰减，当电流达到误差下限时，下开关器件关断，上开关器件导通，结果输出电压又跳回到 $+0.5U_d$，电流开始上升。实际电流在所限定的上下误差范围内变化，跟踪指令电流。逆变器基本上成了一个电流源。

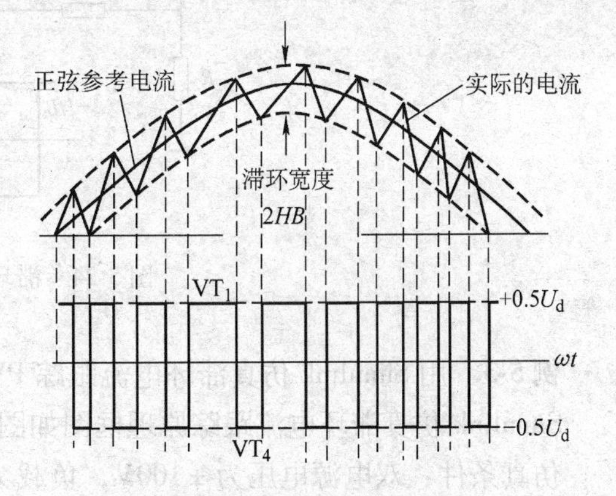

图 5-23　滞环电流跟踪方法

当上开关闭合时，电流上升率为

$$\frac{\mathrm{d}i}{\mathrm{d}t}=\frac{0.5U_{\mathrm{d}}-U_{\mathrm{cm}}\sin\omega_1 t}{L} \tag{5-10}$$

式中　$0.5U_{\mathrm{d}}$——外部施加的电压；

$U_{\mathrm{cm}}\sin\omega_1 t$——电动机基波反电动势 CEMF；

L——电动机漏感。当下开关器件闭合时的相应表达式为

$$\frac{\mathrm{d}i}{\mathrm{d}t}=\frac{-(0.5U_{\mathrm{d}}+U_{\mathrm{cm}}\sin\omega_1 t)}{L} \tag{5-11}$$

开关频率、电流纹波与滞环宽度有关。例如，较小的滞环宽度将升高开关频率，但降低电流纹波。最优的滞环宽度需要在纹波和开关损耗之间折中。较大的滞环宽度将降低开关频率，以至进入准 PWM 区，最后平滑地过渡到方波电压模式。低速运行时，反电动势低，电流跟踪不存在问题；但是，高速运行时，由于反电动势高，电流跟踪的速度遭遇局部瓶颈，谐波问题又变得突出起来。

图 5-24 所示为一个简单的滞环电流跟踪控制。电流误差送到具有滞环的比较器的输入端，滞环宽度 HB 为

$$HB=U\frac{R_2}{R_1+R_2} \tag{5-12}$$

式中　U——比较器电源电压。

开关器件的动作条件是：

上开关导通　　$(i^*-i)>HB$　　(5-13)

下开关导通　　$(i^*-i)<-HB$　　(5-14)

对于三相电路，需要使用 3 个图 5-24 所示的控制电路。

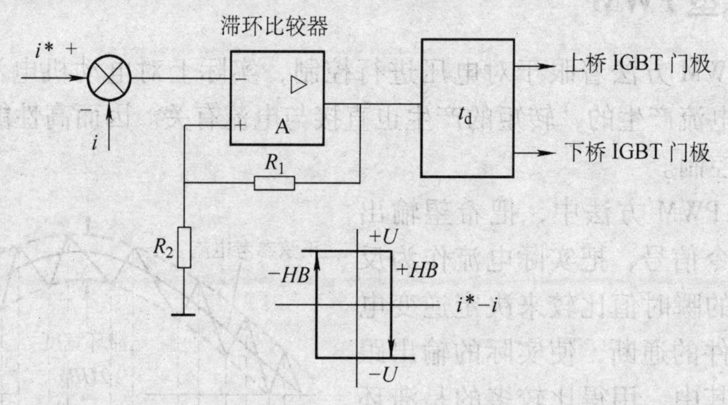

图 5-24　滞环电流跟踪控制

例 5-3　用 Simulink 仿真滞环电流跟踪 PWM。

Simulink 仿真滞环电流跟踪原理框图如图 5-25c 所示。

仿真条件：双电源电压为 ±100V，负载为电感 5mH 串电阻 5Ω，电流给定为 25Hz/10A（峰值），滞环宽度 ±0.5A。

仿真得到的输出电压 u_{o} 和电流 i_{o} 的波形如图 5-25a、b 所示，时间单位为 s。

滞环电流跟踪 PWM 方法有下述优点：

1）简单。

2）动态响应快。

3）直接限制开关器件峰值电流。

4）对直流电压 U_d 的波动不敏感，滤波电容可以取得较小。

因而这种方法获得了广泛应用。

其缺点也很明显：

1）开关频率不恒定，随滞环宽度变化。

2）电流波形不是最优。

3）实际电流在相位上滞后给定电流，频率越高，这个问题越突出。对于高性能的电动机控制，这是一个需要考虑的问题。

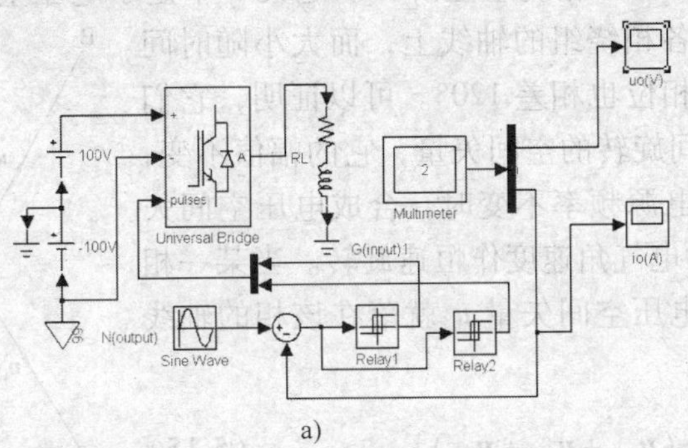

a)

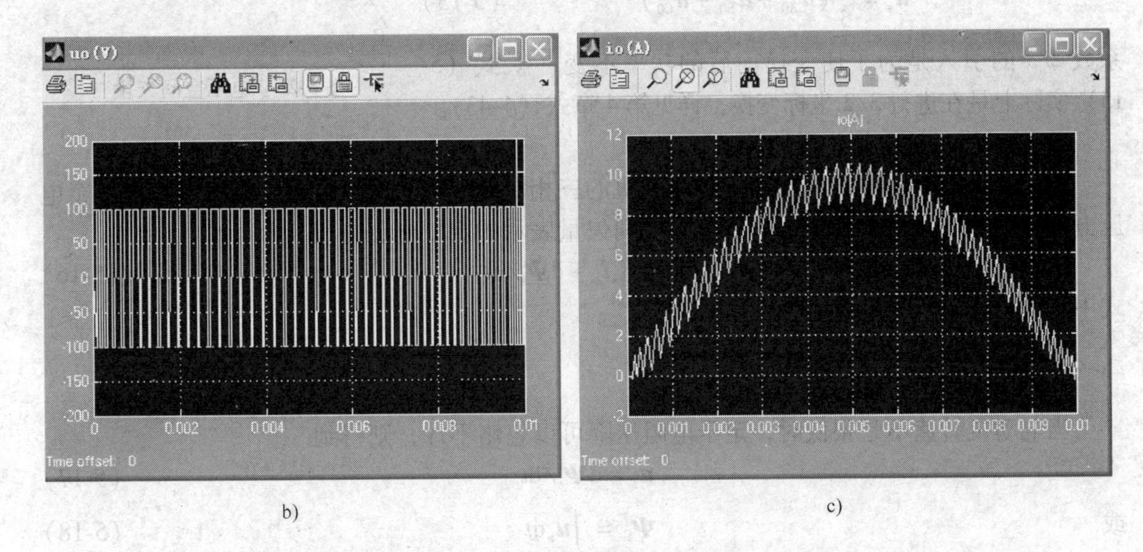

b)　　c)

图5-25　Simulink仿真滞环电流跟踪

a）仿真原理框图　b）负载电压波形　c）负载电流波形

5.5.3　空间矢量PWM（SVPWM）

空间矢量PWM（Space-Vector PWM，SVPWM）方法是一种先进的、计算机高度介入的PWM方法，很可能也是所有变频驱动用PWM方法中最好的方法。由于它的优异性能，近年来获得了广泛的应用。

正弦PWM控制主要着眼于使输出电压尽量接近正弦波，并未直接顾及输出电流的波形，但实际上对电流的控制要比对电压的控制来得重要。电流跟踪 PWM 直接控制输出电流，使之跟踪正弦给定变化，这已经是前进了一步。然而交流电动机需要输入三相对称正弦电流的最终目的是在电动机气隙中形成圆形旋转磁场，从而产生恒定的转矩。空间矢量 PWM 就是以形成圆形旋转磁场为目的，以反复施加不同的电压空间矢量为手段，自然而然地形成所需要的 PWM 控制。

1. 空间矢量的定义

交流电动机绕组的电压、电流、磁链等物理量都是随时间变化的，分析时常用时间相量来表示，但是如果考虑到它们所属绕组的空间位置，也可以定义为空间矢量。图 5-26 中，A、B、C 分别表示在空间静止的三相定子绕组的轴线，它们在空间互差 120°，三相正弦相电压 u_{A0}、u_{B0}、u_{C0}分别加在三相绕组上。可以定义 3 个定子电压空间矢量 $\boldsymbol{u}_{A0}$、$\boldsymbol{u}_{B0}$、$\boldsymbol{u}_{C0}$，使它们的方向始终处于各相绕组的轴线上，而大小随时间按正弦规律脉动，时间相位也相差 120°。可以证明，它们的合成矢量是一个在空间旋转的空间矢量，它的幅值不变，等于每相电压幅值。当电源频率不变时，合成电压空间矢量 $\boldsymbol{u}_s$以电源角频率 ω_1 为电气角速度作恒速旋转。当某一相电压为最大值时，合成电压空间矢量 $\boldsymbol{u}_s$就落在该相的轴线上。用公式表示，则有

$$\boldsymbol{u}_s=\frac{2}{3}(\boldsymbol{u}_{A0}+\boldsymbol{u}_{B0}+\boldsymbol{u}_{C0}) \tag{5-15}$$

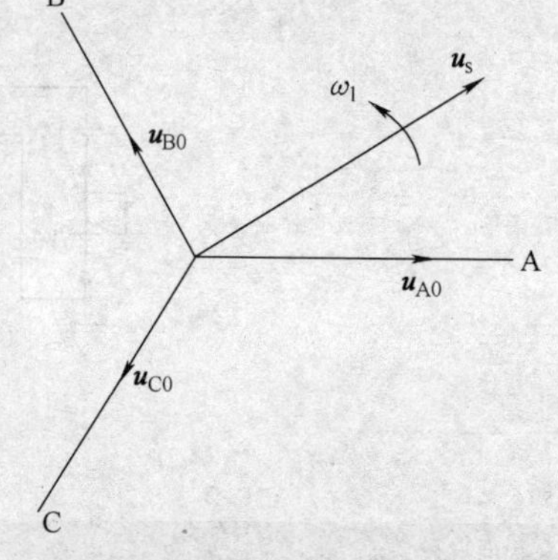

图 5-26　电压空间矢量

系数 2/3 的引入是为了使变换前后的功率不变[17]。式（5-15）实际上是在进行 3/2 坐标变换，详见第 4 章式（4-43）。

2. 电压与磁链空间矢量的关系

当三相正弦平衡电压施加到异步电动机的三相对称绕组上时，对每一相可以写出一个电压方程，三相电压方程相加，得到合成空间矢量表示的定子电压方程

$$\boldsymbol{u}_s=R_s\boldsymbol{i}_s+\mathrm{d}\boldsymbol{\Psi}_s/\mathrm{d}t \tag{5-16}$$

式中　$\boldsymbol{u}_s$——定子三相电压合成空间矢量；
　　$\boldsymbol{i}_s$——定子三相电流合成空间矢量；
　　$\boldsymbol{\Psi}_s$——定子三相磁链合成空间矢量。

当电动机转速不是很低时，定子电阻压降可以忽略不计，则得到

$$\boldsymbol{u}_s=\mathrm{d}\boldsymbol{\Psi}_s/\mathrm{d}t \tag{5-17}$$

或

$$\boldsymbol{\Psi}_s=\int\boldsymbol{u}_s\mathrm{d}t \tag{5-18}$$

当电动机由三相平衡正弦电压供电时，其形成的磁链轨迹为一个圆，幅值恒定，转速均匀。可表示为

$$\boldsymbol{\Psi}_s=\Psi_m\mathrm{e}^{\mathrm{j}\omega_1 t} \tag{5-19}$$

式中　Ψ_m——磁链 $\boldsymbol{\Psi}_s$ 的幅值；
　　ω_1——旋转电角速度。

由式（5-17）和式（5-19）可得

$$\boldsymbol{u}_s=\frac{\mathrm{d}}{\mathrm{d}t}(\Psi_m\mathrm{e}^{\mathrm{j}\omega_1 t})=\mathrm{j}\omega_1\Psi_m\mathrm{e}^{\mathrm{j}\omega_1 t}=\omega_1\Psi_m\mathrm{e}^{\mathrm{j}\left(\omega_1 t+\frac{\pi}{2}\right)} \tag{5-20}$$

式（5-20）表明，当磁链幅值 Ψ_m 一定时，$\boldsymbol{u}_s$ 的大小与 ω_1 成正比，其方向与磁链矢量 $\boldsymbol{\Psi}_s$ 正交，即磁链圆的切线方向。当磁链矢量在空间旋转一周时，电压矢量也连续的沿磁链圆的切线方向旋转 2π 弧度，其轨迹与磁链圆轨迹重合。这样，电动机旋转磁场的轨迹问题就可转化为电压空间矢量的轨迹问题。

3. 方波逆变器与正六边形空间旋转磁场

在图5-2所示的准方波逆变器中，输出的电压并不是正弦电压，那么电压矢量的运动轨迹和磁链矢量的运动轨迹又会怎么样呢?

如果把上桥臂器件导通称为“1”，把下桥臂器件导通称为“0”，则三相逆变器共有 $2^3=8$ 种可能的工作状态，表5-2列出逆变器开关状态。例如，工作状态1，开关 VT_1、VT_6、VT_2 闭合，A相被接通到电源 U_d 正，B、C相被接通到电源 U_d 负，简单的计算得出 $u_{An}=2U_d/3$，$u_{Bn}=u_{Cn}=-U_d/3$，合成的 $\boldsymbol{u}_1$ 矢量大小等于 $2U_d/3$，方向水平向右，如图5-27所示。逆变器有6种非零状态（1~6），把电压施加到负载上；两种零状态（0和7），电动机绕组被上三开关器件或下三开关器件短接。用和 $\boldsymbol{u}_1$ 同样的方法，可以画出其他5个非零电压矢量，如图5-28所示。6个非零电压矢量 $\boldsymbol{u}_1$ ~ $\boldsymbol{u}_6$ 依次相差60°，首尾相接围成一个正六边形，两个零矢量 $\boldsymbol{u}_0$ 与 $\boldsymbol{u}_7$ 位于圆心。

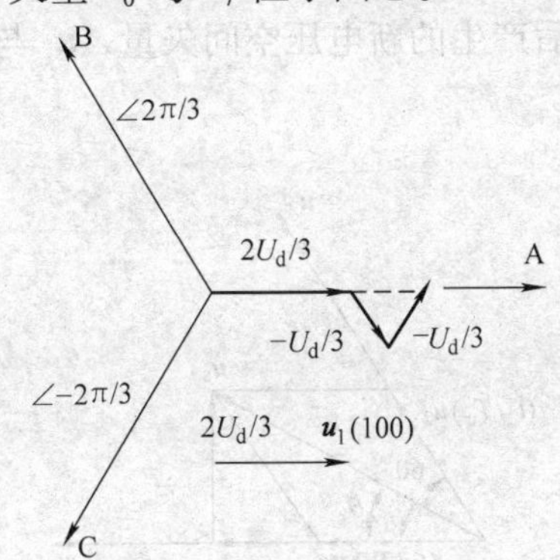

图5-27　电压空间矢量 $\boldsymbol{u}_1$

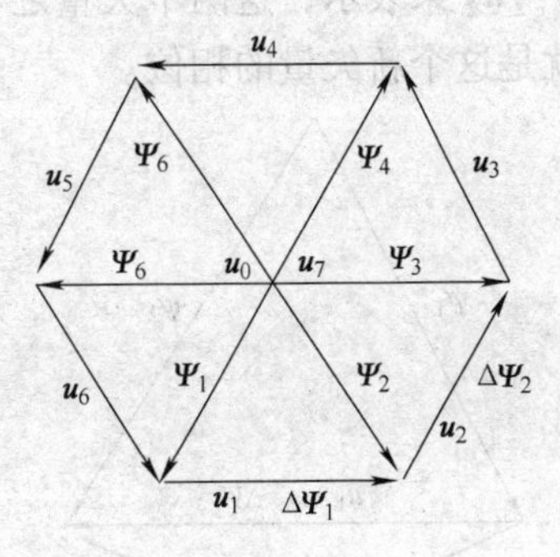

图5-28　方波逆变器供电时电动机电压矢量与磁链矢量

表5-2　逆变器开关状态

状　态	开关器件通	u_{An}	u_{Bn}	u_{Cn}	电压空间矢量
0	$VT_{4,6,2}$	0	0	0	$\boldsymbol{u}_0$(000)
1	$VT_{1,6,2}$	$2U_d/3$	$-U_d/3$	$-U_d/3$	$\boldsymbol{u}_1$(100)
2	$VT_{1,3,2}$	$U_d/3$	$U_d/3$	$-2U_d/3$	$\boldsymbol{u}_2$(110)
3	$VT_{4,3,2}$				$\boldsymbol{u}_3$(010)
4	$VT_{4,3,5}$				$\boldsymbol{u}_4$(011)
5	$VT_{4,6,5}$				$\boldsymbol{u}_5$(001)
6	$VT_{1,6,5}$				$\boldsymbol{u}_6$(101)
7	$VT_{1,3,5}$				$\boldsymbol{u}_7$(111)

对于图5-2所示的方波逆变器来说，电压矢量作用的顺序是 $\boldsymbol{u}_1\to\boldsymbol{u}_2\to\boldsymbol{u}_3\to\boldsymbol{u}_4\to\boldsymbol{u}_5\to\boldsymbol{u}_6$，每一个电压矢量作用的时间是 $\pi/3$，完全没有使用零电压矢量。假定初始状态磁链为 $\boldsymbol{\Psi}_1$，在电压矢量 $\boldsymbol{u}_1$ 作用 Δt 时间后，磁链沿 $\boldsymbol{u}_1$ 的方向增加 $\Delta\boldsymbol{\Psi}_1$，可以写成

$$\boldsymbol{u}_1 \Delta t = \Delta \boldsymbol{\Psi}_1 \tag{5-21}$$

$\pi/3$ 后，$\boldsymbol{\Psi}_1$ 变为 $\boldsymbol{\Psi}_2$，依次类推，可以得到正六边形的磁链轨迹。上述表明，磁链在旋转中不仅幅值在变，转速也不均匀，它产生的转矩肯定是脉动的。

4. 电压空间矢量的线性组合与 SVPWM

磁链的轨迹之所以是六边形，是因为一个周期内逆变器的工作状态只切换 6 次。如果想获得更多边形或近似圆形的旋转磁场，就必须在每一个 $\pi/3$ 周期内，出现多个工作状态，而不是一个工作状态；使用更多的电压空间矢量，而不局限于 6 个电压空间矢量。PWM 控制是一种合理的选择。

图 5-29 绘出了逼近圆形时的磁链增量轨迹，设想磁链增量由图中的 $\Delta\boldsymbol{\Psi}_{11}$、$\Delta\boldsymbol{\Psi}_{12}$、$\Delta\boldsymbol{\Psi}_{13}$、$\Delta\boldsymbol{\Psi}_{14}$ 这 4 段组成，每段施加的电压矢量的方向应和磁链增量的方向一致。显然，这超出了 6 个基本电压矢量的范围，需要用基本电压矢量线性组合的方法生成。

图 5-30 所示为如何用基本电压矢量 $\boldsymbol{u}_1$ 和 $\boldsymbol{u}_2$ 的线性组合构成新的电压空间矢量 $\boldsymbol{u}_s$。设在换相周期（相当于 SPWM 中的一个三角载波周期）T_c 中，有一段时间 t_1 施加电压矢量 $\boldsymbol{u}_1$，接下来的一段时间 t_2 施加电压 $\boldsymbol{u}_2$，剩余下的一段时间 $T_c - t_1 - t_2$ 施加零电压矢量 $\boldsymbol{u}_0$ 或 $\boldsymbol{u}_7$。由于 t_1 和 t_2 都比较短，所产生的磁链变化也比较小，可以分别用电压矢量 $(t_1/T_c)\boldsymbol{u}_1$ 和 $(t_2/T_c)\boldsymbol{u}_2$ 来表示，这两个矢量之和 $\boldsymbol{u}_s$ 就表示组合后产生的新电压空间矢量，$\boldsymbol{u}_s$ 与 $\boldsymbol{u}_1$ 的夹角 θ 就是这个新矢量的相位。

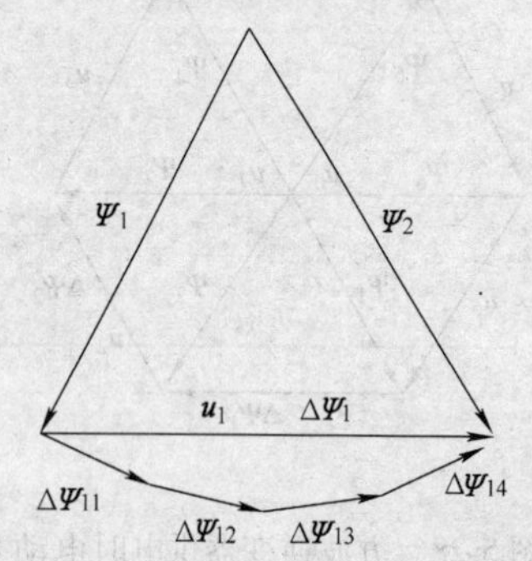

图 5-29　逼近圆形时的磁链增量轨迹

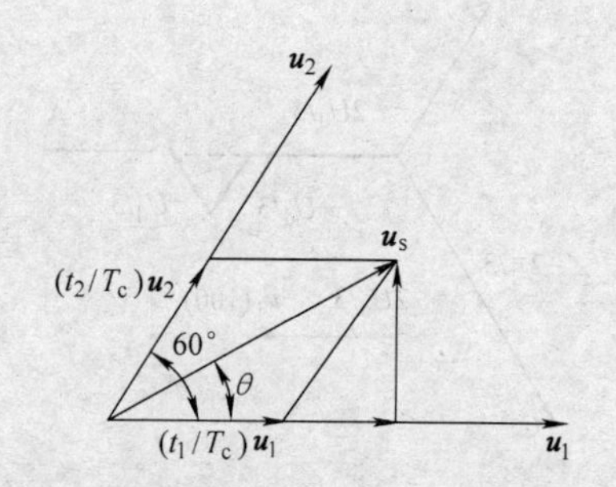

图 5-30　电压空间矢量的线性组合

关键问题是如何根据 $\boldsymbol{u}_s$ 的大小和方向求出 $\boldsymbol{u}_1$ 和 $\boldsymbol{u}_2$ 的作用时间 t_1 和 t_2，以及零电压作用的时间 t_0。从图 5-30 可以写出

$$u_s \sin\left(\frac{\pi}{3} - \theta\right) = \frac{t_1}{T_c} u_1 \sin\frac{\pi}{3} \tag{5-22}$$

$$u_s \sin\theta = \frac{t_2}{T_c} u_2 \sin\frac{\pi}{3} \tag{5-23}$$

整理后得

$$\frac{t_1}{T_c} u_1 = \frac{2}{\sqrt{3}} u_s \sin\left(\frac{\pi}{3} - \theta\right) \tag{5-24}$$

$$\frac{t_2}{T_c} u_2 = \frac{2}{\sqrt{3}} u_s \sin\theta \tag{5-25}$$

$$t_0 = T_c - t_1 - t_2 \tag{5-26}$$

式中　u_s，θ——所期望的电压矢量 $\boldsymbol{u}_s$ 的幅值和相位角；

u_1，u_2——基本电压矢量 $\boldsymbol{u}_1$ 和 $\boldsymbol{u}_2$ 的幅值；

T_c——换相周期。

这些量都是已知的，所以从式(5-24) ~ 式 (5-26)可以求出所需的 t_1、t_2 和 t_0。换相周期 $T_c = 1/f_s$，f_s 等于开关频率，T_c 与 $t_1 + t_2$ 未必相等，其差值由零矢量 $\boldsymbol{u}_0$ 和 $\boldsymbol{u}_7$ 填补。为了减少开关次数，一般使 $\boldsymbol{u}_0$ 和 $\boldsymbol{u}_7$ 各占一半时间，因此

$$t_0 = t_7 = \frac{1}{2}(T_c - t_1 - t_2) \geqslant 0 \tag{5-27}$$

为了讨论方便，把正六边形电压空间矢量改画成图 5-31 所示的放射形式，各电压矢量的相位关系仍保持不变。这样，逆变器的一个工作周期被电压空间矢量划分成了Ⅰ、Ⅱ、Ⅲ、Ⅳ、Ⅴ、Ⅵ六个扇区（sector），如图 5-31 所示。上述在扇区Ⅰ的分析方法，可以推广到其他 5 个扇区。不同的是每个扇区使用自己相邻的电压矢量去合成落入本扇区的期望的电压矢量。在常规方波逆变器中，一个扇区仅包含两个开关状态，实现 SVPWM 控制就是把一个扇区再细分成若干个对应于 T_c 的小区，按照上述方法插入若干个线性组合的新矢量 $\boldsymbol{u}_s$，以获得优于正六边形的多边形（逼近圆形）旋转磁场。

图 5-32 所示为一个 T_c($T_c = 1/f_s$，f_s 为开关频率）周期的三相对称脉冲。为了使电压波形对称，把每种状态的作用时间都一分为二，因而形成电压空间矢量的作用顺序为 $\boldsymbol{u}_0 \to \boldsymbol{u}_1 \to \boldsymbol{u}_2 \to \boldsymbol{u}_7 \to \boldsymbol{u}_7 \to \boldsymbol{u}_2 \to \boldsymbol{u}_1 \to \boldsymbol{u}_0$。在实际系统中，为了尽量减少开关所引起的损耗，应遵循下述原则，即每次切换开关状态时，只切换一只功率开关器件。

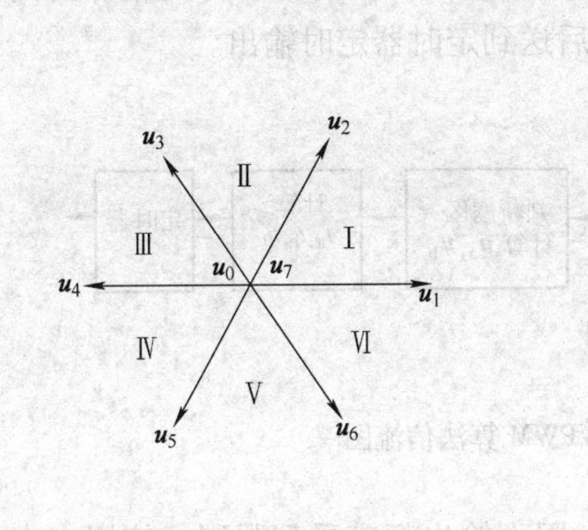

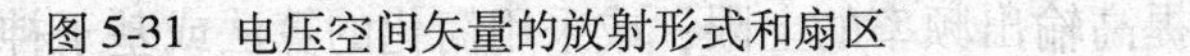

图 5-31　电压空间矢量的放射形式和扇区

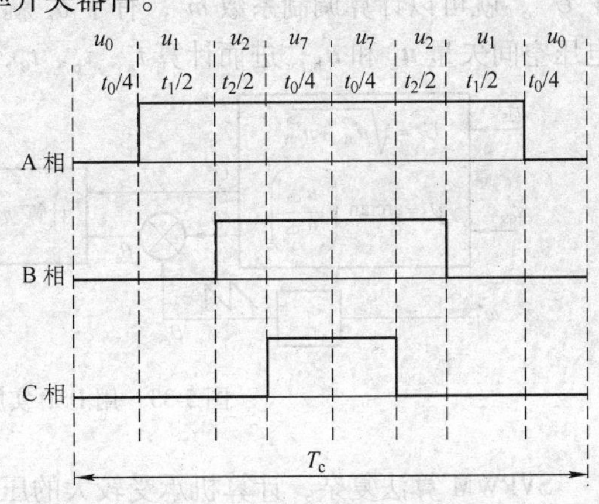

图 5-32　一个 T_c 周期三相对称脉冲

施加非零电压矢量时，磁场矢量的轨迹沿电压矢量方向旋转；施加零电压矢量时，磁场停止旋转，磁场转转停停，其平均旋转速度才得以调节。实际上调频和调压都是借助于零电压矢量的反复插入实现的。只要期望的电压矢量的轨迹都限定在基本电压矢量围成的正六边形的内切圆内，SVPWM 就工作在线性调制区，就需要反复插入零电压矢量限制电压的大小和旋转磁场的转速。

前面已经知道，SPWM 逆变器的调制度 m 在 0 ~ 1 的范围变化时为线性调制，线性调制能达到的基波电压峰值最大为方波逆变器基波电压峰值的 78.55%。用同样的方法定义 SVP-

WM 的调制度 m'

$$m' = \frac{U_{sm}}{U_{1sw}} \tag{5-28}$$

式中　U_{sm}——期望的电压空间矢量 $\boldsymbol{u}_s$ 的峰值（等于相电压的峰值）；

U_{1sw}——方波逆变器基波相电压的峰值，$U_{1sw}=2U_d/\pi$。

考虑到线性调制范围内 U_{sm} 的最大值等于正六边形内切圆的半径

$$U_{sm} = \frac{2}{3}U_d\cos\frac{\pi}{6} = 0.577U_d \tag{5-29}$$

代入到式（5-28）可得

$$m' = \frac{U_{sm}}{U_{1sw}} = \frac{0.577U_d}{2U_d/\pi} = 0.907 \tag{5-30}$$

可见，在线性调制范围内，用 SVPWM 技术可以得到的最大基波相电压比用 SPWM 技术得到的最大基波相电压大 15%，达到了马鞍形波作调制波的水平（(0.907 − 0.7855)/0.7855 = 0.1546≈15%）。

5. 实施步骤[17]

借助 DSP 实施 SVPWM 算法信流图如图 5-33 所示。采样获得同步旋转 d-q 坐标系上的两个电压分量 u_{ds}^* 和 u_{qs}^*，经 K/P 坐标变换，得到合成电压空间矢量的幅值 U^* 和相位角 θ，如图所示，θ 与 θ_e'（θ_e' 为 d 轴与 α 轴的夹角，对 ω_1^* 积分获得，处于不断增加中）相加，得到 θ_e 角。如果瞬时相电压作为给定直接给出，U^* 和 θ 就可以直接得到，不必麻烦计算了。有了 U^*，就可以计算调制系数 m'，有了 θ_e 就可以判断扇区，从而可以得到相邻的两个基本电压空间矢量 $\boldsymbol{u}_a$ 和 $\boldsymbol{u}_b$，进而计算 t_a、t_b、t_0，而后送到定时器定时输出。

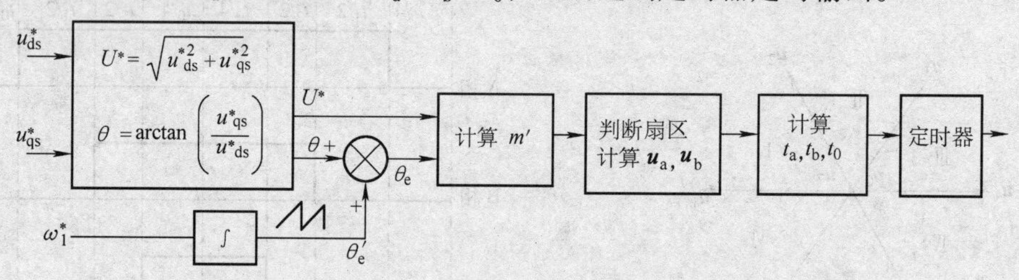

图 5-33　用 DSP 实施 SVPWM 算法信流图

SVPWM 算法复杂，计算机承受较大的压力，因而输出频率受到限制。使用查表的方法可以在一定程度上减轻计算机的压力，提高输出频率的上限；或采用简化的算法或基于神经网络的方法可以达到同样的目的，提高输出频率的上限。即使这样，鉴于 SVPWM 所表现出的优异性能，一定程度的实施复杂性也是值得的。

例 5-4　用 MATLAB 仿真工具比较电压型方波逆变器和空间矢量 PWM 逆变器驱动异步电动机时定子磁链的空间轨迹。

仿真结果示于图 5-34 中。图 5-34a 为电压型方波逆变器起动后最初几个周期的定子磁链轨迹，为正六边形。这个转速和幅值都存在波动的旋转磁场不可避免地引起转矩脉动。从图中可以看出定子磁链由小到大的建立过程。图 5-34b 所示为空间矢量 PWM 逆变器起动后的最初十几个周期定子磁链轨迹，为圆形。这种圆形定子旋转磁链所产生的转矩应该比较平稳。从图中可以看出，定子磁链刚开始时并不旋转，待磁链达到一定的大小后，才开始施加非零电压矢量，使磁链旋转起来。

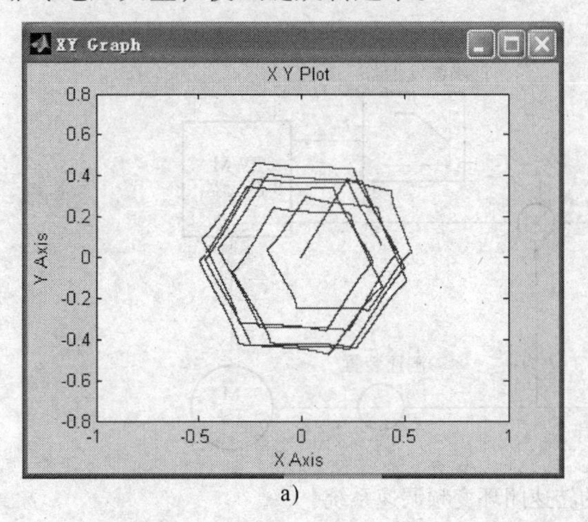

a)

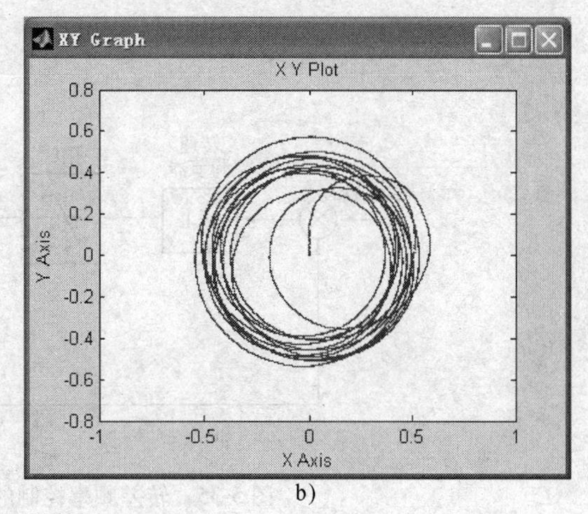

b)

图 5-34　方波逆变器与空间矢量 PWM 逆变器驱动异步电动机时定子磁链矢量轨迹

a）方波逆变器　b）空间矢量 PWM 逆变器

5.6　转速闭环转差频率控制的变频调速系统

5.6.1　转速闭环磁链开环的转差频率控制系统

5.2 节与 5.3 节所述的转速开环变频调速系统可以满足一般平滑调速的要求，但其静态、动态性能都有限。根据第 2 章直流调速闭环控制的经验，这里也引入转速闭环控制。转速反馈闭环系统的静特性肯定优于开环，这是显然的，但是动特性能否提高，能提高到什么程度，还需要进一步探讨。

在 1.1 节中已经知道，提高调速系统动态性能的关键是控制动态转矩。在变压变频调速中，能控制的是频率和电压，如何通过对它们的控制来控制转矩呢？

1. 基于异步电动机稳态等效电路的转矩控制

根据 4.1.3 节所述异步电动机稳态每相等效电路，在转差率 s 很小的情况下，经过适当简化，得到了转矩的近似表达式（4-23），由该式可知

$$T_e \approx K_m \Phi_m^2 \frac{\omega_s}{R_r} \tag{5-31}$$

式（5-31）表明，在 s 值很小的稳态运行范围内，如果能保持气隙磁通 Φ_m 不变，异步电动机的转矩就近似与转差角频率 ω_s 成正比。这就是说，控制转差角频率就等于控制转矩。

2. 转速闭环转差频率控制的变频调速系统

图 5-35 所示为实现转差频率控制的转速闭环变频调速系统。图中 * 号上标表示给定值。转速给定 ω^* 与实际转速 ω 的偏差送到转速调节器，转速调节器的输出是与转矩成正比的转差角频率 ω_s^*，ω_s^* 与 ω 相加得到定子角频率 ω_1^*，ω_1^* 分成两路，一路送到逆变器，控制逆变器的输出频率，另一路通过函数发生器，控制逆变器的输出电压。函数发生器产生恒磁通

所需要的 U/f 关系。ω_s^* 被限幅单元限制到与允许的最大转矩对应的最大转差角频率 ω_{sm}。转速调节器采用 PI(比例-积分) 调节器。

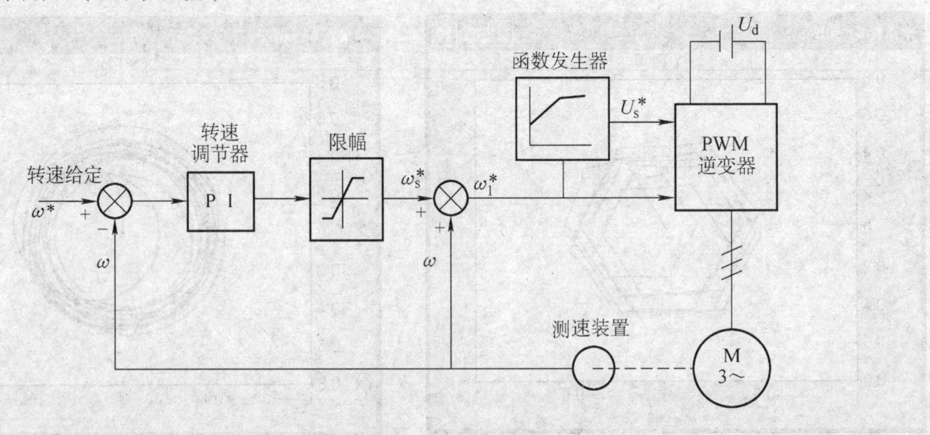

图 5-35　转差频率控制的转速闭环变频调速系统

本系统的突出特点也是最大的优点是

$$\omega_s^* + \omega = \omega_1^* \tag{5-32}$$

它表明，在调速过程中，实际角频率 ω_1 随着实际转速 ω 同步地上升和下降，犹如水涨船高，因此加、减速平稳而且快速。同时，由于在动态过程中转速调节器饱和，系统能用对应于 ω_{sm}的限幅转矩 T_{em}进行控制，保证了在允许条件下的快速性。如果转速给定 ω^* 突升，系统能以与 ω_{sm}^*对应的最大转矩 T_{em}加速；稳态时转差频率降到由负载决定的稳态转差频率运行；如果转速给定 ω^* 突降，系统进入再生发电或动态制动状态，用限定的最大负转差频率 $-\omega_{sm}^*$降速。由此可见，转速闭环转差频率控制的变频调速系统能够像直流电动机双闭环控制系统那样获得较好的动态性能。它的静态性能也应该是好的，如果负载或者电源电压波动，转速闭环会自动调节频率，维持转速等于给定不变。然而，它的静、动态性能还不能完全达到直流双闭环系统的水平，存在差距的原因有以下几个方面：

1）在分析转差频率控制规律时，是从异步电动机的稳态等效电路和稳态转矩公式出发，所谓“保持磁通 Φ_m 恒定”的结论也只有稳态下才能成立。在动态中 Φ_m 如何变化还没有深入研究，但肯定不会恒定，这就会影响系统的实际动态性能。

2）对变频器的控制也有局限性，仅控制了输出电压（电流）的频率和幅值，没有控制输出电压（电流）的相位，而动态转矩与相位有关系。

3）在频率控制环节中，取 $\omega_1^* = \omega_s^* + \omega$，使频率 ω_1 得以与 ω 同步升降。这本是转差频率控制的优点，然而，如果转速检测信号不准确或存在干扰，就会直接给频率造成误差，并将这个误差转嫁给转差角频率。由于转差角频率的值相对较小，从而给转差角频率造成较大的相对误差，直接影响转矩控制的准确性。

5.6.2　转矩和磁链闭环的转差频率控制系统

上述转速闭环转差频率控制有磁通漂移的缺点。电源电压的波动、不正确的 U/f 比、电流引起定子压降的变化、电动机参数的变化都可能引起弱磁或者磁通饱和。弱磁造成转矩下降、动态性能受损，磁饱和引起发热和损耗增加。

图5-36所示为转矩磁链闭环转差控制电流跟踪PWM变频调速系统。电流控制所固有的限制过电流的能力有利于电力电子器件的保护。代替磁通保持恒定，轻载时减小磁通（涡流损耗和磁滞损耗也跟着减小）有利于提高效率。图中，转矩给定由转速外环产生，磁链控制环产生定子电流给定，转矩控制环产生定子频率给定，三相正弦波发生器生成三相瞬时电流给定。实际电流 i_a、i_b、i_c 用两个电流传感器获取，因为 $i_a+i_b+i_c=0$；实际转矩 T_e 和实际转子磁链 Ψ_r 由定子电流、转速经计算得到，具体算法，下一章将详细讲解。

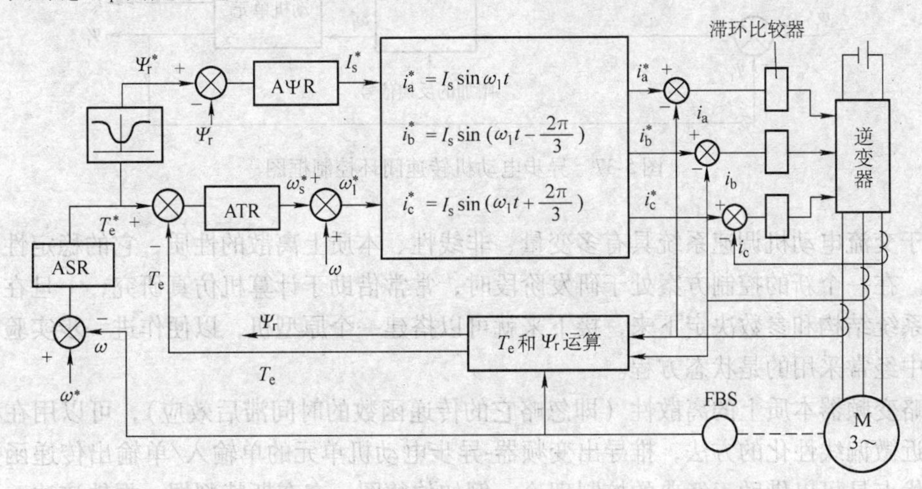

图5-36　转矩磁链闭环转差控制电流跟踪PWM变频调系统

由于采用了磁链闭环，磁通漂移的问题得到了缓解。但是动态中，由于磁链环响应慢，当频率给定由于转矩环的作用增加时，磁通会暂时降低，而后由于磁链环的控制又缓慢恢复。这个固有的耦合效应，减慢了转矩响应的速度，影响了快速性。这是采用标量控制的结果。

*5.7　基于小信号模型的异步电动机闭环控制[17]

图5-37所示为异步电动机转速闭环控制框图，它由恒压频比控制的变频器-异步电动机单元和多环控制器组成。变频器-异步电动机单元的控制输入是电压给定 U_s^* 和频率给定 ω_1^*，输出是速度 ω、转矩 T_e、定子电流 I_s 和转子磁链 Ψ_r。异步电动机的动态数学模型由第4章中的电压方程式（4-81）、转矩方程式（4-75）、运动方程式（4-73）描述，即便是已经变换到了d-q同步旋转坐标系，数学模型仍具有非线性和带耦合的特点（主要表现在转矩公式上）；此外，电动机的参数还随磁路的饱和、电动机的温度、集肤效应的影响而变化，进一步增加了电动机模型的复杂性。变频器可以用一个简化的数学模型描述，由放大增益和采样引起的纯时间滞后环节组成。在计算机控制中控制器是数字的，它的采样效应使整个系统变成了离散时间系统。所有控制和反馈信号都是与实际变量成正比的直流量。转速外环内设有转矩内环，一个高速内环可以改善线性，扩大带宽，将被控量限制在安全的范围内。像直流电动机一样，期望（转子）磁链恒定在额定值，目的是产生尽可能大的每安培电流转矩值，为快速响应提供可能。实际上，这里的磁链也可以是定子磁链 Ψ_s 或气隙磁链 Ψ_m，但

使用比较多的还是转子磁链 Ψ_r。内环比外环响应快，也就是带宽宽。图 5-37 所示只是可能的闭环控制方案中的一种。

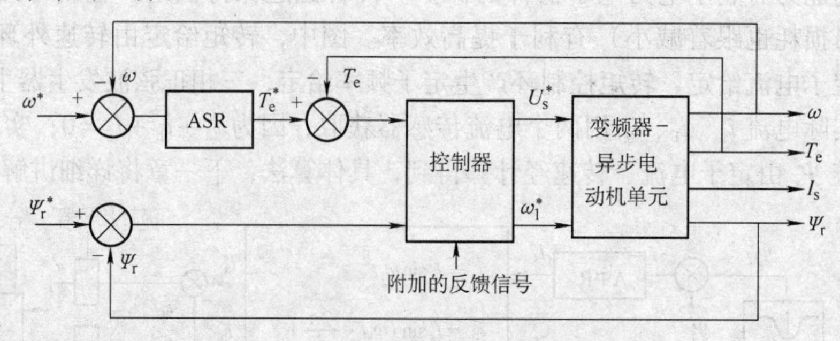

图 5-37　异步电动机转速闭环控制框图

由于交流电动机调速系统具有多变量、非线性、本质上离散的性质，它的稳定性分析非常复杂。在一个新的控制方案处于研发阶段时，常常借助于计算机仿真研究，一旦在仿真研究中将系统结构和参数决定下来，接下来就可以搭建一个原型机，以便作进一步实验。计算机仿真中经常采用的是状态方程。

忽略变频器本质上的离散性（即忽略它的传递函数的时间滞后效应），可以用在稳态工作点附近微偏线性化的方法，推导出变频器-异步电动机单元的单输入/单输出传递函数。这样做的优点是可以借助于经典的控制理论，例如伯德图、奈奎斯特判据、根轨迹法，研究调速系统在某一静止点附近的稳定性。由于系统是非线性的，传递函数的零点、极点、增益常常随工作点的漂移而变化。可以按照最糟糕的工作点选择调节器的参数，从而设计出的系统是足够稳定的，性能是可以接受的。

在第 4 章中，借助于坐标变换推导出了异步电动机在同步旋转坐标系上的动态数学模型，它们是电压方程式（4-81）、转矩方程式（4-75）和运动方程式（4-73）组成的 5 阶的系统，写成矩阵的形式，在稳态工作点上施加一个 Δ 微偏信号，得到方程

$$\begin{bmatrix} u_{ds0}+\Delta u_{ds} \\ u_{qs0}+\Delta u_{qs} \\ u_{dr0}+\Delta u_{dr} \\ u_{qr0}+\Delta u_{qr} \\ T_{L0}+\Delta T_L \end{bmatrix} = \begin{bmatrix} R_{dqs}+sL_s & -(\omega_{10}+\Delta\omega_1)L_s & sL_m & -(\omega_{10}+\Delta\omega_1)L_m & 0 \\ (\omega_{10}+\Delta\omega_1)L_s & R_{dqs}+sL_s & (\omega_{10}+\Delta\omega_1)L_m & sL_m & 0 \\ sL_m & -(\omega_{10}+\Delta\omega_1)L_m & R_{dqr}+sL_r & -(\omega_{10}+\Delta\omega_1)L_r & L_m(i_{qs0}+\Delta i_{qs})+L_r(i_{qr0}+\Delta i_{qr}) \\ (\omega_{10}+\Delta\omega_1)L_m & sL_m & (\omega_{10}+\Delta\omega_1)L_r & R_{dqr}+sL_r & -L_m(i_{ds0}+\Delta i_{ds})-L_r(i_{dr0}+\Delta i_{dr}) \\ \dfrac{-3}{2}n_pL_m(i_{qr0}+\Delta i_{qr}) & \dfrac{3}{2}n_pL_m(i_{dr0}+\Delta i_{dr}) & 0 & 0 & \dfrac{-1}{n_p}Js \end{bmatrix} \begin{bmatrix} i_{ds0}+\Delta i_{ds} \\ i_{qs0}+\Delta i_{qs} \\ i_{dr0}+\Delta i_{dr} \\ i_{qr0}+\Delta i_{qr} \\ \omega_0+\Delta\omega \end{bmatrix}$$

让所有导数项（带有 s 的项）等于 0，可以根据输入信号解方程得到稳态工作点，用 u_{qs0}、u_{ds0}、u_{qr0}、u_{dr0}、T_{L0}、ω_{10}、i_{qs0}、i_{ds0}、i_{qr0}、i_{dr0}、ω_0 描述。略去 Δ^2 项不计，去掉所有的

稳态项，矩阵方程得以小信号线性化，整理后，得到线性化的增量形式的状态空间方程如下

$$\mathrm{d}\boldsymbol{X}/\mathrm{d}t=\boldsymbol{AX}+\boldsymbol{BU} \tag{5-33}$$

式中　状态变量　$\boldsymbol{X}=[\Delta i_{\mathrm{ds}}\quad \Delta i_{\mathrm{qs}}\quad \Delta i_{\mathrm{dr}}\quad \Delta i_{\mathrm{qr}}\quad \Delta\omega]^{\mathrm{T}}$　(5-34)

　　　输入变量　$\boldsymbol{U}=[\Delta U_{\mathrm{s}}\quad 0\quad 0\quad 0\quad \Delta\omega_1\quad \Delta T_{\mathrm{L}}]^{\mathrm{T}}$　(5-35)

矩阵

$$\boldsymbol{A}=\frac{-1}{L_{\mathrm{s}}L_{\mathrm{r}}-L_{\mathrm{m}}^2}\begin{bmatrix} R_{\mathrm{dqs}}L_{\mathrm{r}} & -(L_{\mathrm{s}}L_{\mathrm{r}}-L_{\mathrm{m}}^2)\omega_{10}-L_{\mathrm{m}}^2\omega_0 & -R_{\mathrm{dqr}}L_{\mathrm{m}} & -L_{\mathrm{m}}L_{\mathrm{r}}\omega_0 & -L_{\mathrm{m}}^2 i_{\mathrm{qs0}}-L_{\mathrm{m}}L_{\mathrm{r}}i_{\mathrm{qr0}} \\ (L_{\mathrm{s}}L_{\mathrm{r}}-L_{\mathrm{m}}^2)\omega_{10}+L_{\mathrm{m}}^2\omega_0 & R_{\mathrm{dqs}}L_{\mathrm{r}} & L_{\mathrm{m}}L_{\mathrm{r}}\omega_0 & -R_{\mathrm{dqr}}L_{\mathrm{m}} & L_{\mathrm{m}}^2 i_{\mathrm{ds0}}+L_{\mathrm{m}}L_{\mathrm{r}}i_{\mathrm{dr0}} \\ -R_{\mathrm{dqs}}L_{\mathrm{m}} & L_{\mathrm{m}}L_{\mathrm{s}}\omega_0 & R_{\mathrm{dqr}}L_{\mathrm{s}} & -(L_{\mathrm{s}}L_{\mathrm{r}}-L_{\mathrm{m}}^2)\omega_{10}+L_{\mathrm{s}}L_{\mathrm{r}}\omega_0 & L_{\mathrm{m}}L_{\mathrm{s}}i_{\mathrm{qs0}}+L_{\mathrm{s}}L_{\mathrm{r}}i_{\mathrm{qr0}} \\ -L_{\mathrm{m}}L_{\mathrm{s}}\omega_0 & -R_{\mathrm{dqs}}L_{\mathrm{m}} & (L_{\mathrm{s}}L_{\mathrm{r}}-L_{\mathrm{m}}^2)\omega_{10}-L_{\mathrm{s}}L_{\mathrm{r}}\omega_0 & R_{\mathrm{dqr}}L_{\mathrm{s}} & -L_{\mathrm{m}}L_{\mathrm{s}}i_{\mathrm{ds0}}-L_{\mathrm{s}}L_{\mathrm{r}}i_{\mathrm{dr0}} \\ \frac{3}{2}\frac{n_{\mathrm{p}}^2}{J}L_{\mathrm{m}}(L_{\mathrm{s}}L_{\mathrm{r}}-L_{\mathrm{m}}^2)i_{\mathrm{qr0}} & \frac{-3}{2}\frac{n_{\mathrm{p}}^2}{J}L_{\mathrm{m}}(L_{\mathrm{s}}L_{\mathrm{r}}-L_{\mathrm{m}}^2)i_{\mathrm{dr0}} & \frac{-3}{2}\frac{n_{\mathrm{p}}^2}{J}L_{\mathrm{m}}(L_{\mathrm{s}}L_{\mathrm{r}}-L_{\mathrm{m}}^2)i_{\mathrm{qs0}} & \frac{3}{2}\frac{n_{\mathrm{p}}^2}{J}L_{\mathrm{m}}(L_{\mathrm{s}}L_{\mathrm{r}}-L_{\mathrm{m}}^2)i_{\mathrm{ds0}} & 0 \end{bmatrix} \tag{5-36}$$

$$\boldsymbol{B}=\frac{1}{L_{\mathrm{s}}L_{\mathrm{r}}-L_{\mathrm{m}}^2}\begin{bmatrix} 0 & L_{\mathrm{r}} & 0 & -L_{\mathrm{m}} & (L_{\mathrm{s}}L_{\mathrm{r}}-L_{\mathrm{m}}^2)i_{\mathrm{qs0}} & 0 \\ L_{\mathrm{r}} & 0 & -L_{\mathrm{m}} & 0 & -(L_{\mathrm{s}}L_{\mathrm{r}}-L_{\mathrm{m}}^2)i_{\mathrm{ds0}} & 0 \\ 0 & -L_{\mathrm{m}} & 0 & L_{\mathrm{s}} & (L_{\mathrm{s}}L_{\mathrm{r}}-L_{\mathrm{m}}^2)i_{\mathrm{qr0}} & 0 \\ -L_{\mathrm{m}} & 0 & L_{\mathrm{s}} & 0 & -(L_{\mathrm{s}}L_{\mathrm{r}}-L_{\mathrm{m}}^2)i_{\mathrm{dr0}} & 0 \\ 0 & 0 & 0 & 0 & 0 & \frac{-n_{\mathrm{p}}}{J}(L_{\mathrm{s}}L_{\mathrm{r}}-L_{\mathrm{m}}^2) \end{bmatrix} \tag{5-37}$$

在上面的公式中，只有定子轴上施加有电压，所以 $\Delta u_{\mathrm{dr}}=\Delta u_{\mathrm{qr}}=0$，d 轴按定子电压空间矢量定向，所以 $\Delta u_{\mathrm{qs}}=0$，输入变量只剩下 $\Delta U_{\mathrm{s}}(=\Delta u_{\mathrm{ds}})$、$\Delta\omega_1$、$\Delta T_{\mathrm{L}}$。图5-38所示为电响应与机械响应分离的小信号控制框图，变频器的增益和输入电压 ΔU_{s} 合并。变频器-异步电动机单元产生与输入信号 ΔU_{s}、$\Delta\omega_1$ 对应的输出信号 Δi_{ds}、Δi_{qs}、Δi_{dr}、Δi_{qr}，转速反馈信号 $\Delta\omega$ 参与构建反电动势（CEMF）。

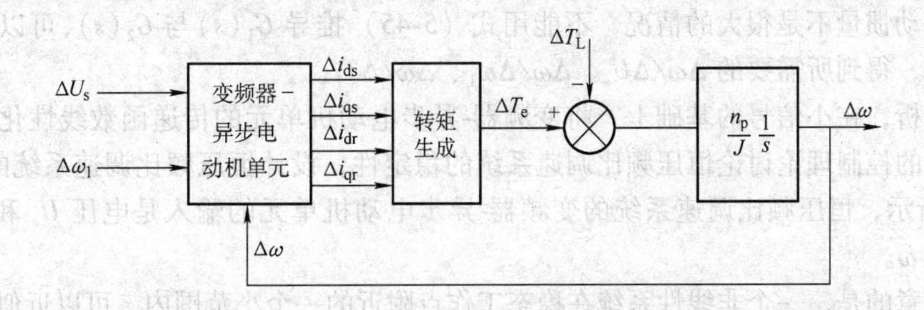

图5-38　小信号控制框图

转矩生成单元根据电流输入信号，线性化的生成转矩为

$$\Delta T_{e}=\frac{3}{2}n_{p}L_{m}[(i_{dr0}\Delta i_{qs}+i_{qs0}\Delta i_{dr})-(i_{ds0}\Delta i_{qr}+i_{qr0}\Delta i_{ds})] \tag{5-38}$$

图 5-37 所示的其他小信号输出 ΔI_s 和 $\Delta\Psi_r$ 也可由状态电流信号合成，其中：

定子电流

$$|\boldsymbol{I}_{s}|=\sqrt{i_{qs}^{2}+i_{ds}^{2}} \tag{5-39}$$

小信号线性化为

$$\Delta I_{s}=\frac{i_{ds0}}{\sqrt{i_{ds0}^{2}+i_{qs0}^{2}}}\Delta i_{ds}+\frac{i_{qs0}}{\sqrt{i_{ds0}^{2}+i_{qs0}^{2}}}\Delta i_{qs} \tag{5-40}$$

转子磁链

$$|\boldsymbol{\Psi}_{r}|=\sqrt{\Psi_{dr}^{2}+\Psi_{qr}^{2}} \tag{5-41}$$

式中

$$\begin{cases}\Psi_{dr}=L_{r}i_{dr}+L_{m}i_{ds}\\ \Psi_{qr}=L_{r}i_{qr}+L_{m}i_{qs}\end{cases} \tag{5-42}$$

小信号线性化为

$$\begin{aligned}\Delta\Psi_{r}&=\frac{\Psi_{dr0}}{\Psi_{r0}}\Delta\Psi_{dr}+\frac{\Psi_{qr0}}{\Psi_{r0}}\Delta\Psi_{qr}\\ &=\frac{L_{m}(L_{r}i_{dr0}+L_{m}i_{ds0})}{\Psi_{r0}}\Delta i_{ds}+\frac{L_{m}(L_{r}i_{qr0}+L_{m}i_{qs0})}{\Psi_{r0}}\Delta i_{qs}\\ &=\frac{L_{r}(L_{r}i_{dr0}+L_{m}i_{ds0})}{\Psi_{r0}}\Delta i_{dr}+\frac{L_{r}(L_{r}i_{qr0}+L_{m}i_{qs0})}{\Psi_{r0}}\Delta i_{qr}\end{aligned} \tag{5-43}$$

式中

$$\Psi_{r0}=\sqrt{(L_{r}i_{dr0}+L_{m}i_{ds0})^{2}+(L_{r}i_{qr0}+L_{m}i_{qs0})^{2}} \tag{5-44}$$

从图 5-38 推导出的小信号传递函数框图如图 5-39 所示，定义单输入单输出线性传递函数 $G_1(s)$、$G_2(s)$为

$$\begin{cases}G_{1}(s)=\left.\dfrac{\Delta T_{e}}{\Delta U_{s}}\right|_{\Delta\omega=0,\ \Delta\omega_{1}=0}\\ G_{2}(s)=\left.\dfrac{\Delta T_{e}}{\Delta\omega_{1}}\right|_{\Delta\omega=0,\ \Delta U_{s}=0}\end{cases} \tag{5-45}$$

在这里，假定转动惯量 J 很大，转速被当作常量对待（$\Delta\omega=0$），也就是说，机械响应比电响应慢得多，在这样的情况下，速度响应主要受转动惯量 J 的支配。

对于转动惯量不是很大的情况，不能用式（5-45）推导 $G_1(s)$ 与 $G_2(s)$，可以直接从状态方程推导，得到所需要的 $\Delta\omega/\Delta U_s$、$\Delta\omega/\Delta\omega_1$、$\Delta\omega/\Delta T_L$。

以上分析，在小信号的基础上，将变频器-异步电动机单元的传递函数线性化，这样就可以用经典的控制理论讨论恒压频比调速系统的稳定性，设计恒压频比调速系统的调节器。如图 5-39 所示，恒压频比调速系统的变频器-异步电动机单元的输入是电压 U_s 和频率 ω_1，输出是转速 ω。

值得注意的是，一个非线性系统在稳态工作点附近的一个小范围内，可以近似地看作线性系统，在此基础上研究动态性能，得出的结论仅适用于稳定性分析，不适用于大范围内动态性能的研究。

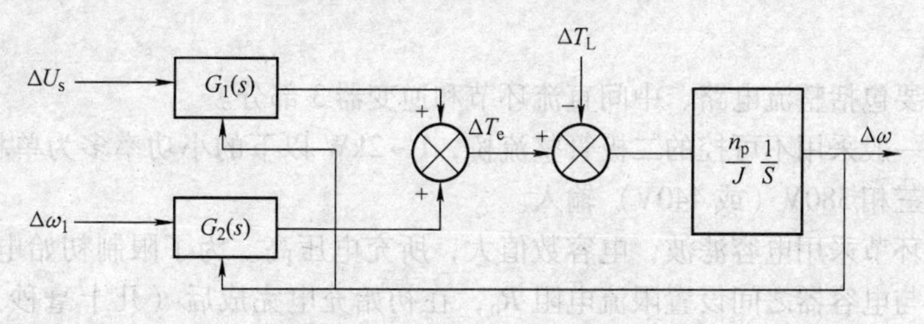

图 5-39 小信号传递函数框图

5.8 V/F 控制的通用变频器

20 世纪 80 年代初，通用变频器实现了商品化。20 多年的时间内，经历了由模拟控制到数字控制和由采用 GTR 模块到采用 IGBT 模块的发展过程。其发展情况可大致从以下几方面加以说明：

（1）容量不断扩大 20 世纪 80 年代初采用 GTR 的 PWM 变频器实现了通用化。到了 90 年代初 GTR 通用变频器的容量达到 600kV·A，400kV·A 以下的已经系列化。90 年代末主开关器件开始采用 IGBT，仅四五年的时间，IGBT 变频器的单机容量已达 1800kV·A（适配 1500kW 电动机），随着 IGBT 容量的扩大，通用变频器的容量将随之进一步扩大。

（2）结构小型化 变频器中的功率电路模块化、控制电路集成化和数字化、结构设计上采用“平面安装技术”等一系列措施，促进了变频装置的小型化。另外，最新开发的一种混合式功率集成器件，把整流桥、逆变桥、驱动电路、检测电路、保护电路等封装在一起，构成了一种“智能功率模块”（Intelligent Power Module，IPM），目前主要用在几千瓦以下的小功率范围。由于它潜在的优点，这种器件不久很可能进入中功率以下的变频装置，并将进一步使变频器小型化和智能化。

（3）多功能化、智能化 由于电力电子器件和控制技术的不断进步，使变频器向多功能化和高性能化方向发展。特别是微机的功能越来越强大，运算速度越来越快，附加功能越来越多，很多原本由系统集成商和用户完成的功能都已集成在变频器内，高档次的通用变频器实际上已经包含了很多 PLC 的功能。

（4）网络化 RS-485 接口成为绝大部分通用变频器的基本配置，可以用串行通信的方法对变频器进行监控。如果增加扩展模块，即刻就具备了现场总线（Profibus-DC、CAN 等）通信能力，可以组成工业控制网络。近几年工业以太网发展迅速，变频器已经可以通过企业内部的局域网连接到互联网，可以通过互联网对变频器实现远程监控。

通用变频器是目前变频器市场的主流。之所以称为通用，是因为这类变频器不是为某一专用目的而设计，它功能强大，通过模式选择和参数设定可以满足众多用户的不同需求。它调速精度高、调速范围大、可靠耐用、智能化程度高，功率范围从几百瓦到几百千瓦，在中小功率范围占据了广大市场。

5.8.1 通用变频器的基本结构

通用变频器的基本结构如图 5-40 所示，主要由主电路、控制电路、检测与保护电路、接口电路和各种外设组成。

1. 主电路

主电路主要包括整流电路、中间直流环节和逆变器 3 部分。

整流电路一般采用不可控的二极管整流桥，1～2kW 以下的小功率多为单相 220V 输入，功率稍大多为三相 380V（或 440V）输入。

中间直流环节采用电容滤波，电容数值大，所充电压高。为了限制初始电容充电电流，一般在整流桥与电容器之间设置限流电阻 R_0，在初始充电完成后（几十毫秒），触点 S_0 将其短接，避免能量损耗，电阻的功率也可以因此选小些。S_0 可以是继电器触点，也可以是电子开关，如晶闸管等。

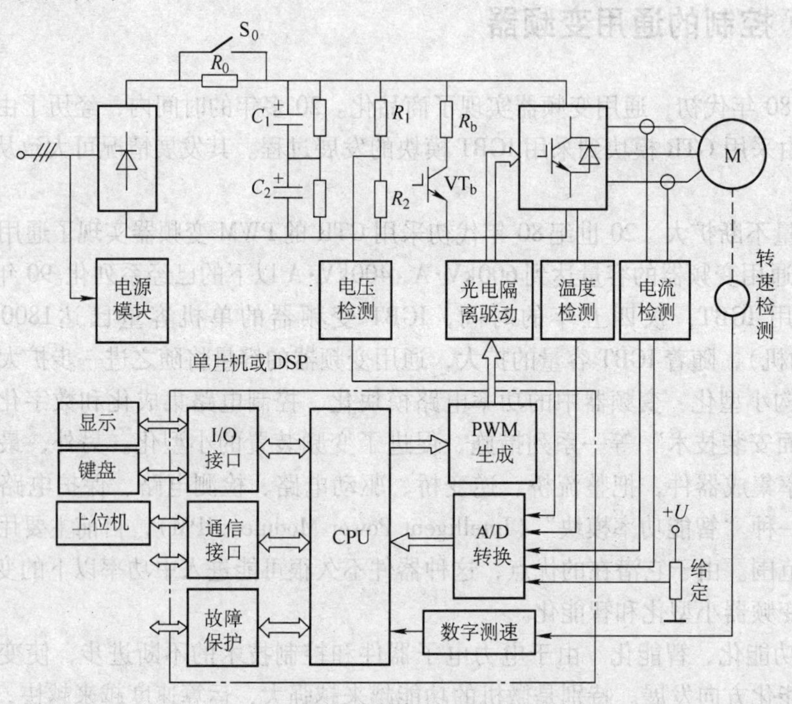

图 5-40　通用变频器基本结构

逆变器可以是单相的，也可以是三相的，驱动电动机用的多为三相逆变器。目前，逆变桥开关器件大都采用高速全控型器件 IGBT，由控制电路产生的 PWM 信号经光电隔离放大后去驱动 IGBT。由于采用 PWM 技术，调压和调频都在逆变桥完成，它们的协调由计算机软件实现。

主电路采用模块化结构，功率不大时，一般整流桥封装在一个模块中，逆变桥封装在另一个模块中；功率在 1～2kW 以下时，甚至整流桥、逆变桥、驱动电路和部分保护电路封装在一个模块中，称为智能功率模块（Intelligent Power Module，IPM）或功率集成电路（Power Integrated Circuit，PIC）。

通用变频器的中间直流环节还设置有泵升电压吸收电路 R_b 和 VT_b。它们的作用是，在变频器快速降频的过程中，异步电动机处于发电制动状态，电能通过逆变桥开关器件反并联的二极管回送到中间电容，引起电容电压异常升高，此时触发 VT_b 导通，电容器中的过量储能通过电阻 R_b 释放掉，维持直流母线电压基本不变，保证逆变器和电解电容的安全。小功率除外，R_b 一般装在变频器的外部，作为附件供用户选购；VT_b 装在变频器的内部，有端子与外部相连。

2. 控制电路

这是通用变频器中最复杂、最关键的部分。现代通用变频器的控制电路大都采用高性能微处理器和专用大规模集成电路作为数字电路的核心。一个例子是采用专为变频调速开发的DSP2000系列数字信号处理器芯片。16位的DSP24XX和32位的DSP28XX具有变频调速所需要的各种专门功能，包括PWM信号生成功能、A/D转换功能、D/A转换功能；各种接口，包括与光电编码器连接的数字测速接口、过电流保护需要的紧急封锁接口、变频器组网用的现场总线接口、外部开关量进出的I/O接口；各种存储器，包括程序存储器FLASH、数据存储器RAM等。

控制功能大致分为如下3部分：

1）监控，包括设定与显示。主要的设定包括运行模式的选择（V/F模式、矢量控制模式、转速闭环模式等）、U/f曲线的设定、运行频率的设定、升频时间与降频时间的设定、最高频率限制的设定、最低频率限制的设定等。主要的显示包括设定值的显示、运行状态的显示（电压、电流、频率、转速、转矩等）、故障状态的显示（故障类型、报警类型、历史记录等）。显示多采用数码管或液晶屏。

2）PWM信号的生成。按照要求的频率、电压、载波比、死区时间自动生成6路PWM信号输出。

3）各种控制规律和控制功能的实现，如V/F控制、矢量控制、闭环控制、转矩提升、转差补偿、死区补偿、自动电压补偿、工频切换、瞬时停电重起动、DC制动等。

3. 信号处理与故障保护

采样电路获取的电流、电压、温度、转速等信号经信号调理电路进行分压、放大、滤波、光电隔离等适当处理后进入A/D转换器，其结果作为CPU控制算法的依据或供显示用，或者作为一个电平信号送至故障保护电路。故障保护有过电流、过载、过电压、欠电压、过热、断相、短路等。与故障保护有关的检测电路很多，图5-40中并未全部画出。正是因为这些众多、及时的故障保护，才使得变频器的工作可靠，很少损坏。一般说来，当一台变频器拖动一台电动机时，可以根据电动机的容量，相应设定变频器的过载保护门限值，不必再使用外部的热继电器对异步电动机进行热保护。

4. I/O接口

I/O接口电路指从外部（PLC或开关）输入控制信号，如起动、停止、正转、反转、电动、复位等二位信号或频率给定、附加频率给定等模拟量信号；将故障等二位信号输出供外部使用，或将正常运转的状态信号，如电压、电流、频率、速度、转矩输出供外部显示或使用。它们以接线端子的形式提供给用户，方便现场配线。

5. 通信接口

现代的变频器上都配有通信接口，如RS-485串行通信接口，使变频器可以组成控制网络。借助上位机，如PLC或工业控制计算机，对变频器实行远程设定和控制。最新的变频器上已经配备有工业以太网接口，从而可以进入企业网，进而与互联网相连。作为配件，用户可以选用各种现场总线（如CAN、Profibus-DC等）板卡，使变频器具备组成工业现场底层网络的能力。

通过通信接口对变频器实行远程设定和控制，比起接线端子控制和操作面板控制来说，更方便和节省布线，因而也更受欢迎。

5.8.2　通用变频器的控制方式

1. V/F 控制与矢量控制

V/F 控制就是恒压频比控制，是最基本、最普通的变频调速方式，适用于对动态性能要求不高的调速场合。它调速平滑，调速范围宽广，应用面最广。在 V/F 控制中，变频器对输出的电压和频率进行调节。矢量控制是基于异步电动机动态模型的一种先进的控制技术，在矢量控制中，变频器对输出的电压、频率和相位进行控制，所以能超过 V/F 控制，达到和直流电动机调速相似的动态性能，是一种比较复杂的控制策略，在第 6 章中，将详尽地研究它。

2. 开环与闭环控制

V/F 控制可以转速开环，也可以转速闭环；矢量控制则经常是转速闭环的，可以无速度传感器，也可以有速度传感器。无速度传感器矢量控制在低频时能提高输出转矩；有速度传感器矢量控制能达到较高的动态性能。变频器为转速反馈信号留有接口，内部设有闭环用的软件 PID 调节器。

3. 转速模式与转矩模式

如果选用高性能的矢量控制方式，那么用户有两种模式可以进一步选择：转速模式和转矩模式。转速模式的给定是转速或者频率，转矩自动随负载变化；转矩模式的给定是转矩，转速可以随系统浮动。转矩模式在卷绕系统中特别有用，使用这种模式，可以很容易构成恒张力卷绕系统。

5.8.3　通用变频器的附加功能

通用变频器之所以能称为“通用”，正是因为它的附加功能多，这里不打算全面展开，仅就其中几个主要的、不容易搞清楚的加以介绍。

1. 转矩提升

转矩提升实际就是基于电压/频率协调控制原理的 U/f 曲线的设定，对于电动机能否接近恒磁通运行有重要意义。

通常在 $f=0$ 时，设定 U 为大于 0 的某一确定值。该值应取多大，与负载有关（IR 补偿）。如果选取过大，电动机容易发热，系统效率降低；如果选取过小，电动机在低频时的转矩变小，带负载能力降低。因此，通常把 U/f 曲线的选择称为转矩提升。转矩提升的设置应当适当，如果负载很轻而设置过大，电流就要增加，变频器可能会因为过电流而报警。

转矩提升的范围为 0～30%，与变频器的容量有关，作为例子，举出一种可能的出厂设定[24]：0.4kW 为 6%；2.2kW 为 4%；7.5kW 为 3%；11kW 为 2%。

2. 转差补偿

由第 4 章异步电动机的机械特性可知，负载增加时，转速下降、转差增加，通过适当提高变频器的输出频率，使电动机因转差增加而降低了的转速得到补偿。由于用户的给定频率并未改变，因此等效地看，机械特性变硬了。

转差补偿功能都是在 V/F 控制模式下设定的，设定内容大致有以下几项：

1）选择补偿功能是否有效。

2）预置补偿量。

3）预置转差补偿的时间常数。

某些型号变频器的转差补偿量是通过相关数据自动内部计算决定的，不必预置补偿量。需要预置时，可以根据负载电流按照线性原则近似计算得到预置补偿量。

3. 瞬时断电后自动重起动

瞬时断电后自动重起动是指变频器允许起动一台正在旋转的电动机，瞬时断电后电源又恢复，如果电动机还没有停止旋转或者被负载带动，在电动机转速回升到给定值以前从0频率再次起动会有制动作用，有可能导致过电流。通过捕捉跟踪功能，变频器能捕捉到电动机的当前转速并且从相应的频率开始驱动电动机一直达到给定转速值，在这个过程中不会有过电流发生。

4. 故障失速后的重起动功能

变频器的保护功能十分齐全，且灵敏度比较高，容易受到外部信号的干扰，存在误动作的可能。为此，变频器因故障失速后，可以自动地重起动一次或多次，以避免不必要的停机。需要注意的是，对于模块过热引起的失速，是不允许重起动的。允许重起动的次数，两次起动之间的时间间隔需要用户设定。

这里使用“失速”一词指的是变频器停止输出，电动机自由停车。与“跳闸”的含义不同，“跳闸”意味着变频器失电。变频器在发生故障后，为了防止事态的进一步扩大，有时需要跳闸。

5. 防失速功能

变频器发生故障时的保护动作经常采用“失速”，失速意味着电力电子器件的驱动被封锁，意味着本变频器停止工作，可能导致重大的经济损失。因此，变频器在运行过程中，又必须尽量避免不必要地失速。

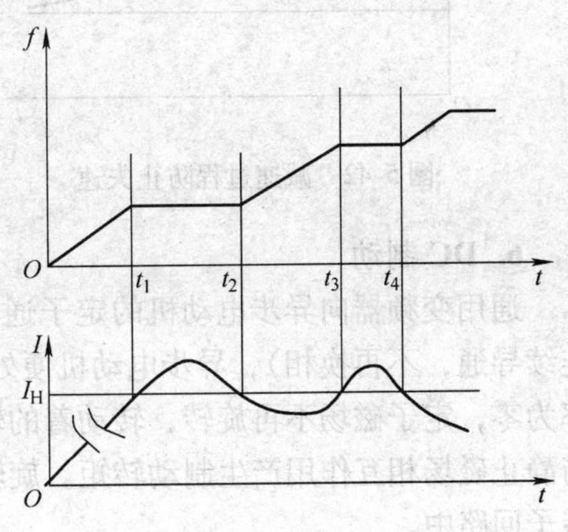

图5-41　加速过程防止失速

（1）加速过程中的防止失速功能　加速时间设定的过短，容易引起过电流保护；加速时间设定的过长，又会影响生产率。如果在变频器设定阶段起动防失速功能，则在加速过程中出现过电流，可以不必失速，自处理程序将停止升频，随着电动机转速的上升，转差变小，电流下降，待电流回落到最大允许值 I_H（对于中小功率变频器，这个值是额定电流的150%）以下时，再次升频，如图5-41所示。

因为自处理功能是为了避免不必要的失速而设置的，所以，在许多厂商的说明书中，常常把这种功能称为“防失速”功能。

启用防失速功能需要用户设定的内容为是否允许自处理功能和自处理功能动作的电流门限值。

（2）减速过程中的防失速功能　与加速过程相仿，对于某些加、减速比较频繁的生产机械，减速时间过长，影响生产率；而对于某些惯性比较大的负载，如果减速时间预置得过短，会因为动能负载释放得过快（电动机工作在发电制动状态）而引起中间直流回路过电压。为此，变频器设置了减速过电压的自处理功能。如果在减速过程中，直流电压超过了上

限值 U_{DH}，变频器的输出频率将不再下降，暂缓减速，直到直流电压下降到 U_{DH} 以下，再继续减速，如图 5-42 所示。

需要用户设定的内容是减速过电压自处理功能是否启用，以及自处理动作的过电压门限值 U_{DH}。

（3）运行过程中的防失速功能　当在运行过程中，电流超过了上限值 I_H，但是，电流变化率 di/dt 并不是很大时，如图 5-43 所示，变频器不必失速，而是暂时把频率从 f_1 降到 f_2。由于在频率下降的时候，电压与转差都要下降，因而电流也随之下降。待电流又回到 I_H 之下时，变频器的输出频率再次恢复到原来的水平，如图 5-43 所示，从而避免了一次不必要的失速。但频率的下降幅度不宜太大，故某些型号变频器在频率下降之后，电流未能下降到 I_H 之下时，应进一步降低电压，直到恢复正常为止。

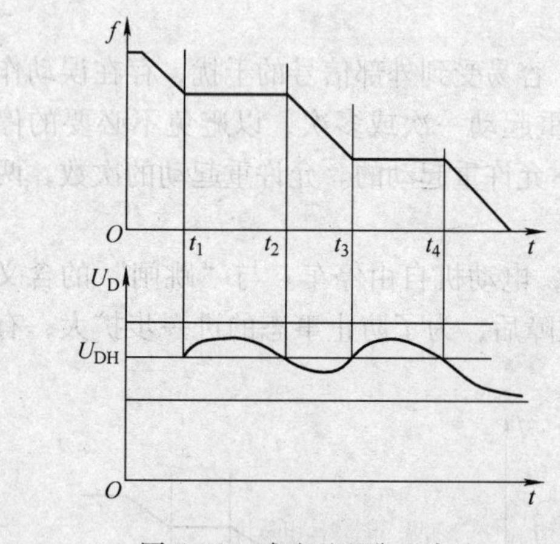

图 5-42　减速过程防止失速

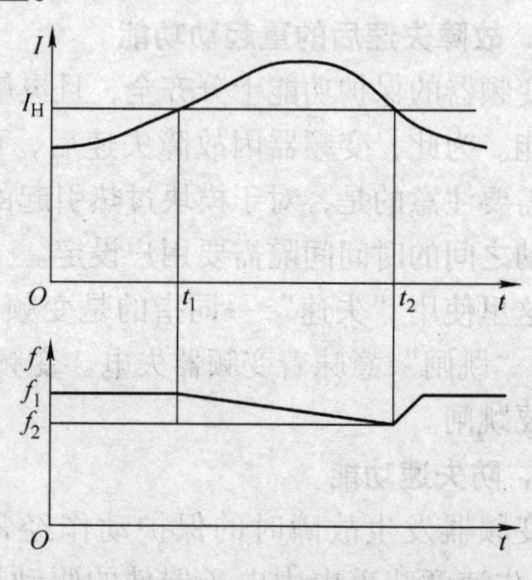

图 5-43　运行过程中防止失速

6. DC 制动

通用变频器向异步电动机的定子通直流电时（这意味着逆变器中某 3 个桥臂短时间内连续导通，不再换相），异步电动机便处于能耗制动状态。在这种情况下，变频器的输出频率为零，定子磁场不再旋转，转动着的转子切割这个静止的磁场而产生转子电流，转子电流与静止磁场相互作用产生制动转矩。旋转系统存储的动能转换成电能，消耗在异步电动机的转子回路中。

这种变频器输出直流的制动方式，在通用变频器的资料中称为 DC 制动，即直流制动。

这种 DC 制动方式主要有两个用途：一是用于准确停车控制；二是制止停车中的不规则自由旋转。

一种可能的准确停车方案是，变频器首先开始连续降速，达到某一低频 f_{DB} 后开始直流制动，使输出频率变为零。电动机则先经历发电制动，后经历 DC 能耗制动，最终停止。如果调整得当，生产机械将准确停止在预定位置上。

通用变频器中对直流制动功能的控制，主要通过设定 DC 制动起始频率 f_{DB}、制动电流 I_{DB} 和制动时间 t_{DB} 来实现。

5.8.4　通用变频器的保护

当变频器出现故障和非正常运行时，变频器必须有快速、可靠的保护。一般说来，通用变频器提供的保护有过电流、过载、对地短路、过电压、欠电压、运行出错、CPU 错误、外部跳闸、瞬时电源故障、功率模块过热、散热器过热等。变频器在保护功能动作后，通常在面板上会有显示，指示故障的类型。

1. 过电流保护

当变频器的输出侧发生短路或电动机堵转时、当 U/f 曲线设定不当时、当负载惯性较大而加速时间设定过短时、当内部故障引起桥臂直通短路时，变频器将流过很大的电流，从而可能造成电力电子器件的损坏。为了防止过电流故障引起的损坏，变频器中设置有过电流保护功能。当电流超过某一数值时，变频器或者通过关断电力电子器件切断输出电流（失速），或者调整变频器的运行状态减小输出电流（防止失速）。如果希望避免事故进一步扩大，如发生电力电子器件损坏，可以跳闸。

电力电子器件在严重过电流的情况下，能坚持的时间很短，常常以微秒或数十微秒计，对这一类过电流保护的基本要求是快。由于软件处理受采样时间及处理时间的限制，通常采用硬件保护电路，例如，直接封锁电力电子器件的驱动电路，事后报告 CPU。

2. 过载保护

在传统的电力拖动系统中，通常采用热继电器保护电动机不因过载超过电动机发热容许的极限而损坏。热继电器具有反时限特性，即电动机的过载电流越大，容许的连续运行时间越短；过载电流越小，容许的连续运行时间越长。在变频器中，这种反时限过载保护功能很容易用软件实现，称为“电子热继电器”。用户可以设定是否启用电子热继电器和电子热继电器动作的门限值。

变频器本身也有一定的过载能力。一般说来，中小功率变频器容许过载 150% 60s。超过额定电流的 150%，就算是过电流。可参见厂商提供的变频器使用说明书。

3. 过电压保护

当电动机减速或制动时，电动机处于发电状态，电能通过逆变桥反并联的二极管回送直流侧，对直流侧电容充电，使直流侧电压升高，处理不当有可能击穿电力电子器件和中间直流电容，造成变频器损坏，需要设置过电压保护功能。过电压保护与过电流保护有相似之处，需要根据过电压的程度分别处理。图 5-44 所示为过电压保护的处理模式。当降速开始，变频器的直流电压超过一定的数值（再生制动电压门限）后，再生制动电路开始工作，图 5-40 中的 VT_b 导通，制动电阻 R_b 开始耗能，变频器继续降频，电动机继续降速；如果这样还不足以阻止电容电压继续上升，以至于上升到停止降频门限电压值，这时变频器停止降频，制动停止，直流电压下降到一定程度，再次降频减速；在降频减速的过程中，如果两种手段都使用，仍未能阻止电压攀升，以至于超过了过电压保护门限值，将采取最后的手段，逆变器停止工作，使电动机自由停车。

除了上述降速过电压外，还有电源过电压、雷电过电压、合闸过电压等，有的则需要在变频器之外寻求解决办法。

4. 其他保护

当变频器的输入电压低于额定电压的 75% ~80% 时，由于变频器不能为电动机提供足够的电磁转矩，转差增大，电动机发热严重，变频器将停止工作。

电源断相后，整流电压过低，足以使欠电压保护动作，故可以不单独设断相保护功能。

如果外部干扰使 CPU 或 EEPROM 发生非正常运行，变频器也将停止工作。

有些故障是短时出现的，例如由于供电质量造成的短时欠电压或过电压等，在电源恢复正常后，变频器可以继续正常运行；有些故障是永久性的，如功率模块损坏，维修人员必须查出原因加以更换，变频器才能恢复正常运转状态；有些故障是由于变频器的参数设定得不合理造成的，需要修改设定。

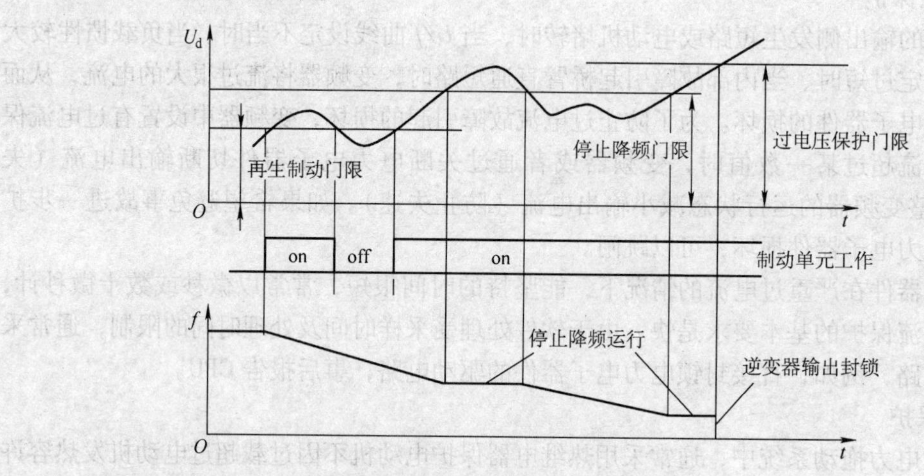

图 5-44　过电压保护的处理模式

5.8.5　通用变频器的外围设备

图 5-45 所示为变频器的外围设备，用户可视情况选用。

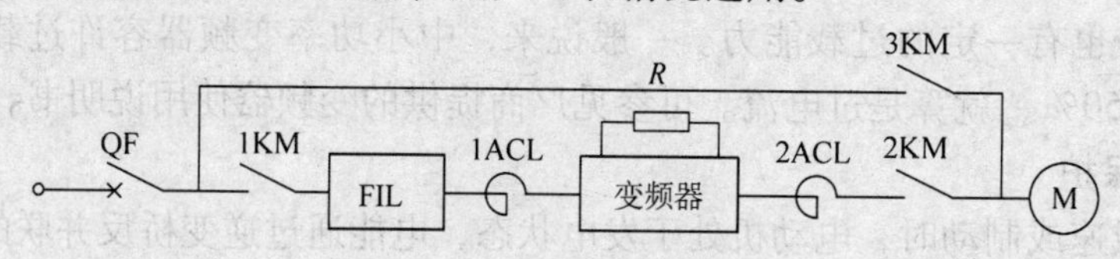

图 5-45　变频器的外围设备

QF—空气断路器　FIL—无线电噪声滤波器　1KM—电源侧接触器

2KM—电动机侧接触器　3KM—工频电网切换接触器　R—制动电阻

1ACL—电源侧交流电抗器　2ACL—电动机侧交流电抗器

QF——电源侧断路器，用于电源的通断，在出现过电流或短路事故时自动切断电源，防止事故扩大。如果需要进行接地保护，也可以选用漏电保护式断路器，是变频器的必选件。

1KM——电源侧接触器，用于切断电源，在变频器保护功能起作用时，通过变频器的 I/O 输出口控制接触器释放，切断电源。对于电网停电后的复电，可以防止自动重起动，以保护设备及人身的安全。

FIL——无线电噪声滤波器，用于改善变频器因高次谐波对外界造成的干扰，视情况需要与否选用。

1ACL、2ACL——交流电抗器，1ACL 用于抑制变频器输入侧的谐波电流，改善功率因数。选用与否，视电源变压器与变频器的匹配情况，以及电网电压允许的畸变情况而定。一般说来，大容量变压器配小功率变频器时，需要配置输入电抗器。2ACL 用于改善变频器的输出电流波形，减小电动机的噪声。

R——制动电阻，用于吸收电动机制动时的再生电能，可以缩短大惯量负载的停车时间；还可以在位能负载下放重物时，实现连续制动运行。

2KM、3KM——电动机侧接触器，用于变频器与工频电网的切换。在这种方式下，2KM是必不可少的，它和3KM之间的联锁可以防止变频器的输出端误接到工频电源上，这样的误接将损坏变频器。如果不需要变频器/工频电源的切换，可以不要2KM。注意，某些型号的变频器可能要求2KM只能在变频器不工作时进行切换，工作时切换可能损坏变频器。为了避免切换时引起电流冲击，需要频率甚至相位的跟踪。一个应用实例是使用一台变频器对多台设备进行软起动，一台设备的起动结束后，切换到工频电源工作，变频器就可以转而起动另一台设备。

思考题与习题

5-1　120°导电型方波逆变器中，如何初始化环形分配器，以产生所需要的6路触发脉冲信号？

5-2　一个三相桥180°方波逆变器直流侧电压为240V，试计算并画出50Hz输出时的线电流波形，负载为：（1）三角形联结，每相电阻为6Ω、电感为0.012H；（2）星形联结，每相电阻为2Ω、电感为0.004H。

5-3　交-直-交电流型逆变器的波形分析中，如何将异步电动机负载简化为基波电动势与漏感串联，有何根据？

5-4　从本章例5-1的计算中，能得出一些什么有用的结论？预测一下5次或7次谐波电流与气隙基波磁链相互作用产生脉动转矩的情况，也会那么小吗？

5-5　变频器恒压频比控制中，对输出的电压和频率进行了控制，没有对输出的相位进行直接控制，据你看这会对系统的动态性能带来较大的影响吗？举个例子支持你的推断。

5-6　空间矢量PWM方法中，如果要超出线性范围进一步提高输出电压，还有什么潜力可以挖掘？

5-7　PWM方法中，死区时间对输出电压造成了畸变，想一个具体的办法对死区造成的不利影响进行补偿。

5-8　如何区别交-直-交电压型和交-直-交电流型逆变器？它们在性能上和波形上有何差异？

5-9　转速闭环转差频率控制的变频调速系统能够仿照直流双闭环系统进行控制，但其动、静态性能却不能达到直流双闭环的水平，这是为什么？

5-10　在转差频率控制的变频调速系统中，如果转速的测量值有误差或者受到干扰，将给系统的工作带来什么样的影响？

5-11　变频器保护中常采用失速的方法，“失速”与“跳闸”的含义有什么不同？

5-12　闭环变频调速系统设计中，为什么要使用变频器—异步电动机单元的小信号模型。

第6章 异步电动机矢量控制与直接转矩控制

第5章中讨论的变频调速系统，无论是电压型还是电流型、开环还是闭环，都属于“标量控制”。标量控制简单、容易实现，但是异步电动机固有的耦合效应使系统响应缓慢，数学模型的高阶效应使系统稳定性差。

例如，如果试图借增加转差（也就是增加频率）来增加转矩，磁通却随着减小，虽然这个磁通减小被迟缓的磁通环借增加电压补偿（调节）上来，但是这个暂态的磁通降低却无可挽回地降低了本应有的转差对转矩调节的灵敏性，延长了调节时间。同样的道理可以解释电流型变频调速系统。

20世纪70年代初发明的磁场定向矢量控制可以很好地解决上述问题，能够把异步电动机控制得像直流电动机一样好。直流电动机的励磁电流和转矩电流（电枢电流）是解耦的，因此矢量控制也称为“解耦控制”。矢量控制既适用于异步电动机，也适用于同步电动机，同步电动机矢量控制将在第7章介绍。遗憾的是，矢量控制及反馈信号处理很复杂，如果是无速度传感器矢量控制就更复杂，只有高性能的微处理器或DSP才能胜任。尽管如此，矢量控制看起来终将取代标量控制，成为交流电动机控制的工业标准。

6.1 矢量控制的基本思路

6.1.1 模仿直流电动机

粗略地讲，矢量控制（Vector Control，VC）是模仿他励直流电动机的控制，图6-1对比解释了它们的相似之处。

忽略磁饱和及电枢反应的影响，直流电动机的转矩方程为

$$T_e = C_T' I_a I_f$$

式中 I_f——励磁电流，产生 Ψ_f；

I_a——电枢电流，产生 Ψ_a。

如果把它们看作是空间矢量，它们互相垂直、解耦。这意味着，当用 I_a 去控制转矩的时候，磁链 Ψ_f 不受影响，如果磁链是额定磁链，将得到快速的动态响应和最大的转矩电流比。反过来，当用 I_f 去控制磁链 Ψ_f 时，Ψ_a 也不受影响。对照异步电动机，由于异步电动机固有的耦合效应，当试图用某种方法增加转矩的时候，磁通却减小，总是达不到直流电动机那样快速的动态响应。如果使用第4章中坐标变换的知识，在同步旋转 d-q 坐标系上控制异步电动机，所有的交流量都变成了直流量，应该也能达到类似直流电动机那样的性能水平。

图6-1b示出了这个构想，其中 i_{ds}^* 和 i_{qs}^* 分别是同步旋转坐标系上定子电流的直轴分量和交轴分量，对于矢量控制来说，i_{ds}^* 类似于直流电动机的励磁电流 I_f，i_{qs}^* 类似于直流电动机的电枢电流 I_a。相应地，应该能类似地写出异步电动机的转矩表达式为

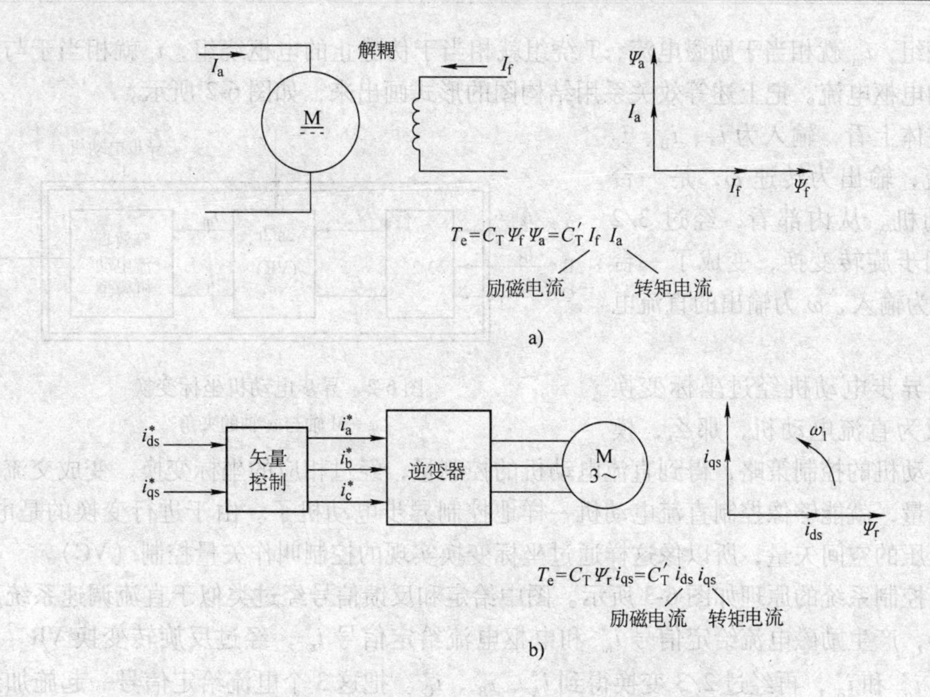

图6-1 他励直流电动机和矢量控制异步电动机

a）他励直流电动机 b）矢量控制异步电动机

$$T_e = C_T \Psi_r i_{qs} \tag{6-1}$$

或者

$$T_e = C_T' i_{ds} i_{qs} \tag{6-2}$$

式中 Ψ_r——正弦分布转子磁链空间矢量的峰值。

但是，能够这样写转矩表达式应该满足一个条件，那就是d轴应该按Ψ_r定向，如图6-1b右边所示。这意味着，当i_{qs}^*被控制时，它只影响实际电流i_{qs}，不影响磁链Ψ_r。类似，当i_{ds}^*被控制时，它只控制磁链Ψ_r，不影响i_{qs}，其中的关键问题是定向。幸好，至今所进行的坐标变换，只是规定d-q坐标系以同步转速旋转，并未规定d-q坐标轴与同样以同步转速旋转的转子磁链的相对位置关系，这就使选择d轴与转子磁链Ψ_r同方向成为可能，叫作“按转子磁链定向”。按转子磁链定向后，异步电动机在同步旋转d-q坐标系上的数学模型和直流电动机相比，不同之处是异步电动机的空间矢量在以同步转速旋转，直流电动机的空间矢量静止不动。但是从相对运动的观点看，这没有什么本质不同。不难理解，矢量控制的关键是确保定向准确，确保给定值与实际值相等。

6.1.2 矢量控制原理

在第4章的坐标变换中已经阐明，以产生同样的旋转磁动势为准则，在三相坐标系上的定子电流i_A、i_B、i_C、通过三相—二相变换可以等效为二相静止坐标系上的交流电流i_α和i_β，再通过同步旋转变换，可以等效成同步旋转坐标系上的直流电流i_d和i_q。如果观察者站在铁心上与同步旋转坐标系一起旋转，他所看到的便是一台直流电动机。通过控制，可以使交流电动机的转子总磁通Φ_r等于直流电动机的励磁磁通，如果再把d轴定位在Φ_r的方向上，称为M(Magnetization)轴，把q轴称为T(Torque)轴，则M绕组就相当于直流电动机的励磁绕组，i_m 就相当于励磁电流，T 绕组就相当于伪静止的电枢绕组，i_t 就相当于与转矩成正比的电枢电流。把上述等效关系用结构图的形式画出来，如图 6-2 所示。

从整体上看，输入为 i_A、i_B、i_C 三相电流，输出为转速 ω，是一台交流电动机。从内部看，经过 3/2 变换和同步旋转变换，变成了一台以 i_m、i_t 为输入，ω 为输出的直流电动机。

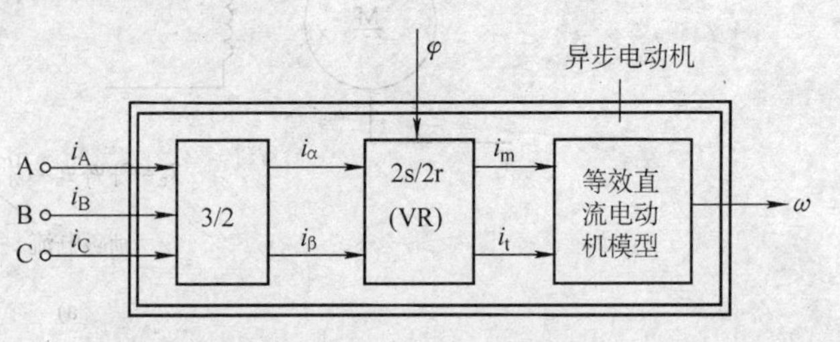

图 6-2　异步电动机坐标变换

φ—M 轴与 α 轴的夹角

既然异步电动机经过坐标变换可以等效为直流电动机，那么，模仿直流电动机的控制策略，得到直流电动机的控制量，经过相应的坐标变换，变成交流电动机的控制量，就能够像控制直流电动机一样地控制异步电动机了。由于进行变换的是电流、磁链、电压的空间矢量，所以像这样通过坐标变换实现的控制叫作矢量控制（VC）。

矢量控制系统的原理如图 6-3 所示。图中给定和反馈信号经过类似于直流调速系统所用的控制器，产生励磁电流给定信号 i_m^* 和电枢电流给定信号 i_t^*，经过反旋转变换 VR^{-1}（2r/2s）得到 i_α^* 和 i_β^*，再经过 2/3 变换得到 i_A^*、i_B^*、i_C^*。把这 3 个电流给定信号一起施加到电流控制的变频器上，变频器即可为异步电动机输出所期望的具有适当电压、频率、相位的驱动电流。

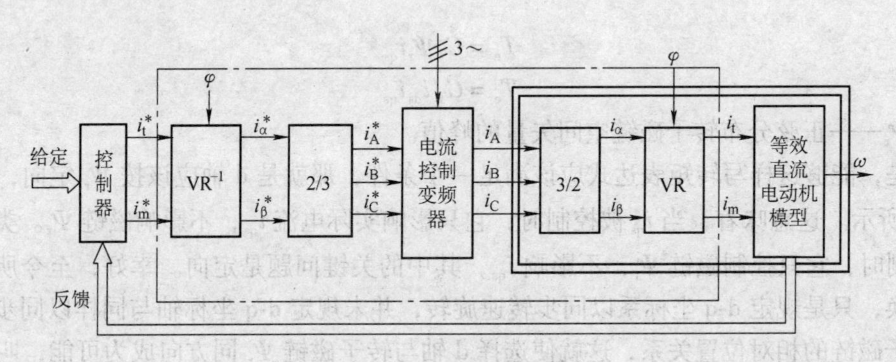

图 6-3　矢量控制系统原理

在设计矢量控制系统时，可以略去点画线框内的部分，而把控制器的输出和等效直流电动机的输入直接连接起来，就和直流调速系统一样了。

6.2　按转子磁链定向异步电动机矢量控制系统

6.2.1　按转子磁链定向的矢量控制方程

1. 异步电动机在 M-T 坐标系上的数学模型

为了与一般的同步旋转 d-q 坐标系区别，取 d 轴沿转子磁链 Ψ_r 的方向，称之为 M 轴；q 轴逆时针旋转 90°，称之为 T 轴。这样就得到了按转子磁链定向的两相同步旋转 M-T 坐标系。

在M-T坐标系上，磁链方程为

$$\begin{cases}\Psi_{ms}=L_s i_{ms}+L_m i_{mr}\\ \Psi_{ts}=L_s i_{ts}+L_m i_{tr}\end{cases} \tag{6-3}$$

$$\begin{cases}\Psi_{mr}=L_m i_{ms}+L_r i_{mr}=\Psi_r\\ \Psi_{tr}=L_m i_{ts}+L_r i_{tr}=0\end{cases} \tag{6-4}$$

对于笼型异步电动机，其转子短路，端电压 $u_{mr}=u_{tr}=0$，于是式（4-81）两相同步旋转坐标系上的电压方程变为M-T坐标系上的电压方程

$$\begin{bmatrix}u_{ms}\\u_{ts}\\0\\0\end{bmatrix}=\begin{bmatrix}R_{dqs}+L_s p & -\omega_1 L_s & L_m p & -\omega_1 L_m\\ \omega_1 L_s & R_{dqs}+L_s p & \omega_1 L_m & L_m p\\ L_m p & 0 & R_{dqr}+L_r p & 0\\ \omega_s L_m & 0 & \omega_s L_r & R_{dqr}\end{bmatrix}\begin{bmatrix}i_{ms}\\i_{ts}\\i_{mr}\\i_{tr}\end{bmatrix} \tag{6-5}$$

矩阵中出现了0元素，其中第3行中的两个0和第4行中的一个0是由于

$$\Psi_{tr}=L_m i_{ts}+L_r i_{tr}=0$$

所致。

由式（4-75）并考虑到式（6-3）和式（6-4），可以写出转矩方程

$$T_e=\frac{3}{2}n_p L_m(i_{ts}i_{mr}-i_{ms}i_{tr})=\frac{3}{2}n_p L_m\left[i_{ts}i_{mr}-\frac{\Psi_r-L_r i_{mr}}{L_m}\left(-\frac{L_m}{L_r}i_{ts}\right)\right]$$

$$=\frac{3}{2}n_p\frac{L_m}{L_r}\Psi_r i_{ts} \tag{6-6}$$

运动方程仍为式（4-73），重写如下

$$T_e=T_L+\frac{J}{n_p}\frac{d\omega}{dt} \tag{6-7}$$

磁链方程、电压方程、转矩方程、运动方程一起构成了异步电动机在M-T坐标系上的数学模型。

2. 矢量控制基本方程

矢量控制所依据的基本方程有以下3个：

（1）转子磁链方程　由电压方程矩阵式（6-5）的第3行展开，得

$$0=R_{dqr}i_{mr}+p(L_m i_{ms}+L_r i_{mr})$$

将磁链方程式（6-4）代入上式，得

$$0=R_{dqr}i_{mr}+p\Psi_r$$

$$i_{mr}=-\frac{p\Psi_r}{R_{dqr}} \tag{6-8}$$

再将式（6-8）代入式（6-4），得

$$i_{ms}=\frac{T_r p+1}{L_m}\Psi_r$$

$$\Psi_r=\frac{L_m}{T_r p+1}i_{ms} \tag{6-9}$$

式中 T_r——转子回路时间常数，$T_r = L_r / R_{dqr}$。

式（6-9）便是转子磁链方程。解读一下其中的含义：i_{ms}是Ψ_r的励磁电流，当i_{ms}突变引起Ψ_r变化时，会在转子绕组中感应出转子电流励磁分量i_{mr}（见式（6-8））试图阻止Ψ_r的变化，迫使Ψ_r按以T_r为时间常数的指数规律变化。稳态时，Ψ_r = 常数，$i_{mr} = 0$，$\Psi_r = L_m i_{ms}$，Ψ_r的稳态值由定子电流励磁分量i_{ms}唯一决定。类似直流电动机，异步电动机定子电流在M-T坐标系的两个分量——励磁分量和转矩分量也是解耦的。

（2）转矩方程 由磁链方程式（6-4），得

$$i_{tr} = -\frac{L_m}{L_r} i_{ts} \tag{6-10}$$

重写电磁转矩方程式（6-6）

$$T_e = \frac{3}{2} n_p \frac{L_m}{L_r} \Psi_r i_{ts}$$

这个转矩表达式和直流电动机很相似，当转子磁链Ψ_r不变时，定子电流转矩分量的变化会引起电磁转矩成正比的变化，没有任何推迟，这正是所期望的关系。但是考虑到Ψ_r也是被控对象，式（6-6）实际上仍然是非线性的。他励直流电动机的磁通不用控制就是常量，交流异步电动机的Ψ_r被控制为常量，这仍然是两个完全不同的概念。

（3）转差角频率方程 由电压矩阵方程式（6-5）的第4行展开得

$$0 = \omega_s (L_m i_{ms} + L_r i_{mr}) + R_{dqr} i_{tr}$$

将磁链方程式（6-4）代入上式，得

$$0 = \omega_s \Psi_r + R_{dqr} i_{tr}$$

整理后得

$$\omega_s = -\frac{R_{dqr}}{\Psi_r} i_{tr} \tag{6-11}$$

考虑到式（6-10），得

$$\omega_s = \frac{L_m}{T_r \Psi_r} i_{ts} \tag{6-12}$$

式（6-12）指明了转差角频率ω_s与定子电流转矩分量i_{ts}成正比关系，如果Ψ_r保持不变的话。根据异步电动机稳态等效电路的结论，在转差比较小的条件下，转矩与转差成正比，比较一下发现，式（6-12）却没有转差比较小的限制。

式（6-6）、式（6-9）、式（6-12）一起构成矢量控制的基本方程。

6.2.2 转子磁链的电压和电流模型

为了实现转子磁链定向矢量控制，关键是获得实际转子磁链Ψ_r的幅值和相位角，坐标变换需要磁链相位角φ，转矩计算、转差计算等需要磁链的幅值。但是转子磁链是电动机内部的物理量，直接测量在技术上困难很多。因此在实际应用系统中，多采用间接计算（或观测）的方法。通过容易检测得到的电动机运行时的物理量，如电压、电流、转速等，根据电动机的动态数学模型，实时推算出转子磁链的瞬时值，包括幅值和相位角。

在磁链计算模型中，根据所用实测信号的不同，可以分为电压模型和电流模型两种。

1. 计算转子磁链的电压模型

根据电压方程中感应电动势等于磁链变化率的关系，对电动势积分即可得到磁链，这样

的磁链模型叫电压模型。

由三相定子电流和电压信号经3/2变换，可以获得$i_{\alpha s}$、$i_{\beta s}$和$u_{\alpha s}$、$u_{\beta s}$，再根据二相静止α-β坐标系上的电压方程式（4-79）中的第1行和第2行及磁链方程式（4-78），可以写出

$$\Psi_{\alpha s} = \int (u_{\alpha s} - R_{dqs} i_{\alpha s})\,dt = L_s i_{\alpha s} + L_m i_{\alpha r}$$

$$\Psi_{\beta s} = \int (u_{\beta s} - R_{dqs} i_{\beta s})\,dt = L_s i_{\beta s} + L_m i_{\beta r}$$

$$\Psi_{\alpha r} = L_m i_{\alpha s} + L_r i_{\alpha r}$$

$$\Psi_{\beta r} = L_m i_{\beta s} + L_r i_{\beta r}$$

上述4个方程中有4个未知数$i_{\alpha r}$、$i_{\beta r}$、$\Psi_{\alpha r}$、$\Psi_{\beta r}$，联立求解，得到转子磁链的电压模型

$$\begin{cases} \Psi_{\alpha r} = \dfrac{L_r}{L_m}\left[\int (u_{\alpha s} - R_{dqs} i_{\alpha s})\,dt - \sigma L_s i_{\alpha s}\right] \\ \Psi_{\beta r} = \dfrac{L_r}{L_m}\left[\int (u_{\beta s} - R_{dqs} i_{\beta s})\,dt - \sigma L_s i_{\beta s}\right] \end{cases} \tag{6-13}$$

式中

$$\sigma = \frac{L_s L_r - L_m^2}{L_s L_r} = 1 - \frac{L_m^2}{L_s L_r} \tag{6-14}$$

为漏磁系数。

根据式（6-13），可以画出计算转子磁链的电压模型，如图6-4所示。

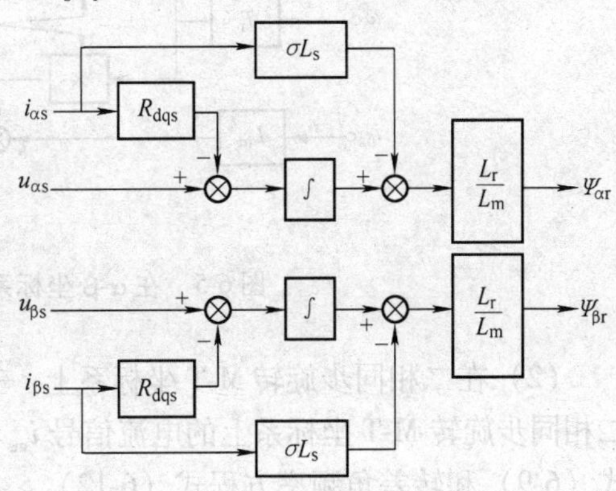

图6-4　计算转子磁链的电压模型

求出$\Psi_{\alpha r}$和$\Psi_{\beta r}$后，通过K/P变换，便可求出转子磁链的幅值和相位角。整个计算过程由微处理器完成。图中省略了3/2变换、信号滤波、运算放大器调理、A/D转换等环节。电压模型的优点是：算法简单，便于应用；不需要转速信号，算法与转子电阻无关（转子电阻受温度、频率的影响变化大）；模型受参数变化的影响较小。其缺点是：由于频率低时电压低，对小信号积分造成误差大；低速下，定子电阻、漏感、励磁电感等参数变化对计算误差的影响加大。比较起来，电压模型更适合中高速范围应用。

2. 计算转子磁链的电流模型

根据磁链与电流的关系，由电流推算磁链，称其为电流模型。

（1）在二相静止α-β坐标系上　定子三相电流经3/2变换，得到二相静止坐标系上的电流$i_{\alpha s}$和$i_{\beta s}$，再利用二相坐标系上的磁链方程式（4-78）计算转子磁链在α和β轴上的分量为

$$\Psi_{\alpha r} = L_m i_{\alpha s} + L_r i_{\alpha r}$$

$$\Psi_{\beta r} = L_m i_{\beta s} + L_r i_{\beta r}$$

由电压方程式（4-79）的第3行、第4行，并令$u_{\alpha r} = u_{\beta r} = 0$，得

$$L_m p i_{\alpha s} + L_r p i_{\alpha r} + \omega(L_m i_{\beta s} + L_r i_{\beta r}) + R_{dqr} i_{\alpha r} = 0$$

$$L_m p i_{\beta s} + L_r p i_{\beta r} - \omega(L_m i_{\alpha s} + L_r i_{\alpha r}) + R_{dqr} i_{\beta r} = 0$$

上述 4 个方程式含有 4 个未知量 $\Psi_{\alpha r}$、$\psi_{\beta r}$、$i_{\alpha r}$、$i_{\beta r}$，联立求解这 4 个方程，整理后得到转子磁链的计算公式为

$$\begin{cases}\Psi_{\alpha r}=\dfrac{1}{T_r p+1}(L_m i_{\alpha s}-\omega T_r\Psi_{\beta r})\\ \Psi_{\beta r}=\dfrac{1}{T_r p+1}(L_m i_{\beta s}+\omega T_r\Psi_{\alpha r})\end{cases}\tag{6-15}$$

根据式（6-15）可画出在 α-β 坐标系上计算转子磁链的电流模型，如图 6-5 所示。求得 $\psi_{\alpha r}$ 和 $\psi_{\beta r}$后，利用 K/P 变换便可求得转子磁链的幅值和相位角。

这个转子磁链电流模型除了需要定子电流信号外，还需要转速信号。电流模型的优点是适用转速范围可以向下扩展到零转速；缺点是运算精度受电动机参数变化（特别是转子电阻受温度和集肤效应的影响可能有高达 50% 的变化）的影响大。况且转子（笼型转子）电阻不可直接测量，欲对转子电阻的变化进行补偿也很困难。

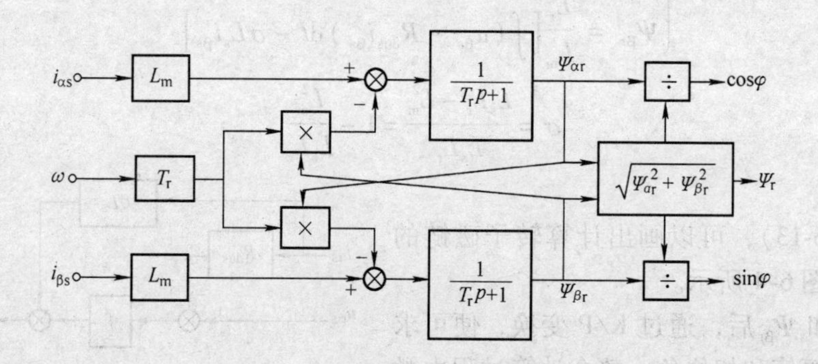

图 6-5　在 α-β 坐标系上计算转子磁链的电流模型

（2）在二相同步旋转 M-T 坐标系上　三相定子电流经 3/2 变换，再经 2s/2r 变换，得到二相同步旋转 M-T 坐标系上的电流信号 i_{ms} 和 i_{ts}；根据矢量控制基本方程中的转子磁链方程式（6-9）和转差角频率方程式（6-12）

$$\Psi_r=\frac{L_m}{T_r p+1}i_{ms}$$

$$\omega_s=\frac{L_m}{T_r\Psi_r}i_{ts}$$

可以得到转子磁链 Ψ_r 和转差角频率 ω_s；由 $\omega_s+\omega=\omega_1$ 得到定子频率信号，再经过积分得到转子磁链的相位角 φ，如图 6-6 所示，与前一种电流模型相比，这种电流模型更适合微机实时计算，容易收敛，也比较准确。

上述两种计算转子磁链的电流模型都需要实测的电流与转速信号，它们的共同优点是无论转速高低都能适用，但共同缺点是都受电动机参数变化的影响。除了转子电阻受温度和频率的影响有较大的变化外，磁路的饱和程度也将影响电感 L_m、L_r 和 L_s，这些影响最终将导致计算出的转子磁链的幅值和相位角偏离正确值，使磁场定向不准，使磁链闭环控制性能降低。

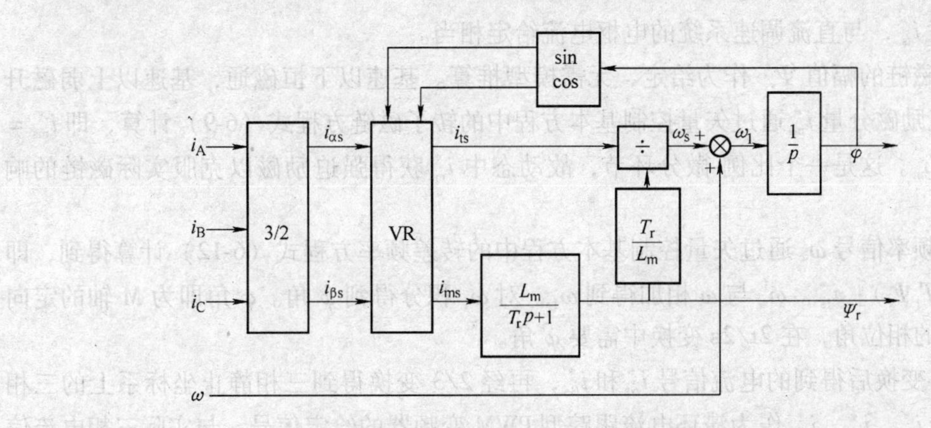

图 6-6　在 M-T 坐标系上计算转子磁链的电流模型

6.2.3　异步电动机转子磁链定向矢量控制系统

自 20 世纪 70 年代发明矢量控制以来，经过几十年的研究与发展，科技人员提出了大量的异步电动机矢量控制方案，各大电气设备制造公司推出了各自的矢量控制产品，限于篇幅，这里不可能全面介绍，仅举几例。

1. 磁链开环转差型矢量控制系统

系统如图 6-7 所示，这是一个四象限位置伺服系统，它继承了第 5 章中讨论过的基于异步电动机稳态数学模型的转差频率控制系统的优点，又利用基于动态数学模型的矢量控制规律克服了它的大部分不足之处。图中主电路采用流行的通用变频器结构，使用第 5 章中描述过的滞环控制电流跟踪 PWM 技术，图 6-8 所示为两种电流控制变频器，两种结构都可以使用。

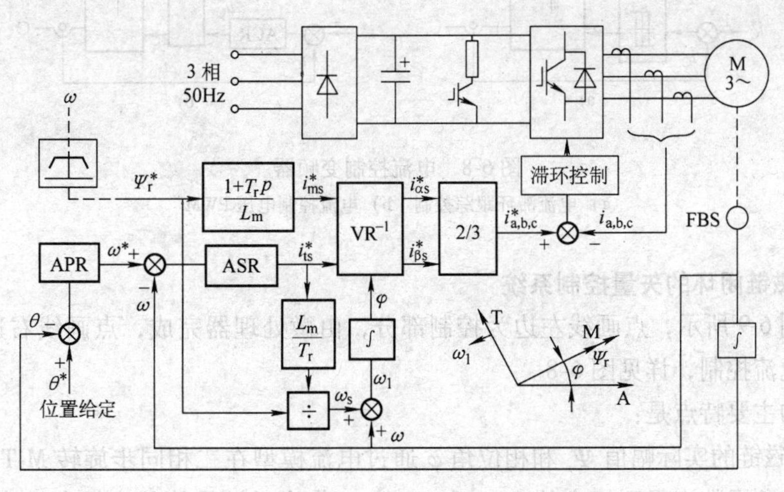

图 6-7　磁链开环转差型矢量控制系统

这个系统的主要特点如下：

1）位置外环，转速内环。位置调节器 APR 的输出是转速给定，转速给定 ω^* 与转速反馈 ω 比较后，误差送给速度调节器 ASR，速度调节器的输出为 M-T 坐标系上定子电流转矩

分量的给定值 i_{ts}^*，与直流调速系统的电枢电流给定相当。

2）转子磁链的幅值 Ψ_r^* 作为给定，无需模型推算。基速以下恒磁通，基速以上弱磁升速。定子电流励磁分量 i_{ms}^* 通过矢量控制基本方程中的转子磁链方程式（6-9）计算，即 $i_{ms}^* = \Psi_r(1+T_r p)/L_m$。这是一个比例-微分环节，故动态中 i_{ms}^* 获得强迫励磁以克服实际磁链的响应滞后。

3）转差频率信号 ω_s 通过矢量控制基本方程中的转差频率方程式（6-12）计算得到，即 $\omega_s = [L_m/(T_r\Psi_r)]\ i_{ts}^*$。$\omega_s$ 与 ω 相加得到 ω_1，对 ω_1 积分得到 φ 角。φ 角即为 M 轴的定向角，也是 Ψ_r 的相位角，在 2r/2s 变换中需要 φ 角。

4）2r/2s 变换后得到的电流信号 $i_{\alpha s}^*$ 和 $i_{\beta s}^*$，再经 2/3 变换得到三相静止坐标系上的三相电流给定信号 i_a^*、i_b^*、i_c^* 作为滞环电流跟踪型 PWM 变频器的给定信号，与实际三相电流信号的误差送到滞环比较控制器。

5）由于控制的是三相电流的瞬时值，它包含了幅值、频率和相位，与异步电动机恒压频比控制仅控制幅值和频率相对照，控制上的差别决定了它们性能上的差异。

6）磁链开环转差频率矢量控制系统的磁场定向由磁链和转矩给定信号确定，靠矢量控制基本方程保证，并没有用磁链模型实际计算转子磁链及其相位角，所以属于间接型磁场定向，也可以称为间接型矢量控制系统。由于矢量控制方程中包含电动机转子参数，定向精度仍然易受参数变化的影响。

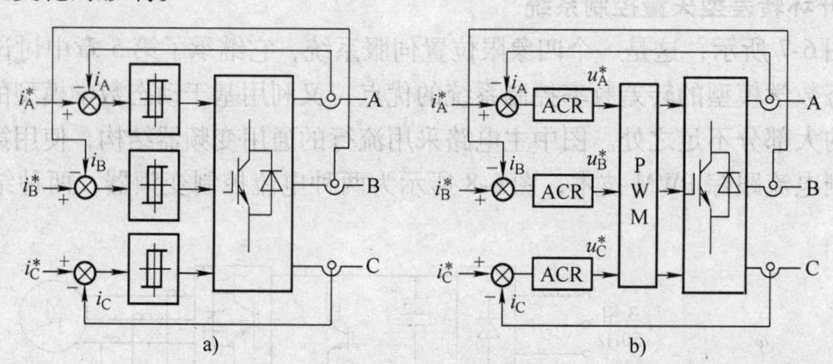

图 6-8　电流控制变频器

a）电流滞环跟踪控制　b）电流控制电压 PWM

2. 转速磁链闭环的矢量控制系统

系统如图 6-9 所示，点画线左边为控制部分，由微处理器完成，点画线右边为主电路，变频器采用电流控制，详见图 6-8。

该系统的主要特点是：

1）转子磁链的实际幅值 Ψ_r 和相位角 φ 通过电流模型在二相同步旋转 M-T 坐标系上计算得到，查三角函数表得到相应的 $\cos\varphi$ 和 $\sin\varphi$，i_{ts} 作为磁链推算的中间变量一并得到。由于转子磁链是通过磁链模型直接推算出来的，所以该系统又称直接型矢量控制系统。

2）对转子磁链的幅值实行闭环控制，在基速以下恒磁通恒转矩，在基速以上弱磁恒功率。

3）在转速环内设转矩内环，有助于解耦（后面将解释）。转速环的输出是转矩给定，

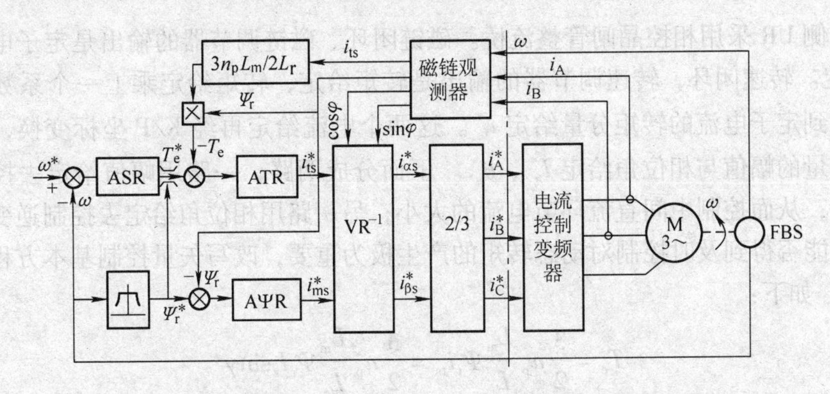

图 6-9　转矩磁链闭环的矢量控制系统

有正负限幅，弱磁时限幅值还受到磁链给定信号的控制。转矩反馈信号由磁链模型的中间值 i_{ts}，经过矢量控制基本方程中的转矩方程式（6-6）计算得到。

4）转矩调节器的输出是定子电流转矩分量给定 i_{ts}^*，磁链调节器的输出是定子电流励磁分量给定 i_{ms}^*。它们经过矢量反变换 VR^{-1}和2/3 变换，输出三相定子电流给定 i_A^*、i_B^*、i_C^* 给电流控制变频器，对变频器实行瞬时值控制，于是变频器的三相电流在幅值、频率、相位上均得到控制，这是它和 V/F 控制的不同之处。

无论是直接型矢量控制还是间接型矢量控制都有下述特点：像直流可逆系统一样四象限运行，速度降到零后，相序自动反转，无需附加任何专门倒相序的控制单元，而 V/F 控制需要这样的倒相序单元；像直流调速一样，动态响应比较快，转矩直接受 i_{ts} 控制而又不影响磁链，因为它们是解耦的。

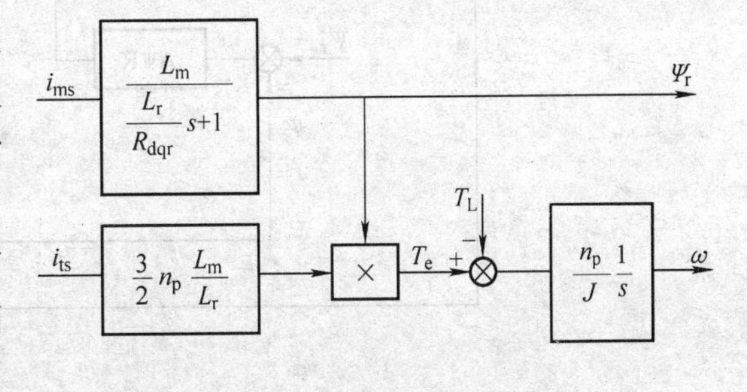

图 6-10　矢量控制传递函数

矢量控制的关键是磁场定向准确，定子电流的励磁分量与转子磁链同方向，转矩分量垂直于转子磁链。然而在实际中，由于变频器和信号处理中存在的固有推迟现象及参数不可避免的变化，理想的矢量控制是很难的。图 6-10 所示为矢量控制传递函数，表明耦合问题和非线性问题仍然存在。

如图 6-10 所示，磁链与转速之间存在耦合关系，当磁链闭环和转速闭环时，两个子系统不是独立的。为了使两个子系统完全解耦，除了坐标变换外，还应设法消除或抑制转子磁链对电磁转矩的影响。上述系统中转速环内设转矩环有助于解耦，这是因为磁链对转矩的影响相当于一种扰动，转矩内环可以抑制这个扰动。下面要介绍的转速调节器的输出除以转子磁链得到定子电流的转矩分量（见图 6-11），那里的除以转子磁链与图 6-10 示出的电动机模型中的乘转子磁链得到转矩相互抵消，两个子系统就解耦了。这时就可以采用经典控制理论的单变量线性系统综合方法或相应的工程设计方法来设计两个调节器 AΨR 和 ASR。

3. 电流型逆变器矢量控制系统

前面介绍的两种矢量控制系统，无论是直接型或是间接性，都是电压型电流控制变频器。实际上这些控制原理也可用于其他类型的变频器，图 6-11 所示为一种电流型逆变器转子磁链定向直接型矢量控制系统，电流型逆变器（CSI）可以是方波输出，也可以是 PWM

输出，电源侧 UR 采用相控晶闸管整流桥。磁链闭环、磁链调节器的输出是定子电流的励磁分量 i_{ms}^* 给定。转速闭环，转速调节器的输出是转矩给定，转矩给定乘上一个系数再除以转子磁链，得到定子电流的转矩分量给定 i_{ts}^*。这两个电流给定再经 K/P 坐标变换，得到定子电流空间矢量的幅值与相位角给定 I_s^*、θ_s^*。下面分成两路，一路用幅值给定去控制晶闸管可控整流桥，从而控制中间直流环节电流的大小；另一路用相位角给定去控制逆变桥的输出相位。相位能否得到及时控制对动态转矩的产生极为重要，改写矢量控制基本方程中的转矩公式（6-6）如下：

$$T_e = \frac{3}{2} n_p \frac{L_m}{L_r} \Psi_r i_{ts} = \frac{3}{2} n_p \frac{L_m}{L_r} \Psi_r I_s \sin\gamma \tag{6-16}$$

式中 Ψ_r——转子磁链的峰值；

I_s——定子电流空间矢量的峰值；

γ——转矩角（转子磁链空间矢量与定子电流空间矢量之间的夹角），$\gamma = \theta_s$。

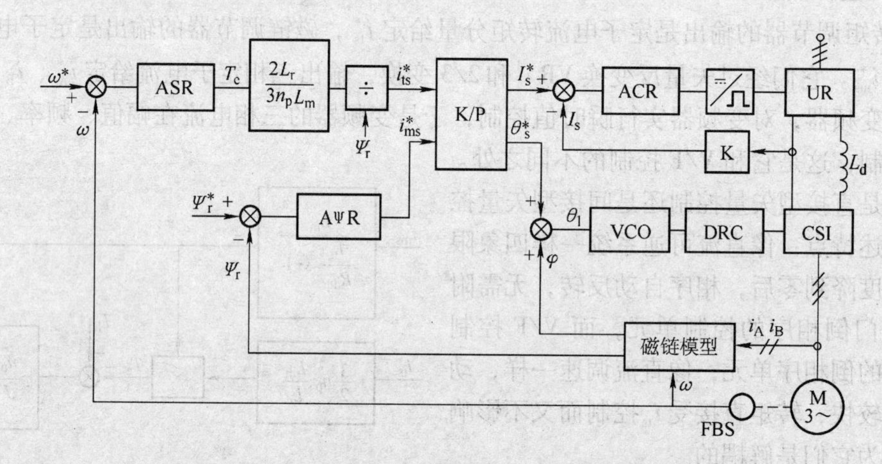

图 6-11 电流型逆变器转子磁链定向直接矢量控制系统

极端地说，即使 I_s 很大，如果转矩角 $\theta_s = 0$，也不能产生任何转矩，如图 6-12 所示。

关于转矩角的控制有两种方法可以考虑：硬件的方法，采用压控振荡器（VCO）和环形分配器（DRC）配合去实时调整定子电流空间矢量 I_s 在空间的位置角，达到实时控制转矩角的目的；软件的方法，采用类似空间矢量 PWM 的方法代替 VCO 和 DRC，达到实时控制转矩角的目的。

转子磁链由电流模型产生，调速范围的下限可以到达零，实现全范围四象限运行。

该方案适用于数兆瓦的大容量装置。

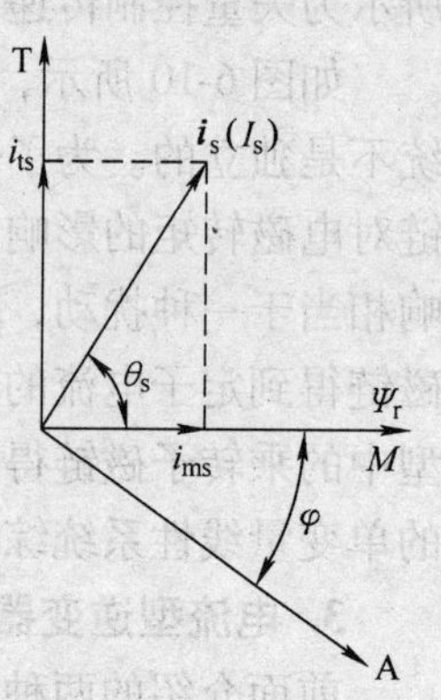

图 6-12 转矩角

6.2.4 转差频率推算中参数变化的影响与对策

参数变化对矢量控制的精度影响很大。在该项技术的发展历程中，如何应对参数变化的影响一直占有重要的位置，有大量的文章和成果。下面仅就间接矢量控制转差频率推算中的参数变化影响与对策作一简单介绍。

1. 转子电阻变化对转差频率推算精度的影响

在间接矢量控制中，转差频率是通过矢量控制基本方程式（6-12）得到的，这里重写如下

$$\omega_s = \frac{L_m R_{dqr}}{L_r \psi_r} i_{ts} = \frac{L_m}{T_r \psi_r} i_{ts} = K_s i_{ts} \tag{6-17}$$

式中　K_s——转差频率增益；

T_r——转子回路时间常数，$T_r = L_r / R_{dqr}$。

在图 6-7 所示的磁链开环矢量控制系统中，转子磁链 Ψ_r 是给定，不考虑它的变化；磁饱和对 L_m 和 L_r 的影响相差不多，比值 L_m/L_r 基本不受磁饱和的影响，这样对转差频率的推算影响大的就只剩下转子电阻 R_{dqr}。对于开环磁链控制，稳态下，$\Psi_r = i_{ms}L_m$，于是转差频率增益 K_s 简化成仅是转子电阻 R_{dqr} 的函数。

图 6-13 所示为转子电阻误差对磁场定向的影响，图中 R_r 为实际电阻，$\tilde{R}_r$ 为计算中使用的电阻。

如果 $\tilde{R}_r < R_r$（例如 $\tilde{R}_r/R_r = 0.7$），即计算用的电阻小于实际电阻，则计算出的转差频率将低于实际值，被定位的电流 i_{ms}'和 i_{ts}'将滞后一个角度，如图 6-13a 所示。在这种情况下，如果借助增加电流 i_{ts}'来增加转矩，i_{ts}'在 Ψ_r 上的分量将增加磁链，引起过励磁，原本希望它们解耦，现在又重新耦合起来。

反过来，如果 $\tilde{R}_r > R_r$（例如 $\tilde{R}_r/R_r = 1.3$），即计算用的电阻大于实际电阻，其影响是相反的，最终引起欠励磁，相应的结果示于图 6-13b 中。

图 6-13b 所示为转子电阻误差对磁链和转矩计算精度的影响情况，由于转差频率增益 K_s 没有整定好，实际转矩和磁链的稳态值都偏离了给定。

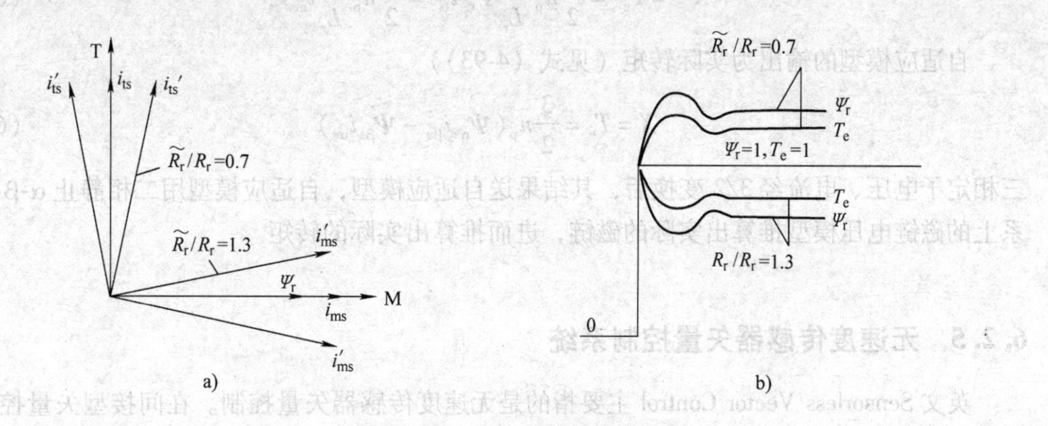

图 6-13　转子电阻误差对磁场定向的影响

a）对定向的影响　b）对励磁的影响

如何应对这个问题？下面介绍一种 K_s 在线整定的方法，依靠图 6-14 中的 PI 自适应算法的调节作用，最终转矩偏差消失时的 K_s 就是正确整定的 K_s。

2. 转差频率增益 K_s 的在线整定

转差频率增益 K_s 的初始整定可以直接使用预先已知的电动机参数，如果预先未知电动机参数，也可以利用变频器给电动机注入信号由变频器中的 DSP 自动完成电动机参数的离线测定。在线连续地对 K_s 进行辨识是很复杂的，对 DSP 的实时性要求很高。幸好电动机转子电阻随温度变化缓慢，留给 DSP 充分的计算时间。

一种可以接受的方法是模型参考自适应控制（Model Referencing Adaptive Contro1, MRAC）转差频率增益在线整定，它的原理如图 6-14 所示。

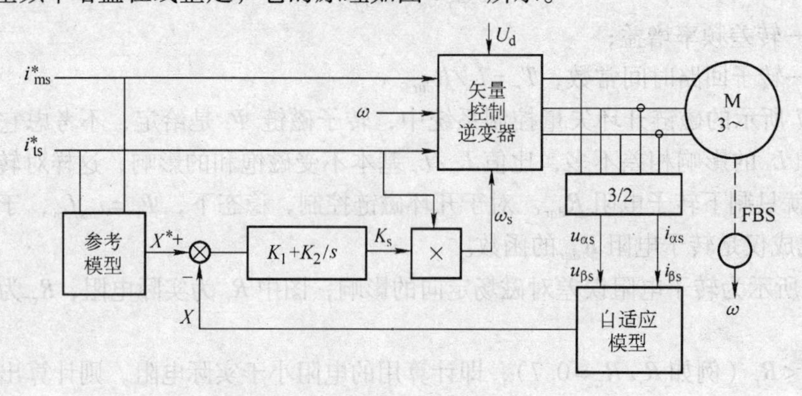

图 6-14　模型参考自适应控制转差频率增益在线整定

参考模型的输出与自适应模型的输出比较，其偏差经 PI 自适应算法处理后输出，当参考模型的输出与自适应模型的输出匹配时，偏差等于零，PI 自适应算法的输出就是整定好的转差频率增益值 K_s。一种可能的参考模型和自适应模型是转矩模型。

参考模型的输出为给定转矩

$$X^* = T_e^* = \frac{3}{2}n_p\frac{L_m}{L_r}\Psi_r^* i_{ts}^* = \frac{3}{2}n_p\frac{L_m^2}{L_r}i_{ms}^* i_{ts}^* \tag{6-18}$$

自适应模型的输出为实际转矩（见式（4-93））

$$X = T_e = \frac{3}{2}n_p(\Psi_{\alpha s}i_{\beta s} - \Psi_{\beta s}i_{\alpha s}) \tag{6-19}$$

三相定子电压、电流经 3/2 变换后，其结果送自适应模型，自适应模型用二相静止 α-β 坐标系上的磁链电压模型推算出实际的磁链，进而推算出实际的转矩。

6.2.5　无速度传感器矢量控制系统

英文 Sensorless Vector Control 主要指的是无速度传感器矢量控制。在间接型矢量控制中需要速度反馈信号，在直接型矢量控制中如果磁链模型用电流型也需要转速反馈信号。在电动机的轴上加装一个光电编码器是一件恼人的事情，不仅需要不菲的花费，而且还带来了可靠性的问题。加长电动机的轴，并为安装光电编码器预留位置，这些必须在电动机设计中加以考虑。既然磁链可以通过模型计算或观测出来，转速也应该可以。利用矢量控制中必须检测而且容易检测得到的电压、电流信号可以推算出矢量控制所需要的转速信号。尽管这项技术已经商业化，并在通用变频器中广为使用。但是推算过程严重依赖电动机的参数，参数变化对推算精度的影响，特别是在低速下的影响仍然是一个挑战。

在各种论文和出版物中介绍的转速推算技术大致可分为 7 类[17]，这里仅介绍其中的一类——模型参考自适应法。

模型参考自适应转速推算模型如图 6-15 所示。参考模型的输出与自适应模型的输出经比较器比较，PI 自适应算法根据比较误差修正速度推算值 $\tilde{\omega}$，直到两个模型间的误差消失为止。参考模型采用转子磁链电压模型（见图 6-4），它输出转子磁链 $\Psi_{\alpha r}$ 和 $\Psi_{\beta r}$；自适应模型采用二相静止坐标系上的转子磁链电流模型（见图 6-5），它输出转子磁链 $\Psi_{\alpha r}'$ 和 $\Psi_{\beta r}'$。当正确的转速得到时，参考模型的输出与自适应模型的输出应该匹配，即

$$\Psi_{\alpha r} = \Psi_{\alpha r}' , \Psi_{\beta r} = \Psi_{\beta r}' \tag{6-20}$$

具有 PI 功能的自适应算法根据误差 ξ 修正 $\tilde{\omega}$，直到误差 ξ 衰减到零，得到正确的 $\tilde{\omega}$。在设计自适应算法时，有一点很重要，那就是要保证系统的稳定和收敛。转速推算自适应算法为

$$\tilde{\omega} = \xi(K_1 + K_2/s) \tag{6-21}$$

式中

$$\xi = X - Y = \Psi_{\alpha r}'\Psi_{\beta r} - \Psi_{\alpha r}\Psi_{\beta r}' \tag{6-22}$$

稳态时，$\xi = 0$。

可以将自适应算法解释为一个矢量锁相环（PLL），来自参考模型的输出为参考矢量，而可调模型的输出是一个被 $\tilde{\omega}$ 控制的移相矢量。

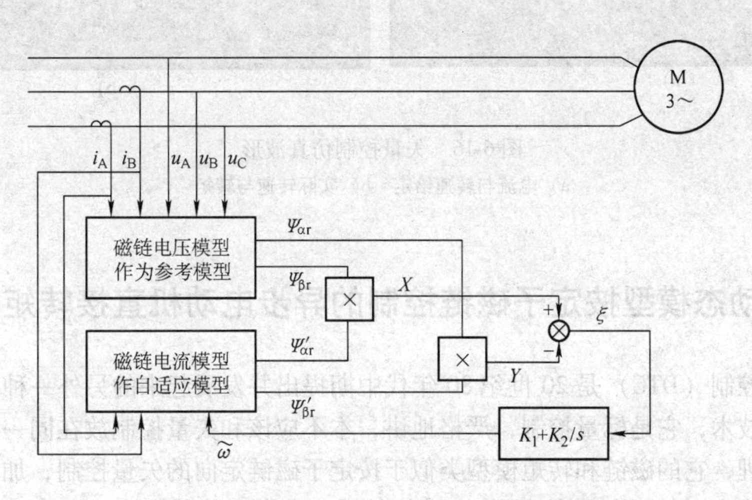

图 6-15　模型参考自适应转速推算模型

如前面解释过的那样，转子磁链电压模型在低速时误差较大，因而不难理解，基于转子磁链电压模型的自适应算法在低速时也将面临考验，即低速推算误差大。一种改进的方法是，代替对电压积分（转子磁链电压模型中使用电压积分），直接用 CEMF 反电动势信号去比较，如果参数恒定不变的话，转速推算的精度将是好的。

例 6-1　用 MATLAB 仿真工具对图 6-7 所示间接型转子磁链定向矢量控制系统进行仿真研究，示出转速和转矩的动态波形。

电动机的铭牌参数：2. 2kW，220V，60Hz，2 对极；

电动机测试参数：$R_s = 0.435\Omega$，$R_r = 0.816\Omega$，$L_m = 69.31\text{mH}$，$L_{ls} = L_{lr} = 2\text{mH}$；$J = 0.089\text{kg}\cdot\text{m}^2$；

仿真条件：矢量控制采样时间 $T_s = 20\mu\text{s}$，转速调节器采样时间 $= 100\mu\text{s}$，空载起动，0.5s 时施加 10N·m 的位能负载。

仿真结果如图 6-16 所示。图 6-16a 为 A 相电流、转速给定，图 6-16b 为实际转速、实际转矩。可以看出实际转速很好地跟随了给定转速，运行状态变化时转矩调整得很快，电流波形接近正弦。

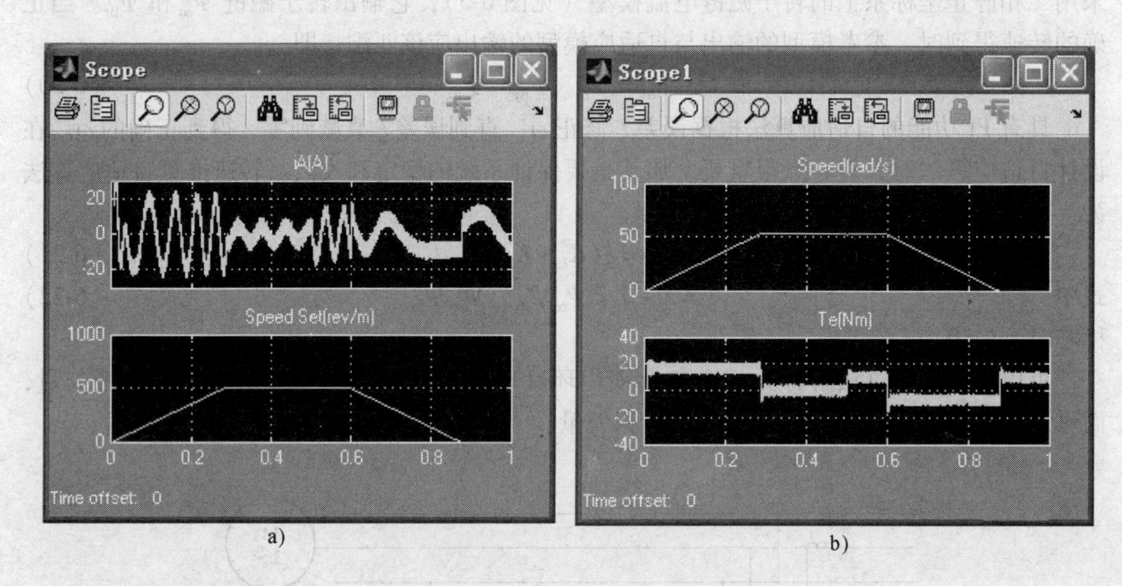

图 6-16　矢量控制仿真波形

a）电流与转速给定　b）实际转速与转矩

6.3　基于动态模型按定子磁链控制的异步电动机直接转矩控制

直接转矩控制（DTC）是 20 世纪 80 年代中期提出并发展起来的另外一种高动态性能交流电动机调速技术，它是标量控制，严格地讲，本不应该和矢量控制放在同一章，但是它对反馈信号的处理，它的磁链和转矩模型类似于按定子磁链定向的矢量控制，加上它的篇幅不多，不宜另外成章，就和矢量控制放在本章中了。正像它的英文名字——direct torque and flux control 那样，借助于逆变器提供的电压空间矢量，直接对异步电动机的转矩和定子磁链进行二位控制，也称为砰-砰（bang-bang）控制。

6.3.1　用定子和转子磁链表示的转矩方程

重写两相静止坐标系上的转矩方程

$$T_e = \frac{3}{2}n_p(\Psi_{\alpha s}i_{\beta s} - \Psi_{\beta s}i_{\alpha s}) = \frac{3}{2}n_p|\boldsymbol{\Psi}_s \times \boldsymbol{i}_s| \tag{6-23}$$

式中　$\boldsymbol{\Psi}_s = \Psi_{\alpha s} + \text{j}\Psi_{\beta s}$，$\boldsymbol{i}_s = i_{\alpha s} + \text{j}i_{\beta s}$。

用 $\boldsymbol{\Psi}_{\mathrm{r}}$ 取代上式中的 $\boldsymbol{i}_{\mathrm{s}}$，为此写出复数形式的磁链方程

$$\boldsymbol{\Psi}_{\mathrm{s}}=L_{\mathrm{s}}\boldsymbol{i}_{\mathrm{s}}+L_{\mathrm{m}}\boldsymbol{i}_{\mathrm{r}} \tag{6-24}$$

$$\boldsymbol{\Psi}_{\mathrm{r}}=L_{\mathrm{m}}\boldsymbol{i}_{\mathrm{s}}+L_{\mathrm{r}}\boldsymbol{i}_{\mathrm{r}} \tag{6-25}$$

将式（6-25）代入式（6-24），消去 $\boldsymbol{i}_{\mathrm{r}}$，得到

$$\boldsymbol{\Psi}_{\mathrm{s}}=\frac{L_{\mathrm{m}}}{L_{\mathrm{r}}}\boldsymbol{\Psi}_{\mathrm{r}}+L_{\mathrm{s}}'\boldsymbol{i}_{\mathrm{s}} \tag{6-26}$$

这里　$L_{\mathrm{s}}'=L_{\mathrm{s}}-L_{\mathrm{m}}^2/L_{\mathrm{r}}$。

将式（6-26）整理后，得到

$$\boldsymbol{i}_{\mathrm{s}}=\frac{1}{L_{\mathrm{s}}'}\boldsymbol{\Psi}_{\mathrm{s}}-\frac{L_{\mathrm{m}}}{L_{\mathrm{r}}L_{\mathrm{s}}'}\boldsymbol{\Psi}_{\mathrm{r}} \tag{6-27}$$

将式（6-27）代入式（6-23），整理后得到

$$\boldsymbol{T}_{\mathrm{e}}=\frac{3}{2}n_{\mathrm{p}}\frac{L_{\mathrm{m}}}{L_{\mathrm{r}}L_{\mathrm{s}}'}\boldsymbol{\Psi}_{\mathrm{r}}\times\boldsymbol{\Psi}_{\mathrm{s}} \tag{6-28}$$

转矩的大小为

$$T_{\mathrm{e}}=\frac{3}{2}n_{\mathrm{p}}\frac{L_{\mathrm{m}}}{L_{\mathrm{r}}L_{\mathrm{s}}'}|\boldsymbol{\Psi}_{\mathrm{r}}||\boldsymbol{\Psi}_{\mathrm{s}}|\sin\gamma \tag{6-29}$$

式中　γ——定子磁链与转子磁链之间的夹角。图6-17所示为式（6-28）所表示的矢量关系（或相量关系），图中所示矢量关系产生正转矩（电动）。如果转子磁链保持恒定不动，定子磁链在定子电压的作用下产生一个幅值增量 $\Delta\boldsymbol{\Psi}_{\mathrm{s}}$，相应的 γ 角也有一个增量 $\Delta\gamma$，则转矩的增量由下式求出

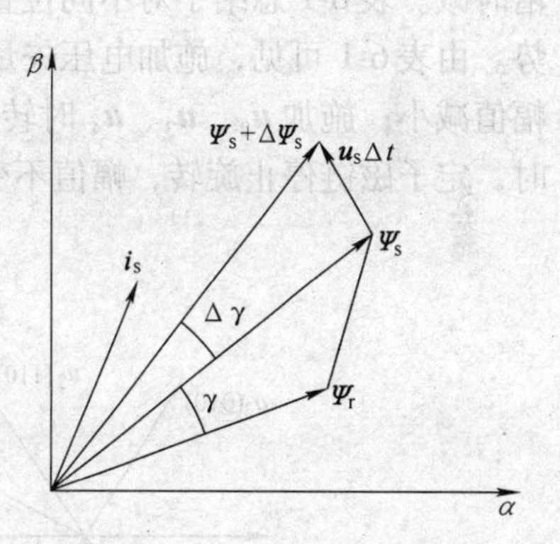

图6-17　在α-β坐标系上的定子磁链、转子磁链和定子电流矢量

$$T_{\mathrm{e}}+\Delta T_{\mathrm{e}}=\frac{3}{2}n_{\mathrm{p}}\frac{L_{\mathrm{m}}}{L_{\mathrm{r}}L_{\mathrm{s}}'}|\boldsymbol{\Psi}_{\mathrm{r}}||\boldsymbol{\Psi}_{\mathrm{s}}+\Delta\boldsymbol{\Psi}_{\mathrm{s}}|\sin(\gamma+\Delta\gamma) \tag{6-30}$$

6.3.2　定子电压矢量对磁链和转矩的调节作用

在第5章SVPWM中，已经讲述电压空间矢量对磁链的调节作用，这里简单回顾一下。在不计定子电阻时，定子磁链与定子电压的关系为

$$\boldsymbol{u}_{\mathrm{s}}=\mathrm{d}\boldsymbol{\Psi}_{\mathrm{s}}/\mathrm{d}t \tag{6-31}$$

将此方程离散化，得到

$$\boldsymbol{\Psi}_{\mathrm{s}}(t_2)=\boldsymbol{\Psi}_{\mathrm{s}}(t_1)+\int_{t_1}^{t_2}\boldsymbol{u}_{\mathrm{s}}\mathrm{d}t \tag{6-32}$$

或者

$$\Delta\boldsymbol{\Psi}_{\mathrm{s}}=\boldsymbol{u}_{\mathrm{s}}\Delta t \tag{6-33}$$

图6-17示出了这个增量。这意味着在电压空间矢量的作用下，磁链不仅可以旋转，而且幅值也可以调节。如SVPWM中所述，三相逆变器可以提供6个基本的非零电压空间矢量 $\boldsymbol{u}_1$、$\boldsymbol{u}_2$、$\boldsymbol{u}_3$、$\boldsymbol{u}_4$、$\boldsymbol{u}_5$、$\boldsymbol{u}_6$ 和两个零电压空间矢量 $\boldsymbol{u}_0$、$\boldsymbol{u}_7$，如图6-18a所示。图中还示出了在6个非零电压矢量的作用下产生的磁链增量 $\Delta\boldsymbol{\Psi}_1$、$\Delta\boldsymbol{\Psi}_2$、$\Delta\boldsymbol{\Psi}_3$、$\Delta\boldsymbol{\Psi}_4$、$\Delta\Psi_5$、$\Delta\boldsymbol{\Psi}_6$。定子磁链初

始状态的建立依靠在定子绕组上施加直流电压，此时磁场不旋转，幅值沿半径轨迹 OA 连续增加，如图 6-18b 所示。在达到给定的额定磁链 $\boldsymbol{\Psi}_s^*$ 后，开始施加非零电压空间矢量，于是磁链沿着“之”字形轨迹 $A—B—C—D—E$……在磁链误差带宽 $2HB_{\Psi}$ 限制的范围内旋转。图中 AB 段施加电压空间矢量 $\boldsymbol{u}_3$，BC 段施加 $\boldsymbol{u}_4$，CD 段施加 $\boldsymbol{u}_3$，DE 段施加 $\boldsymbol{u}_4$……。在非零电压矢量的作用下，定子磁链 $\boldsymbol{\Psi}_s$ 旋转得很快，而转子磁链 $\boldsymbol{\Psi}_r$ 遵循式（6-6）变化缓慢。转子磁链存在电磁惯性（转子磁链变化时，会在转子绕组中感应出转子电流，阻止磁链的变化），受相对大的转子回路时间常数 T_r 的制约（或称“滤波”作用）基本匀速旋转；定子磁链则是跳跃旋转，而后，借助施加零电压矢量停止旋转，走走停停，其平均旋转速度与转子磁链相同，均为同步转速。于是 $\boldsymbol{\Psi}_s$ 和 $\boldsymbol{\Psi}_r$ 之间的夹角 γ 时大时小。根据式（6-30），如果它们的幅值不变的话（这经常是我们所期望的），所产生的转矩与夹角的正弦成正比，也时增时减。表 6-1 总结了对不同位置的 $\boldsymbol{\Psi}_s$ 分别施加基本电压空间矢量时磁链和转矩的变化趋势。由表 6-1 可见，施加电压矢量 $\boldsymbol{u}_1$、$\boldsymbol{u}_2$、$\boldsymbol{u}_6$ 时磁链幅值增加，而施加 $\boldsymbol{u}_3$、$\boldsymbol{u}_4$、$\boldsymbol{u}_5$ 时磁链幅值减小；施加 $\boldsymbol{u}_2$、$\boldsymbol{u}_3$、$\boldsymbol{u}_4$ 时转矩增加，而施加 $\boldsymbol{u}_5$、$\boldsymbol{u}_6$、$\boldsymbol{u}_1$ 时转矩减小。施加零电压矢量时，定子磁链停止旋转，幅值不变，γ 角随时间变小，转矩下降。

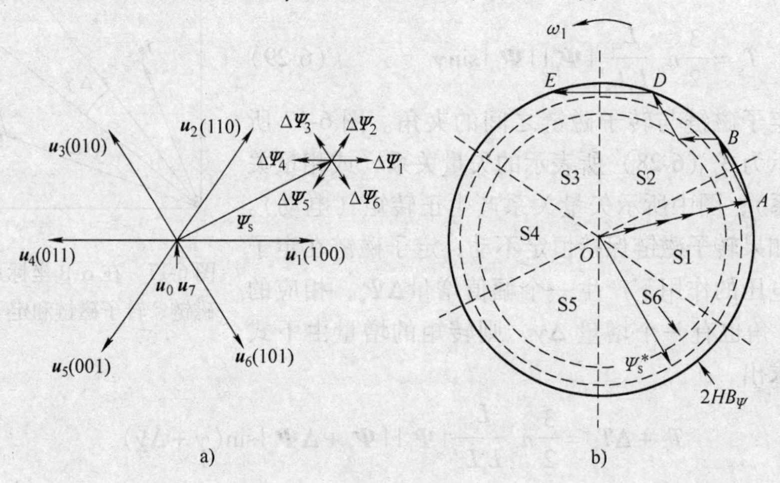

图 6-18　DTC 控制中定子磁链轨迹

表 6-1　磁链和转矩的变化趋势

电压矢量	$\boldsymbol{u}_1$	$\boldsymbol{u}_2$	$\boldsymbol{u}_3$	$\boldsymbol{u}_4$	$\boldsymbol{u}_5$	$\boldsymbol{u}_6$	$\boldsymbol{u}_7$ 或 $\boldsymbol{u}_0$
$\boldsymbol{\Psi}_s$	↑	↑	↓	↓	↓	↑	0
T_e	↓	↑	↑	↑	↓	↓	↓

6.3.3　异步电动机直接转矩控制系统

直接转矩控制的原理如图 6-19 所示。

转速控制环、磁链与转速的函数关系仍如前所述，这里不再赘述。给定转矩 T_e^* 与计算得到的实际转矩 T_e 相比较，误差 E_{Te} 送到转矩滞环控制器处理；给定定子磁链 Ψ_s^* 与计算得到的实际磁链 Ψ_s 相比较，误差送到磁链滞环控制器处理。

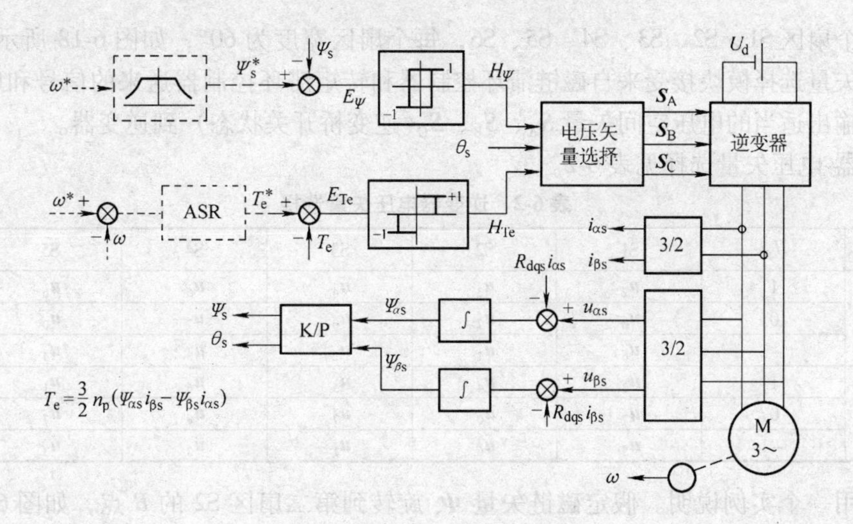

图 6-19　直接转矩控制的原理

磁链控制器的输出是两位数字信号 1 和 -1，它们与输入的关系为

$$\begin{cases} H_{\Psi}=1 & \text{对应 } E_{\Psi}\geqslant +HB_{\Psi} \\ H_{\Psi}=-1 & \text{对应 } E_{\Psi}\leqslant -HB_{\Psi} \end{cases} \tag{6-34}$$

式中　HB_{Ψ}——磁链控制器的滞环宽度。

给定磁链 $\boldsymbol{\Psi}_{s}^{*}$ 沿圆轨迹反时针旋转，如图 6-18 所示。实际磁链跟踪给定磁链在滞环内沿“之”路径旋转。

转矩控制器的输出是 3 位数字信号 +1、-1、0，它们与输入的关系如下

$$\begin{cases} H_{Te}=1 & \text{对应 } E_{Te}\geqslant +HB_{Te} \\ H_{Te}=0 & \text{对应 } -HB_{Te}<E_{Te}<+HB_{Te} \\ H_{Te}=-1 & \text{对应 } E_{Te}\leqslant -HB_{Te} \end{cases} \tag{6-35}$$

式中　HB_{Te}——转矩控制器的滞环宽度。

磁链反馈信号 Ψ_{s} 和转矩反馈信号 T_{e} 是从二相静止坐标系上的数学模型计算得到，计算过程如图 6-19 所示。三相电压和三相电流经 3/2 变换，得到静止二相 α-β 坐标系上的电压 $u_{\alpha s}$、$u_{\beta s}$和电流 $i_{\alpha s}$、$i_{\beta s}$，利用 α-β 坐标系上的磁链模型和转矩模型，从 $u_{\alpha s}$、$u_{\beta s}$和 $i_{\alpha s}$、$i_{\beta s}$计算得到实际的磁链和转矩。整个计算过程在二相静止坐标系上完成，不需要 2s/2r 旋转坐标变换，与矢量控制相比简化了不少。

转矩的计算使用二相静止坐标系上的转矩方程式（4-80），重写如下

$$T_{e}=\frac{3}{2}n_{p}L_{m}(i_{\alpha r}i_{\beta s}-i_{\beta r}i_{\alpha s})=\frac{3}{2}n_{p}(\boldsymbol{\Psi}_{\alpha s}i_{\beta s}-\boldsymbol{\Psi}_{\beta s}i_{\alpha s})$$

对磁链的计算不仅包括幅值，还包括相位角

$$\begin{cases} \boldsymbol{\Psi}_{s}=\sqrt{\boldsymbol{\Psi}_{\alpha s}^{2}+\boldsymbol{\Psi}_{\beta s}^{2}} \\ \theta_{s}=\arcsin\dfrac{\boldsymbol{\Psi}_{\beta s}}{\boldsymbol{\Psi}_{s}} \end{cases} \tag{6-36}$$

使用相位角判断磁链所在的扇区，并将结果送到电压矢量选择（查表）模块。360°被

划分成 6 个扇区 S1、S2、S3、S4、S5、S6，每个扇区宽度为 60°，如图 6-18 所示。图 6-19 中的电压矢量选择模块接受来自磁链滞环控制器和转矩滞环控制器送来的信号和扇区信号，经过查表输出适当的电压空间矢量 $\boldsymbol{S}_A$、$\boldsymbol{S}_B$、$\boldsymbol{S}_C$(逆变桥开关状态）到逆变器。

逆变器-电压矢量选择见表 6-2。

表 6-2 逆变器电压矢量选择

H_Ψ	H_{Te}	S1	S2	S3	S4	S5	S6
1	1	$\boldsymbol{u}_2$	$\boldsymbol{u}_3$	$\boldsymbol{u}_4$	$\boldsymbol{u}_5$	$\boldsymbol{u}_6$	$\boldsymbol{u}_1$
	0	$\boldsymbol{u}_0$	$\boldsymbol{u}_7$	$\boldsymbol{u}_0$	$\boldsymbol{u}_7$	$\boldsymbol{u}_0$	$\boldsymbol{u}_7$
	-1	$\boldsymbol{u}_6$	$\boldsymbol{u}_1$	$\boldsymbol{u}_2$	$\boldsymbol{u}_3$	$\boldsymbol{u}_4$	$\boldsymbol{u}_5$
-1	1	$\boldsymbol{u}_3$	$\boldsymbol{u}_4$	$\boldsymbol{u}_5$	$\boldsymbol{u}_6$	$\boldsymbol{u}_1$	$\boldsymbol{u}_2$
	0	$\boldsymbol{u}_7$	$\boldsymbol{u}_0$	$\boldsymbol{u}_7$	$\boldsymbol{u}_0$	$\boldsymbol{u}_7$	$\boldsymbol{u}_0$
	-1	$\boldsymbol{u}_5$	$\boldsymbol{u}_6$	$\boldsymbol{u}_1$	$\boldsymbol{u}_2$	$\boldsymbol{u}_3$	$\boldsymbol{u}_4$

下面用一个实例说明。假定磁链矢量 $\boldsymbol{\Psi}_s$ 旋转到第二扇区 S2 的 B 点，如图 6-18 所示，此时实际磁链太高，误差负超限（$H_\Psi=-1$），转矩合适（$H_{Te}=0$），查表为 $\boldsymbol{u}_0$。施加零电压矢量，定子磁链静止不动，转子磁链逐渐赶上来，转矩角 γ 变小，转矩变小，导致转矩误差上超限（$H_{Te}=1$），查表为 $\boldsymbol{u}_4$。在 $\boldsymbol{u}_4$ 作用下，磁链幅值减小但是快速旋转，转矩角增加，导致转矩增加，到达 C 点，磁链太低，误差正超限（$H_\Psi=1$），转矩尚在允许范围内（$H_{Te}=0$），查表为 $\boldsymbol{u}_7$。又一次施加零电压矢量等待，此时，磁链不变，转矩变小，直到转矩误差上超限，又一次 $H_{Te}=1$，查表为 $\boldsymbol{u}_3$。在 $\boldsymbol{u}_3$ 的作用下，定子磁链快速旋转，幅值增加，转矩角增加，转矩增加，直到 D 点。此时磁链达到上限，误差为负（$H_\Psi=-1$），但转矩尚在误差允许的范围内（$H_{Te}=0$），查表为 $\boldsymbol{u}_0$。施加零电压矢量，磁链停止旋转，幅值不变；转矩角逐渐变小，转矩随之变小，直到转矩达到允许的下限，误差上超限（$H_{Te}=1$），查表为 $\boldsymbol{u}_4$，在 $\boldsymbol{u}_4$ 的作用下，定子磁链快速旋转……。定子磁链走走停停，其平均转速与转子磁链相等。

上述系统示例中使用了磁链电压模型，实际上不限于电压模型，也可以使用电流模型，或混合使用两者，在中高速使用磁链电压模型，在低速使用磁链电流模型。

直接转矩控制系统可以四象限运行，如果需要的话，还可以增加转速环和弱磁控制，如图 6-19 虚线所示。据称其动态响应可以与矢量控制相比。

总结一下，直接转矩控制有下述特点：

1）无电流反馈控制。

2）没有刻意地使用某种 PWM 技术。

3）无旋转坐标变换。

4）对反馈信号的处理类似于定子磁场定向矢量控制。

5）滞环控制产生磁链和转矩纹波。

6）开关频率不恒定。

无电流反馈使得过电流保护环节的压力增大，为了避免电力电子器件因过电流而损坏，必须对电流加以限制。

例 6-2 按图 6-19 构成直接转矩控制系统，用 MATLAB 仿真，其中：

异步电动机的铭牌参数：电压为 220V，功率为 2.2kW，极对数 $n_p=2$，频率为 60Hz；

异步电动机的测试参数：$L_s=L_r=0.071\text{H}$，$L_m=0.069\text{H}$，$R_s=0.435\Omega$，$R_r=0.816\Omega$，

$J = 0.089\text{kg} \cdot \text{m}^2$；

异步电动机的运行条件：空载，速度给定为 500r/min。

直接转矩控制仿真波形如图 6-20 所示，图 6-20a 为转速 ω（单位为 rad/s）与转矩 T_e（单位为 N·m），图 6-20b 为 A 相电流 i_A（单位为 A）与中间直流电压 U_{dc}（单位为 V），图 6-20c 为转速与转矩的时间轴放大图。

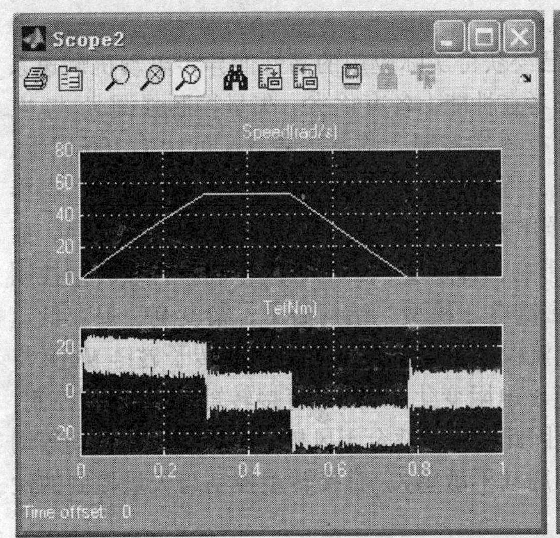

a)

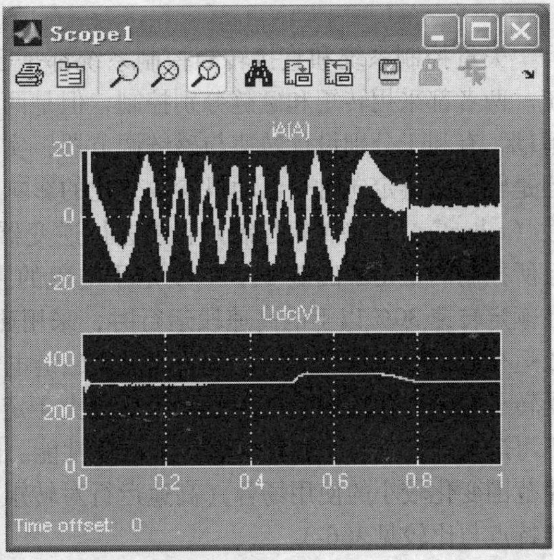

b)

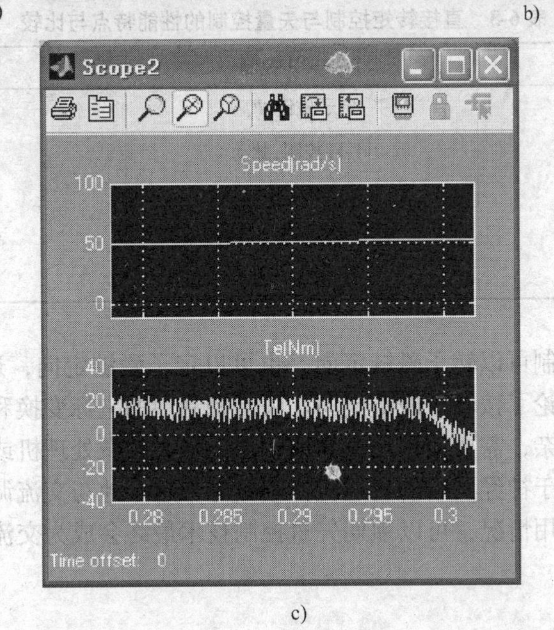

c)

图 6-20　直接转矩控制仿真波形

a）转速与转矩　b）i_A 与 U_{dc}　c）转速与转矩时间轴放大图

波形中每一次脉动对应一拍，由转矩波形可以看出，转矩响应很快，在一拍内完成，但存在有较大的脉动，这是由于采用砰-砰控制的结果。

在减速运行时直流中间电压 U_{dc} 有小幅上升；电流波形 i_A 接近正弦，相当于采用了SPWM技术。

为了看清楚转矩的脉动，图 6-20c 示出了速度和转矩的时间轴放大图。

6.4 矢量控制与直接转矩控制的比较

矢量控制系统和直接转矩控制系统都是已经获得实际应用的高性能异步电动机调速系统。两者都采用转矩和磁链分别控制，但是两者在性能上各有优劣。矢量控制强调 T_e 与 Ψ_r 解耦，有利于分别设计转速与磁链调节器，实行连续控制，调速范围宽，可达 1∶100 以上。但是转子磁链定向时受电动机参数变化的影响，特别是受转子电阻变化的影响，降低了鲁棒性（robust）。直接转矩控制则直接进行逆变器开关状态的控制，避开了旋转坐标变换，而且所控制的是定子磁链 Ψ_s，它受定子电阻的影响，却不受转子电阻的影响。直接转矩控制在额定转速 30% 以上的高速段运行时，采用磁链电压模型，结构简单，精度高；但在低速段运行时，鉴于精度的问题，只能采用磁链电流模型，电流模型所使用的转子磁链 Ψ_r 又将受转子电阻变化的影响（转子电阻变化大于定子电阻变化）。由于直接转矩采用砰-砰控制，不可避免地产生转矩脉动，降低了调速性能。因此，它较适合于风机、泵类、牵引传动等调速范围变化较小的使用场合（高速运行对转矩脉动不敏感）。直接转矩控制与矢量控制的性能特点与比较见表 6-3。

表 6-3　直接转矩控制与矢量控制的性能特点与比较

特点与性能	直接转矩控制	矢量控制
磁链控制	定子磁链 Ψ_s	转子磁链 Ψ_r
转矩控制	砰-砰控制，脉动	连续控制，平滑
坐标变换	3/2	3/2 与 2s/2r
转子参数影响	高速时无，低速时有	高低速均有影响
调速范围	不够宽	较宽

异步电动机矢量控制可以转子磁链定向，也可以定子磁链定向，还可以气隙磁链定向，因为篇幅限制以上仅讨论了按转子磁链定向。矢量控制中的坐标变换和相应的对反馈信号的计算、观测技术相当复杂，需要使用运算高速、功能强大的微处理机或者 DSP。无传感器控制、模糊逻辑控制、基于神经网络的自适应控制正越来越多地与交流调速技术相结合。看到目前矢量控制的广泛应用情况，可以预期矢量控制技术最终会成为交流电动机控制的工业标准。

思考题与习题

6-1　从被控交流量参数（幅值、相位和频率）的角度，分析异步电动机 V/F 控制（标量控制）与矢量控制的差别。

6-2　为什么说异步电动机定子电流的相位能否得到及时控制对于动态转矩的发生极为重要？举例说明。

6-3　能否将直流调速中使用的调节器工程设计方法用到交流调速系统中去？能否用到异步电动机矢量控制系统中去？为什么？

6-4　交流电动机的数学模型在不同坐标系上等效变换的原则是什么？

6-5　就数学模型的简化程度而言，二相直角坐标系比三相坐标系的优越之处表现在什么地方？

6-6　比较下面的转矩方程，用这些转矩方程解释矢量控制和直接转矩控制，特别注意理解对相位的控制。

$$T_e = \frac{3}{2} n_p \frac{L_m}{L_r} \Psi_r i_{ts} = \frac{3}{2} n_p \frac{L_m}{L_r} \Psi_r i_{ts} \sin 90^\circ$$

$$\boldsymbol{T}_e = \frac{3}{2} n_p \boldsymbol{\Psi}_s \times \boldsymbol{i}_s = \frac{3}{2} n_p \frac{L_m}{L_r L_s'} \boldsymbol{\Psi}_r \times \boldsymbol{\Psi}_s$$

$$T_e = \frac{3}{2} n_p \frac{L_m}{L_r L_s'} |\boldsymbol{\Psi}_r| \, |\boldsymbol{\Psi}_s| \sin\gamma$$

6-7　如何控制定子磁链轨迹为圆形？比较 SVPWM 中使用的方法和直接转矩控制中使用的方法。

6-8　分析零电压矢量在直接转矩控制中的作用。直接转矩控制系统如何实现频率和电压的调节？

6-9　直接转矩控制系统常采用带滞环的双位式控制器作为转矩和定子磁链的控制器，与 PI 调节器相比较，带有滞环的双位式控制器有什么优缺点？

6-10　分析定子电压矢量对定子磁链与转矩的控制作用。如何根据定子磁链和转矩偏差的符号以及当前定子磁链的位置选择电压空间矢量？

6-11　试比较观测转子磁链（VC 方法）和观测定子磁链（DTC 方法）的难易。

6-12　为什么说对小信号积分误差大？

6-13　为什么按转子磁链定向矢量控制中转子磁链不用直接检测的方法而用间接计算的方法或观测的方法获取？

6-14　为什么异步电动机变速运行中的转子电阻的阻值会发生变化？

6-15　用 MATLAB 仿真工具对图 6-7 所示转差型异步电动机矢量控制系统进行仿真。提示：使用 MATLAB7.0 中 Simulink 模块库中的 SimPowerSystems 子库中的 Field-Oriented Control Induction Motor Drive 模块。

第 7 章　同步电动机与变频调速

同步电动机如其名，只能以同步速旋转，转速 n(r/min) 与频率之间固定关系为

$$n=\frac{60f_1}{n_p} \tag{7-1}$$

很久以来，同步电动机是不调速的。但是，自从有了变频技术，这个惯例就被打破了。现在，同步电动机不仅能够调速，而且已经成了异步电动机调速的有力竞争者。在很多方面两种电动机相似，前面对异步电动机的很多讨论也同样适用于同步电动机，差别较大的主要是凸极同步电动机与永磁同步电动机，需要简短回顾一下。

7.1　同步电动机

同步电动机按励磁方式可以分为直流励磁同步电动机和中小容量的永磁同步电动机。直流励磁同步电动机按转子结构还可分为凸极式和隐极式两种形式；永磁同步电动机按转子结构还可分为表面磁铁和内部磁铁两种形式；表面磁铁永磁同步电动机按绕组分布还可以进一步细分为正弦波表面永磁同步电动机与梯形波表面永磁同步电动机。

7.1.1　直流励磁同步电动机

图 7-1 所示为一个理想化的三相二极凸极同步电动机，定子三相绕组与异步电动机相同，以同步转速旋转的凸极转子上有励磁绕组，绕组中通有直流励磁电流，这个励磁电流可以是通过电刷、集电环来自外部，也可以是来自内部的发电整流装置。由于转子总以同步转速旋转，同步旋转 d-q 坐标系就固定在转子上，且 d 轴与 N 极同方向，也就是按转子磁场定向。由于转子上有独立的励磁回路，定子电流可以没有励磁分量（功率因数等于 1），或者有一定的励磁分量（功率因数滞后），或者有一定的负励磁分量（功率因数超前），取决于转子励磁电流所产生的气隙磁通能否感应出足够的电动势去平衡定子绕组上的外施电压。因而同步电动机除了作发电机、电动机使用外，另一个重要的用途是无功补偿。异步电动机则不然，定子必须为转子提供励磁（定子电流总有励磁分量），使得功率因数总是滞后。

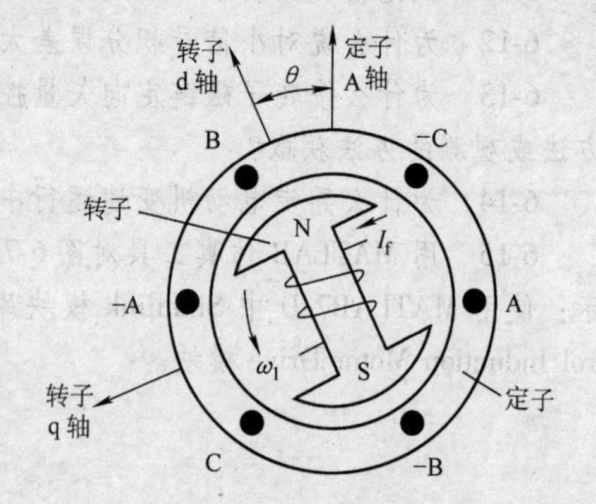

图 7-1　理想化的三相二极凸极同步电动机

同步电动机转矩产生的原理类似异步电动机。图 7-1 所示同步电动机为凸极结构，因为气隙不均匀，导致 d 轴电感大于 q 轴电感。气隙均匀的同步电动机称为隐极同步电动机。例如，水力发电中使用的低速同步发电机是凸极结构，火力发电中使用的高速同步发电机是隐极结构。

除了励磁绕组外，转子上还可能有阻尼绕组，像异步电动机转子上的鼠笼。同步电动机价格高，但性能好。直流励磁同步电动机常用在数兆瓦的大功率拖动中，而永磁同步电动机则用在中小功率范围。

1. 等效电路

可以按照与异步电动机相似的方法推导出同步电动机的每相等效电路，如图7-2所示。

电动机等效成变压器，转子直流励磁电流 I_f 可以折算到定子侧，用频率等于 ω_1 的交流电流 I_f' 代替（相当于从 d-q 坐标系变换到 A-B-C 坐标系），n 是匝数比。利用戴维南定理，图7-2a可以变换成图7-2b，这里 $U_f = \omega_1 L_m n I_f = \omega_1 \Psi_f$ 被定义为直流励磁电流 I_f 产生的 Ψ_f 在定子绕组中所感应出的交流速度电动势，漏抗 $\omega_1 L_{ls}$ 与励磁电抗 $\omega_1 L_m$ 的总和称为同步电抗（$X_s = \omega_1 L_s = \omega_1(L_{ls} + L_m)$），总阻抗 $Z_s = R_s + jX_s$ 称为同步阻抗。没有转差功率，稳态运行时，所有传过空气隙的功率（被速度电动势 U_f 吸收的功率）都转换成了机械功。

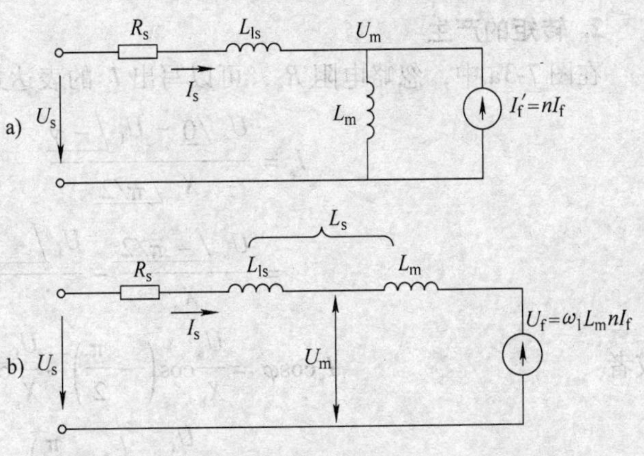

图7-2　同步电动机的每相等效电路

如前面已经提到的那样，同步电动机能够以任何期望的功率因数运行，功率因数受励磁电流 I_f' 的控制。如果电动机过励磁（I_f 大，U_f 大），过多的滞后的感抗电流被送到输入端输出，即输入端功率因数超前；另一方面，如果电动机欠励磁（I_f 小，U_f 小），它就从定子电流 I_s 中吸取一部分（励磁分量）补充，即功率因数滞后。

图7-3所示为图7-2等效电路的相量图，图7-3a电动模式，功率因数超前；图7-3b电动模式，功率因数滞后。图中，Ψ_a 为电枢反应磁链，Ψ_s 为定子磁链。

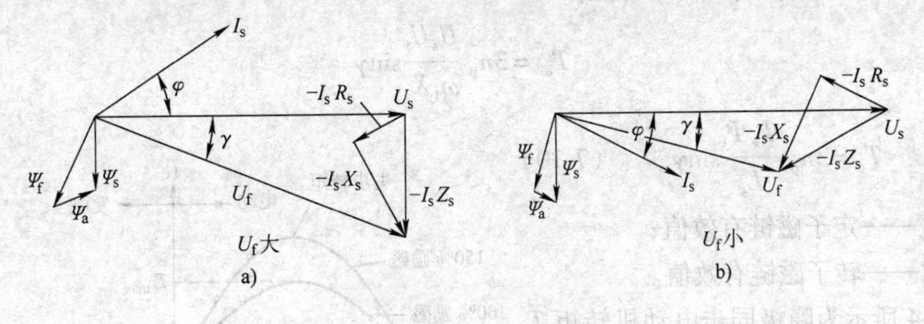

图7-3　等效电路相量图

a）功率因数超前　b）功率因数滞后

对于大功率同步电动机，电阻压降通常很小，可以忽略不计。忽略 R_s，磁链相量可以写出

$$\Psi_s = \left|\frac{U_s}{\omega_1}\right| \angle -\pi/2 \tag{7-2}$$

$$\Psi_a = I_s L_s \tag{7-3}$$

图 7-3 中，U_s 与 U_f 之间的夹角 γ 称为同步电动机的功率角或转矩角，在电动模式下为负（以 U_s 为参考相量），发电模式下为正。

2. 转矩的产生

在图 7-3a 中，忽略电阻 R_s，可以写出 I_s 的表达式为

$$I_s = \frac{U_s \angle 0 - U_f \angle -\gamma}{X_s \angle \pi/2}$$

$$= \frac{U_s \angle -\pi/2}{X_s} - \frac{U_f \angle -(\gamma + \pi/2)}{X_s} \tag{7-4}$$

或者

$$I_s \cos\varphi = \frac{U_s}{X_s}\cos\left(-\frac{\pi}{2}\right) - \frac{U_f}{X_s}\cos\left(-\gamma - \frac{\pi}{2}\right)$$

$$= -\frac{U_f}{X_s}\cos\left(\gamma + \frac{\pi}{2}\right) \tag{7-5}$$

电动机的输入功率为

$$P_{in} = 3U_s I_s \cos\varphi \tag{7-6}$$

将式（7-5）代入到式（7-6）得

$$P_{in} = 3\frac{U_s U_f}{X_s}\sin\gamma \tag{7-7}$$

如果忽略不计电动机的损耗，P_{in} 也就是输送到电动机轴上的功率

$$P_{in} = \frac{1}{n_p}\omega_1 T_e \tag{7-8}$$

综合考虑式（7-7）和式（7-8）得出

$$T_e = 3n_p \frac{U_s U_f}{\omega_1 X_s}\sin\gamma \tag{7-9}$$

$$T_e = 3n_p \frac{\Psi_s \Psi_f}{L_s}\sin\gamma \tag{7-10}$$

式中　Ψ_s——定子磁链有效值；

　　　Ψ_f——转子磁链有效值。

图 7-4 所示为隐极同步电动机转矩 T_e 与转矩角 γ 的函数关系。稳定运行的要求限定转矩角在 $\gamma = \pm\pi/2$ 的范围内，在这个范围之外运行不稳定。如果不考虑磁路饱和的影响，转矩曲线的幅度与励磁电流成正比。从式（7-6）和式（7-8）也可以写出转矩表达式为

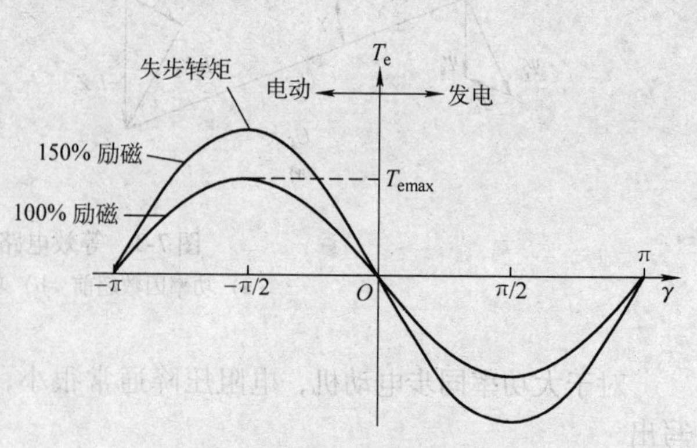

图 7-4　隐极同步电动机转矩 T_e 与转矩角 γ 的函数关系

$$T_e = 3n_p \Psi_s I_s \cos\varphi = 3n_p \Psi_s I_t \tag{7-11}$$

式中　I_t——定子电流转矩分量有效值。

3. 转矩角的物理意义

式（7-10）表明，交流电动机的转矩与定子磁链、转子磁链及它们夹角 γ 的正弦 3 者的乘积成正比。当转矩角 $\gamma=0$ 时，定、转子磁极在同一轴线上，磁拉力最大，但无切向力，所以转矩为 0。当 γ 不为 0 时，转矩与转矩角成正弦函数关系，当 $\gamma=90°$时，转矩最大；当 $\gamma=180°$时，定、转子磁极又在同一轴线上，这时两对磁极同性相斥，斥力最大，但无切向力，转矩也为 0；当 $\gamma>180°$时，转矩变为负值，但仍按正弦规律变化。

图 7-5 所示为转矩角示意图。图中示出电动与发电两种状态下，转矩是如何倒向的。图中用弹簧粗略而形象地表示了磁力线的拉力。

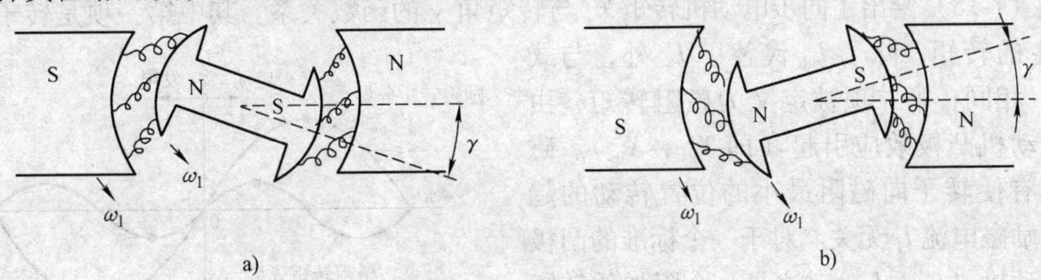

图 7-5　转矩角示意图

a）电动　b）发电

4. 凸极同步电动机特性

与隐极同步电动机不同，对于凸极同步电动机，因为在 d 轴和 q 轴方向上气隙磁阻不同，导致 d 轴与 q 轴方向励磁电抗不一样（即 $X_{ds} \neq X_{qs}$ 或 $L_{ds} \neq L_{qs}$），图 7-6 所示为凸极同步电动机的相量图，为了简化，忽略定子电阻，d 轴与 Ψ_f 同方向。定子电流 I_s 产生的电枢反应磁链 Ψ_a 与转子磁链 Ψ_f 合成定子磁链 Ψ_s。

从图 7-6 可以写出

$$I_s \cos\varphi = I_{qs} \cos\gamma - I_{ds} \sin\gamma \tag{7-12}$$

图 7-6 也可以看作是 d-q 同步旋转坐标系上的空间矢量图，只需将有效值乘以系数$\sqrt{2}$转换为峰值即可。

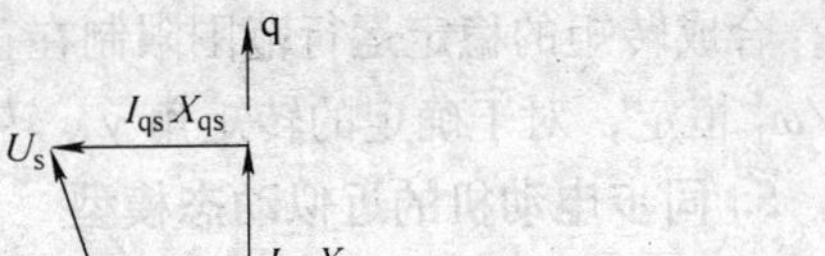

图 7-6　凸极同步电动机相量图（电动）

将式（7-12）代入式（7-6），可以写出输入功率 P_{in} 为

$$P_{in} = 3U_s(I_{qs} \cos\gamma - I_{ds} \sin\gamma) \tag{7-13}$$

从相量图可以写出

$$I_{ds} = \frac{U_s \cos\gamma - U_f}{X_{ds}} \tag{7-14}$$

$$I_{qs} = \frac{U_s \sin\gamma}{X_{qs}} \tag{7-15}$$

将式（7-14）和式（7-15）代入式（7-13），得

$$P_{in} = 3\frac{U_s U_f}{X_{ds}}\sin\gamma + 3U_s^2 \frac{(X_{ds} - X_{qs})}{2X_{ds}X_{qs}}\sin 2\gamma \tag{7-16}$$

或者

$$T_e = 3n_p \frac{1}{\omega_1}\left(\frac{U_s U_f}{X_{ds}}\sin\gamma + U_s^2 \frac{(X_{ds} - X_{qs})}{2X_{ds}X_{qs}}\sin 2\gamma\right) \tag{7-17}$$

$$T_e = 3n_p\left(\frac{\Psi_s \Psi_f}{L_{ds}}\sin\gamma + \Psi_s^2 \frac{(L_{ds} - L_{qs})}{2L_{ds}L_{qs}}\sin 2\gamma\right) \tag{7-18}$$

式（7-18）给出了同步电动机转矩 T_e 与转矩角 γ 的函数关系。其中第一项是转子磁链 Ψ_f 产生的转矩，除了 L_{ds} 代替了 L_s 外，与式（7-10）相同；第二项被定义为磁阻转矩，由同步电动机凸极效应引起（即 $X_{ds} \neq X_{qs}$）。磁阻转矩有使转子向磁阻最小的位置转动的趋势，与励磁电流 I_f 无关。对于一个标准的凸极同步电动机（$L_{ds} > L_{qs}$），这是一个附加的转矩分量。

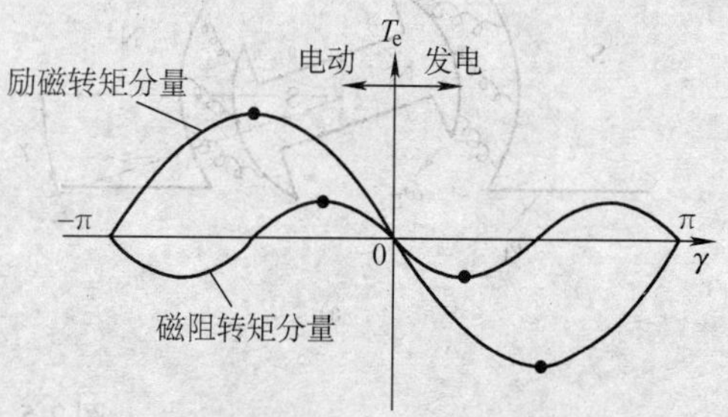

图 7-7　凸极同步电动机转矩 T_e 与转矩角 γ 的函数关系

图 7-7 所示为凸极同步电动机的 T_e 与 γ 的函数关系，图中分别示出了励磁转矩分量和磁阻转矩分量，没有示出它们的合成转矩。磁阻转矩分量的稳定运行范围限制在 $\pm\pi/4$ 以内，励磁转矩分量的稳定运行范围限制在 $\pm\pi/2$ 以内，合成转矩的稳定运行范围限制在正负最大转矩之内。从式（7-17）可以看出，如果维持 U_s/ω_1 恒定，对于确定的转矩角 γ，转矩 T_e 也是确定的。

5. 同步电动机的近似动态模型

无阻尼绕组的隐极同步电动机每相近似动态等效电路如图 7-8 所示，其中的 e_m 是与气隙磁链对应的电动势，由于动态过程中气隙磁链变化缓慢，气隙电动势后面的阻抗就忽略不计了（它们对动态过程的影响很小）。

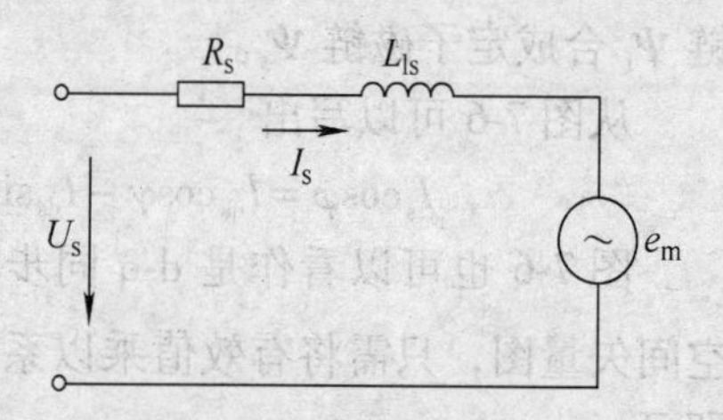

图 7-8　隐极同步电动机每相近似动态等效电路

这个同步电动机的每相近似动态等效电路和电流型逆变器换相过程分析中（属于动态分析）所使用的异步电动机近似模型很类似，那里将异步电动机的每相等效成转子漏感与基波电动势相串联；这里将隐极同步电动机的每相等效成定子漏感与气隙电动势相串联（如果忽略定子电阻），作为动态分析中的近似等效电路使用。更详细、更精确的 d-q 坐标系上的同步电动机动态数学模型可以参看 7.6 节。

7.1.2　永磁同步电动机

永磁同步电动机（Permanent Magnet Synchronous Motor，PMSM）的运行原理与普通的励

磁同步电动机相同，但它以永磁体代替绕组励磁，省去了容易出问题的集电环和电刷，使电动机结构更为简单，降低了加工和装配费用，提高了电动机运行的可靠性。由于无需励磁绕组，没有励磁损耗，提高了电动机的效率和功率密度，转动惯量小，动态性能好。

由于上述优点，永磁同步电动机在中小功率范围，在高性能伺服控制领域，如机床主轴驱动、位置控制系统、机器人等，获得了广泛的工业应用。

逆变器供电的永磁同步电动机与直接起动的同步电动机结构上基本相同，但一般不加阻尼绕组，同步电动机随频率升高逐渐升速，不存在起动问题和失步问题。阻尼绕组的安装不仅增加了电动机制造的复杂性，而且还有其他弊端，如阻尼绕组产生的热量，使永磁材料温度上升，并且产生损耗，降低电动机效率；增大转动惯量，阻尼绕组的齿槽使电动机的转矩脉动增大。

目前永磁同步电动机种类繁多，按工作主磁场的不同，分为径向磁场式电动机和轴向磁场式电动机；按电枢绕组位置的不同，分为内转子式电动机和外转子电动机，按供电电流波形的不同，分为矩形波永磁同步电动机和正弦波永磁同步电动机。

由于受到功率开关器件、永磁材料和驱动控制技术发展水平的制约，永磁同步电动机最初都采用矩形波形式，在原理和控制方式基本上与直流电动机系统类似，只是用位置开关和电力电子器件代替了换向器和电刷，习惯称之为无刷直流电动机，但这种电动机的转矩存在较大的波动。为了克服这一缺点，人们在此基础上又研制出带有位置传感器的逆变器驱动正弦波永磁同步电动机，简称为永磁同步电动机。这种电动机通过正弦波电流和连续的转子位置信号进行控制，理论上可以获得平稳的转矩，广泛应用于要求比较高的伺服控制。

永磁同步电动机的定子与一般带励磁的同步电动机基本相同，也采用叠片结构以减小电动机运行时的铁耗。永磁同步电动机的转子磁极结构随永磁材料性能的不同和应用领域的差异而具有多种方案。

用稀土永磁材料做磁体的永磁同步电动机，永磁体常采用瓦片式或薄片式贴在转子表面或嵌在转子的铁心中，形成典型的表面式或内置式两种转子磁路结构形式。表面式转子磁路结构又分为突出式和插入式。由于永磁材料的相对磁导率十分接近于1，与空气隙相当，表面突出式转子结构属于隐极式转子结构，其纵、横轴电感相同，且与转子位置无关。这种结构的永磁磁极易于实现最优化设计，能使电动机气隙磁通密度波形趋近于正弦波。表面插入式转子的相邻两个永磁磁极间有着磁导率很高的铁磁材料，属于凸极转子结构。由于转子磁路结构上的不对称，使电动机产生磁阻转矩，其大小与电动机纵、横轴电感的差值成正比。这种结构的电动机功率密度较高，动态性能也有所改善。在转子表面安装永久磁体，可以获得足够的磁通密度和高的矫顽力特性，而且转矩/重量比也将获得很大的改善。但表面转子磁路结构的永磁同步电动机，由于转子表面无法安装起动绕组，因而无异步起动能力。大功率变频调速的永磁同步电机大多采用稀土永磁材料的表面转子磁路结构。

内置式结构的永磁体安装在转子铁心内部，在永磁体外表面与定子铁心内圆之间的极靴中可以放置转子导条，具有阻尼和起动的作用。内置式结构在电磁性能上也属于凸极转子结构，其转子磁路结构的不对称所产生的磁阻转矩有助于提高电动机的过载能力和功率密度，可以利用其气隙小的特点，利用电枢反应实现弱磁控制，而使电动机运行于额定转速以上的范围。

由于转子纵轴磁路中的永磁体磁导率很小，使得电动机的纵轴电枢反应电感小于横轴电枢反应电感，这与一般的电励磁凸极同步电动机正好相反。此外，采用稀土永磁材料具有很高的剩余磁通密度（0.9T）和很大的矫顽力，只要设计合理，就不会出现由于短路电流而产生偶然去磁的危险。

1. 永磁磁路

永磁材料一经磁化，能长时间保持磁性，故可以用于制造永久磁铁。图 7-9 所示为由一块永久磁铁和一段气隙组成的简单永磁磁路，图中上、下两块为普通软磁铁心，左侧阴影区为永久磁铁，其极性已经标示在图中。

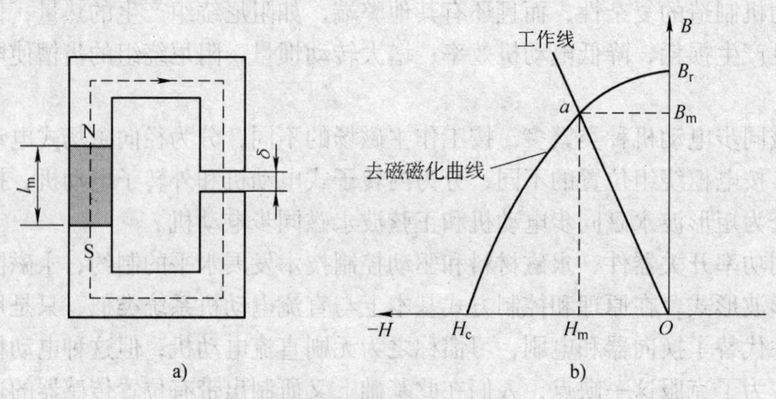

图 7-9　简单永磁磁路

a）永磁磁路　b）工作线

永久磁铁的磁化特性曲线位于第Ⅱ象限，如图 7-9 中的曲线所示，通常把这一段称为去磁磁化曲线。图中，B_r 为剩磁磁感应强度，H_c 为矫顽力，矫顽力大者不易退磁。

设永久磁铁的长度为 l_m、磁感应强度为 B_m；气隙长度为 δ、磁感应强度为 B_δ，忽略漏磁通和气隙的边沿效应；铁心的横截面积为 A，磁导率为无穷大。根据安培环路定律，沿图示环路有 $\Sigma F = H_m l_m + H_\delta \delta = 0$，即

$$H_m = -\frac{\delta}{l_m} H_\delta \tag{7-19}$$

根据磁路连续性原理，有

$$B_m = B_\delta = \mu_0 H_\delta = -\mu_0 \frac{l_m}{\delta} H_m \tag{7-20}$$

式（7-20）表明，永久磁铁中的 B_m 与 H_m 之间存在一个线性关系，称为工作线，如图 7-9b 所示，工作线与去磁磁化曲线的交点 a 就是永磁磁路的工作点。工作线的斜率与气隙长度 δ 有关，δ 越大，B_m 越小，δ 有去磁作用。作为一个磁动势源，永久磁铁对外磁路提供的磁动势 $H_m l_m$ 并非恒值，而与外磁路有关，这是永久磁铁的一个特点。

有一点应注意，永磁材料本身的磁导率比较小，它的相对磁导率接近 1，难以被磁化，也难以被退磁。

2. 永磁材料

永磁材料的种类很多，目前在永磁电动机里被广泛采用的是铝镍钴永磁材料、铁氧体永磁材料和稀土永磁材料。图 7-10 所示为这 3 种材料的典型退磁曲线。这 3 种材料中，稀土

永磁材料性能最好，剩余磁感应强度 B_r、矫顽力 H_c 和最大磁能积（HB）$_{max}$ 都相当大，但价格也最贵，现代高性能电动机大都采用稀土永磁材料。

3. 正弦波表面永磁同步电动机

永磁同步电动机按转子结构可分为表面永磁和内部永磁两种形式，限于篇幅，下面仅介绍表面永磁同步电动机，内部永磁同步电动机的内容读者可以阅读参考文献［17］。表面永磁同步电动机还可以细分为正弦波表面永磁和梯形波表面永磁两种。

在正弦波表面永磁同步电动机中，定子有三相正弦分布绕组，转子以同步速旋转时，在定子绕组中感应出正弦电动势。永磁体用环氧树脂粘在转子的表面，永磁转子结构示意图如图7-11。转子有铁心，铁心可以是一个整体或者为了简化制造过程用冲压出的叠片组成。为了变速运行的稳定，转子上可以有类似鼠笼一样的阻尼绕组。也可能不要阻尼绕组，因为它们会引起附加的谐波损耗。如果转子被外动力驱动，定子绕组输出三相正弦电压，成了永磁同步发电机。因为永磁材料的相对磁导率接近于1（$\mu_r>1$），永磁体被粘在转子的表面，等于有效的空气隙加大，电动机是非凸极的（$L_{dm}=L_{qm}$），即直轴励磁电感等于交轴励磁电感。由于空气隙比较大，导致励磁电感比较小，因而电枢反应产生的影响也比较小。

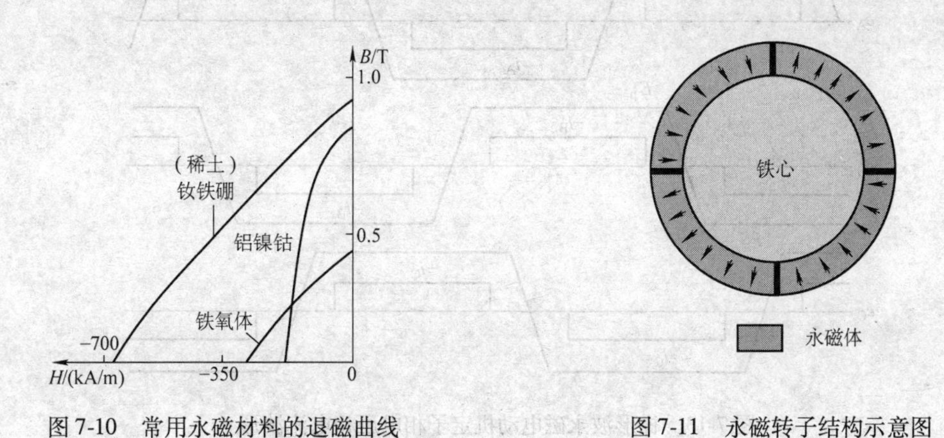

图7-10　常用永磁材料的退磁曲线　　图7-11　永磁转子结构示意图

4. 梯形波表面永磁同步电动机

梯形波表面永磁电动机，除了它的三相定子绕组采用集中整距代替正弦分布外，其他方面类似正弦波表面永磁电动机，它们都是隐极结构。如图7-12a所示。转子表面粘有两个磁极，磁极之间有间隙，以减小边沿效应。图7-12b是三相定子绕组的联结方式（星形），定子绕组每极每相有4个槽。当电动机旋转时，除了磁极之间的间隙通过相绕组的轴线时，大部分时间内一相绕组内的磁链是线性变化的（磁通密度梯形分布所致）。如果电动机被一个原动机拖动，所感应出的定子相电动势将是三相对称的梯形波，如图7-13所示。需要一个电子逆变器在每相电压的中间位置（平直部分）提供120°宽的方波交变电流给定子以产生平稳的转矩。由于电子逆变器是必不可少的，所以常常合称它们为电子电动机。把梯形波永磁电动机、电子逆变器和装在电动机轴上的位置传感器合在一起看，它们就是一台无刷直流电动机（Brushless DC Motor，BLDM）。梯形波永磁电动机结构简单，价格也不贵，比正弦波永磁电动机有更高的功率密度，广泛地应用在几千瓦以下的小功率伺服驱动系统和各种应用电器中。

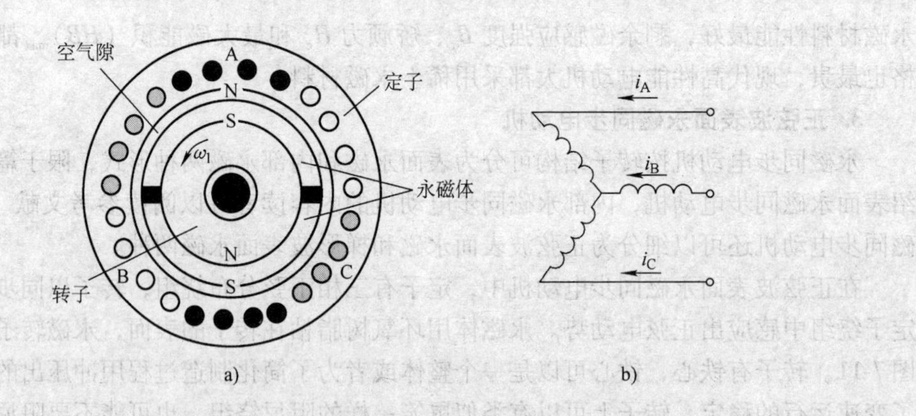

图 7-12　梯形波表面永磁电动机（二极）

a）绕组结构　b）绕组接线

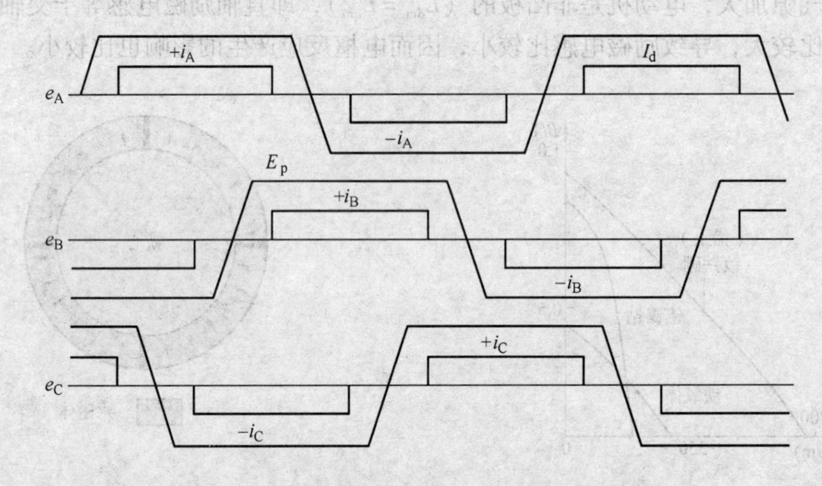

图 7-13　梯形波永磁电动机定子相电压相电流波形

7.2　变磁阻电动机

变磁阻电动机（Variable Reluctance Machine，VRM）也称双磁阻电动机，如其名，有双凸极结构，定子和转子均为凸极。变磁阻电动机有两类：一类是开关磁阻电动机；另一类是步进电动机。步进电动机基本上属于数字电动机，每一个数字脉冲对应移动一步或者旋转一个确定的角度。步进电动机广泛地应用在计算机外部设备和数控机床中。

7.2.1　开关磁阻电动机

磁阻电动机是一项早期的技术，由于电力电子技术的发展，近年来又成为关注的热点。经过一段时间的商业开发，现在已有产品出来。图 7-14 所示为四相开关磁阻电动机的结构及电感与电流波形。它有 4 对定子极，3 对转子极（8/6 电动机），转子上没有任何绕组，也没有永磁体。定子绕组是集中式的而不是正弦分布式的，每个绕组称为一相，在一个变流装置的激励下顺序导通。例如，当转子极对 a-a′靠近定子极对 A-A′时，定子绕组 A-A′得电，磁拉力将转子拉过来，定、转子磁极对准后，定子绕组失电。定子四相绕组在转子位置传感器的帮助下顺序导通，产生单一方向的转矩。与定、转子极对的相对位置有关的电感和相电流的波形如图7-14b所示。正转时，定子相绕组在电感的上升沿导通产生电动转矩；在电感的下降沿导通产生制动转矩。在每一个控制周期中，一个适当的相绕组激励导通，转子转动15°(60°－45°＝15°)，产生的瞬时转矩为

$$T_{\mathrm{e}}=\frac{1}{2}mi^{2} \tag{7-21}$$

式中　m——电感曲线的斜率；

i——瞬时电流。

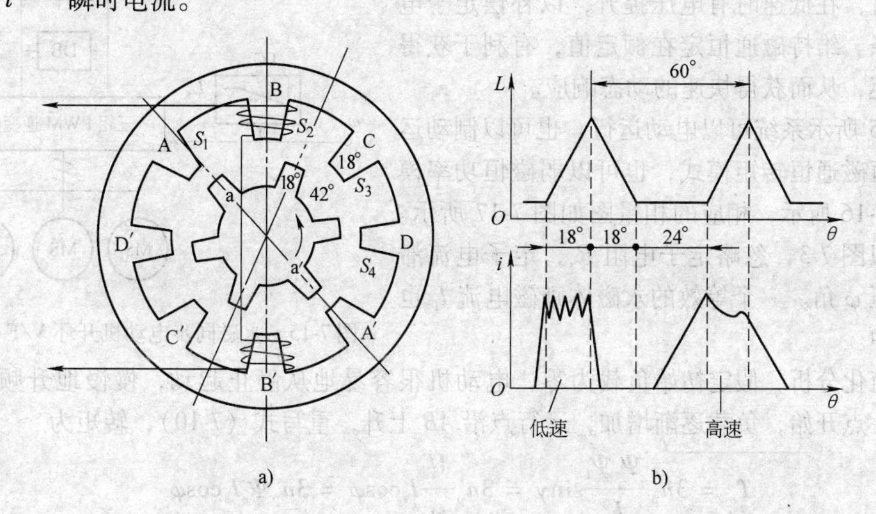

图7-14　四相开关磁阻电动机结构及电感与电流波形

a）开关磁阻电动机结构　b）电感和电流波形

在电感的上升沿（或下降沿），电流可以被斩波维持恒定。高速运行时，由于反电动势（CEMF）高，导致电流变化缓慢，如图所示，结果在电感曲线的负沿仍残留有较大的电流，产生了制动转矩。

开关磁阻电动机结构简单，可靠耐用，其价格潜力优于其他类型的电动机，但是，从原理上讲，转矩存在脉动，还存在与此相关的噪声问题。

7.2.2　步进电动机

考虑到步进电动机在特种电机课程中已经讲过，而步进电动机不适合变速运行，这里不再进一步讨论。

7.3　同步电动机他控变频调速系统

同步电动机主要有两种运行方式：他控和自控。他控运行方式是用独立的变频电源控制同步电动机的速度，是真正意义上的同步电动机运行模式；自控运行方式所用变频器不是独立的，受安装在转子轴上的位置传感器控制。

7.3.1　正弦波永磁同步电动机开环 V/F 控制

永磁同步电动机开环 V/F 控制如图 7-15 所示，这里使用一台 PWM 变频器驱动多台正弦永磁同步电动机，属于简单的标量控制，类似第 5 章里讲过的异步电动机恒压频比控制。在化纤纺丝机中使用图 7-15 的方案解决多台电动机之间的速度同步问题。图中的函数发生器 FG 维持大致线性的 U/f 关系，达到定子磁通基本恒定的目的。类似异步电动机，在低速时有电压提升，以补偿定子电阻上的压降。维持磁通恒定在额定值，有利于获得较大的转矩，从而获得快速的动态响应。

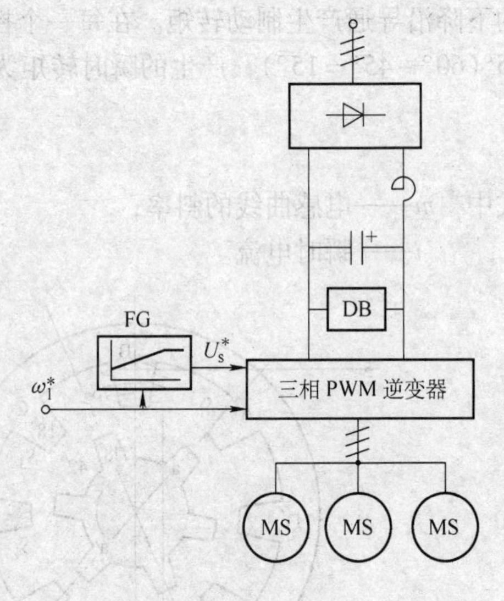

图 7-15　永磁同步电动机开环 V/F 控制

图 7-15 所示系统可以电动运行，也可以制动运行；可以恒磁通恒转矩模式，也可以弱磁恒功率模式，如图 7-16 所示，相应的相量图如图 7-17 所示。相量图类似图 7-3，忽略定子电阻 R_s，定子电流滞后定子电压 φ 角。一个等效的永磁体励磁电流 I_f 也标示在图中。

为了简化分析，假定初始负载为零，电动机很容易地从静止起动，慢慢地升频到达 A 点。从这一点开始，负载逐渐增加，运行点沿 AB 上升，重写式（7-10），转矩为

$$T_e = 3n_p \frac{\Psi_s \Psi_f}{L_s} \sin\gamma = 3n_p \frac{U_s}{\omega_1} I_s \cos\varphi = 3n_p \Psi_s I_s \cos\varphi$$

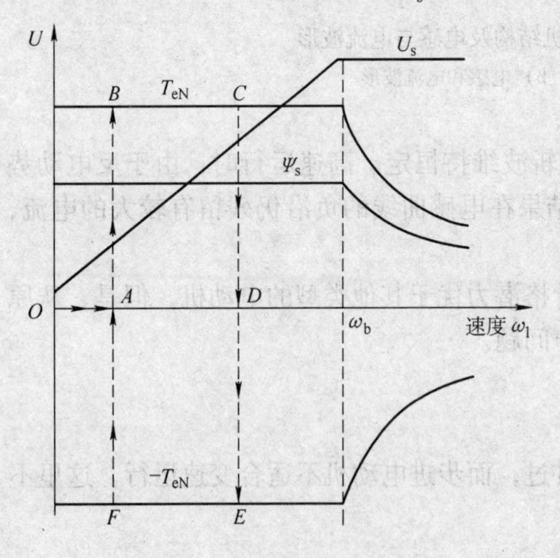

图 7-16　V/F 控制特性

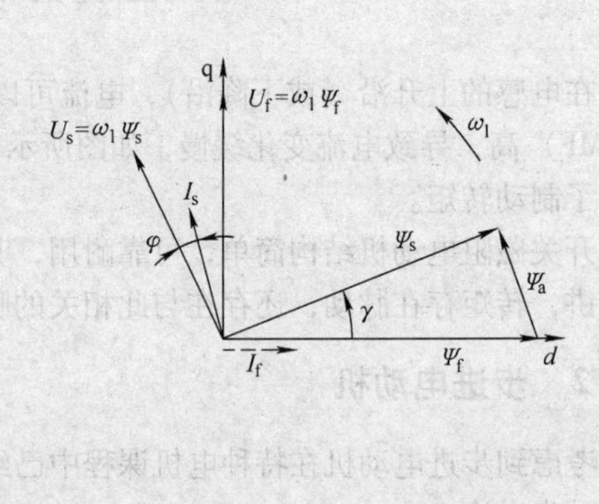

图 7-17　同步电动机相量图

对于恒定的 Ψ_s，随着转矩的增加，转矩角 γ 和定子电流 I_s 逐渐增加，直到 B 点达到额定转矩 T_{eN}。在 B 点，或者是转矩角到达 90°最大稳定范围限制，或者是定子电流达到额定值限制，如果负载稳定在额定值，工作点就稳定在 B 点。慢慢升频，工作点还能从 B 点移

到 C 点，逐渐减小负载，工作点从 C 点降到 D 点。在基速 ω_b，电压 U_s 饱和（处于过调制状态，PWM 脉冲合并），超出这一点，进入弱磁恒功率区，随着 Ψ_s 的减小，可以得到的转矩也减小，如图 7-16 所示。频率给定 ω_1^* 的突然变化可能造成同步电动机失步。为了在变速时不失步，需要限制 ω_1^* 的变化率，允许的最大加、减速能力受以下方程支配：

$$\frac{J}{n_p}\frac{d\omega_1}{dt}=T_e-T_L \tag{7-22}$$

从而可以导出最大加、减速如下

$$\left.\frac{d\omega_1}{dt}\right|_{max}=\frac{n_p}{J}(T_{eN}-T_L) \tag{7-23}$$

$$\left.\frac{d\omega_1}{dt}\right|_{min}=-\frac{n_p}{J}(T_{eN}+T_L) \tag{7-24}$$

式中　T_{eN}——额定转矩。

类似异步电动机，减速过程有能量回送，动态制动环节 DB 消耗回送的能量。减速过程的工作点沿 $DEFA$ 变化。速度反向是可能的，但需要颠倒相序。阻尼绕组可以防止动态过程中出现的不稳定，但会降低系统的效率。

7.3.2　正弦波永磁同步电动机矢量控制

1. 恒磁通模式

正弦永磁同步电动机的矢量控制较为简单。如本章前面所述，可以把它们看作是有效气隙较大的隐极同步电动机，这使得定子电感 L_s 和相应的电枢反应磁链 Ψ_a（$\Psi_a=L_sI_s$）很小，即 $\Psi_s\approx\Psi_m\approx\Psi_f$（定子磁链≈气隙磁链≈转子磁链）。为了使定子电流对转矩有最大的控制灵敏度，可以令 $i_{ds}=0$，$i_s=i_{qs}$。永磁同步电动机矢量控制相-矢量图如图 7-18 所示。

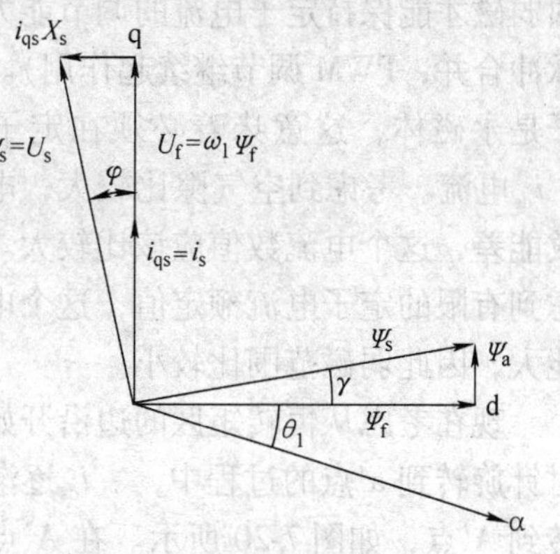

图 7-18　永磁同步电动机矢量控制相-矢量图

图7-18 中，为了简化，忽略定子电阻 R_s。根据式（7-11）可以写出

$$T_e=\frac{3}{2}n_p\hat{\Psi}_f i_{qs} \tag{7-25}$$

式中　$\hat{\Psi}_f$——转子磁链 Ψ_f 的峰值；

i_{qs}——定子电流矢量（峰值）的 q 轴分量。

式（7-25）表明，转矩与 i_{qs} 成正比。图 7-19 所示为正弦永磁同步电动机矢量控制系统，图中，i_{qs}^* 来自速度控制环的输出，在电动模式下它的极性是正的，在制动模式下它的极性是负的。同步旋转 d-q 坐标系上的电流信号 i_{qs}^* 经 2r/2s 和 2/3 变换得到定子三相电流给定 i_A^*、i_B^*、i_C^*，逆变器采用电流跟踪型。如果需要，还可以增加位置外环。

上述控制方案与图 6-9 所示的异步电动机矢量控制方案相似，不同之处有以下几点：转差角频率 $\omega_s=0$；定子电流的励磁分量 $i_{ds}=0$；d 轴固定在转子上，d 轴的空间位置角 θ_1 是位置传感器直接测量得到的，不是磁链模型计算得到的，位置传感器同时提供了转速信号 ω。

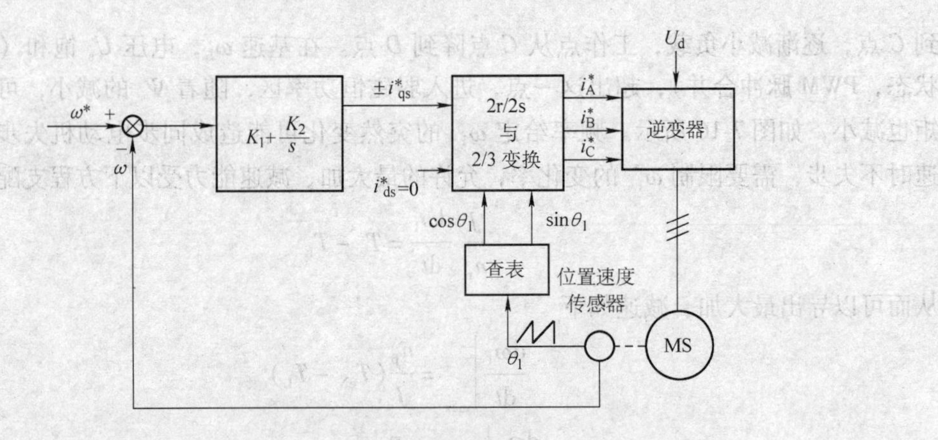

图 7-19　正弦永磁同步电动机矢量控制（恒转矩区）

2. 弱磁模式

正弦波永磁同步电动机可以像异步电动机一样超过基频 ω_b 弱磁升速，运行于恒功率区。然而，恒功率区范围不大，其原因是永磁同步电动机的气隙大，导致电枢反应的去磁效能差，图 7-20 所示弱磁控制相-矢量图可以帮助说明这一点。在恒转矩区的边沿 ω_b，定子电压 U_s 趋于饱和（脉冲合并，导致电压升不上去），由于 $U_s=\omega_1\Psi_s$，超过 ω_b 必须弱磁才能保持定子电流的调节能力（退出脉冲合并，PWM 调节继续起作用）。由于转子是永磁体，这意味着必须在定子侧注入 $-i_{ds}$ 电流。考虑到空气隙比较大，电枢反应效能差，这个电流数值应该比较大。但是考虑到有限的定子电流额定值，这个电流又不能大，因此弱磁范围比较小。

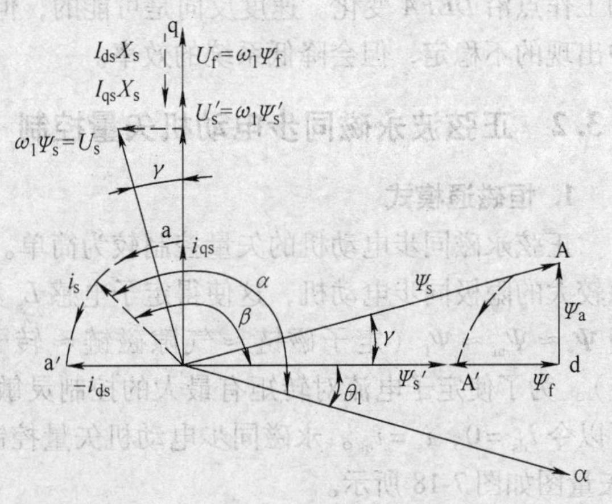

图 7-20　永磁同步电动机弱磁控制相-矢量图

现在考虑从恒转矩区的边沿开始，假定 $i_s=i_{qs}=$ 额定电流，当维持 i_s 幅值不变从 a 点逆时针旋转到 a′点的过程中，$-i_{ds}$ 逐渐增大，帮助削弱定子磁链；电枢反应磁链 Ψ_a 从 A 点旋转到 A′点，如图 7-20 所示。在 A′点，$|i_s|=|i_{ds}|$，转矩为零，Ψ_s 变成 Ψ_s'，电流超前电压 90°，功率因数为零，对应图 7-21 中的 ω_{r1}。如果 L_s 增大（气隙变小）到 L_s'，弱磁区可以扩大。图 7-22 所示为一个既有恒磁通模式也有弱磁模式的永磁同步电动机矢量控制。该图是一个位置伺服系统，速度环外增加了位置环，转速环内增加了转矩环。在恒转矩模式下，如图 7-19 所示，$i^*_{ds}=0$；在弱磁模式下，借助 i^*_{ds} 的控制，使定子磁链 Ψ_s

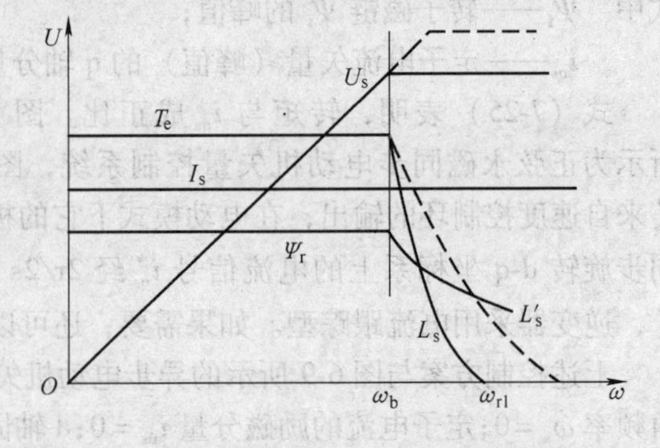

图 7-21　永磁同步电动机的弱磁控制区

与转速成反比。在转矩环内，i_{qs}^*按下式所限定的最大值工作

$$i_{qsm}^* = \sqrt{\hat{i}_{SN}^2 - i_{ds}^2}$$

式中　i_{qsm}^*——电流给定 i_{qs}^* 限幅值；

$\hat{i}_{SN}$——额定定子电流的峰值。

基于电流模型的反馈信号处理方程列于图7-22的下方。与转子磁链定向的异步电动机矢量控制相比，转子磁链的位置角 θ_1 是测量得到的，无需模型推算。定子三相电流经3/2、2s/2r坐标变换，得到d-q同步旋转坐标系上的电流分量 i_{ds}、i_{qs}，然后根据图中所列方程推算定子磁链和转矩。

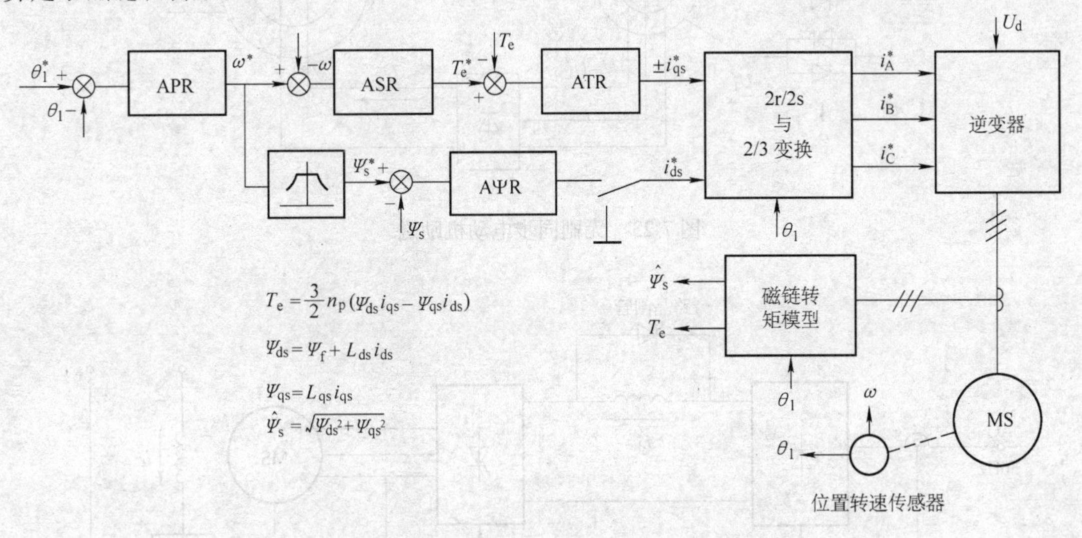

图7-22　正弦永磁同步电动机矢量控制（包括弱磁）

7.3.3　直流励磁同步电动机调速系统

大型同步电动机的转子上一般都有励磁绕组，需要通入直流励磁电流 I_f 建立磁场 Ψ_f，调节这个励磁电流可以使电动机运行在任何功率因数，超前、滞后或者为1。传统的方法是通过外部的整流桥、电刷、集电环给直流励磁绕组供电。电刷、集电环的安装和维护都比较麻烦。图7-23所示为一个不用电刷、集电环的方法，图的右边是同步电动机，左边是三相旋转变压器，旋转变压器的二次侧安装在转子轴上。旋转变压器没有什么特别，不过是一台绕线转子异步电动机（Wound Rotor Induction Motor，WRIM），它的一次侧或定子侧（通过晶闸管交流调压器连接到50Hz工频电源）的电压 U_L'可以调节；它的二次侧或转子侧的转速由驱动同步电动机的变频器频率决定。转差电压 U 经过安装在转子上的二极管整流桥整流，给同步电动机励磁绕组供电，WRIM上没有电刷和集电环。当低速运行时，转差率 s 增加，转差电压也增加，I_f 有增加的趋势，通过调节触发延迟角 α 可以维持 I_f 不变。

1. 交-直-交电流型变频器-直流励磁同步电动机调速系统（负载换相）

在电力电子变流技术课程中已经知道，晶闸管电流型逆变器不一定非要强迫换流，也可以负载换流，但负载必须是容性的，有超前的功率因数。同步电动机就是这样的负载，工作

在超前功率因数下的同步电动机定子绕组中的感应电动势可以实现晶闸管换流，使驱动它的逆变器既简单又经济，这样的逆变器称为负载换流逆变器（Load-Communication Inverter, LCI）。数兆瓦的负载换流电流型逆变器-同步电动机调速系统在压缩机、泵、风机和船用驱动等场合很流行，图 7-24 所示为这种系统。图中系统控制单元包括转速调节、转差控制（为了避免失步，应该对调速过程中的最大转差加以限制）、负载换流控制和励磁电流控制等。

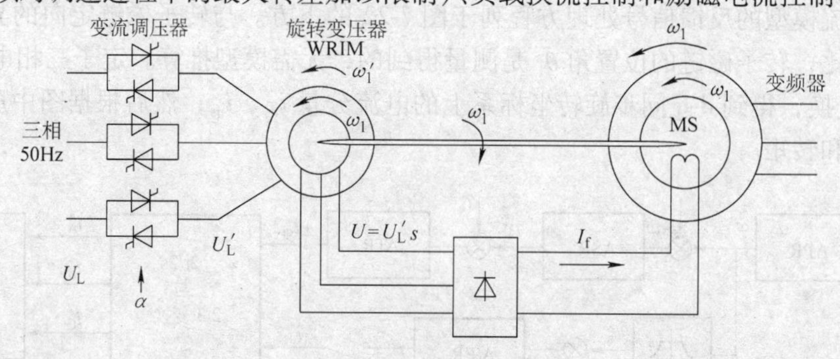

图 7-23　无刷同步电动机励磁

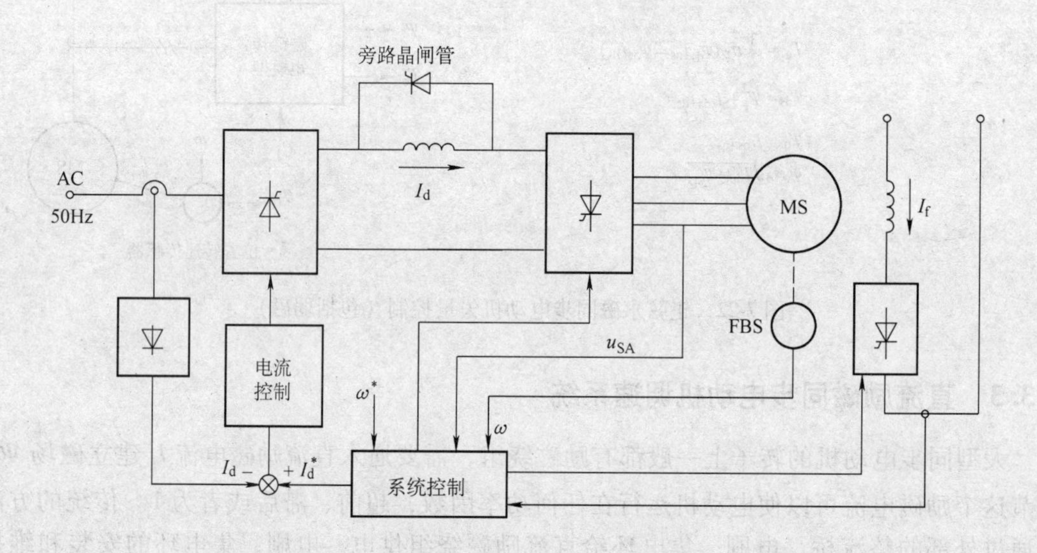

图 7-24　负载换流电流型逆变器-同步电动机调速系统

只要励磁电流 I_f 足够大（过励磁），定子电流的去磁分量 $-i_{ds}$ 也要相应地大（维持定子磁链 Ψ_s 恒定到与定子电压相适应的程度），使定子电流 I_s 相位前移，超过定子电压 U_s 的相位（见图 7-20），如果这个相位超前量能满足晶闸管关断的需要，则无需任何强迫换流，要关断的晶闸管会自然关断。

起动或低速运行时，电动机的感应电动势不够大，不足以保证可靠换流。这时，需用“直流侧电流断续”的特殊方法，使中间直流环节电抗器的旁路晶闸管导通，让电抗器中的电流沿晶闸管续流，同时切断直流电流，使逆变桥中的所有晶闸管关断，包括要关断的晶闸管；然后再关断旁路晶闸管，同时触发要导通的晶闸管，使电流恢复正常，完成一次换流。用这种换流方式可使电动机转速升至额定值的 3% ~5%，然后再切换到负载电动势换流。

“电流断续换流”时转矩会产生较大的脉动，因此，它只能用于起动过程，不适合于稳态运行。

2. 按气隙磁链定向的直流励磁同步电动机矢量控制系统

为了突出主要问题，作如下假定：

1）同步电动机为隐极结构。

2）忽略阻尼绕组。

3）忽略磁路的非线性。

4）忽略定子电阻和漏抗的影响。

在同步电动机中，除了直流励磁外，定子电流还产生电枢反应，直流励磁与电枢反应合起来产生气隙磁通，合成磁通在定子中感应出的电动势与外加电压基本平衡。同步电动机的电流（磁动势）与磁链的空间矢量、电压与磁链的时间相量如图7-25所示。

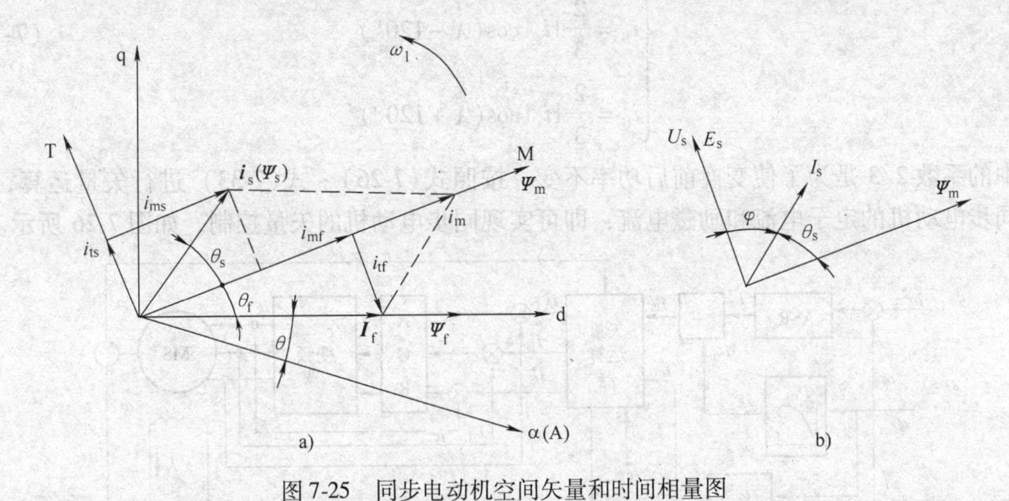

图7-25　同步电动机空间矢量和时间相量图

a）空间矢量图　b）时间相量图

$\boldsymbol{I}_f$、$\boldsymbol{\Psi}_f$—转子励磁电流和磁链，沿d轴方向　$\boldsymbol{i}_s$—定子电流空间矢量

$\boldsymbol{\Psi}_m$—气隙磁链（忽略定子漏感，$\boldsymbol{\Psi}_m$ 也就是定子磁链 $\boldsymbol{\Psi}_s$）

θ_s—$\boldsymbol{\Psi}_m$ 与 $\boldsymbol{\Psi}_s$ 的夹角　θ_f—$\boldsymbol{\Psi}_m$ 与 $\boldsymbol{\Psi}_f$ 的夹角

采用按气隙磁场定向，令 $\boldsymbol{\Psi}_m$ 的方向为M轴，与M轴正交的为T轴。将 $\boldsymbol{i}_s$ 分解为 i_{ms} 和 i_{ts}。同样，将 $\boldsymbol{I}_f$ 分解为 i_{mf} 和 i_{tf}。由图7-25不难得出下列关系式：

$$|\boldsymbol{i}_s| = \sqrt{i_{ms}^2 + i_{ts}^2} \tag{7-26}$$

$$|\boldsymbol{I}_f| = \sqrt{i_{mf}^2 + i_{tf}^2} \tag{7-27}$$

$$i_{ts} = -i_{tf} \tag{7-28}$$

$$i_{ms} = |\boldsymbol{i}_s|\cos\theta_s \tag{7-29}$$

$$i_{mf} = |\boldsymbol{I}_f|\cos\theta_f \tag{7-30}$$

$$i_m = i_{ms} + i_{mf} \tag{7-31}$$

图7-25b中画出了定子一相绕组的时间相量图。根据电机学原理，$\boldsymbol{\Psi}_m$ 与 $\boldsymbol{i}_s$ 空间矢量在空间的夹角 θ_s 也就是它们作为相量在时间上的相位差，因此功率因数角 $\varphi = 90° - \theta_s$。定子电流的励磁分量 i_{ms} 可以从定子电流和所期望的功率因数值求出（见式（7-29）），由期望的

功率因数确定的 i_{ms} 可以作为矢量控制系统的一个给定值。例如，如果期望功率因数为 1，$i_{ms}^{*}=0$。

以 A（α）轴作为参考坐标轴，则 d 轴的位置角

$$\theta = \int \omega_1 \mathrm{d}t$$

可以通过电动机轴上的位置传感器（同时输出转速 ω 信号）测得，于是定子电流空间矢量 $\boldsymbol{i}_s$ 与 A 轴的夹角

$$\lambda = \theta + \theta_f + \theta_s \tag{7-32}$$

由 $\boldsymbol{i}_s$ 的幅值 $|\boldsymbol{i}_s|$ 和相位角 λ（极坐标）可以求出三相定子电流为（2/3 变换）

$$\begin{cases} i_A = \dfrac{2}{3}|\boldsymbol{i}_s|\cos(\lambda) \\ i_B = \dfrac{2}{3}|\boldsymbol{i}_s|\cos(\lambda - 120°) \\ i_C = \dfrac{2}{3}|\boldsymbol{i}_s|\cos(\lambda + 120°) \end{cases} \tag{7-33}$$

式中的系数 2/3 是为了使变换前后功率不变。按照式(7-26)～式(7-33) 进行矢量运算，控制同步电动机的定子电流和励磁电流，即可实现同步电动机的矢量控制，如图 7-26 所示。

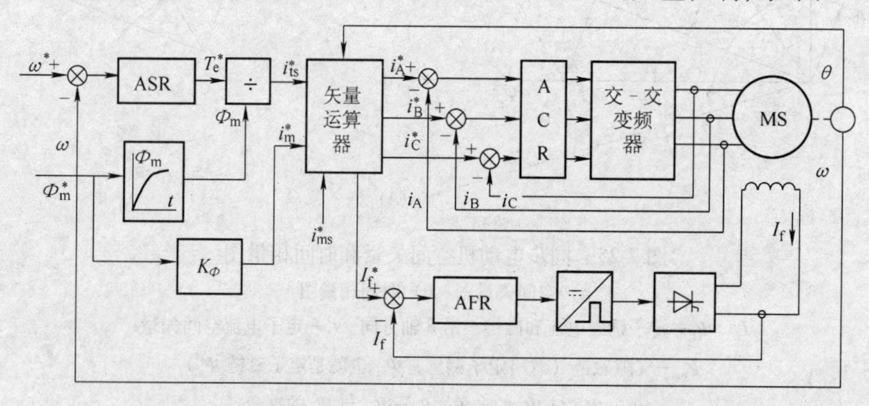

图 7-26　直流励磁同步电动机基于电流模型的矢量控制系统

ASR—转速调节器　AFR—励磁电流调节器　ACR—三相电流调节器

由于采用了电流计算，所以称之为基于电流模型的同步电动机矢量控制系统。根据式(7-11) 可以写出转矩方程为

$$T_e = \frac{3}{2} n_p |\boldsymbol{\Psi}_m| i_{ts} \tag{7-34}$$

式（7-34）表明，经矢量分解后，同步电动机的转矩方程变得和直流电动机一样。只要保证气隙磁链恒定，控制定子电流的转矩分量 i_{ts} 就可以控制同步电动机的瞬时转矩。现在的问题变成了如何能准确地按气隙磁场定向。

如图 7-26 所示，同步电动机矢量控制采用了与直流电动机调速系统相似的双闭环控制结构。转速调节器（ASR）的输出是转矩给定 T_e^*，按照式（7-34），T_e^* 除以气隙磁链信号和系数处理即得到定子电流转矩分量给定 i_{ts}^*，$\boldsymbol{\Phi}_m$ 是由磁通给定信号 $\boldsymbol{\Phi}_m^*$ 经磁通滞后

模型模拟其滞后效应后（磁场的建立涉及储能问题，变化缓慢）得到的。与此同时，Φ_m^*乘以系数 K_Φ 即得合成励磁电流给定信号 i_m^*。另外，按功率因数要求还可得到定子电流励磁分量给定 i_{ms}^*。将 i_m^*、i_{ms}^*、i_{ts}^*和来自位置传感器的旋转坐标相位角 θ 一起送入矢量运算器，按式(7-26)~式(7-31)和式(7-32)、式(7-33)计算出三相定子电流的给定 i_A^*、i_B^*、i_C^* 和励磁电流给定 I_f^*。通过 ACR 和 AFR 实行电流闭环控制，可使实际电流 i_A、i_B、i_C 和 I_f 跟随其给定值变化，获得良好的动态性能。当负载变化时，还能尽量保持气隙磁通、定子电动势和功率因数不变。

上述矢量控制系统是在一系列假设条件下得到的近似结果。实际上同步电动机可能是凸极的，转子中的阻尼绕组也不能随便忽略不计，定子电阻和漏感有影响。考虑到这些因素后，实际系统的矢量运算器的算法要比上述公式复杂得多，这时就需要考虑同步电动机在这些影响下的动态数学模型（参见 7.6 节内容）。

7.4　同步电动机自控变频调速系统

自控变频同步电动机调速的特点是在转子轴上安装位置传感器 BQ，由 BQ 控制逆变器 UI 的换流，如图 7-27 所示。

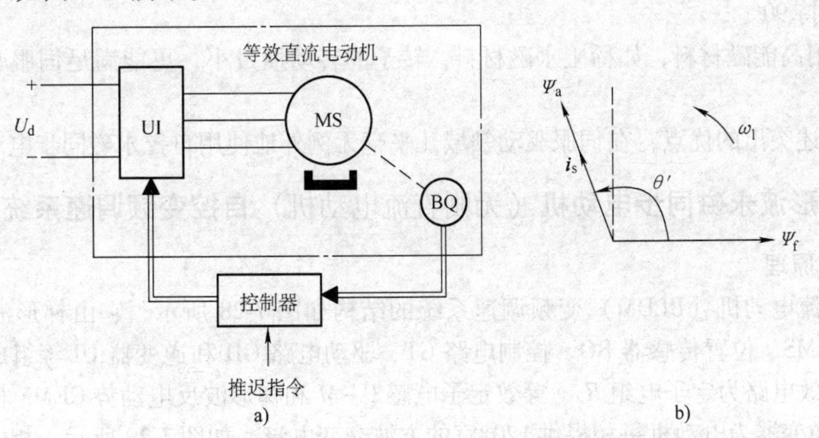

图 7-27　自控变频同步电动机控制系统

图 7-27 中的电动机是永磁式的，若仅从电动机本身看，它是一台同步电动机，但是，若果把它和位置传感器 BQ、逆变器 UI 放在一起看，就是一台直流电动机。直流电动机的电流本来就是交变的，只是经过换向器和电刷才在外部电路表现为直流。这时，换向器相当于机械式的逆变器，电刷相当于磁极位置检测器，与图 7-27 点画线框内相对应，可以像直流电动机一样借助调节输入直流电压 U_d 调速。用静止的电力电子电路代替了容易产生火花的接触式换向器，显然具有很大的优越性。

这种与直流电动机的相似性在自控同步电动机发展历程中得到了各种各样的称谓，它们是：

1）无刷直流电动机（Brusuless DC motor，BLDM 或 BLDC）。

2）电子换向电动机（Electronically Commutated Motor，ECM）。

3）无换向器无刷电动机（Commutatorless-Brushless Motor）。

但是商业名称“无刷直流电动机”专指梯形波永磁同步电动机。

自控同步电动机与直流电动机相比有一些细微的差别，它们是：

1）直流电动机的磁极在定子上，电枢是旋转的，而同步电动机的磁极在转子上，电枢却是静止的，所以有时称自控同步电动机为内外交换直流电动机。

2）直流电动机的磁通（励磁磁通和电枢反应磁通）在空间是静止的，电枢反应磁通与励磁磁通垂直；而同步电动机的磁通在空间以同步速旋转。$\boldsymbol{\Psi}_r$ 固定在转子上，绝对位置传感器检测出励磁 $\boldsymbol{\Psi}_r$（$\boldsymbol{\Psi}_f$）的位置。如果逆变器是电流可控式的，定子（电枢）电流 $\boldsymbol{i}_s$ 相对于 $\boldsymbol{\Psi}_r$ 的空间位置角 $\theta' = \gamma + \pi/2 - \varphi$（见图 7-17）可以借助推迟指令加以控制（不必总是 90°），如图 7-27 所示。

自控同步电动机的特点总结如下：

1）用电子换向器取代了机械式换向器和电刷，直流电动机原有的众多缺点如维护问题、火花问题、环境限制、速度限制等都不存在了。

2）由于自我控制的原因，同步电动机原有的振荡和失步问题都解决了。

3）动态响应达到类似直流电动机的水平。

4）如果必要的话，电流 $\boldsymbol{i}_s$ 和磁链 $\boldsymbol{\Psi}_r$ 之间的相位角可以加以控制，而不必像直流电动机那样总保持 90°。

5）使用高能磁材料，如稀土永磁材料，转子的转动惯量小，更能满足伺服驱动快速响应的需要。

由于上述突出的优点，在伺服驱动领域几乎毫无例外地使用自控永磁同步电动机。

7.4.1 梯形波永磁同步电动机（无刷直流电动机）自控变频调速系统

1. 工作原理

无刷直流电动机（BLDM）变频调速系统的结构如图 7-28 所示，它由梯形波表面永磁同步电动机 MS、位置传感器 BQ、控制电路 CT、驱动电路 GD 和逆变器 UI 等组成。电动机每相动态等效电路为定子电组 R_s、等效定子电感 $L-M$ 和梯形波反电动势 CEMF 相串联（见图 7-31）。逆变器为电动机每相提供 120°宽的方波交变电流，如图 7-29 所示。相电流波形与相电动势波形同相位，相电动势的平顶值为 E_p，相电流的值为 I_d。6 个电子开关 $VT_1 \sim VT_6$，依次触发导通 120°，在任何时刻有两个开关（一个在上组，一个在下组）同时导通，称为 120°连续导通模式。

在图 7-29 的下部 t_1 后面的第一个 60°间隔，VT_1、VT_6 导通，直流电压 U_d 施加到 A、B 相绕组，A 相电流为 $+I_d$，B 相电流为 $-I_d$。60°以后，换相发生，VT_6 关断 VT_2 导通，电流 $-I_d$ 从 B 相换到 C 相，VT_1、VT_2 继续导通 60°。一个完整的周期有 6 个导通模式，位置传感器控制导通模式的精确转换（换相）时刻。如果不考虑定子电阻和等效定子电感上的压降，两倍 E_p 的反电动势就呈现在逆变器的直流输入端，即 $U_d = 2E_p$；任何时刻，流入电动机的功率为 $P = 2E_pI_d$。逆变器所起的作用是转子位置控制的电子换向器，类似直流电动机的机械换向器。这就是为什么它明明是逆变器驱动的同步电动机却被称为无刷直流电动机的原因。注意，为了调速，直流电压 U_d 不能恒定，应该是一个可以调节的电压源（或电流源）。

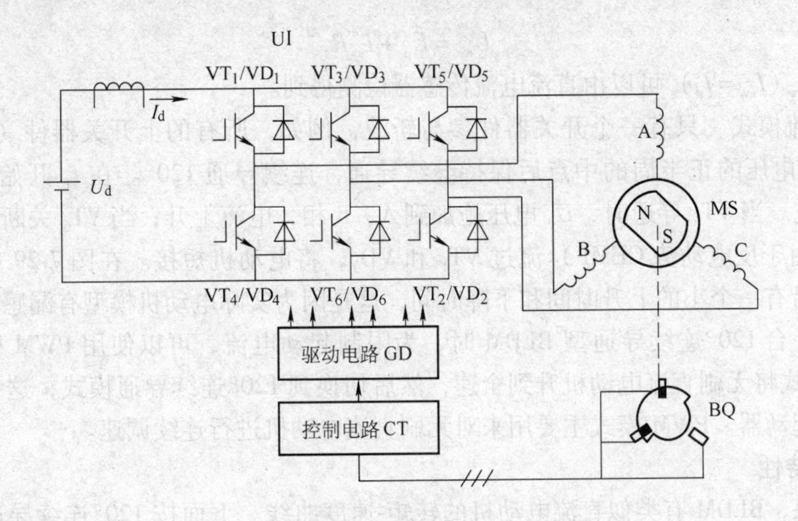

图 7-28　无刷直流电动机变频调速系统的结构

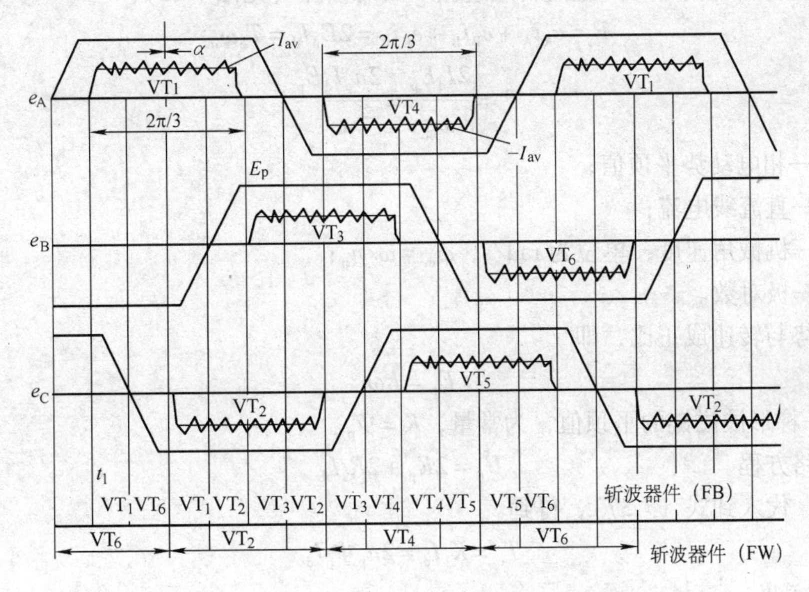

图 7-29　用 PWM 电流模式运行的逆变器波形

2. PWM 电压和电流控制模式

前面的讨论中，逆变器只是起到换相的作用，每个电子开关顺序导通 120°。实际上除了换相外，它们还可以作为斩波器开关，控制逆变器输出的电压或电流，从而控制 BLDM 的转速，图 7-29 所示电流波形是导通的电子开关对电压源 U_d 斩波形成的。

有两种斩波模式：反馈 FB（feedback）模式和续流 FW（freewheeling）模式。这两种斩波模式都是根据占空比的要求控制开关通断，以调节电动机的平均电流 I_{av}或平均电压 U_{av}。

（1）反馈模式　例如，VT_1 和 VT_6 一起斩波，当 VT_1 和 VT_6导通时，A 相和 B 相电流上升，因为 $U_d>2E_p$；当 VT_1 和 VT_6关断时，电流下降，电流通过 VD_3 和 VD_4 反馈回电源。平均电动机相电压 U_{av} 由占空比决定，平均电动机相电压为

$$U_{av}=E_p+I_{av}R_s \tag{7-35}$$

平均相电流 I_{av}（$I_{av}=I_d$）可以由直流电流传感器检测得到。

（2）续流模式　只有一个开关器件参与斩波，例如，所有的上开关器件（VT_1、VT_3、VT_5）在相应电压的正半周的中点后保持继续导通，连续导通120°。在 t_1 开始的60°间隔内，VT_6 斩波。当 VT_6 导通时，U_d 电压施加到A、B相，电流上升；当 VT_6 关断时，衰减的续流电流（由于反电动势CEMF）流过 VT_1 和 VD_3，将电动机短接。在图7-29中的电流波形的前、后沿有一个小的上升时间和下降时间，这是因为实际电动机模型有漏感存在。

在起动一台120°连续导通型BLDM时，为限制起动电流，可以使用PWM模式。使用PWM限流模式将无刷直流电动机升到全速，然后切换到120°连续导通模式，这有点像传统直流电动机起动器。PWM模式主要用来对无刷直流电动机进行连续调速。

3. 机械特性

不难想象，BLDM有类似直流电动机的转矩-速度曲线。下面按120°连续导通型无刷直流电动机进行计算。

忽略损耗，输入功率与产生的转矩遵循下面的方程（见图7-13）：

$$P=e_Ai_A+e_Bi_B+e_Ci_C=2E_pI_d=T_e\omega_m \tag{7-36}$$

或者

$$T_e=\frac{2I_dE_p}{\omega_m}=\frac{2n_pI_dE_p}{\omega} \tag{7-37}$$

式中　E_p——相电动势平顶值；

I_d——直流线电流；

ω_m——机械角速度，单位为rad/s，$\omega_m=\omega/n_p$；

n_p——极对数。

相电动势与转速成正比，即

$$E_p=K\omega \tag{7-38}$$

式中　K——梯形波磁链的平顶值，为常量，$K=\Psi_p$。

直流电路方程

$$U_d=2E_p+2R_sI_d \tag{7-39}$$

将式（7-38）代入到式（7-37），得到

$$T_e=K_1I_d=2n_p\Psi_pI_d \tag{7-40}$$

式中　$K_1=2n_p\Psi_p$。

转矩方程与直流电动机的基本一样。

选择转矩基准 T_{eb} 为

$$T_{eb}=K_1I_d\Big|_{I_d=I_{sc}}=\frac{K_1U_d}{2R_s} \tag{7-41}$$

式中　$I_{sc}=U_d/2R_s$。

选择转速基准 ω_b 为

$$\omega_b=\omega\Big|_{I_d=0,\text{不斩波}}=\frac{U_d}{2K} \tag{7-42}$$

从式（7-38）和式（7-39）导出。

不斩波时的转速-转矩关系（机械特性）可以从式（7-39）、式（7-41）和式（7-42）导

出为

$$\omega = \frac{U_d - 2R_s I_d}{2K} = \frac{U_d}{2K} - \frac{U_d}{2K}\frac{K_1 I_d}{\left(\frac{K_1 U_d}{2R_s}\right)} = \omega_b\left(1 - \frac{T_e}{T_{eb}}\right) \tag{7-43}$$

整理为

$$\omega = 1 - T_e \tag{7-44}$$

式中　标幺值 $\omega(\mathrm{pu}) = \omega/\omega_b$，标幺值 $T_e(\mathrm{pu}) = T_e/T_{eb}$。

将式（7-44）绘于图7-30中，可以看出，无刷直流电动机的机械特性和直流电动机的机械特性一样，是一条下倾的直线，下倾的原因是 R_s 上的压降。从式（7-43）还可以看出，用斩波的方法调节电压 $U_d(\rho U_d)$ 就可以调节空载转速，对应不同 ρU_d 时的一组机械特性曲线也如图7-30所示，图中假定额定转矩与基准转矩的比值为0.2。

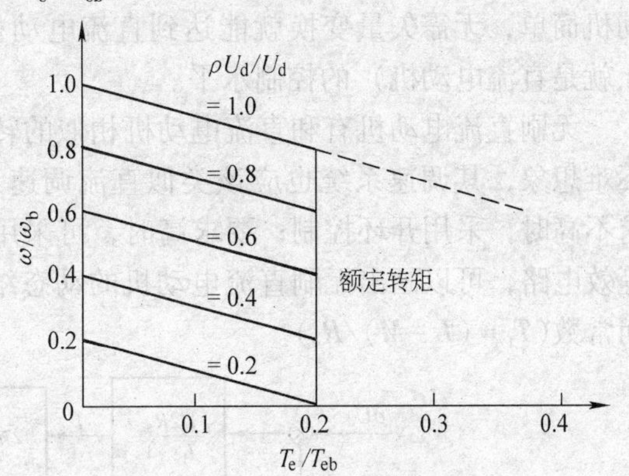

图7-30　标幺化机械特性曲线

4. 无刷直流电动机的动态数学模型

作如下简化：不考虑磁路饱和；不计涡流和磁滞损耗；转子上没有阻尼绕组。定子三相绕组的电压方程可以表示为式（7-45）

$$\begin{bmatrix} u_A \\ u_B \\ u_C \end{bmatrix} = \begin{bmatrix} R_s & 0 & 0 \\ 0 & R_s & 0 \\ 0 & 0 & R_s \end{bmatrix}\begin{bmatrix} i_A \\ i_B \\ i_C \end{bmatrix} + p\begin{bmatrix} L & M & M \\ M & L & M \\ M & M & L \end{bmatrix}\begin{bmatrix} i_A \\ i_B \\ i_C \end{bmatrix} + \begin{bmatrix} e_A \\ e_B \\ e_C \end{bmatrix} \tag{7-45}$$

式中　R_s——定子每相电阻；

p——微分算子；

e_A、e_B、e_C——三相电动势（梯形波）；

L——各相自感；

M——任意二相之间的互感。

由于电动机星形联结，无中性线，所以

$$i_A + i_B + i_C = 0 \tag{7-46}$$

可得

$$\begin{cases} Mi_B + Mi_C = -Mi_A \\ Mi_A + Mi_C = -Mi_B \\ Mi_B + Mi_A = -Mi_C \end{cases} \tag{7-47}$$

将式（7-47）代入式（7-45），整理得到

$$\begin{bmatrix} u_A \\ u_B \\ u_C \end{bmatrix} = \begin{bmatrix} R_s & 0 & 0 \\ 0 & R_s & 0 \\ 0 & 0 & R_s \end{bmatrix}\begin{bmatrix} i_A \\ i_B \\ i_C \end{bmatrix} + \begin{bmatrix} L-M & 0 & 0 \\ 0 & L-M & 0 \\ 0 & 0 & L-M \end{bmatrix} p\begin{bmatrix} i_A \\ i_B \\ i_C \end{bmatrix} + \begin{bmatrix} e_A \\ e_B \\ e_C \end{bmatrix} \tag{7-48}$$

根据式（7-48）可以画出无刷直流电动机的动态等效电路如图 7-31 所示，每项等效电路为定子电阻 R_s、等效定子电感 $L-M$、梯形波反电动势相串联。

除了前面的式（7-40）$T_e=K_1I_d$ 外，还可以根据功率原则写出转矩方程为

$$T_e=n_p\frac{e_Ai_A+e_Bi_B+e_Ci_C}{\omega}\tag{7-49}$$

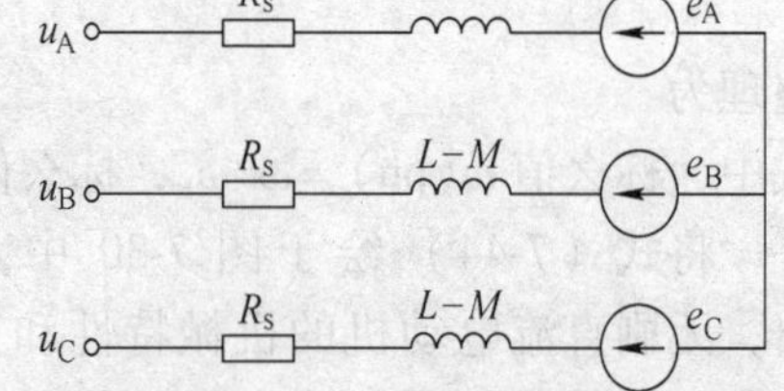

图 7-31　无刷直流电动机等效电路

可见，无刷直流电动机的动态数学模型明显比异步电动机简单，无需矢量变换就能达到直流电动机（本质上就是直流电动机）的控制水平。

无刷直流电动机有和直流电动机相似的转矩方程，不难想象，其调速系统也应该类似直流调速系统。要求不高时，采用开环控制；要求高时，可采用转速电流双闭环控制。根据图 7-31 所示动态等效电路，可以画出无刷直流电动机的动态结构，如图 7-32 所示。图中，T_1 为电枢回路时间常数（$T_1=(L-M)/R_s$）。

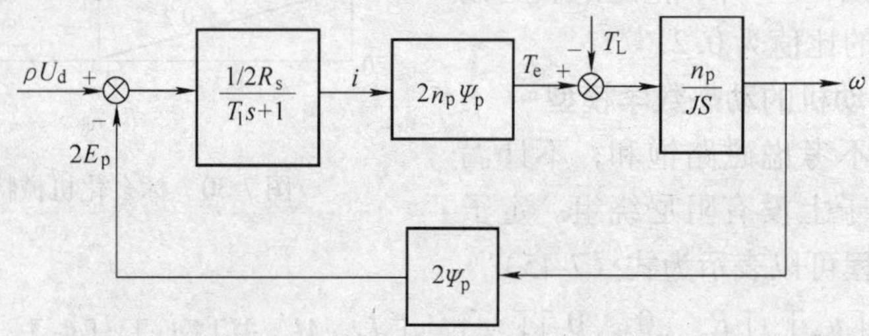

图 7-32　无刷直流电动机动态结构

5. 无刷直流电动机闭环控制

图 7-33 所示为速度闭环无刷直流电动机调速系统，其逆变器工作在 PWM 反馈模式。一组二位式位置检测器（通常是一组 3 个霍尔式或电磁感应式转子位置检测器）安装在定子侧靠近转子极的边沿，用来产生 180°宽、相位差为 120°的 3 路方波编码信号，3 路编码信号的相位分别与三相电压信号的相位关联。一个解码器将 3 路编码信号转换成三相对称、120°宽的交变方波信号，与图 7-13 所示三相电流波形相对应。速度调节器的输出是电流给定信号 I_d^*，电动运行时 I_d^* 为正，制动运行时 I_d^* 为负。I_d^* 与来自解码器的 3 路交变方

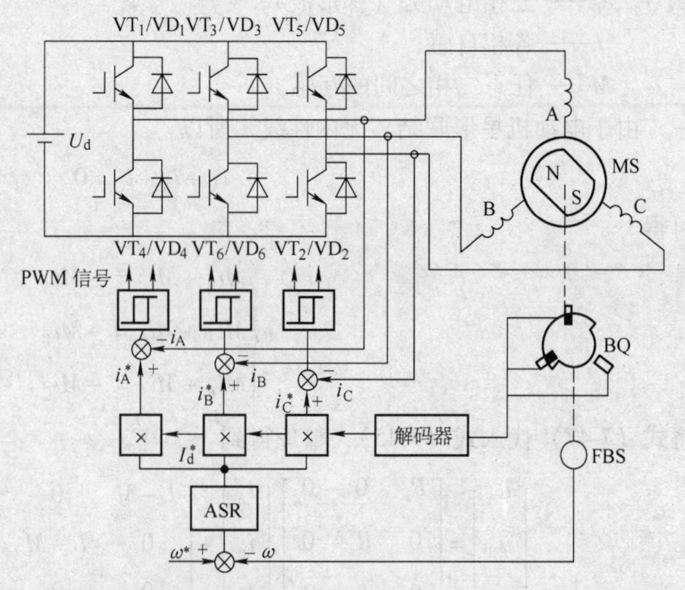

图 7-33　速度闭环无刷直流电动机调速系统（PWM 反馈模式）

波信号相乘得到三相电流给定 i_A^* 、i_B^* 、i_C^* 。逆变器采用电流跟踪型PWM技术，实际的三相电流跟踪给定电流，任何时刻使能二相，其中一相具有正极性，一相具有负极性。例如，电动模式下，解码器使能A相正极性 $+I_a^*$ 、B相负极性 $-I_b^*$ 。开关器件 VT_1 、VT_6 同时导通，相应增加 $+i_a$ 、$-i_b$ 。当相电流达到或者超过电流滞环宽度时，两只管子同时关断，使电流通过二极管反馈回直流电源。由于电动机星形联结，中性点无接线，实际上只需要两个交流电流传感器就能获取3路电流信号。如果在直流侧检测电流，只需一个直流电流传感器。

无论是开环或是闭环系统，都必须具备转子位置检测、PWM控制等环节。半导体器件生产商开发出了各种型号的无刷直流电动机调速专用集成电路，感兴趣的读者可查阅有关产品手册。

图7-34所示为一种低成本功率集成电路（PIC），包括主电路和控制、保护电路，专门用于无刷直流电动机PWM续流模式调压调速。图中点画线框内为PIC模块，点画线框外为梯形波永磁同步电动机。电动机上安装有霍尔式位置传感器，用来检测转子位置。集成电路上除了6路IGBT主开关器件外，还有处理霍尔位置信号的解码电路、电流滞环控制电路、续流模式PWM斩波电路等。在直流侧检测电流，只需一个直流电流传感器就可以检测所有三相电流，图中简单地使用一个低阻值的接地电阻 R 检测电流。转速外环没有画出，电流给定 I_d^* 来自转速调节器（图中未画出）的输出。霍尔转子位置传感器安装在定子侧靠近转子极的位置，借检测转子永磁体的磁场获取转子位置信息（二位信息，决定换向时刻）。

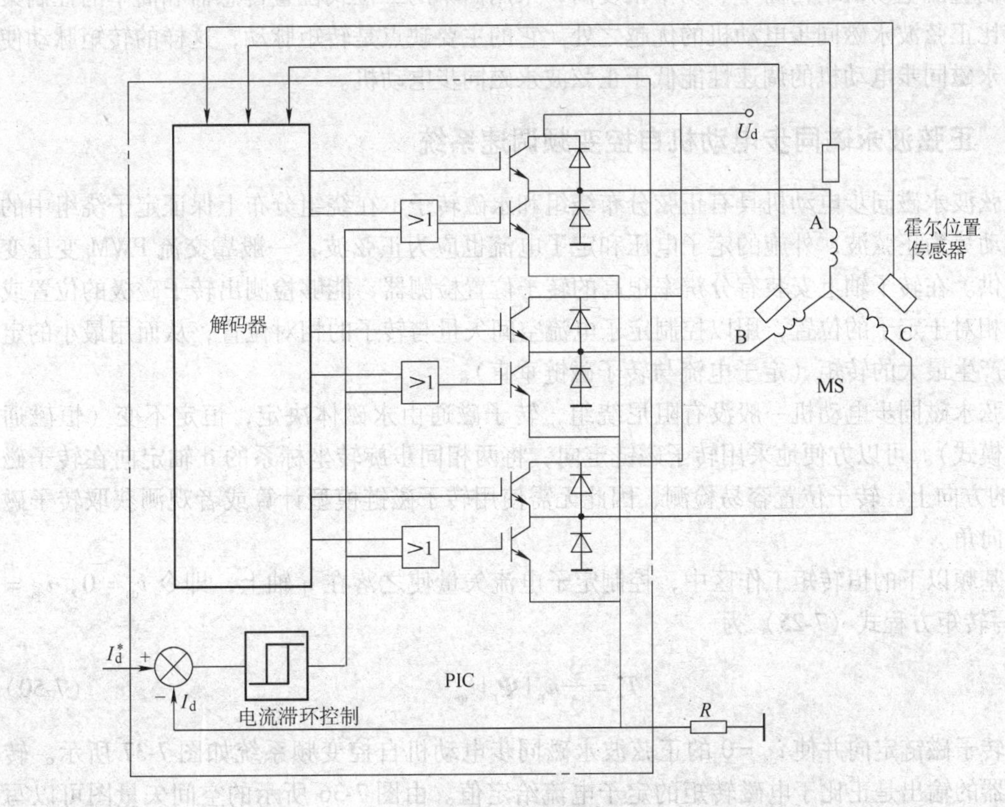

图7-34　PIC-无刷直流电动机调速系统（PWM续流模式）

6. 转矩脉动

新型无刷直流电动机通过改进设计，采用加大极靴宽度等措施使得气隙磁场分布为梯形。由于定子绕组采用集中整距绕组，其反电动势的波形取决于磁场的波形，因而反电动势也为梯形波。各绕组导通时正处于梯形波磁场的平顶部分，得到的每个绕组转矩为120°的方波。理论上合成转矩为当时正在导通的二相绕组转矩的代数和，得到的电动机转矩是几乎没有波动的恒定转矩。

但是，电枢电流在绕组之间换相不是瞬间完成的（绕组有电感），相电流波形不是理想的方波；处于换相过程中二相电流的和不等于常量（有限的绕组电感），而是小于 I_{av}，使得换相过程中转矩瞬时下降，如图 7-35 所示。一个周期有 6 次换相，每次换相引起一次瞬时转矩下降。

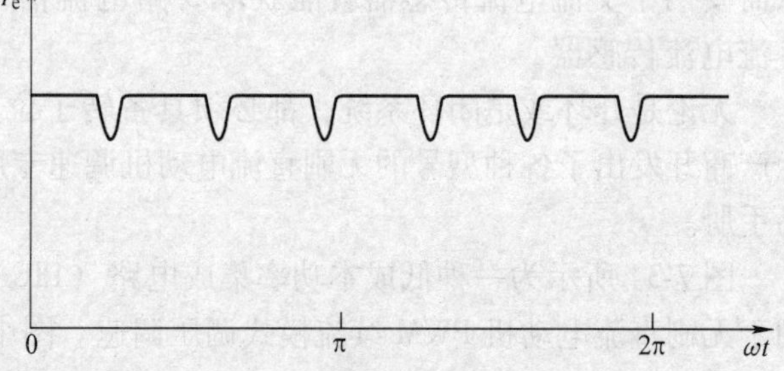

图 7-35　梯形波永磁同步电动机的转矩脉动

磁场的波形不能作到完全的梯形，由于相邻磁极之间存在漏磁通路，实际磁场分布为准正弦波，这也是 6 次转矩脉动的一个重要原因。

PWM 斩波调压调速又使平顶部分出现纹波，也会造成转矩脉动，但是脉动的频率较高，对转速的影响可以忽略不计。

无刷直流电动机结构简单、功率密度高，采用简单的二位式位置传感器和简单的控制策略是它比正弦波永磁同步电动机的优越之处。它的主要缺点是转矩脉动，这样的转矩脉动使梯形波永磁同步电动机的调速性能低于正弦波永磁同步电动机。

7.4.2　正弦波永磁同步电动机自控变频调速系统

正弦波永磁同步电动机具有正弦分布绕组和永磁转子，在绕组分布上保证定子绕组中的感应电动势为正弦波，外施的定子电压和定子电流也应为正弦波，一般靠交流 PWM 变压变频器提供。在转子轴上安装有分辨率很高的转子位置检测器，能够检测出转子磁极的位置或者转子相对于定子的位置，用以控制定子电流空间矢量与转子的相对位置，从而用最小的定子电流产生最大的转矩（定子电流与转子磁链垂直）。

正弦永磁同步电动机一般没有阻尼绕组，转子磁通由永磁体决定，恒定不变（恒磁通恒转矩模式）。可以方便地采用转子磁链定向，将两相同步旋转坐标系的 d 轴定向在转子磁链 $\boldsymbol{\Psi}_r$ 的方向上。转子位置容易检测，因此无需使用转子磁链模型计算或者观测获取转子磁链的方向角。

在基频以下的恒转矩工作区中，控制定子电流矢量使之落在 q 轴上，即令 $i_{ds}=0$，$i_{qs}=i_s$，重写转矩方程式（7-25）为

$$T_e=\frac{3}{2}n_p|\boldsymbol{\Psi}_r|i_{qs} \tag{7-50}$$

按转子磁链定向并使 $i_{ds}=0$ 的正弦波永磁同步电动机自控变频系统如图 7-37 所示。转速调节器的输出是正比于电磁转矩的定子电流给定值。由图 7-36 所示的空间矢量图可以写出

$$
\begin{cases}
i_A = \frac{2}{3} i_s \cos(90° + \theta) = -\frac{2}{3} i_s \sin\theta \\
i_B = -\frac{2}{3} i_s \sin(\theta + 120°) \\
i_C = -\frac{2}{3} i_s \sin(\theta - 120°)
\end{cases}
\tag{7-51}
$$

式中，系数2/3是为了使变换前后功率不变，θ角是旋转的d轴与静止的A轴之间的夹角，由转子位置传感器测出，经查表获取相应的正弦函数值后（θ应该是高精度的位置信号），与i_s^*相乘，即得三相电流给定信号i_A^*、i_B^*、i_C^*。图中的变频器采用电流控制，可以用带电流内环控制的电压型PWM变频器，也可以用电流滞环跟踪PWM变频器。

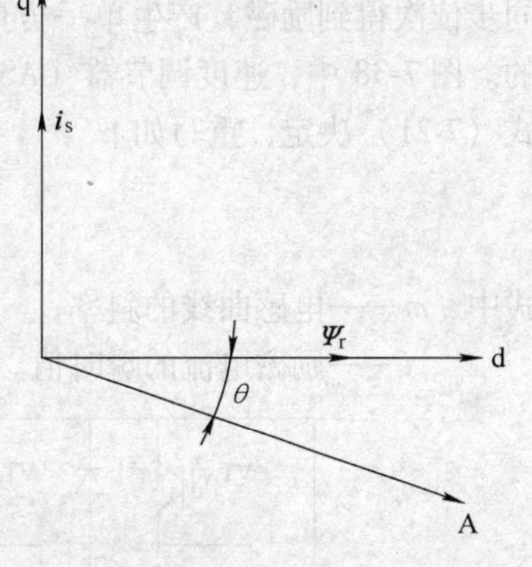

图7-36　转子磁链定向正弦永磁同步电动机空间矢量图

上述控制方案适用于基频以下的恒磁通恒转矩工作区，如果超过基频就进入弱磁恒功率区。考虑到转子是永磁体，需要用$-i_{ds}$达到弱磁的目的，前面永磁同步电动机矢量控制一节已经介绍过，这里不再赘述。

在按转子磁链定向并使$i_{ds}=0$的正弦波永磁同步电动机自控变频调速系统中，定子电流与转子磁通相互独立，与直流电动机相当；转子及其磁链位置容易检测，无需磁链模型计算，比异步电动机矢量控制简单；转矩平稳、脉动小，可以获得很宽的调速范围，优于梯形波永磁同步电动机（无刷直流电动机）。加上高性能永磁材料的使用，合理的电动机设计，使整个系统的转矩/惯量比、单位电流转矩、功率密度、转矩脉动和效率等均具有明显的优势，这种高性能的调速系统适用于要求高性能的数控机床、机器人及其他伺服系统，是精密电气伺服控制的一种优选方案。它的不足之处是：负载对电枢电压有影响，负载增加时，定子电压也相应增加；弱磁需要较大的去磁电流，导致弱磁工作区小，速度上限受限制；位置检测需使用高精度的旋转变压器或分辨率高的光电编码器，成本高。

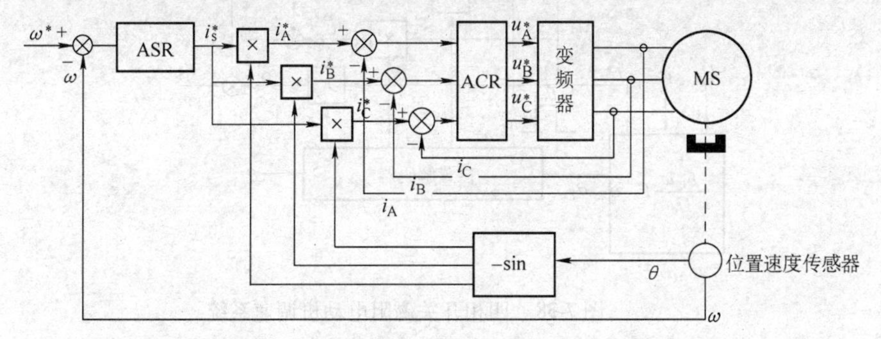

图7-37　转子磁链定向正弦永磁同步电动机自控变频系统（恒磁通）

7.5　开关磁阻电动机调速系统

7.2节中已经简短地讨论过开关磁阻电动机（Switched Reluntance Motors，SRM）和它的性能特点。尽管它们不是同步电动机，但是类似于磁阻同步电动机，为了完整性，这里对它们的调速系统作一个简单介绍。

图 7-14 描述了一台具有 8 个定子极和 6 个转子极的开关磁阻电动机，一对相对的定子极在变流装置的驱动下流过单一方向的脉冲电流，脉冲电流在相位上与转子位置同步，一个转子位置检测器是必不可少的。图 7-38 所示为四相（8 极）开关磁阻电动机调速系统，IGBT 电压型变流装置顺序给四相绕组提供励磁。例如，A 相绕组由 VT_A 和 VT_A' 控制得到励磁，当它们关断时，存储在 A 相绕组电感中的能量通过反馈二极管回送，四相绕组与转子位置同步依次得到励磁，产生单一方向的转矩。变流器是单极性的，因为电动机电流是单极性的。图 7-38 中，速度调节器（ASR）的输出是励磁电流给定，与励磁电流相关联的转矩由式（7-21）决定，重写如下

$$T_e = \frac{1}{2} m i^2$$

式中　m——电感曲线的斜率；

　　　i——励磁电流的瞬时值。

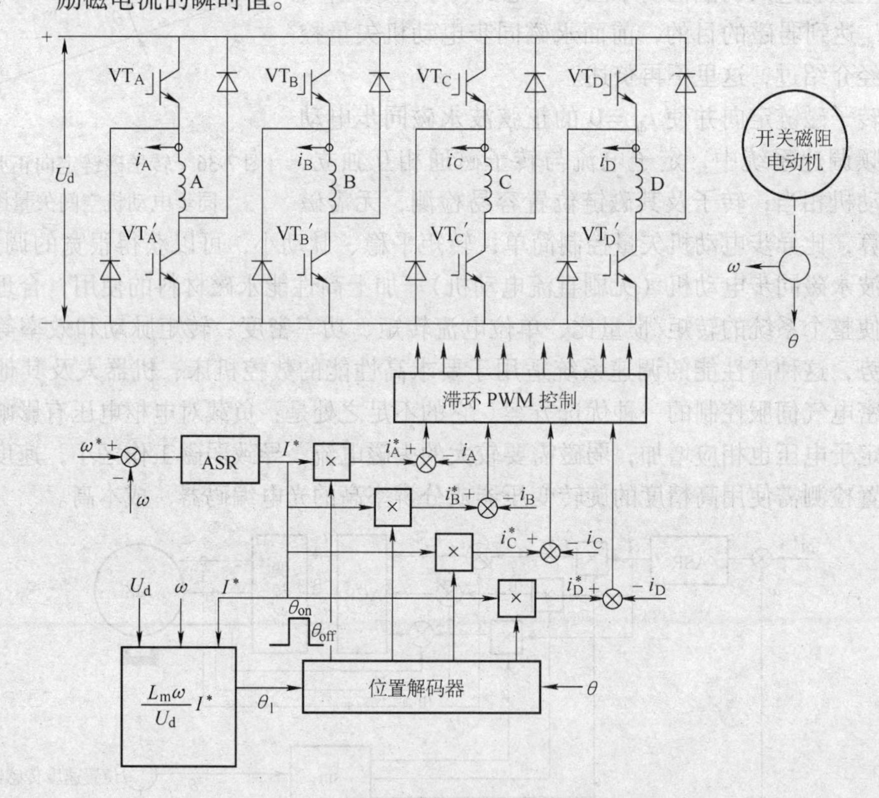

图 7-38　四相开关磁阻电动机调速系统

相电流稳态值的大小使用滞环 PWM 技术控制。位置解码器的输出为四相绕组使能信号，θ_{on}——使能，θ_{off}——封锁。如前所述，在高速运行时，由于反电动势过高，系统失去电流调节能力，仅剩下脉冲角度控制的能力。图 7-39 对换相角如何产生作出了说明。图的上部是电感随转子旋转位置的变化曲线，以电感的上升点为参考点，用角度值标注。对于六

极转子，电感的变化周期为60°。调速系统可以四象限运行，图中仅给出正向电动和正向制动。在电动模式下，A 相电流 i_A 提前一个角度 θ_1 导通，θ_1 是电流从 0 上升到平顶值 I^* 所需要的角度。考虑到

$$U_d = L_m \frac{di}{d\theta}\frac{d\theta}{dt} \tag{7-52}$$

可以得到

$$\theta_1 = \frac{\omega L_m}{U_d} I^* \tag{7-53}$$

式中　L_m——起始电感值（最小电感值）；

ω——转子转速，$\omega = d\theta/dt$；

U_d——直流电源电压。

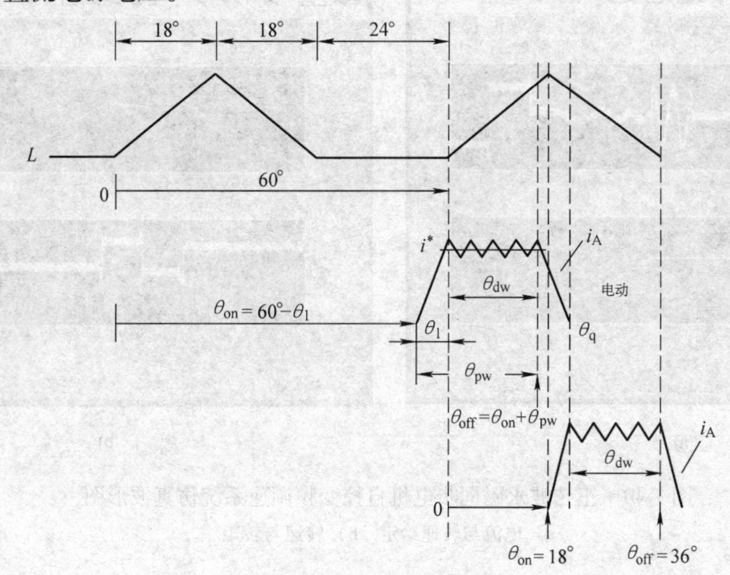

图 7-39　换相角的产生

θ_1 决定了导通角的提前量，从而导通角为 $\theta_{on} = 60° - \theta_1$，如图 7-39 所示。电流到达给定值后，用电流滞环维持电流恒定，最后在 θ_{off} 关断

$$\theta_{off} = \theta_{on} + \theta_1 + \theta_{dw} = \theta_{on} + \theta_{pw} \tag{7-54}$$

式中　θ_{dw}——平顶时间角；

θ_{pw}——脉冲宽度。

在 θ_q 时电流下降到 0，限制平顶时间角 θ_{dw} 不要太大，确保 θ_q 不要进入负电感斜率区（产生负转矩）太多。在制动模式下，$\theta_{on} = 18°$，$\theta_{off} = 36°$，电流脉冲位于负电感斜率区，产生制动转矩。转速环输出的极性决定系统是电动模式或是制动模式。如果需要，转速环的外部还可以增加位置环。

例 7-1　用 MATLAB 仿真工具对图 7-37 所示的正弦波永磁同步电动机自控变频调速系统进行仿真研究。

永磁同步电动机参数：定子电阻 $R_s = 0.2\Omega$，d 轴电感 $L_d = 8.5\text{mH}$，q 轴电感 $L_q =$

8.5mH，$J=0.089\mathrm{kg\cdot m^2}$，极对数 $n_p=4$。

仿真条件：转速给定 $n=300\mathrm{r/min}$，空载起动，在 0.4s 时施加 11N·m 位能性负载，0.9s 时将 11N·m 负载切换成 −11N·m 位能性负载。

仿真结果如图 7-40 所示，其中图 7-40a 为定子电流 i_A 与转速给定 n，图 7-40b 为实际转速 ω 与实际转矩 T_e。可以看出，电流波形相当接近正弦波，转速跟随误差很小，转矩平稳，在运行状态切换时转矩能相应迅速变化，这是高性能拖动系统必备的特点。由于施加的是位能性负载，在停止状态下依然存在，此时定子电流变成直流，以产生与负载相平衡的转矩。在 0.9s 时，负载由 11N·m 切换成 −11N·m，定子电流也相应由正变负。在 0.4s 施加 11N·m 位能性负载时，实际转速有一短暂的降低，后又回升。

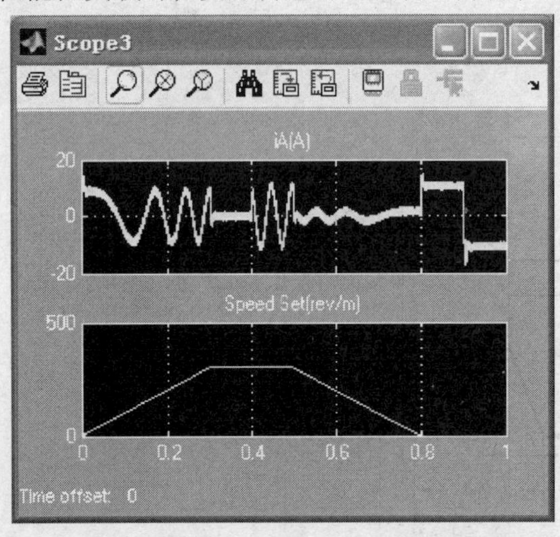

a)

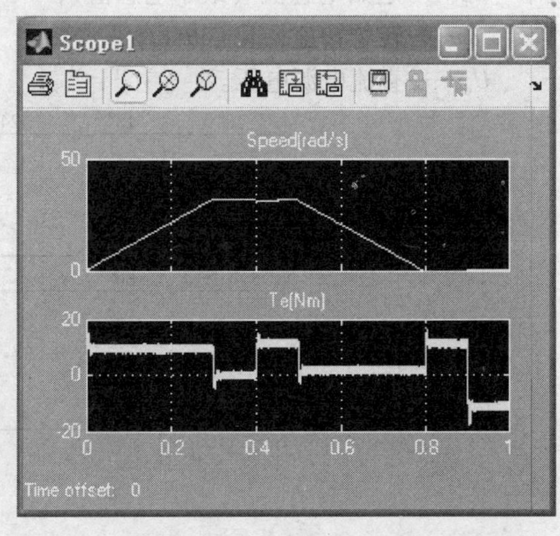

b)

图 7-40　正弦波永磁同步电机自控变频调速系统仿真波形图

a）电流与转速给定　b）转速与转矩

这个仿真波形优于例 6-1 中异步电动机矢量控制仿真波形，更优于例 5-2 中异步电动机电压型方波逆变器控制的仿真波形。

小结：综上所述，本章首先对同步电动机及其性能特点作了简单的回顾。同步电动机可以分为直流励磁同步电动机和永磁同步电动机两大类。直流励磁同步电动机还可以进一步分为隐极和凸极；永磁同步电动机还可以进一步分为正弦波永磁同步电动机和梯形波永磁同步电动机。直流励磁同步电动机在大功率场合使用，有较高的经济和性能指标。永磁同步电动机在中小功率范围内使用，性能优越、控制简单。变磁阻电动机在原理上类似于凸极同步电动机，包括步进电动机和开关磁阻电动机。步进电动机在运动控制中占据重要的位置，开关磁阻电动机因其结构简单和潜在的价格优势是当前关注的热点之一。

变频技术与同步电动机相结合使原本不调速的同步电动机具备了调速能力，发展成为异步电动机调速的有力竞争者。同步电动机变频调速保留了功率因数可调和效率高的优点，解决了同步电动机原有的起动、振荡和失步问题；如果利用同步电动机功率因数可以超前的特点对晶闸管逆变器进行负载换相，可以进一步简化逆变器。

同步电动机变频调速系统分为他控和自控两大类。在他控的情况下，采用类似异步电动机的恒压频比控制，转速的控制精度与变频器的频率精度相一致。同步电动机的自控变频调速需要使用转子位置传感器。

同步电动机像异步电动机一样可以矢量控制。由于转子磁极的空间角度容易检测得到，无需使用磁链模型计算或者观测。永磁同步电动机的矢量控制比异步电动机矢量控制简单，按转子磁链定向比较方便。根据检测得到的转子位置，控制永磁同步电动机定子电流空间矢量的方向与转子磁链垂直，可以得到最高的每安培转矩，达到甚至超过直流电动机的控制性能。由于永磁同步电动机的等效气隙较大，定子电流的去磁效能差，弱磁比较困难，导致弱磁升速范围较小。

梯形波永磁同步电动机 + 转子位置检测器 + 逆变器 = 直流电动机，称为无刷直流电动机，获得了广泛应用。它的结构简单、位置检测容易（二位）、无需矢量控制得到和直流电动机一样的性能，它不多的缺点之一是存在 6 倍频转矩脉动，限制了它的低速运行范围。

正弦波永磁同步电动机自控变频调速系统需要高分辨率的位置传感器（旋转变压器或光电编码器），它的转矩平稳、调速范围宽、动态响应迅速，是性能最好的电动机调速方法。

7.6　同步电动机在同步旋转 d-q 坐标系上的动态数学模型

如果考虑同步电动机的凸极效应、阻尼绕组、定子电阻与漏感，则同步电动机的动态电压方程为

$$\begin{cases} u_A = R_s i_A + \dfrac{d\Psi_A}{dt} \\ u_B = R_s i_B + \dfrac{d\Psi_B}{dt} \\ u_C = R_s i_C + \dfrac{d\Psi_C}{dt} \end{cases} \tag{7-55}$$

$$\begin{cases} U_f = R_f I_f + \dfrac{d\Psi_f}{dt} \\ 0 = R_{dr} i_{dr} + \dfrac{d\Psi_{dr}}{dt} \\ 0 = R_{qr} i_{qr} + \dfrac{d\Psi_{qr}}{dt} \end{cases} \tag{7-56}$$

式（7-55）是定子三相绕组的电压方程，式（7-56）中的第一个方程是励磁绕组直流电压方程，最后两个方程是阻尼绕组的等效电压方程。实际阻尼绕组是类似异步电动机的多导条笼型绕组，这里把它们等效成在 d 轴和 q 轴各自独立的两个短路绕组。所有符号和正方向的规定都和异步电动机一致。

按照和异步电动机一样的坐标变换原理，将三相静止 A-B-C 坐标系变换到二相同步旋转 d-q 坐标系，并用 p 表示微分算子，则 3 个定子电压方程变换成两个方程

$$\begin{cases} u_{ds} = R_{dqs} i_{ds} + p\Psi_{ds} - \omega_1 \Psi_{qs} \\ u_{qs} = R_{dqs} i_{qs} + p\Psi_{qs} + \omega_1 \Psi_{ds} \end{cases} \tag{7-57}$$

3 个转子电压方程不变，因为它们已经在 d-q 坐标系上了，重写为

$$\begin{cases} U_f = R_f I_f + p\Psi_f \\ 0 = R_{dr} i_{dr} + p\Psi_{dr} \\ 0 = R_{qr} i_{qr} + p\Psi_{qr} \end{cases} \tag{7-58}$$

从式（7-58）可以看出，d-q 坐标系上的转子电压方程中不包含旋转电动势，因为转子转速就是同步转速，转差 ω_s 等于零。

在同步旋转 d-q 坐标系上的磁链方程为

$$\begin{cases} \Psi_{ds} = L_{ds} i_{ds} + L_{dm} I_f + L_{dm} i_{dr} \\ \Psi_{qs} = L_{qs} i_{qs} + L_{qm} i_{qr} \\ \Psi_f = L_{dm} i_{ds} + L_f I_f + L_{dm} i_{dr} \\ \Psi_{dr} = L_{dm} i_{ds} + L_{dm} I_f + L_{dr} i_{dr} \\ \Psi_{qr} = L_{qm} i_{qs} + L_{qr} i_{qr} \end{cases} \tag{7-59}$$

式中　L_{ds}——等效二相定子绕组 d 轴自感，$L_{ds} = L_{ls} + L_{dm}$；

L_{qs}——等效二相定子绕组 q 轴自感，$L_{qs} = L_{ls} + L_{qm}$；

L_{ls}——等效二相定子绕组漏感；

L_{dm}——d 轴定子与转子绕组之间的互感；

L_{qm}——q 轴定子与转子绕组之间的互感；

L_f——励磁绕组自感；$L_f = L_{lf} + L_{dm}$；

L_{dr}——d 轴阻尼绕组自感，$L_{dr} = L_{dl} + L_{dm}$；

L_{qr}——q 轴阻尼绕组自感，$L_{qr} = L_{ql} + L_{qm}$；

R_{dqs}——等效二相定子绕组电阻，$R_{dqs} = 2R_s/3$。

由于凸极效应，在 d 轴和 q 轴上的电感不相等。

将式（7-59）代入式（7-57）和式（7-58），整理后得到同步电动机的电压矩阵方程

$$\begin{bmatrix} u_{ds} \\ u_{qs} \\ U_f \\ 0 \\ 0 \end{bmatrix} = \begin{bmatrix} R_{dqs} + L_{ds}p & -\omega_1 L_{qs} & L_{dm}p & L_{dm}p & -\omega_1 L_{qm} \\ \omega_1 L_{ds} & R_{dqs} + L_{qs}p & \omega_1 L_{dm} & \omega_1 L_{dm} & L_{qm}p \\ L_{dm}p & 0 & R_f + L_f p & L_{dm}p & 0 \\ L_{dm}p & 0 & L_{dm}p & R_{dr} + L_{dr}p & 0 \\ 0 & L_{qm}p & 0 & 0 & R_{qr} + L_{qr}p \end{bmatrix} \begin{bmatrix} i_{ds} \\ i_{qs} \\ I_f \\ i_{dr} \\ i_{qr} \end{bmatrix} \tag{7-60}$$

同步电动机在 d-q 坐标系上的转矩方程为

$$T_e = \frac{3}{2} n_p (\Psi_{ds} i_{qs} - \Psi_{qs} i_{ds}) \tag{7-61}$$

运动方程为

$$T_e = T_L + \frac{J}{n_p} \frac{d\omega}{dt} \tag{7-62}$$

将式（7-59）代入式（7-61），整理后可得

$$T_{\mathrm{e}}=\frac{3}{2}n_{\mathrm{p}}L_{\mathrm{dm}}I_{\mathrm{f}}i_{\mathrm{qs}}+\frac{3}{2}n_{\mathrm{p}}(L_{\mathrm{ds}}-L_{\mathrm{qs}})i_{\mathrm{ds}}i_{\mathrm{qs}}+\frac{3}{2}n_{\mathrm{p}}(L_{\mathrm{dm}}i_{\mathrm{dr}}i_{\mathrm{qs}}-L_{\mathrm{qm}}i_{\mathrm{qr}}i_{\mathrm{ds}}) \tag{7-63}$$

观察式（7-63）各项，第一项是转子励磁电流 I_{f} 产生的气隙磁链与定子电流转矩分量 i_{qs} 相互作用产生的转矩，是同步电动机主要的电磁转矩；第二项是凸极效应造成的磁阻变化在定子电流的作用下产生的转矩，称为磁阻转矩，是凸极电动机特有的转矩，在隐极同步电动机中，$L_{\mathrm{ds}}=L_{\mathrm{qs}}$，该项转矩为0；第三项是阻尼绕组产生的类似异步电动机一样的转矩，如果没有阻尼绕组，或者在稳态运行时阻尼绕组中没有电流，该项转矩为0，只有在动态中，有转差存在，产生阻尼电流，才有阻尼转矩，阻尼转矩帮助电动机尽快进入稳态或者返回稳态。

根据上述同步电动机动态数学模型，可以求出更准确的矢量控制算法，得到比图7-26更复杂的同步电动机矢量控制系统，可参看参考文献［32，33］。

7.7 交流电动机变频调速总结

从动态数学模型看，交流异步电动机的确是一个复杂的控制对象，需要用7阶微分方程描述，表现出非线性、强耦合、多变量的特点。对于动态性能来说，关键在于对瞬时转矩的控制，而它的瞬时转矩方程是由6个变量和9项组成的非线性方程，其控制难度远远超过直流电动机。经过多年的理论研究和应用开发形成了众多的控制理论和控制方法。

如果只是简单的需要调速，例如风机、泵类、传送带、一般的生产线等对动态性能没有严格要求，可以采用基于交流电动机稳态数学模型的恒压频比（V/F）控制，仅对电压、电流的幅值大小和频率高低进行控制，不对相位进行控制，称为标量控制。标量控制可以转速开环，也可以转速闭环，转速闭环中的转差频率控制可以达到较高的动态、静态性能，但是与直流电动机相比仍有较大差距。V/F控制简单、实用、技术成熟，是通用变频器的基本工作模式。

基于交流电动机动态数学模型的矢量控制，利用坐标变换将交流电动机与直流电动机等同起来，将交流电动机的定子电流分解成励磁分量和转矩分量，模拟自然解耦的直流他励电动机的控制方法，对电动机的转矩和磁场分别进行解耦控制，以获得类似直流调速系统的动态性能。矢量控制既可以用于异步电动机，也可以用于同步电动机。其优点是瞬时转矩可以连续平滑调节，系统动态性能好，调速范围宽。但是由于运行中电动机参数发生变化，特别是转子电阻的变化，使转子磁链难以精确地观测、计算和定向，致使系统鲁棒性差；并且由于系统实施的复杂性，使得实际控制效果常常偏离理论分析；控制参数的选择比较困难，需要在线调整。

异步电动机的直接转矩控制思想是：在定子坐标系下，根据空间矢量的概念，对定子磁链进行定向，通过检测到的电压、电流等量，直接计算定子坐标系下的定子磁链和转矩，用计算值作反馈值对定子磁链和转矩分别进行闭环控制，控制采用滞环比较器，使转矩响应限制在一拍之内，因而获得较高的动态性能。由于磁链控制选用定子磁链，避开了转子参数变化的影响，故参数鲁棒性好。一个明显的优点是避免了旋转坐标变换，使控制结构简单；同样明显的缺点是转矩脉动大，低速运行受限制。

变频技术与同步电动机相结合对异步电动机调速构成严峻挑战，特别是在高端、在伺服应用领域，无刷直流电动机和正弦波永磁同步电动机自控变频调速系统达到和超过了直流他励电动机的控制水平。

几种主要的交流电动机变频调速控制方法性能对照见表 7-1。

表 7-1　交流电动机变频调速控制方法性能对照

性能 \ 方法		异步电动机恒压频比控制	异步电动机转差频率控制	异步电动机矢量控制	异步电动机直接转矩控制	永磁同步电动机矢量控制
调速特性	调速范围	10:1	50:1	200:1	100:1	200:1
	调速精度	1% ~2%	1%	0.01%	2%	0.01%
	转速上升时间	响应慢	≤100ms	≤60ms	快	快
	转矩控制	一般	较好	好	好	好
	低速运行	一般	较好	好	较好	好
特点		控制简单，调试容易，技术成熟	转速闭环	易受电动机参数变化影响	转矩响应快，转矩脉动大	响应快，效率高

思考题与习题

7-1　除了励磁绕组外，为什么同步电动机的转子上还需要阻尼绕组？

7-2　电励磁同步电动机的功率因数是否可调，如何调？

7-3　同步电动机稳定运行时，转速等于同步速，电磁转矩的变化体现在哪里？

7-4　永磁同步电动机有什么特点？有哪些主要类型？如何区分它们？

7-5　分析比较无刷直流电动机和有刷直流电动机与相应的调速系统的相同与不同之处。

7-6　开关磁阻电动机的转矩是如何产生的，绕组在什么时候通励磁电流得到正转矩？什么时候通励磁电流得到负转矩？

7-7　为什么说表面永磁同步电动机的电枢反应比较弱，弱磁比较困难？

7-8　直流励磁同步电动机在什么情况下功率因数超前？永磁同步电动机在什么情况下功率因数超前？原因何在？

7-9　为什么异步电动机的功率因数总是滞后，而同步电动机的功率因数却可以超前？

7-10　从磁场的角度出发解释同步电动机电动运行与发电运行的不同？转矩角的物理含义是什么？

7-11　解释为什么同步电动机自控变频调速不存在失步和振荡的问题？

7-12　为什么称梯形波永磁同步电动机变频调速系统为无刷直流电动机？

7-13　为什么永磁同步电动机的矢量控制比异步电动机的矢量控制简单？

7-14　开关磁阻电动机调速系是如何进行电流调节的？为什么在高速运行时会失去电流调节能力？

7-15　梯形波永磁同步电动机自控变频调速系统（无刷直流电动机调速系统）与正弦波永磁同步电动机自控变频调速系统所用的位置传感器有什么不同的要求？

7-16　在讨论永磁同步电动机控制进入弱磁区时，书中讲到“电压饱和导致电流调节能力的丧失，因此需要弱磁”，作何解释？

7-17　转矩方程式（7-10）不仅适用于同步电动机，也适用于异步电动机，试用它说明按转子磁链定向异步电动机矢量控制的本质。

7-18　试用 MATLAB 仿真工具对图 7-26 所示直流励磁同步电动机矢量控制系统进行仿真研究。同步电动机参数：功率为 149.2kW，额定电压为 460V，额定频率为 60Hz，直流励磁电流为 1A，定子电阻为 2.01mΩ，定子漏感为 0.4289mH，励磁绕组电阻为 0.4083mΩ，励磁电感为 0.429mH，阻尼绕组等效 d 轴电阻为 8.25mΩ，等效 d 轴漏感为 0.685mH，等效 d 轴互感为 4.477mH，等效 q 轴电阻为 13.89mΩ，等效 q 轴漏感为 1.44mH，等效 q 轴互感为 1.354mH，$J=15\text{kg}\cdot\text{m}^2$，$n_p=2$。

提示：使用 MATLAB7.0 中的 Selfe-Controlled Synchronous Motor Drive 模块。

7-19　根据图 7-41a 和图 7-41b 及第 5 章图 5-34 对转子或定子磁链轨迹的仿真结果，比较电压型方波逆变器、空间矢量 PWM 逆变器、矢量控制逆变器和直接转矩控制逆变器驱动异步电动机时的磁链轨迹的差异，除了形状上的差异外，特别注意由初始进入稳态的过程，并据此解释它们的动态性能的差异。

7-20　虽然没有仿真，试分析永磁同步电动机的转子磁链轨迹是什么形状，与习题 7-19 所述 4 种磁链轨迹加以比较，指出永磁同步电动机转子磁链轨迹的优越之处。

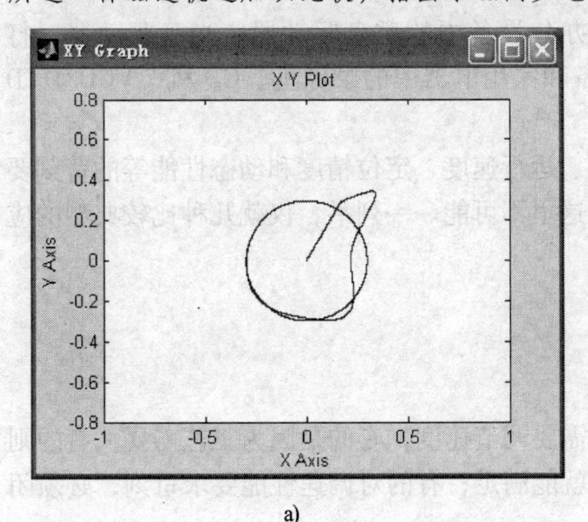

a)

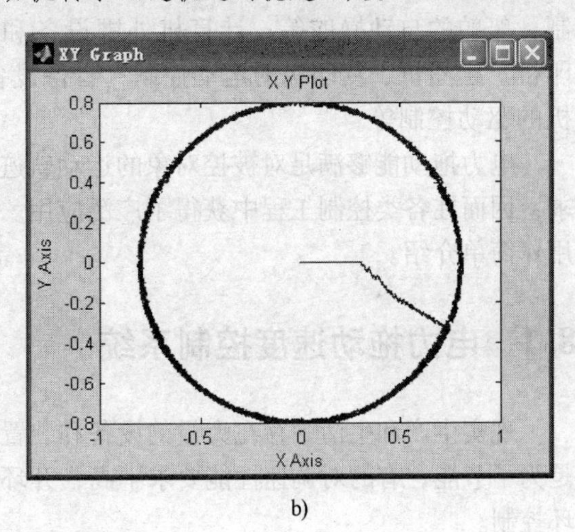

b)

图 7-41　题 7-19 图

a）异步电动机转子磁链定向矢量控制仿真转子磁链轨迹

b）异步电动机直接转矩控制仿真转子磁链轨迹

第8章　电力拖动在运动控制系统中的应用

运动控制系统常用的传动方式有液压传动、气压传动和电力传动3种基本类型。在运动控制系统发展的初期，由于大量采用曲柄连杆机构及点位控制，液压和气动传动方式曾经得到了广泛应用。目前，在需要出力很大，运动精度不高，或者有防爆要求的场合，使用液压和气压传动仍可以获得令人满意的结果。随着电力传动技术的迅速发展，就控制的方便和快捷、完成操作的准确和精细、装置本身的体积和重量等诸方面综合而论，电力传动已明显占有优势，应用范围越来越广，成为运动控制的主流。

在军事、交通、工厂、办公室、家庭等领域中，存在大量的需要对运动机构进行精确控制的情况。例如，军事上的雷达天线、火炮等自动跟踪目标的控制，卫星、导弹和各类飞行器的姿态和运行轨道的控制等；机械加工过程中机床的定位控制和加工轨迹控制，机械手和机器人的精确运动控制，生产线上的多电动机同步控制，高层建筑中的升降控制，船舶的自动操舵等；计算机外围设备和办公设备中的磁盘驱动器、光盘驱动器、打印机、绘图机、复印机的运动控制；音像设备和家用电器中的录像机、CD机、VCD/DVD机的驱动控制等。

电力拖动能够满足对被控对象的运动轨迹、运行速度、定位精度和动态性能等的苛刻要求，因而在各类控制工程中获得了广泛应用。这里不可能一一列举，仅就几种比较典型的应用作简单介绍。

8.1　电力拖动速度控制系统

现实生产和生活中存在大量的设备和装置需要调节速度，有的是因为工艺需要，有的则是为了节能；有的对调速性能要求不高，开环就能满足；有的对调速性能要求苛刻，必须闭环控制。

开环控制的实例如电动自行车，它对调速性能的要求不高，调速范围小于4，对静差率和快速性没有特别的要求，无需闭环就能满足。通常电动机采用有刷直流或永磁无刷直流，调速采用直流PWM技术。

闭环控制的实例如龙门刨床，它对调速性能的要求比较高，四象限运行，工艺要求调速范围为20，平整度、光洁度要求静差率小于5%，生产率要求快速性，必须闭环。传统的技术采用直流电动机晶闸管调压调速，最新的做法采用交流变频伺服控制。

开环控制比较简单，下面介绍的实例以闭环控制为主。

8.1.1　恒压供水系统（无塔上水）

电动机调速恒压供水系统在技术上已经相当成熟，在各类供水系统中应用得十分普遍。它的优点是不需要水塔就可以维持恒压供水，与不调速供水系统相比可以明显节能，特别是应用在流量比较小的情况下。

1. 异步电动机变频调速恒压供水系统的构成

图 8-1 所示为一个恒压供水系统。水泵电动机 M 由变频器 VF 供电，SP 是压力传感器，其检测到的压力信号作为系统的反馈信号 X_F 被送到变频器的反馈信号输入端（VPF）。压力给定信号 X_T 从外接电位器 RP 上取出，接到变频器的给定信号输入端（VRF）。

假设 Q_1 是水泵输出的“供水流量”，Q_2 是用户所需要的“用水流量”，显然：如果 $Q_2 > Q_1$，则压力必减小，反馈信号 X_F 也随之减小；反之，如果 $Q_2 < Q_1$，则压力必增大，反馈信号 X_F 也随之增大；如果 $Q_1 = Q_2$，则压力保持不变，反馈信号 X_F 也保持不变。

所以，如果压力保持恒定，则水泵的“供水流量”和用户的“用水流量”之间处于平衡状态，或者说，水泵的供水能力满足用户对流量的需求。

变频器通过内部的 PID 调节功能，不断地根据给定信号 X_T 与来自 SP 的反馈信号 X_F 之间的比较结果，调整变频器的频率，从而调整电动机的转速，达到供需平衡，使水压保持恒定。

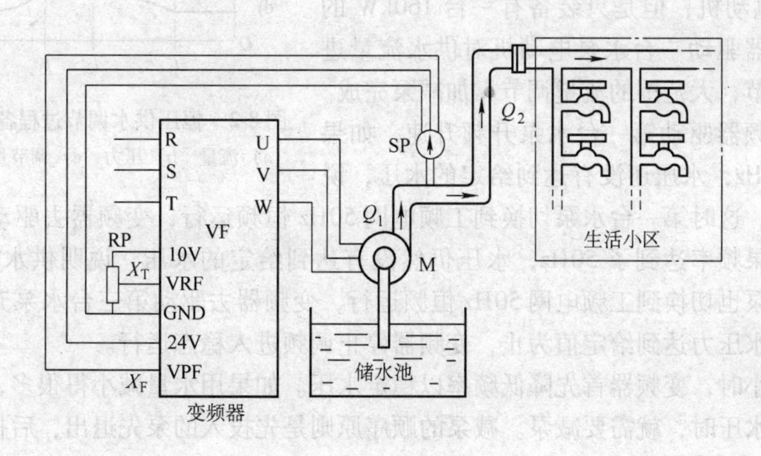

图 8-1　恒压供水系统

2. 恒压供水系统的 PID 调节过程

图 8-2 所示为恒压供水调节过程各量变化波形。图 8-2a 是水流量 Q 的变化波形；图 8-2b 是供水压力 P（反馈量 X_F）的变化波形，由于 PID 调节的结果，它的变化很小；图 8-2c 是 PID 的调节量 Δ_{PID} 变化波形，Δ_{PID} 只是在压力反馈量 X_F 与压力给定量 X_T 之间有偏差时才出现，在无偏差的情况下，$\Delta_{PID}=0$；图 8-2d 是变频器输出频率 f_X 的变化。

系统的工作情况如下：

$0 \sim t_1$ 段：流量 Q 无变化，压力 P 也无变化，PID 的调节量 Δ_{PID} 为 0，变频器的输出频率 f_X 也无变化。

$t_1 \sim t_2$ 段：流量 Q 增加，压力 P 有所下降，PID 调解器产生正的调节量（Δ_{PID} 为正），变频器的输出频率 f_X 上升。

$t_2 \sim t_3$ 段：流量 Q 稳定在一个较大的数值，压力 P 已经恢复到给定值，PID 调节量为 $\Delta_{PID}=0$，变频器的输出频率 f_X 停止上升。

$t_3 \sim t_4$ 段：流量 Q 减小，压力 P 有所增加，PID 产生负的调节量（Δ_{PID} 为负），变频器的输出频率 f_X 下降。

t_4 以后：流量 Q 停止减小，压力 P 又恢复到给定值，PID 调节量为 0，变频器的输出频率 f_X 停止下降。

由于采用变频调速，该恒压供水系统可以节能，特别是在流量小的情况下节能效果明显。多数品牌通用变频器支持恒压供水功能，无需增加任何硬件，也无需修改软件，只要适当设定变频器的工作模式与有关参数（PID 参数等）就可以了，这是通用变频器众多功能当中的一个。

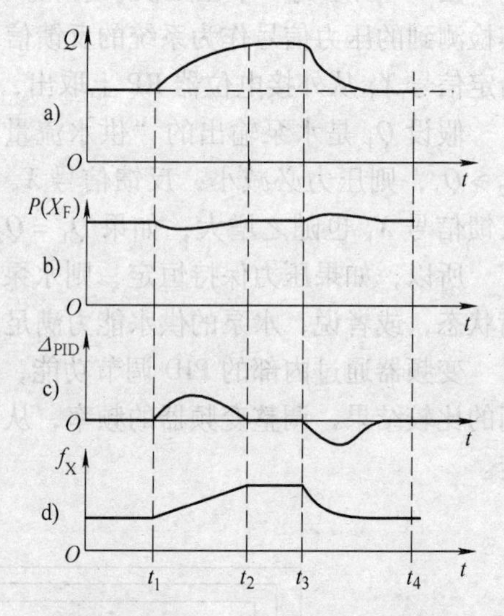

图 8-2　恒压供水调节过程各量变化波形

a）流量　b）压力　c）调节量　d）频率

3. 多泵恒压供水系统

为了节约成本，实用的恒压供水系统普遍采用一台变频器配多台水泵的模式。例如日供水 6 万吨的系统，装备有三台 160kW 的水泵电动机和一台 90kW 的水泵电动机，但是只装备有一台 160kW 的变频器。变频器驱动一台水泵电动机对供水流量进行小范围的调节，大范围的流量调节靠加减泵完成。

起动时变频器驱动第一台水泵升频升速，如果频率达到了 50Hz，水压还没有达到给定的水压，说明供水量不足，这时第一台水泵切换到工频电网 50Hz 恒频运行，变频器去驱动第二台水泵升频升速，如果频率达到了 50Hz，水压仍然没有达到给定的水压，说明供水量仍然不足，这时第二台水泵也切换到工频电网 50Hz 恒频运行，变频器去驱动第三台水泵升频升速。依次类推，直到水压力达到给定值为止，变频器停止调频进入稳态运行。

用水量减小时，变频器首先降低频率以稳定水压。如果用水量减小得很多，单靠降频降速不能稳定住水压时，就需要减泵。减泵的顺序原则是先投入的泵先退出，后投入的泵后退出。

除了变频器外，一般系统还装备有 PLC 或者工业控制计算机。

8.1.2　多电动机同步调速系统

在冶金、印染、造纸、湿法毡、帘子布、薄膜加工等连续生产线上，机台很多，常常需要多台电动机同步调速完成加工任务。

1. 共轴驱动多电动机同步调速

在设备的几何尺寸比较大、比较长的情况下，有必要用数台电动机共同驱动。图 8-3 所示为一台轮转印刷机的传动系统，由 8 台或者更多电动机共轴驱动，轴很长。为了避免长轴传递起伏很大的转矩引起的扭转形变，每一段有一台电动机驱动并与该段的负载大致配合，只有少量的同步转矩（$T_{en}-T_{Ln}$差值部分）需要通过长轴传递。不同段的负载不一样，相应的电动机的功率也不一样。早期设计的造纸机也存在类似的问题。

由于各电动机半刚性地连接在同一轴上，只需要一个共同的转速调节器，其转速反馈信号来自安装在某一段适当位置的测速装置。每一段从共同的转速调节器的输出分得适当份额的转矩给定，由图 8-3 中的系数 K_n、K_{n-1}、K_{n+1} 等决定。

这里的电动机可以是他励直流电动机，在此情况下转矩调节器实际上就是电枢电流调节

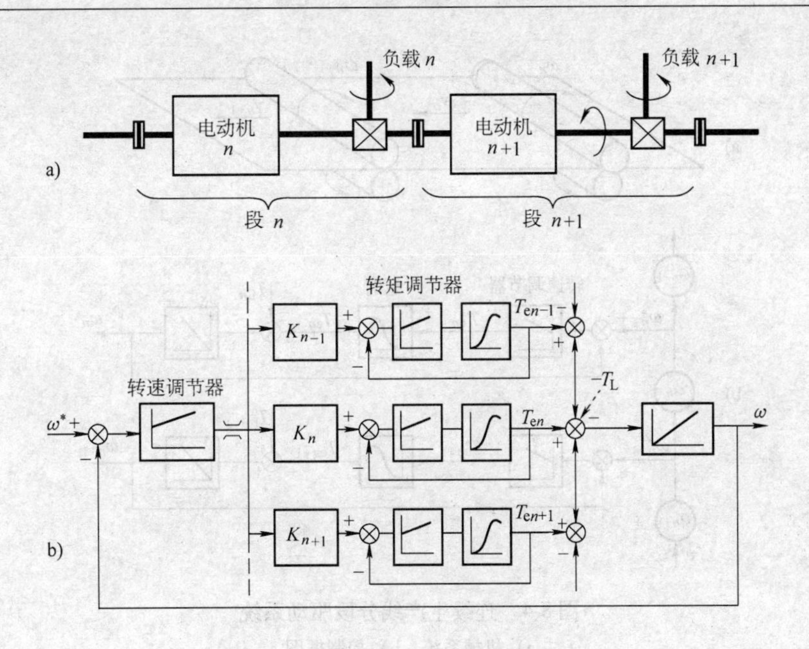

图 8-3　轮转印刷机的传动系统

a）机械系统　b）控制框图

器，图 8-3 所示为 PI 型，紧随其后的环节反映了转矩调节的滞后；也可以是异步电动机，这种情况下转矩调节就是矢量控制中的定子电流转矩分量调节，具有矢量控制功能的通用变频器经适当设定可以胜任此项工作。

2. 独立驱动多电动机同步调速

如果多电动机驱动不共轴，那么每一台电动机都应有属于自己的转速调节器，以解决多电动机同步问题。在比较现代的大型造纸机上，长度超过 100m，机台数量达到 20 或更多，共轴变得很困难，需要采用单独驱动的方案。同样的情况也发生在连续带钢热轧机和现代纺织印染处理设备上。

图 8-4 所示为一个连续生产线分段驱动系统，其特点是各分段之间基本独立，只是通过热带钢或者织物存在一定的轻微的耦合关系，被加工的材料应该被张紧，以免起皱，但又不能太紧，以免扯断。图中各机台的转速应该越来越快，钢带在加工中变得越来越薄，从而越来越长。对于织物或者纸张也有类似的情况，尽管纸张或者织物的这个伸长率也许只有百分之几甚至更小。每一个机台的转速应该精确地维持与前后机台同步。

每一机台的转速给定以一定的百分比来自相邻机台的转速给定（串级），即

$$\alpha_n = \frac{\omega_n^*}{\omega_{n+1}^*} = 常量 \tag{8-1}$$

称为“逐级拉伸”，如图 8-4 所示。总的转速给定的变化或者前面机台给定转速的变化将同步地影响其后的所有机台，这常常是我们所期望的变化方式。也可以采用每一机台的转速给定以一定的百分比来自于总的转速给定（并级），保证相邻机台之间的相对转速差。与并级方法相比较，一般来说串级的方法比较合适，它们容易调整，也较少调整。

对于不同厚薄的加工物或者不同品种的加工物，工艺上需要不同的加工速度。速度给定

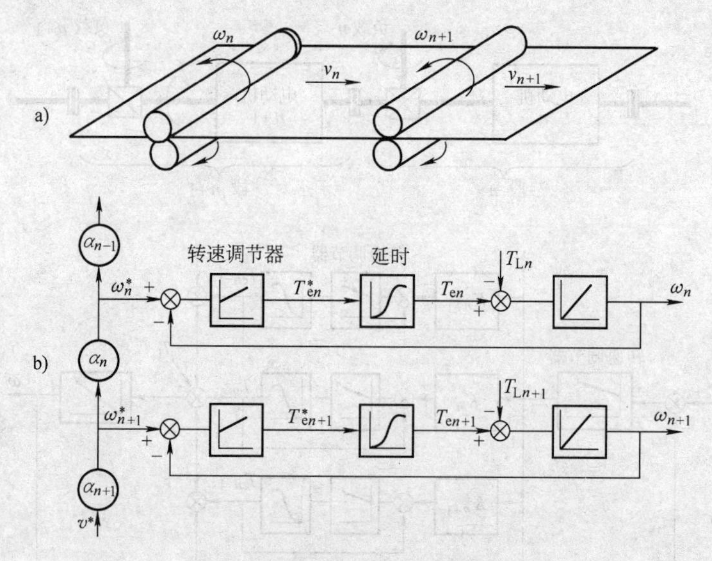

图 8-4　连续生产线分段驱动系统

a）机械系统　b）控制框图

可以来自一个模拟电压、一个电位器输出，但最好来自一个数字给定。数字给定有较高的精度，可以存储和运算，不存在漂移的问题。

3. 具有张力辊的多电动机同步调速

图 8-5 所示为印染设备上广泛使用的带有张力辊的多电动机同步调速系统。为了简化，这里仅画出了两台变频器 VF_1 和 VF_2，其中 VF_1 为主变频器，VF_2 为从变频器。张力辊的上下运动在从变频器上产生了一个附加频率给定 $\pm\Delta\omega$，附加频率给定与主频率给定 ω^* 相加（在变频器内相加），形成从变频器的频率给定，从变频器跟随主变频器，保证 $v_1=v_2$（忽略织物的伸长）。如果 $v_1>v_2$，张力辊上升，如果 $v_1<v_2$，张力辊下降，张力辊的上下运动引起调整附加频率给定 $\pm\Delta\omega$ 的大小和极性，使 v_2 的速度得到调整，最终使 $v_1=v_2$。

张力辊还受到气缸施加的力 F 的作用，使织物张紧，在织物上形成了所需要的张力。正常情况下，张力辊应处于上限位与下限位之间的中间位置，为上下调节过程保留了相等的储布量，调节过程完成后，张力辊还应该回到中间位置，为下一次调整做好准备。

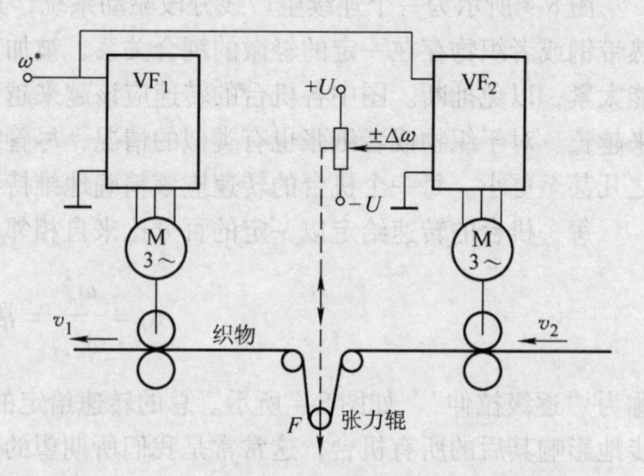

图 8-5　具有张力辊的多电动机同步调速系统

一条印染生产线从几个机台到几十个机台不等，其中只有一台是主令机台，其余为从动机台，需要同步。根据工艺要求需要调速，但对速度的精度要求不高，常常不需要转速闭环控制。大部分印染设备对动态性能的要求也不高，因而普通的V/F控制就能满足要求。

同样的多电动机同步调速方法还用在冶金行业的多机台连轧机上。

8.1.3　卷绕机械恒张力控制

织物、薄膜或线材在加工过程中，需要放卷和上卷运行，常常要求恒张力或者变张力。张力控制的方法很多，前面介绍的张力辊是一种方法，使用张力传感器进行张力闭环控制也是一种方法，下面介绍第3种方法。

如第5章介绍，通用变频器可以有两种运行模式：V/F控制模式和矢量控制模式。在矢量控制模式下还可以继续细分为速度模式和转矩模式。速度模式下给定量为速度，转矩随负载自动变化；转矩模式下给定量为转矩，速度随系统上下浮动。

如图8-6所示，图中变频器设定为矢量控制转矩模式，变频器给一台异步电动机供电，异步电动机拖动卷绕辊将薄膜打卷。变频器的给定为转矩，在薄膜没有张紧以前，由于给定转矩大于负载转矩，电动机一直处于加速状态，直到将速度升到某一稳态值，此时薄膜被适当张紧，电动机的输出转矩与薄膜张力决定的负载转矩相平衡。此时电动机的速度稳定在整个系统的运行速度（由主令机台决定的系统速度）。不考虑摩擦、风扇等引起的附加转矩，如果系统速度上升，则卷绕速度上升；如果系统速度下降，则卷绕速度随之下降。速度随系统浮动，转矩总等于给定转矩。

这种张力控制方法不需要张力辊，也不需要张力传感器，只需要一台高性能的变频器。它的张力控制的精度取决于变频器的转矩控制精度。

如果为了卷绕整齐和密实，需要内紧外松，张力给定 F 可以根据卷径 D 的变化而不断修正，如图8-7所示，随着卷径 D 的变大，张力 F 越来越小。

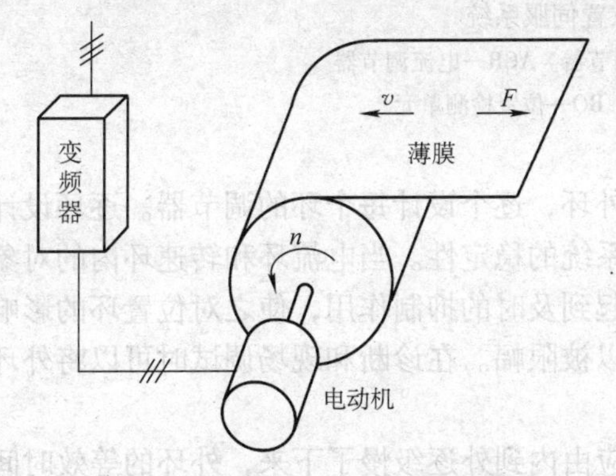

图8-6　矢量控制变频器转矩模式张力控制

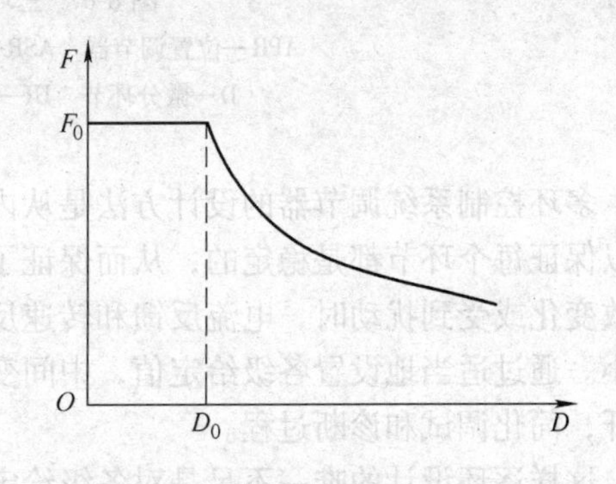

图8-7　卷径-张力曲线

8.2　电力拖动位置控制系统

8.2.1　位置控制系统概述

位置控制系统又称位置随动系统（Position Follower）或伺服系统（Servo Drives）。在很多电气传动的应用中，控制的目标是被控对象在空间的位置或者电动机的轴位。例如，车床刀架的精确位置控制是精密加工的关键，机器人关节的轴位控制是末端运动轨迹插补的关键。10kW 以下的小容量电伺服系统对机床进给控制或机器人位置控制特别有用。实际上，凡是需要机械运动的场合，无论是工业上的加工设备，还是运输工具；无论是化工厂、发电厂的执行阀，还是飞行器上的操纵面，都能发现位置伺服控制在应用。大功率位置控制系统也已经在电梯、矿井提升机、自动高速列车等设备和装置中获得了应用。不同的应用场合对控制的精度和动态性能提出了不同的要求。

如果位置输入信号是机械信号，例如从一个小的机械模型的轮廓得到的位置信号作为输入信号，据此机床复制一个大的零部件出来，此时的控制系统称为“位置随动系统”。但是，多数情况下位置给定输入信号和位置反馈信号都是电信号。

伺服（Servo）一词意味着“伺候”和“服从”，具有音译和义译双重含义。广义伺服系统泛指输出量快速而准确地复现给定量，这个给定量可以是位置和位置以外的其他物理量；狭义的伺服系统则专指位置闭环控制的位置伺服。

在转速电流双闭环调速系统的基础上，再增设一个位置控制外环，便形成三环控制的位置伺服系统，如图 8-8 所示。图中，电动机 MS 为永磁同步电动机，位置调节器 APR 就是位置环的校正装置，其输出限幅值决定着电动机的最高转速。

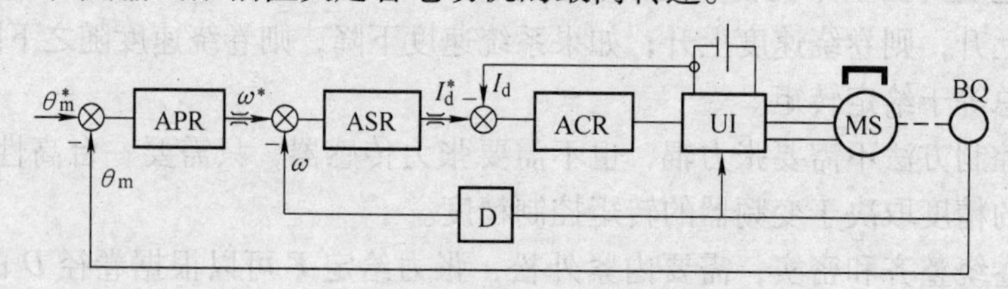

图 8-8　三环控制位置伺服系统

APR—位置调节器　ASR—转速调节器　ACR—电流调节器

D—微分环节　UI—逆变器　BQ—位置检测单元

多环控制系统调节器的设计方法是从内环到外环，逐个设计每个环的调节器。逐环设计可以保证每个环节都是稳定的，从而保证了整个系统的稳定性。当电流环和转速环内的对象参数变化或受到扰动时，电流反馈和转速反馈能起到及时的抑制作用，使之对位置环的影响很小。通过适当地设置各级给定值，中间变量可以被限幅。在诊断和现场调试时可以将外环打开，简化调试和诊断过程。

这样逐环设计的唯一不足是对各级给定的响应由内到外逐级慢了下来，外环的等效时间常数至少是内环的两倍。结果，当位置给定随时间变化时，系统可能展现出较大的动态位置误差。

8.2.2　电梯位置控制系统

电梯的结构由轿厢、轿门、层门、门的开关机构、门锁装置、曳引机构 6 部分组成。限于篇幅，这里仅从拖动角度简单介绍电梯，拖动的核心是曳引机构，如图 8-9 所示。

为了提高电梯的安全性和平层准确度，电梯上必须设有制动器，当电梯的动力电源失电或控制电路电源失电时，制动器应自动动作，制停电梯运行。在电梯曳引机上一般装有电磁式直流制动器，这种制动器主要由直流抱闸线圈、电磁铁心、闸瓦、闸瓦架、制动轮(盘)、抱闸弹簧等组成。电动机通电时制动器松闸，电梯失电或停止运行时制动器抱闸。

图 8-10 所示为一种电梯多环位置控制方案，这里引入了一个给定信号发生器，根据位置设定信号 x_{set}、轿厢重量和选定的数学模型，给定信号发生器能产生电梯多环位置控制所需要的一组给定信号，它们是位置给定信号 x^*、转速给定信号 ω^*、加速度给定信号 a^*，这一组给定信号是协调的（见图 8-10 上面的曲线），它既能使电梯高速运行，又能使乘客感觉舒适，还要平层准确。位置调节器产生附加的转速给定信号 $\Delta\omega^*$，转速调节器产生附加的加速度给定信号 Δa^*。为了舒适性，它的加速度 a 和加速度的变化率 da/dt 限制到乘客可以接受的程度（引入加速度调节器可以帮助做到这一点）。这一组前馈给定信号改善了控制精度，从而可以根据电梯当前的运行状态(x, ω, a)准确地预测停车距离。这一点很重要，它使电梯在高速运行中可以随时决定是否响应前面某一层的乘用请求或者是否响应轿厢内某一乘客的临时停止请求，如果能及时准确停车，则响应；如果不能及时准确停车，则乘客必须等待下一次机会，因为电梯是不能够立即反向运行的。为给定信号发生器选择一个适当的数学模型很重要，它能使所有的调节器工作在线性状态，避免进入饱和状态，从而使系统的行为可预测、可重复，控制误差小。对不可预测的负载扰动或电源电压的波动应有抑制能力，也就是说，转矩控制环需留有足够的调节裕量，以便应对附加的转矩。注意，转矩调节器不能代替加速度调节器，乘客多时转矩大，但加速度不能大，加速度和加速度的变化率对舒适程度有重要影响。

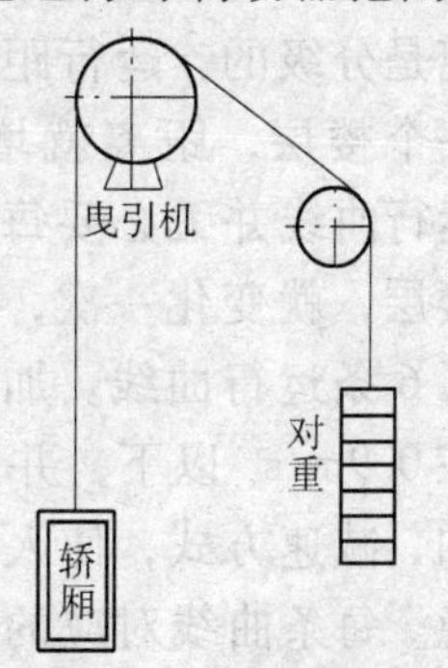

图 8-9　电梯曳引机构

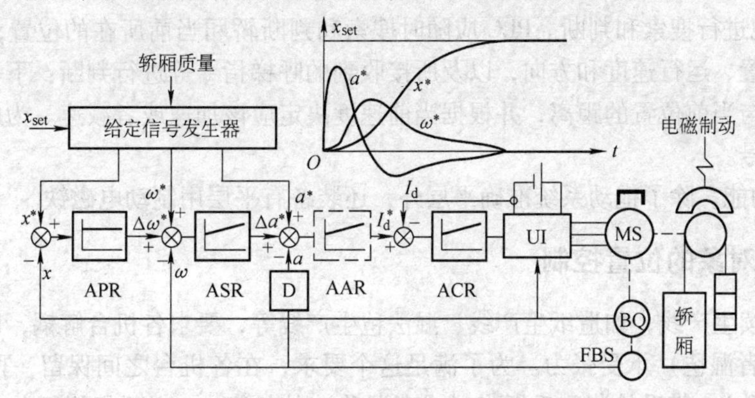

图 8-10　电梯多环位置控制方案

APR—位置调节器　ASR—转速调节器　AAR—加速度调节器　ACR—电流调节器（转矩调节器）

BQ—位置检测　D—微分环节　FBS—速度检测　UI—逆变器　MS—永磁同步电动机

图 8-10 所示电动机为永磁同步电动机，也可以是异步电动机。近几年，永磁同步电动机在电梯拖动中崭露头角，业内人士普遍看好。

目前市场上销售的电梯大都采用 PLC + 变频器 + 异步电动机的控制和拖动方式，但是直流电动机调压调速电梯仍在广泛使用，在超高速电梯中，直流调压调速电梯仍占有相当份额。

图 8-11 所示为某电梯专用矢量控制变频器说明书给出的一组运行曲线，指明速度 v 是如何随距离 S 变化的。运行距离是分级的，运行距离每增加一个楼层，距离就增加一级，运行曲线并无必要每增加一个楼层，就变化一次，图中示出了 6 条运行曲线。加速度控制在 0.9m/s² 以下，并采用 S 形加、减速方式，使人感觉很平稳。每条曲线对应的最高速度是变频器的一个参数，二次开发人员可以选择。总楼层数、最大楼层高度也作为参数由二次开发人员输入。运行时，PLC 根据乘客的输入，在 6 条运行曲线中选择一条作为速度给定曲线通知变频器运行。变频器还接收速度反馈信号和轿厢称重信号及来自 PLC 的各种控制信号。电梯运行的速度应根据乘客的多少（轿厢称重）适当加以修正，以保证准确平层。

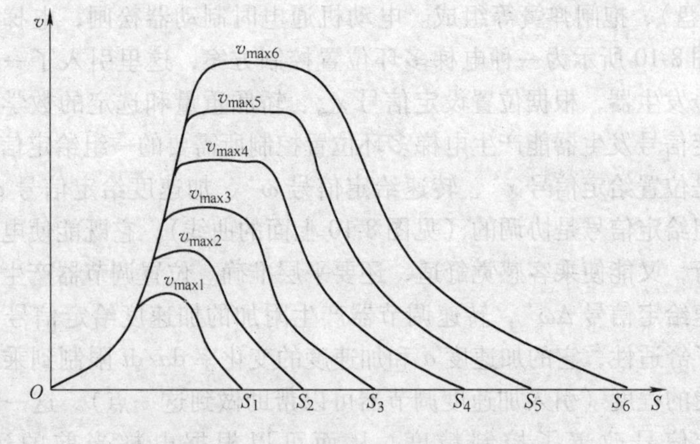

图 8-11　电梯的距离 S—速度 v 曲线

对电梯速度控制的要求如下：

1）满足轿厢的运行规律。轿厢的运行速度以及升速和降速过程应尽量符合理想的运行曲线，为此速度给定信号不断地与速度反馈信号比较，不断调节。

2）准确地进行搜索和判断。PLC 应随时搜索和判断轿厢当前所在的位置，并根据轿厢当前所在的位置、运行速度和方向，以及所接收到的呼梯指令等进行判断：下一站应停在哪一楼层？算出与当前位置的距离，并根据当前速度决定应该加速或者减速。为此必须具有楼层位置检测信号。

3）平层功能。除了拖动系统准确平层外，还装备有平层用制动电磁铁。

8.2.3　运动对象的位置控制

有很多连续生产线，如造纸生产线、湿法毡生产线等，要求各机台解耦，以免未充分干燥的纸张（或者湿毡）承受张力。为了满足这个要求，在各机台之间保留一段悬垂状态的纸张（或者湿毡），借助检测悬垂纸张（或者湿毡）的长度 x，判断相邻机台之间的同步状况，调节悬垂纸张（或者湿毡）的长度到某一设定值，维持相邻机台之间的同步关系，如图 8-12 所示。

速度 v_1、v_2 与悬垂长度 x 有下述关系

$$\frac{\mathrm{d}x}{\mathrm{d}t}=\frac{1}{2}(v_2-v_1) \tag{8-2}$$

系统控制框图如图 8-12b 所示，为一单环位置伺服系统，位置调节器 APR 的输出为转速给定的调整量 Δv_2^*，用变频器 VF_2 调节异步电动机 M_2 的速度，维持悬垂长度 x 为给定值，这个 x 给定值应该在上超限与下超限的中间位置，给动态调节留有相同的储纸量，x 的反馈值用专门的光电测距装置得到。稳态时，$v_1=v_2$。

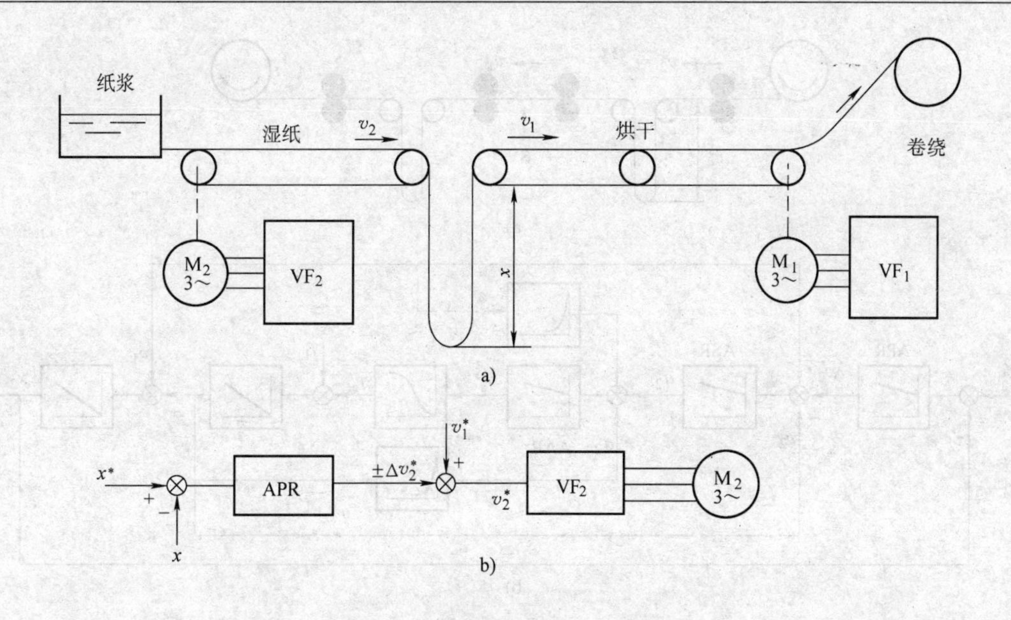

图 8-12　造纸生产线悬垂长度控制
a）机械构成　b）框图

磁带机进给缓冲段长度控制与造纸机类似，只是要求更高，如图 8-13 所示。读写头 S 下的磁带以高加速度运动，而进给轴上卷绕的磁带有大的惯性，加速度大不起来，若真的大起来磁带也承受不了。于是在两者之间留有一段缓冲，在缓冲段靠机械或者气压维持一个较小的张紧力，这样就大大减小了磁带加速时的有效惯性以及磁带承受的拉力。当然，进给轴必须均匀地给缓冲段补充磁带，不至让缓冲段磁带的长度 x_2 超出允许的上限和下限，其机械构成示于图 8-13a。磁带机的控制要求更高，其框图示于图 8-13b，由位置环、转速环和加速度环 3 个控制环组成多环控制系统。读写头的速度 v_1 是独立的，将此速度给定信号前馈到磁带进给轴的转速调节器上能显著地提高控制的质量，将 v_1 的微分信号前馈到磁带进给轴的加速度调节器能进一步减少缓冲段磁带的长度。多数磁带机是可以双向运动的，这一点进一步增加了系统的复杂性。

8.2.4　时间最优的位置控制

有一些运动控制系统是不连续的，从一个静止位置运动到另一个静止位置。如龙门刨床的刀具，在一刀加工完成后需要快速回到起始位置，以便为下一刀加工做好准备；可逆轧机在一次轧制完成后，上轧辊迅速下降，减小轧口，以便为下一次反方向轧制做好准备。由于是空载运行，没有运动轨迹和质量的要求，只需在最短的时间内跟随位置给定到达另一个静止位置，在这个过程中，功率不超过额定，位置不超调。在下面的讨论中，作如下假定：

1）忽略不计转矩控制环的响应时间。

2）不限制加速度的变化率 $\mathrm{d}a/\mathrm{d}t$（如果是载有乘客的交通系统或者是阻尼很小的机械系统则必须加以限制）。

3）忽略不计摩擦转矩。

可以使用各种算法得到一组时间最优解，包括最大加速度运行时间、最大减速度运行时

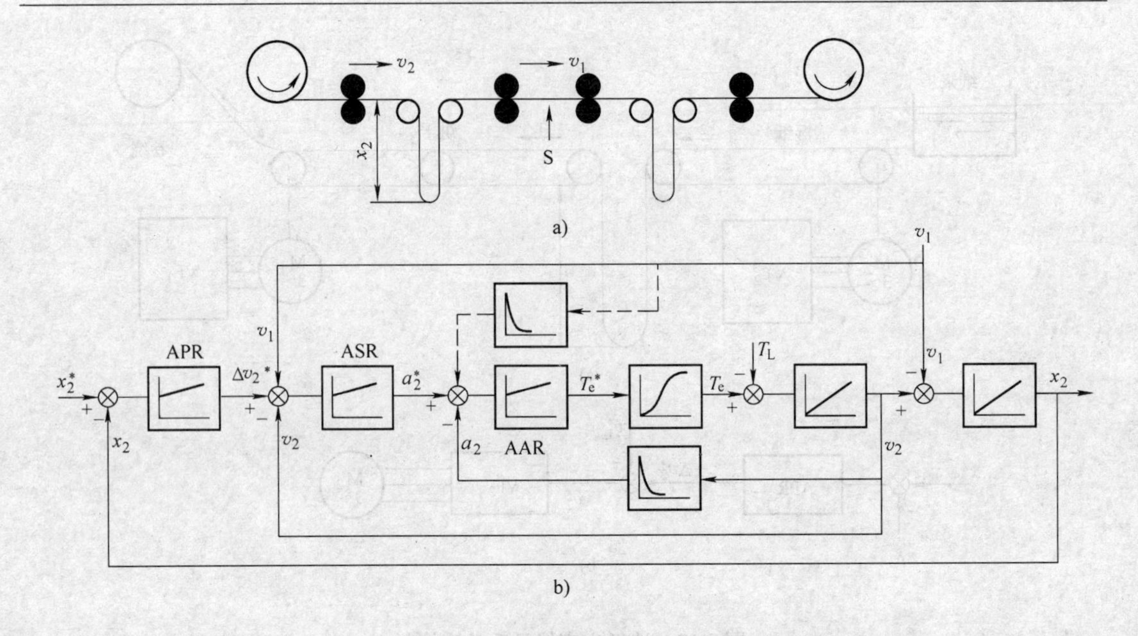

图 8-13　磁带机进给缓冲段长度控制

a）机械构成　b）框图

APR—位置调节器　ASR—转速调节器　AAR—加速度调节器

间及可能的话有一段最高速匀速运行时间，如图 8-14 所示。

图 8-14 所示为加速度 a-时间 t、速度 v-时间 t、位移 x-时间 t 关系及状态平面上的 v-x 关系，假定最大加速度和最大减速度相等，均被限制到 $a_{\max}$。如果位置移动比较大（x_{01}），则有一段最高速匀速运行时间（$t_1 \sim t_2$）；如果位置移动比较小（x_{02}），则可能达不到最高速，加速半途中转为减速。在状态平面上，加速段与减速段呈抛物线，匀速段与 x 轴平行。

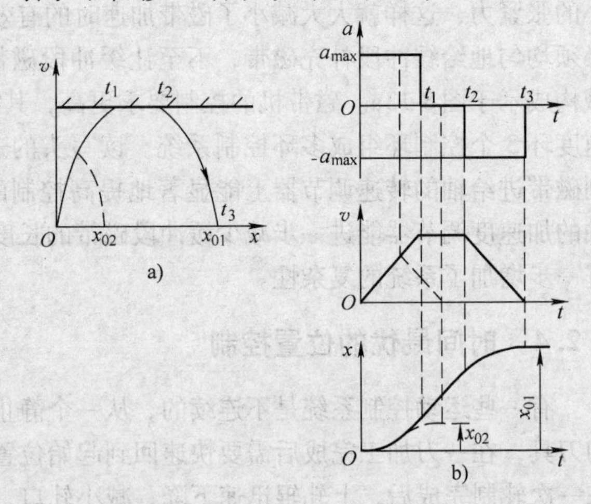

图 8-14　有最大加速度限制的时间最优位置控制过程

a）状态平面　b）响应-时间波形

多环位置控制系统如图 8-15 所示，它能使真实的系统逼近图 8-14 所示的理想性能。位置调节器采用非线性，并且用数字的方法实现，为的是能达到可以重复的高精度和高分辨率。与图 8-10 所示电梯控制所用的线性调节器不同，这里的位置调节器使用了非线性函数

$$v^* = \sqrt{2a_{\max}|e|}\operatorname{sign}(e) \tag{8-3}$$

使用该函数根据当前的位置误差 e 生成速度给定信号 v^*，其目的是控制移动中的对象以恒定的最大减速达到目标点（动能等于允许的最大制动力作的功，即 $mv^2/2 = ma_{\max}|e|$）。

当位置给定 x^* 有了一次阶跃变化之后，其调节过程大致如下：如果 x^* 比较大，超出了

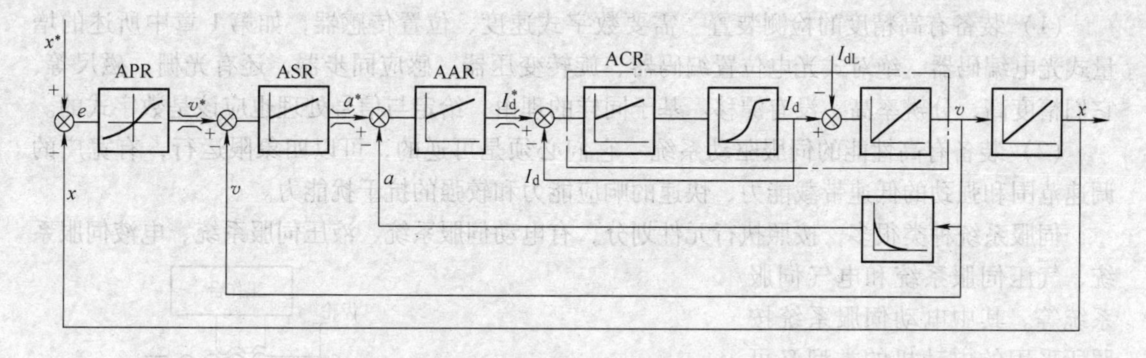

图8-15　多环位置控制系统

APR—位置调节器　ASR—转速调节器　AAR—加速度调节器　ACR—电流调节器

最大制动距离，位置误差 e 也比较大，由式（8-3）算出的转速给定得到最大限幅值（位置调节器饱和）v_{max}，速度误差太大引起其后的转速调节器饱和，于是加速度给定得到最大限幅值，系统以允许的最大加速度 a_{max} 起动，当转速上升到了给定值 v_{max}^* 时，转速调节器退出饱和进入线性工作状态，并维持在最高速运行；随着位置误差的逐渐变小，非线性函数式（8-3）最终也退出了饱和，导致进入恒减速区，由式（8-3）计算出的转速给定越来越小，直到准确停止在目标位置。随后封锁驱动电源或者被机械抱闸，这是有必要的，因为位置调节器的高增益导致不稳定。如果位置给定小于两倍的最大制动距离（从最高速以最大减速度制动），在转速升到最高速以前就从加速状态切换到减速状态。

电流控制环的作用在于避免过载，最大电流应足以保证在全载下能达到最大加速度。加速度反馈信号由速度信号经微分处理得到。

8.3　数控机床伺服系统

8.3.1　数控机床概述

在机械制造行业，伺服系统用得最多最广，各种高性能机床运动部件的速度控制、运动轨迹控制和位置控制，都是依靠伺服系统完成的。精密机床需要进行高精度的位置控制，例如在1m的运动距离内位置误差不超过0.001~0.01mm，因而它们对伺服系统的要求也是最高的。

对机床伺服系统的基本要求如下：

（1）稳定性好　伺服系统在给定输入和外界的干扰下，能在短暂的过渡过程后，达到新的平衡状态，或者恢复原先的平衡状态。

（2）精度高　指输出量跟随给定值的精确程度，如精密加工的数控机床，要求很高的定位精度。允许的偏差在0.001~0.01mm之间。

（3）动态响应快　动态响应是伺服系统重要的性能指标，要求对给定信号跟随的速度快，超调小。过渡过程时间一般在200ms以内，甚至小于几十毫秒。

根据以上对机床伺服系统的基本要求，不难想象机床伺服系统应该具备以下基本特征：

（1）装备有高精度的检测装置　需要数字式速度、位置传感器，如第 1 章中所述的增量式光电编码器、绝对式光电位置编码器、旋转变压器、感应同步器，还有光栅、磁尺等，它们精度高，分辨率高，没有漂移。基于同样的理由，给定与信号处理也应该是数字式的。

（2）装备有高性能的伺服驱动系统　它们必须是可逆的，可以四象限运行，有宽广的调速范围和强劲的低速带载能力、快速的响应能力和较强的抗干扰能力。

伺服系统种类很多，按照执行元件划分，有电动伺服系统、液压伺服系统、电液伺服系统、气压伺服系统和电气伺服系统等。其中电动伺服系统按照所采用的电动机的类型又可分为步进电动机伺服系统、直流电动机伺服系统和交流电动机伺服系统。数控机床伺服系统按照控制方式划分，有开环伺服系统和闭环伺服系统，如图 8-16 所示。

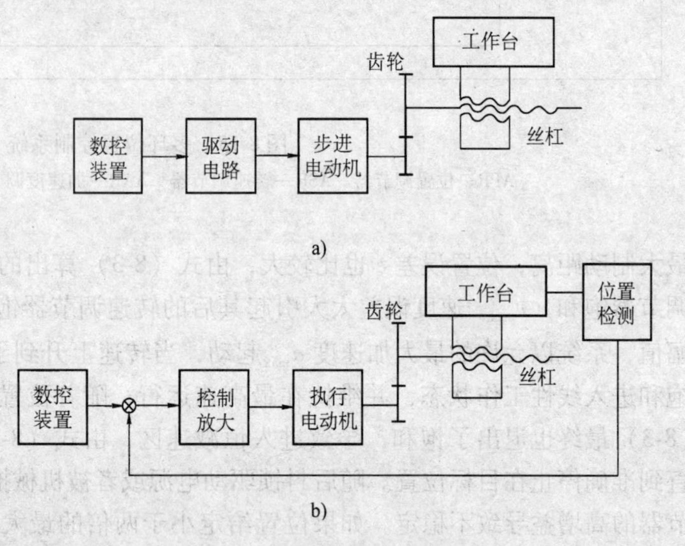

图 8-16　数控机床伺服系统

a）开环系统　b）闭环系统

开环伺服系统主要由驱动电路、执行元件和被控对象 3 大部分组成。常用的执行元件是步进电动机，数控装置按照加工要求输出指令脉冲，驱动电路将指令脉冲功率放大，驱动步进电动机一个脉冲前进一步，由丝杠将电动机的转动转换为工作台的平动。开环步进的脉冲当量一般为 0.01mm 或者 0.001°。步进电动机开环伺服系统由于具有结构简单、使用维护方便、可靠性高、制造成本低等一系列优点，在中小型机床和速度、精度要求不十分高的场合，得到了广泛的应用，并适合用于经济型数控机床和对现有的机床进行数字化技术改造。

由于开环系统只接收数控装置的指令脉冲，至于执行情况的好坏系统则无法监控，有时会影响加工质量。闭环系统由于增加了位置闭环，其加工精度无疑可以大大提高。闭环系统由数控装置、检测和比较环节、控制放大、执行电动机和被控对象 5 大部分组成，其检测比较环节至少包括位置检测与比较。由于闭环系统是直接以工作台的最终位移为目标，从而消除了进给传动系统的全部误差，所以精度很高（从理论上讲，其精度取决于检测装置的测量精度）。然而另一方面，正是由于各个环节都包括在反馈回路内，因而它们的摩擦特性、刚度和间隙等这些造成误差的因素都会直接影响系统的调整。所以闭环伺服系统的结构复杂，其调试和维护都有较大的技术难度，价格也较贵。因此只有在大型精密数控机床上采用。

8.3.2　闭环伺服系统

1. 闭环伺服系统的执行电动机

对伺服电动机的要求是调速范围宽、机械特性硬、转动惯量低，能频繁起动、停止及换向。目前数控机床上广泛使用的有直流伺服电动机和交流伺服电动机，之所以冠以“伺服”二字是因为它们不是普通的直流电动机和交流电动机。

（1）直流伺服电动机　直流电动机容易进行调速，他励直流电动机具有较硬的机械特性，因而数控伺服系统中早有使用。但由于数控机床的特殊要求，一般的直流电动机不能满足要求，常用的是小惯量直流伺服电动机和宽调速直流伺服电动机。

小惯量直流伺服电动机有下述特点：

1）转子细长，转动惯量约为一般直流电动机的1/10。

2）气隙尺寸比一般直流电动机大10倍以上，电枢反应小，具有良好的换向性能，机电时间常数只有几毫秒。

3）转子无槽，电枢绕组用粘合剂直接贴在转子表面上，大大减低低速时的转矩脉动和不稳定性，在转速达到10r/min时无爬行现象。

4）过载能力强，最大转矩可达额定转矩的10倍。

宽调速直流伺服电动机有下述特点：

1）在维持一般直流电动机较大转动惯量的前提下，以尽量提高转矩的方法改善动态性能，低速时输出较大转矩，可以不经减速齿轮直接驱动丝杠。

2）调速范围宽。采用优化设计减小电动机转矩的脉动，提高低转速的精度，从而大大扩大了调速范围，往往电动机内已经装有测速装置（测速发电机、旋转变压器和光电码盘等）及制动装置。

3）动态响应好。采用永磁结构和矫顽力很高的永磁材料，在电动机过载10倍的情况下也不会被去磁，大大提高了电动机的瞬时加速度。

4）过载能力强，采用高等级绝缘材料，允许在密闭的空冷条件下长时间超负荷运行。

（2）交流伺服电动机　由于交流电动机固有的优点和交流调速技术的突破，在现代伺服系统中，更多的采用交流伺服电动机，大有取代直流伺服电动机之势。

交流伺服电动机可以是异步电动机或者永磁同步电动机。

交流异步伺服电动机有下述特点：

1）采用二相结构。电动机定子上布置有空间相差90°的二相绕组，一相称励磁绕组，一相称控制绕组，分别施加相位差90°的交流电压。

2）励磁绕组电压不变，控制绕组电压为零时，旋转磁场变成静止脉动磁场，在静止磁场的作用下电动机立即停止转动，克服了普通异步电动机失电时的“自转”现象，符合数控机床的要求。

3）转子内阻特别大，使临界转差率（与最大转矩对应的转差率）大于1，有利于“控制信号消失立即停止转动”。

4）控制绕组电压可以调节，从而使旋转磁场变为椭圆形，以此调节转矩的大小。

永磁同步伺服电动机（PMSM）的特点如下：

1）由于采用了永磁材料，特别是稀土永磁材料，因此容量相同时的重量轻、体积小。

2）转子既没有铜耗和铁耗，又没有电刷和集电环的摩擦损耗，运行效率高。

3）转动惯量小，允许的瞬时转矩大，动态性能好。

4）结构紧凑，运行可靠。

5）不同于无刷直流电动机，采用三相正弦绕组，无转矩脉动。

（3）直线电动机　超高速加工技术和精密制造技术近十几年来发展很快，它们对机床的进给驱动提出了很高的要求。而传统的“旋转电动机＋滚珠丝杠”进给驱动方式在高速运行时，滚珠丝杠的刚度、惯性、加速度等动态性能已远远不能满足要求。这就使得一种崭新的进给驱动方式——直线电动机控制系统应运而生。这种进给驱动系统取消了从动力源到执行件之间的一切中间传动环节，将进给传动链的长度缩短为零，大大简化了机械结构，提高了系统的速度、加速度、刚度等动态特性和控制精度，是机床进给驱动设计理论的一项重大突破。其中，永磁式直线电动机以其时间常数小、高频响应特性好、推力强度高、损耗低、控制比较容易等一系列特点在高速、高精密、高频响数控机床的进给驱动部件的研究中具有明显优势。

直线电动机可以认为是旋转电动机在结构上的一次演变，它可以看作将旋转电动机沿径向刨开，然后将电动机沿圆周展成直线。直线电动机的主要类型有直线直流电动机、直线感应电动机、直线同步电动机和直线步进电动机等。

2. 数字脉冲比较式伺服系统

闭环伺服系统的比较环节可以有多种形式，比如鉴相式、鉴幅式和数字脉冲比较式等，这里仅介绍数字脉冲比较式伺服系统。

在位置伺服控制系统中，采用数字脉冲的方法构成位置闭环控制，由于结构较为简单，受到了普遍的重视。目前应用较多的是以光栅和光电编码器作为位置检测装置的半闭环控制的脉冲比较式伺服系统。

图 8-17 所示为数字脉冲比较式系统的构成。

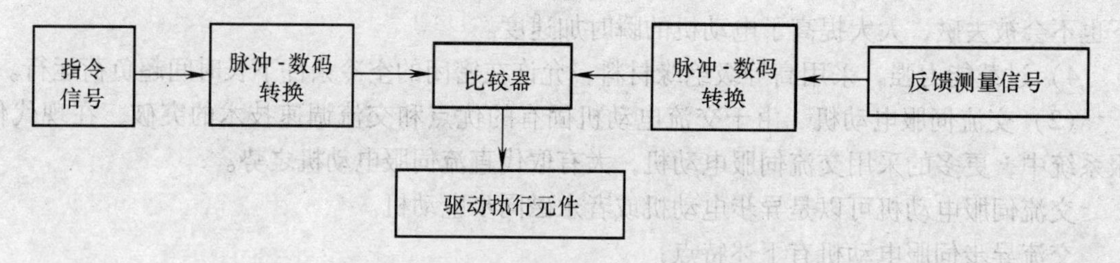

图 8-17 数字脉冲比较式系统的构成

图 8-17 中，指令信号由数码装置发出，可以是一串数字脉冲，代表一个短时间段内的位移量给定；由测量元件提供的工作台位置信号也可以是一串数字脉冲（用光栅或光电编码器得到）；它们经过脉冲—数码转换（例如计数器对脉冲串计数）变成数码信号；在比较器中完成比较，其差值经过功率放大，然后去驱动执行元件，带动工作台移动，直到给定位移与实际位移相等，完成本时间段内的位移任务，位移量为脉冲当量乘脉冲数。如果接下来的时间段数码装置继续发进给脉冲，则形成连续运动。

假定伺服系统的脉冲当量为 0.05mm/脉冲，如果要求机床工作台沿 x 坐标轴正向进给 10mm，数码装置经过插补运算后连续输出 200 个脉冲给脉冲—数码转换器，于是脉冲—数码转换器根据运动方向作加 1 计数（反方向则作减 1 计数），并将计数结果送到比较器与来自工作台的计数结果作比较，不相等则将差值输出，经功率放大指挥执行电动机驱动工作台移动，差值为正则电动机正转，为负则反转，直到误差消除。电动机轴上或工作台上的光栅或光电编码器产生实际运动的一串脉冲，经过相似的处理送到比较器。如果要控制移动的速度，可以利用数码装置将 200 个脉冲分成若干组，相继在不同的时间段各输出一组脉冲，达到控制速度的目的。

以上说明只是展示数码机床是如何进行位置闭环控制的，实际的实现方法可以多种多样。实际上除了位置环外，还可能有速度内环和电流内环，以获得更好的伺服性能。

3. 数控加工过程

数控加工不需要人直接操纵，但是机床必须执行人的意图。操作者首先必须按照加工零件图样的要求，编制加工程序。用规定的代码和程序格式，把人的意图转换为数控机床能接收的信息。把这种信息记录在信息载体上（如磁盘），输送给数控装置。数控装置对输入的信息进行处理后，向机床各坐标的伺服系统发出数字信息，驱动机床相应的运动部件（如刀架、工作台等）运动，并同时完成其他的动作（如变速、换刀、开启冷却液泵等），自动地加工出符合图样要求的工件。数控机床加工零件的过程如图8-18所示。

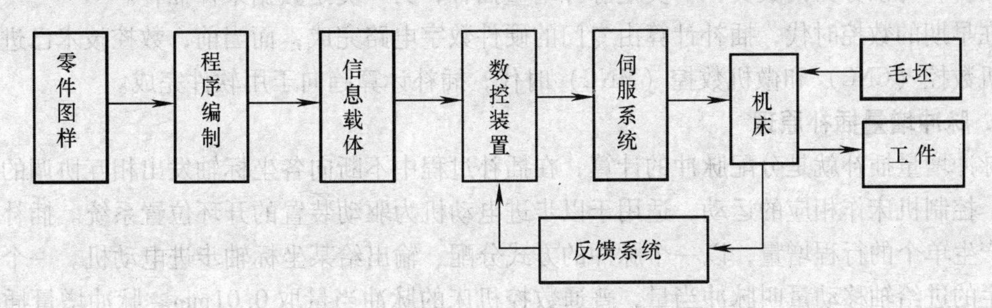

图8-18　数控机床加工零件的过程

图8-18中的数控装置是数控机床的中枢，由它接收和处理来自信息载体的指令信息，并将其加工处理后指挥伺服系统去执行。这种工作如果用数字逻辑电路去实现，称为普通数控（NC），如果用计算机去实现，称为计算机数控（CNC）。数控加工的过程是围绕信息的交换进行的，从零件图样到加工出工件，需要经过信息输入、信息处理、信息输出实现对机床的控制。所以机床的数控系统由信息输入、信息处理和伺服系统3部分组成。

信息处理是数控装置的核心任务，由计算机来完成。它的作用是识别输入信息中每个程序段的加工数据和操作指令，并对其进行换算和插补计算，即根据程序信息计算出加工运动轨迹上的许多中间点的坐标，将这些中间点坐标用前一中间点到后一中间点的位移坐标分量形式输出，经接口电路向各坐标轴伺服系统送出控制信号，控制机床按规定的速度和方向移动，以完成零件的加工。

8.3.3　数控机床的轨迹控制原理及实现

1. 数控插补概述

连续运动轨迹控制是诸如数控机床、机器人等机械的一种典型运动方式，这种控制在本质上属于位置伺服系统。以数控机床为例，其控制的目标是被加工的曲线或曲面，在加工过程中要随时根据图样参数求解刀具的运动轨迹，并在求解的基础上决定刀具如何动作、工件如何动作，其计算的实时性有时难以满足加工速度的需求。因此实际工程中采用的方法是预先通过手工或自动编程，将刀具的连续运动轨迹分成若干段（即数控技术中的程序段），而在执行程序段的过程中实时地将这些轨迹段用指定的具有快速算法的直线、圆弧或其他标准曲线予以逼近。加工程序本质上就是对刀具的连续运动轨迹及特性的一个描述。

例如要加工一段圆弧，程序段只提供了有限的提示信息（例如起点、终点、半径和插补方式等），数控装置在加工过程中，根据这些提示并运用一定的算法，自动地在有限坐标点之间生成一系列的中间点坐标数据，并使刀具及时地沿着这些实时生成的坐标数据运动，这个边计算边执行的逼近过程就称为插补。

插补是一个实时进行的数据密化过程，不论是何种插补算法，运算原理基本相同。轨迹插补与坐标轴位置伺服是数控机床的两个主要环节。

插补必须实时完成，因此除了要保证插补运算的精度外，还要求算法简单。一般采用迭代算法，这样可以避免三角函数计算，同时减少乘除和开方运算，它的运算速度直接影响运动系统的控制速度，而插补运算的精度又直接影响整个运动系统的精度。就目前普遍应用的算法而言，可以分为两大类：一类是脉冲增量插补，另一类是数据采样插补。

在早期的数控时代，插补计算由专门的硬件数字电路完成，而当前，数控技术已进入了计算机数控（CNC）和微机数控（MNC）时代，插补计算趋向于用软件完成。

2. 脉冲增量插补原理

脉冲增量插补就是分配脉冲的计算，在插补过程中不断向各坐标轴发出相互协调的进给脉冲，控制机床作相应的运动，适用于以步进电动机为驱动装置的开环位置系统。插补的结果是产生单个的行程增量，以一个脉冲的方式分配、输出给某坐标轴步进电动机。一个脉冲所产生的进给轴移动量叫脉冲当量，普通数控机床的脉冲当量取 0.01mm。脉冲增量插补的实现方法较为简单，但控制精度和进给速度较低。目前比较典型的算法有逐点比较法和数字积分法等。

逐点比较法是在各种增量轨迹运动系统中广泛采用的插补方法，它能实现直线、圆弧、非圆二次曲线的插补。逐点比较法，顾名思义，就是每走一步都要把当前动点的瞬时坐标与规定的图形轨迹相比较，判断一下偏差，决定下一步的走向。如果瞬时动点走到图形的外面去了，下一步就向里面走；如果在图形里面，下一步就向外面走，以缩小偏差。这样就能得到一个非常接近规定图形的轨迹，最大误差不超过一个脉冲当量。

（1）逐点比较法直线插补　偏差计算是逐点比较法关键的一步，下面以第 I 象限为例推导出其偏差计算公式。

直线插补过程如图 8-19 所示。假定直线 OA 的起点为坐标原点，终点 A 的坐标为 $A(x_e, y_e)$，$P(x_i, y_j)$ 为动点。若 P 点正好在直线上，则

$$\frac{y_j}{x_i}=\frac{y_e}{x_e} \quad 即 \quad x_e y_j - x_i y_e = 0$$

若 P 点在 OA 线的上方，则以下关系式成立

$$\frac{y_j}{x_i}>\frac{y_e}{x_e} \quad 即 \quad x_e y_j - x_i y_e > 0$$

若 P 点在 OA 线的下方，则以下关系式成立

$$\frac{y_j}{x_i}<\frac{y_e}{x_e} \quad 即 \quad x_e y_j - x_i y_e < 0$$

取偏差函数 F_{ij} 为

$$F_{ij} = x_e y_j - x_i y_e$$

由 F_{ij} 的值就可以判断 P 点与直线的相对位置。

从图 8-19a 可以看出,对于起点在原点的第 Ⅰ 象限直线来说,若动点在 OA 线上或 OA 线的上方,则应向 $+x$ 方向发一个脉冲,沿 $+x$ 方向走一步;若动点在 OA 线的下方,则应向 $+y$ 方向发一个脉冲,沿 $+y$ 方向走一步。这样从原点开始,走一步,算一算,逐点逼近目标直线 OA。当两个方向所走的步数和等于终点两个坐标之和时,发出终点达到信号,停止插补。最终是用一条折线近似地逼近所要的直线,只要脉冲当量足够小,逼近的程度就足够高。

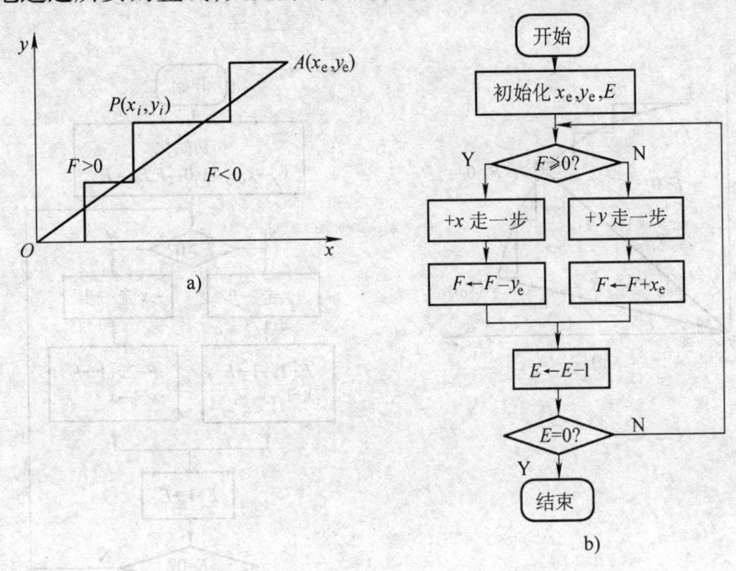

图 8-19 直线插补过程

a) 图形示例 b) 流程图

但是，按照上述法则进行 F_{ij} 的运算时，要作乘法和减法运算，对于计算机而言，这样会影响速度，因此应想办法简化运算。通常采用的简化算法是迭代法，或称递推法，即每走一步，新动点的偏差值用前一点的偏差递推出来。下面推导该递推公式。

已经知道，动点（x_i，y_j）的偏差为 $F_{ij}=x_e y_j-x_i y_e$。若此点的 $F_{ij}>0$ 时，则向 x 轴发出一个正向进给脉冲，伺服系统向 $+x$ 方向走一步，新动点 $P(x_{i+1}, y_j)$，$x_{i+1}=x_i+1$ 的偏差为

$$F_{i+1,j}=x_e y_j-x_{i+1}y_e=x_e y_j-(x_i+1)y_e=x_e y_j-x_i y_e-y_e=F_{ij}-y_e$$

即

$$F_{i+1,j}=F_{ij}-y_e \tag{8-4}$$

如果某一动点 P 的 $F_{ij}<0$，则向 y 轴发出一个进给脉冲，轨迹向 $+y$ 方向前进一步，同理可以得到新动点 $P(x_i, y_{j+1})$ 的偏差为

$$F_{i,j+1}=F_{ij}+x_e \tag{8-5}$$

根据式（8-4）和式（8-5），新动点的偏差可以从前一点的偏差递推出来。

综上所述，逐点比较法的直线插补过程每走一步要进行以下 4 个节拍，即偏差判别、坐标进给、新偏差运算、终点判别。

（2）逐点比较法圆弧插补　这里以第 Ⅰ 象限圆弧为例导出其偏差计算公式。设要加工图 8-20 所示的第 Ⅰ 象限逆时针走向的圆弧 AE，以原点为圆心，半径为 R，起点为 $A(x_0, y_0)$，对于任一动点 $P(x_i, y_j)$。

若动点 P 正好落在圆弧上，则 $x_i^2+y_j^2=x_0^2+y_0^2=R^2$

若动点 P 落在圆弧外侧，则 $R_P>R$，即　$x_i^2+y_j^2>x_0^2+y_0^2$

若动点 P 落在圆弧内侧，则 $R_P<R$，即　$x_i^2+y_j^2<x_0^2+y_0^2$

取动点偏差判别式为　　$F_{ij}=(x_i^2-x_0^2)+(y_j^2-y_0^2)$

运用上述法则和偏差判别式，就可以获得图 8-20a 折线所示的近似圆弧。

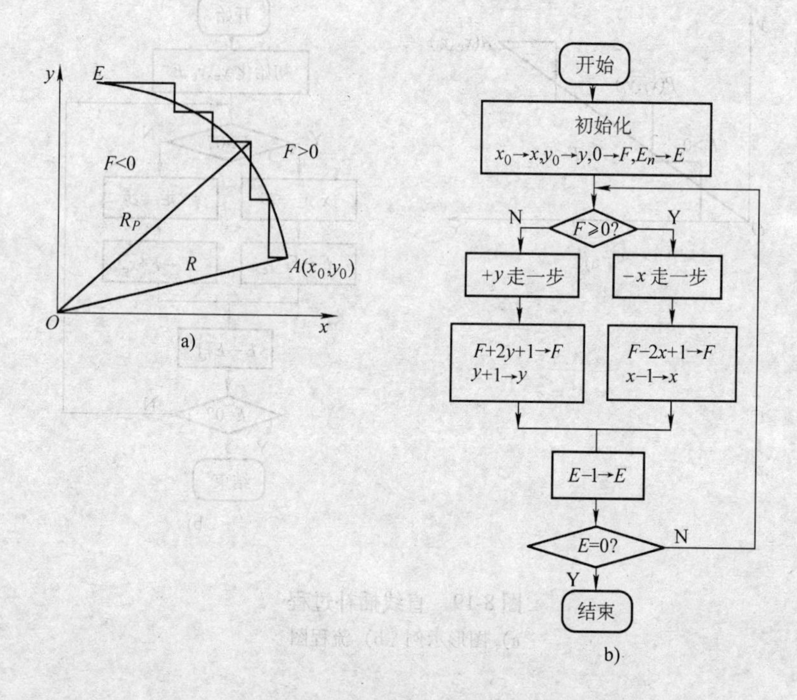

图 8-20　圆弧插补过程

a）图形示例　b）流程图

若 P 在圆弧上或圆弧外，即 $F_{ij}\geqslant 0$ 时，应向 x 轴发出一个负向运动的进给脉冲，即向圆内走一步。若 P 在圆弧内侧，即 $F_{ij}<0$ 时，则向 y 轴发出一个正向运动的进给脉冲，即向圆外走一步。为了简化偏差判别运算，仍用递推法来推算下一步新的动点偏差。

设动点 P 在圆弧上或圆弧外，则其偏差

$$F_{ij}=(x_i^2-x_0^2)+(y_j^2-y_0^2)\geqslant 0$$

x 坐标向负方向进给一步，移到新的动点 $P(x_{i+1},\ y_j)$，新动点的 x 坐标为 x_i-1，可以得到新动点的偏差为

$$F_{i+1,j}=(x_i-1)^2-x_0^2+y_j^2-y_0^2=F_{ij}-2x_i+1 \tag{8-6}$$

设动点 P 在圆弧的内侧，$F_{ij}<0$。那么，y 坐标需要向正方向进给一步，移到新动点 $P(x_i,\ y_{j+1})$，新动点的 y 坐标 y_j+1，同理可以得到新动点的偏差为

$$F_{i,j+1}=F_{ij}+2y_j+1 \tag{8-7}$$

由偏差计算的递推公式（8-6）和式（8-7）可知，插补递推运算只是加减和乘 2 运算，比较简单。除了偏差递推运算外，还需要终点判别运算。每走一步，需要从两个坐标方向的总步数中减 1，直到总步数被减为零，才停止计算，并发出终点到达信号。

逐点比较法插补第Ⅰ象限直线和圆弧的计算流程分别如图 8-19b 和图 8-20b 所示。

（3）坐标变换与终点判别问题

1）象限与坐标变换：前面所讨论的用逐点比较法进行直线和圆弧插补的原理和计算公式，只适用于第Ⅰ象限直线和第Ⅰ象限逆时针圆弧。对于不同象限的直线和不同象限、不同走向的圆弧来说，其插补计算公式和脉冲进给方向都是不同的。为了将各象限的插补公式都统一到第Ⅰ象限直线和第Ⅰ象限逆时针圆弧的插补公式，就需要将坐标和进给方向根据象限的不同而进行变换。直线和圆弧不同象限的走向如图 8-20 所示。

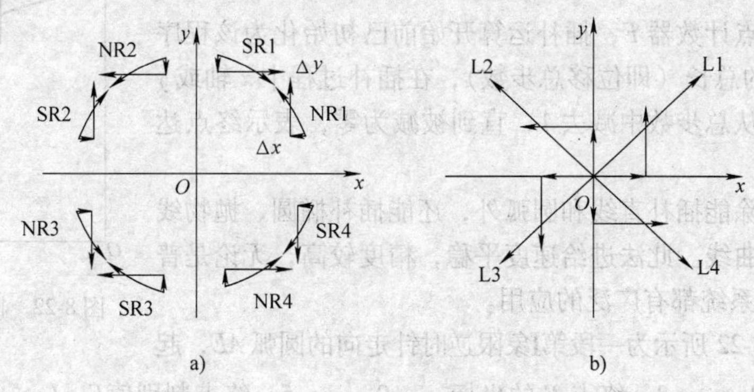

图 8-21　直线和圆弧不同象限的走向

a）直线　b）圆弧

现在用 SR1、SR2、SR3、SR4 分别表示第Ⅰ、第Ⅱ、第Ⅲ、第Ⅳ象限的顺圆弧（G02），用 NR1、NR2、NR3、NR4 分别表示第Ⅰ、第Ⅱ、第Ⅲ、第Ⅳ象限的逆圆弧（G03），如图 8-21a 所示；用 L1、L2、L3、L4 分别表示第Ⅰ、第Ⅱ、第Ⅲ、第Ⅳ象限的直线（G01），如图 8-21b 所示。由图 8-21a 可以看出，按第Ⅰ象限逆时针走向圆弧 NR1 插补运算时，如将 x 轴的进给反向，即走出第Ⅱ象限顺时针走向圆弧 SR2；将 y 轴的进给反向，即走出 SR4；将 x、y 两轴进给都反向，即走出 NR3。此时 NR1、NR3、SR2、SR4 四种线型都取相同的偏差运算公式，无须改变。还可以看出，按 NR1 的线型插补时，把运算公式的 x 和 y 对调，以 x 作 y，以 y 作 x，那么就得到 SR1 的走向。按上述原理，应用 NR1 同一运算式，适当改变进给方向也可以获得其余线形的走向。

这就是说，可以用第Ⅰ象限偏差运算式统一插补运算，根据象限的不同发出不同方向的脉冲。图 8-21a、b 分别给出的 8 种圆弧和 4 种直线的坐标进给情况，可以得到表 8-1 中的 12 种进给脉冲分配类型，其中Ⅰ、Ⅱ、Ⅲ、Ⅳ分别代表第Ⅰ、第Ⅱ、第Ⅲ、第Ⅳ象限。

表 8-1　Δx、Δy 脉冲分配的 12 种类型

图　形	脉冲第Ⅰ象限计算	进给脉冲分配			
		Ⅰ	Ⅱ	Ⅲ	Ⅳ
G03	Δx	$-x$	$-y$	$+x$	$+y$
逆时针	Δy	$+y$	$-x$	$-y$	$+x$
G02	Δx	$-y$	$+x$	$+y$	$-x$
顺时针	Δy	$+x$	$+y$	$-x$	$-y$
G01	Δx	$+x$	$+y$	$-x$	$-y$
直线	Δy	$+y$	$-x$	$-y$	$+x$

由表 8-1 可以得到发往 $+x$、$-x$、$+y$、$-y$ 坐标方向的脉冲分配逻辑式为

$+x = \mathrm{G02}\cdot\Delta y\cdot\mathrm{I} + \mathrm{G01}\cdot\Delta x\cdot\mathrm{I} + \mathrm{G02}\cdot\Delta x\cdot\mathrm{II} + \mathrm{G03}\cdot\Delta x\cdot\mathrm{III} + \mathrm{G03}\cdot\Delta y\cdot\mathrm{IV} + \mathrm{G01}\cdot\Delta y\cdot\mathrm{IV}$;

$-x = \mathrm{G03}\cdot\Delta x\cdot\mathrm{I} + \mathrm{G03}\cdot\Delta y\cdot\mathrm{II} + \mathrm{G01}\cdot\Delta y\cdot\mathrm{II} + \mathrm{G02}\cdot\Delta y\cdot\mathrm{III} + \mathrm{G01}\cdot\Delta x\cdot\mathrm{III} + \mathrm{G02}\cdot\Delta x\cdot\mathrm{IV}$;

$+y = \mathrm{G03}\cdot\Delta y\cdot\mathrm{I} + \mathrm{G01}\cdot\Delta y\cdot\mathrm{I} + \mathrm{G02}\cdot\Delta y\cdot\mathrm{II} + \mathrm{G01}\cdot\Delta x\cdot\mathrm{II} + \mathrm{G02}\cdot\Delta x\cdot\mathrm{III} + \mathrm{G03}\cdot\Delta x\cdot\mathrm{IV}$;

$-y = \mathrm{G02}\cdot\Delta x\cdot\mathrm{I} + \mathrm{G03}\cdot\Delta x\cdot\mathrm{II} + \mathrm{G03}\cdot\Delta y\cdot\mathrm{III} + \mathrm{G01}\cdot\Delta y\cdot\mathrm{III} + \mathrm{G02}\cdot\Delta y\cdot\mathrm{IV} + \mathrm{G01}\cdot\Delta x\cdot\mathrm{IV}$。

2）终点判别：终点判别的方法有几种，前面已介绍过的一种方法如下：

设置一个终点计数器 E，插补运算开始前已初始化为该程序 x 坐标和 y 坐标的总长（即位移总步数），在插补过程中 x 轴或 y 轴每走一步，就从总步数中减去 1，直到被减为零，表示终点达到。

逐点比较法除能插补直线和圆弧外，还能插补椭圆、抛物线和双曲线等二次曲线。此法进给速度平稳，精度较高；无论是普通 NC 还是 CNC 系统都有广泛的应用。

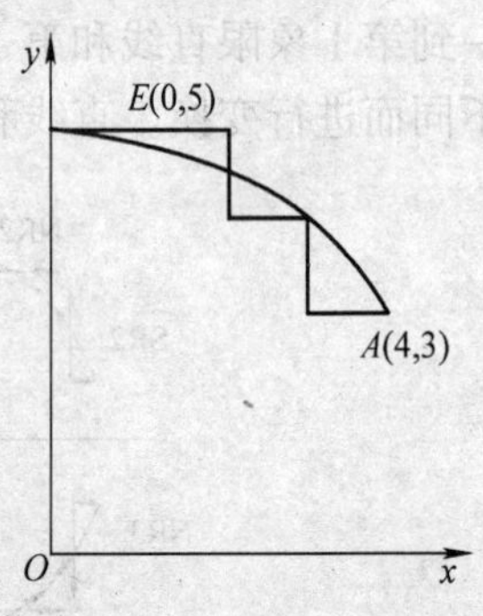

图 8-22　圆弧实际轨迹

例 8-1　图 8-22 所示为一段第Ⅰ象限逆时针走向的圆弧 AE，起点 A 的坐标 $x_0=4$、$y_0=3$，终点 E 的坐标 $x_e=0$、$y_e=5$，终点判别值 $E=(x_0-x_e)+(y_e-y_0)=4-0+5-3=6$，程序执行过程的节拍见表 8-2。圆弧实际轨迹如图 8-22 所示。

表 8-2　程序执行过程的节拍

序号	工作节拍			
	第 1 拍：判别	第 2 拍：进给	第 3 拍：偏差运算	第 4 拍：终点判别
1	$F=0$	$-\Delta x$	$F=0-2\times4+1=-7$ $X=4-1=3$，$y=3$	$E=6-1=5\neq0$
2	$F=-7<0$	$+\Delta y$	$F=-7+2\times3+1=0$ $X=3$，$y=3+1=4$	$E=5-1=4\neq0$
3	$F=0$	$-\Delta x$	$F=0-2\times3+1=-5$ $X=3-1=2$，$y=4$	$E=4-1=3\neq0$
4	$F=-5<0$	$+\Delta y$	$F=-5+2\times4+1=4$ $X=2$，$y=4+1=5$	$E=3-1=2\neq0$
5	$F=4>0$	$-\Delta x$	$F=4-2\times2+1=1$ $X=2-1=1$，$y=5$	$E=2-1=1\neq0$
6	$F=1>0$	$-\Delta x$	$F=1-2\times1+1=0$ $x=1-1=0$，$y=5$	$E=1-1=0$ 终止

3. 数据采样插补原理

在以直流伺服电动机和交流伺服电动机为驱动装置的数控系统中，一般采用数据采样插补。

数据采样插补是根据编程的进给速度将轮廓曲线按时间分割为插补周期的进给段，即进给步长。

数据采样一般分为粗、精插补两步完成。第一步是粗插补，由它在给定曲线的起始点和终止点之间插入若干个中间点，将曲线分割成若干个微小的直线段，即用一组微小的直线段来逼近曲线。每一微小直线段的长度 ΔL 都相等，且与进给速度 F 有关，关系为 $\Delta L = FT$，T 为插补周期。这些微小的直线段由精插补进一步进行数据点的密化工作，即进行对直线的脉冲增量插补。

数据采样插补适用于闭环直流或交流伺服电动机驱动位置采样控制系统。粗插补在每个插补周期内计算出坐标位置增量，而精插补则在每个采样周期内采样实际位置增量及插补输出的指令位置增量，算出位置跟随误差，根据所求得的跟随误差算出相应轴的进给速度指令，并输出给驱动装置。在实际应用中，粗插补简称为插补，通常用软件实现，而精插补可以用软件实现，也可以用硬件实现。插补周期与采样周期可以相等，也可以不等，通常插补周期是采样周期的整数倍。

插补是数控技术的重要组成部分，本节仅介绍了插补技术的基本概念，更详尽的内容可阅读有关的专门文献和资料。

4. 数控装置的进给速度控制

数控机床的进给控制中，既要对运动轨迹严格控制，也要对运动速度严格控制，以保证被加工零件的精度和表面光洁度、刀具和机床的寿命及生产效率。在高速运动时，为避免在起停过程中发生冲击、失步、振荡，数控装置还需要对运动进行适当的加减速控制。

（1）脉冲增量插补算法的进给速度控制　脉冲增量插补算法的输出是脉冲串，其频率与进给速度成正比。因此可以通过控制插补运算的周期来控制进给速度。常用的方法有软件延时法和中断控制法，在连续的二次插补之间插入一段等待时间（软件延时法）或者在中断程序中进行一次插补运算（中断控制法）。

（2）数据采样插补算法的进给速度控制　数据采样插补根据编程进给速度计算一个插补周期内合成速度方向上的进给量

$$f_s = \frac{FTK}{60 \times 1000} \tag{8-8}$$

式中　f_s——系统在稳定进给状态下的插补进给量，称为稳定速度，单位为 mm/min；

F——编程进给速度，单位为 mm/min；

T——插补周期，单位为 ms；

K——速度系数。

为了调速方便，设置了速度系数 K 来反映速度倍率的调节范围，$K = 0 \sim 200\%$，当中断服务程序扫描到面板上倍率开关状态时，给 K 设置相应参数，从而对数控装置面板手动速度调节作出正确响应。

8.4　机器人运动控制技术

在发达国家，机器人已广泛地应用于工业、国防、科技、生活等各个领域。工业部门应用最多的当推汽车工业和电子工业，如焊接机器人、装配机器人、喷涂机器人、搬运机器人等。

同为伺服系统，机器人与数控机床有相似的要求。机器人的电气传动伺服系统也是主要使用3种电动机：步进电动机、直流伺服电动机和交流伺服电动机。包括直流无刷电动机和永磁同步电动机在内的交流伺服电动机正在得到越来越广泛的应用，目前在机器人的伺服系统中，90%以上采用交流伺服电动机驱动。

机器人要运动，就要控制它的位置、速度、加速度等，因此机器人至少是一个位置控制系统。由于绝大多数机器人是关节式运动，很难直接检测机器人末端的运动轨迹，只能对各关节进行控制。从控制的观点看，它属于半闭环系统，即仅从电动机轴上闭环。

机器人模仿人的手臂，由多关节（轴）组成，每个关节（轴）的运动都影响机器人末端的位置和姿态。如何协调各关节（轴）的运动，使机器人末端完成要求的轨迹？与数控机床一样，也涉及插补运算，由于关节（轴）比较多，因而更复杂。它的基本控制是对单关节角位置的控制，如图8-23所示。在速度环和电流环的外面再增加一个角位置环，构成图8-8所示三环控制位置伺服系统。要求电动机能够承受堵转的情况，或者电动机驱动系统有限幅环节来适应这种情况。

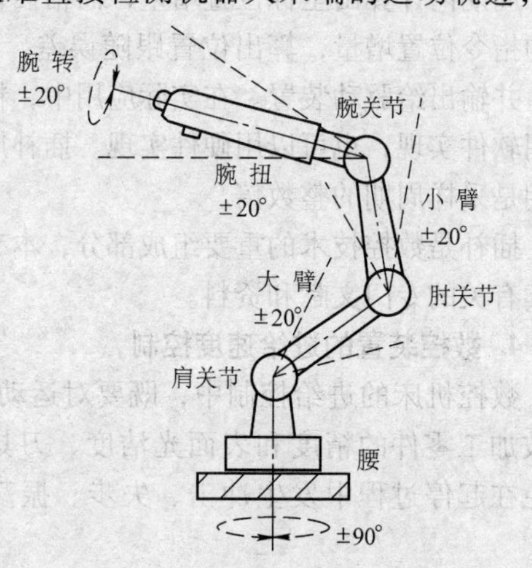

图8-23　机械臂各关节运动范围

思考题与习题

8-1　为什么采用调速方案的恒压供水系统可以节能？

8-2　为什么恒压供水系统常采用一台变频器配多台水泵的方案？

8-3　如何用变频器构成多电机同步调速系统？

8-4　载人电梯控制中除了运行快速和平层准确外，对舒适性也有要求，为此需要对哪些物理量进行限制？

8-5　变频器矢量控制下有速度模式和转矩模式，它们有什么区别？转矩模式有什么特别的用处？

8-6　什么叫伺服控制？对机床伺服控制有什么基本要求？

8-7　两相交流伺服电动机在静止时，控制绕组电压为零，励磁绕组电压不变，这样做的目的是什么？

8-8　试用逐点比较法插补直线 OA，起点 $O(0,\ 0)$，终点 $A(10,\ 12)$，试写出插补过程，并作出插补轨迹图。

8-9　利用逐点比较法插补圆弧 AB，起点 $A(6,\ 0)$，终点 $B(0,\ 6)$，试写出插补过程，并画出插补轨迹图。

第 9 章　计算机控制的电力拖动运动控制系统

前面几章所讨论的模拟式电力拖动运动控制系统主要使用运算放大器等线性器件构成系统的调节器、控制器、比较器等，使用计算机控制以后，这些功能全都由计算机完成。计算机有强大的数字运算、逻辑运算和存储记忆等功能，可以灵活地实现任何一种控制算法，并且在需要的时候用软件完成监控、故障诊断及通信等功能，使系统更优。区别于模拟控制，计算机控制又称为数字控制。

9.1　数字控制电力拖动运动控制基础

模拟系统具有物理概念清晰、控制信号流向直观等优点，便于入门学习，但是存在硬件线路复杂、灵活性差、易受温度影响和存在漂移等缺点，正逐渐被数字系统所取代。

以微处理器为核心的数字控制系统的主要优点是：

1）由于集成度高，可以显著地降低成本。

2）由于连线少，可以明显地改善可靠性。

3）不存在温漂问题，计算准确。

4）用统一的硬件电路和灵活的软件满足不同的需求。

5）可以实现复杂的功能，如给定、反馈、校正、运算、判断、监控、报警、数据处理、故障诊断、触发控制、PWM 脉冲产生等。

数字控制系统的不足之处是：

1）存在采样和量化误差。

2）响应速度往往慢于专用的硬件和模拟电路，采样时间造成的延时可能引起系统的不稳定。

3）软件编写人工费用高。

4）对于软件实现的功能，不容易使用仪器观测，也不容易调试。

9.1.1　数字控制的电力拖动系统结构

数字式电力拖动系统的结构如图 9-1 所示，它由控制器、D/A 转换、功率放大、电动机及 A/D 转换等单元组成。给定值是数字量，反馈量经 A/D 转换后也转换为数字量，控制器是全数字式的，它的输出是数字量，需经 D/A 转换变成模拟量后，方可控制模拟的被控对象。

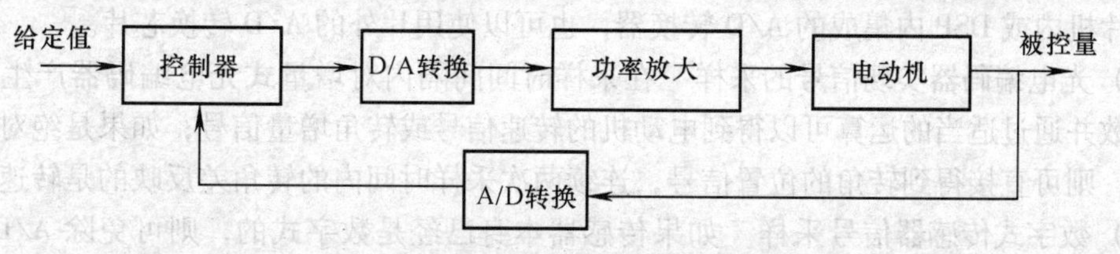

图 9-1　数字式电力拖动系统的结构

1. 控制方式

计算机需要经过 D/A 转换后方可对外施加控制，所谓控制方式指的是 D/A 转换方式。D/A 转换方式有以下几种：

（1）D/A 转换控制方式　将数字信号转变为模拟信号，然后经过线性功率放大器放大为电动机的电压或者电流，实现对电动机的控制。线性放大器的功耗很大，只适用于小型或微型电动机的情况。

（2）PWM 控制方式　将数字信号转换为脉宽调制（PWM）信号，然后经开关型功率放大器对电动机的电压或电流进行控制。开关型功率器件损耗小，因此大部分中小功率电力拖动系统都采用此方式。

（3）晶闸管触发方式　如果开关型功率放大器用晶闸管实现，则计算机算出的数字量将转换为晶闸管的触发延迟角，实现对电动机电压和电流的控制。晶闸管的功率可以做得很大，因此在大功率电力拖动系统中常常使用此控制方式。

2. 数字量化

将模拟量送入计算机前必须进行数字量化，量化的原则是在保证不溢出的前提下，数值越大越好。可用量化系数 K 来显示量化的精度，其定义为

$$K = \text{计算机内部存储值/物理量的实际值}$$

微机数字控制中的量化系数相当于模拟控制系统中的反馈系数。量化系数和物理量的变化范围与计算机内部的字长有关，下面举例说明。

例 9-1　某直流电动机的额定电流 $I_N = 160\text{A}$，允许的瞬时过电流倍数 $\lambda = 2$，额定转速 $n_N = 1470\text{r/min}$，计算内部定点数的字长为 16 位，试确定电枢电流和转速的量化系数。

解　定点数字长为 16 位，最高位留作符号位，只有 15 位可以表示量值，故最大表达值 $D_{max} = 2^{15} - 1$。电枢电流最大允许瞬时值 I_{max} 为 $2I_N$，因此电枢电流的量化系数为

$$K_\beta = \frac{2^{15} - 1}{2I_N} = \frac{32767}{2 \times 160}/\text{A} = 102.4/\text{A}$$

额定转速 $n_N = 1470\text{r/min}$，取 $n_{max} = 1.2n_N$，则转速量化系数为

$$K_\alpha = \frac{2^{15} - 1}{1.2n_N} = \frac{32767}{1.2 \times 1470}/(\text{r/min}) = 18.58/(\text{r/min})$$

对上述运算结果取整数，得 $K_\beta = 102/\text{A}$，$K_\alpha = 19/(\text{r/min})$。

3. 反馈信号的采样

电动机的被控量，例如转速、电流，经常是模拟形式的物理量，要实现闭环控制，需要将这些模拟量转换成数字量，然后输入到计算机内。A/D 转换有以下几种方法：

（1）A/D 转换器实现信号的采样　使用霍尔电流、电压传感器得到模拟电流、电压信号，通过测速发电机得到模拟转速信号，然后经过 A/D 转换器转换成数字采样信号。可以使用单片机内或 DSP 内集成的 A/D 转换器，也可以使用片外的 A/D 转换芯片。

（2）光电编码器实现信号的采样　在采样时间间隔内对增量式光电编码器产生的脉冲进行计数并通过适当的运算可以得到电动机的转速信号或转角增量信号；如果是绝对式光电编码器，则可直接得到转角的位置信号，连续两次采样时间内的转角差反映的是转速信号。

（3）数字式传感器信号采样　如果传感器本身已经是数字式的，则可免除 A/D 转换。例如，光电码盘与数字电路集成后得到以并行口或串行口输出的绝对位置传感器；将旋转变

压器与RDC电路AD2S80或AD2S90组合，可以直接输出12位并行转角位置数据或串行转角位置数据。

4. 数字系统的离散控制过程

数字系统的控制过程是以采样周期为基础的采样—A/D转换—控制律运算—控制量输出—D/A转换周而复始的过程，如图9-2所示。这种控制模式实际上引入了一定的滞后，仅从实时性的角度考虑，采样周期应该越短越好，但是A/D转换、控制律运算、D/A转换都需要时间，因而采样周期的选择需要综合考虑。

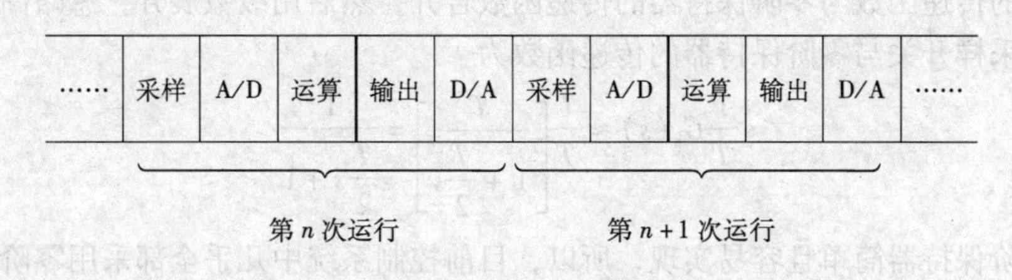

图9-2　数字系统的采样控制

5. 采样周期的选择

计算机完成一次数字量输入、控制律运算、数字量输出所需的时间称为采样周期，用T_s（或T）表示，它的倒数称为采样频率f_s或采样角频率$\omega_s=2\pi f_s$。在计算机控制系统中，采样周期的选择应遵循以下的原则：

（1）香农（Shannon）采样定理　根据香农采样定理，采样频率f_s应不小于信号频谱中最高频率f_{max}的两倍，方能经滤波后不失真地重现原模拟信号。但实际系统中信号的最高频率很难确定，因此难以直接用采样定理来确定系统的采样周期。

（2）闭环系统对给定信号的跟踪　控制系统对给定信号的跟踪性能是系统性能的重要指标。当要求响应快时，系统必须有足够的带宽。采样频率必须比系统带宽频率高得多，通常选择采样角频率ω_s为系统截止角频率ω_c的4～10倍，或者采样周期为控制对象最小时间常数的1/4～1/10。

（3）受计算机精度与速度的制约　微型计算机一般字长有限，并且常常只能进行定点运算。如果采样周期太短，前后两次采样值之差太小，会因精度不够而削弱控制作用。另一方面，虽然采样周期越短，越接近连续时间系统，但采样频率受计算机速度的限制。如果适当地降低采样频率，可以使用较低速的微机与接口电路，以降低系统的造价。

多数工业过程控制系统（控制量为流量、压力、液位、温度）常用的采样周期为几秒到几十秒；快速的电力拖动运动控制系统（控制量为转速、电压、电流）常用的采样周期为几十微秒到几十毫秒。

6. 零阶保持器

控制器输出的离散信号为脉冲信号，相当于通过采样得到的不连续信号，保持器能够将不连续的采样信号转换为连续信号。在相邻两次采样之间，通常使用零阶保持器，即维持输出信号恒定不变。例如，在第k次采样之后与第$k+1$次采样之前的一段时间内维持输出为第k次采样时的输出不变。零阶保持器（ZOH）的时域方程为

$$f_k(t)=f(kT)\qquad kT\leqslant t<(k+1)T$$

在单片机或 DSP 控制的系统中，零阶保持器的实现是很容易的，只要使用具有锁存功能的接口即可。

图 9-3 所示为一个具有采样器—保持器的数字控制系统，其中，$D(z)$ 为控制器的离散传递函数；$G(s)$ 为控制对象的连续传递函数；采样开关的传递函数为 $1/T$，而零阶保持器的传递函数为

$$G_{\mathrm{h}}(s)=\frac{1-\mathrm{e}^{-Ts}}{s} \tag{9-1}$$

将采样开关的传递函数与零阶保持器的传递函数合并，然后用级数展开，忽略高次项，可以得到近似的采样开关与零阶保持器的传递函数为

$$\frac{1}{T}G_{\mathrm{h}}(s)\approx\frac{1}{T}\left[\frac{T}{1+\frac{T}{2}s}\right]=\frac{1}{\frac{T}{2}s+1} \tag{9-2}$$

由于零阶保持器简单且容易实现，所以，目前控制系统中几乎全部采用零阶保持器。

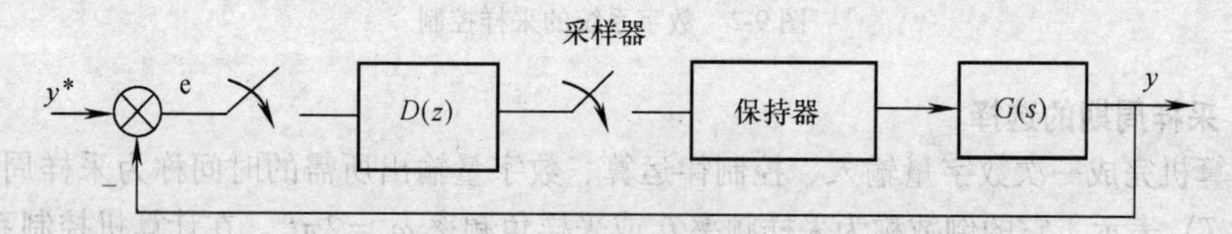

图 9-3　具有采样器—保持器的数字控制系统

9.1.2　计算机控制系统的数学描述

计算机控制系统，可以看作是采样系统，又可以看作是时间离散系统。对于离散系统，通常的数学描述方法有时域的差分方程、复数域的 z 变换和脉冲传递函数、频率域的频率特性及离散状态空间方程。由于篇幅限制，下面仅简单介绍差分方程和 z 变换。

1. 差分方程

连续系统的动态过程，在时域中用微分方程来描述；离散系统的动态过程，在时域中则用差分方程来描述。

连续函数 $f(t)$，采样后为 $f(kT)$，为了方便，以后常写为 $f(kT)=f(k)$，现在定义

一阶后向差分

$$\nabla f(k)=f(k)-f(k-1)$$

二阶后向差分

$$\nabla^2 f(k)=\nabla(\nabla f(k))=f(k)-2f(k-1)+f(k-2)$$

一阶微分用一阶差分代替

$$\frac{\mathrm{d}y}{\mathrm{d}t}=y(k)-y(k-1)$$

二阶微分用二阶差分代替

$$\frac{\mathrm{d}^2y(t)}{\mathrm{d}t}=y(k)-2y(k-1)+y(k-2)$$

于是二阶微分方程就转换成了二阶差分方程。求解差分方程可以用 z 变换方法或者用计算机迭代方法。

2. z 变换

z 变换是分析设计线性离散系统的重要方法之一。

（1）z 变换的定义　一个微分方程通过拉普拉斯变换后可以转化为 s（复数）的代数方程，这样可以大大简化运算。对计算机控制系统中的采样信号也可以进行拉普拉斯变换。连续信号 $e(t)$ 通过采样周期为 T 的理想采样后得到的采样信号 $e^*(t)$ 为加权脉冲序列，每一个采样时刻的脉冲强度等于该采样时刻的连续函数值，其表达式为

$$e^*(t) = e(0)\delta(t) + e(T)\delta(t-T) + e(2T)\delta(t-2T) + \cdots \tag{9-3}$$

因为脉冲函数 $\delta(t-kT)$ 的拉普拉斯变换为

$$\mathscr{L}[\delta(t-kT)] = \mathrm{e}^{-kTs}$$

所以式(9-3)的拉普拉斯变换为

$$E^*(s) = e(0) + e(T)\mathrm{e}^{-Ts} + e(2T)\mathrm{e}^{-2Ts} + \cdots = \sum_{k=0}^{\infty} e(kT)\mathrm{e}^{-kTs} \tag{9-4}$$

从式（9-4）可以看出，这是一个超越函数，问题没有得到简化。为此，引入另一个复变量“z”，令 $z = \mathrm{e}^{Ts}$，代入前式，得

$$E(z) = e(0) + e(T)z^{-1} + e(2T)z^{-2} + \cdots = \sum_{k=0}^{\infty} e(kT)z^{-k} \tag{9-5}$$

式（9-5）是 $e^*(t)$ 的单边 z 变换。

式(9-3)～式(9-5)在形式上完全相同，都是多项式之和，对应项的加权系数相等，在时域中的 $\delta(t-T)$、s 域中的 e^{-Ts} 及 z 域中的 z^{-1} 均表示信号延迟一拍。

在实际应用中，所遇到的采样信号的 z 变换幂级数在收敛域内都对应有一个闭合形式，其表达式是一个关于“z 或 z^{-1}”的有理分式。在讨论系统动态性能时，z 变换式写成因子形式更为有用，即

$$E(z) = \frac{KN(z)}{D(z)} = \frac{K(z-z_1)\cdots(z-z_m)}{(z-p_1)\cdots(z-p_n)} \tag{9-6}$$

式中　z_1、…、z_m，p_1、…、p_n——$E(z)$ 在 z 平面上的零点和极点。

有关 z 变换的更详细的内容可以阅读有关参考文献［41，43，44］。

（2）z 变换的映射关系　s 平面的左半平面映射到 z 平面的单位圆内。s 平面的角频率 ω 与 z 平面的相角 θ 的关系为

$$\theta = \omega T + 2k\pi$$

表明 s 平面上频率相差采样频率整数倍的所有点，映射到 z 平面上的同一点，不是一对一的映射关系，如图 9-4 所示。

（3）求 z 变换的方法　求 z 变换的方法有多种，其中最简单、快捷的方法是查表，可以利用时域函数 $f(t)$ 及对应的拉普拉斯变换 $F(s)$ 进行查表，求得对应的 z 变换。由于表内所列的函数有限，对于表内查不到的较复杂的原函数，常先把对应的拉普拉斯变换式转化成部分分式的形式，然后再查表。

（4）z 反变换　由 z 变换式 $E(z)$ 求时域函数的过程称为 z 反变换。用“Z^{-1}”符号表示，即

$$Z^{-1}[E(z)] = e^*(t) = e(kT) \quad (k=0,1,2,\cdots) \tag{9-7}$$

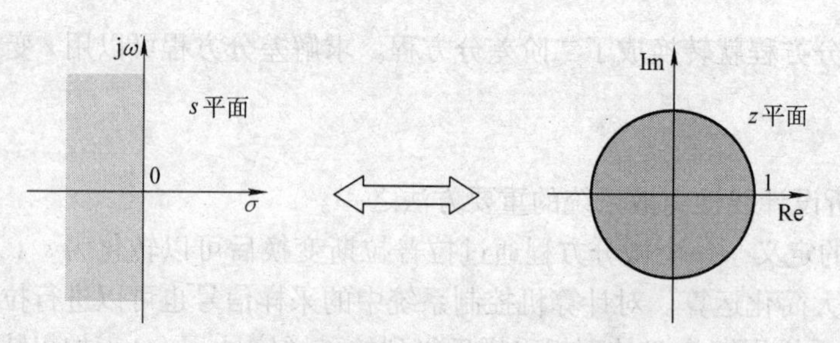

图 9-4 s 平面与 z 平面的映射关系

注意，z 反变换式中只包含采样时刻的信息，它和连续信号无一一对应关系，即 $Z^{-1}[E(z)]\neq e(t)$。

由 z 变换式求时域信号有以下几种方法：查表法、部分分式法、幂级数展开法（长除法）等。

3. 脉冲传递函数

与线性连续系统的传递函数相类似，线性离散系统的脉冲传递函数 $G(z)$ 定义为：在初始静止条件下，一个系统的输出脉冲序列的 z 变换 $Y(z)$ 与输入脉冲序列的 z 变换 $R(z)$ 之比。

$$G(z)=\frac{Y(z)}{R(z)}=\frac{Z[y(kT)]}{Z[r(kT)]} \tag{9-8}$$

脉冲传递函数反映了系统的物理特性，仅取决于描述线性系统的差分方程。

图 9-5 所示为数字控制系统的典型结构，系统的输入信号有两个，一个是给定信号 $r(kT)$，另一个是干扰信号 $n(t)$，干扰信号没有经过采样器直接进入系统。

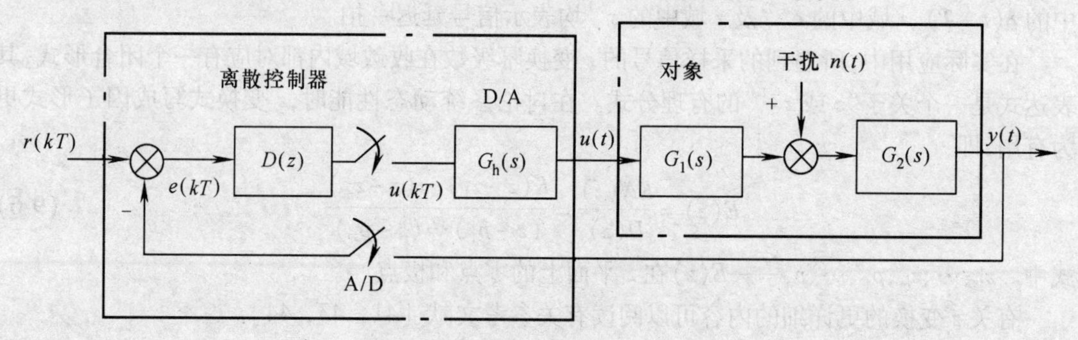

图 9-5 数字控制系统的典型结构

由于线性系统满足叠加原理，输出 Y 可以看作是由两部分组成：一部分是由给定信号产生的 Y_R，另一部分是由干扰信号决定的 Y_N，所以

$$Y(z)=Y_R(z)+Y_N(z) \tag{9-9}$$

定义 $G(z)$ 为广义被控对象

$$G(z)=Z[G_h(s)G_1(s)G_2(s)]=Z\left[\frac{1-e^{-Ts}}{s}G_1(s)G_2(s)\right]$$

于是

$$\begin{aligned}Y_R(z)&=G(z)D(z)E(z)=G(z)D(z)[R(z)-Y_R(z)]\\&=G(z)D(z)R(z)-G(z)D(z)Y_R(z)\end{aligned}$$

整理可得

$$Y_{\mathrm{R}}(z)=\frac{G(z)D(z)}{1+G(z)D(z)}R(z)=\Phi(z)R(z) \tag{9-10}$$

式中　$\Phi(z)$——系统闭环脉冲传递函数

$$\Phi(z)=\frac{G(z)D(z)}{1+G(z)D(z)}$$

由干扰信号引起的输出响应

$$\begin{aligned}Y_{\mathrm{N}}(z)&=Z[G_2(s)N(s)]-Y_{\mathrm{N}}(z)D(z)Z[G_{\mathrm{h}}(s)G_1(s)G_2(s)]\\&=G_2N(z)-D(z)G(z)Y_{\mathrm{N}}(z)\end{aligned} \tag{9-11}$$

所以

$$Y_{\mathrm{N}}(z)=\frac{G_2N(z)}{1+D(z)G(z)} \tag{9-12}$$

系统总输出为

$$Y(z)=Y_{\mathrm{R}}(z)+Y_{\mathrm{N}}(z)=\frac{1}{1+D(z)G(z)}[D(z)G(z)R(z)+G_2N(z)] \tag{9-13}$$

上面推导中需要对连续系统传递函数 $G(s)$ 进行离散化得到脉冲传递函数 $G(z)$，方法有多种，详见9.2节。

9.2　连续域-离散化设计

计算机控制系统的经典设计方法一般分为两种。一种是将连续系统设计好的控制律 $D(s)$ 利用不同的离散化方法变换为离散控制律 $D(z)$，这种方法称为"连续域-离散化设计"方法。它允许设计者利用熟悉的各种连续域设计方法设计出令人满意的连续域控制器，然后将控制器离散化，离散化过程较为简单。另一种方法是在离散域先建立被控对象的离散模型 $G(z)$，然后直接在离散域进行控制器 $D(z)$ 设计。其经典设计方法包括 z 域根轨迹设计及频率域（ω'域）设计等。限于篇幅，本书仅介绍连续域-离散化设计方法。

微机数字控制电力拖动运动控制系统的设计中，可以先按模拟系统理论来设计调节器和确定调节器的参数，然后再离散化，得到数字控制算法。

由于微机性价比的迅速提高，常规模拟式连续控制系统正逐渐被计算机离散控制系统所取代。在对原连续系统进行改造时，最方便的方法是将原来的模拟控制规律离散化，变为数字算法，然后在计算机上编程实现。即使是设计新的计算机控制系统，由于人们在离散域直接设计数字控制器的经验相对不足，也愿意先在连续域中设计出控制规律，然后将它们离散化，编程在计算机上实现。

9.2.1　设计原理及步骤

如果原连续系统的模拟控制器的传递函数 $D(s)$ 已知，若直接将 $D(s)$ 离散化，不进行 s 平面修正设计，那么计算机控制系统的性能通常会比连续系统差。除非是采样频率 ω_{s} 足够高（例如采样频率 ω_{s} 比系统闭环截止频率 ω_{c} 大10倍以上）时，零阶保持器（ZOH）的滞后影响可以忽略不计，它们达到的性能相近。一般情况下，考虑到计算机控制系统中的零阶

保持器的近似传递函数

$$G_{\mathrm{h}}(s)=\frac{1}{1+\frac{1}{2}Ts}$$

等效的控制对象传递函数需要修正。计算机控制系统修正后的等效连续结构如图 9-6 所示。按图 9-6 所示的等效结构图进行 $D(s)$ 设计，称为 s 平面修正设计。

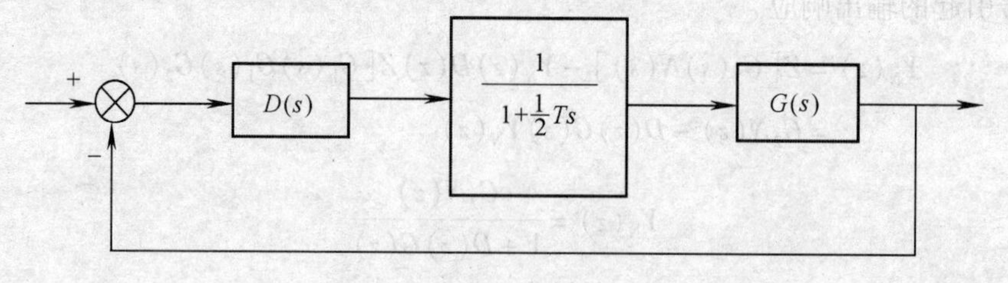

图 9-6　计算机控制系统修正后的等效连续结构

根据以上分析，连续域-离散化设计的步骤如下：

第一步：根据系统的性能（如频带宽度等），选择采样频率，并设置抗混叠前置滤波器。

第二步：如图 9-6 所示，将零阶保持器（ZOH）的传递函数与控制对象的传递函数合并，成为修正后的控制对象传递函数，并根据性能指标和连续域设计方法，设计出数字控制算法的等效传递函数 $D(s)$。

第三步：选择合适的离散化方法，将 $D(s)$ 离散化，获得脉冲传递函数 $D(z)$，使两者性能尽量等效。

第四步：检验计算机闭环控制系统的性能。可以根据采样系统理论，在 z 域进行数学分析，也可以采用仿真技术检验系统的性能指标。如果满足指标要求，进行下一步；否则，重新进行设计。改进设计的途径如下：

1）选择更合适的离散化方法。

2）提高采样率。

3）修正连续域设计，如增加稳定裕度指标等。

第五步：将 $D(z)$ 变为数字算法，在计算机上编程实现。

9.2.2　各种离散化的方法

采用连续域-离散化设计并不困难，关键是掌握各种离散化方法。通常有多种离散化方法，但要求离散前后两者必须有近似的动态性能，即相同的时域响应特性和频域响应特性。

应注意，不同的离散化方法所具有的特性不同，离散后的脉冲传递函数与原传递函数相比，并不能保持全部特性，并且不同特性的接近程度也不一样。因此，设计者必须了解不同方法的特点，并且确定哪种特性是最重要的，据此来选择合适的离散化方法。

离散化方法很多，下面介绍几种常用的离散化方法。

1. 后向差分法

差分变换法是用差分来近似微分的变换方法。后向差分的近似形式是

$$\left.\frac{\mathrm{d}e(t)}{\mathrm{d}t}\right|_{t=kT}\approx\frac{e(k)-e(k-1)}{T}$$

将上式左边取拉普拉斯变换为

$$sE(s)$$

右边取 z 变换为

$$\frac{E(z)-E(z)z^{-1}}{T}=\frac{1-z^{-1}}{T}E(z)$$

这样得到变换关系为

$$s=\frac{1-z^{-1}}{T}\tag{9-14}$$

于是对于传递函数 $D(s)$，使用后向差分变换法进行 z 变换时，只需将式（9-14）代入即可。

后向差分法的主要特点：

1）映射关系。后向差分映射关系是将 s 平面的左半平面映射到 z 平面上以（1/2，0）为圆心，1/2 为半径的圆内，如图 9-7 所示。

2）如果 $G(s)$ 是稳定的，则 $G(z)$ 也是稳定的。同时可见，若有一些 $D(s)$ 不稳定，采用后向差分离散后可能变得稳定。

3）变换前后稳态增益不变，即 $D(s)\big|_{s=0}=D(z)\big|_{z=1}$。

4）同时，后向差分法在 ω 从 0→∞ 范围内，唯一地映射到半径为 1/2 的圆上，不会出现频率的"混叠现象"，但频率被严重压缩，不能保证频率特性不变。

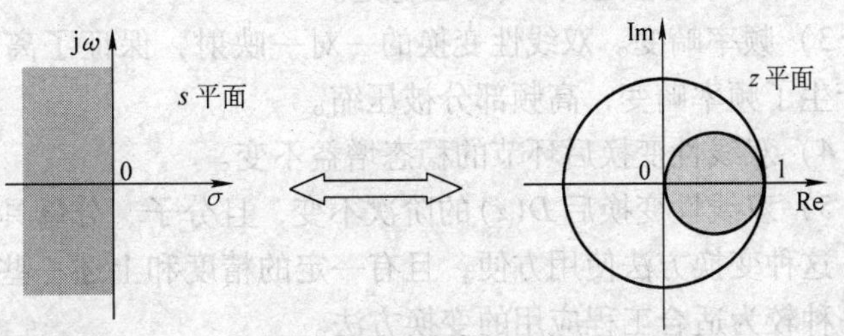

图 9-7　后向差分映射关系

由于这种变换的映射关系畸变严重，变换精度较低，工程应用受到限制；但这种变换简单易行，要求不高时，在采样周期 T_s 相对较小时有一定的应用。

2. 双线性变换法

双线性变换法是使用梯形面积逼近积分运算的方法。对于积分

$$u(t)=\int_0^t e(t)\,\mathrm{d}t$$

两边求拉普拉斯变换，得到

$$U(s)=\frac{1}{s}E(s)\quad 或\quad \frac{U(s)}{E(s)}=\frac{1}{s}$$

当用梯形面积求上式的积分值时，得到

$$u(k)=u(k-1)+\frac{T}{2}[e(k)+e(k-1)]$$

进行 z 变换，得到

$$U(z)=U(z)z^{-1}+\frac{T}{2}[E(z)+E(z)z^{-1}]$$

整理得到 z 域积分传递函数

$$\frac{U(z)}{E(z)}=\frac{T}{2}\frac{1+z^{-1}}{1-z^{-1}}$$

于是得到双线性转换关系为

$$s=\frac{2}{T}\frac{1-z^{-1}}{1+z^{-1}} \tag{9-15}$$

对于任意的连续域传递函数 $G(s)$，在应用双线性变换时，只要将式（9-15）代入即可。实际上，双线性变换是 z 变换的一种近似。

双线性变换法的主要特点：

1）映射关系。双线性变换是将 s 平面的左半平面映射到 z 平面的单位圆内，如图 9-8 所示。但要注意，z 变换的映射是重叠映射，但双线性变换的映射是不重叠的一对一的映射，即整个虚轴对应单位圆的一周。

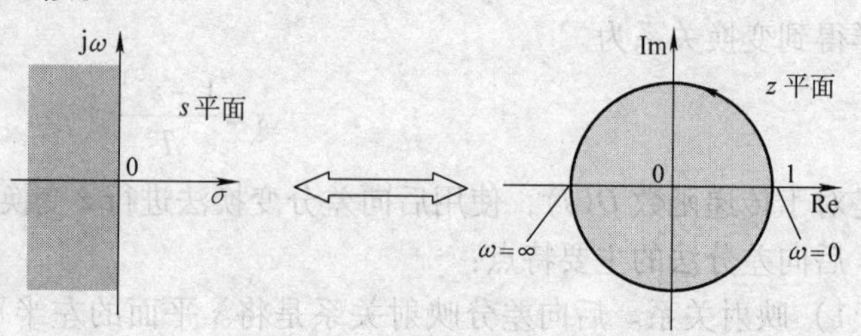

图 9-8　双线性变换映射关系

2）$G(s)$是稳定的，$G(z)$也稳定。

3）频率畸变。双线性变换的一对一映射，保证了离散频率特性不产生频率混叠现象，但产生了频率畸变，高频部分被压缩。

4）双线性变换后环节的稳态增益不变。

5）双线性变换后 $D(z)$的阶次不变，且分子、分母具有相同的阶次。

这种变换方法使用方便，且有一定的精度和上述一些好的特性，工程上应用较为普遍，是一种较为适合工程应用的变换方法。

3. 零、极点匹配法

系统的零、极点位置决定了系统的性能。z 变换时，s 平面和 z 平面的极点是依照 $z=e^{Ts}$ 关系对应的，但是零点不存在这种对应关系。所谓零、极点匹配法就是将 $D(s)$的极点和零点都按照 $z=e^{sT}$对应关系一一映射到 z 平面上，所以又称其为匹配 z 变换法。

零、极点匹配法的离散化方法为

$$D(s)=\frac{k\prod_{m}(s+z_i)}{\prod_{n}(s+p_i)}\xrightarrow{z=e^{sT}}D(z)=\frac{k_1\prod_{m}(z-e^{-z_iT})}{\prod_{n}(z-e^{-p_iT})}(z+1)^{n-m} \tag{9-16}$$

式（9-16）表明：

1）零、极点都按 $z=e^{sT}$变换。

2）若分子阶次 m 小于分母阶次 n，即表明 $s=\infty$ 处有零点，则将该零点映射到 $z=-1$ 处。所以，离散变换时，在 $D(z)$分子上增加$(z+1)^{n-m}$因子。类似地，若分母阶次低于分子阶次，即分母有位于 $s=\infty$ 处极点时，则将其映射为 $z=-1$ 处的极点。

3）$D(z)$的增益 k_1 按 $D(s)\big|_{s=0}=D(z)\big|_{z=1}$来配置。

零、极点匹配法的主要特点如下：

1）零、极点匹配法要求将 $D(s)$分解为零、极点形式，且需要进行稳态增益匹配，因此使用不够方便。

2）由于该变换是基于 z 变换进行的，所以可以保证 $D(s)$ 稳定，$D(z)$ 一定稳定。

3）当 $D(s)$ 分子阶次比分母低时，在 $D(z)$ 分子上匹配有 $(z+1)$ 因子，可获得双线性变换的效果，即可防止频率混叠。

4. z 变换法（脉冲响应不变法）

$$D(z)=Z[D(s)]$$

这种方法可以保证连续与离散环节脉冲响应相同，所以又称为脉冲响应不变法。如果 $D(z)$ 的单位脉冲响应为 $h(kT)$，$D(s)$ 的单位脉冲响应为 $h(t)$，所谓脉冲响应不变是指变换后保证 $h(kT)$ 是 $h(t)$ 的采样值。

对于较简单的传递函数可以通过查表得到它的 z 变换，而对于复杂的函数则必须先用部分分式展开成可查表的形式，然后再查表。

它的特点是：

1）映射关系：从 s 平面的左半平面映射到 z 平面的单位圆内。

2）当 $G(s)$ 稳定时，$G(z)$ 也稳定。

3）s 平面映射到 z 平面不是单值关系，s 平面沿虚轴从 $-\omega_s/2$ 变化到 $+\omega_s/2$，对应 z 平面沿单位圆转一圈。如果 $D(s)$ 存在超过该范围的频率时，则会发生混叠现象，而使 $D(z)$ 的脉冲响应严重失真。

由于 z 变换比较麻烦，多个环节串联时无法单独变换及产生频率混叠和其他特性变化较大，所以应用较少。z 变换法仅适用于有限带宽的情况，并且要求采样频率足够高。

5. 应用举例[44]

现代飞机普遍采用电气传动操纵系统代替原来的机械操纵系统。电气传动操纵系统是一种计算机控制的闭环伺服系统。目前飞机电气传动的控制规律通常是采取经典或者现代的控制方法在连续域内设计，得到的控制规律通过软件编程在计算机内实现。为此，需要将设计所得到的控制规律离散化，变成离散的控制器。

例 9-2　已知某飞机俯仰角电气传动操纵伺服系统，通过连续域设计得到的系统结构如图 9-9 所示。要求选用合适的离散化方法将所有的控制器传递函数离散化，并通过仿真方法检查离散系统的保真特性。图中，控制器为比例 + 积分环节。拖动舵面偏转的执行机构（通常称为舵机）用极点为 −20 的 1 阶惯性环节近似。

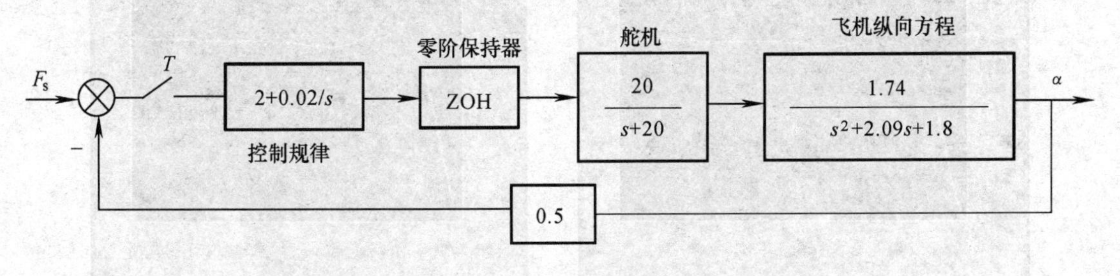

图 9-9　飞机俯仰角电气传动操纵伺服系统结构

解　(1) 根据前面介绍的离散化步骤，首先应选择采样周期，按照一般的原则和经验，可选 $T=0.025\text{s}$。

(2) 检查零阶保持器对系统性能的影响。画出原连续系统的开环频率特性，得到系统的相位稳定裕度为 70°（$\omega_c = 1.61\mathrm{rad/s}$）；当变为计算机控制系统时，需引入零阶保持器，它在系统截止频率处所引入的相位滞后约为 $\Delta\varphi = -\omega_c T/2 = -1.61 \times 0.025 \times 57.3°/2 = -1.15°$,对系统的稳定裕度影响很小，所以不必对原控制器进行修正。

（3）根据控制器选择合适的离散化方法。对本系统，$D(s) = 2 + 0.02/s$ 是一个 PI 控制器，主要表现为低频特性，为了保证较高的离散化精度，选用双线性变换法较好（后向差分法也行）。

具体的离散结果如下：

$$D(z) = \frac{U(z)}{E(z)} = \left(2 + \frac{0.02}{s}\right)\Bigg|_{s=\frac{2}{T}\frac{z-1}{z+1}} = \frac{2.00025(1 - 0.9998z^{-1})}{1 - z^{-1}}$$

所以

$$u(k) = 2.00025e(k) - 1.9998e(k-1) + u(k-1)$$

（4）依据已离散化的 $D(z)$,利用 Simulink 进行仿真。飞机迎角 α 的阶跃响应仿真结果如图 9-10a 所示。其中虚线为离散系统仿真曲线,实线为连续系统仿真曲线,可以看出,离散化的精度较好。为了清楚起见,图 9-10b 和 c 分别示出了迎角离散控制系统与连续控制系统的仿真结果。

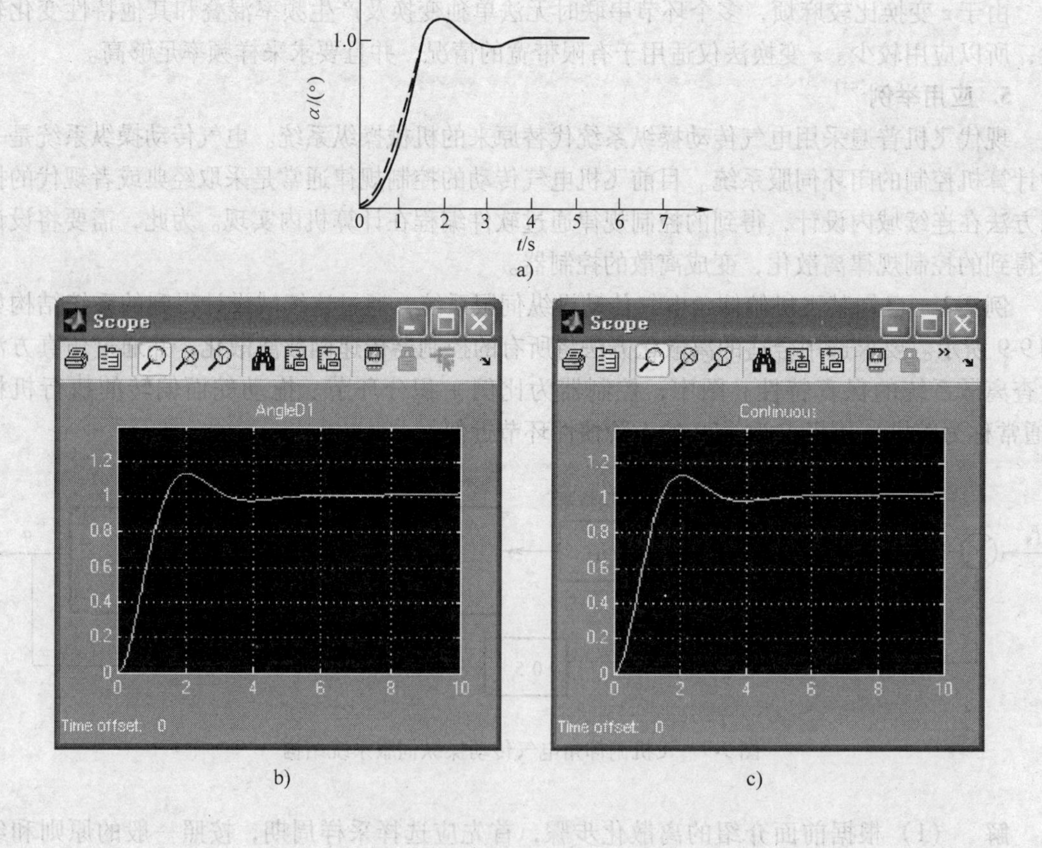

图 9-10　飞机迎角控制系统仿真结果

a）纵向电气传动操纵系统仿真结果　b）迎角离散控制系统仿真结果　c）迎角连续控制系统仿真结果

9.2.3　数字PID调节器的设计

在连续控制系统中，PID算法得到了广泛的应用，是技术上最成熟的控制规律。相当多的工业对象，都采用PID进行控制，并获得较为满意的效果。在连续模拟式控制系统中，PID控制律是由各种模拟元器件实现的。在现代计算机控制系统中，PID算法将由计算机软件实现。

1. 数字式调节器

如第2章所述，连续域的工程设计方法已广泛地应用到各种模拟系统的设计中，为广大工程设计人员所熟悉。一种受欢迎的数字调节器的设计方法是，先按模拟系统的设计方法设计调节器，然后再离散化，就可以得到数字式调节器的算法，这就是模拟调节器的数字化。

在电力拖动运动控制系统中，使用PID调节器对电动机的电流、电压、转速和位置进行闭环控制，调节器的输入量是给定$r(t)$与输出$y(t)$的误差$e(t)$，即

$$e(t)=r(t)-y(t) \tag{9-17}$$

在应用中可以根据性能要求采用P调节器、PI调节器或者PID调节器。其时间域的表示形式分别是

$$u(t)=K_{\mathrm{P}}e(t) \tag{9-18}$$

$$u(t)=K_{\mathrm{P}}\left[e(t)+\frac{1}{T_{\mathrm{i}}}\int_0^t e(t)\,\mathrm{d}t\right] \tag{9-19}$$

$$u(t)=K_{\mathrm{P}}\left[e(t)+\frac{1}{T_{\mathrm{i}}}\int_0^t e(t)\,\mathrm{d}t+T_{\mathrm{d}}\frac{\mathrm{d}e(t)}{\mathrm{d}t}\right] \tag{9-20}$$

式中　K_{P}——比例放大系数；

T_{i}——积分时间常数；

T_{d}——微分时间常数。

在数字计算机中实现PID算法，可以采用前述各种离散化变换方法。在工业应用中习惯上采用数字逼近的方法。当采样周期相当短时，用求和代替积分，用差商代替微分，使PID算法离散化。如果采样周期为T，得到积分与微分式的差分方程，第k拍输出分别为

$$\frac{1}{T_{\mathrm{i}}}\int_0^t e(t)\,\mathrm{d}t\approx\frac{T}{T_{\mathrm{i}}}\sum_{j=0}^{k}e(j) \tag{9-21}$$

$$T_{\mathrm{d}}\frac{\mathrm{d}e(t)}{\mathrm{d}t}\approx\frac{T_{\mathrm{d}}}{T}[e(k)-e(k-1)] \tag{9-22}$$

对于P调节器，只需将时间离散化，第k拍输出为

$$u(k)=K_{\mathrm{P}}e(k) \tag{9-23}$$

对于PI调节器，只需将比例与积分组合，如果初始值为u_0，则得到第k拍输出为

$$u(k)=K_{\mathrm{P}}\left[e(k)+\frac{T}{T_{\mathrm{i}}}\sum_{j=0}^{k}e(j)\right]+u_0$$

定义积分常数$K_{\mathrm{I}}=K_{\mathrm{P}}\dfrac{T}{T_{\mathrm{i}}}$，则上式可以改写为

$$u(k)=K_{\mathrm{P}}e(k)+K_{\mathrm{I}}\sum_{j=0}^{k}e(j)+u_0 \tag{9-24}$$

PID 调节器是比例、积分和微分调节器的组合，如果初始值为 u_0，可以得到第 k 拍输出为

$$u(k) = K_{P}e(k) + K_{I}\sum_{j=0}^{k}e(j) + K_{P}\frac{T_{d}}{T}[e(k) - e(k-1)] + u_0 \tag{9-25}$$

定义微分常数 $K_{D} = K_{P}\frac{T_{d}}{T}$，得到

$$u(k) = K_{P}e(k) + K_{I}\sum_{j=0}^{k}e(j) + K_{D}[e(k) - e(k-1)] + u_0 \tag{9-26}$$

通常，计算机输出的控制指令 $u(k)$ 直接控制执行机构（如伺服机构的位置、阀门的位置等），$u(k)$ 的值直接与执行机构输出的位置相对应，所以将式（9-24）和式（9-26）的算法分别称为 PI 和 PID 的位置算法。在工业应用中采用 PID 的位置算法有时不够方便并有缺陷。在式（9-24）和式（9-26）的计算中，需要将系统运行以来的误差全部存储，这意味着随着时间的延长，计算机的存储空间和运算量将不断增加；另外还存在安全隐患，如果一旦计算机出现故障，$u(k)$ 的大幅度变化会引起执行机构位置的突变，可能造成重大事故。考虑到这种情况，实际中应用比较广泛的是增量式。所谓增量式，是对式（9-24）和式（9-26）取增量，可以分别写为

$$\Delta u(k) = K_{P}[e(k) - e(k-1)] + K_{I}e(k) \tag{9-27}$$

$$\Delta u(k) = K_{P}[e(k) - e(k-1)] + K_{I}e(k) + K_{D}[e(k) - 2e(k-1) + e(k-2)] \tag{9-28}$$

式（9-27）和式（9-28）分别为增量式 PI 和 PID 算法。计算机仅输出控制量的增量 $\Delta u(k)$，它对应执行机构位置的改变量，故称增量式算法。增量式算法比位置式算法应用得更普遍，主要原因是增量式算法具有下述优点：

1）该方法较为安全。因为一旦计算机出现故障，输出指令为零时，执行机构的位置（如阀门的开度）仍可保留前一步的位置，不会给被控对象带来较大的扰动。

2）该方法在计算时不需要进行累加，仅需要最近几次误差的采样值。

增量式算法的主要问题是，执行机构的实际位置也就是控制指令全量的累加需要用计算机以外的其他硬件实现，如图 9-11b 中的积分环节。因此，如果执行机构具有这种积分功能（如步进电动机），采用增量算法是很方便的。即使需要位置输出，利用 $u(k) = u(k-1) + \Delta u(k)$，也可以方便地求得。而 $u(k-1)$ 可以用平移法保存，这对于计算机来说是非常容易做到的。

图 9-11 所示为两种 PID 控制系统，在控制系统中，为了安全，常常需要对调节器实行限幅。在数字控制算法中，要对 u 限幅，只需在程序内设置限幅值 u_m，当 $u(k) > u_m$ 时，以限幅值作为输出即可。

2. 数字调节器的改进

利用计算机丰富的逻辑判断和强大的数值运算功能，数字控制器不仅能实现模拟控制器的数字化，而且可以突破模拟控制器只能完成线性控制率的局限，完成各类非线性控制、自适应控制乃至智能控制等，大大拓宽了控制规律的实现范畴。

（1）积分分离法　在电力拖动闭环控制系统中，调节器常常设计成有限幅功能，例如转速调节器的输出为带有限幅的电流给定，可以保证输出电流工作在安全范围内。但是，一旦调节器进入限幅状态，调节器就失去了调节作用，退饱和时还将引起转速超调。由于计算

机控制的灵活性，在控制算法上可以采取措施抑制不必要的调节器饱和。

饱和经常是由于积分项引起的，因此可以在误差 $e(k)$ 较大时，调节器不进行积分运算，而在误差较小时，才进行积分运算，这样既可以避免不必要的调节器饱和，又保留了积分项可以消除稳态误差的功能。这就是积分分离法，它的控制算法为

$$u(k)=u(k-1)+K_P[e(k)-e(k-1)]+CK_Ie(k)+K_D[e(k)-2e(k-1)+e(k-2)] \tag{9-29}$$

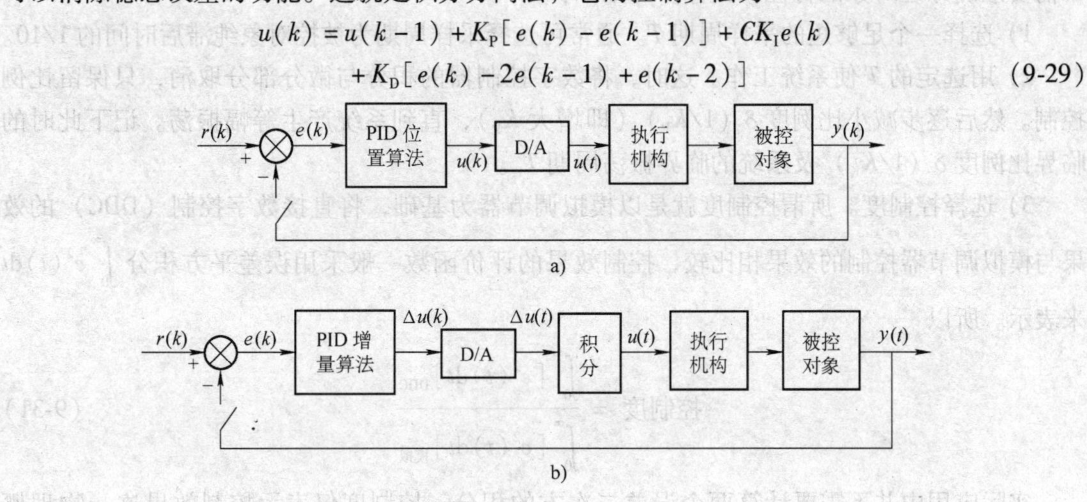

图 9-11　两种 PID 控制系统

a）位置式　b）增量式

在积分项增加了符号 C，定义为

$$\begin{cases} C=1 & |e(kT_s)|\leqslant E_0 \\ C=0 & |e(kT_s)|>E_0 \end{cases} \tag{9-30}$$

式中　E_0——误差门限值。

（2）变参数 PID 控制　在第 2 章双闭环直流调速系统的学习中已经了解到闭环系统的快速性与稳定性有矛盾，在调节器的参数设计中实际上是取了折中，这是因为模拟调节器缺乏灵活性造成的。如果调节器的参数有两组或者多组，根据不同的误差大小、不同的转速范围、不同的负载轻重，自动切换调节器参数，那么上述问题就可以明显缓解。计算机控制很容易做到这一点，设置多组 PID 参数，当情况发生变化时及时改变 PID 参数以与其相适应，使控制性能最佳。

例如，在双闭环直流调速系统中，转速误差大时，电流调节器应取较大的 K_P 和 K_I，使实际电流能迅速跟随给定值；在转速误差较小时，电流调节器应取较小的 K_P 和 K_I，避免电流的振荡。

9.2.4　PID 调节参数的整定

设计者必须为 PID 调节器选择参数，如 K_P、T_i、T_d 及采样周期 T 等。若已知被控对象的数学模型，可以通过理论分析和数学仿真初步确定。若不知道被控对象的数学模型，进行理论分析和数学仿真就较为困难。

针对工业上被控对象数学模型难于准确知道的实际状况，多年来工业界已经积累了一些现场整定 PID 参数的方法。由于数字 PID 控制中，采样周期比控制对象的时间常数要小得

多，所以是准连续控制，一般仍沿袭连续 PID 调节器的参数整定方法。

1. 扩充临界比例度法

扩充临界比例度法是对连续临界比例度法的扩充，适用于具有自平衡能力的被控对象，不需要准确知道对象的特性。具体步骤如下：

1）选择一个足够短的采样周期 T。通常可选择采样周期为被控对象纯滞后时间的1/10。

2）用选定的 T 使系统工作。这时，将数字控制器的积分与微分部分取消，只保留比例控制。然后逐步减小比例度 δ（$1/K_P$）（即增大 K_P），直到系统产生等幅振荡。记下此时的临界比例度 δ（$1/K_K$）及系统的临界振荡周期 T_K。

3）选择控制度。所谓控制度就是以模拟调节器为基础，将直接数字控制（DDC）的效果与模拟调节器控制的效果相比较，控制效果的评价函数一般采用误差平方积分 $\int_0^\infty e^2(t)\mathrm{d}t$ 来表示。所以

$$\text{控制度} = \frac{\int_0^\infty [e^2(t)\mathrm{d}t]_{\mathrm{DDC}}}{\int_0^\infty [e^2(t)\mathrm{d}t]_{\text{模拟}}} \tag{9-31}$$

实际应用中并不需要计算两个误差二次方的积分。控制度仅表示控制效果这一物理概念。工程经验给出了整定参数与控制度的关系，通常认为控制度为 1.05 时，数字控制与模拟控制效果相当；控制度为 2 时，数字控制效果比模拟控制效果差得较多。

4）根据选定的控制度，按照表 9-1 选择计算采样周期 T 和 PID 的参数 K_P、T_i、T_d 值。

5）按计算所得的参数投入在线运行，观察效果。如果性能不令人满意，可根据经验和对 P、I、D 各控制项作用的理解，进一步调整参数，直到满意为止。

表 9-1 扩充临界比例度法整定参数

控制度	控制规律	T/T_K	K_P/K_K	T_i/T_K	T_d/T_K
1.05	PI	0.03	0.53	0.88	—
	PID	0.014	0.63	0.49	0.14
1.20	PI	0.05	0.49	0.91	—
	PID	0.043	0.47	0.47	0.16
1.50	PI	0.14	0.42	0.99	—
	PID	0.09	0.34	0.43	0.20
2.0	PI	0.22	0.36	1.05	—
	PID	0.16	0.27	0.40	0.22

2. 扩充阶跃响应曲线法

扩充阶跃响应曲线法是将模拟调节器响应曲线法推广应用于数字 PID 调节器的参数整定，其步骤如下：

1）数字控制器不接入系统，将被控对象的被控制量调到给定值附近，启动并使其稳定下来，测出对象的单位阶跃响应曲线，如图 9-12 所示。

2）在对象的响应曲线的拐点处作一切线，求出纯滞后时间 τ 和时间常数 T_m 及它们的比值 T_m/τ。

3）选择控制度。

4）扩充阶跃响应曲线法 PID 参数整定见表9-2。查表求得 PID 的参数 T、K_P、T_i、T_d 值。

这种方法可以用于被控过程是除固有非最小相位系统之外的阶跃响应是单调的或本质是单调的系统（如果系统至少有一个极点或零点位于右半 s 平面，则系统叫作非最小相位系统）。

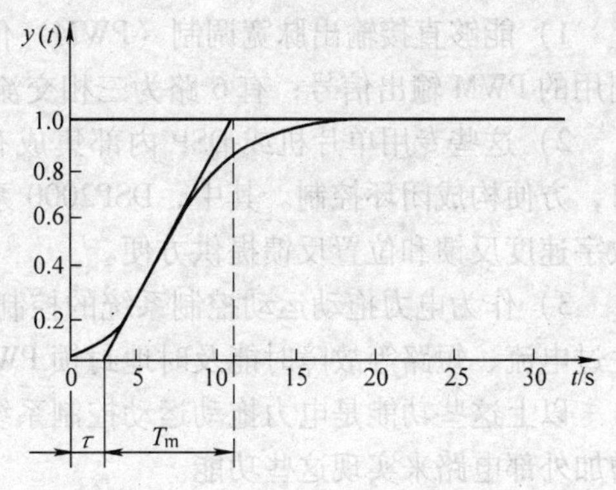

图9-12　对象的单位阶跃响应曲线

3. 试凑法确定 PID 参数

实际系统,即使按上述方法确定参数后,系统性能也不一定能满足要求,还需要现场进行调整,而有些系统允许直接进行现场参数试凑整定。在试凑调整时,应根据 PID 每项对性能的影响趋势,反复调整 K_P、T_i、T_d 参数的大小。通常的调整步骤是:先比例,后积分,再微分。

表9-2　扩充阶跃响应曲线法 PID 参数整定

控制度	控制规律	T/τ	$K_P/(T_m/\tau)$	T_i/τ	T_d/τ
1.05	PI	0.10	0.84	3.4	—
	PID	0.05	1.15	2.0	0.45
1.20	PI	0.20	0.78	3.6	—
	PID	0.16	1.0	1.9	0.55
1.50	PI	0.5	0.68	3.9	—
	PID	0.34	0.85	1.62	0.65
2.0	PI	0.80	0.57	4.2	—
	PID	0.60	0.60	1.50	0.82

1）首先只整定比例部分。将 K_P 由小到大变化,并观察系统的响应,直到得到反应快、超调小的响应曲线。如果没有稳态误差或稳态误差在允许的范围内,那么只需要比例控制即可。

2）如果在比例控制的基础上稳态误差不能满足要求，则需要加入积分控制。整定时首先设置积分时间常数 T_i 为一个较大的数值，并将第一步确定的 K_P 减小些，然后减小积分时间常数，并使系统在保持良好动态性能的情况下，消除稳态误差。这种调整过程可以根据动态响应状况，反复改变 K_P 和 T_i 以期得到满意的性能。

3）若使用 PI 调节器消除了稳态误差，但动态过程仍不满意，则可加入微分环节。在第二步整定的基础上，逐步增大 T_d，同时相应地改变 K_P 和 T_i，逐步试凑以获得满意的效果。

9.3　电动机控制专用微处理器与集成电路

由于电动机控制对集成电路和微处理器的需求量大面广，促成了电动机控制专用微处理器与集成电路的大量涌现。

9.3.1　单片机与 DSP

近年来推出了多种电动机控制专用单片机,例如 Intel 公司的 MCS—96 系列单片机(MCS Single-Chip Microcomputer)和TI公司的TMS320C2××系列数字信号处理器(Digital Signal Processor, DSP)等,这些专用微处理器将电动机控制中需要的各种外设和接口集成到单一芯片内,使得构成各种电动机运动控制系统变得更为简捷和方便。它们与电动机控制有关的主要特点如下:

1）能够直接输出脉宽调制（PWM）信号。这其中，有一路或两路为直流电动机调速控制用的PWM输出信号；有6路为三相交流电动机变频调速用的SPWM输出信号。

2）这些专用单片机或DSP内部集成有多路A/D转换器、并行数据接口和串行数据接口，方便构成闭环控制。其中，DSP2000系列还内部集成有接收编码器脉冲信号的接口，为数字速度反馈和位置反馈提供方便。

3）作为电力拖动运动控制系统的控制器，处理异常情况的能力是必不可少的。例如发生过电流、短路等故障时能及时地封锁PWM输出信号，具有非屏蔽中断能力。

以上这些功能是电力拖动运动控制系统必不可少的，当处理器本身不具备时，常常需要增加外部电路来实现这些功能。

1. 电动机控制专用MCS—96系列单片机

MCS—96系列单片机是Intel公司开发的电动机控制专用微机，经历了几代产品，从8096BH/8098到80C196KB/KC再到80C196MC/MD。

（1）8096BH/8098　MCS—96系列的基本型，它的主要特点是：

1）16位CPU，没有A累加器，采用寄存器—寄存器结构实现16位运算。

2）外部晶体振荡器可达12MHz，内部3分频。

3）内总线16位，外总线8位，有5个8位的I/O口。

4）有4个高速输入口HSI0～HSI3，记录事件的发生；6个高速输出口HSO0～HSO5，可以用来驱动步进电动机。

5）有一路串行接口。

6）片内有232字节的寄存器空间，兼有累加、通用寄存器及RAM功能。

7）有8K字节的ROM/EPROM，寻址能力64K。

8）有乘法指令，运算能力较强。

9）8098有4路10位采样保持的A/D转换器,当晶体振荡器为12MHz时转换时间为22μs。

10）一路8位的PWM输出，可以控制直流电动机的转速或经过简单处理可以作为8位分辨率的D/A转换输出。

11）16位监视定时器（WDT看门狗功能）。

（2）80196KB/KC　MCS—96系列的改进型，它的主要改进是：

1）运算速度、RAM的容量、ROM/EPROM的容量及寻址能力都大大提高。

2）80196KB输出一路PWM信号，适宜控制一台直流电动机；80196KC可以输出3路PWM信号，可以同时控制3台直流电动机。

（3）80196MC/MD　MCS—96系列的第3代产品，它的改进是革命性的：

1）PWM输出。8096BH/8098/80196KB只有1路PWM输出，80196KC扩展到3路；而80196MC/MD不仅有2路8位PWM输出，可以用于直流电动机调速或数模转换输出外，还增加了6路WG（波形发生器）输出，可以用于三相交流电动机变频调速的PWM控制，这是它最具特色的功能扩展。

2）A/D转换扩展到13路，8位/10位可选。

3）MC扩展到7个8位的I/O口；MD扩展到8个8位的I/O口。

4）MD为84脚封装。

2. 单片机8XC196MC/MD实现的交流电动机变频调速

8XC196MC/MD非常适合交流电动机控制，它将微处理器与三相波形发生器集成到单一芯片内，使得控制器硬件设计更为简捷。图9-13所示为一个使用8XC196MC/MD构建的速度开环异步电动机变频调速系统。

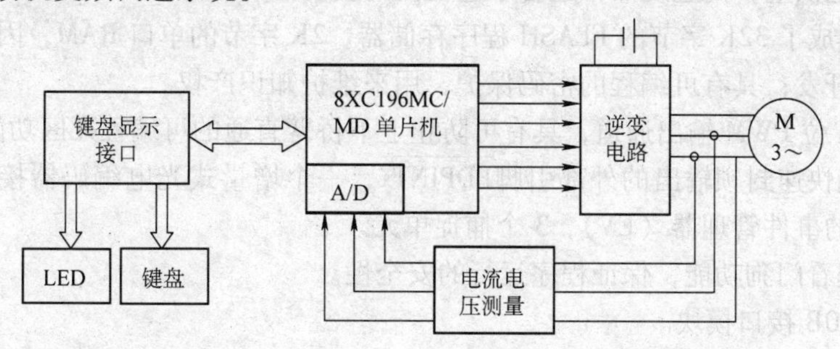

图9-13　8XC196MC/MD构建的速度开环异步电动机变频调速系统

单片机直接输出6路PWM信号，其频率和电压可以通过软件编程加以控制，该信号可以直接或者通过放大电路接到功率开关器件的驱动电路上。

单片机内集成有A/D转换器，可以直接将多路模拟电压表示的反馈信号采集到处理器内。

片内还有两个定时器与一个事件处理阵列，可以容易地定义控制器的采样周期与实现突发事件处理。

3. 电动机控制专用TMS320C2××数字信号处理器

由TI公司推出的TMS320C2××是为满足数字电动机控制（Digital Motor Control，DMC）而设计的专用DSP，兼有DSP的运算速度高和单片机的控制能力强双重特点，内部集成有为电动机控制所必需的外围设备，可以实现直流电动机、异步电动机（PWM控制和矢量控制）、永磁同步电动机、无刷直流电动机、开关磁阻电动机、步进电动机等的数字控制。

（1）TMS320C24×　C240是C24×系列中的第一个标准芯片，它的主要特点是：

1）具有32位中央算术单元（CALU）与32位的加法器，16位×16位并行乘法器，可以实现单指令周期的乘法运算。

2）片内有544字节的16位双端口数据/程序RAM，有16K字节的16位的PROM或者E^2PROM。

3）直接产生PWM信号。有3种方式产生PWM信号：由定时器形成3路PWM信号，或者由全比较器形成6路PWM信号，或者由半比较器形成3路PWM信号。这其中，由半比较器形成的3路和全比较器形成的6路可以供三相逆变桥PWM控制用。

4）集成有两个独立的10位A/D转换器，并且经过内部的多路转换器实现对16路模拟信号采样。

5）有一路同步串行接口与一路异步串行接口，可以直接通过具有串行接口的芯片采集数据，也可以与上位机或其他计算机通信。

6）有一个带实时中断（RTI）的看门狗（WatchDog）定时器模块。

（2）TMS320C24××　C24××是2000系列的中间产品，包括2401A、2402A、2403A、

2406A，这里仅简介 TMS320C2407A 的特点：

1）和 C240 一样，是 16 位 DSP，具有 32 位中央算术单元（CALU）与 32 位加法器，16 位 × 16 位并行乘法器，可以实现单指令周期的乘法运算。

2）16 通道 10 位 A/D 转换器，最快 A/D 转换时间为 375ns。

3）3.3V 工作电压，单指令周期最短为 25ns（40MHz），最高运算速度可达 40MIPS。低功耗有利于电池供电，高速度非常适合于电动机的实时控制。

4）片内集成了 32K 字节的 FLASH 程序存储器、2K 字节的单口 RAM，因而该芯片可方便地用于产品开发；具有可编程的密码保护，用来维护知识产权。

5）8 个 16 位 PWM 输出通道，具有可防止上下桥臂直通的可编程死区功能。

6）一个能快速封锁输出的外部引脚 $\overline{PDPINTx}$，一个增量式光电编码器接口，两个专用于电动机控制的事件管理器（EV），3 个捕捉单元。

7）可编程看门狗功能，保证程序运行的安全性。

8）CAN2.0B 接口模块。

9）串行接口 SPI 和 SCI 模块。

10）1149.1—1990 IEEE 标准的 JTAG 仿真接口，可在线编程与仿真。

（3）TMS320C28×　TMS320C28×(F2810,F2812)系列是 TI 公司新推出的 DSP 高端芯片，是目前市场上最先进、功能最强大的 32 位定点芯片，它既具有强大的数字信号处理能力，又有强大的事件管理能力和嵌入式控制功能，特别适合于有大批量数据处理的测控场合，如工业自动化控制、电力电子技术应用、智能化仪表及电动机的伺服控制等，它的主要特点如下：

1）150MHz 时钟（时钟周期为 6.67ns）；低功耗（核心电压为 1.8V，I/O 口电压为 3.3V）；FLASH 编程电压为 3.3V。

2）高性能的 32 位中央处理器；16 位 ×16 位和 32 位 ×32 位乘且累加操作；哈佛总线结构。

3）片内存储器：8K×16 位的 FLASH 存储器；两块 4K×16 位的单口 RAM，一块 8K×16 位的单口 RAM，两块 1K×16 位单口 RAM。

4）电动机控制外围设备：两个事件管理器，与 C240 兼容的器件。

5）16 通道 12 位 ADC，单路转换时间为 60ns，2×8 通道输入多路选择器，两个采样保持器。

6）串口外围设备：串行外设接口（SPI），两个串行通信接口（SCIs），改进的控制器局域网络（eCAN）。

7）高级的仿真特性，JTAG 扫描控制。

9.3.2　专用集成电路

1. 概述

专用集成电路（Application-Special Integrated Circuit，ASIC）是指为某种特殊用途而专门设计和构造的任何一种集成电路。随着超大规模集成技术的发展，为了提高性价比，允许用户参与设计，以满足其特殊需要。ASIC 的复杂程度可能差异很大，从简单的接口逻辑到完整的 DSP、RISC 处理器、神经网络或模糊逻辑控制器。目前，许多世界知名的半导体厂商开发生产了大量的电动机控制、运动控制专用集成电路，使从事电力拖动运动控制系统设计的工程师有能力将整个系统集成在很少的几片 ASIC 上。设计者可以根据被控对象的不同，选用不同的 ASIC，其余的硬件工作简化为选择好外围元器件及前后接口，就可以方便、快捷地构成一个需要的控制系统。硬件工作量大为减少，主要精力可转向控制软件的设计。

这些专用集成电路，其电气原理图是经过优选的，其使用效果是经过验证的，代表了一定的先进性、典型性，可以避免经验不足的设计人员走弯路。

在这些电动机控制专用集成电路中，相当一部分是为计算机外围设备、办公自动化设备、音像娱乐设备、家用电器等机电一体化设备准备的。这些电子机械往往要求体积小、重量轻、精度高、耗电少、可靠耐用、性价比高，这正是电动机控制专用集成电路大显身手的地方。电动机控制专用集成电路在电子机械中的应用示例见表9-3，供参考。表中的“无刷直流电动机”为转子上装有霍尔位置传感器的永磁无刷直流电动机；“桥式驱动”是指供给直流电动机驱动用的桥式功率集成电路。

表9-3　电动机控制专用集成电路在电子机械中的应用示例

电子机械	功　能	适用电动机	专用集成电路代表品种
软盘驱动器（FDD）	主轴驱动	速度伺服电动机	TA7715P，TC9203F（PLL）
		无刷直流电动机	TA7736P（3.5in），TA7259（5.25in）
	磁头定位	步进电动机	TA7774P/F，TA7354P
		音圈电动机	TA7256P，TA7272P，TA8407P/F
硬盘驱动器（HDD）	主轴驱动	速度伺服电动机	TC9193F，TC9142P，TC9203P/F
		无刷直流电动机	TA7736P，TA7259P/F
	磁头定位	步进电动机	TA7774P/F，TA7289P/F
		音圈电动机	TA7272P，TA8407P/F
光盘驱动器（CD-ROM）	主轴驱动	速度伺服电动机	TC9142P，TC9203F
		无刷直流电动机	TA7247AP，TA7248P
	托架驱动	步进电动机	TD62803P，TA7289P/F
打印机	送纸	步进电动机	TA7289P/F，TD62803P
	菊花轮驱动	步进电动机	TA7774P/F，TA7289P/F
	棱镜驱动（激光打印）	伺服电动机	TC9142P，TC9203F（PLL）
		无刷直流电动机	TA7248P，TA7259P
传真机（FAX）	送纸	步进电动机	TA7289P/F
	切纸	桥式驱动	TA7279P，TA7267BP
复印机	鼓驱动	步进电动机	TD62803P
	镜头驱动	步进电动机	TA7289P/F
	扫描	步进电动机	TD62803P
	调色	桥式驱动	TA7267BP
	送纸	无刷直流电动机	TA7712P
录像机	鼓驱动	无刷直流电动机	TA8402F
	供卷轮驱动	无刷直流电动机	TA7259P/F
	主导轴驱动	无刷直流电动机	TA7745F
	加载	桥式驱动	TA7288P
照相机	送胶卷	桥式驱动	TA7733F，TA8401F

（续）

电子机械	功　能	适用电动机	专用集成电路代表品种
空调机	风机	无刷直流电动机	TA7247AP，TA7284P
高级电唱机	主轴驱动	无刷直流电动机	TA7260P，TC9142P（PLL）
	唱臂驱动	桥式驱动	TA7256P，TA8406P/F
CD 唱机	主轴驱动	桥式驱动	TA7256P，TA8102P
	托架驱动	桥式驱动	TA7267BP
激光视盘机	主轴驱动	无刷直流电动机	TA7713P，TA7248P
	加载	桥式驱动	TA7267BP
磁带机	主导轴驱动	无刷直流电动机	TA7261P，TA7715P（F 伺服）
	供卷轮	桥式驱动	TA7291P/S
各种自动机和机器人	伺服驱动	无刷直流电动机	TA7712P
		步进电动机	TA7289P，TD62803P，TA7774P/F
		桥式驱动	TA7267BP，TA7279P

表 9-3 表明，电动机控制专用集成电路种类繁多。限于篇幅，这里不能一一介绍，感兴趣的读者可参阅参考文献［45］。下面举两个有代表性的例子。

2. SLE4520 三相可编程脉宽调制器实现的异步电动机变频调速系统

变频调速中需要三相 SPWM 信号。就硬件讲，产生 SPWM 信号的方法主要有 3 种：采用微机，采用专用集成电路，采用微机和专用集成电路相结合。采用微机的好处是灵活、功能强、节省了专门的硬件，不足之处是占用了微机的资源，需要编程。采用专用的集成电路的好处是使用简单，省去编程的麻烦，不足之处是难以完成更多的功能。下面介绍一种采用微机和专用集成电路相结合的生成三相 SPWM 信号的方法。

SLE4520 三相可编程脉宽调制器是西门子公司 1986 年推出的专用集成电路芯片，与单片机配合能够产生三相正弦脉宽调制 SPWM 信号，构成变频调速系统，如图 9-14 所示。

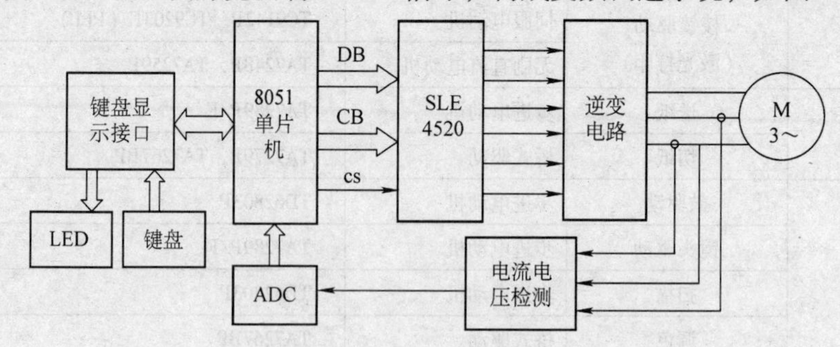

图 9-14　SLE4520 构成异步电动机变频调速系统

该系统有如下特点：

1）SLE4520 具有 3 个独立的通道，在微机的控制下能够产生三相逆变器所需要的 6 路 SPWM 控制信号，其输出最大带负载能力为 20mA，能够直接驱动隔离用的光耦合器。

2）SLE4520 输出的正弦波频率范围为 0～2600Hz，开关频率可达 20kHz，适用于高速交流电动机变频调速。

3）为了获得不同的开关频率，以适应普通晶闸管、GTO、GTR、功率场效应晶体管和 IGBT 的不同需要，可以编程设定预分频倍数。

4）可以通过编程设置死区时间，防止桥路直通。

5）可以通过软件改变相序，从而改变电动机的转向。

6）在紧急的情况下，SLE4520 的 6 路输出可被封锁。

7）在产生 SPWM 控制信号时，微机的介入程度很低，微机有余力完成许多其他任务。

8）由于采用的是单沿调制技术，波形的对称性差，特别是在高频时，波形更差。

9）由于 8 位单片机的运算能力有限，不能进行较为复杂的控制与运算。

3. 基于 LM628 专用运动控制芯片的伺服控制系统[40]

一般的伺服控制系统由伺服执行元件（伺服电动机）、伺服运动控制器、功率放大器（又称伺服驱动器）和位置检测元件 4 部分组成。伺服运动控制器从主机（PC）接收控制命令，从位置传感器接收反馈信息，向伺服电动机功率驱动电路输出运动命令。对于伺服电动机位置闭环系统来说，运动控制器主要完成位置环的功能，可称为数字伺服运动控制器，适用于包括机器人和数控机床在内的一切交、直流和步进电动机伺服控制系统。

专用运动控制器的使用使得原来由主机(PC)做的大部分工作改由运动控制器内的芯片来完成,使控制系统硬件设计简化,与主机之间的数据通信量减少,解决了通信中的瓶颈问题。

LM628 专用运动控制芯片实际上是一个具有专门用途的单片机，用来控制以增量式编码器为位置检测元件的各种直流或无刷直流电动机伺服系统或其他伺服系统。该芯片具有丰富的指令集和很强的实时运算能力，可以通过上级计算机对其进行编程控制。只要一片 LM628 和少量的其他功能器件就可以构成一个完整的伺服系统控制器。

LM628 是一片 28 脚双列直插封装的芯片，用它构成伺服系统非常简单。如图 9-15 所示，用一片 LM628、一个 D/A 转换器、一个功率放大器、一台伺服电动机和一个增量式编码器就可以构成一个伺服系统。

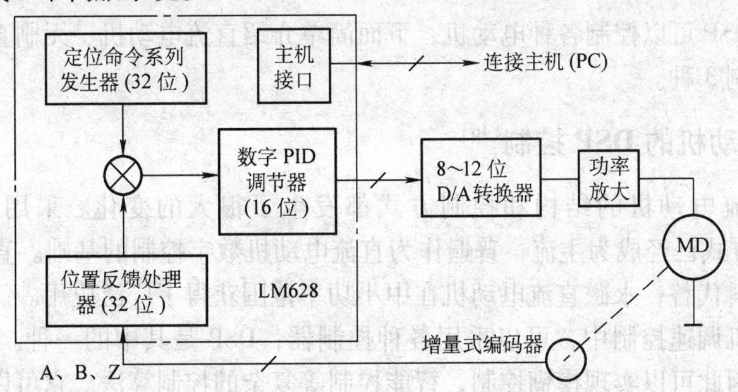

图 9-15　LM628 构成伺服系统

（1）LM628 的特点

1）32 位的位置、速度、加速度寄存器。

2）16 位可编程数字 PID 调节器。

3）可编程微分采样间隔。

4）8 位或 12 位 D/A 转换器输出数据。

5）内部梯形速度图发生器。

6）速度、目标位置、调节器参数在运动过程中可以改变。

7）可选择位置或速度控制模式。

8）实时可编程的主计算机中断功能。

9）具有增量式编码器接口。

（2）LM628 的主要功能　在由 LM628 组成的伺服运动控制中，LM628 提供下面的主要功能：

1）接收主机发来的运动控制指令,并把运动控制器当前的状态及有关数据上报给主机。

2）作为速度曲线发生器，完成速度梯形图的计算和数字调节，产生运行速度曲线。

3）利用增量式编码器完成实际位置的计算。

4）在运行中计算实际位置与理论位置的差值，并把该差值经 PID 数字调节器处理后输出，经外接 D/A 转换器转换和功率放大器放大，最后驱动电动机运动。

LM628 的数字调节器的功能是根据位置偏差用 PID 算法产生一个响应转矩，其极性可正可负。正极性产生正转矩，电动机正转；负极性产生负转矩，电动机制动或反转，以消除位置误差。

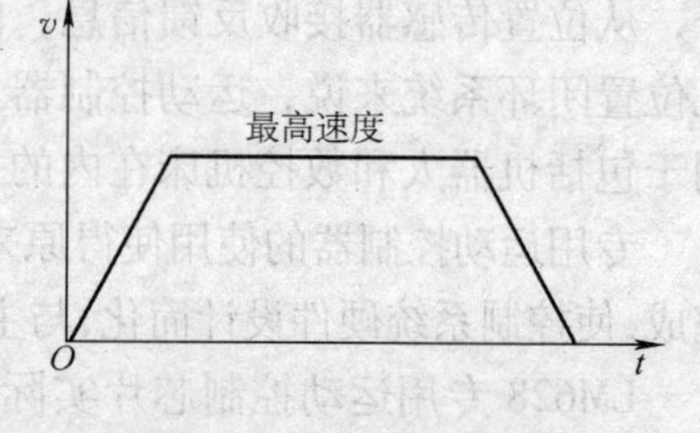

图 9-16　梯形速度曲线

速度发生器产生的速度曲线体现出了期望的位置与时间的关系。在位置控制模式下，主机把伺服系统的加速度、最高速度、最后位置通过用户指令发送给 LM628，LM628 按照计算出的速度曲线控制伺服电动机按照指定的加速度运动到最高速，然后以该速度运动到减速点,接着以负加速度开始减速直到电动机到达目标位置停止,如图 9-16 所示。

9.4 基于 TMS320LF2407A 的 DSP 电动机控制系统

如前所述，DSP 可以控制各种电动机，下面简单介绍直流电动机、无刷直流电动机、异步电动机矢量控制 3 种。

9.4.1 直流电动机的 DSP 控制[46]

近年来，直流电动机的结构和控制方式都发生了很大的变化。采用脉宽调制技术（PWM）的调压方式已经成为主流，普遍作为直流电动机数字控制的基础。直流电动机的励磁部分用永磁材料代替，永磁直流电动机在中小功率范围获得了广泛应用。

在直流电动机调速控制中，可以采用各种控制器，DSP 是其中的一种。由于 DSP 具有高速运算能力，因此可以实现模糊控制、智能控制等复杂的控制算法。它可以自己产生有死区的 PWM 输出，需要的外围硬件最少。

图 9-17 所示为直流电动机 DSP 双闭环控制与驱动电路。控制功能如转速 PI 调节、电流 PI 调节、主电路 PWM 控制等都通过软件实现。

图 9-17 中主电路采用 H 桥 PWM 方案，通过 DSP 的输出引脚 PWM1 ~ PWM4 进行控制。用霍尔电流传感器 HCT 检测电流，并通过 ADCIN00 引脚输入给 DSP，经内部 A/D 转换得到实际的电流信号。采用增量式光电编码器检测电动机的转速，并通过 QEP1、QEP2 引脚输入给 DSP，经内部计算得到转速信号，也可以很容易地获得位置信号。

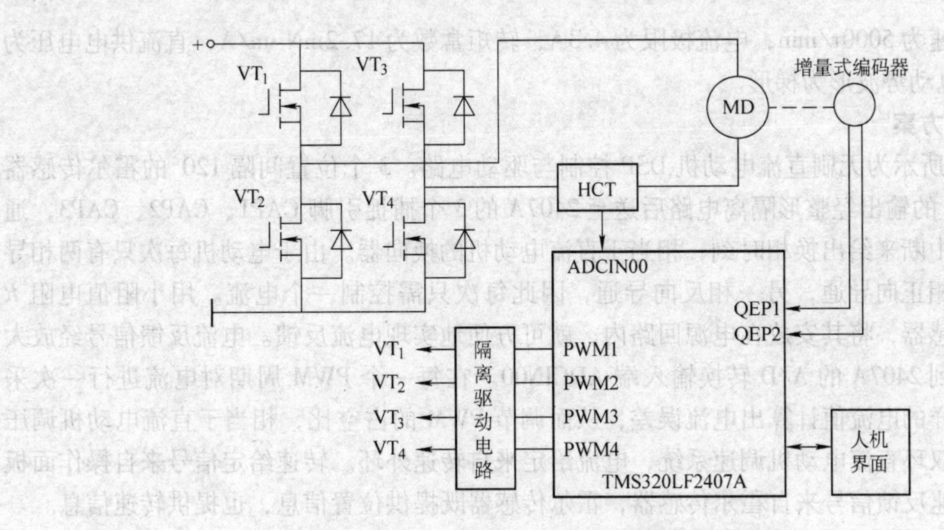

图9-17　直流电动机DSP双闭环控制与驱动电路

用DSP实现直流电动机双环控制的软件由3部分组成：初始化程序、主程序、中断程序。本例中主程序只进行转向的判别，可以在主程序中添加其他的功能。

在每个PWM周期（50μs）进行一次电流采样和电流PI调节，因此电流采样周期与PWM周期相同。

采用定时器1周期中断标志来起动A/D转换，转换结束后申请ADC中断。图9-18所示为ADC中断处理子程序框图。全部功能都通过中断子程序完成。

由于转速时间常数较大，本例设计每100个PWM周期（即5ms）对转速进行一次采样和PI调节。

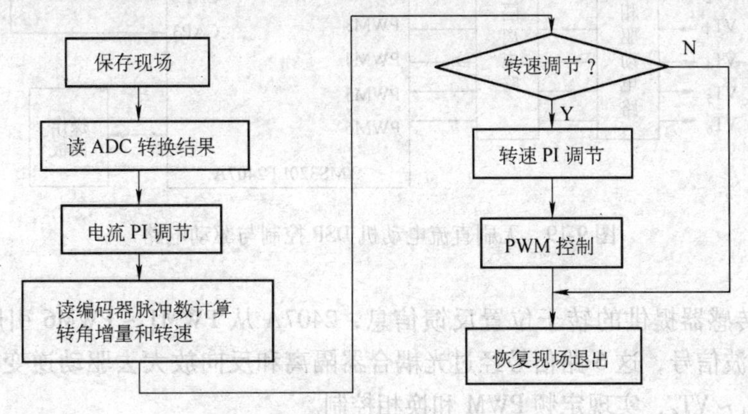

图9-18　ADC中断处理子程序框图

详细的程序清单请参阅参考文献［46］。

9.4.2　无刷直流电动机的DSP控制[46]

以下用一个实际例子说明三相无刷直流电动机的DSP控制方法。

电动机定子采用三相星形联结，转子只有一对磁极。定子相电感为40mH，相电阻为

190mΩ，转速为5000r/min，电流极限为4.3A，转矩常数为17.2mN·m/A，直流供电电压为12V，感应电动势波形为梯形。

1. 控制方案

图9-19所示为无刷直流电动机DSP控制与驱动电路。3个位置间隔120°的霍尔传感器H_1、H_2、H_3的输出经整形隔离电路后送至2407A的3个捕捉引脚CAP1、CAP2、CAP3，通过产生捕捉中断来给出换相时刻，相当于直流电动机的换向器。由于电动机每次只有两相导通，其中一相正向导通，另一相反向导通，因此每次只需控制一个电流。用小阻值电阻R作为电流传感器，将其安放在电源回路内，就可方便地实现电流反馈。电流反馈信号经放大滤波之后送到2407A的A/D转换输入端ADCIN00。在每一个PWM周期对电流进行一次采样，根据采样的电流值计算出电流误差，从而调节PWM的占空比，相当于直流电动机调压调速。类似双环直流电动机调速系统，电流给定来自转速外环。转速给定信号来自操作面板的设定，转速反馈信号来自霍尔传感器，霍尔传感器既提供位置信息，也提供转速信息。

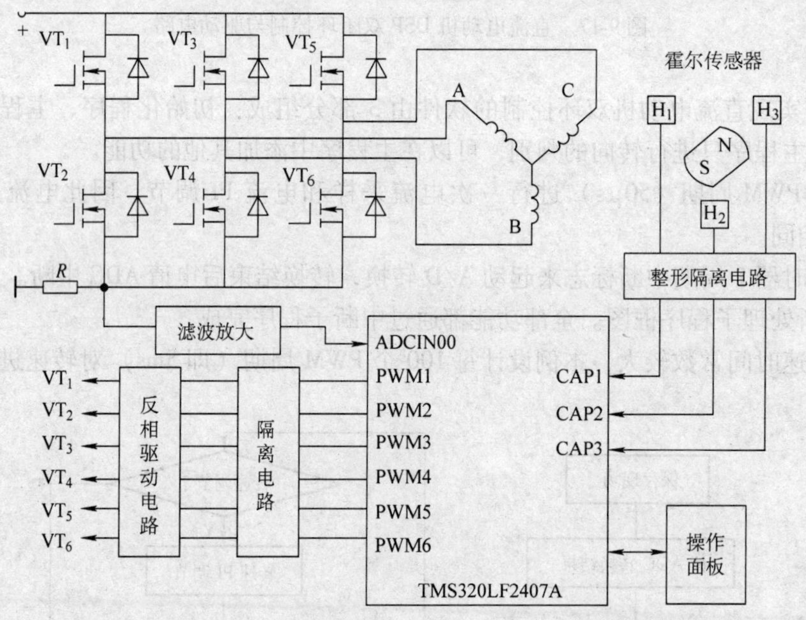

图9-19 无刷直流电动机DSP控制与驱动电路

根据霍尔传感器提供的转子位置反馈信息，2407A从PWM1～PWM6引脚输出6路经PWM调制的方波信号，这6路信号经过光耦合器隔离和反向放大去驱动逆变桥上的6只电力电子开关VT_1～VT_6，实现定频PWM和换相控制。

2. 电流检测与计算

使用电阻实现电流的检测。电阻值的选择可考虑当过电流发生时能输出最大电压，同时起到过电流检测的作用。例如，4.3A对应A/D转换器的最大10位数字量3FFH，0.0A对应000H。

每一个PWM周期对电流采样一次。如果PWM的周期设为50μs，则电流的采样频率为20kHz。

有一个问题很关键，就是在一个PWM周期中何时对电流进行采样？

如果采用单极性PWM控制（即两个对角开关中，上开关采用定频PWM控制，下开关常开），在PWM周期的“关”期间，电流经过常开的下开关和与上开关在同一支路的下开关的续流二极管形成续流回路，这个续流电流并不经过检测电阻R，所以在PWM的“关”期间不能采样电流。

如果采用双极性PWM控制（即两个对角开关都采用同样的定频PWM控制），在PWM周期的“关”期间，电流分别通过同一支路的另一个开关的续流二极管形成续流回路，在检测电阻R上有负电流流过，所以在PWM“关”期间也不能采样电流。

考虑到电流的上升和下降存在过渡过程，所以电流采样时刻应该在PWM周期的“开”期间的中部。电阻上的电压波形如图9-20所示。这个可以通过DSP定时器采用连续增减方式时周期匹配事件启动A/D转换来实现。

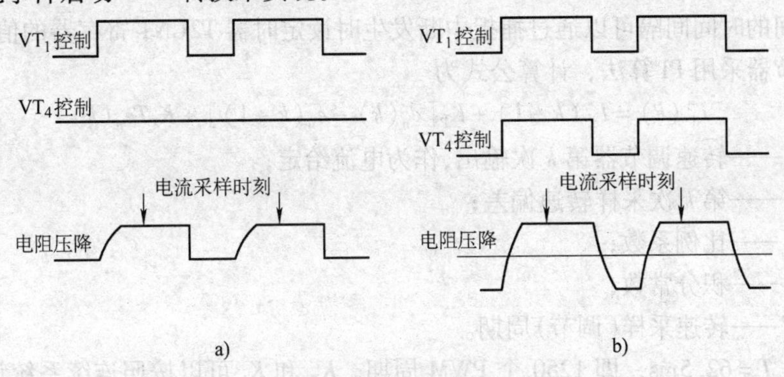

图9-20　电阻上的电压波形

a）单极性PWM控制　b）双极性PWM控制

本例中的电流调节器采用增量式比例算法，即

$$COMP(k)=COMP(k-1)+K_P[e_i(k)-e_i(k-1)] \tag{9-32}$$

式中　$COMP(k)$——第k次PWM比较值；

$e_i(k)$——第k次电流偏差；

K_P——比例系数。比例系数K_P与电动机的参数有关，可以根据下式确定：

$$K_P=\frac{S}{\Delta i} \tag{9-33}$$

式中　S——一个PWM周期中的定时时钟脉冲个数；

Δi——占空比等于100%时的电流最大偏差。

电流调节器的输出应该有限幅，本例的范围是0～500。因此有

$$COMP(k)=500 \quad (COMP(k)>500)$$

$$COMP(k)=0 \quad (COMP(k)<0)$$

3. 位置检测与速度计算

根据第7章所述三相无刷直流电动机的控制原理，为了保证得到最大的稳定转矩，就必须对三相无刷直流电动机进行换相。掌握好恰当的换相时刻，可以减小转矩脉动，因此转子位置检测非常重要。

位置检测不但用于换相，还用于产生速度反馈信号。

位置信号是通过 3 个霍尔传感器得到的。每个霍尔传感器输出 180°脉宽的方波信号，3 个霍尔传感器输出信号相位互差 120°，通过将 DSP 设置为双沿触发捕捉中断功能，就可以获得 6 个换相时刻。

但是，只有换相时刻还不能正确换相，还需要知道应该换哪一相。通过将 DSP 的捕捉口 CAP1 ~ CAP3 设置为 I/O 口，并检测该口的电平状态，就可以知道是哪一个 I/O 口的哪一个沿触发了捕捉中断。将捕捉口的电平状态称为换相控制字，将换相控制字制成一个表格，在捕捉中断子程序中，根据换相控制字查表就能得到换相信息，实现正确换相。

位置信号中也包含了转速信息，测得连续两次换相之间的时间间隔 Δt，就可以算出角速度

$$\omega = 60°/\Delta t$$

两次换相之间的时间间隔可以通过捕捉中断发生时读定时器 T2CNT 寄存器的值来获取。

转速调节器采用 PI 算法，计算公式为

$$I_d^*(k) = I_d^*(k-1) + K_P[e_n(k) - e_n(k-1)] + K_I T e_n(k) \tag{9-34}$$

式中 $I_d^*(k)$——转速调节器第 k 次输出，作为电流给定；

$e_n(k)$——第 k 次采样转速偏差；

K_P——比例系数；

K_I——积分常数；

T——转速采样（调节）周期。

本例中，$T = 62.5\text{ms}$，即 1250 个 PWM 周期。K_P 和 K_I 可以按照连续系统设计确定，然后用上式离散化，或者用双线性变换法离散化。无刷直流电动机的数学模型可以参看图 7-32，必要的话可以使用修正模型，将零阶保持器包括在内。

双闭环无刷直流电动机的动态数学模型如图 9-21 所示。

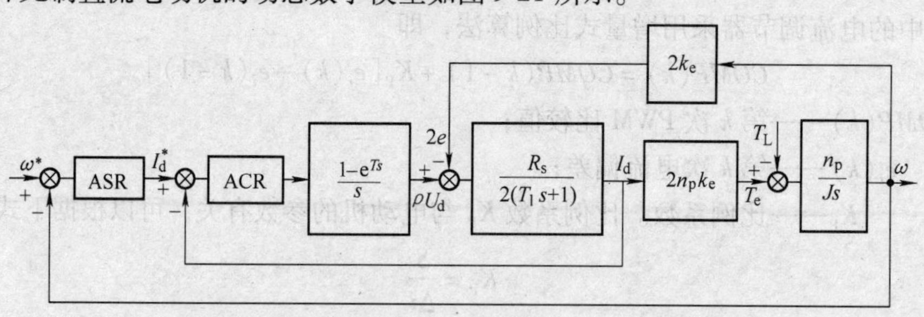

图 9-21 双闭环无刷直流电动机的动态数学模型

三相无刷直流电动机在起动时也需要位置信号。通过 3 个霍尔传感器的输出来判断应该先给哪两相通电，并且给出一个恒定的供电电流，直到第一次发生转速调节。

4. 无刷直流电动机 DSP 控制编程

根据以上所述，设计一个用 TMS320LF2407A 控制的三相无刷直流电动机调速系统。采用图 9-19 所示的硬件电路，CPU 的时钟为 20MHz，PWM 的频率为 20kHz，通过定时器 1 周期匹配事件启动 A/D 转换，使每个 PWM 周期对电流进行一次采样，并在 A/D 转换中断处理程序中对电流进行调节，来控制 PWM 的输出。转子每转过 60°机械角度触发一次捕捉中断，进行换相操作和转速计算。图 9-22 所示为本例的捕捉中断和 A/D 转换中断的子程序流

程图。详细程序可参看参考文献［45］。

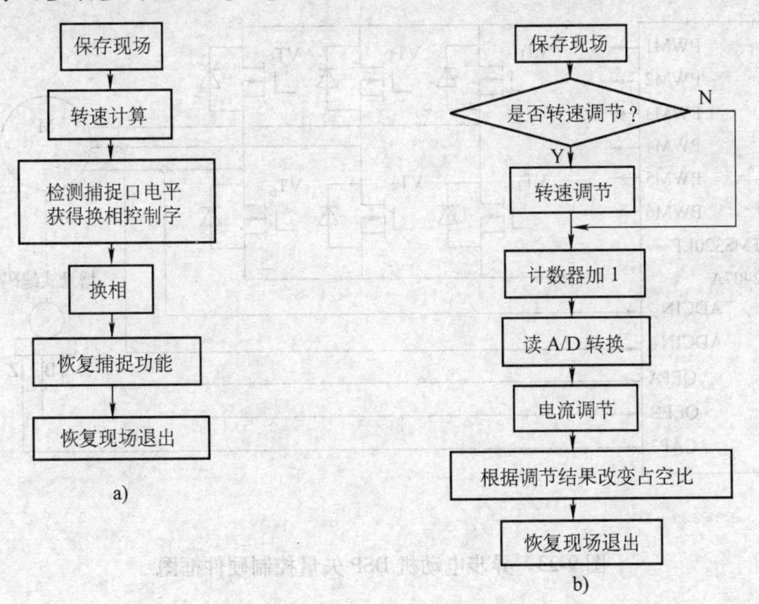

图9-22　中断子程序流程图
a）捕捉中断子程序　b）A/D中断子程序

9.4.3　异步电动机的DSP矢量控制

异步电动机矢量控制需要进行坐标变换、坐标反变换和转子磁链推算等复杂的数学运算，还要进行电流调节、转速调节和完成各种逻辑判断等，这些都必须在很短的采样时间间隔（几十微秒）内完成，因此对计算机的运算能力和运算速度有比较高的要求。与一般的单片机相比，DSP就像它的名字表明的那样有很强的数字信号处理能力，因此是一种适合矢量控制用的微处理器。DSP2000系列片内集成有电动机调速用的各种外设和接口，使硬件构成简捷、方便。许多具有矢量控制功能的变频器都使用DSP构成它们的核心控制器。

1. 系统硬件及控制原理

图9-23所示为异步电动机DSP矢量控制硬件框图。其中DSP使用TMS320LF2407A；6路PWM输出用来驱动三相逆变器；霍尔电流传感器检测电动机的线电流，考虑到$i_A+i_B+i_C=0$，只需检测其中的两路，经调理后接到DSP的A/D转换输入引脚$ADCIN_X$；增量式光电编码器检测电动机的转速，编码器的输出直接接到DSP的QEP/CAP引脚，DSP根据QEP的计数值和采样时间推算出电动机的转速。

图9-24所示为异步电动机转子磁链定向矢量控制原理。其中的关键是转子磁链模型，图中使用的是电流模型，由转速n、定子电流的励磁分量i_{ms}、定子电流的转矩分量i_{ts}推算出转子磁链的空间角度φ，用于2s/2r或者2r/2s坐标变换。转速调节器（ASR）的输出是定子电流转矩分量给定i_{ts}^*，转矩电流调节器（ATCR）的输出是T轴电压给定u_{ts}^*，励磁电流调节器（AMCR）的输出是M轴电压给定u_{ms}^*。由u_{ts}^*和u_{ms}^*经2r/2s坐标变换得到$u_{\alpha s}^*$和$u_{\beta s}^*$，进一步使用空间矢量PWM（SVPWM）技术获得6路PWM输出信号，用于逆变器驱动。3个调节器全部采用PI控制。

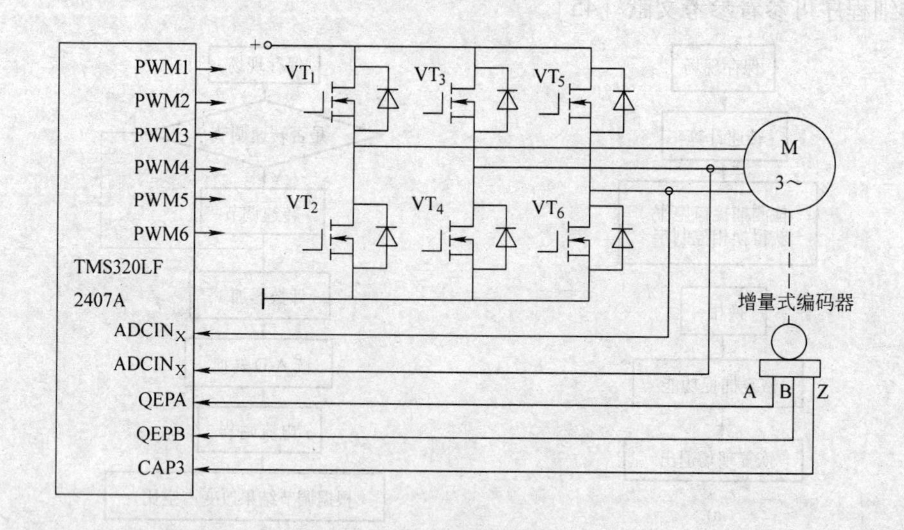

图 9-23　异步电动机 DSP 矢量控制硬件框图

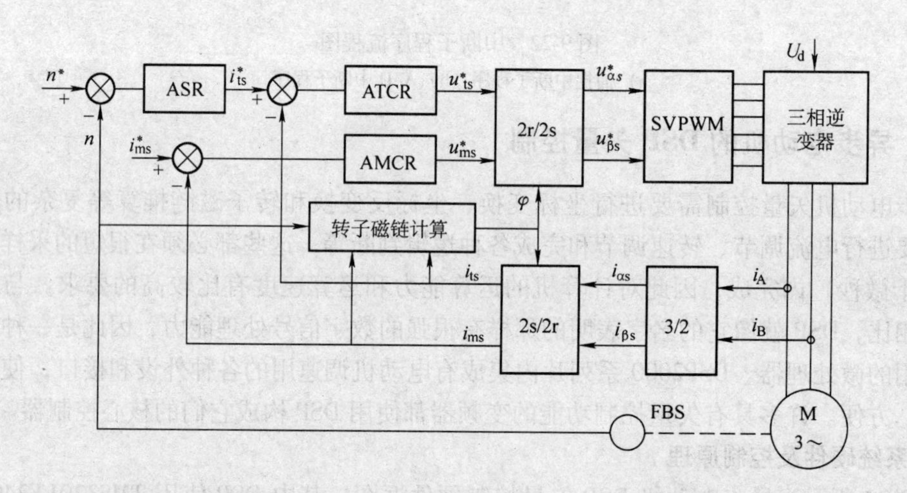

图 9-24　异步电动机转子磁链定向矢量控制原理

以上操作全部由软件完成。

2. 程序框图

根据图 9-24 所示的控制结构，可以设计一个用 DSP 控制异步电动机的程序流程图。为了简化，初始化程序省略，这里只给出了用于实时矢量控制的采样定时器下溢中断子程序流程，如图 9-25 所示。在程序中有关 3/2 变换、2s/2r 变换、2r/2s 变换、电流 PI 调节器模块、转速 PI 调节器模块、SVPWM 模块可参阅相关的参考文献。

3. 调节器的设计[1]

图 9-24 所示的异步电动机矢量控制系统中模仿直流调速系统使用了 3 个调节器，即 M 轴电流调节器实现等效的励磁回路电流调节，T 轴电流调节器实现等效的电枢回路电流调节，转速调节器实现转速调节。下面讨论如何设计这些调节器并将它们离散化。

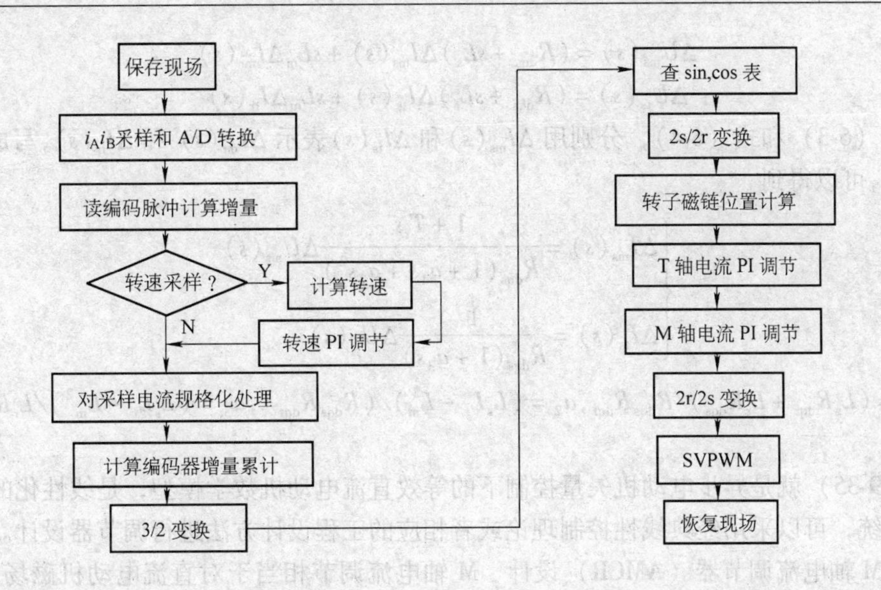

图 9-25　采样定时器下溢中断子程序流程图

(1) $I_{ms}(s)/U_{ms}(s)$和$I_{ts}(s)/U_{ts}(s)$传递函数　重写第6章异步电动机在M-T坐标系上的电压方程、磁链方程、转矩方程和运动方程式(6-3)~式(6-7)和式(6-9)如下：

$$\Psi_{mr}=L_m i_{ms}+L_r i_{mr}=\Psi_r$$

$$\Psi_{tr}=L_m i_{ts}+L_r i_{tr}=0$$

$$\begin{bmatrix}u_{ms}\\u_{ts}\\0\\0\end{bmatrix}=\begin{bmatrix}R_{dqs}+L_s p & -\omega_1 L_s & L_m p & -\omega_1 L_m\\ \omega_1 L_s & R_{dqs}+L_s p & \omega_1 L_m & L_m p\\ L_m p & 0 & R_{dqr}+L_r p & 0\\ \omega_s L_m & 0 & \omega_s L_r & R_{dqr}\end{bmatrix}\begin{bmatrix}i_{ms}\\i_{ts}\\i_{mr}\\i_{tr}\end{bmatrix}$$

$$T_e=\frac{3}{2}n_p\frac{L_m}{L_r}\Psi_r i_{ts}$$

$$T_e=T_L+\frac{J}{n_p}\frac{d\omega}{dt}$$

$$\Psi_r=\frac{L_m}{T_r s+1}i_{ms}$$

虽然这些方程已经大为简化，但是仍然存在非线性，存在耦合。主要体现在转矩表达式(6-6)，式中的Ψ_r和i_{ts}都是被控量，分别属于两个控制环。为了进一步简化分析，用小信号微偏线性化的方法，即用增量的方法研究某一稳态工作点附近小范围内的情况。并作如下假定：

1）由于转速变化相对于电流变化很慢，因此在电流调节过程中认为转速不变，即$\Delta\omega=0$，$\Delta\omega_s=0$，$\Delta\omega_1=0$。

2）认为电动机的负载变化很慢，在电流调节中，可设$\Delta T_L=0$。

则式（6-5）的前两行可以用增量形式展开，并取拉普拉斯变换如下：

$$\Delta U_{ms}(s) = (R_{dqs} + sL_s)\Delta I_{ms}(s) + sL_m \Delta I_{mr}(s)$$
$$\Delta U_{ts}(s) = (R_{dqs} + sL_s)\Delta I_{ts}(s) + sL_m \Delta I_{tr}(s)$$

考虑到式（6-3）和式（6-4），分别用 $\Delta I_{ms}(s)$ 和 $\Delta I_{ts}(s)$ 表示 $\Delta I_{mr}(s)$ 和 $\Delta I_{tr}(s)$，写成传递函数的形式，可以得到

$$\begin{cases} \Delta I_{ms}(s) = \dfrac{1 + T_r s}{R_{dqs}(1 + a_1 s + a_2 s^2)} \Delta U_{ms}(s) \\ \Delta I_{ts}(s) = \dfrac{1}{R_{dqs}(1 + a_3 s)} \Delta U_{ts}(s) \end{cases} \tag{9-35}$$

式中，$a_1 = (L_s R_{dqr} + L_r R_{dqs})/R_{dqs}R_{dqr}$，$a_2 = (L_s L_r - L_m^2)/(R_{dqs}R_{dqr})$，$a_3 = (L_s L_r - L_m{}^2)/L_r R_{dqs}$，$T_r = L_r/R_{dqr}$。

式（9-35）就是异步电动机矢量控制下的等效直流电动机数学模型，是线性化的单输入单输出系统，可以采用经典线性控制理论或者相应的工程设计方法进行调节器设计。

（2）M 轴电流调节器（AMCR）设计　M 轴电流调节相当于对直流电动机磁场的调节。在式（9-35）的 M 轴电流传递函数中，由于参数 L_s、L_r、L_m 数值接近，使得二次项系数 a_2 很小，二次项可以忽略。在计算机控制系统中需要增加采样开关与零阶保持器，并近似为一阶惯性环节。在电流采样中需要增加电流滤波器。综合以上考虑，得到 M 轴电流环的控制对象的传递函数为

$$W_{dM}(s) = \frac{1 + T_r s}{R_{dqs}(1 + a_1 s)} \frac{1}{1 + \dfrac{T}{2}s} \frac{1}{1 + \tau_{0i} s} \tag{9-36}$$

式中　τ_{0i}——电流滤波器的时间常数。

可以将小时间常数合并，并定义 $\tau_{\Sigma i} = \tau_{0i} + T/2$，一般有 $a_1 > \tau_{\Sigma i}$。如果选择 PI 调节器为

$$W_{PIM}(s) = \frac{K_m(1 + \tau_m s)}{\tau_m s} \tag{9-37}$$

式中　$\tau_m = a_1$。

并且选择 K_m 使截止角频率满足 $1/T_r < \omega_{cm} < 1/\tau_{\Sigma i}$，可以使系统的稳定裕度最大。M 轴电流环的开环传递函数为

$$W_{opM}(s) = \frac{K_M(T_r s + 1)}{s(\tau_{\Sigma i} s + 1)} = \frac{K_m(T_r s + 1)}{R_{dqs}\tau_m s(\tau_{\Sigma i} s + 1)} \tag{9-38}$$

式中

$$K_M = K_m/(R_{dqs}\tau_m)$$

则闭环传递函数为

$$W_{clM}(s) = \frac{I_{ms}(s)}{I_{ms}^*(s)} = \frac{T_r s + 1}{(\tau_{\Sigma i}/K_m)s^2 + (T_r + 1/K_M)s + 1} = \frac{T_r s + 1}{b_2 s^2 + b_1 s + 1} \tag{9-39}$$

式中　$b_2 = \tau_{\Sigma i}/K_M$，$b_1 = T_r + 1/K_M$。

闭环传递函数表明了 M 轴输出电流 i_{ms} 与给定电流 i_{ms}^* 的动态关系。

（3）电流调节器（ATCR）设计　在 T 轴电流传递函数式（9-35）中，也加入采样开关、零阶保持器和电流采样滤波器的传递函数，考虑到有与 M 轴相同的采样周期和滤波时

间常数，则T轴电流环控制对象为

$$W_{\mathrm{dT}}(s)=\frac{1}{R_{\mathrm{dqs}}(a_3s+1)}\frac{1}{Ts/2+1}\frac{1}{\tau_{0\mathrm{i}}s+1}\approx\frac{1/R_{\mathrm{dqs}}}{(a_3s+1)(\tau_{\Sigma\mathrm{i}}s+1)} \tag{9-40}$$

使用PI调节器

$$W_{\mathrm{PIT}}(s)=\frac{K_{\mathrm{t}}(\tau_{\mathrm{t}}s+1)}{\tau_{\mathrm{t}}s} \tag{9-41}$$

将其校正为典型Ⅰ型系统，使得 $\tau_{\mathrm{t}}=a_3$，得到T轴开环传递函数为

$$W_{\mathrm{opT}}(s)=\frac{K_{\mathrm{T}}}{s(\tau_{\Sigma\mathrm{i}}s+1)}=\frac{K_{\mathrm{t}}}{R_{\mathrm{dqs}}\tau_{\mathrm{t}}s(\tau_{\Sigma\mathrm{i}}s+1)} \tag{9-42}$$

式中　$K_{\mathrm{T}}=K_{\mathrm{t}}/(R_{\mathrm{dqs}}\tau_{\mathrm{t}})$。

可根据系统期望的快速性和超调量选择 K_{T}，并且求出 K_{t}。T轴电流闭环传递函数为

$$W_{\mathrm{clT}}(s)=\frac{I_{\mathrm{ts}}(s)}{I_{\mathrm{ts}}^{*}(s)}=\frac{1}{(\tau_{\Sigma\mathrm{i}}/K_{\mathrm{T}})s^2+(1/K_{\mathrm{T}})s+1}=\frac{1}{c_2s^2+c_1s+1} \tag{9-43}$$

式中　$c_2=\tau_{\Sigma\mathrm{i}}/K_{\mathrm{T}}$，$c_1=1/K_{\mathrm{T}}$。

同样，T轴电流的闭环传递函数表明了T轴输出电流 i_{ts} 与T轴给定电流 i_{ts}^{*} 的动态关系。

（4）转速调节器（ASR）设计　矢量控制系统在一定的假设下，M轴电流与T轴电流可以实现解耦控制（参看第6章图6-10及对它的文字解释），式（9-39）和式（9-43）分别等效于直流电动机的励磁回路和电枢回路传递函数。由式（9-39）和式（6-9）可以得到转子磁链的传递函数为

$$\Psi_{\mathrm{r}}(s)=\frac{L_{\mathrm{m}}}{T_{\mathrm{r}}s+1}\frac{T_{\mathrm{r}}s+1}{b_2s^2+b_1s+1}I_{\mathrm{ms}}^{*}(s) \tag{9-44}$$

在低于基频的控制中，i_{ms}^{*} 应当为额定值，从而使 Ψ_{r} 为额定磁链 Ψ_{rN}。如果忽略各种因素对转子磁通的动态扰动，则异步电动机的电磁转矩（线性化）为

$$T_{\mathrm{e}}=\frac{3}{2}n_{\mathrm{p}}\frac{L_{\mathrm{m}}}{L_{\mathrm{r}}}\Psi_{\mathrm{r}}i_{\mathrm{ts}}=K_{\mathrm{Te}}\Psi_{\mathrm{rN}}i_{\mathrm{ts}} \tag{9-45}$$

从而可以得到整个转速环系统的动态结构如图9-26所示。

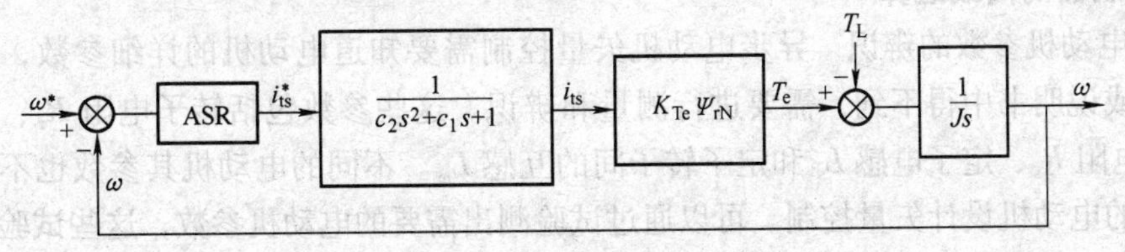

图9-26　转速环系统的动态结构

式（9-45）表明，可以通过控制T轴定子电流 i_{ts} 来控制电磁转矩，与直流他励电动机调速系统等效。当选择的转速环截止角频率 $\omega_{\mathrm{cn}}^2<<1/c_2$ 时，式（9-43）的T轴电流闭环传递函数中的二次项可以忽略，即

$$I_{ts}(s)=\frac{1}{c_2s^2+c_1s+1}I_{ts}^*(s)\approx\frac{1}{c_1s+1}I_{ts}^*(s) \tag{9-46}$$

得到转速环控制对象的传递函数为

$$W_{dn}(s)=\frac{K_{Te}\Psi_{rN}}{Js(c_1s+1)} \tag{9-47}$$

如果转速调节器采用 PI 调节器，其传递函数为

$$W_{pIn}(s)=\frac{K_n(\tau_ns+1)}{\tau_ns} \tag{9-48}$$

可以将系统校正成典型的Ⅱ型系统，则得到转速开环传递函数为

$$W_{opn}(s)=\frac{K_{Te}K_n\Psi_{rN}(\tau_ns+1)}{J\tau_ns^2(c_1s+1)}=\frac{K_N(\tau_ns+1)}{s^2(c_1s+1)} \tag{9-49}$$

式中　$K_N=K_{Te}K_n\Psi_{rN}/J\tau_n$。

在设计中首先选定“中频宽度”h，可以得到 $\tau_n=hc_1$，按照典型Ⅱ型系统的工程设计方法，可以使用峰值最小设计方法，转速开环增益为

$$K_N=\frac{h+1}{2h^2c_1^2}$$

或者使用稳定裕度最大的设计方法，该方法的转速开环增益为

$$K_N=\frac{1}{h\sqrt{h}c_1^2}$$

需要注意的是，以上分析是在 M 轴与 T 轴电流解耦的一些假定条件下进行的，而实际上当电动机转速变化较大或者负载变化较大时，M 轴电流与 T 轴电流将不能完全解耦。另一方面，即使在上述的假设条件下，也只是实现了静态解耦，当 M 轴电流调节时，会对 T 轴电流产生扰动；而在 T 轴电流调节时，也会对 M 轴电流产生扰动。

(5) 调节器离散化与整定　系统设计得到 3 个 PI 调节器的参数值，可以采用前面所述的双线性变换进行离散化，最后写成差分方程的形式，进行计算机编程。由于是在一系列假设和近似的条件下进行理论计算，最终的结果不可避免地会偏离理论计算，所以还应在现场对调节器参数做一次整定。

4. 控制器的离线运算

(1) 电动机参数的辨识　异步电动机矢量控制需要知道电动机的详细参数，这些参数在铭牌上或说明书中得不到，需要进行测量和辨识。这些参数包括转子电阻 R_r、转子电感 L_r、定子电阻 R_s、定子电感 L_s 和定子转子间的互感 L_m。不同的电动机其参数也不同，需要针对特定的电动机设计矢量控制。可以通过试验测出需要的电动机参数，这些试验可以在实验室人工完成，也可以由变频器本身在现场自动进行。具有电动机参数自动辨识能力的变频器，在用户设定的时候会自动进行参数辨识响应，用户只需耐心地等待几分钟。

(2) 转子磁通函数表的运算　转子磁通函数表是在电动机参数确定后，经计算得到的不同转速下的转子磁通，并且转换为 M 轴电流的给定值，预先存入计算机内。通常异步电动机矢量控制在基频以下采用恒磁通控制，即表示 M 轴电流的给定值为常量，而在基频以上采用弱磁控制，即表示 M 轴电流的给定值与转速成反比。

思考题与习题

9-1　复习计算机控制系统，回答下面的问题。对有限带宽的连续信号采样后的频带有什么特点？何为频率混叠？解释香农采样定理。

9-2　模拟调节器离散化的方法有多种，指出几种并说明哪一种在工程上最为常用。

9-3　在某些应用场合可以用凑试法确定调节器的参数，说明凑试法通常的调整步骤。

9-4　如何设计异步电动机转速开环，电压、电流闭环的恒压频比变频调速系统的调节器，简明说出设计思路。

9-5　为什么在调节器的连续域—离散化设计中常常需要修正调节对象的数学模型？怎样修正？

9-6　某交流电动机参数如下：极对数 $n_p=4$，额定功率 $P_N=4\text{kW}$，定子电阻 $R_s=0.22\Omega$，转子电阻 $R_r=0.153\Omega$，定子电感 $L_s=30.23\text{mH}$，转子电感 $L_r=30.20\text{mH}$，互感 $L_m=29.2\text{mH}$，转动惯量 $J=0.00135\text{kg}\cdot\text{m}^2$。试设计矢量控制调速系统。

思考题与习题参考答案

第1章

1-1　是瞬时转矩。

1-3　调速方式应该与负载类型相一致。

1-4　电流互感器检测电流的时间滞后是毫秒级，不能满足电力电子器件过电流保护的要求。

第2章

2-2　当控制参量（例如电枢电压和励磁电流等）都保持某一不变值时，将额定负载时相对于其理想空载转速 n_0 的转速降 Δn_N 与理想空载转速 n_0 的比值称为该参量下的静差率。定义静差率的意义在于，当需要大范围调节转速时，在转速的低端用来衡量由于负载的稳态变化引起的转速波动量占额定负载时转速的比值有多大。

2-3　一般来说，对于一个具有特定工程背景的调速系统，其允许的最大静差率是受限制的。若限定系统允许的最大静差率为 s_{max}，当 Δn_N 一定时，s_{max} 总是发生在最低速时，$s_{max} = \dfrac{\Delta n_N}{n_{min} + \Delta n_N}$，可由上式中解出 n_{min}，进而可得 $D = \dfrac{n_{max}}{n_{min}} = \dfrac{n_{max} s_{max}}{\Delta n_N\ (1 - s_{max})}$。

从上述关系可以知道，调速范围 D 与容许的最大静差率 s_{max} 近似成正比，与额定负载时的转速降 Δn_N 成反比。显然，增大调速范围的最直接有效的办法是减小 Δn_N，即增大机械特性的硬度。

2-4　上升时间 t_r 表征了调速系统快速调节以跟踪指令的“能力”，是系统快速性的一个重要指标。超调量 σ 表征了系统的“相对稳定性”，超调越小，表示系统相对稳定性越好。上升时间和超调量往往是相互矛盾的。上升时间过小，就使超调量过大；没有超调时，上升时间可能会过长。根据具体工程背景的不同要求可以对 t_r 和 σ 进行一定的“折中”。调节时间 t_s 就是衡量这一“折中”的产物，它表征了调速系统跟踪控制的“综合快速性”。

2-5　t_s 定义为转速在过渡过程中最后一次进入某一允许的误差带所经历的时间。与动态调节时间 t_s 的定义类似，扰动恢复时间 t_v 定义为从扰动作用开始到输出偏差最后一次进入某一约定的以 n_∞ 或 $n_{\infty 2}$（n_∞ 是扰动前的稳态转速，$n_{\infty 2}$ 是扰动下的稳态转速，当扰动稳态无差时二者相等）为基准的误差带以内所需要的时间。两者的区别是应用场合不一样，一个是针对指令而言，一个是针对扰动而言。两者的联系是定义类似，而且一般来说，当提高系统的快速性时，二者都会减小。

2-6　$\Delta n_N = \dfrac{RI_{dN}}{C_e} = \dfrac{0.25 \times 140}{0.416}\text{r/min} = 84.13\text{r/min}$，若要使系统满足题设要求，需要使

$\Delta n_N' = \dfrac{n_N s_{max}}{D\ (1-s_{max})} = \dfrac{1000\times 0.2}{15\times 0.8}\text{r/min} = 16.67\text{r/min}$，$\Delta n_N' < \Delta n_N$，所以无法满足要求。

2-7　电枢电流连续时，机械特性是一族斜率与电枢回路总电阻 R 有关的平行直线。电流断续区与连续区的特征性区别就是电流断续区的机械特性“变软上翘”。这种“变软上翘”的特性可以3种不同的方式表现在直流电动机的动态模型中。一种是将电流断续区的机械特性近似线性化，这时可以认为电枢回路总电阻 R 变为一个更大的等效电阻 R'，相控整流电源的动态模型成为分断线性的。第二种是认为电流断续时相控整流电源的内部电阻 R_s（或电枢回路总电阻 R）随着电流 I_d 减小不断增大，导致机械特性变软。第三种方法是认为电流断续时相控整流电源的增益 K_s 随着电流 I_d 减小不断增大。后两种方法中数学模型是变参数的或者非线性的。

2-8　将相控整流电源数学模型中的纯延时环节等效处理为一阶惯性环节时，其数学依据是因为平均控制滞后时间 T_s 相对很小，一般为毫秒级，所以在泰勒级数展开后，二次项可以忽略；等效近似的另一依据是基本不影响对闭环系统的开环稳定裕量的判断。一般认为近似等效的条件是 $\omega_c \leqslant \dfrac{1}{3T_s}$，其中 ω_c 是系统电流环开环 Bode 图的交越频率，这时“近似等效”在 w_c 处带来的幅值误差不大于0.5dB，相角误差不大于0.66°。

T_s 是相控整流电路的平均控制滞后时间，一般取其最大控制滞后时间的一半。如单相半波整流电路 $T_s = 10\text{ms}$，单相双半波或桥式整流电路 $T_s = 5\text{ms}$，三相半波整流电路 $T_s = 3.33\text{ms}$，三相桥式全控整流电路 $T_s = 1.67\text{ms}$。

2-9　相控整流电源的优点是电路简单、成本低、电磁噪声较小、容易实现大功率；缺点是工频整流使得电源的工频低次谐波较大、动态响应慢，且电流断续时表现出非线性特性。PWM 变换电源的优点是开关频率高、动态响应快、输出谐波小，不会因电流断续出现非线性；缺点是成本较高、电磁噪声较大，且不易实现大功率。相控整流电源多应用于对快速性要求不高或容量较大的场合；PWM 变换电源多应用于要求快速响应的系统中。

2-10　PWM-M 系统中，一般取直流电源的等效一阶惯性时间常数 $T_s = T_c/2$，T_c 是载波周期。当负载电流充分小时，单象限 PWM 变换电源仍会出现电流断续；Ⅱ象限或Ⅳ象限双极型 PWM 变换电源是电流可逆的，不会出现电流断续。但是对于单象限 PWM 变换电源，当选择适当的载波频率和平波电感 L 时，其电流断续区非常小，一般可以忽略不计。

2-11　PWM-M 系统中，当直流电动机再生制动时，其存储的机械能转化成电能在直流侧由滤波电容 C 吸收，这会使得直流电压上升。所以在设计当中应该注意开关器件 VT、VD 及滤波电容的耐压，必要时需设计泄能电路进行保护。

对于较大容量，或者频繁制动的 PWM-M 系统，为了提高系统效率，可以将不可控的整流桥换成可逆的整流电路，例如 PWM 整流桥；或者在不可控整流桥上再并联一个相控逆变器，以使电动机再生制动产生的能量进一步送回电网。

2-12　（1）题2-6中已求得开环额定转速降 $\Delta n_{Nop} = 84.13\text{r/min}$，可求得开环放大倍数为 $K_{ol} = \dfrac{\alpha K_p K_s}{C_e} = \dfrac{0.01\times 40\times 50}{0.416} = 48.077$，可得到闭环额定速降 $\Delta n_{Ncl} = \dfrac{\Delta n_{Nop}}{1+K_{ol}} = \dfrac{84.13}{1+48.077} = 1.714$。

（2）若要满足题2-6的静差率 $s\leqslant 0.2$，可求得调速范围为

$$D = \frac{n_N s}{\Delta n_N \ (1-s)} = \frac{1000 \times 0.2}{1.714 \times 0.8} = 145.86 > 15$$

所以可以满足题2-6的要求。

（3）当 $s_{max}=0.1$ 时，可求得调速范围为 $D = \frac{n_N s}{\Delta n_N \ (1-s)} = \frac{1000 \times 0.1}{1.714 \times 0.9} = 64.83$。

2-13　由图2-27可见，相角稳定裕量 γ 不足20°，所以稳定性较差。图2-26中，系统的调节器为一个比例调节器 K_p，改变 K_p 只能使幅频特性上下移动从而改变 ω_c。由图2-27可知，当减小 K_p 使得相角稳定裕量 γ 较大时，低频开环增益会很小，导致稳态误差增大；当增大 K_p 时，又会使得相角稳定裕量 γ 很小，所以动态稳定性不好，因此需要考虑动态校正。

2-14　系统动态设计时，对Ⅰ型系统（指其闭环系统的开环传递函数中包含一个纯积分环节）相应的低频段和高频段进行典型化处理，称为典型Ⅰ型系统。典型Ⅰ型系统的开环Bode图定义为低频段斜率是 -20dB/dec，高频段斜率是 -40dB/dec，交越频率 ω_c 与转折频率（$1/T$）满足关系式 $\omega_c T=0.5$。

由图2-31，当 T 不变时，改变开环放大系数 K_I 使截止频率 ω_c 左右移动，但相频特性是固定不变的。因此增大开环放大系数 K_I，相角稳定裕量 γ 就会越小；但是无论 K_I 取多大，γ 都大于零，闭环系统都是稳定的。

由图2-31和表2-4，当 T 不变时，无论是 K_I 过大或者过小，调节时间 t_s 都会变长，只有当 $K_I T=0.5$ 时 t_s 最小。这是因为 K_I 过大时系统的稳定性变差，振荡加剧，K_I 过小时系统响应变慢，都会使得调节时间变长。

2-15　系统动态设计时，对Ⅱ型系统（指其闭环系统的开环传递函数中包含两个纯积分环节）的低频段、中频段和高频段进行典型化处理，称为典型Ⅱ型系统。典型Ⅱ型系统的开环Bode图定义为，低频段的斜率是 -40dB/dec，中频段以 -20dB/dec 的斜率与横轴交越，高频段斜率是 -40dB/dec；滞后转折频率与超前转折频率的比值称为中频宽度 h，一般取为4～8；选择 ω_c 使得满足 γ_{max} 准则或者 $M_{r.min}$ 准则。

低频段的斜率是 -40dB/dec，使得闭环系统为斜坡输入跟踪无差系统；高频段的斜率是 -40dB/dec，使得高频噪声滤波性能较好；中频段以 -20dB/dec 的斜率与横轴交越，使得相角裕量较大。

2-16　典型Ⅱ型系统的开环相角特性只与转折频率 ω_1 和 ω_2 有关，而与增益 K_{II} 无关。相角特性总是关于中频段对称，在中频段的几何中点处相角特性取得峰值。中频宽度 h 越大，相角特性的峰值亦越大。当以取得最大相角裕量 γ_{max} 为设计目标时，可选择 K_{II} 使得交越频率 ω_c 正好处在中频段的“几何中点”上$\left(即\ \omega_c = \sqrt{\omega_1 \omega_2} = \frac{1}{\sqrt{h}}\omega_2\right)$，称为 γ_{max} 准则，亦称为电子最佳准则。此时有，$K_{II} = \omega_1^2 \frac{\omega_c}{\omega_1} = \omega_1 \omega_c = \frac{\omega_2 \omega_2}{h\sqrt{h}} = \frac{1}{\sqrt{h^3} T_2^2}$。

当以闭环系统频率特性的谐振峰值最小为设计目标时，可选择 K_{II} 将交越频率设计在 ω_1 和 ω_2 的“代数中点”上$\left(即\ \omega_c = \frac{\omega_1 + \omega_2}{2} = \frac{h+1}{2h}\omega_2\right)$。这种以闭环谐振峰值最小为准则的设

十方法称为 $M_{\mathrm{r.\,min}}$ 准则设计法，此时有，$K_{\mathrm{II}}=\omega_1^2\dfrac{\omega_c}{\omega_1}=\omega_1\omega_c=\dfrac{\omega_2}{h}\dfrac{h+1}{2h}\omega_2=\dfrac{h+1}{2h^2T_2^2}$。

在典型Ⅱ型系统的其他参数均相同的条件下，有如下结论：

1）开环增益按 $\gamma_{\max}$ 准则设计时的相角裕量总是比按 $M_{\mathrm{r.\,min}}$ 准则设计时大些。

2）开环增益按 $M_{\mathrm{r.\,min}}$ 准则设计时的闭环谐振峰总比按 $\gamma_{\max}$ 准则设计时小些。

3）开环增益按 $M_{\mathrm{r.\,min}}$ 准则设计时的交越频率总比按 $\gamma_{\max}$ 准则设计时大些。

4）开环增益按 $M_{\mathrm{r.\,min}}$ 准则设计时的单位阶跃响应上升时间 t_r 和峰值时间 t_p 总是比按 $\gamma_{\max}$ 准则设计时略小些，而超调量 $\sigma\%$ 会略大些。

2-18 稳态时，$I_d=I_L=140\mathrm{A}$，$U_n=U_n^*=9\mathrm{V}$，$U_i^*=U_i=I_d\beta=140\times0.04\mathrm{V}=5.6\mathrm{V}$，$\Delta U_n=U_n^*-U_n=0$，$\Delta U_i=U_i^*-U_i=0$，$n=U_n/\alpha=(9/0.01)\ \mathrm{r/min}=900\mathrm{r/min}$，$E_a=nC_e=900\times0.416\mathrm{V}=374.4\mathrm{V}$，$U_d=E_a+RI_d=374.4\mathrm{V}+0.25\Omega\times140\mathrm{A}=409.4\mathrm{V}$。

2-19 起动过程中，粗略地讲，在 t_4 时刻之前转速调节器输出限幅，起到限制电流的作用；在 t_4 时刻之后转速调节器进入线性跟踪调节状态。而电流调节器在 t_3 时刻之前输出限幅，起到限制输出电压 U_d 的作用；在 t_3 时刻之后电流调节器进入线性跟踪调节状态。t_7 时刻之后，系统进入稳态运行，电流调节器的作用是抑制电网电压波动和电枢电流断续时的非线性特性，提高电流跟踪控制的快速性；电压调节器的作用是克服负载扰动，实现输出转速快速跟踪控制。

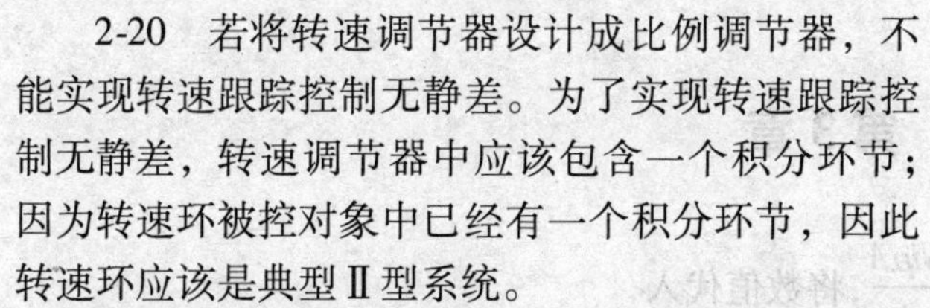

2-20 若将转速调节器设计成比例调节器，不能实现转速跟踪控制无静差。为了实现转速跟踪控制无静差，转速调节器中应该包含一个积分环节；因为转速环被控对象中已经有一个积分环节，因此转速环应该是典型Ⅱ型系统。

2-21 直流调速系统中，只要求快速正向起动和快速制动时，仍需要直流可调电源为可逆结构。因为快速制动时需要反向电枢电流。

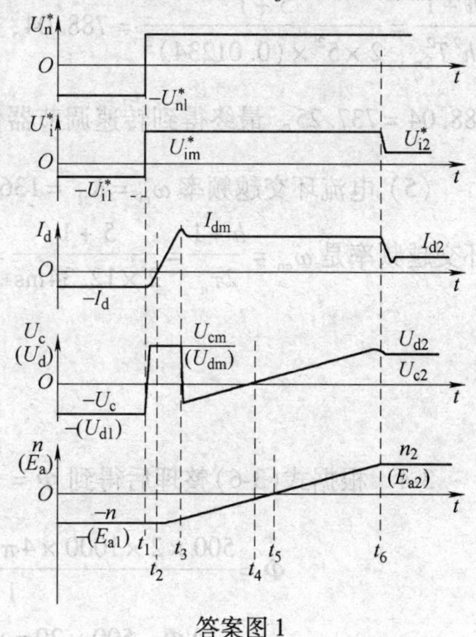

答案图 1

2-22 如答案图 1 所示。

2-23 计算如下：

（1）$T_l=\dfrac{L}{R}=\dfrac{1.8\mathrm{mH}}{0.08\Omega}=0.0225\mathrm{s}$，$T_m=\dfrac{RGD^2}{375C_e}=\dfrac{0.08\times200}{375\times0.387}\mathrm{s}=0.11\mathrm{s}$。

（2）$\alpha=\dfrac{U_{nm}^*}{n_N}=\dfrac{10}{1000}=0.01$，$\beta=\dfrac{U_i^*}{I_{dm}}=\dfrac{10}{\lambda I_{dN}}=\dfrac{10}{1.8\times306}=0.018$，$K_s=\dfrac{U_{dm}}{U_{cm}}=\dfrac{U_d}{U_c}=\dfrac{440}{10}=44$。

（3）三相桥式全控整流电路的平均控制滞后时间 $T_s=1.67\mathrm{ms}$，将电流环等效成图 2-51c 结构后，设调节器 R_i（s）$=K_i\dfrac{\tau_i s+1}{s}$，按照典型 I 型系统的设计方法，有 $\tau_i=T_l=0.0225$，$T_{\Sigma i}=T_{oi}+T_s=3.67\mathrm{ms}$，开环放大倍数 $K_I=\omega_{ic}=\dfrac{\beta K_iK_s}{R}=\dfrac{1}{2T_{\Sigma i}}=\dfrac{1}{2\times0.00367}=136.24$，得到

$K_i = \frac{RK_I}{\beta K_s} = \frac{0.08 \times 136.24}{0.018 \times 44} = 13.64$，最后得到电流调节器的传递函数为 $R_i(s) = K_i \frac{\tau_i s + 1}{s} = 13.64 \frac{0.0225s + 1}{s}$。

（4）将转速环等效成为图 2-52c 结构后，选择转速调节器为 $R_n(s) = K_n \frac{\tau_n s + 1}{s}$，则转速环开环传递函数为

$$W_{nol}(s) = K_n \frac{\alpha R}{\beta C_e T_m} \frac{\tau_n s + 1}{s^2(T_{\Sigma n}s + 1)} = K_N \frac{\tau_n s + 1}{s^2(T_{\Sigma n}s + 1)}$$

其中，转速环开环增益为 $K_N = K_n \frac{\alpha R}{\beta C_e T_m}$，$T_{\Sigma n} = 2T_{\Sigma i} + T_{on} = 2 \times 3.67\text{ms} + 5\text{ms} = 12.34\text{ms}$，选定中频段宽度 $h = 5$，则有 $\tau_n = hT_{\Sigma n} = 5 \times 12.34\text{ms} = 61.7\text{ms}$，如果按照 $M_{r.min}$ 准则设计，应有 $K_N = \frac{h+1}{2h^2 T_{\Sigma n}^2} = \frac{5+1}{2 \times 5^2 \times (0.01234)^2} = 788.04$，进而可求得 $K_n = \frac{\beta C_e T_m}{\alpha R} K_N = \frac{0.018 \times 0.378 \times 0.11}{0.01 \times 0.08} \times 788.04 = 737.25$。最终得到转速调节器传递函数为 $R_n(s) = 737.25 \frac{0.0617s + 1}{s}$。

（5）电流环交越频率 $\omega_{ci} = K_I = 136.24\text{s}^{-1}$，因转速环是按最小谐振峰值设计的，所以转速环交越频率是 $\omega_{cn} = \frac{h+1}{2\tau_n} = \frac{5+1}{2 \times 12.34\text{ms}} = 24.3\text{s}^{-1}$。

第 3 章

3-4　根据式(3-6)整理后得到 $\Phi = \frac{Ni\mu A}{l}$，将数值代入

$$\Phi = \frac{500 \times 2 \times 1000 \times 4\pi \times 10^{-7} \times 5 \times 10^{-4}}{1}\text{Wb} = 20\pi \times 10^{-5}\text{Wb}$$

根据式(3-22)，$L = \frac{N\Phi}{i} = \frac{500 \times 20\pi \times 10^{-5}}{2}\text{H} = 5000 \times \pi \times 10^{-6}\text{H}$

根据式(3-25)，$W_m = \frac{1}{2}Li^2 = \frac{1}{2} \times 5000\pi \times 10^{-5} \times 2^2\text{J} = 0.0314\text{J}$

3-8　只有线圈的磁通与电动势正方向的规定符合右手螺旋关系，式(3-12)中电动势与磁通的关系取负号。

3-9　在磁路线性的情况下，一个线圈中的储能可以用 $Li^2/2$ 表示。

第 4 章

4-3　基于动态模型。

4-4　不能产生转矩，因为假定磁链按正旋规律分布，有过零点，而流过电流的绕组所在位

置的磁通恰好等于零，故不能产生转矩。

4-5 将 Ψ_m、i_r、γ 画在 d-q 坐标系上，如答案图 2 所示。

由式（4-93）的第二行可以写出

$$T_e = \frac{3}{2}n_p(\Psi_{qm}i_{dr} - \psi_{dm} - i_{qr})$$

$$= \frac{3}{2}n_p(\Psi_m\sin\beta \times i_r\cos\alpha - \Psi_m\cos\beta \times i_r\sin\alpha)$$

$$= \frac{3}{2}n_p[\Psi_m\sin(\alpha+\gamma) \times i_r\sin\alpha - \Psi_m\cos(\alpha+\gamma) \times i_r\sin\alpha]$$

$$= \frac{3}{2}n_p\Psi_m i_r[\sin(\alpha+\gamma)\cos\alpha - \cos(\alpha+\gamma) \times \sin\alpha]$$

$$= -\frac{3}{2}n_p\Psi_m i_r\sin\gamma$$

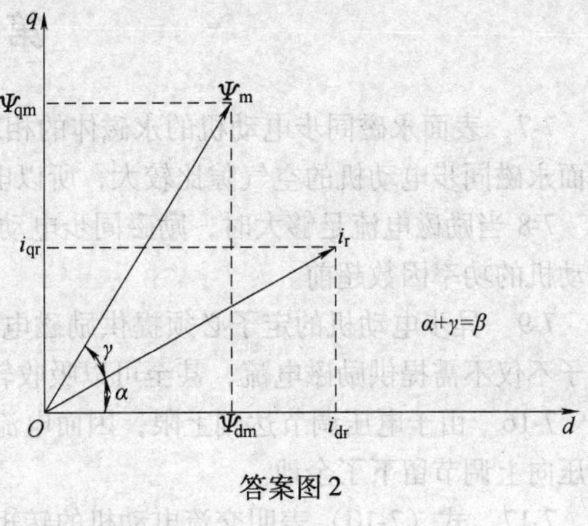

答案图 2

与式（4-94）相同，证毕。这里 Ψ_m 与 i_r 是幅值。

4-6 用电阻 R_r/s 上的功率表示输出功率，从功率等效的角度看是正确的，但是从过渡过程的角度看是不正确的。R_r/s 的引入将影响时间常数，因而不能将图 4-6b 所示的等效电路应用于过渡过程（动态）分析。实际上输出功率应为反电动势所吸收。

第 5 章

5-4 从例 5-1 的计算中可以看出：基波产生的转矩远大于谐波产生的转矩。但是，5 次谐波和 7 次谐波电流与基波磁通链相互作用产生的脉动转矩，由于基波磁链比较大，不会像它们产生的平均转矩那样小。

5-10 速度测量上的误差最终归算到转差误差，由于转差比较小，所以影响比较大。

5-11 “失速”是封锁输出，“跳闸”是切断电源。

第 6 章

6-1 V/F 控制（标量控制）仅控制交流电压的幅值和频率，而矢量控制不仅控制交流电压的幅值和频率，还控制交流电压的相位。

6-2 如答案图 3 所示的一种情况，定子电流矢量 $\boldsymbol{i}_s$ 与气隙磁链矢量 $\boldsymbol{\Psi}_m$ 同方向，则定子绕组电流所在位置处的磁通正好为零，定子电流将不产生转矩。考虑到作用力等于反作用力，则作用在转子上的转矩也为零。

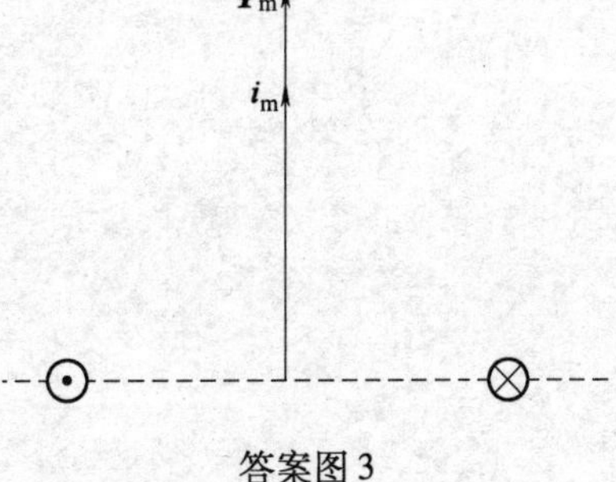

答案图 3

6-8 直接转矩控制系统依靠反复施加零电压矢量实现频率和电压的调节。

6-14 异步电动机变频运行中由于趋肤效应造成转子电阻的阻值发生变化。

第 7 章

7-7 表面永磁同步电动机的永磁体的相对磁导率接近1，与空气的磁导率相近，相当于表面永磁同步电动机的空气隙比较大，所以电枢反应比较弱，弱磁比较困难。

7-8 当励磁电流足够大时，励磁同步电动机的功率因数超前；当弱磁运行时，永磁同步电动机的功率因数超前。

7-9 异步电动机的定子必须提供励磁电流，所以功率因数总是滞后；而同步电动机的定子不仅不需提供励磁电流，甚至可以吸收转子过量的励磁电流，所以功率因数可以超前。

7-16 由于电压调节达到上限，因而电流调节受到限制，弱磁以后，所需电压降低，为电压向上调节留下了余地。

7-17 式（7-10）表明交流电动机的转矩与定子磁链、转子磁链、它们夹角的正弦三者的乘积成正比。异步电动机转子磁链定向矢量控制中保持转子磁链恒定，如果定子电压也恒定，从而定子磁链恒定，那么调节转矩的手段只剩下调节它们之间的夹角，这只有靠调节定子电压的相位实现。保持动态中转子磁链恒定和适量调节定子电压的相位是难点。

7-19 永磁同步电动机转子磁链的轨迹应该是一个圆，而且这个圆没有初始的建立过程。

第 8 章

8-1 泵类负载的转矩大约与速度的二次方成正比，低速运行时转矩小导致功率小。

8-2 加速度应小于$0.9m/s^2$。

第 9 章

9-5 采样引入了时间滞后。

参考文献

[1] 范正翘. 电力传动与自动控制系统 [M]. 北京：北京航空航天大学出版社，2003.
[2] 尔桂花，窦曰轩. 运动控制系统 [M]. 北京：清华大学出版社，2002.
[3] 孙传友，等. 感测技术基础 [M]. 2 版. 北京：电子工业出版社，2006.
[4] 张崇巍，李汉强. 运动控制系统 [M]. 武汉：武汉理工大学出版社，2002.
[5] 杨耕，罗应立，等. 电机与运动控制系统 [M]. 北京：清华大学出版社，2006.
[6] 顾绳谷. 电机及拖动基础 [M]. 4 版. 北京：机械工业出版社，2011.
[7] 陈伯时. 电力拖动自动控制系统——运动控制系统 [M]. 3 版. 北京：机械工业出版社，2006.
[8] 阮毅，陈维钧. 运动控制系统 [M]. 北京：清华大学出版社，2006.
[9] 王兆安，黄俊. 电力电子技术 [M]. 5 版. 北京：机械工业出版社 2009.
[10] 马志源. 电力拖动控制系统 [M]. 北京：科学出版社，2004.
[11] 任彦硕，赵一丁. 自动控制系统 [M]. 2 版，北京：北京邮电大学出版社，2007.
[12] 陈伯时. 电力拖动自动控制系统 [M]. 2 版. 北京：机械工业出版社，1992.
[13] 汤蕴璆. 电机学——机电能量转换 [M]. 北京：机械工业出版社，1983.
[14] 辜承林. 机电动力系统分析 [M]. 武汉：华中理工大学出版社，1998.
[15] 胡虔生，胡敏强. 电机学 [M]. 北京：中国电力出版社，2005.
[16] 卓忠疆. 机电能量转换 [M]. 北京：中国水利水电出版社，1987.
[17] Bose Bimal K. Modern Power Electronics and AC Drives [M]. 北京：机械工业出版社，2004.
[18] Lander Cyril W. Power Electronics [C]. Great Britain：University Press，Cambridge，1985.
[19] Brune C S. Experimental Evaluation of Variable-speed Doubly-fed Wind-power Generator System. IEEE Trans. On Industrial Application，1994.
[20] 叶杭治. 风力发电机组的控制技术 [M]. 2 版. 北京：机械工业出版社，2006.
[21] 刘竞成. 交流调速系统 [M]. 上海：上海交通大学出版社，1984.
[22] 徐银泉. 交流调速系统及应用 [M]. 北京：中国纺织出版社，1990.
[23] 黄俊，王兆安. 电力电子变流技术 [M]. 3 版. 北京：机械工业出版社，2001.
[24] 丁斗章. 变频调速技术与系统应用 [M]. 北京：机械工业出版社，2005.
[25] 张燕宾. 常用变频器功能手册 [M]. 北京：机械工业出版社，2005.
[26] 洪乃刚. 电力电子与电力拖动控制系统的 MATLAB 仿真 [M]. 北京：机械工业出版社，2006.
[27] 李夙. 异步电动机直接转矩控制 [M]. 北京：机械工业出版社，1994.
[28] 冯垛生. 无速度传感器矢量控制原理 [M]. 北京：机械工业出版社，1997
[29] Jahns T M. Motion control with permanent magnet ac machines [M]. Proc. of the IEEE，1994，82：1241-1252.
[30] Bose B K. Microcpmputer control of switched relunctance motor [M]. IEEE Trns on Ind Appl，1985，22：708-715.
[31] H. Le-Huy. Microcessor contril of a current-fed synchronous motor drive [C]. cof. Rec. IEEE/IAS Annu Meet，1979：873-880.
[32] Leonhard W. Control of Electrical Drives [C]. 3rol ed. Springer-Verlag，2001.
[33] 李志民，张遇杰. 同步电动机调速系统 [M]. 北京：机械工业出版社，1996.
[34] 王宏华. 开关磁阻电动机调速控制技术 [M]. 北京：机械工业出版社，1995.
[35] 张琛. 直流无刷电动机原理及应用 [M]. 北京：机械工业出版社，1996.

[36]　敖荣庆. 伺服系统［M］. 北京：航空工业出版社，2006.
[37]　朱晓春，吴祥，任皓，等. 数控技术［M］. 2版. 北京：机械工业出版社，2006.
[38]　舒志兵，等. 交流伺服运动控制系统［M］. 北京：清华大学出版社，2006.
[39]　孙迪生，王炎. 机器人控制技术［M］. 北京：机械工业出版社，1999.
[40]　刘极峰，易标明. 机器人技术基础［M］. 北京：高等教育出版社，2006
[41]　潘新民，王燕芳. 微型计算机控制技术［M］. 北京：电子工业出版社，2003.
[42]　李永东. 交流电机数字控制技术［M］. 北京：机械工业出版社，2002.
[43]　绫方胜彦. 现代控制工程［M］. 北京：科学出版社，1980.
[44]　高金源，夏洁，计算机控制系统［M］. 北京：清华大学出版社，2007.
[45]　谭建成. 电机控制专用集成电路［M］. 北京：机械工业出版社，1998.
[46]　王晓明，王玲. 电动机的DSP控制［M］. 北京：北京航空航天大学出版社，2004.